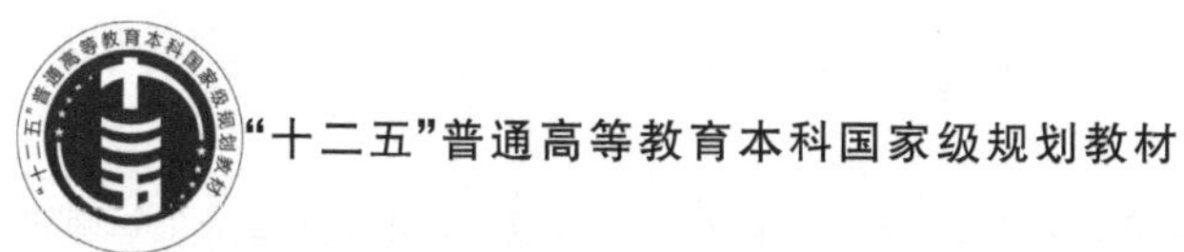

# 热制造学引论

## （第4版）

张彦华　编著

北京航空航天大学出版社

## 内 容 简 介

本书根据现代制造技术的发展趋势和人才培养的需要，以能量（特别是热能）与材料作用原理为主线阐述了热制造学理论和工艺基础。全书共分11章，主要内容包括材料热力学基础、传输理论、热制造冶金与材料变形力学等热制造理论基础，热制造的工程原理，凝固成型、热塑性成型、粉末聚合工艺和焊接基本原理，以及热制造工艺数值模拟技术。

本书可作为机械工程或航空航天制造类专业高年级本科生或研究生的教材，也可供从事有关科学研究的工程技术人员参考。

**图书在版编目（CIP）数据**

热制造学引论 / 张彦华编著. -- 4版. -- 北京 ：北京航空航天大学出版社，2023.11

ISBN 978-7-5124-4250-4

Ⅰ. ①热… Ⅱ. ①张… Ⅲ. ①热加工—高等学校—教材 Ⅳ. ①TG306

中国国家版本馆CIP数据核字(2023)第237405号

**版权所有，侵权必究。**

**热制造学引论**

**（第4版）**

张彦华　编著

策划编辑　陈守平　　责任编辑　杨　昕

*

北京航空航天大学出版社出版发行

北京市海淀区学院路37号（邮编100191）　http://www.buaapress.com.cn

发行部电话：(010)82317024　传真：(010)82328026

读者信箱：goodtextbook@126.com　邮购电话：(010)82316936

北京富资园科技发展有限公司印装　各地书店经销

*

开本：787×1 092　1/16　印张：26.75　字数：702千字

2023年11月第4版　2023年11月第1次印刷

ISBN 978-7-5124-4250-4　定价：79.00元

若本书有倒页、脱页、缺页等印装质量问题，请与本社发行部联系调换。联系电话：(010)82317024

# 前　言

热制造是借助热能(或机械能)并科学利用材料的热态加工零件的基础工艺。材料通过热制造过程获得满足使用要求的组织性能和形状,其关键是调控能量与材料的作用。特别是高端高可靠性产品的研发越来越依赖于高技术制造工艺,从而对高性能零件的热制造提出了新的挑战。

热制造学涉及热学、力学、材料科学等多学科理论。本教材尝试以能量与材料的作用为主线,阐释如何科学利用材料在不同状态下的物理化学和力学性能对其形状、组织及性能进行控制,进而实现零件或构件制造的机理,有助于学生整体把握热制造过程及工艺方法的本质。基于这样的思考,本教材内容不断深化热制造过程中的热、力及耦合作用与工艺原理,着力构建热制造工程基本的认识论和方法论框架,以培养学生的开放性思维和跨学科能力,满足现代制造业对综合性工程人才的需求。

本教材第 1 版于 2006 年作为北京航空航天大学规划教材出版,2009 年入选北京高等教育精品教材立项项目;2012 年第 2 版出版,2013 年获评北京高等教育精品教材,2014 年入选"十二五"普通高等教育本科国家级规划教材;2020 年第 3 版出版。第 4 版出版的目标是进一步突出热制造工艺的共性基础和内在联系,通过教学内容的有机整合,使各种热制造工艺在理论上进行有机衔接,特别注重加强先进热制造工艺所需的高阶知识。

第 4 版的内容延续了第 3 版的总体结构,对部分章节内容进行了修订。全书共分 11 章:第 0 章,绪论;第 1～4 章,介绍材料热力学、传输理论、热制造冶金理论与材料变形力学等热制造理论基础;第 5 章,介绍热制造的工程原理;第 6～9 章,分别介绍凝固成型、热塑性成型、粉体聚合工艺和焊接基本原理;第 10 章,介绍热制造工艺数值模拟技术。

本教材的编写得到北京航空航天大学教材出版基金的资助,教材修订过程中得到曲文卿、赵海云的协助,编写过程中参考了有关教材和著作,作者在此一并表示感谢。

由于热制造学理论及工艺原理复杂,加之作者相关领域知识和水平有限,教材编写中难免存在错误和不当,希望广大读者批评指正。

作　者

2023 年 3 月

# 目　　录

# 第0章　绪　论

## 0.1　热制造技术的特征及作用

### 1. 热制造技术的特征

热制造是科学利用材料在热态下的物理化学和力学性能而实现对其形状、成分、组织及性能进行控制的制造技术。热制造过程就是基于材料的热学与力学行为成型零件或制造结构，其技术领域包括凝固成型、塑性成型、粉体聚合、焊接等热加工技术。现代热制造技术是多学科交叉的高技术领域，是先进制造技术的重要组成部分，是新材料与新结构应用的关键。

热制造是相对非热制造而言的。热制造过程需要特定的热源，对材料的加热及冷却是必要的工艺条件。非热制造过程则无需特定热源对材料进行加热，即使在加工过程中伴随生热和温度变化，其对工件整体的影响也可以忽略。热制造技术的主要特征是借助材料的热态效应，即加工过程中材料(特别是金属及合金)的固态高温软化状态和熔融状态。材料的热态与非热态(与环境保持热平衡)的差异是材料粒子的热激活机制。热制造过程中，通过热源作用使材料处于热激活状态，促使材料易于流变并具有良好的成型工艺性。材料的热态温度没有严格的界定，一般因材质及其熔点而异。热态的作用一方面是对材料的抗力和流变性进行合理的调和以方便成型，另一方面是利用热作用调控其组织形态。

任何产品或工程结构都是由多种形状的零部件或构件组成的，热制造工艺就是根据设计的要求将工程材料加工成具有一定形状和尺寸的零部件或装配成结构的过程。热制造不仅赋予零件或构件以形状，而且控制着零件或构件及结构的最终使用特性。零部件的材料结构与性能是热制造的结果，与加工前的材料结构及性能不同，最终成型后的材料必须能够以经济和社会可以接受的方式使产品或结构在规定的寿命期间完成特定的任务，即所谓的使用性能。热制造工艺、使用性能、材料性质、成分/组织四个因素中任一因素发生变化都会引起其他因素发生变化。对同一材料，不同热制造工艺制造的构件性能会有较大的差异。热制造技术的关键就是掌握这些因素之间的相互联系，制造符合要求的产品。

热制造是极其复杂的过程，在这个过程中，材料经液态流动充型、凝固结晶，或发生固态流动变形、相变、再结晶和重结晶等一系列复杂的物理、化学、冶金变化，而最后成为零部件或构件。通过对热制造过程的有效控制，使材料的成分、组织、性能处于最佳状态，缺陷减到最小，以满足产品或结构的使用要求。

热制造不但赋予材料形状和性能，而且也是使材料增值的经济活动。尽管不同的产品和结构所采用的热制造技术有很大的不同，但在提高技术能力和效率上是一致的。为了高效、低成本地研制高性能产品，必须不断发展并采用先进的热制造技术。

### 2. 热制造技术的作用

制造业是一个国家综合经济实力的重要基础。制造技术是制造业发展的关键之一，在高科技时代,制造业的发展越来越依赖于先进的制造技术。热制造是制造技术的重要组成部分,许多先进的制造工艺都与热制造有关。没有先进的热制造工艺就不会有今天的信息化,也不可能使高科技产品层出不穷。因此,创新的热制造工艺永远是高科技。随着新材料与新结构的不断应用,对热制造技术也提出了更高的要求。发展先进的洁净、精确、快速热制造技术至关重要。

热制造技术是航空航天、电子信息、交通运输、石油化工、机械装备等产业的基础技术。据统计,全世界75%的钢材要经过塑性加工,45%的钢材采用焊接制造结构。2020年我国铸件总产量达到5 195万吨,是世界铸件生产第一大国。

热制造工艺是飞机结构设计的有力保证。现代飞机广泛采用模锻件,且尽量采用精锻件,近无余量锻造正在飞机承力构件上得到应用。机身加强框、机翼主梁、起落架等部件均采用锻造成型工艺。多向锻造、等温锻造、粉末锻造、热等静压等特种锻造工艺在飞机结构件的制造中均有应用前景。现代飞机结构正在不断扩大焊接结构的应用范围。钛合金构件的氩弧焊、电子束与激光焊、等离子电弧焊、感应钎焊等先进工艺具有减轻重量、提高结构的整体性等优势。新型战斗机的承力框、带筋壁板采用焊接结构可降低加工制造成本。复合材料构件的热成型制造是下一代飞机结构的革新方案。高性能发动机制造大力发展精确铸造、粉末冶金、定向凝固、快速凝固、等温锻造、摩擦焊、电子束焊接等热制造技术。

航天器的发展要求不断采用新材料、新结构和先进的热制造技术。热制造是运载火箭与导弹、卫星、宇宙飞船、空间站等航天结构的主要制造工艺。焊接技术在航天器制造中得到广泛的应用,如长征三号运载火箭推进剂贮箱的焊缝总长近600 m,螺旋管式喷管焊缝总长820余米。应用VPPA(变极性等离子弧焊)焊接运载火箭铝合金贮箱,比起用GTA(钨极氩弧焊),其焊接质量提高了,成本却降低了。搅拌摩擦焊受到航天工业的关注,已广泛应用于制造火箭推进剂的贮箱。

热制造技术在汽车生产中同样具有重要地位。据统计,占汽车重量65%以上的钢、铝及镁合金等零部件与构件要经过热制造成型。汽车的发动机缸体、缸盖、曲轴、凸轮轴、进排气管、活塞及活塞环等八大件全部是铸造而成。汽车车身及底盘采用塑性成型加工与焊接制造。

我国西气东输管道为长距离、大口径、高钢级、高压力、大壁厚输气管道,在管道焊接施工中部分线路采用多焊头内焊机进行根焊,填充、盖面焊采用自动外焊机分层流水施焊。此项技术的采用,不仅在质量和进度上满足了西气东输工程的需要,而且也提高了国内管道的焊接技术水平。

产品或结构设计、材料及热制造技术三者相辅相成,互相促进,互相制约。新产品的研制总伴随着新材料、新结构和新工艺的重大突破。热制造技术的发展,必将促进产品质量或结构性能的提高。

## 0.2 热制造技术的发展趋势

制造业在过去的几十年中发生了巨大变化,热制造技术取得长足进步,新方法(工艺)、技术层出不穷。随着新材料与新结构的应用,先进的热制造技术成为重要的研究领域。根据可持续发展对制造技术的要求,热制造技术正沿着优质、高效、精密、无污染的方向发展。

现代热制造技术的发展主要表现在以下几个方面:

**(1) 新的热制造工艺方法发展迅速**

随着近代科学技术的发展,特别是材料科学和制造科学的发展,涌现出许多新一代热制造技术。例如,定向凝固单晶体叶片熔模铸造新技术、粉末高温合金涡轮盘超塑性锻造技术、搅拌摩擦焊技术、增材制造技术、喷射沉积成型和热障涂层技术等。在过去的数十年中,航空发动机涡轮进口温度提高了450 ℃,其中70%是由于采用精铸空心叶片获得的,是决定高推重比发动机所能达到最高性能水平的关键技术之一。

**(2) 轻量化及近终成型加工技术成为重要的发展趋势**

发展精密锻造、铸造以及焊接工艺制造的整体结构件,可大幅度减轻装备重量,降低制造成本,同时,还为设计人员提供了设计的灵活性。

**(3) 常规热成型加工技术逐步被现代技术改造**

传统的锻、铸、焊、热、表面处理等工艺引入了计算机、真空和激光等技术,被改造为高新技术。采用多向模锻、真空热处理、表面镀镉钛和喷丸及孔挤压强化处理等先进工艺制造飞机起落架零件,可使起落架寿命与飞机寿命相同。

**(4) 组合或复合热制造工艺得到应用**

多学科的交叉产生了如超塑性成型/扩散连接、形变热处理、电弧与激光复合热源焊接,以及电磁成型、喷射成型及各种材料和工艺复合的新的加工方法等。

**(5) 热制造工艺过程的模拟技术发展迅速**

在信息科学的发展和带动下,热制造技术的研究与开发正由传统的经验方法向基于知识的建模仿真与试验相结合的方向发展,建模与仿真正在成为热制造工艺研究与开发必不可少的手段,如铸件凝固铸造过程的数值模拟,锻件和铸件缺陷形成及预测的数值模拟,焊接热效应的数值模拟等。

**(6) 热制造技术与新结构、新材料并行发展**

摩擦焊、热等静压和液相扩散焊等成型加工技术分别与整体涡轮转子、整体叶盘结构和大型夹芯结构风扇叶片及对开叶片等新结构并行发展,热等静压和超塑性锻造与粉末高温合金、液态金属快速冷却轧制与非晶态材料同步发展等。

为确保人类社会文明与经济的可持续发展,重视环境保护与资源节约,发展无废弃物及无污染的热制造技术应成为重要的发展方向。

## 0.3 热制造技术的科学基础

热制造学是在热加工技术基础上形成的工程科学。热制造学涉及热学、力学、冶金学等多学科理论。从理论上认识热制造过程,对于热制造工艺建模,发展先进热制造技术具有极大的挑战性。

### 1. 材料热力学与热能

热制造过程中材料可能存在多种状态,铸造要在熔融状态下完成,锻造要在热塑性状态下实现,焊接过程则需要在局部熔化或塑化状态下完成;合物材料的流变成型,还有半固态、超塑性成型、固态相变等。材料状态的变化是复杂的物理化学过程,这一过程都要服从热力学和动力学规律。

热力学研究的是物质的热性质与系统变量(如压力、温度、组成等)之间的关系,确定物理化学过程是否发生。动力学是确定某一过程进行的速度,基本的变量是时间和温度。反应及其速率决定了生成物质的结构,而结构又决定了性质。因此,研究热制造过程中的材料热行为,应具备热力学与动力学的基本知识。

热制造理论的研究本质上是分析材料状态条件及相互转化问题。材料的导热性、热膨胀性、熔点、热容、焓、熵、自由能等热力学状态函数在热制造过程和材料热态与行为研究中都是非常重要的。相平衡与相变动力学对于热制造工件的性能设计与控制具有重要意义。

热制造的显著特征是在材料成型与结构制造过程中施加热作用,采用的热能主要来源有:燃烧、电磁感应、电弧、电阻、电子束、激光、离子束、微波、太阳能、强力摩擦等,每一种新能源的出现都给热制造方法带来新的变革。如何利用新的热源发展新的热制造工艺是热制造技术发展的重要方面。研究热源与材料作用过程中的能量转换,热量的有效利用、传播与控制是热制造工艺研究的关键。尽可能提高热源效率,对节约能源,减少对环境的污染有着重要的技术、经济意义。

不同的热制造工艺其热作用模式也有很大的不同。铸造需要将材料加热到熔化状态,然后浇注成型;锻造需要在热塑性状态下进行成型;而焊接、高能束加工等通常是在材料局部塑化或熔化状态下进行。为使材料满足加工的条件,需要高度集中的热输入,高度集中的能量在材料表面的沉积所引起的非均匀温度场导致材料产生复杂的应力与变形。针对不同的热输入建立符合工程应用的热源模型,对热制造过程中工件内部的温度场进行分析,从而预测材料的行为,是工艺性能分析的基础。

### 2. 热制造传输理论

热制造过程中必然伴随着物质的传输和热量的传输。动量传输、热量传输和质量传输是热制造过程3个重要的传输现象。热制造传输理论是将流体力学、传热学和传质学的原理应用于热制造传输过程分析。

动量传输的主要研究内容是流体的流动规律。流体的流动规律在热制造过程中是很重要的。如铸造过程涉及液态材料的流动问题,气体保护焊、等离子加工涉及气体流动问题,在锻造加工中还会发生塑性流动。热制造的实质就是利用材料的各种流动性能并加以控制而获得所需形状的过程。动量传输理论也是热量传输和质量传输的基础。掌握动量传输理论,对于认识热制造工艺的物理本质、优化工艺过程具有重要作用。

傅里叶定律描述了热流量与温度分布之间的本构关系。铸造、锻造、焊接等热制造工艺中广泛采用傅里叶定律进行传热分析。随着激光、电子束等高能束焊接及加工技术的发展与应用,人们发现了热传导现象中的非傅里叶效应。非傅里叶分析的关键是在热传导模型中考虑热量传播速度的影响。应用这一理论,可对强瞬态热过程的非定常物理行为进行分析。

质量传输在热制造过程中也具有重要意义。无论是铸造、锻造,还是焊接等热制造工艺,都存在溶质或原子、分子的传递现象。质量传输、动量传输和热量传输具有类似性和关联性。

### 3. 热制造冶金学

凝固及固态相变是热制造冶金学研究的主要问题。铸造成型过程中的材料要经历由液态转变为固态的结晶过程。金属在焊接时,焊缝中的金属也要发生结晶。金属结晶后所形成的组织直接影响金属的加工性能和使用性能。了解金属材料的凝固过程，掌握其规律，对控制金属成型质量、提高成型件性能有重要意义。凝固理论的研究包括：液态金属的结构与性质，液-固界面动力学与形态，金属重熔、精炼及变质处理对液态金属结构和性质的影响，平衡与非平衡凝固过程，均质形核与非均质形核理论及晶体生长，受控凝固作用机制，晶体的相变及强化原理等。

固态相变包括同素异构转变，以及非晶态的晶化、回复与再结晶等过程。钢在热处理、锻造过程中都离不开加热和冷却，钢在加热过程中的固态组织转变及对冷却过程的控制决定了冷却后钢的组织类型和性能。金属冷变形后的加热所产生的回复与再结晶称为静态回复和静态再结晶。在热塑性变形过程中，金属内部同时进行着加工硬化和回复、再结晶软化两个相反的过程，这种与金属变形同时发生的回复与再结晶称为动态回复和动态再结晶。掌握固态相变原理的目的是控制热制造工艺过程及工件性能。

### 4. 热制造力学

在铸造、锻压、焊接等热制造过程中，材料发生复杂的运动与变形，特别是随着新材料及热制造工艺的应用，需要更为精确地控制变形。因此，需要将现代力学理论与材料成型技术紧密结合，研究和揭示热制造过程的本质，进而发展适合工程应用的分析方法。

热制造过程中的材料和运动往往同时具有机械的、热学的、光学的、电磁学的和化学的等多种属性，应用连续统力学理论研究热制造过程中的材料流动与变形问题具有重要意义。连续统力学将固体、液体及气体这些充满某一空间区域的连续介质统一考虑，得出统一的理论描述和数学表达式，同时可以把温度场、力学场及电磁场等连续场问题统一到“连续统”(continuum)的范畴。连续统力学的主要内容是阐明介质受力变形或运动时的基本规律及相应的数学描述(微分方程边值或初值问题)，同时还要研究本构模型以建立介质本身的内在联系。

本构方程是由材料性质决定的，不同的本构方程是各种材料相互区别的标志。力作用于物体，使物体产生变形与运动，不同类型的物质会产生完全不同的变形与运动，如固体在外力作用下产生弹性变形或塑性变形；流体极易流动，流体的体积变化不大，但形状却随容器而改变；气体的体积及形状都由容器决定等，所有这些都是由物质内部结构不同造成的。热制造过程中，正是利用物质的这些特性对材料进行加工的。热制造中材料流动与变形力学问题主要涉及弹性、塑性、刚塑性、粘性、粘弹性及粘塑性等材料本构模型。

热制造过程中的材料存在严重的非线性问题。热循环过程中材料应力、应变和温度的关系是非线性的。材料流动或形变属于大变形问题，应变是位移的非线性函数。此外，相变直接引起材料体积的变化，固态相变对材料的屈服强度有直接的影响，导致不均匀变形并产生残余应力。

激光、电子束等高能束加工的升温速度快，热集中性与瞬时性强，由此导致材料在高能束加工条件下的热力行为与普通热加工过程有很大的差异。高能束加工热力行为的非稳态特征主要表现在高升温速率和高速加工对材料的热冲击效应。热冲击损伤劣化了材料的性能，对结构的使用构成潜在的危害。因此，在对高能束强瞬态热效应分析的同时，还必须对其热冲击行为进行深入的研究。

### 5. 热制造工艺建模与模拟

长期以来，材料成型加工工艺设计以经验为主。随着试验技术及计算机技术的发展和材料成型理论的深化,材料成型过程工艺设计方法正在发生着质的改变。材料成型工艺模拟技术就是在材料成型理论的指导下,通过数值模拟和物理模拟,在实验室动态仿真材料成型过程,形象地显示各种工艺的实施过程及材料形状、轮廓、尺寸、组织的演变情况,预测实际工艺条件下材料的最后组织、性能和质量,进而实现成型工艺的优化设计,使材料成型由“技艺”走向“科学”。

热制造工艺建模与模拟是基础学科、高新技术与材料成型加工等学科之间的相互交叉和有机结合。发展热制造工艺模拟技术将有利于推动材料成型加工理论、计算机图形学、计算机金相学、计算机体视学、计算传热学、计算流体力学、并行工程等新兴交叉学科的形成与发展。

热制造工艺模拟的研究工作已由建立在温度场、速度场、变形场基础上的预测形状、尺寸、轮廓的宏观尺度模拟进入到以预测组织、结构、性能为目的的中观尺度模拟(毫米量级)及微观尺度模拟阶段,研究对象涉及结晶、再结晶、重结晶、偏析、扩散、气体析出、相变等微观层次。模拟功能已由单一的温度场、流场、应力/应变场、组织场模拟普遍进入到耦合集成阶段,包括:流场-温度场、温度场-应力/应变场、温度场-组织场、应力/应变场-组织场等之间的耦合,以真实模拟复杂的实际热加工过程。

应用模拟技术有助于解决大型铸钢件的缩孔、缩松、热裂、气孔、偏析,模锻件的折叠,冲压件的断裂、起皱、回弹,焊接件的变形、冷裂、热裂,以及热处理中的变形等常见缺陷的预防和消除等方面的问题。在零件加工制造系统中,工艺模拟作为重要的支撑技术,将热制造工艺模拟与产品、模具设计和加工结合,将模拟结果与结构的安全可靠性评定实现集成也是重要的发展方向。

总之,金属、陶瓷、聚合物、复合材料、半导体等材料的工程应用都离不开热制造技术,现代热制造技术已超出传统热加工的范畴。尽管目前尚不能对热制造学予以明确的定义,但从涉及的范围可以看到热制造的多学科交叉性。形成完整的热制造学体系是一项长期的工作,需要多方面的努力。

# 第 1 章　材料热力学基础

热力学是研究物质的能量(特别是热能)性质及其转换规律的科学。材料是热制造的物质基础,热能是热制造工艺普遍利用的能量形式之一,材料在热作用下的组织性能的变化是热制造工艺研究的重要内容。掌握材料热力学基本原理对于深入认识热制造工艺机理,有效控制工艺过程,提高热能利用效率,发展先进热制造工艺具有重要作用。

## 1.1　概　述

热制造是借助热能或机械能并利用材料的状态成型零件,这种基于材料物态的成型加工不仅赋予零件的形状,而且控制着零件的最终使用特性。材料通过热制造工艺获得满足使用要求的组织结构和形状,其关键是调控能量与材料的作用。实际应用的热制造工艺方法千变万化,但需要解决的共性问题主要包括两个方面:一方面是在何种作用条件下才能达到所期望的组织结构和性状,如何避免不期望的组织结构和性状?另一方面是通过何种技术和设备来实现其工艺过程?包括能量施加和控制方法及其实用性。前者的主要理论基础涉及材料热力学、冶金理论、传输原理及变形力学等方面,后者是热制造技术关注的内容,以此构成了热制造学理论和技术基础的知识结构,这也是本教材将材料热力学作为开篇的由来。

阐释能量(特别是热能)与材料的相互作用,认识材料的组织结构形成与变化离不开材料热力学理论。材料热力学是应用热力学的基本原理,分析材料中的各种热力学现象,确定系统中相平衡的条件和材料在一定条件下所存在的相的状态。材料中所发生的能引起组织、性能变化的各类转变,如液态至固态的结晶、凝固,固态中的重结晶、热处理,以及形变金属加热的再结晶退火等,都是由热力学条件所决定的。热力学可以定性给出转变的方向、驱动力的大小以及转变速度的判断。

热制造特别关注材料的显微组织成因及与之相关的转变。材料的显微结构是指在光学显微镜下可分辨出的结构,其尺度范围为 $10^{-4}\sim10^{-8}$ m。结构组成单元是该尺度范围的各个相、颗粒或微观缺陷的集合状态,反映的是在这个程度范围内材料中所含的相和微观缺陷的种类、数量、形貌及相互之间的关系信息。合金的性能主要取决于显微组织,正是由于这些不同的显微组织才使合金能在不同的环境条件下使用。合金显微组织取决于所经历的热力过程。依据热力学原理,合金的组织以特定的相所组成。材料热力学给出系统中相平衡的条件和材料在一定条件下所存在的相的状态,如单组元系材料在不同温度下所存在的平衡相,多组元(二元、三元)系材料在不同成分、温度条件下存在的相组成及其成分,均可由热力学条件决定。

材料组织结构的变化是由热力学条件控制的。为了获得特殊的组织结构,需要采用远离平衡态的热制造工艺。这些工艺中的能量与材料的相互作用都具有强瞬态特征,大多是非平衡过程,其产物通常具有优异的性能,即所谓的非平衡热力学效应。例如,快速加热或冷却具有显著的非平衡热力学效应,使得平衡转变受到抑制,会产生不平衡组织,可以使合金获得超细组织、亚稳相、微晶、纳米晶、非晶等组织,以满足使用条件对材料各种性能的要求。有关材料的非平衡转变及组织结构特征也是目前材料热力学研究的主要内容。

本章在简要介绍热力学基本概念的基础上,重点讨论相平衡热力学、界面热力学、相变热力学、非平衡热力学以及材料热力学基本性质。

# 1.2 热力学基本概念

## 1.2.1 热力系统与过程

### 1. 热力系统及状态

#### (1) 热力系统

热力学研究的对象是由大量粒子所组成的特定的有限范围内的物质,这一宏观物质客体称为热力系统,简称系统。而与此系统相互作用的周围环境,称为系统的外界。系统和外界之间的分界面称为系统边界,系统边界可以是固定的,也可以是运动的。

根据热力系统与外界之间的能量和物质的交换情况,热力系统可分为不同的类型。与外界有能量交换,但没有物质交换的热力系统称为封闭系统(闭口系);与外界既有物质交换,又有能量交换的热力系统称为开放系统(开口系);与外界无热量交换的系统称为绝热系统(绝热系);与外界没有任何相互作用的热力系统称为孤立系统(孤立系)。

根据物质组分情况的不同,热力系统可分为单元系、多元系、单相系、多相系、均匀系、非均匀系等。

#### (2) 平衡态与状态参数

1) 平衡态

对于一定的热力系统,在外界对它既不传热也不做功的条件下,无论该系统的初始状态如何,经过一定的时间以后,必将达到其宏观物理性质不随时间变化的状态,这种状态称为平衡状态,简称平衡态。系统处于平衡态时,具有确定的状态参数。平衡态是热力学中重要的基本概念之一。平衡态时,系统同时处于力学平衡、热平衡、相平衡和化学平衡。

平衡态是在一定条件下对实际情况的概括和抽象,是一种理想的状态。事实上,自然界中并不存在完全不受外界影响且宏观性质又绝对不变的系统。只有当人们在研究有关热力学问题时,为使问题简化,才把实际的状态近似地当作平衡态处理。平衡态以外的其他状态称为非平衡态。

系统保持平衡态是暂时的、有条件的,一旦平衡条件被外界介质作用所破坏,体系就离开平衡。只要力学平衡、热平衡、相平衡和化学平衡四者之一遭到破坏,系统就处于非平衡态。

平衡态可以用某些能够得到极大值或极小值的函数来描述,即所谓的热力学极值原理。为了判别体系的平衡是否稳定,可假想体系受到外界扰动而发生偏离原有状态的变动,包括向着平衡态的变动和离开平衡态的变动。若体系的响应有减小使其发生变动的趋势,则体系的状态是稳定的;若体系的响应有增加这种变动的趋势,则体系的状态是不稳定的;若体系对无限小变动是稳定的,但对有限变动是不稳定的,则体系处于亚稳定状态。

物质具有各种不同层次的微观结构和永不停息的微观运动,而宏观性质是这种微观运动的统计表现。当体系的热力学状态完全确定时,体系中各粒子的运动状态仍然是不确定的,也就是说，相当于同一宏观状态可以有大量的不同的粒子运动状态。每个运动状态均称为体系的一个微观状态。

热力学中对于热力学平衡态体系的性质是用一组宏观参数确定的。宏观上可以测量的量称为外参数，例如，温度、体积和压强等，其数值影响体系中粒子的运动，并进而影响体系中各微观状态的能量。体系中每个微观状态的能量通常都是体系外参数的函数。

2）状态参数

完整描述给定系统的热力学状态所需要的参数，称为状态参数。热力学状态参数主要有温度、压强、体积、内能、熵、焓、自由能等。其中前 5 个为基本热力学状态参数，其余为辅助热力学状态参数。

系统状态的变化是通过状态参数的改变来表征的，这些状态参数之间存在一定的函数关系，称为状态方程。例如气体和简单液体系统，可以用温度($T$)、压力($p$)、体积($V$)作为状态参数，这些状态参数之间存在以下关系：

$$f(p,V,T)=0 \tag{1-1}$$

式(1-1)表明，单纯物质系统的状态参数只有两个是独立的，如理想气体状态方程中压力、体积与温度之间的关系就是如此。

对于任意系统而言，需要引入其他状态参数。

**(3) 物质的聚集态**

热力学研究的对象是由大量微观粒子组成的系统，大量微观粒子在一定的温度和压强的条件下聚集形成的相对稳定状态称为聚集态(或物态)。物质的聚集态是物质粒子集合的状态，是物质存在的形式。在通常条件下，物质有 3 种不同的聚集态：固态、液态和气态，即通常所说的物质三态。固态和液态统称为凝聚态，它们在一定的条件下可以平衡共存，也可以相互转变。物质的聚集态取决于组成物质的微观粒子(原子、离子或分子)之间的相互作用力。

固态物质(固体)的粒子之间的距离很小，粒子之间的作用力很大，绝大多数粒子只能在平衡位置附近做无规则振动，所以固体能保持一定的体积和形状。根据构成固体的粒子排列方式，固体又可以分为两类，即晶体和非晶体。晶体和非晶体之间是可以转化的。

液态物质(液体)粒子之间的距离要比气体分子之间的距离小得多，所以液体粒子彼此之间是受粒子力约束的，一般情况下粒子不容易逃逸。液体粒子一般只在平衡位置附近做无规则振动，在振动过程中各粒子的能量将发生变化。当某些粒子的能量大到一定程度时，将做相对的移动改变它的平衡位置，所以液体具有流动性。液体在任何温度下都能蒸发，若加热到沸点则迅速变为气体；若将液体冷却，则在凝固点凝结为固体(晶体)或逐渐失去流动性。

气态物质(气体)与液体和固体相比，其粒子运动得最快，粒子间隙最大，粒子间的作用力最小，因此气体具有显著的膨胀性和流动性。热力学研究中将气体分为理想气体和实际气体。理想气体的粒子仅有质量，不具有体积，且粒子之间没有相互作用力。理想气体系统描述的是相互独立的粒子集合，每个粒子的运动不受系统中任何其他粒子运动的影响。实际气体的粒子本身具有体积且粒子之间存在相互作用，在一定条件下会发生相变，而理想气体不会有相变过程。

物质在不同的温度、压强及外场(如引力场、电场、磁场等)作用下可以呈现不同的物态。随着物质科学研究的不断深化，越来越多的物质及物态将被揭示。目前，人们将等离子体称为物质的第四态，把存在于地球内部的超高压、高温状态的物质称为物质的第五态。此外还有超导态和超流态等。

## 2. 热力过程

### (1) 过程与循环

系统从一个状态向另一个状态的过渡,或者说热力学状态随时间的变化称为热力过程,简称过程。例如,在物态变化中,汽化是物质由液态转变为气态的过程,是凝结的相反过程,也是热力过程。按过程所经历中间状态的性质,可把热力过程分为准静态过程和非静态过程。根据热力过程中有关状态参数变化的情况和与外界的作用又可以分为定温过程、定压过程、定容过程、绝热过程等。

热力系统从某一状态开始,经过一系列中间状态后又回复到原来状态,这一整个闭环过程称为热力循环,简称循环。根据循环效果及进行方向的不同,可以把循环分为正向循环和逆向循环。将热能转化为机械能的循环为正向循环,将热量从低温热源传给高温热源的循环为逆向循环。

### (2) 准静态过程

如果系统状态变化过程中所经历的每一个状态都无限地接近平衡状态,则这种过程称为准平衡过程,又称为准静态过程。准静态过程是由初、终平衡状态以及一系列中间无限接近于平衡状态组成的热力过程。

准静态过程是一种理想化的热力过程,任何实际过程都是不平衡过程。但在热力学中,为便于分析,可以将许多实际热力过程当作准平衡过程处理。

### (3) 可逆过程

热能总是自发地从温度较高的物体传向温度较低的物体,机械能总是自发地转变为热能,气体总是自发地膨胀等现象都说明过程的方向性,即过程总是自发地朝着一定的方向进行。这类从不平衡态自发地移向平衡态的过程称为自发过程。在没有外界影响下,自发过程的反方向是不能自动进行的,这称为非自发过程,也称为不可逆过程。要使非自发过程得以实现,必须附加适当的自发过程作为补充条件。

一个系统由某一初态出发,经过一个过程,系统发生了变化,外界也要发生变化,经过这一过程后达到另一状态(末态)。若存在另一过程,它能使系统和外界完全复原,即系统由末态回到初态,同时消除了原来过程对外界引起的一切影响,未留下任何痕迹,则原来的过程是可逆过程。其逆过程也为可逆过程。如果循环中的每个过程都是可逆的,则这个循环称为可逆循环。含有不可逆过程的循环称为不可逆循环。

自然界中的一切实际过程都不可能是可逆过程,但可控制条件,如消除摩擦力、粘滞力和电阻等产生耗散效应的因素,以避免热效应,从而在系统达到平衡态后,做无限缓慢的变化,这样就可实现可逆过程。无摩擦的准静态过程是可逆过程。可逆过程的概念是对实际过程的理想化。自然界中各种不可逆过程都是互相关联的,即由某一过程的不可逆性可推断另一过程的不可逆性。

### (4) 相互作用

系统与外界的能量交换是通过系统与外界的相互作用而进行的。这种相互作用主要发生在边界上,其结果导致系统内状态参数发生改变。传热和做功是系统与外界相互作用的两种方式,热和功是系统与外界之间所传递的能量,热力系统通过热或功的作用而实现不同形式能量的转换。

1）热作用

热是物质运动表现的形式之一。热的本质是大量的实物粒子（分子、原子等）永不停息地做无规则的运动。热与实物粒子的无规则运动的速度有关，无规则运动越强烈，该物体或系统就越热，温度也就越高。

热的另一种含义是热量。由于温度差，在热传递过程中，物体（系统）吸收或放出能量的多少，称为“热量”。它与做功一样，都是系统能量传递的一种形式，并可作为系统能量变化的量度。热量是热学中最重要的概念之一，是量度系统内能变化的物理量。热传递的过程，实质上是能量转移的过程，而热量就是能量转换的一种量度。热传递的条件是系统间必须有温度差，参加热交换的不同温度的物体（或系统）之间，热量总是由高温物体（或系统）向低温物体（或系统）传递，直到两个物体的温度相同，达到热平衡为止。即使在等温过程中，物体之间的温度也会不断出现微小的差别，一般通过热量传递而不断达到新的平衡。对于参加热传递的任何一个系统，只有和其他系统之间有温差，才能获得或失去能量。另外，对系统本身来说，它获得或失去的这部分能量（即热量），并不一定全部用来升降自身的温度，也可用来使自身发生物态的变化。若用分子运动论的观点来看，则是将系统分子无规则的热运动转移到另一系统，使该系统的分子热运动的动能或分子间相互作用的势能发生变化。

2）功作用

功是在没有热传递的过程中，系统能量变化的量度；而热是在没有做功的过程中，系统能量变化的量度。热量和功，都是与过程有关的物理量。热量可以通过系统转化为功，功也可以通过系统转化为热量，一定量的热量和一定量的功是相当的。用做功来改变系统的内能，是系统分子的有规则运动转化为另一个系统的分子的无规则运动的过程，也就是机械能或其他能和内能之间的转化过程。用传热来改变系统的内能，是通过分子间的碰撞以及热辐射来完成的。它将分子的无规则运动，从一个系统转移到另一个系统。这种转移也就是系统间的内能转换过程。状态确定，系统的内能也随之确定。

热与功都是瞬态现象和边界现象，只有当系统的状态发生变化、热与功穿越系统的边界时才能被观察到，二者都是穿越系统边界时的能量形式。

## 1.2.2　热力学第一定律

### 1. 热力学能

热力学能又称“内能”，是指由物质系统内部状态所决定的能量。从分子运动论的观点看，热力学系统的内能包括组成物质的所有分子热运动的动能、分子与分子间相互作用的势能的总和，以及分子中原子、电子运动的能量和原子核内的能量等。当有电磁场和系统相互作用时，还应包括相应的电磁形式的能。内能是热力学系统的状态函数，是完全由系统的初、终状态所决定的物理量。当状态一定时，系统的内能也一定，而与如何达到这一状态的途径无关。对于均匀系统而言，若没有外力场的作用，则内能 $U$ 可以表示为温度 $T$ 和体积 $V$ 的函数，即

$$U=U(T,V) \tag{1-2}$$

热力学能的单位是焦耳，用符号 J 表示，1 kg 物质的热力学能称为比热力学能，单位为 J/kg，用符号 $u$ 表示，即

$$u=U/m=u(T,v)$$

式中：$m$ 为物质的质量，单位为 kg；$v$ 为比体积，$v=V/m$，单位为 $m^3/kg$。

物体内能的大小与它的质量有关,质量越大,即分子数量越多,它的内能就越大。物体内能的大小还与物体的温度和物体的聚集态(固态、液态和气态)以及物体存在的状态(整块、碎块或粉末)有关。其原因是物体温度越高,分子运动越快,分子动能就越大;分子间距离越大,分子的势能就越大。对气体来说,它的内能基本上只有分子的动能。因为气体分子间的距离已经变得很大,它们之间的相互作用力实际上已不再发生作用,所以气体分子的势能可以忽略。物体的内能跟整个物体的机械能含义不同,只要是物体的温度、体积、形状、物态不变,尽管它的机械能在变,但它的内能仍保持不变。

物体的温度升高,使得物体的内能增加。因为分子的无规则运动加快,所以分子的动能增加;还因为一般物体受热体积膨胀,分子间距离增大,所以分子的势能增加。相反,当物体的温度降低时,物体的内能就减少。整块物体破成碎块或粉末,分子的势能就要增加。物态变化也伴随物体内能的变化。在熔解、蒸发、沸腾等过程中,物体的内能增加;相反,在凝固和液化等过程中,物体的内能减少。改变物体内能的方式有两种:做功和传热。

### 2. 热力学第一定律的数学表达式

热力学第一定律是热力学的基本定律之一,是能量转化与守恒定律在热力学中的表现。根据能量守恒定律,若在过程中,系统从环境吸收的热量为 $Q$,对环境做的功为 $W$,则系统热力学能的变化为

$$\Delta U = Q - W$$

或

$$Q = \Delta U + W \tag{1-3}$$

式(1-3)是热力学第一定律的数学表达式,其中热量 $Q$、热力学能变量 $\Delta U$ 和功 $W$ 都是代数值。当系统对外做功时,$W$ 为正值;当外界对系统做功时,$W$ 为负值。若外界向系统传热(系统吸热),则 $Q$ 为正值;若系统向外界放热,则 $Q$ 为负值。当 $\Delta U$ 为正值时,表示系统的内能增加;当 $\Delta U$ 为负值时,表示系统的内能减少。在状态变化过程中,转化为机械能的部分为 $Q-\Delta U$。

对于无限小的过程,与式(1-3)对应的热力学第一定律的微分形式的数学表达式为

$$\delta Q = \mathrm{d}U + \delta W \tag{1-4}$$

对于1 kg的物质,式(1-3)和式(1-4)分别表示为

$$q = \Delta u + w$$

$$\delta q = \mathrm{d}u + \delta w$$

式中:$\delta Q$、$\delta W$、$\delta q$ 和 $\delta w$ 不是全微分,只表示微小量。

能量守恒定律是自然界的基本规律之一。热力学定律是能量转化和守恒定律在一切涉及热现象的宏观过程中的具体表现,它只涉及内能与其他形式能量相互转化的过程。热力学第一定律是宏观规律,它对少量粒子组成的系统和个别微观粒子都是不适用的。

### 3. 焓、热容与比热容

#### (1) 焓

设有一个等压过程,系统对外做功且 $\delta W = p\mathrm{d}V$。根据式(1-4)有

$$\delta Q = dU + \delta W = dU + p\,dV \tag{1-5}$$

对于等压过程，$p$ 为常量，因此

$$\delta Q = d(U + pV)$$

令 $H = U + pV$，则

$$\delta Q = dH \tag{1-6}$$

或

$$\Delta H = Q_p$$

式中：$H$ 称为焓，单位为 J。1 kg 物质的焓称为比焓，用 $h$ 表示，$h = u + pv$，比焓的单位为 J/kg。根据焓的定义，准静态等压过程中体系所吸收的热量等于焓的增加，或一般地说，等压过程中体系焓的变化等于过程中体系加入的热量或从体系中抽出的热量。从焓的定义来看，它所包含的 $U$、$p$、$V$ 都是状态函数，因此焓也是一个状态函数。

**(2) 热容和比热容**

物质温度升高 1 ℃(1 K)所需要的热量称为热容，以符号 $C$ 表示，单位为 J/K，公式如下：

$$C = \frac{\delta Q}{dT} \tag{1-7}$$

1 kg 物质温度升高 1 ℃(1 K)所需要的热量称为比热容，以符号 $c$ 表示，单位为 kJ/(kg·K)，公式如下：

$$c = \frac{\delta q}{dT}$$

由于热量是过程量，因此比热容也与过程有关。常用的有定容过程和定压过程的比热容，分别称为比定容热容和比定压热容，分别以 $c_V$ 和 $c_p$ 表示，公式如下：

$$c_V = \left(\frac{\delta q}{dT}\right)_V \tag{1-8a}$$

$$c_p = \left(\frac{\delta q}{dT}\right)_p \tag{1-8b}$$

对于可逆过程，热力学第一定律可以表示为

$$\delta q = du + p\,dv \tag{1-9}$$

或

$$\delta q = d(u + pv) - v\,dp = dh - v\,dp \tag{1-10}$$

式中：$h = u + pv$。等容过程 $dv = 0$，则

$$\delta q_V = du$$

$$c_V = \frac{\delta q_V}{dT} = \left(\frac{du}{dT}\right)_V \tag{1-11a}$$

或

$$du = c_V\,dT$$

等压过程 $dp = 0$，则

$$\delta q_p = dh$$

$$c_p = \frac{\delta q_p}{dT} = \left(\frac{dh}{dT}\right)_p \tag{1-11b}$$

或

$$dh = c_p dT$$

对于任何物质的 $c_p$ 要大于 $c_V$ 的情况,是由于在定容加热过程中,所有加入的热都用来升高温度;但在定压加热过程中,所吸收的热除了用来增加系统内能使温度升高之外,还要供给系统在定压下做膨胀功。对于固态物质,因其热膨胀很小,定压条件下加热时对外做功很小,所以固态物质的 $c_p$ 和 $c_V$ 近似相等。

## 1.2.3 热力学第二定律

热力学第一定律表明了能量在转换和转移过程中的总量守恒性。然而,满足热力学第一定律的过程并不一定都能实现,即自然过程是有方向性的。热力学第二定律就是研究热力过程进行的方向、条件与限度的。

### 1. 热力学第二定律的表述

热力学第二定律是关于在有限空间和时间内,一切和热运动有关的物理、化学过程具有不可逆性的总结。热力学第二定律有多种表述形式,常用的定性表述是克劳修斯表述和开尔文-普朗克表述。

**(1) 克劳修斯表述**

克劳修斯从热量传递方向性的角度,将热力学第二定律表述为:不可能使热量由低温物体传到高温物体而不产生其他影响。这一表述阐明在自然条件下热量只能从高温物体向低温物体转移,而不能自发地、不付任何代价地由低温物体自动向高温物体转移,这个转变过程是不可逆的。若想让热传递方向逆转,则必须消耗功才能实现。

**(2) 开尔文-普朗克表述**

开尔文-普朗克从热功转换的角度,将热力学第二定律表述为:不可能从单一热源吸取热量,使之完全转变为有用功而不产生其他影响。表述中的"单一热源"是指温度均匀且恒定不变的热源。"不产生其他影响"是指除了由单一热源吸热,把所吸的热用来做功以外的任何其他变化。当有其他任何变化产生时,把由单一热源吸来的热量全部用来对外做功是可能的,这样不可避免地要有一部分热向温度更低的低温热源传递。

自然界中任何形式的能都可能转变成热,但热却不能在不产生其他影响的条件下完全变成其他形式的能,这种转变在自然条件下也是不可逆的。热机在运行过程中,可连续不断地将热变为机械功,但其一定伴随有热量的损失。热力学第二定律和第一定律两者有所不同,第二定律阐明了过程进行的方向性。开尔文还将热力学第二定律表述为:第二种永动机是不可能造成的。第二种永动机就是能从单一的热源吸收热量使之完全变为有用的功而不产生其他影响的机器。

### 2. 熵及物理意义

**(1) 熵的概念**

热力学第二定律阐明自然界中一切自发过程都是不可逆的。度量体系进行自发过程的不可逆程度的参数称为熵,用符号 S 表示,单位为 J/K。克劳修斯定义熵为可逆过程中系统的换热量 $Q_r$ 与工质温度之比,即

$$dS = \left(\frac{\delta Q_r}{T}\right)_{\text{可逆}} \tag{1-12a}$$

1 kg 物质的熵称为比熵，用 $s$ 表示，单位为 J/(kg·K)。比熵的表达式为

$$ds = \left(\frac{\delta q_r}{T}\right)_{\text{可逆}} \tag{1-12b}$$

熵是判别热力过程的方向是否可逆的热力学参数。熵的变化反映了可逆过程中热交换的方向和大小。系统可逆地从外界吸热，$\delta Q_r > 0$，系统熵增加；系统可逆地向外界放热，$\delta Q_r < 0$，系统熵减少。在可逆绝热过程中，系统熵不变。熵是状态函数，只要系统始末状态一定，无论过程可逆与否，其熵差就有确定值了。

对于可逆过程，沿可逆路径积分 $\int_1^2 \frac{\delta Q_r}{T}$ 的值仅由初终态 1、2 态决定，而与积分路径无关，且 $\int_1^2 \frac{\delta Q_r}{T} = \int_2^1 \frac{\delta Q_r}{T}$，即

$$\oint \frac{\delta Q_r}{T} = 0 \tag{1-13}$$

由此可得

$$\Delta S = S_2 - S_1 = \int_1^2 \frac{\delta Q_r}{T} \tag{1-14}$$

而对于不可逆过程，则有

$$\Delta S = S_2 - S_1 > \int_1^2 \frac{\delta Q}{T} \tag{1-15}$$

综合式(1-14)和式(1-15)可得判断过程是否可逆的热力学第二定律的数学表达式为

$$\Delta S = S_2 - S_1 \geqslant \int_1^2 \frac{\delta Q}{T} \tag{1-16}$$

热力学第二定律的微分形式为

$$dS \geqslant \frac{dQ}{T} \tag{1-17}$$

以上式子中不等号对应于不可逆过程，等号对应于可逆过程。在孤立系统内 $\delta Q = 0$，对于可逆过程，系统的熵总保持不变；对于不可逆过程，系统的熵总是增加的。这个规律叫做熵增加原理。熵的增加表示系统从概率小的状态向概率大的状态演变，也就是从比较有规则、有秩序的状态向更无规则、更无秩序的状态演变。

**(2) 熵的物理意义**

从分子运动论的观点看，热运动是大量分子的无规则运动，而做功则是大量分子的有规则运动。无规则运动要变为有规则运动的概率极小，而有规则运动变为无规则运动的概率大。一个不受外界影响的孤立系统，其内部自发的过程总是由概率小的状态向概率大的状态进行，总是从包含微观状态数目少的宏观状态向包含微观状态数目多的宏观状态进行。这是热力学第二定律的统计意义。因此，也可以把熵作为体系“混乱程度”的量度。

对以原子型为组态的体系来说，组成体系的粒子越混乱，其熵值越大。这样熵就可以和体系在原子范围的混乱程度相联系。例如，在结晶固态中，绝大多数的组成粒子(原子或离子)只限于围绕规则排列的一定位置做振动；而在液态时，组成粒子可以比较自由地在液态体系内遨游。固态内原子排列比液态较为规则(有序)，或者说具有较小的混乱度，因此在固态时体系具

有较小的熵值,而液体具有较大的熵值。同样,气相内原子的混乱度大大超过液相的,因此气相的熵值也就大大超过液相的。

上述的混乱度概念也能和宏观现象相联系。例如,固相吸收一定热量 $Q$(达到熔化热)的结果使其在熔点($T_m$)时进行熔化,被熔化固相的熵值增加了 $Q/T_m$,在等压过程中 $Q=\Delta H$,则有

$$\Delta S_{熔化}=\frac{\Delta H}{T_m} \tag{1-18}$$

这种增加的熵值可和体系内组成粒子的混乱度增大相联系,这时供给热量的热源,其混乱度则有较小程度的减小。当过冷液相不可逆地凝固时,其混乱度有所减小,同时环境(热浴)却因吸收凝固热而导致混乱度大大增加。因此,自发凝固过程总的效果也是增大了混乱度(或减小了有序度),也即增加了熵值。假如在平衡温度(熔点)进行凝固,则凝固体系混乱度的减小正好等于环境因吸收凝固热而导致混乱度的增大。因此,过程总的结果是使总的混乱度(体系的混乱度和环境的混乱度之和)没有改变,即熵值不变,或者说,此时体系的熵转移到环境。

玻耳兹曼(Boltzmann)将宏观量熵($S$)与微观状态数($\Omega$)二者之间建立了联系,这就是著名的玻耳兹曼公式,即

$$S=-k_B\ln\Omega \tag{1-19}$$

式中:$k_B$ 为玻耳兹曼常数。玻耳兹曼公式表达了体系的熵值和其内部粒子混乱度之间的定量关系。体系的微观组态数越多,混乱度就越大,熵值也越大。因此,从混乱度观点来描述熵,就是体系内部微粒混乱度的量度,这就是熵的物理意义。

### 3. 热力学势

在保守力学体系中,如在重力场中被举起的质量,其功可以势能的形式储存,而后再释放出来。在某些情况下热力学体系也是一样,可以通过可逆过程对体系做功把能量储存于热力学体系中,最后再以功的形式将能量取出。储存于体系之中而后再以功的形式释放出来的那部分能量就称为自由能。在热力学体系中,存在有多少种约束条件不同的组合就有多少种不同形式的自由能。这些自由能类似于重力场中的势能,所以称为热力学势,也称为势函数。这里主要介绍亥姆霍兹自由能和吉布斯自由能。

在定温、定容条件下,令

$$F=U-TS \tag{1-20}$$

即

$$\mathrm{d}F=\mathrm{d}U-T\mathrm{d}S \tag{1-21}$$

式中:$F$ 称为亥姆霍兹自由能,由于 $U$ 和 $S$ 都是状态函数,所以 $F$ 也是状态函数。

在定温、定压条件下,令

$$G=U+PV-TS=H-TS \tag{1-22}$$

即

$$\mathrm{d}G=\mathrm{d}H-T\mathrm{d}S \tag{1-23}$$

或

$$\mathrm{d}G=\mathrm{d}U+P\mathrm{d}V-T\mathrm{d}S$$

式中:$G$ 称为吉布斯自由能。由于 $H$ 和 $S$ 都是状态函数,所以 $G$ 也是状态函数。

吉布斯自由能和亥姆霍兹自由能都称为热力学势。吉布斯自由能可以理解为“等温等压

条件下，体系做有效功的能力”；亥姆霍兹自由能可以理解为“等温等容条件下，体系做有效功的能力”。两者的单位和能量的单位相同，本质一致，即自由能是内能中可以用来做功的那部分能量。

由定义式(1-20)可知，$G$ 由 $H$ 和 $S$ 组成，$S$ 有绝对值而 $H$ 没有，所以 $G$ 也没有绝对值，计算的 $G$ 只是相对值，$F$ 也一样。

在定压条件下，根据式(1-20)有

$$\left(\frac{\partial G}{\partial T}\right)_p = -S \tag{1-24}$$

用熵函数来判断过程能否自发进行，必须考虑环境熵值的改变，这使计算复杂化，有时会成为不可能。为方便起见，可采用自由能判据。例如，吉布斯自由能因温度而改变的斜率即为熵的负值，而熵恒为正值。因此，随着温度的升高，体系的自由能值下降。熵值越大，自由能变化的斜率就越大。

在定温定压且不做有效功的条件下，自发过程总是向体系自由能减小的方向进行，直至降到最小值，体系达到平衡状态。

## 1.2.4　热力学基本方程

### 1. 特性函数

在以上分析中先后出现了 8 个主要的状态函数：$T$、$p$、$V$、$U$、$H$、$S$、$F$ 和 $G$。其中 $T$ 和 $p$ 是强度性质，其他为容量性质。8 个函数中的 $T$、$p$、$V$、$U$、$S$ 是基本函数，都具有明确的物理意义，而 $H$、$F$ 和 $G$ 是导出函数，是由基本函数经过数学组合定义而成的，本身没有物理意义，它们和基本函数的关系如下：

$$H \equiv U + pV$$

$$F \equiv U - TS$$

$$G \equiv U + pV - TS = H - TS$$

$$G = F + pV$$

对于封闭体系只做体积功，不做非体积功的可逆过程，热力学第一定律($\mathrm{d}U = \delta Q_r - p\mathrm{d}V$)与第二定律($\delta Q_r = T\mathrm{d}S$)联立可得

$$\mathrm{d}U = T\mathrm{d}S - p\mathrm{d}V \tag{1-25a}$$

这是热力学第一定律与第二定律的联合公式，是适用于组成不变且不做非体积功的封闭体系的热力学基本公式。尽管在导出该公式时，曾引用可逆条件 $\delta Q_r = T\mathrm{d}S$，但该公式中各量均为状态函数，与过程是否可逆无关。只有在可逆过程中，$T\mathrm{d}S$ 才代表体系所吸的热。

根据 $H = U + pV$，微分后代入上式可得

$$\mathrm{d}H = T\mathrm{d}S + V\mathrm{d}p \tag{1-25b}$$

同理可得

$$\mathrm{d}F = -S\mathrm{d}T - p\mathrm{d}V \tag{1-25c}$$

$$\mathrm{d}G = -S\mathrm{d}T + V\mathrm{d}p \tag{1-25d}$$

上面 4 个方程称为热力学基本方程。等号左边是 $U$、$H$、$F$、$G$，等号右边只有 $p$、$V$、$T$、$S$。由式(1-25c)和式(1-25d)可以看出，当 $\mathrm{d}T = 0$ 时，有 $\mathrm{d}F = -p\mathrm{d}V$，$\mathrm{d}G = V\mathrm{d}p$，即亥姆霍兹函数的减小等于可逆定温过程对外所做的膨胀功，而吉布斯函数的减小等于可逆定温过程中对外

所做的技术功。亥姆霍兹函数和吉布斯函数在相平衡和化学反应过程分析中有很大的用途。

热力学基本方程是热力学第一定律和第二定律的综合，是热力学理论框架的中心。热力学基本方程实际上是以下4个函数关系的全微分式，即

$$U=U(S,V)$$

$$H=H(S,p)$$

$$F=F(T,V)$$

$$G=G(T,p)$$

这4个函数又称为特征函数，即只需一个状态函数就可以确定系统的其他参数。若考虑非体积功，则式(1-25)的4个基本公式可写为

$$dU=TdS-pdV-\delta W_f \tag{1-26a}$$

$$dH=TdS+Vdp-\delta W_f \tag{1-26b}$$

$$dF=-SdT-pdV-\delta W_f \tag{1-26c}$$

$$dG=-SdT+Vdp-\delta W_f \tag{1-26d}$$

按全微分性质，若 $z=f(x,y)$，则有

$$dz=\left(\frac{\partial z}{\partial x}\right)_y dx+\left(\frac{\partial z}{\partial y}\right)_x dy=Mdx+Ndy \tag{1-27}$$

因此，由热力学基本方程式(1-25)可直接得出

$$T=\left(\frac{\partial U}{\partial S}\right)_V=\left(\frac{\partial H}{\partial S}\right)_p \tag{1-28a}$$

$$p=-\left(\frac{\partial U}{\partial V}\right)_S=-\left(\frac{\partial F}{\partial V}\right)_T \tag{1-28b}$$

$$V=\left(\frac{\partial H}{\partial T}\right)_S=\left(\frac{\partial G}{\partial p}\right)_T \tag{1-28c}$$

$$S=-\left(\frac{\partial F}{\partial T}\right)_V=-\left(\frac{\partial G}{\partial T}\right)_p \tag{1-28d}$$

### 2. 麦克斯韦(Maxwell)关系式

对于组成不变，只做体积功的封闭系统，状态函数仅需两个状态变量就可以确定，即存在函数关系，并且这种函数具有全微分的性质。按全微分的性质，将式(1-27)中的 $M$ 对 $y$ 微分，$N$ 对 $x$ 微分，得

$$\left(\frac{\partial M}{\partial y}\right)_x=\frac{\partial^2 z}{\partial y\partial x}$$

及

$$\left(\frac{\partial N}{\partial x}\right)_y=\frac{\partial^2 z}{\partial x\partial y}$$

显然，

$$\left(\frac{\partial M}{\partial y}\right)_x=\left(\frac{\partial N}{\partial x}\right)_y$$

式(1-25a)即为全微分，利用上述全微分的性质可得

$$dU=\left(\frac{\partial U}{\partial S}\right)_V dS-\left(\frac{\partial U}{\partial V}\right)_S dV=TdS+Vdp \tag{1-29}$$

式中：$T$ 和 $p$ 也分别是 $S$ 和 $V$ 的函数，将 $T$ 和 $p$ 分别对 $S$ 和 $V$ 偏微分有

$$\left(\frac{\partial T}{\partial V}\right)_S=\frac{\partial^2 U}{\partial S\partial V}$$

$$-\left(\frac{\partial p}{\partial S}\right)_V=\frac{\partial^2 U}{\partial S\partial V}$$

所以有

$$\left(\frac{\partial T}{\partial V}\right)_S=-\left(\frac{\partial p}{\partial S}\right)_V \tag{1-30a}$$

对式(1-25b)、式(1-25c)及式(1-25c)做同样处理，可得

$$\left(\frac{\partial T}{\partial p}\right)_S=\left(\frac{\partial V}{\partial S}\right)_p \tag{1-30b}$$

$$\left(\frac{\partial S}{\partial V}\right)_T=\left(\frac{\partial p}{\partial T}\right)_V \tag{1-30c}$$

$$\left(\frac{\partial S}{\partial p}\right)_T=-\left(\frac{\partial V}{\partial T}\right)_p \tag{1-30d}$$

这 4 个方程式称为麦克斯韦关系式。利用该关系式，可以容易地用从实验测定的偏微商代替那些不易直接测定的偏微商。例如式(1-30d)中，变化率$\left(\frac{\partial S}{\partial p}\right)_T$难以测定，而代表系统热膨胀情况的变化率$\left(\frac{\partial V}{\partial T}\right)_p$可以直接测定。

**3. 热系数**

基本状态参数 $p$、$V$ 和 $T$ 之间的偏导数$\left(\frac{\partial V}{\partial T}\right)_p$、$\left(\frac{\partial V}{\partial p}\right)_T$和$\left(\frac{\partial p}{\partial T}\right)_V$也具有明确的物理意义。

定义

$$\alpha_V=\frac{1}{V}\left(\frac{\partial V}{\partial T}\right)_p \tag{1-31a}$$

为体膨胀系数，单位为 $K^{-1}$，表示物质在定压下的体积随温度的变化率。

定义

$$\beta=-\frac{1}{V}\left(\frac{\partial V}{\partial p}\right)_T \tag{1-31b}$$

为等温压缩率，单位为 $Pa^{-1}$，表示物质在定温下的体积随压力的变化率。

定义

$$\alpha_p=\frac{1}{p}\left(\frac{\partial p}{\partial T}\right)_V \tag{1-31c}$$

为等容压力温度系数或压力的温度系数，单位为 $K^{-1}$，表示物质在定体积下的压力随温度的变化率。

上述 3 个系数称为热系数，可以由实验测定，也可以由状态方程求得。

## 1.3　溶体热力学性质

前面所述的纯物质也称单组分系统。描述单组分封闭系统的状态，只需要两个状态性质

(如 $p$、$V$、$T$ 中的任意两个)。但实际材料多数是由多种物质组成的混合体系,如合金中的固溶体等,称为溶体或多组分系统。溶体可分为组分均匀分布的均相系统和非均匀分布的多相系统。

## 1.3.1 溶体与相及相律

### 1. 溶体与相

溶体是以原子或分子作为基本单元的粒子混合系统。溶体从物态可分为气态溶体、液态溶体(溶液)和固态溶体(固溶体)。组成溶体的物质有不同的状态,通常将液态物质称为溶剂,气态或固态物质称为溶质。如果都是液态,则把含量多的一种称为溶剂,含量少的称为溶质。如果固溶体是由A物质溶解在B物质中形成的,则一般将A组元称为溶剂,将B组元称为溶质。如果两种组元在固态下可以互溶,那么就将含量多的一种称为溶剂,含量少的称为溶质。一般而言,在多组分均匀体系中,溶剂和溶质不加区分,这种体系称为混合物,其可分为气态混合物、液态混合物和固态混合物。

在宏观上,如果两种组元的原子或分子混合在一起后,既没有热效应也没有体积效应,则所形成的溶体为理想溶体。

在物质系统中宏观化学组成、物理性质及化学性质相同的一个均匀部分称为一个相。当溶体系统内部只有一个相时,称为单相(均相)系统。含有两个相或两个以上的相的系统称为多相(非均相)系统。当系统中同时存在几个相时,各相之间有明显的分界。越过相界面时,物理化学性质会发生突变。系统中相的总数称为相数。不同种液体的互溶程度也不同,可以是一相、两相乃至三相共存。对于固体,一般而言,晶体结构相同的固体是一个相,而晶体结构不同的同一单质或化合物,则为不同的相,固溶体是一个相。

一切均匀相都有和相的质量成正比的广延性质,如体积、内能和焓等。体系的广延性质是体系中一切相的广延性质的总和。与质量无关的相的性质,如密度、温度和压力称为强度性质。两广延性质之比为一强度性质。相的状态由其组成以及一些有关的强度性质确定,通常两个强度性质(如温度和压力)已经足够。所需强度性质的确切数目和种类由经验而定。在确定某些体系中相的状态时,可能还需要另外的强度性质,诸如比表面积、重力加速度、磁场强度和电场强度等。

### 2. 相　律

在指定的温度和压力下,若多相体系的各相中每一组元的浓度均不随时间而变,则体系达到相平衡。实际上相平衡是一种动态平衡,从系统内部来看,分子和原子仍在相界处不停地转换,只不过各相之间的转换速度相同。

相律是表示在平衡条件下,系统的自由度数、组元数和平衡相数之间的关系式。自由度数是指在不改变系统平衡相的数目的条件下,可以独立改变的、不影响系统状态的因素(如温度、压力、平衡相成分)的数目。自由度数的最小值为0,称为无变量系统;自由度数等于1的系统称为单变量系统;自由度数等于2的系统称为双变量系统,等等。

相律的表达式为

$$F = C - P + n \tag{1-32a}$$

式中:$F$ 为系统的自由度数;$C$ 为组元数;$P$ 为平衡相数;$n$ 为能够影响系统的平衡状态的外界

因素数。一般情况下只考虑温度和压力对系统的平衡状态的影响，相律可以表示为

$$F = C - P + 2 \tag{1-32b}$$

对于凝聚态的系统，压力的影响极小，一般忽略不计，这时相律可写为

$$F = C - P + 1 \tag{1-32c}$$

由相律可知，系统的自由度数，在相数一定时，随着独立组分数的增加而增加；在独立组分数一定时，随着相数的增加而减少。

利用相律可以解释金属和合金结晶过程中的很多现象。如纯金属结晶时存在两个相(固、液共存)，即 $P=2$，纯金属 $C=1$，代入式(1-32c)得 $F=1-2+1=0$，这说明纯金属结晶只能在恒温下进行。对于二元合金，在两相平衡条件下，$P=2, C=2, F=1$，这说明此时还有一个可变因素。因此，二元合金一般是在一定温度范围内结晶。在二元合金的结晶过程中，当出现三相平衡时，$F=2-3+1=0$，因此这个过程是在恒温下进行的。

## 1.3.2　多组分系统热力学

### 1. 偏摩尔量

要准确描述多组分体系的状态，除 $p$、$V$、$T$ 中的任意两个之外(第三个量可由状态方程确定)，还必须指定各物种的物质的量(或浓度)。这是因为在多组分体系中，体系的某种容量性质不等于各个纯组分的该种容量性质之和。为此，需要引入偏摩尔量的概念。

在由多种组分形成的混合体系中，任一容量性质量 $Z$(状态函数)都可看作是 $k+2$ 个独立变量的函数，即

$$Z = Z(T, p, n_1, n_2, n_3, \cdots, n_k) \tag{1-33}$$

式中：$n_1, n_2, n_3, \cdots, n_k$ 分别为组分 1,2,3,…,$k$ 的物式的量。对式(1-33)求全微分得

$$\begin{aligned} dZ = {} & \left(\frac{\partial Z}{\partial T}\right)_{p,n_i} dT + \left(\frac{\partial Z}{\partial p}\right)_{T,n_i} dp + \left(\frac{\partial Z}{\partial n_1}\right)_{T,p,n_j} dn_1 + \\ & \left(\frac{\partial Z}{\partial n_2}\right)_{T,p,n_j(j\neq 2)} dn_2 + \cdots + \left(\frac{\partial Z}{\partial n_k}\right)_{T,p,n_j(j\neq k)} dn_k \end{aligned} \tag{1-34a}$$

或写成

$$dZ = \left(\frac{\partial Z}{\partial T}\right)_{p,n_i} dT + \left(\frac{\partial Z}{\partial p}\right)_{T,n_i} dp + \sum_{B=1}^{k}\left(\frac{\partial Z}{\partial n_B}\right)_{T,p,n_j(j\neq B)} dn_B \tag{1-34b}$$

式中：下标 $i$ 表示所有组分的量都固定不变；$j$ 表示除组分 $B$ 之外其余所有组分的量都固定不变。在等温等压下，式(1-34)可写为

$$dZ = \sum_{B=1}^{k} Z_B dn_B \tag{1-35}$$

式中：$Z_B = \left(\frac{\partial Z}{\partial n_B}\right)_{T,p,n_j(j\neq B)}$。其中，$Z_B$ 被定义为多组分系统中组分 $B$ 的偏摩尔量，是指在等温等压及其他组分不变的条件下，向足够大量的混合物体系中加入 1 mol 组分 $B$ 时引起的系统广延量 $Z$ 的增量。只有广延量才有偏摩尔量，强度量不存在偏摩尔量。也只有在等温等压下系统的广延量随物质的量的变化率才能称为偏摩尔量，偏摩尔量也是强度量。

在恒温恒压下，偏摩尔量与混合物的组成有关。若按混合物原有组成成比例，同时微量地加入各组分形成混合物，则因混合过程中组成恒定，对式(1-35)积分得

$$Z=\int_0^Z \mathrm{d}Z=\int_0^{n_1} Z_1 \mathrm{d}n_1+\int_0^{n_2} Z_2 \mathrm{d}n_2+\cdots+\int_0^{n_k} Z_k \mathrm{d}n_k$$
$$=n_1 Z_1+n_2 Z_2+\cdots+n_k Z_k=\sum_{B=1}^{k} n_B Z_B \tag{1-36}$$

式(1-36)称为偏摩尔量的集合公式。

所有纯物质体系或组成不变的体系中适用的各函数的定义式仍然适用于混合物体系,只需将原函数用偏摩尔数量代替即可。

## 2. 溶体中各组分的化学势

### (1) 多组分单相系统热力学方程

若将混合物的吉布斯函数 $G$ 表示成多种组分的函数,则有

$$G=G(T,p,n_1,n_2,n_3,\cdots) \tag{1-37}$$

写成全微分则有

$$\mathrm{d}G=\left(\frac{\partial G}{\partial T}\right)_{p,n_i}\mathrm{d}T+\left(\frac{\partial G}{\partial p}\right)_{T,n_i}\mathrm{d}p+\sum_{B=1}^{k}\left(\frac{\partial G}{\partial n_B}\right)_{T,p,n_j(j\neq B)}\mathrm{d}n_B \tag{1-38}$$

因为

$$\left(\frac{\partial G}{\partial T}\right)_{p,n_i}=-S,\quad \left(\frac{\partial G}{\partial p}\right)_{T,n_i}=V$$

所以有

$$\mathrm{d}G=-S\mathrm{d}T+V\mathrm{d}p+\sum_{B=1}^{k}\left(\frac{\partial G}{\partial n_B}\right)_{T,p,n_j(j\neq B)}\mathrm{d}n_B \tag{1-39}$$

令

$$\mu_B=\left(\frac{\partial G}{\partial n_B}\right)_{T,p,n_j(j\neq B)} \tag{1-40}$$

则式(1-39)可写为

$$\mathrm{d}G=-S\mathrm{d}T+V\mathrm{d}p+\sum_{B=1}^{k}\mu_B\mathrm{d}n_B \tag{1-41}$$

式中:$\mu_B$ 称为组分 $B$ 的化学势。从式(1-41)中可以看出,化学势 $\mu_B$ 就是偏摩尔吉布斯自由能。因为材料的相变一般都在恒温恒压下进行,所以应用偏摩尔吉布斯自由能定义的化学势最为方便。

同样,也可以用 $U$、$H$ 和 $F$ 定义化学势,即

$$\mu_B=\left(\frac{\partial U}{\partial n_B}\right)_{S,V,n_j(j\neq B)}=\left(\frac{\partial H}{\partial n_B}\right)_{S,p,n_j(j\neq B)}=\left(\frac{\partial F}{\partial n_B}\right)_{T,V,n_j(j\neq B)}=\left(\frac{\partial G}{\partial n_B}\right)_{T,p,n_j(j\neq B)}=G_B \tag{1-42}$$

但应注意,在上述化学势定义中,只有偏摩尔吉布斯自由能的定义才同时是偏摩尔量,其余都不是。$U$、$H$ 和 $F$ 的全微分为

$$\mathrm{d}U=-T\mathrm{d}S-p\mathrm{d}V+\sum_{B=1}^{k}\mu_B\mathrm{d}n_B \tag{1-43}$$

$$\mathrm{d}H=T\mathrm{d}S+V\mathrm{d}p+\sum_{B=1}^{k}\mu_B\mathrm{d}n_B \tag{1-44}$$

$$dF = -SdT - pdV + \sum_{B=1}^{k} \mu_B dn_B \tag{1-45}$$

上述 $U$、$H$、$F$ 和 $G$ 四个公式是适用于均匀系统的更为普遍的热力学基本公式，它不仅适用于封闭系统，也适用于开放系统。当 $\sum \mu_B dn_B = 0$ 时，即系统内各组分的物质的量均不发生变化，或系统内部处于相平衡或化学平衡状态，则上述 4 个基本公式还原为简单形式。

**(2) 化学势判据**

在恒温恒压下，式(1－41)可简化为

$$dG = \sum_{B=1}^{k} \mu_B dn_B \tag{1-46}$$

已知恒温恒压下，$dG$ 可以作为自发过程的判据，即

$$\sum_{B=1}^{k} \mu_B dn_B \begin{cases} < 0, & \text{自发} \\ = 0, & \text{平衡} \end{cases} \tag{1-47}$$

式(1－47)为多组分化学势判据，用于判断恒温恒压下相变和化学变化的方向和限度。在相变过程的研究中，常常会遇到含有不均匀物质以及物质迁移的热力学系统。这时，需要借助化学势来描述有关现象及过程。化学势 $\mu$ 同温度、压力一样，是一个强度量，表示推动质量转移的驱动力。

## 1.3.3　相平衡

通常物系中可能发生 4 种过程：热传递、功传递、相变和化学反应。相应于这些过程有 4 种平衡条件：热平衡条件、力平衡条件、相平衡条件及化学平衡条件。相平衡条件及化学平衡条件都涉及化学势。相平衡的条件是各组元各相的化学势分别相等。在可逆相变过程中，质量总是从化学势较高的相向较低的相转移。化学反应总是朝着总化学势减小的方向进行，当生成物与反应物的化学势差等于零时，系统达到化学平衡。

### 1. 单组分系统的相平衡

单组分系统中两相平衡的条件是该物质在两相的化学势相等。在温度为 $T$、压力为 $p$ 时，同一物质两个相($\alpha$ 相与 $\beta$ 相)的化学势分别为 $\mu^{\alpha}(T,p)$、$\mu^{\beta}(T,p)$，则有

$$\mu^{\alpha}(T,p) = \mu^{\beta}(T,p) \tag{1-48}$$

因纯物质的化学势等于该物质的摩尔吉布斯函数，所以单组分系统在$(T,p)$时的平衡条件为

$$G_m^{\alpha} = G_m^{\beta} \tag{1-49}$$

当体系的温度从 $T$ 变为 $T + dT$ 时，为建立新的平衡，压力由 $p$ 变为 $p + dp$，两相又达到了新的平衡，即

$$G_m^{\alpha} + dG_m^{\alpha} = G_m^{\beta} + dG_m^{\beta} \tag{1-50}$$

式中：$dG_m^{\alpha}$ 和 $dG_m^{\beta}$ 分别是温度改变 $dT$、压力改变 $dp$ 时所引起的摩尔吉布斯函数的增量。根据式(1－49)可得

$$dG_m^{\alpha} = dG_m^{\beta} \tag{1-51}$$

根据热力学基本关系式(1－25d)则有

$$-S_m^{\alpha} dT + V_m^{\alpha} dp = -S_m^{\beta} dT + V_m^{\beta} dp$$

或

$$(S_m^\beta - S_m^\alpha)\,dT = (V_m^\beta - V_m^\alpha)\,dp$$

即

$$\frac{dp}{dT} = \frac{S_m^\beta - S_m^\alpha}{V_m^\beta - V_m^\alpha} = \frac{\Delta S_m}{\Delta V_m} \tag{1-52}$$

式中:$\Delta S_m$ 和 $\Delta V_m$ 分别表示 1 mol 物质在$(T,p)$下由 $\alpha$ 相转移至$\beta$ 相的熵变和体积变化。因为恒温恒压下的熵变可以表示为

$$\Delta S_m = \frac{\Delta H_m}{T} \tag{1-53}$$

所以

$$\frac{dp}{dT} = \frac{\Delta H_m}{T\Delta V_m} \tag{1-54}$$

式(1-54)反映了单组分系统两相平衡时压力随温度的变化率,称为克拉贝龙方程。克拉贝龙方程表明,若要保持单组分系统的两相平衡,温度与压力这两个变量不能同时独立地改变,必须按这一方程的限制变化。

可以看到,上述推导过程中没有引进任何人为假设,因此式(1-54)可适用于任何纯物质体系的各类两相平衡,如气-液、气-固、液-固或固-固晶型转变等。应该注意,计算时 $\Delta H_m$ 与 $\Delta V_m$ 所用物质量的单位(如同时用 1 mol 或 1 kg 表示)要一致。

如果两相中有一相是气相,则因气相的摩尔体积远大于液体和固体的摩尔体积,故可忽略液相或固相的摩尔体积变化,因此有

$$\Delta V_m = \Delta V_m(g) \tag{1-55}$$

再把气相看作理想气体,则 $V_m=RT/p$,代入式(1-54),整理可得

$$\frac{d(\ln p)}{dT} = \frac{\Delta H_m}{RT^2} \tag{1-56}$$

这就是著名的克拉贝龙-克劳修斯方程的微分形式,其中 $\Delta H_m$ 是摩尔汽化焓或摩尔升华焓。当温度变化范围不大时,可将 $\Delta H_m$ 视为与温度无关的常数,对式(1-56)取定积分可得

$$\ln\frac{p_2}{p_1} = \frac{\Delta H_m}{R}\left(\frac{1}{T_1} - \frac{1}{T_2}\right) \tag{1-57}$$

由此可见,只要知道 $\Delta H_m$,就可以从已知温度 $T_1$ 时的饱和蒸气压 $p$ 计算另一温度 $T_2$ 时的饱和蒸气压 $p$;或者从已知压力下的沸点求得另一压力下的沸点。当然,若已知两个温度下的蒸气压也可用来估算 $\Delta H_m$。

### 2. 多组分系统的相平衡

由 $\varphi$ 个相组成的多组分多相平衡条件包括各相的热平衡、力平衡以及相平衡,相平衡的条件是任一给定组分 $i$ 的化学势在各相中有相同的数值。因此,多组分多相平衡条件可用下式来表达:

$$T^1 = T^2 = \cdots = T^\varphi \tag{1-58a}$$

$$p^1 = p^2 = \cdots = p^\varphi \tag{1-58b}$$

$$\mu_i^1 = \mu_i^2 = \cdots = \mu_i^\varphi,\quad i=1,2,\cdots,k \tag{1-58c}$$

若多组分系统中含有 $\alpha$ 和$\beta$ 两个相(见图 1-1),则 $n_A^\alpha$ 和 $n_B^\alpha$ 分别表示组分 $A$ 和 $B$ 在 $\alpha$ 相中的摩尔数,$n_A^\beta$ 和 $n_B^\beta$ 分别表示组分 $A$ 和 $B$ 在 $\beta$ 相中的摩尔数。

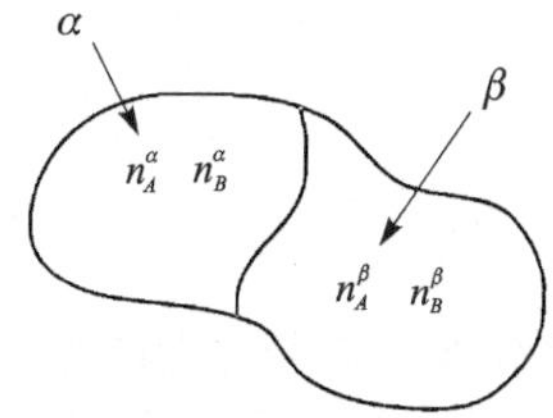


图 1-1　两相系统热力学平衡示意图

$\mu_B^\alpha$ 和 $\mu_B^\beta$ 分别表示组分 $B$ 在 $\alpha$ 和 $\beta$ 相中的化学势。在恒温恒压下，若有 $dn_B$ 的组分 $B$ 从 $\alpha$ 相转移到 $\beta$ 相中，则 $\alpha$ 和 $\beta$ 相中的吉布斯自由能变化分别为

$$dG^\alpha = -\mu_B^\alpha dn_B \tag{1-59a}$$

$$dG^\beta = \mu_B^\beta dn_B \tag{1-59b}$$

因 $\alpha$ 相中组分 $B$ 的量减少，故变化量取负号。转移完成后，系统的吉布斯自由能变化为

$$dG = dG^\alpha + dG^\beta = (\mu_B^\beta - \mu_B^\alpha) dn_B \tag{1-60}$$

由于 $dn_B > 0$，因此，根据化学势判据有

$$\mu_B^\beta \leqslant \mu_B^\alpha \begin{cases} <, & \text{自发} \\ =, & \text{平衡} \end{cases} \tag{1-61}$$

式(1-61)表明，在恒温恒压下的多相多组分封闭系统中，如果某组分在各相中的化学势高低不等，则该组分必然从化学势高的相中自动向化学势较低的相中转移，反之则不可能。如果多相多组分封闭系统要达到相平衡，则除各相的温度和压力必须相同外，还必须是各组分在各相中的化学势相等，即化学势的高低是组分在不同相之间转移的推动力，决定着组分在相与相之间转移的方向和限度。

图 1-2 所示为三相系统的示意图，系统中每一个相与周围的相都有热、功和质量的交换。例如，$\alpha$ 与周围的相交换的热、功和质量分别为 $\delta Q^\alpha$、$\delta W^\alpha$ 和 $dn_k^\alpha$，如图 1-2(b)所示。其他相与周围相交换的热、功和质量也类似。三相平衡时，系统中每两相都是平衡的，因此有

$$T^\alpha = T^\beta = T^\varepsilon \tag{1-62a}$$

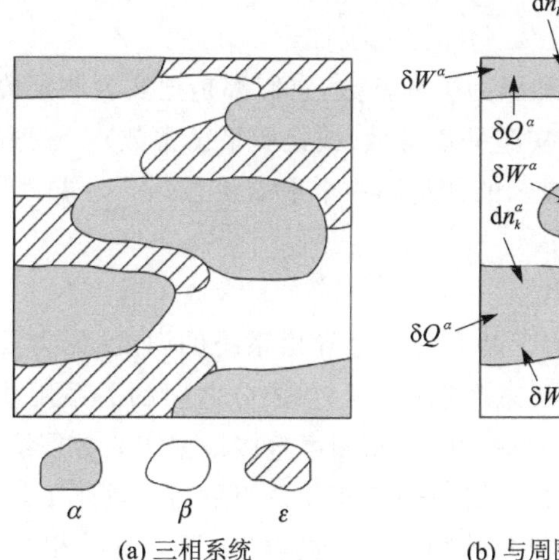


(a) 三相系统

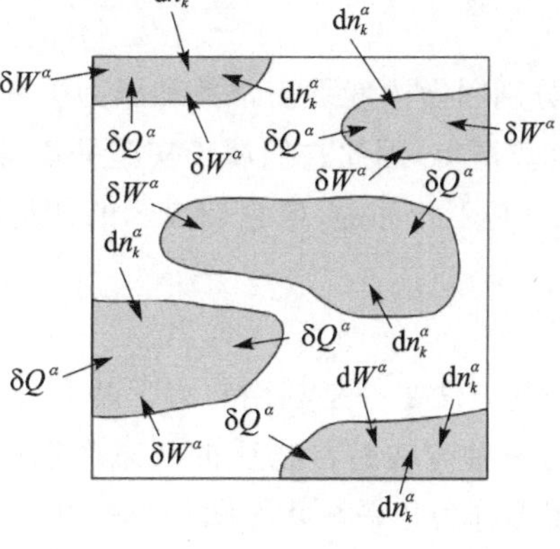


(b) 与周围的相交换的热、功和质量

图 1-2　三相系统的示意图

$$p^{\alpha}=p^{\beta}=p^{\varepsilon} \tag{1-62b}$$

$$\mu_k^{\alpha}=\mu_k^{\beta}=\mu_k^{\varepsilon},\quad k=1,2,\cdots,k \tag{1-62c}$$

### 3. 分配定律

在等温等压下,若一种物质溶解在两个同时存在的互不相溶的溶剂里,则达到平衡后该物质在两相中的浓度之比等于常数,这一关系称为分配定律,可表示为

$$\frac{C_B^{\alpha}}{C_B^{\beta}}=K \tag{1-63}$$

式中:$C_B^{\alpha}$ 和 $C_B^{\beta}$ 分别为溶质 $B$ 在两个互不相溶的溶剂 $\alpha$、$\beta$ 中的浓度;$K$ 为分配系数,其中影响 $K$ 值的因素有温度、压力、溶质及两种溶剂的性质,在溶体浓度不太大时能很好地与实验结果相符。

### 4. 化学平衡常数

化学平衡状态是一切化学反应在一定条件下可能进行的最大限度。参加化学反应的物质达到化学平衡状态后,体系中各物质的浓度不再随时间而改变,称这时的浓度为平衡浓度,用 $c^{\mathrm{eq}}$ 来表示。实验证明,对于任一可逆反应,在一定条件下达到平衡时,生成物平衡浓度幂的乘积与反应物平衡浓度幂的乘积的比值为一常数,这一常数称为化学平衡常数。化学平衡常数是化学反应平衡系统的性质,它是判断化学反应自发方向和限度的重要依据。

当反应

$$aA+bB \rightleftharpoons gG+hH$$

达到平衡时,化学平衡常数为

$$K_c=\frac{\left[c_G^{\mathrm{eq}}\right]^g\left[c_H^{\mathrm{eq}}\right]^b}{\left[c_A^{\mathrm{eq}}\right]^a\left[c_B^{\mathrm{eq}}\right]^b} \tag{1-64}$$

对于气相反应,写平衡常数关系式时,除可以用平衡时的物质浓度表示之外,还可以用平衡时各气体的分压表示

$$K_p=\frac{\left[p_G^{\mathrm{eq}}\right]^g\left[p_H^{\mathrm{eq}}\right]^b}{\left[p_A^{\mathrm{eq}}\right]^a\left[p_B^{\mathrm{eq}}\right]^b} \tag{1-65}$$

$K_c$ 和 $K_p$ 分别叫做浓度平衡常数和压力平衡常数,它们都是把实验测定值直接代入平衡常数表达式中计算所得,因此它们属于实验平衡常数(或经验平衡常数)。一般来说,同一化学反应的 $K_c$ 和 $K_p$ 是不相等的,但它们表示的却是同一个平衡状态。

### 5. 相　图

研究相平衡的方法之一是利用热力学基本公式推导出系统的温度、压力及各相组成之间的定量关系。另一种方法是将物质的状态和温度、压力、成分之间的关系用几何图形表示出来。这类几何图形称为相平衡状态图,简称相图。相图可直接根据实验数据绘制,可简明图解相平衡的规律,因此是研究一个多组分(或单组分)多相体系相平衡的重要工具。利用相图,我们可以知道在热力学平衡条件下,各种成分的物质在不同温度、压力下的相组成、各种相的成分、相的相对量。由于我们涉及的材料一般都是凝聚态的,压力的影响极小,所以通常的相图是指在恒压下(一个大气压)物质的状态与温度、成分之间的关系图。

# 1.4　相变热力学

在一定条件下，同一物质从一个相转变为另一个相，就称为相变。在热制造工艺中常见的相变主要有液相-固相(凝固、熔融)、固态相变(奥氏体转变、珠光体转变、马氏体相变、脱溶分解等)。相变热力学的基本内容为计算相变驱动力，以相变驱动力大小决定相变的倾向，有时还能判定相变机制，在能够估算临界相变驱动力(在临界温度时所需的相变驱动力)的条件下，还可求得相变的临界温度。

## 1.4.1　相变热力学条件

当材料发生相变时，在形成新相前往往出现浓度起伏，形成核胚再成为核心、长大。在相变过程中，所出现的核胚，不论是稳定相还是亚稳相，只要符合热力学条件，都可能成核长大。因此，相变中可能会出现一系列亚稳定的新相。例如材料凝固时往往出现亚稳相，甚至得到非晶态。根据热力学原理，虽然自由能最低的相最为稳定，但只要在一个相的熔点(理论熔点)以下，这个相虽然对稳定相来说具有较高的自由能，但只要亚稳相的形成会使体系的自由能降低，材料的凝固就是可能的。

相变的研究中常常会遇到含有不均匀物质以及物质迁移的热力学系统，这时，需要借助化学势来描述有关现象及过程。热力学上把相变分为一级相变和高级(二级、三级，等等)相变。在相变点上，如果两相的化学势相等，但化学势的一级偏微商(一级导数)不相等，则称为一级相变，即

$$\mu_1=\mu_2$$

$$\left(\frac{\partial\mu_1}{\partial T}\right)_p\neq\left(\frac{\partial\mu_2}{\partial T}\right)_p \quad 及 \quad \left(\frac{\partial\mu_1}{\partial p}\right)_T\neq\left(\frac{\partial\mu_2}{\partial p}\right)_T$$

其中，

$$\left(\frac{\partial\mu}{\partial T}\right)_p=-S$$

$$\left(\frac{\partial\mu}{\partial p}\right)_T=V$$

因此，一级相变时体积和熵(及焓)发生突变，即 $\Delta V\neq0$ 及 $\Delta S\neq0$，是一种不连续的突变现象，如图 1-3(a)所示。焓的突变表示相变时有相变潜热的吸收或释放。

二级相变时，相变点的两相化学势相等，其一级偏微商也相等，但二阶偏微商不相等，即

$$\mu_1=\mu_2$$

$$\left(\frac{\partial\mu_1}{\partial T}\right)_p=\left(\frac{\partial\mu_2}{\partial T}\right)_p$$

$$\left(\frac{\partial\mu_1}{\partial p}\right)_T=\left(\frac{\partial\mu_2}{\partial p}\right)_T$$

$$\left(\frac{\partial^2\mu_1}{\partial T^2}\right)_p\neq\left(\frac{\partial^2\mu_2}{\partial T^2}\right)_p$$

$$\left(\frac{\partial^2\mu_1}{\partial p^2}\right)_T\neq\left(\frac{\partial^2\mu_2}{\partial p^2}\right)_T$$

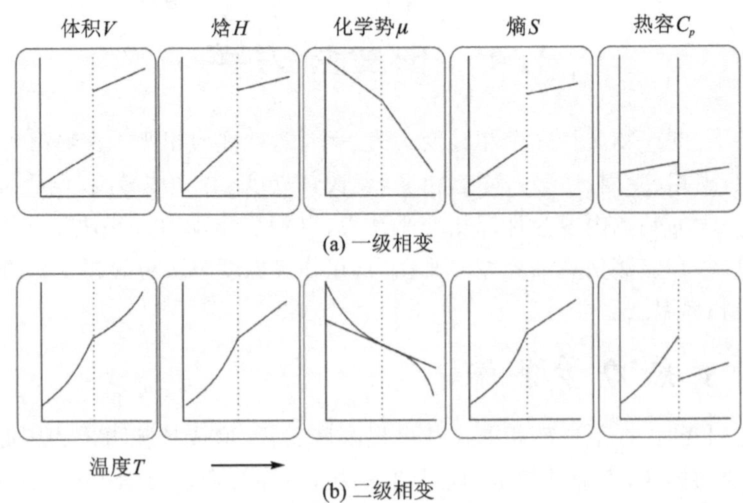


图 1-3　一级相变和二级相变时热力学性质的变化

$$\frac{\partial^2 \mu_1}{\partial T \partial p} \neq \frac{\partial^2 \mu_2}{\partial T \partial p}$$

其中,

$$\left(\frac{\partial^2 \mu}{\partial T^2}\right)_p = -\frac{C_p}{T}$$

$$\left(\frac{\partial^2 \mu}{\partial p^2}\right)_p = \frac{V}{V}\left(\frac{\partial V}{\partial P}\right)_T = -V\beta$$

$$\left(\frac{\partial^2 \mu}{\partial T \partial p}\right)_p = \frac{V}{V}\left(\frac{\partial V}{\partial T}\right)_p = -V\alpha_V$$

式中:$C_p$ 为材料的热容;$\beta$ 为材料的等温压缩系数;$\alpha_V$ 为材料的等压膨胀系数。可见,二级相变时,在相变温度下,$\Delta V=0$,$\Delta S=0$,$\Delta C_p \neq 0$,$\Delta\beta \neq 0$,$\Delta\alpha_V \neq 0$,即二级相变时无相变潜热,没有体积的不连续改变,只有两相热容量的不连续变化,以及压缩系数和膨胀系数的改变,如图 1-3 所示。

晶体的凝固、沉淀、升华和熔化,金属及合金中多数固态相变都属于一级相变。金属的磁性改变、超导态相变、部分合金的无序-有序相变等属于二级相变。二级以上的高级相变并不常见。

相变的突变性说明,在相变点物质表现出所有分子的临界不稳定性,此时旧结构顷刻瓦解而形成新的结构。相变涉及物质的全部分子,所以被称为是一种合作现象,其表明物质中的分子是长程关联的。

## 1.4.2　固-液相变

### 1. 熔　解

物质由固相转变为液相的过程称为熔解或熔化。晶体物质在一定压强和一定温度下,就开始熔解,在熔解过程中,要吸收热量,这部分热量是熔解热。熔解过程吸收热量的多少,只能影响熔解的快慢,而不能影响熔解温度的高低,即熔解过程中温度不变,直至全部晶体都变成液体为止。晶体熔解时对应的温度称为熔点。

熔解热是单位质量晶体物质在熔点由固相转变为液相所吸收的相变潜热。它表示单位质量的某种固态物质在熔点时完全熔解成同温度的液态物质所需要的热量，也等于单位质量的同种液态物质在凝固点转变为晶体所放出的热量。

如果用 $L$ 表示物质的熔解热，$m$ 表示物质的质量，$Q$ 表示熔解时所需要吸收的热量，则

$$Q = Lm \tag{1-66}$$

熔解热的单位为 J/g 或 J/kg。

熔解热也可以用热力学关系进行分析，在定压条件下，

$$\delta Q = \mathrm{d}U + p\,\mathrm{d}V = \mathrm{d}H$$

由此可见，熔解热一部分用来增加系统的内能，另一部分用来使体积膨胀做功。

晶体固体的熔解是在定温定压下进行的，熔解过程的熵变(熔解熵或熔化熵)可以表示为

$$\mathrm{d}S = \frac{\mathrm{d}H}{T_{\mathrm{m}}} = \frac{1}{T_{\mathrm{m}}}(\mathrm{d}U + p\,\mathrm{d}V)$$

即熔解过程为熵增过程($\mathrm{d}S > 0$)。

晶体的固-液转变为一级相变，相变时体积和熵及其他物理性质发生突变。物质的比体积与温度的关系如图 1-4 所示，晶体比体积发生突变的温度 $T_{\mathrm{m}}$ 为晶体的熔点。

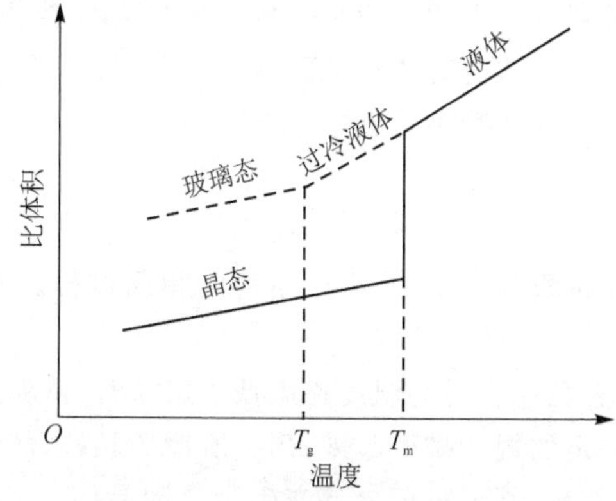


**图 1-4　物质的比体积与温度的关系**

熔点是晶体物质的固相和液相可以平衡共存的温度。由于各种晶体中粒子之间的相互作用力不同，因而熔点也各不相同。同一种晶体，熔点与压强有关，一般取在 1 个标准大气压(约为 101.325 kPa)下物质的熔点为正常熔点。在一定压强下，晶体物质的熔点和凝固点都相同。熔解时体积膨胀的物质，在压强增加时熔点就要升高。因为压强的增加会使物体体积被压缩，因此，在这种情况下，就会阻碍物体熔解时体积的胀大。为使物质熔解后体积能够胀大，就必须继续加热，使物质的分子振动更激烈，也就是使物体的温度升得更高。例如，水银的熔点在 1 个标准大气压下为－39 ℃，而在 15 000 个标准大气压下为 10 ℃。这类物质在压强减小时熔点就下降。对于熔解时体积缩小的物质，在压强增大时其熔点就要降低。在这种情况下，压强的增大会促使物质体积的缩小，因此温度不必升高到原来的熔点就能够熔解。例如，冰在 1 个标准大气压下的熔点是 0 ℃，而当外界压强每增加 1 个标准大气压时，它的熔点就要下降 0.007 5 ℃。当液体中含有溶质(或杂质)时熔点就要降低。如锡在 232 ℃熔解，铅在 327 ℃熔解，而其合金在 170 ℃左右即可熔解。

晶体的液态和固态之间有着明显的界限。晶体在开始熔解之前，从热源获得的能量主要是转变为分子的动能，因而使物质的温度升高。但在熔解开始时，热源传递给它的能量是使分

子的有规则的排列发生变化,分子之间的距离增大以及分子离开原来的平衡位置移动。这样加热的能量就用来克服分子之间的引力做功,使分子结构涣散而呈现液态。也就是说,在破坏晶体空间点阵的过程中,热源传入的能量主要转变为分子之间的势能,分子动能的变化很小。

非晶体在熔解过程中,随温度的升高而逐渐软化,最后全部变为液体,所以熔解过程不是与某一确定温度相对应,而是与某个温度范围相对应。非晶体的比体积与温度的关系曲线无突变现象(见图 1-4),仅在 $T_g$ 温度发生斜率的变化,$T_g$ 称为玻璃转变温度。$T_g$ 以下称为玻璃态,玻璃态与液态之间称为过冷液态。非晶体物质的分子结构跟液体相似,它的分子排列是混乱而没有规则的,即使它的粘滞性很大,能够保持一定的形状,但实际上也并不具有空间点阵的结构,热源传递给它的能量,主要是转变为分子的动能,所以在任何情况下,只要有能量输入,它的温度就要升高。因此,它没有一定熔解温度,并且在熔解过程中,温度是不断上升的。

固体在熔解时,物质的物理性质要发生显著变化,其中最主要的是饱和蒸气压、电阻率以及熔解气体能力的变化,特别是体积的变化。例如,冰总是浮在水面上,严冬季节,盛满水的瓶子会因冻结而胀裂;固体石蜡放入熔解的液体石蜡里,会下沉到底部,从而得知固态熔解成液态,或液态凝固成固态时,体积和密度通常是会发生变化的。大多数物质如石蜡、铜、锌、锡等,在熔解时体积变大,在凝固时体积缩小。这是因为在晶体内分子有规则排列时所占的体积要比在液体内分子杂乱无章排列时所占的体积小一些。但也有少数物质例外,例如,水、铋和锑等,它们在凝固时体积反而变大,熔解时体积反而缩小。利用这一特点,在铸铅字时,常常要在铅中加入一些铋、锑等金属,使其在凝固时膨胀,字迹清晰。

### 2. 凝 固

物质从液相变为固相的过程称为凝固,它是熔解的相反过程。由液态转变为晶态固体的过程又叫做结晶。

在一定的压强下,当液态晶体物质的温度略微低于熔点时,微粒便将规则地排列成为稳定的结构。首先少数微粒按一定的规律排列起来,形成所谓的晶核,然后围绕这些晶核成长为一个个晶粒。因此,对于晶体而言,凝固过程就是产生晶核和晶核生长的过程,而且这两种过程是同时进行的。凝固时的温度就是凝固点,不同的晶体其凝固点也不相同。液态晶体物质在凝固过程中放出热量(称为凝固热,其数值等于熔解热),在凝固过程中其温度保持不变,直至液体全部变为晶体为止。

凝固点是晶体物质凝固时的温度,不同晶体具有不同的凝固点。在一定压强下,任何晶体的凝固点都与其熔点相同。同一种晶体,凝固点与压强有关。对于凝固时体积膨胀的晶体,其凝固点随压强的增大而降低;对于凝固时体积缩小的晶体,其凝固点随压强的增大而升高。

在纯金属液体缓慢冷却过程中测得的温度-时间关系曲线(冷却曲线)如图 1-5 所示。从冷却曲线可见,纯金属液体在结晶温度 $T_m$ 时不会结晶,只有冷却到显著低于 $T_m$ 后才开始形核,然后长大并放出大量潜热,使温度回升到略低于 $T_m$ 的温度。结晶完成后,由于没有潜热放出,所以温度继续下降。结晶温度 $T_m$ 与实际结晶温度 $T_n$ 的差称为过冷度,写作 $\Delta T = T_m - T_n$。为什么形核必须在过冷条件下才能发生呢?这类问题需用热力学来解释。

根据有关自由能的分析,金属凝固属于一级相变,金属液态时的熵值大于固态时的熵值,因此液相时自由能变化的斜率恒大于固相时的斜率。又由于

$$\mathrm{d}S = \frac{\delta Q}{T} = \frac{C_p \mathrm{d}T}{T} \tag{1-67}$$

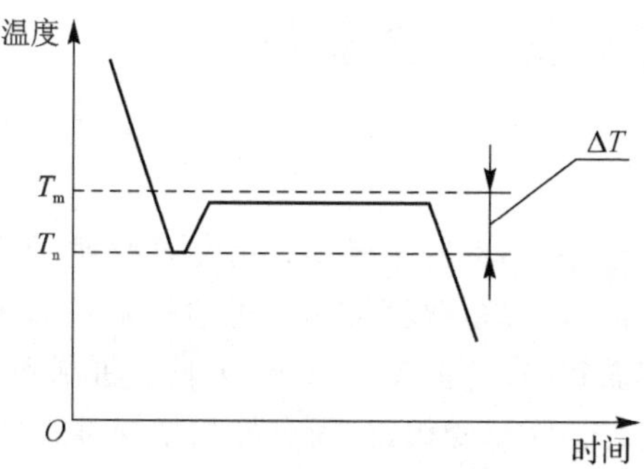


图 1-5　纯金属的冷却曲线

即

$$\frac{\mathrm{d}S}{\mathrm{d}T}=\frac{C_p}{T}$$

而

$$\left(\frac{\partial^2 G}{\partial T^2}\right)_p=-\left(\frac{\partial S}{\partial T}\right)_p$$

则

$$\left(\frac{\partial^2 G}{\partial T^2}\right)_p=-\left(\frac{\partial S}{\partial T}\right)_p=-\frac{C_p}{T}<0$$

因此，自由能的温度曲线不但斜率为负值，而且曲线呈下凹形状。如图 1-6 所示，当 $T=T_m$ 时，两相的自由能相等，即 $\Delta G=0$。因此，在熔点为 $T_m$ 时，液相和固相形成平衡。当 $T>T_m$ 时，固相转变为液相，才使 $\Delta G<0$。

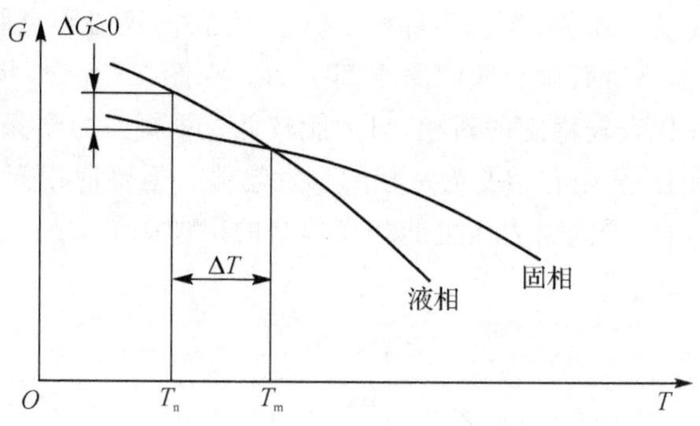


图 1-6　固态、液态金属自由能随温度的变化

此时进行的固相转变为液相的熔解过程为自发的不可逆过程。温度越高，即 $\Delta T=T_n-T_m$ 越大，熔解熵（熔解的自发不可逆程度）也就越大。当 $T_n<T_m$ 时，液相转变为固相（凝固），才使 $\Delta G<0$，进行自发不可逆的凝固过程。温度越低，即 $\Delta T=T_n-T_m$ 越大，或者说过冷度越大，则凝固熵（自发凝固的不可逆程度）也就越大。

非晶体的液态物质在凝固过程中，由于温度降低逐渐失去流动性，所以最后变为固体，在凝固过程中它没有一定的凝固点，只是与某个温度范围相对应。

## 1.4.3 固态相变的热力学条件

### 1. 相变驱动力

固态相变与液体凝固过程一样,也符合最小自由能差原理(见图 1-7)。相变的驱动力也是新相与母相间的体积自由能差,大多数固态相变也包括形核和生长(成长、长大)两个阶段,而且驱动力也是靠过冷度来获得,过冷温度对形核、生长的机制和速率都会产生重要影响。但是,与液-固相变、气-液相变、气-固相变相比,固态母相相变时的母相是晶体,其原子呈一定规则排列,而且原子的键合比液态时牢固,同时母相中还存在着空位、位错和晶界等一系列晶体缺陷,新相-母相之间存在界面。

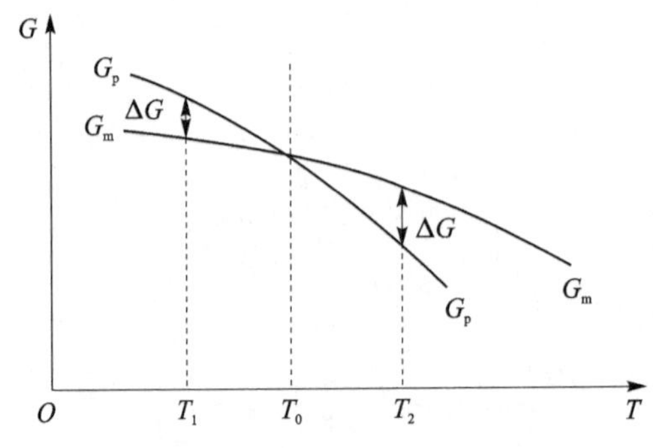


图 1-7 各相自由能随温度的变化

### 2. 相变势垒

要使系统从旧相转变为新相,除了要有相变驱动力之外,还必须克服相变势垒。所谓相变势垒,是指相变时改组晶格所必须克服的原子间引力。在图 1-8 中,状态Ⅰ代表不稳定的旧相,自由能较高;状态Ⅱ代表较稳定的新相,自由能较低。根据热力学条件,$\alpha$ 相比 $\gamma$ 相的自由能低,存在自由能差,并且,$\gamma$ 相有转变为 $\alpha$ 相的自发趋势。但要使相变得以进行,不仅要有自由能差,而且还要克服由原子间引力产生的相变势垒的附加能量 $\Delta g$。

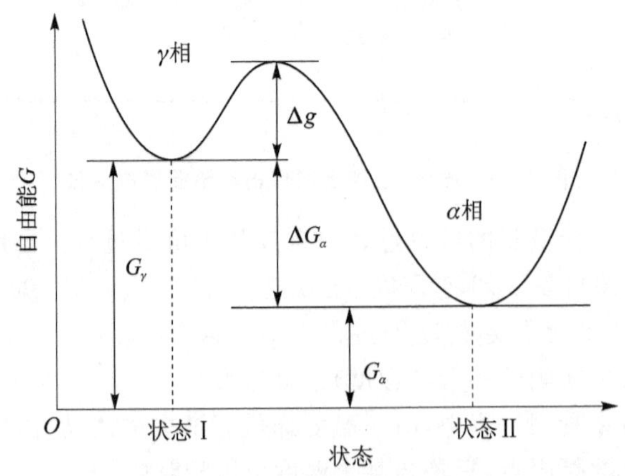


图 1-8 固态相变势垒示意图

势垒的高低可以近似地用激活能来表示。激活能就是使晶体原子离开平衡位置迁移到另一个新的平衡或非平衡位置所需要的能量。激活能越大，相变势垒就越高。激活能的大小与温度有关，温度越高，激活能就越小，这是由于原子间距离增大，引力减小所致。所以，温度越高，相变越容易进行。在多数情况下，势垒的大小是用晶体原子的自扩散系数 $D$ 来表示的，自扩散系数 $D$ 随温度下降呈指数关系下降(详见第 2 章的相关内容)。

# 1.5　界面热力学

不同相接触时，相间会发生质量和能量传递，直到相的性质如温度、压力、组成等不再发生变化，各相间便达到了平衡。不同相之间通常都存在界面，而将其中一相为气体的界面称为表面。界面并不是简单的几何面，而是从一相到另一相的过渡层，所以也称为界面层或界面相，与界面层相邻的两相称为体相。界面层的性质与相邻两个体相的性质不同，但与相邻两体相的性质有关。

## 1.5.1　液体表面张力

处于液体内部的分子，周围分子对它的作用力是相等的，彼此可以相互抵消，分子所受合力为零(见图 1－9)。处于表面层位置的分子，周围分子作用力范围上部在气相中，下部在液相中。由于气相分子密度和相互作用比液相小得多，所以界面分子受到的合力不等于零，而是指向液体内部。一般来说，界面上的分子受到一个垂直于界面、指向液体内部的合力，使其有被拉入液相内部的倾向。这种倾向在宏观上表现出有一个与界面平行并力图使界面收缩的张力。单位长度上的张力称为界面张力，习惯上将气液、气固界面张力称为该液体和固体的表面张力。

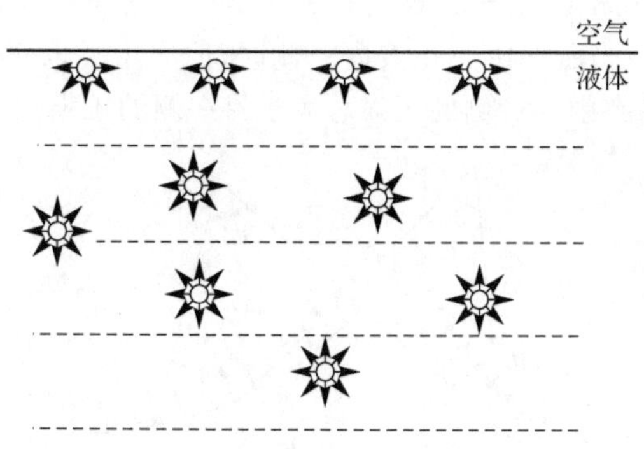


**图 1－9　分子在液体表面和内部的受力示意图**

表面张力的大小与接触面的物质有密切关系。此外，表面张力还与温度有关，温度越高，表面张力越小。设想在液体表面画一条截线，截线两边的液面存在相互作用的拉力(即表面张力)，表面张力的方向总是与截线相垂直并与液面相切。将液面单位长度截线上的表面张力定义为表面张力系数 $\sigma$(N/m)。

液体自由面以下厚度等于分子力作用半径的一层液体层，叫做液体表面层。从微观角度来看，液体表面并不是一个几何面，而是一个有一定厚度的薄层。由于表面层内的分子力作用，使分子受到一个与液体自由面相垂直、方向指向液体内部的作用力。表面张力就是由表面层中应力的各向异性所引起的。由于表面张力的作用，液滴表面有收缩到最小的趋势，而使液滴呈近似球形的状态。

表面层中的分子与内部分子相比具有较高的势能。表面层中所有分子高出内部分子的那部分势能的总和,称为液体的表面能。

液体表面上的分子受到指向液体内部的引力,若想增大界面面积,把内部的分子移动到界面上去,则需要外界克服这个引力做功。因此,表面张力还可以从能量的角度出发定义为增加单位表面积所消耗的可逆功,即

$$\sigma = \frac{\delta W}{\mathrm{d}A} \tag{1-68}$$

根据这一定义,表面张力系数为增加单位液体表面积时外力所做的功。外力做功使表面能增加,因此,$\sigma$ 也等于增加单位液体表面积时液体表面能的增量,或称为单位液面的表面能。

表面张力系数 $\sigma$ 随温度升高而变小。对于大多数物质,表面张力系数 $\sigma$ 与温度 $T$ 近似呈线性关系,即

$$\sigma = a - bT \tag{1-69}$$

式中:$a$、$b$ 为常数。

不同液体的表面张力系数也不同,一般来说,密度小、容易蒸发的液体的表面张力系数小。加入杂质能使液体表面张力系数减小或增大。能使表面张力系数变小的物质称为表面活性物质。

当液体的自由表面为曲面(或称弯曲液面)时,表面张力可以平衡一定量的载荷,或造成曲面内外两侧的压强差,称为附加压强,记作 $\Delta p$。对于任意弯曲液面(见图 1-10),液面内外压强差为

$$\Delta p = \sigma\left(\frac{1}{R_1} + \frac{1}{R_2}\right) \tag{1-70}$$

式中:$R_1$、$R_2$ 为任意一对互相正交的法截线的曲率半径。对于凹液面,即曲率中心在液外一侧,曲率半径取负,$\Delta p < 0$;当曲率中心在液内一侧时,曲率半径取正,$\Delta p > 0$。但不管何种情况,当弯曲液面平衡时,曲率中心一侧的压强总大于另一侧的压强。

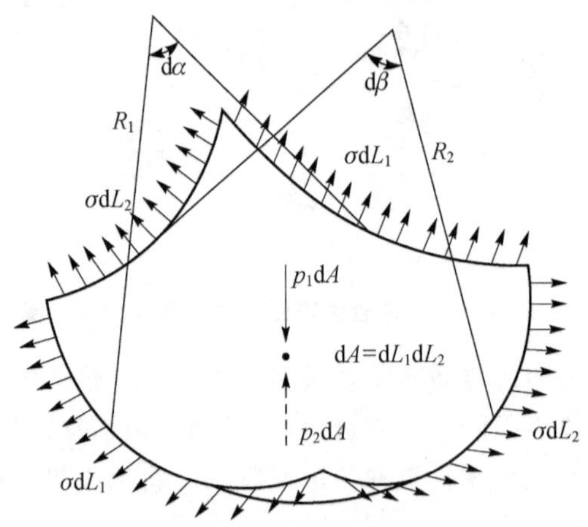


**图 1-10 凹液面的附加压强**

对于球形凸液面,$R_1 = R_2$,表面张力的合力指向球面的球心,附加压强为

$$\Delta p = \frac{2\sigma}{R} \tag{1-71}$$

## 1.5.2　液-固界面性质

固体表面与液体表面一样，表面上的原子或分子所受到的力也是不对称的，所以固体表面同样具有表面能。由于固体不具流动性，因此不能像液体那样以尽量减少表面积的方式降低表面能，但可通过液体在固体表面相对聚集来降低固体的表面能。

### 1. 润湿现象

#### (1) 接触角与润湿方程

将液体滴于固体表面上，液体铺展而覆盖固体表面，或形成一液滴停于其上(见图 1-11)，随体系性质而异，形成液滴的形状可以用接触角来描述。接触角是在固、液、气三相交界处，自固液界面经液体内部至气液界面的夹角，以 $\theta$ 来表示。平面接触角与气固界面自由能 $\gamma_{SG}$、液体表面自由能 $\gamma_{LG}$、固液界面自由能 $\gamma_{SL}$ 之间的关系为

$$\gamma_{SG}-\gamma_{SL}=\gamma_{LG}\cos\theta \tag{1-72}$$

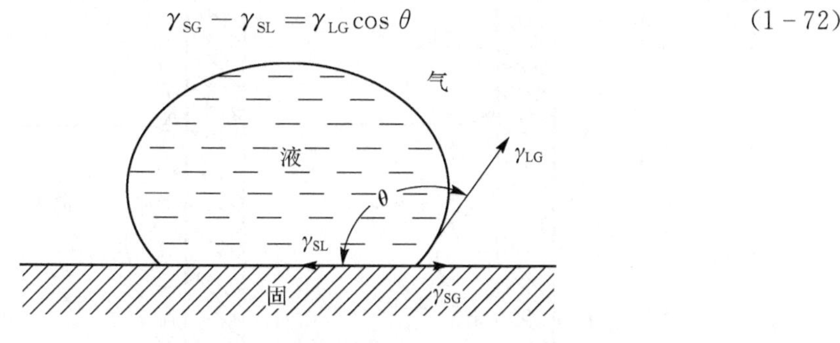


图 1-11　接触角示意图

式(1-72)称为杨氏方程，是润湿的基本公式，也称润湿方程，可以看作是三相交界处界面张力平衡的结果。从式(1-72)可以看出，接触角的大小是润湿性的重要表征参数。接触角越小，润湿性越好(见图 1-12)。习惯上常将 $\theta=90°$ 定为润湿与否的标准。$\theta>90°$ 为不润湿，$\theta<90°$ 为润湿。平衡接触角等于 0°或不存在则为铺展。润湿现象的产生与液体和固体的性质有关。同一种液体，能润湿某些固体的表面，但对另外某些固体的表面就很难润湿。例如，水能润湿玻璃，但不能润湿石蜡。某些物质当它们以低浓度存在于某一体系中时，可被吸附在该体系的表面(界面)上，使这些表面的表面自由能发生明显降低的现象，这些物质被称为表面活性剂。

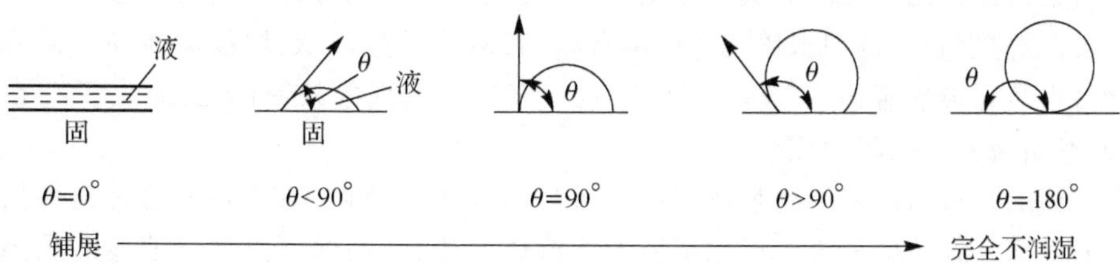


图 1-12　液固系统的润湿性

#### (2) 粘　附

在液体和固体接触区存在一厚度为 $R$ 的液体薄层，称为液体的附着层(见图 1-13)。附着层的厚度是固-液分子相互作用的分子作用半径与液-液分子作用半径中的大者。在附着层

中的液体分子,处于液体与固体两种物质分子的分子力相互作用下,于是在与固体接触处的液面将出现润湿、不润湿、弯月面以及毛细现象等。

润湿现象可从能量的观点来说明。如图 1-13(a)所示,A 为附着层中任一分子,在附着力大于内聚力的情况下,分子 A 所受的合力与附着层相垂直,指向固体,此时,分子在附着层内比在液体内部具有较小的势能,液体分子要尽量挤入附着层,结果使附着层扩展。附着层中的液体分子越多,系统的能量就越低,状态也就越稳定,因此引起了附着层沿固体表面延展而将固体润湿。

造成不润湿现象的原因也可从能量的观点来说明。如图 1-13(b)所示,A 为附着层中任一分子,在内聚力大于附着力的情况下,分子 A 受到的合力 $f$ 垂直于附着层指向液体内部,此时,若将一个分子从液体内部移到附着层,则必须反抗合力 $f$ 做功,结果将使附着层中的势能增大。附着层中的液体分子越少,系统的能量就越低,状态就越稳定,因此附着层就有缩小的趋势,宏观上就表现出液体不被固体所吸附,当然液体就不能润湿固体了。

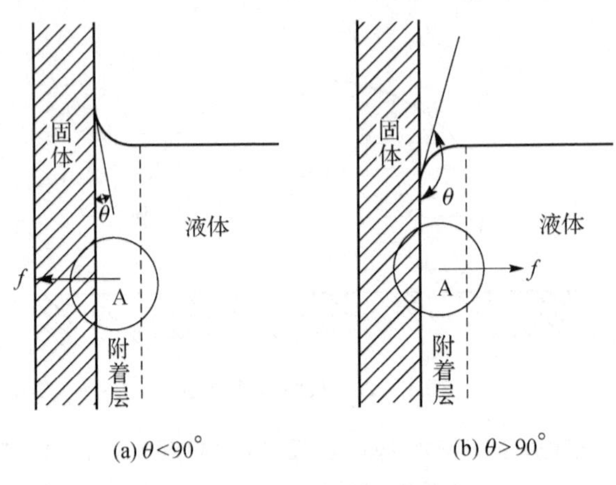


**图 1-13 液体与固体的附着层**

## 2. 毛细现象

对于插入液体中的毛细管,其内外的液面会出现高度差(见图 1-14)。当浸润管壁的液体在毛细管中上升(即管内液面高于管外)时或当不浸润管壁的液体在毛细管中下降(即管内液面低于管外)时,这种现象叫做毛细现象。产生毛细现象的原因之一:由于附着层中分子的附着力与内聚力的作用造成浸润或不浸润,因而使毛细管中的液面呈现弯月形。凡不浸润固体的液体表面都呈凸状,例如水银装在玻璃管内,其液面即呈凸状;而浸润体的液体表面则呈凹状,例如,水装在玻璃管内,其液面即呈凹状。产生毛细现象的原因之二:由于存在表面张力,从而使弯曲液面产生附加压强。

由弯月面的形成所产生的附加压强在凸弯月面处指向液体内部,在凹弯月面处指向液体外部。凸弯月面下液体的压强大于水平液面下液体的压强,而凹弯月面下液体的压强小于水平液面下液体的压强。根据在盛着同一液体的连通器中,同一高度处各点的压强都相等的道理,当毛细管里的液面是凹弯月面时,液体不断地上升,直到上升液柱的静压强抵消了附加压强为止;同样,当液面呈凸弯月面时,毛细管里的液体也将下降。

若毛细管内半径为 $r$,液体表面张力系数为 $\sigma$,则沿周界 $2\pi r$ 作用的表面张力的合力等于 $2\pi r\sigma$。在液面停止上升时,此作用力恰好跟毛细管中液体柱的质量相平衡。若液柱上升高度

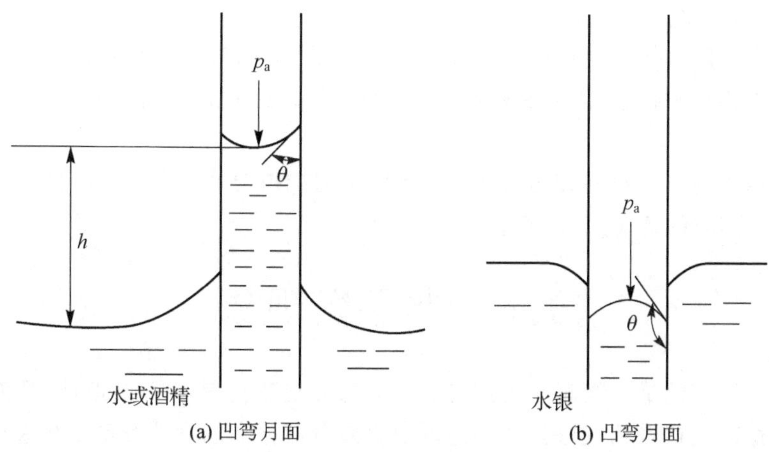


**图 1-14　毛细现象**

为 $h$，液体密度为 $\rho$，则有 $2\pi r\sigma\cos\theta=\rho g\pi r^2 h$。因而液柱上升高度为

$$h=\frac{2\sigma\cos\theta}{\rho g r} \tag{1-73}$$

当液面呈凸弯月面时，毛细管里的液体下降。此时，式(1-73)仍适用，只是 $\theta>\frac{\pi}{2}$，$\cos\theta<0$，$h$ 为负值，表面毛细管内液面低于容器内液面。

## 1.5.3　金属的晶界与相界

金属材料内部最重要的界面是固-固界面。金属中的固-固界面可以概括为两种。一种是结构相同而取向不同的晶体之间的界面，如晶界、亚晶界。其他如孪晶界、层错界、胞壁等则属于特殊晶界。另一种是结构不同的晶体之间的界面，即相界。在合金中，相界连接的两个晶体除结构不同和取向不同之外，化学成分往往也不同。固-固界面是固体(金属)中的一种缺陷，有其自身的结构、化学成分和物理化学特性。

在晶界面上，原子排列从一个取向过渡到另一个取向，故晶界处原子排列处于过渡状态。晶界是只有 2～3 个原子厚度的薄层，并且使两个相邻不同取向的晶粒匹配得很好。晶界结构与相邻晶粒之间的取向差(如图 1-15 中的 $\theta$ 角)有关。取向差比较大 ($\theta>10°$)的晶界称为大角度晶界；取向差比较小($\theta<10°$)的晶界称为小角度晶界。在多晶体材料中，各晶粒之间的取向差大都在 30°～40°之间，属于大角度晶界。

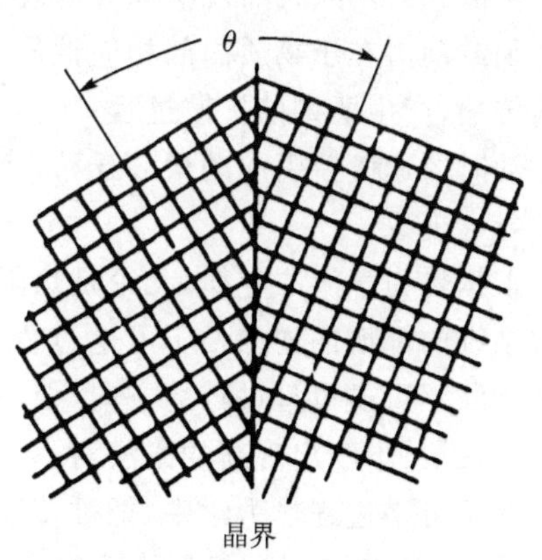


**图 1-15　晶粒之间的取向差**

由于晶界上原子排列偏离理想晶体结构，所以比晶粒内部能量高。由于晶界本身的结构特点和它两边晶粒的不同取向，它对多晶体的物理、化学和力学性质影响很大。如原子在晶界上比晶内扩散快；有些杂质原子可以在晶界上偏聚；在常温下晶界起强化作用，晶粒越细，材料强度越高；而在高温下晶界强度低，反而属于薄弱环节；材料

产生高温蠕变时,裂纹往往在晶界上萌生和扩展。

晶体表面也可以看作是一种特殊相界面。在表面上的原子,其相邻原子数比晶体内部少,相当于一部分结合键被折断,因而有较高的能量,产生了表面能,与晶界能相比,表面能数值更大一些。

如果界面相邻两侧晶粒不仅取向不同,而且结构或成分也不同,则它们代表不同的两个相,其相间界称为相界(详见第3章)。

# 1.6 非平衡现象

经典热力学研究的是平衡态与可逆过程。而实际过程都具有不可逆性,其方向总是从非平衡态趋向平衡态。材料相变过程非平衡现象也是普遍存在的。研究非平衡态的热力学问题称为非平衡态热力学或不可逆过程热力学。非平衡态热力学尚处于发展之中,本节仅介绍部分相关概念。

## 1.6.1 非平衡过程

非平衡态是指系统的状态参数是随时间变化的,或者状态参数的分布存在某种不均匀性。这种系统状态变化过程中所经历的每一个状态都是偏离平衡的,因此被称为非平衡过程。所以,非平衡过程一定是不可逆过程。非平衡态热力学分析比平衡态热力学分析要复杂得多,这里仅重点介绍非平衡过程的典型问题。

### 1. 传输过程

非平衡体系总体上是不均匀的,这种不均匀性总是要自发地趋于均匀,这可以视为不可逆性的根源。其中的均匀是相对空间而言的,处于均匀状态的系统内部空间各点的状态均匀一致,系统内部宏观参数可以随时间变化,但不随空间位置变化。非平衡体系必然要处于演化之中,其内部会存在各种传输过程,因此,时间是非平衡态热力学的一个基本因素。

扩散、热传导、粘滞现象和导电现象都是物质内部不可逆的传输过程。产生这种传输过程的原因或动力在于物质内部相应性质的不均匀性,如:物体内的化学势差(化学势梯度)引起质量的传输,产生所谓的扩散过程;物体内的温度差引起热量的传输,产生所谓的热传导现象;流体运动时的速度差引起动量的迁移,产生粘滞现象或内耗;导体中的电位差引起电量的迁移,产生导电现象。

根据热力学第二定律,无论是热阻还是电阻或流阻,只要产生耗散效应的因素存在,就会导致系统内部熵的增加。不可逆过程以热力学函数的不等式表示,如 $dS>0$ 或 $dG<0$,并以此来判断不可逆过程进行的方向,但不能进行任何定量的计算。随着对不可逆过程热力学的研究和发展,不断出现新的方法对不可逆过程进行热力学处理。

在不可逆过程热力学中,把被传输的量统称为通量,以 $J$ 表示;把引起传输过程的原因统称为动力,以 $X$ 表示。根据经验定律(如扩散的菲克定律)可表述为:通量与动力成正比,如以 $A$ 为比例系数,则

$$J = AX \tag{1-74}$$

这是不可逆过程的耦合关系,是对物质体系物理量从不平衡状态向平衡状态转移(或传输)过程的描述。扩散、热传导和动量传递是典型的不可逆过程,总称为传输现象。第2章将重点介

绍动量、热量和质量传输的基本原理。

非平衡过程在材料加工中有许多应用，快速凝固、热处理过程就利用了各种非平衡过程。

这里应当注意平衡状态和稳定状态的概念差异。所谓稳定状态，是指热力学系统状态参数不随时间变化的状态。处于稳定状态的系统在外界影响下，内部宏观参数可以随空间位置变化，但不随时间变化，称为非平衡定态。例如，两端分别与冷热程度不同的恒温热源接触的金属棒（见图 1-16），经过一段时间后，金属棒上各点的温度将不随时间变化，此即稳定状态；但此时金属棒内存在温度差，处于不平衡状态（称为非平衡定态），亦即稳定未必平衡。如果系统处于平衡状态，则由于系统内无任何势差，系统必定处于稳定状态。

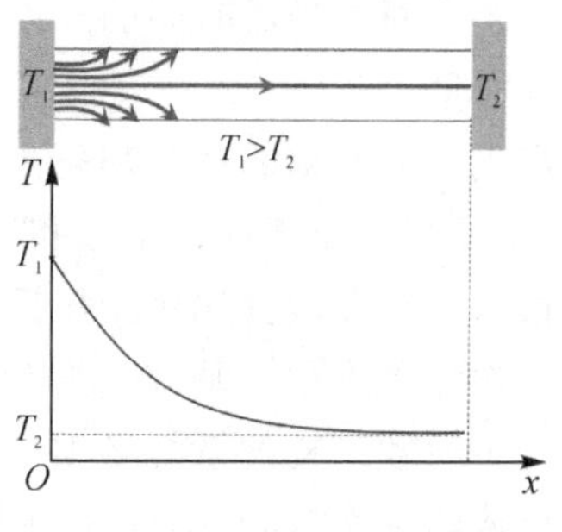


图 1-16　稳态导热示意图

### 2. 弛豫现象

在外部条件不变的情况下，一个处于非平衡态的系统总要变化到平衡态，这种变化过程叫做弛豫。处于平衡态的系统受到扰动时将偏离原状态，扰动消失后系统经过一段时间将回到原来的或达到新的平衡态，这是弛豫过程。外部条件改变后，系统也将由原来的状态变化到新的平衡态，这也是弛豫过程。回到原来的或达到新的平衡态所需要的时间称为弛豫时间。弛豫时间与趋向平衡时系统内发生的物理过程有关，也与系统的大小有关。

### 3. 统计规律

通过观测发现，在一定宏观条件下，大量的微观粒子的集体运动遵循着一种规律，人们把这种规律叫做统计规律。统计规律是反映大量事件整体行为的规律，它表现了这些事物整体的本质和必然的联系。统计规律不仅对研究热现象有重要的意义，而且在其他自然现象中也是普遍存在的。统计规律是对大量偶然事件整体起作用的规律，是以动力学规律为基础的，它不可能脱离由动力学规律所决定的个别事件而存在。

### 4. 涨落现象

当对所研究系统的某一宏观物理量进行测量时，每次测得的实际数值必然会表现出相对于它的统计平均值的偏差，这种现象称为涨落现象。统计规律与涨落现象是不可分割的。有关涨落现象的例子很多，如布朗运动就是一典型例子。布朗运动是分子运动论的重要实验基础，布朗运动的研究对涨落理论的建立起了重要作用。又如光在气体、液体中传播遇到尘埃、悬浮粒子等杂质微粒时发生的散射现象，都是由于介质密度的涨落引起的。

## 1.6.2　耗散结构

耗散结构的理论是物理学中非平衡统计的一个重要分支，是由比利时科学家伊利亚·普里戈金于 20 世纪 70 年代提出的，由于这一成就，普里戈金获得 1977 年诺贝尔化学奖。差不多同一时期，德国物理学家赫尔曼·哈肯提出了从研究对象到方法都与耗散结构相似的“协同学”，哈肯于 1981 年获得美国富兰克林研究院迈克尔逊奖。耗散结构理论和“协同学”通常被并称为自组织理论。

耗散结构是远离平衡态的非孤立系统在一定条件下经过突变而形成的新空间和时间的有序结构。耗散指这种新型结构的维持需要消耗外界输入的能量和(或)物质。这种空时有序结构可能是空间花样或时间的周期行为。平衡态时的结构称为平衡结构,这种结构的维持不需要消耗能量。

产生耗散结构的系统都包含有大量的系统基元甚至多层次的组分。在产生耗散结构的系统中,基元间以及不同的组分和层次间还通常存在着错综复杂的相互作用,其中尤为重要的是正反馈机制和非线性作用。正反馈可以看作自我复制、自我放大的机制,而非线性可以使系统在热力学分支失稳的基础上重新稳定到耗散结构分支上。

产生耗散结构的系统必须是开放系统,必定同外界进行着物质与能量的交换。耗散结构之所以依赖于系统开放,是因为根据热力学第二定律,一个孤立系统的熵要随时间增大直至极大值,此时对应最无序的平衡态,也就是说,孤立系统绝对不会出现耗散结构;而开放系统可以使系统从外界引入足够强的负熵流来抵消系统本身的熵产生而使系统总熵减少或不变,从而使系统进入或维持相对有序的状态。

产生耗散结构的系统必须处于远离平衡的状态。要想使系统产生耗散结构,就必须通过外界的物质流和能量流驱动系统使它远离平衡至一定程度,至少使其越过非平衡的线性区,即进入非线性区。这里强调指出,耗散结构与平衡结构有本质的区别。平衡结构是一种静的结构,它的存在和维持不依赖于外界,而耗散结构是一种动的结构,它只有在非平衡条件下依赖于外界才能形成和维持。由于耗散结构内部不断产生熵,因此就要不断地从外界引入负熵流,使其形成并维持有序结构,一旦这种条件被破坏,这个结构就会消失。

耗散结构总是通过某种突变过程出现,某种临界值的存在是伴随耗散结构现象的一大特征。耗散结构的出现与平衡态的相变有许多共同之处,因而耗散结构的产生又称为非平衡相变。

耗散结构的出现总是由于远离平衡的系统内部涨落被放大而诱发的。热力系统会因为外部干扰或内部涨落而产生相对于平衡的偏差,只要偏离平衡态不远,热力学条件就会使其回到原来的平衡态。在远离平衡时,意义就完全不同了,微小的涨落就能不断地被放大,使系统离开热力学分支而进入新的更有序的耗散结构分支。涨落之所以能发挥这么大的作用是因为热力学分支的失稳已为这一切准备好了必要的条件,涨落对系统演变起到的是一种触发作用。

综上所述,所谓耗散结构,就是包含多基元多组分多层次的开放系统处于远离平衡态时,在涨落的触发下从无序突变为有序而形成的一种时间、空间或时间-空间结构。耗散结构理论的提出对当代哲学思想产生了深远的影响,该理论引起了哲学家们的广泛注意。耗散结构理论极大地丰富了哲学思想,在可逆与不可逆、对称与非对称、平衡与非平衡、有序与无序、稳定与不稳定、简单与复杂、局部与整体、决定论与非决定论等诸多哲学范畴都有其独特的贡献。耗散结构理论可以应用于研究许多实际现象。

热制造系统是一个由材料和设备组成的开放系统,本质上是一个远离热力学平衡态的非线性不可逆过程,并且其内部存在涨落,满足形成耗散结构的条件,能够形成多种耗散结构。例如超塑性变形、绝热剪切带、晶粒的动态长大等都具有典型的耗散结构特征。应用非平衡态热力学和耗散结构理论研究工件在热制造过程中所形成的耗散结构,能够确定出现各种耗散结构的外部热力参数范围,选择对组织和性能有利的耗散结构的工艺参数范围,避开产生对工件组织和性能不利的耗散结构的工艺参数范围,从而实现热制造工艺参数的优化和组织与性能的控制。

## 1.6.3　分岔与混沌

### 1. 分　岔

分岔理论与系统稳定性理论有着密切的关系。分岔理论研究非线性常微分系统由于参数的改变而引起的解的不稳定性从而导致解的数目的变化行为。系统稳定性是指动力系统受到任意微小扰动后,其拓扑结构保持无限小的性质。如果一个动力系统是结构不稳定的,则任意小的适当的扰动都会使系统的拓扑结构发生突然的质的变化,我们称这种质的变化为分岔。

如图 1－17 所示,当参数连续变动时,系统变量在参数 $\mu$ 取某值时发生突变,则称系统在此处出现分岔,并称参数 $\mu$ 的取值为一个分岔值。在解的空间中,由分岔值组成的集合称为分岔集。在分岔参数的变化范围内,系统可能在不同的参数值处相继出现分岔,图 1－17 中系统在 $\mu=\mu_1$ 处出现分岔为初级分岔解,在 $\mu=\mu_2$ 处从初级分岔解分岔出二级分岔解。

分岔现象也存在于材料变形过程中。材料在变形过程中,材料的应力应变路径有硬化路径 $AB$、弹性卸载路径 $AC$ 和软化路径 $AD$。如果应变值较小,则材料内部的微结构变化不大,材料的应力应变行为只能从图 1－18 所示的路径 $AB$ 和 $AC$ 中取其一。如果材料应变达到某临界值,则导致材料微结构发生显著变化或出现损伤,其应力应变行为可能偏离硬化路径而沿图 1－18 所示的软化路径 $AD$ 发展,软化路径 $AD$ 是由材料的损伤而表现出的特征。弹性卸载路径和软化路径的主要区别是后者是不可逆的,这种现象称为变形模式的分岔。

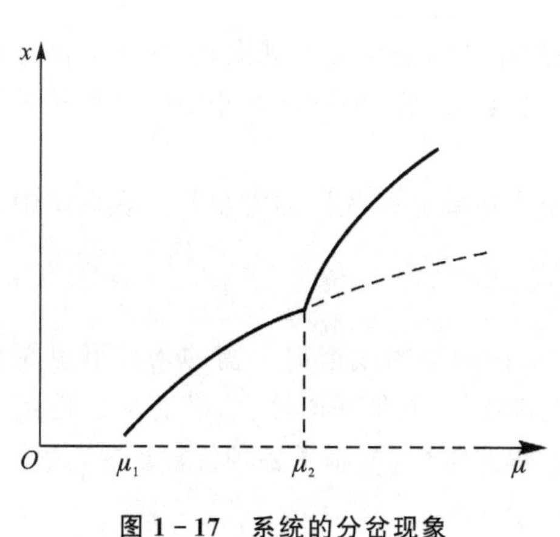


**图 1－17　系统的分岔现象**

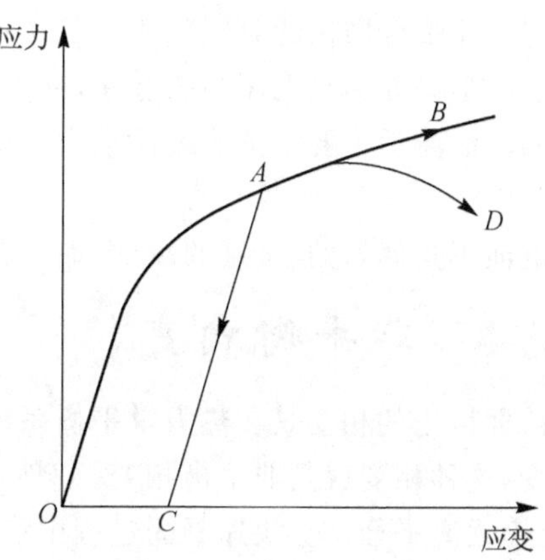


**图 1－18　材料的应力应变路径**

在材料加工过程中,当材料进入塑性变形时,经常会出现材料变形强烈集中在一小部分区域或带上的现象。在材料出现宏观破坏之前,尽管在这个带中材料和周围材料的变形仍然满足几何协调性,但带中材料的应变率与周围材料的应变率相比产生跳跃而出现分岔。研究材料加工过程中的分岔现象具有重要的理论和实际意义。

### 2. 混　沌

1972 年 12 月 29 日,美国麻省理工学院教授、混沌学开创人之一洛伦兹,在美国科学发展学会第 139 次会议上发表了题为《蝴蝶效应》的论文,提出一个貌似荒谬的论断:在巴西一只蝴蝶翅膀的拍打能在美国得克萨斯州产生一个陆龙卷,并由此提出了天气的不可准确预报性。时至今日,这一论断仍为人们津津乐道,更重要的是,它激发了人们对混沌学的浓厚兴趣。

一般地,如果一个接近实际而没有内在随机性的模型仍然具有貌似随机的行为,就可以称这个真实物理系统是混沌的。一个随时间确定性变化或具有微弱随机性的变化系统,称为动力系统,它的状态可由一个或几个变量数值确定。而一些动力系统中,两个几乎完全一致的状态经过充分长时间后会变得毫无一致性,恰如从长序列中随机选取的两个状态那样,这种系统被称为敏感地依赖于初始条件。而对初始条件的敏感的依赖性也可作为混沌的一个定义。

与我们通常研究的线性科学不同,混沌学研究的是一种非线性科学,而非线性科学研究似乎总是把人们对“正常”事物“正常”现象的认识转向对“反常”事物“反常”现象的探索。混沌打破了确定性方程由初始条件严格确定系统未来运动的“常规”,出现所谓各种“奇异吸引子”现象等。

混沌是非线性动力系统在一定条件下表现出来的表面看来混乱无规,细致分析仍然有一定规律性的复杂行为。动力系统涉及其他类型的物理及化学过程的研究目的是预测“过程”的最终发展结果,也就是说,如果完全知道在时间序列中一个过程的过去历史,能否预测它未来怎样?尤其是能否预测该系统的长期或渐进的特性?这无疑是一个意义重大的问题。然而,即使是一个理想化的仅有一个变量的最简单的动力系统,也会具有难以预测的基本上是随机的特性。如果初始条件的微小改变使其相应的轨道在一定的迭代次数之内也只有微小改变,则动力系统是稳定的,此时,任意接近于给定初值的另一个初值的轨道可能与原轨道相差甚远,是不可预测的。因此,弄清给定动力系统中轨道不稳定的点的集合是极其重要的。所有其轨道不稳定的点构成的集合是这个动力系统的混沌集合,并且动力系统中参数的微小改变可以引起混沌集合结构的急剧变化。

混沌学研究的是无序中的有序,许多现象即使遵循严格的确定性规则,但大体上仍是无法预测的。混沌学主要讨论非线性动力系统的不稳、发散的过程,但系统在相空间总是收敛于一定的吸引子。

混沌不是偶然的、个别的事件,而是普遍存在于宇宙间各种各样的宏观及微观系统中。

### 1.6.4 非平衡相变

前面讨论的相变是在热力学平衡系统中发生的,在非平衡或远离平衡的条件下也能够发生相变,这种相变就是非平衡相变。例如,凝固过程就是一个非平衡过程,随着凝固速度的增加,逐渐远离平衡态。快速凝固过程中液-固相变过程非常快,抑制了各种传输现象,其组织形态也发生了很大的变化。

凝固过程中,在一定的凝固条件下,凝固组织能自发地形成一种有组织的有序结构,有时也称其为自组织。例如,枝晶生长就是一个简单的自组织系统。有序结构的产生不仅需要外界条件来维持,也需要一定的内部条件。外界条件为必要条件,内部条件为充分条件。凝固组织形态是外界激励条件与材料内聚能力相互竞争与平衡的结果,如图1-19所示。

固溶体合金通常以树枝状生长方式结晶,非平衡凝固导致先结晶的枝干和后结晶的枝间的成分不同,称为枝晶偏析。由于一个树枝晶是由一个核心结晶而成的,故枝晶偏析属于晶内偏析。枝晶偏析是非平衡凝固的产物,在热力学上是不稳定的,通过“均匀化退火”或“扩散退火”,即在固相线以下较高的温度(要确保不能出现液相,否则会使合金“过烧”)经过长时间的保温使原子扩散充分,使之转变为平衡组织。合金的非平衡凝固过程分析与工艺见第3章和第6章。

在快速加热或冷却的非平衡条件下,固态合金的平衡转变同样受到抑制,其相变往往不能

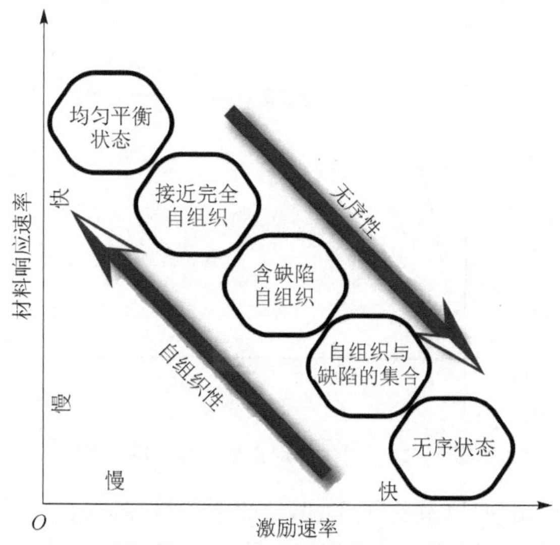


**图 1-19　凝固组织形态的变化趋势**

达到平衡状态，而是通过非平衡转变产生平衡相图上不能反映的转变类型，获得不平衡组织或亚稳状态的组织。钢及有色合金中都能发生不平衡转变。例如，钢中可以发生伪共析转变、马氏体相变、贝氏体相变、块状转变等(见第 3 章)。

# 1.7　工程材料热力学性质

热制造过程需要掌握材料的热物性。材料的热物性有热力学性质和热传递性质之分，前者是指处于平衡态下的材料热力学性质，后者是指热传递过程中的非平衡特性。这里主要介绍材料热力学性质，材料的热传递性质将在第 2 章介绍。

## 1.7.1　材料的热容

### 1. 固体热容理论

将 1 mol 材料的温度升高 1 K 时所需要的热量称为热容，单位质量的材料温度升高 1 K 所需要的能量称为比热容，工程上通常使用比热容。金属热容实质上反映了金属中原子热振动能量状态改变时需要的热量。当金属加热时，金属吸收的热能主要为点阵所吸收，从而增加金属离子的振动能量；其次还为自由电子所吸收，从而增加自由电子的动能。因此，金属中离子热振动对热容作出了主要的贡献，而自由电子的运动对热容作出了次要的贡献。

对于固体而言，定容热容 $C_{V,\mathrm{m}}$ 比定压热容 $C_{p,\mathrm{m}}$ 更难进行实验测定。但在室温或更低温度下，固体的 $C_{p,\mathrm{m}}$ 与 $C_{V,\mathrm{m}}$ 非常接近(见图 1-20)。在一般温度变化范围过程中，固体的体积变化不大，可近似视为定容过程，因此对于固体不再区分定压热容和定容热容，仅用固体热容来表达。

固体热容理论是根据原子热振动的特点，研究热容的本质并建立热容随温度变化的定量关系。从 19 世纪初到 20 世纪初，固体热容理论经历了从杜龙-珀替(Dulong - Petit)的经典热

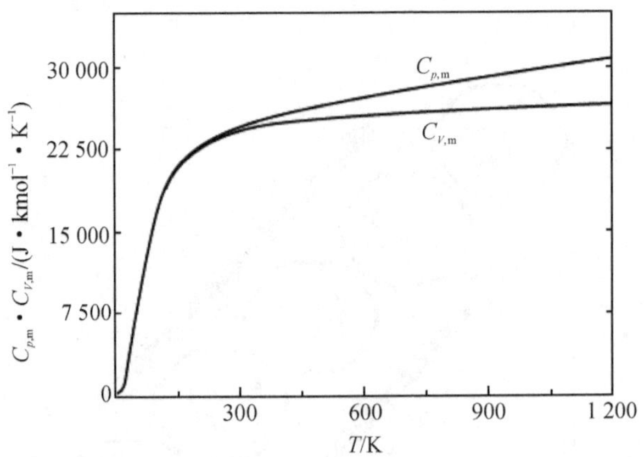


**图 1-20 固体的定容热容与定压热容**

容理论,到爱因斯坦(Einstein)以及德拜(Debye)的量子热容理论。

热容的经典理论认为,在固体中可以用谐振子来代表每个原子在一个自由度的振动,按照经典理论能量自由度均分,每一振动自由度的平均动能和平均位能都为$\left(\frac{1}{2}\right)k_BT$,一个原子有3个振动自由度,平均动能和位能的总和就等于$3k_BT$。设单位质量的固体中有$NS$个原子,总热力学能为

$$U=3NSk_BT \tag{1-75}$$

1 mol 固体中有$N_A$个原子,总热力学能量为

$$U=3N_Ak_BT=3RT \tag{1-76}$$

式中:$N_A$为阿伏加德罗常数,$6.023\times10^{23}$/mol;$T$为热力学温度(K);$k_B$为玻耳兹曼常数,$1.381\times10^{23}$ J/K;$R$为气体常数,8.314 kJ/(K·mol)。

按热容定义,1 mol 单原子固体物质的摩尔定容热容为

$$C_{V,m}=\left(\frac{\partial U}{\partial T}\right)_{V,m}=3N_Ak_B=3R\approx 25\ \mathrm{J/(K\cdot mol)} \tag{1-77}$$

式(1-77)称为杜龙-珀替(Dulong-Petit)定律。杜龙-珀替定律提供了一个简单通用的固体热容估算方法。

杜龙-珀替定律在高温时与实验结果是很符合的,但在低温下却相差较大。实验结果表明,材料的摩尔热容是随温度而变化的。在高温区,摩尔热容的变化很平缓,在低温区,摩尔热容随温度下降而减少,当$T\to0$ K时,$C_{V,m}\to0$。

1906年,爱因斯坦提出了量子热容模型,即

$$C_{V,m}=3NSk_B\left(\frac{\theta_E}{T}\right)^2\frac{e^{\frac{\theta_E}{T}}}{\left(e^{\frac{\theta_E}{T}}-1\right)^2} \tag{1-78}$$

式中:$\theta_E$称为爱因斯坦温度。当温度很低或$T\to0$ K时,$C_{V,m}=0$。当温度足够高时,$\frac{\theta_E}{T}\to0$,则$e^{\frac{\theta_E}{T}}\approx1+\frac{\theta_E}{T}$,因此有

$$C_{V,m}=3R\left(1+\frac{\theta_E}{T}\right)\approx 3R \tag{1-79}$$

这就是杜龙-珀替定律，即在高温下爱因斯坦热容理论趋近于杜龙-珀替定律，或者说经典热容理论是量子理论在高温下的近似。

研究表明，爱因斯坦热容模型计算结果在低温下明显低于实验结果。1912 年，德拜对爱因斯坦热容模型进行了修正，提出的固体热容表达式为

$$C_{V,\mathrm{m}} = 9Nk_{\mathrm{B}}\left(\frac{T}{\theta_{\mathrm{D}}}\right)^3 \int_0^{\frac{\theta_{\mathrm{D}}}{T}} x^4 \mathrm{e}^x (\mathrm{e}^x - 1)^{-2} \mathrm{d}x \tag{1-80}$$

在低温区，$C_{V,\mathrm{m}}$ 可以表示为

$$C_{V,\mathrm{m}} = \frac{12\pi^4 Nk_{\mathrm{B}}}{5}\left(\frac{T}{\theta_{\mathrm{D}}}\right)^3 \tag{1-81}$$

即在低温区，$C_{V,\mathrm{m}}$ 正比于 $T^3$，该式称为德拜三次方定律。当温度接近 0 K 时，$C_{V,\mathrm{m}}=0$；当温度 $T \gg \theta_{\mathrm{D}}$ 时，$C_{V,\mathrm{m}}$ 趋近于定值 $3R$（杜龙-珀替定律），如图 1-21 所示。$\theta_{\mathrm{D}}$ 称为德拜温度，不同材料的 $\theta_{\mathrm{D}}$ 是不同的，与结合键的强度、材料的弹性模数、熔点等有关。例如，石墨约为 1 970 K，BeO 为 1 173 K，$Al_2O_3$ 约为 923 K 等。

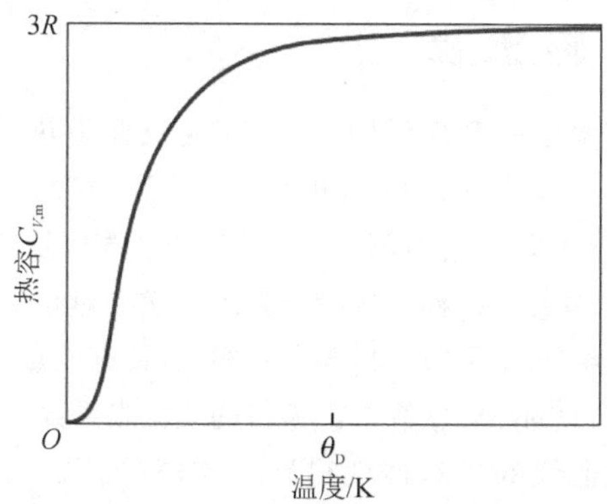


**图 1-21　热容与温度的关系**

## 2. 工程材料的热容及影响因素

对于金属材料，当温度 $T \gg \theta_{\mathrm{D}}$ 时，$C_{V,\mathrm{m}} \approx 25$ J/(K·mol)；但当温度 $T \ll \theta_{\mathrm{D}}$ 时，金属材料的总热容 $C_{V,\mathrm{m}}$ 由声子热容和电子热容两部分组成，可以表示为

$$C_{V,\mathrm{m}} = C_{V,\mathrm{m}}^{\mathrm{h}} + C_{V,\mathrm{m}}^{\mathrm{e}} = bT^3 + \gamma T \tag{1-82}$$

式中：$b$、$\gamma$ 为材料常数。

化合物分子的摩尔热容等于构成该化合物分子各元素的原子摩尔热容之和，称为柯普(Kepp) 定律，即

$$C_{V,\mathrm{m}} = \sum n_i C_i \tag{1-83}$$

式中：$n_i$ 和 $C_i$ 分别为化合物中各元素的原子个数和原子摩尔热容。

对于无机非金属材料，其热容量基本与德拜热容量理论相符合，即在低温时 $C_{V,\mathrm{m}} \propto T^3$，而在高温时热容量趋向饱和值 $C_{V,\mathrm{m}} \approx 25$ J/(K·mol)；氧化物材料在较高温度时，服从化合物热容量的柯普定律 $C_{V,\mathrm{m}} = \sum n_i C_i$，在发生相变时热容量会出现突变。

对于有机高分子材料，其热容量在玻璃化温度以下一般较小；温度升至玻璃化转变点时，由于原子发生大的振动，热容量出现台阶状变化，结晶态高聚物在温度升至熔化点时，热容量

出现极大值,温度更高时,热容量又变小,

对于多相复合材料,其热容量为

$$C_{V,m}=\sum g_iC_i \tag{1-84}$$

式中:$g_i$ 和 $C_i$ 分别为第 $i$ 相的质量百分数和比热容。例如,高温电炉使用的泡沫刚玉砖,由于质量轻,热容就小,可快速升降温度,减小热量损失。

在实际工程计算中,使用比热容更为方便。比热容是指一定质量的材料温度升高 1 K 所需要的能量,单位为 J/(kg·K)。比热容和热容之间的关系为

$$c=\frac{\text{热容}}{\text{相对原子质量}} \tag{1-85}$$

对于固体材料,热容与材料的组织结构关系不大。但在相变过程中,由于热量的不连续变化,热容也出现突变。例如,晶体的凝固、沉淀、升华和熔化,金属及合金中多数固态相变时体积和熵(及焓)发生突变,即 $\Delta V\neq0$ 及 $\Delta S\neq0$,是一种不连续的突变现象,如图 1-3 所示。焓的突变表示相变时有相变潜热的吸收或释放,即热容出现突变。

## 1.7.2 材料的热膨胀性

大多数物质的体积都随温度的升高而增大,这种现象称为热膨胀。热膨胀性用热膨胀系数表示,即体积膨胀系数 $\alpha_V$ 或线膨胀系数 $\alpha$,单位为 1/℃。材料的热膨胀性与材料中原子结合情况有关。结合键越强,原子间作用力越大;原子离开平衡位置所需的能量越高,膨胀系数越小。结构紧密的晶体的热膨胀系数比结构松散的非晶体玻璃的热膨胀系数大。共价键材料与金属相比,一般具有较低的热膨胀系数;离子键材料与金属相比,具有较高的热膨胀系数;聚合物类材料与大多数金属和陶瓷相比有较大的热膨胀系数。塑料的线膨胀系数一般高于金属的 3~4 倍。

晶体热膨胀可从点阵能曲线的非对称性得到具体解释。如图 1-22(a))所示,作平行横轴的平行线 $E_1$、$E_2$、…,分别代表温度 $T_1$、$T_2$、…下质点振动的总能量。由于原子间相互作用能曲线的不对称性,随着温度的升高,原子的统计平均位置将偏离其平衡位置 $r=r_0$。这里原子的理论平衡位置 $r_0$ 对应于能量最低点 A,所以 $r_0$ 可以理解为 0 K 时的原子间距。温度越高,原子平均位置移得越远,或者说原子间的平均间距越大,晶体就越膨胀。若点阵能曲线是对称的,随温度升高,原子平均间距不发生变化,则晶体不发生膨胀(见图 1-22(b))。

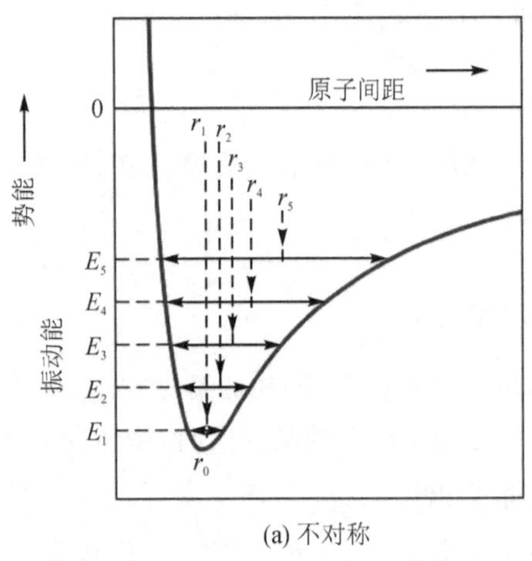


(a) 不对称

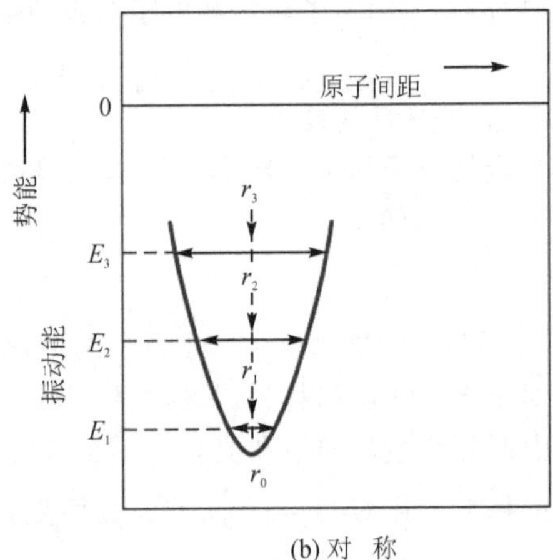


(b) 对 称

**图 1-22 晶体的点阵能曲线**

由热膨胀系数大的材料制造的零部件或结构，在温度变化时，尺寸和形状变化较大。在装配、热加工和热处理时应考虑材料的热膨胀的影响。异种材料组成的复合结构还要考虑热膨胀系数的匹配问题。

当物体的温度发生变化时，其尺寸和形状就会发生变化，称为热变形。微元体均匀受热或冷却时，在 3 个方向上产生同样的自由变形（见图 1－23），无剪切变形，物体体积变化率为

$$\frac{\Delta V}{V_0}=\alpha_V \Delta T \tag{1-86}$$

式中：$V_0$ 为初始体积；$\Delta V$ 为由于温度改变 $\Delta T$ 而产生的体积变化量；$\alpha_V$ 为体膨胀系数。

同样，可定义线膨胀率

$$\varepsilon_T=\alpha \Delta T \tag{1-87}$$

式中：$\alpha$ 为金属的线膨胀系数（以下称热膨胀系数），其数值随材料而异（见图 1－24），在不同温度下也有一定的变化。

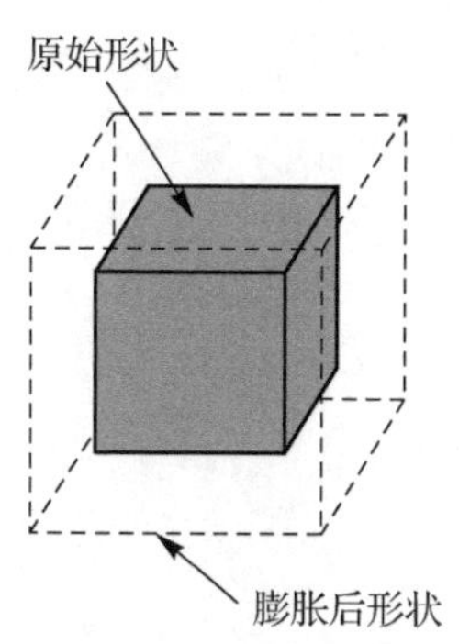


**图 1－23　微元体的热变形**

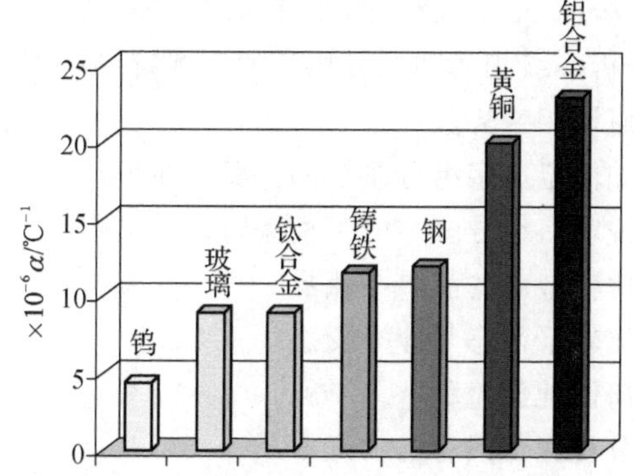


**图 1－24　典型材料的热膨胀系数比较**

## 1.7.3　材料的熔点

随着温度的升高，晶体中质点的热运动不断加剧，热缺陷浓度随之增大。当温度升到晶体的熔点时，强烈的热运动克服质点间相互作用力的约束，使质点脱离原来的平衡位置，晶体严格的点阵结构遭到破坏，也就是热缺陷增多到晶格已不能保持稳定。这时，宏观上晶体失去了固定的几何外形而熔化。

如图 1－4 所示，固体材料中只有晶体才有确定的熔点，非晶态物质无确定的熔点。对于多相组成的陶瓷材料，因其中各类晶体的熔点不同，而且尚有玻璃相的存在，因此也无确定的熔点。

显然，晶体的熔点与质点间结合力的性质和大小有关。例如，离子晶体和共价晶体中键力较强，熔点很少低于 473 K，而分子晶体中又几乎没有熔点超过 573 K 的。

不同材料的熔点是不相同的。金属材料按熔点高低分为易熔金属和难熔金属。熔点低于 700 ℃的金属称为易熔金属，如锡、铋、铅及其合金，某些低熔点合金（制作保险丝）可低于 150 ℃；熔点高于 700 ℃的金属称为难熔金属，如铁、钨、钼、钒及其合金。制作灯丝的钨其熔点为 3 370 ℃。陶瓷特别是金属陶瓷的熔点很高，如碳化钽的熔点接近 4 000 ℃。玻璃和高聚物不测定熔点，通常只用其软化点来表示。陶瓷材料由于离子键和共价键结合牢固，决定了陶瓷材料的高熔点。

熔点是高温材料的一个重要特性,它与材料的一系列高温使用性能有着密切的联系。晶体的熔化过程有着较复杂的本质。

# 思考题

1. 什么是体系?体系分为几种类型?
2. 什么是平衡态?为什么说系统保持平衡态是暂时的、有条件的?
3. 什么是状态函数?状态函数有何特点?
4. 理解热力学第一定律和第二定律的实际意义。
5. 什么是可逆过程?为什么说自然界一切实际过程都不可能是可逆过程?
6. 分析熵与自由能在判断过程进行方向上的作用。
7. 什么是表面张力?表面张力和附加压力有何区别和联系?
8. 分析图1-10所示的凹液面的附加压强。
9. 分析一级相变和二级相变的基本特征。
10. 何谓相变势垒?
11. 如何定义多组分系统的偏摩尔量?
12. 说明多组分多相的平衡条件。
13. 比较金属的晶界与相界。
14. 比较平衡态与非平衡态。
15. 何谓弛豫过程?
16. 分析固体热容的物理本质。
17. 比较晶体与非晶体的固-液转变过程。
18. 调研热制造工艺中的非平衡现象。

# 第 2 章 传输理论

热制造过程大多是在高温下进行的，因此热制造过程中必然伴随着物质的传输和热量的传输。动量传输、热量传输和质量传输是热制造过程三个重要的传输现象。热制造传输理论是将流体力学、传热学和传质学的原理应用于热制造传输过程分析。

## 2.1 概 述

热制造学研究的重点之一是材料的组织结构、性能以及成型工艺之间的关系。成型工艺对材料组织结构和性能的影响主要是通过材料流动、传热、传质以及相变等过程来实现的。任何一个过程都需要足够的能量推动，能量的作用必然引起材料系统的动量、热量及质量的传输。因此，需要应用传输理论来深入认识热制造工艺动力学过程的规律性。

传输过程可以看成是在某物质体系内描述其物理量（如温度、速度、组分浓度等）从不平衡状态向平衡状态转移的过程。所谓平衡状态是指，在体系内物理量不存在梯度，如热平衡是指物系内的温度各处均匀一致，反之则物系处于不平衡状态。在不平衡状态，由于物系内物理量不均匀将发生物理量的传输，如冷、热两物体互相接触，热量会由热物体传向冷物体，直到两物体的温度趋于均匀，此时冷、热两物体温度差就是热量传输的动力。

传递现象是一门以数学关系的形式描述动量、能量和质量传递的学科，主要研究动量、热量和质量传递的速率与相关影响因素之间的关系，也可称为传递动力学。一般而言，速率正比于推动力，反比于阻力。动量、热量和质量传递的推动力分别是速度差、温度差和浓度差。传递阻力因具体条件而异。在这些推动力作用下，发生传递现象。

传输问题的研究是以质量守恒、动量守恒、能量守恒三大定律为基础，求解速度、温度、浓度的时空分布，并进一步获得传递通量或传递速率。从表观上看，动量传递、热量传递和质量传递是三种截然不同的物理现象，然而当我们深入探究其本质特征时不难发现，这三种传输现象有其内在的联系。在连续介质系统中发生的传输现象有着共同的传输机理，而且可以统一组织在非平衡态热力学的理论框架之中。非平衡态热力学揭示了不同传递特性间一些有价值的普遍联系。

根据非平衡态热力学，当系统偏离平衡时，各种性质，如浓度、温度等可能不均匀，物料还可能在运动，并且不同区域的流速可能不同。各种性质随空间位置的变化率就是梯度，如浓度梯度、温度梯度、流速梯度等。梯度是传递现象的推动力，梯度促使一些过程发生。流速梯度是动量传递的推动力，在层流中引起动量从高流速区向低流速区传递；温度梯度是热传导的推动力，引起热量从高温区向低温区传导；浓度梯度是扩散的推动力，引起物质从高浓度区向低浓度区迁移。

表征三种传输过程速率的参数分别是动量通量、热量通量和质量通量，统称为传输通量（简称通量）。物质系统在梯度的推动力作用下，单位时间通过单位面积的动量称为动量通量；单位时间通过单位面积的热量称为热量通量；单位时间通过单位面积的物质的质量称为质量通量。

动量、热量和质量三种传输过程有其内在的联系。三者之间具有许多相似之处,在连续介质中发生的传输现象有着共同的传递机理,因而对其主要参数描述具有相似性,这就是传输现象之间的类似性。研究表明,只要梯度不是反常的大,三种传输的通量和相应梯度之间存在正比关系(见式(1-74)),分别遵循牛顿粘性定律、傅里叶定律和菲克定律。由于传输过程的类似性,描述三种传输的一些物理量之间也存在着某些定量关系,可以通过这些类似关系和定量关系研究各种传输过程。此外,工程实际中的三种传输过程常常是同时发生的,各种传输之间也存在一定的耦合性。

# 2.2 动量传输

动量传输的主要研究内容是流体的运动规律。流体运动的规律在热制造过程中是很重要的。如铸造过程涉及液态材料的流动问题,气体保护焊、等离子加工涉及气体流动问题,在锻造加工中还会发生塑性流动。热制造的实质就是利用材料的各种流动性能并加以控制而获得所需形状的过程。动量传输理论也是热量传输和质量传输的基础。掌握动量传输理论,对于认识热制造工艺的物理本质、优化工艺过程具有重要作用。

## 2.2.1 流体及其流动的基本概念

### 1. 流体及连续介质假设

气体和液体统称为流体。流体和固体的差别在宏观上表现为流体具有流动性。固体可以承受压力、拉力和切力,在一定作用力范围内,能够保持一定的体积和形状。流体只能承受压力,不能承受拉力和切力,不易保持一定的形状。当流体受到切力作用时,就会发生连续不断的变形,表现出较大的流动性。

在流体的工程分析中,通常将流体看成是由无限多个质点所组成的密集而无间隙的连续介质。这就是在研究流体流动规律中流体连续性的假设。基于流体的连续介质假设,流体的状态函数(如密度、流速、压强等)都可以表示为空间坐标的连续函数。这样就可以引用连续函数的解析方法来研究流体处于平衡和运动状态下的有关物理量之间的关系。

流体分析中通常采用欧拉方法描述流场的物理量分布,状态函数为

$$f = f(x, y, z, t) \tag{2-1}$$

全微分可得

$$\mathrm{d}f = \left(\frac{\partial f}{\partial x}\right)_{y,z,t}\mathrm{d}x + \left(\frac{\partial f}{\partial y}\right)_{x,z,t}\mathrm{d}y + \left(\frac{\partial f}{\partial z}\right)_{x,y,t}\mathrm{d}z + \left(\frac{\partial f}{\partial t}\right)_{x,y,z}\mathrm{d}t \tag{2-2}$$

两端除以 $\mathrm{d}t$ 可得

$$\frac{\mathrm{d}f}{\mathrm{d}t} = \frac{\mathrm{d}x}{\mathrm{d}t}\left(\frac{\partial f}{\partial x}\right)_{y,z,t} + \frac{\mathrm{d}y}{\mathrm{d}t}\left(\frac{\partial f}{\partial y}\right)_{x,z,t} + \frac{\mathrm{d}z}{\mathrm{d}t}\left(\frac{\partial f}{\partial z}\right)_{x,y,t} + \left(\frac{\partial f}{\partial t}\right)_{x,y,z} \tag{2-3}$$

令 $v_x = \frac{\mathrm{d}x}{\mathrm{d}t}, v_y = \frac{\mathrm{d}y}{\mathrm{d}t}, v_z = \frac{\mathrm{d}z}{\mathrm{d}t}$,可得

$$\frac{\mathrm{d}f}{\mathrm{d}t} = \left(\frac{\partial f}{\partial t}\right)_{x,y,z} + v_x\left(\frac{\partial f}{\partial x}\right)_{y,z,t} + v_y\left(\frac{\partial f}{\partial y}\right)_{x,z,t} + v_z\left(\frac{\partial f}{\partial z}\right)_{x,y,t} \tag{2-4}$$

式(2-4)称为随体导数或物质导数,其右端第一项是由流动的不稳定性引起的,其余项是由流场的不均性引起的。

## 2. 流体的主要性质

### (1) 流体的密度

单位体积流体所具有的质量称为流体的密度，即

$$\rho=\frac{m}{V} \tag{2-5}$$

式中：$\rho$ 为流体的密度，单位为 $kg/m^3$；$m$ 为流体的质量，单位为 kg；$V$ 为流体的体积，单位为 $m^3$。

若某种液体是由 $N$ 种不同的液体混合而成的，则其密度 $\rho_m$ 可由下式计算，即

$$\frac{1}{\rho_m}=\frac{x_1}{\rho_1}+\frac{x_2}{\rho_2}+\frac{x_3}{\rho_3}+\cdots+\frac{x_n}{\rho_n} \tag{2-6}$$

式中：$x_n$ 为各组分的质量分数；$\rho_n$ 为各组分的密度。

纯气体在温度不太低、压力不太高的情况下，其密度可按理想气体状态方程式计算，即

$$\rho=\frac{pM}{RT} \tag{2-7}$$

式中：$M$ 为气体摩尔质量；$p$ 为气体的绝对压力；$T$ 为气体的热力学温度；$R$ 为气体常数。

气体混合物的密度 $\rho_m$ 的计算与纯气体的密度计算式类似，只不过将 $M$ 改为 $M_m$ 即可，$M_m$ 为平均摩尔质量，即

$$\rho_m=\frac{pM_m}{RT} \tag{2-8}$$

式中：$M_m=M_1Y_1+M_2Y_2+M_3Y_3+\cdots+M_nY_n$，其中，$M_n$ 为各组分的相对分子质量，$Y_n$ 为各组分的摩尔分数。

### (2) 可流动性

在任何微小剪切应力的持续作用下能够连续不断变形的物质称为流体。流体的这种连续不断变形的性质称为可流动性。

流体的流动即流体的受力变形与固体有明显差异：①当受到剪切力持续作用时，固体只能产生有限变形，流体能产生无限大变形；②固体内的剪切应力由变形量决定，流体内的剪切应力由变形速率决定；③当剪切力停止作用时，固体变形能完全恢复（弹性变形）或部分恢复（塑性变形），流体停止继续变形但是不做任何恢复。

### (3) 流体的压缩性和热胀性

1) 液体的压缩性和热胀性

在温度不变的条件下，液体的压缩性用体积压缩系数 $\beta$ 表示，即

$$\beta=-\frac{\mathrm{d}V/V}{\mathrm{d}p} \tag{2-9}$$

式中：$\beta$ 为体积压缩系数，单位为 $Pa^{-1}$；$V$ 为液体原有体积，单位为 $m^3$；$\mathrm{d}V$ 为体积的变化量，单位为 $m^3$；$\mathrm{d}p$ 为压力增量，单位为 Pa。

式(2-9)右边的负号表示压力增加时体积缩小，$\beta$ 永远为正值。

液体的热胀性用体积膨胀系数 $\alpha_V$ 来表示，即

$$\alpha_V=\frac{\mathrm{d}V/V}{\mathrm{d}T} \tag{2-10}$$

式中:$dT$ 为温度升高量,单位为 K;$\alpha_V$ 为体积膨胀系数,单位为 $K^{-1}$。

2) 气体的压缩性和热胀性

温度和压力的改变对气体的体积、密度有显著的影响。根据理想气体状态方程,对于定温过程,当 $T$=常数时,可得波义耳定律表达的理想气体状态方程,即$\frac{p}{\rho}$=常数。理想气体状态方程如下:

$$pv = RT \tag{2-11}$$

式中:$v$ 为比体积($m^3/kg$),$v=\frac{1}{\rho}$;$R$ 为气体常数。

在定压过程中,气体密度与温度成反比,一定质量气体的体积随温度升高而膨胀。

在流体流动的研究中,压缩性大小被看作是气体和液体的主要区别。当压强或温度变化时,气体的密度有显著的变化,而液体密度的变化并不明显。施加压力时,液体不容易被压缩,其体积变化并不明显,而气体容易被压缩,体积变化明显。因而在处理流体流动问题时,液体可视为不可压缩的流体,气体则视为可压缩的流体。但是,在气体流动过程中,若压强和温度改变不大,则密度的变化也不大,就可按不可压缩流体来处理,即密度是不变的,问题就会简单一些。

固体、液体和气体在可流动性和可压缩性方面的性质差异来源于它们不同的微观结构和对应的分子间作用力:①固体分子紧密堆积,分子间的相互吸引力较大,分子运动的自由度很小,主要围绕平衡位置进行振动,因此固体具有固定形状。流体分子间存在较大空隙,相互吸引力较小,流体分子可以自由旋转和平移,因此流体没有固定形状,易于流动变形。②液体的分子距和分子平均直径基本相等,分子间存在较强的引力,因此液体不容易膨胀。对液体加压时,分子距稍有缩小,分子间的斥力就会增大,因此液体不容易被压缩。气体的分子距通常比分子平均直径大一个数量级,分子间的引力很弱,因此气体容易膨胀充满容器。对气体加压时,只有在分子距缩小很多时,分子间才会出现斥力,因此气体具有很大的压缩性。

**(4) 流体的粘性与牛顿粘性定律**

1) 流体的粘性

流体具有流动性,即没有固定形状,在外力作用下,其内部产生相对运动。另一方面在运动状态下,流体还有一种抗拒内部运动的特性,称为粘性。粘性是流动性的反面,流体的粘性越大,其流动性就越小。

流体粘性的物理意义可用图 2-1 来说明。设流体在圆管内流动,由于流体对圆管壁面的附着力作用,在壁面上会粘附一层静止的流体膜层,同时又由于流体内部分子间的吸引力和分子热运动,壁面上静止的流体膜对相邻流体层的流动产生阻滞作用,使它的流速变慢,这种作

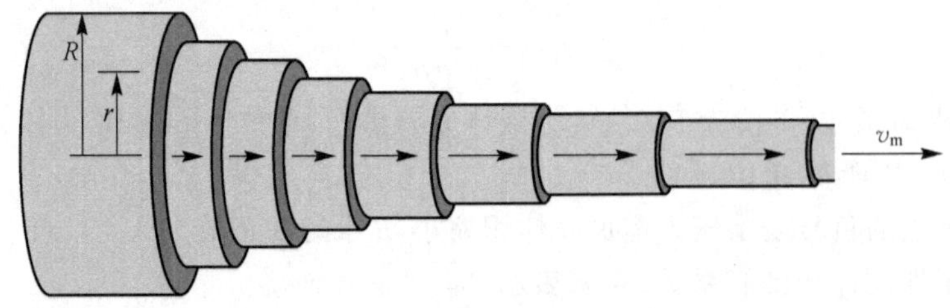


图 2-1 流体在圆管内分层流动

用力随着离壁面距离的增加而逐渐减弱，也就是说，离壁面越远，流体的流速越快，管中心处流速最大。由于流体内部这种作用力的关系，液体在圆管内流动时，实际上是被分割成了无数的同心圆筒层，一层套着一层，各层以不同的速度向前运动。

由于各层速度不同，层与层之间发生了相对运动，速度快的流体层对与之相邻的速度较慢的流体层产生了一个拖动其向运动方向前进的力，而同时运动较慢的流体层对相邻的速度较快的流体层也作用着一个大小相等、方向相反的力，从而阻碍较快的流体层向前运动。这种运动着的流体内部相邻两流体层间的相互作用力，称为流体的内摩擦力，是流体粘性的表现，所以又称为粘滞力或粘性摩擦力。

内摩擦的出现是由于流体内部各层之间的整体运动速度不同，使分子在迁移过程中产生了动量的输运而造成的。当气体流动时，其定向的整体流速矢量要叠加在每个分子热运动的速度上；分子热运动的速度虽然很大，但因为是无规则的，所以热运动速度矢量的平均值为零。气体的流速虽然比分子的热运动速度小得多，但它却具有确定的方向和一定的数值。不论是在液体内部还是在气体内部，只要存在速度梯度，就会有内摩擦现象产生。

2）牛顿粘性定律

根据大量的实验结果，牛顿于 1686 年提出了流体粘性定律。牛顿粘性定律指出：当流体的流层之间存在相对位移，即存在速度梯度时，由于流体的粘性作用，在其速度不相等的流层之间以及流体与固体表面之间所产生的粘性力（摩擦力）的大小与速度梯度和接触面积成正比，并与流体的粘性有关。

对于如图 2-2 所示的稳定态下两平行板间流体的层流而言，假设下板固定不动，当上板以匀速 $v_0$ 平行于下板运动时，两平板间的流体便发生不同速度的运动状态。从流动的流体中取出相邻的两层流体，设其面积为 $A$，上层流体的速度为 $v+\mathrm{d}v$，下层流体的速度为 $v$，它们的相对速度即为 $\mathrm{d}v$。两流体层之间的垂直距离为 $\mathrm{d}y$。可以证明：对大多数流体，两流体层之间的内摩擦力 $F$ 与层间的接触面积 $A$、相对速度 $\mathrm{d}v$ 成正比，与两流体层间的垂直距离 $\mathrm{d}y$ 成反比，即

$$F=\mu A\ \frac{\mathrm{d}v}{\mathrm{d}y} \tag{2-12}$$

式中：$\mathrm{d}v/\mathrm{d}y$ 表示垂直于流体流动方向的速度变化率，称为速度梯度，单位为 1/s；比例系数 $\mu$ 称为粘性系数，或称动力粘度，简称粘度。

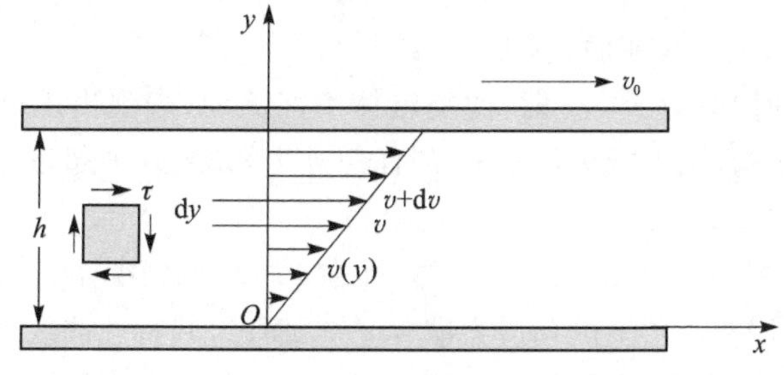


**图 2-2　平行平板间的层流流动**

单位面积上的内摩擦力（$F/A$）为切应力，用 $\tau$ 表示。切应力 $\tau$ 可以表示为

$$\tau=\mu\ \frac{\mathrm{d}v}{\mathrm{d}y} \tag{2-13}$$

式（2-12）和式（2-13）为牛顿粘性定律的数学表达式。对于不可压缩流体，式（2-13）可

写为

$$\tau=\frac{\mu}{\rho}\frac{\mathrm{d}(\rho v)}{\mathrm{d}y} \tag{2-14}$$

式中:$\rho v$ 的单位为 $\mathrm{kg/m^3}\cdot(\mathrm{m/s})=(\mathrm{kg}\cdot\mathrm{m/s})/\mathrm{m^3}$,即单位体积流体的动量;$\mathrm{d}(\rho v)/\mathrm{d}y$ 可理解为在 $y$ 方向上单位体积流体的动量梯度;切应力 $\tau$ 的单位为 $\mathrm{N/m^2}=(\mathrm{kg}\cdot\mathrm{m/s})/(\mathrm{m^2}\cdot\mathrm{s})$,即单位时间通过单位面积的动量。式(2-14)说明流体粘性力与单位体积流体的动量梯度成正比。

服从牛顿粘性定律的流体称为牛顿型流体。所有气体和大多数液体都属于牛顿型流体。不服从牛顿粘性定律的流体称为非牛顿型流体,如某些高分子溶液、胶体溶液、泥浆等。

常见的非牛顿型流体有以下几种:

① 假塑性流体和胀流性流体。

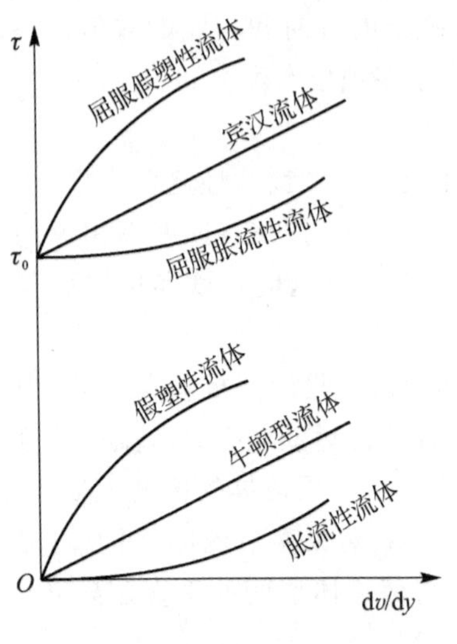


**图 2-3　不同流体切应力与切应变率关系示意图**

此类流体流动时粘性力与速度梯度的关系可以用下式表示:

$$\tau=\mu\left(\frac{\mathrm{d}v}{\mathrm{d}y}\right)^n \tag{2-15}$$

式中:$n$ 是指数,且 $n\neq1$。

当 $n<1$ 时,流体称为假塑性流体,当此种流体的流动保持 $\tau$ 不变时,其流速会越来越快,即当 $\frac{\mathrm{d}v}{\mathrm{d}y}$ 增大时,流体表现出来的粘性会变小,其特性曲线如图 2-3 所示。

当 $n>1$ 时,流体称为胀流性流体,其特性为当 $\frac{\mathrm{d}v}{\mathrm{d}y}$ 增大时,流体表现出来的粘性会越来越大,其特性曲线如图 2-3 所示。

② 粘塑性流体。

此种流体的粘性力与速度梯度之间的关系为

$$\tau=\tau_0+\mu\left(\frac{\mathrm{d}v}{\mathrm{d}y}\right)^n \tag{2-16}$$

式中:$\tau_0$ 为屈服切应力,也就是屈服极限。

当表现在流体上的切应力 $\tau\leqslant\tau_0$ 时,此类流体不能流动,表现出固体的特性,即静止时是具有足够刚度的三维结构,足以抵抗低于 $\tau_0$ 的任何外力,如果外力超过屈服应力,则这种结构就分解,开始进入流动状态。

当 $n=1$ 时,流体称为宾汉(Bingham)流体,即在 $\tau>\tau_0$ 的情况下,该流体的动量传输规律近似牛顿型流体,仅作用在流层上的切应力减少了 $\tau_0$ 而已,其特性曲线如图 2-3 所示。

当 $n<1$ 时,流体称为屈服假塑性流体,即在 $\tau>\tau_0$ 的情况下,该流体的动量传输规律近似假塑性流体,其特性曲线如图 2-3 所示。

当 $n>1$ 时,流体称为屈服胀流性流体,其特性曲线如图 2-3 所示。

**(5) 粘　度**

由式(2-13)可以求得粘性值,即

$$\mu = \frac{\tau}{dv/dy} \tag{2-17}$$

由此可以看出，$\mu$ 表示速度梯度为 1 时，单位接触面积上由流体的粘性所引起的内摩擦力的大小，称为动力粘度，单位为 Pa·s。$\mu$ 值越大，流体的粘性也越大。

动力粘度与流体密度的比值称为运动粘度，以 $\nu$ 表示，即 $\nu = \frac{\mu}{\rho}$。

运动粘度是动量扩散系数的一种度量，单位为 $m^2/s$。流体的粘度均由实验测定。

温度对流体的粘度有明显的影响，气体的粘度随温度的升高而增加，液体的粘度随温度的升高而降低。液态金属的粘度与温度的关系可以表示为

$$\mu = \mu_0 e^{-E_\mu/RT} \tag{2-18}$$

式中：$\mu_0$ 为参考温度的粘度；$E_\mu$ 为粘性流的活化能。

液体和气体的粘性随温度的变化规律与它们的粘性作用机理有关。液体的粘性主要由分子内聚力决定。温度升高时液体分子运动幅度增大，分子间距加大，由于分子间吸引力随间距的增大而减小，因此分子内聚力减小，粘度相应降低（见图 2-4）。气体的粘性主要由分子动量传输的强度决定，温度升高时气体内能增加，分子运动加剧，分子间的动量传输更加激烈，粘度相应升高（见图 2-4）。

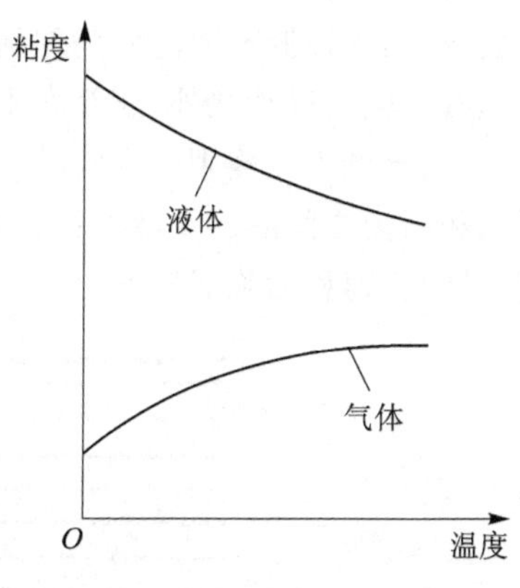


**图 2-4　温度对粘度的影响**

压力对于液体粘度的影响可忽略不计，对气体粘度的影响一般也可忽略不计，只在极高或极低的压力下才需考虑压力的影响。

实际流体都具有粘性，在流动过程中都要产生摩擦阻力，只是其大小程度不同而已。在流体流动的研究中，为了便于研究某些复杂的实际问题，常常进行简化而引入理想流体的概念。所谓的理想流体，就是假定流体没有粘性，在流动过程中没有摩擦阻力产生的流体，并且是不可压缩的。

## 3. 流体流动的基本规律

### (1) 流量与流速

1) 流　量

单位时间内流过管道任一截面的流体量，称为流量。一般有体积流量和质量流量两种表示方法。

体积流量：单位时间内流过管道任一截面的流体体积，以符号 $q_V$ 表示，单位为 $m^3/s$。

质量流量：单位时间内流过管道任一截面的流体质量，以符号 $q_m$ 表示，单位为 kg/s。

2) 流　速

单位时间内流体的质点在流动方向上流过的距离称为流速，以符号 $v$ 表示，单位为 m/s。粘性流体在管内流动时，任一截面上各点的流速沿管径而变化，管中心处流速最大，越靠近管壁，流速越小，在管壁处流速为零。为计算方便，通常所说的流速是指整个管道截面的平均流速，其表达式为

$$v=\frac{q_V}{A} \tag{2-19}$$

式中:$A$ 为与流动方向垂直的管道截面积,单位为 $m^2$;$q_V$ 为此截面的体积流量,单位为 $m^3/s$。

3) 质量流量、体积流量与平均流速之间的关系

质量流量、体积流量与平均流速之间的关系为

$$q_m=q_V\rho=Av\rho \tag{2-20}$$

式(2-20)即 $q_m$、$q_V$、$v$ 之间的关系,是流体流动计算中常用的关系式之一。

**(2) 流体流动形态**

1) 流态及判据

1883年,英国物理学家雷诺通过实验揭示出流体在管内流动时三种不同的形态,即著名的雷诺实验。当流体在圆管中流动时,如果管中流体质点是有规则的平行流动,质点之间互不干扰混杂,则这种流动形态称为层流或滞流,如图2-5(a)所示。当流速逐渐增大时,流体质点除了沿管轴向运动之外,还存在不规则的径向运动,质点间相互碰撞相互混杂,即层流流动被打破,完全处于无规则的乱流状态,这种流动状态称为湍流或紊流,如图2-5(b)所示。介于层流和湍流之间的流动状态称为过渡流,如图2-5(c)所示。流动状态发生变化(从层流到湍流)时的流速称为临界速度。

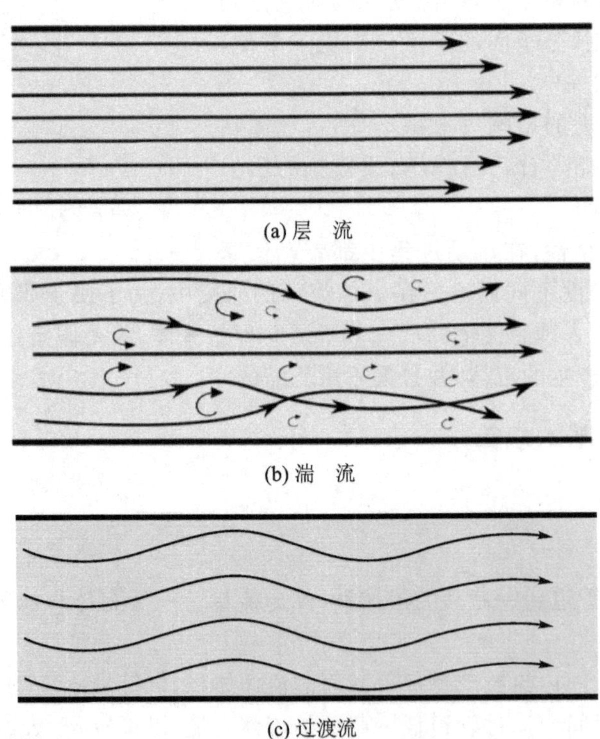

(a) 层 流

(b) 湍 流

(c) 过渡流

**图2-5 流动形态示意图**

不同的流形对流体中发生的动量、热量、质量的传递将产生不同的影响。对流体在管内的流动的实验表明:流动的几何尺寸(管内径 $d$)、流动的平均流速 $v$ 及流体性质(密度 $\rho$ 和粘度 $\mu$)对流形的变化有很大影响。可以将这些影响因素综合成一个无量纲数作为流形的判据,称为雷诺数,以符号 $Re$ 表示,即

$$Re=\frac{v\rho}{\mu} \tag{2-21}$$

经实验确定，对于圆管内强制流动的流体，由层流开始向湍流转变时的临界雷诺数 $Re$=2 100～2 300；当 $Re$>10 000～13 800 时，流体的流动形态为稳定的湍流；$Re$ 介于上述两种情况之间时可能是层流，也可能是湍流，属于过渡状态。

$Re$ 的大小除了作为判别流体流动形态的依据之外，还反映了流动中液体质点湍动的程度。$Re$ 值越大，表示流体内部质点湍动得越厉害，质点在流动时的碰撞与混合越剧烈，内摩擦也越大，因此流体流动的阻力也越大。在实际生产中，除了输送某些粘度很大的流体之外，为了提高流体的输送量或传热传质速率，流体的流动形态一般都要求处在湍流的情况。

2）层流与湍流在圆管内的速度分布

由于流体本身的粘性以及管壁的影响，流体在圆管内流动时，在管道的任意截面上各点的速度沿管径而变化。管壁处速度为零，离开管壁以后速度逐渐增加，到管中心处时速度最大。任一截面上各点的流速和管径的函数关系称为速度分布，其分布规律因流形而异。

理论分析和实验测定都已表明：层流时，速度沿管径按抛物线的规律分布，如图 2-6(a)所示。

湍流时，由于质点运动的情况复杂，目前还不能用理论分析得出其速度分布规律，但经实验测定，湍流时圆管内的速度分布曲线如图 2-6(b)所示。由图可以看出，截面上靠管中心部分质点速度比较均匀，速度曲线顶部区域就比较平坦，但靠近壁处质点的速度骤然下降，曲线变化很陡，平均流速与管中心最大流速的比值随 $Re$ 而变化。

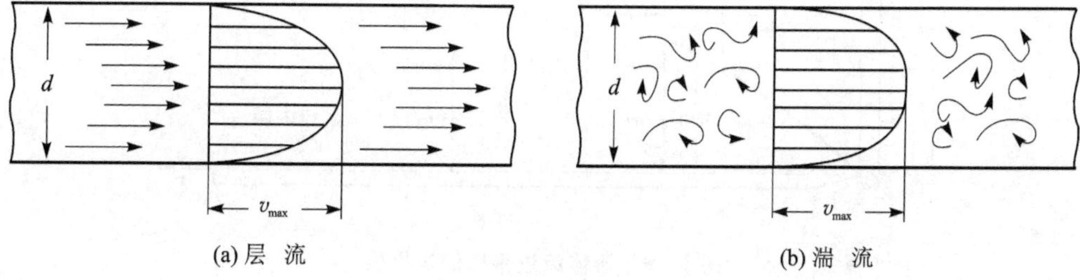


图 2-6　圆管内速度分布

### (3) 动量传输与通量

流体动量传输有两种机制，其一是通过对流引起的动量传输，其二是通过粘性引起的动量传输。当一定质量的流体以一定速度流动时，便将动量传输到另一位置，从而形成对流动量的传输，其传输方向与流体运动方向一致，单位时间内通过单位面积的动量就是对流动量通量。流体粘性引起的动量传输如图 2-7 所示，沿 $x$ 方向流动的流体中速度梯度/动量梯度的存在将导致流体在 $y$ 方向产生动量传输。在流体分子无规律的热运动过程中，速度较快的流体层中的流体分子进入速度较慢的流体层，这些流体分子在 $x$ 方向具有较大的动量，它们在与较慢流体层中的分子碰撞时把动量传输给后者使其加速。同时，速度较慢的流体层中也有一些分子进入速度

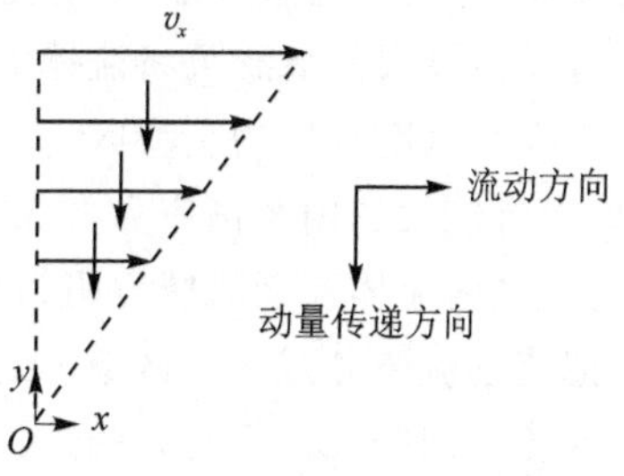


图 2-7　动量传输示意图

较快的流体层而使后者减速。不同流体层中分子的动量交换使动量从高速流体层向低速流体层(逆速度梯度方向)传输,并产生阻碍流体相对运动的粘性剪切力。这种动量传输一直达到固定壁面,最终出现了壁面处的粘性剪切力,成为壁面抑制流体运动的力。

如前所述,牛顿粘性定律中的 $\tau$ 既可以表示粘性剪切应力,也可以表示粘性动量通量。当 $\tau$ 表示粘性剪切应力时,应力方向与流动方向平行,与速度梯度方向垂直(快速流体层中的应力方向与流动方向相反,慢速流体层中的应力方向与流动方向相同);当 $\tau$ 表示粘性动量通量时,通量方向与速度梯度方向平行并且相反,即

$$\tau = -\mu \frac{dv}{dy}$$

**(4) 边界层**

实验发现,即使做湍流流动的流体,在靠近管壁区域也仍做层流流动。如图 2-8 所示,流体以匀速 $v_0$ 流动,当流到平板壁面时,壁面上将粘附一层静止的流体层,其与相邻流体层之间会产生内摩擦,使其流速减慢,这种减速作用会一层一层地向流体内部传递过去,形成一种速度分布。

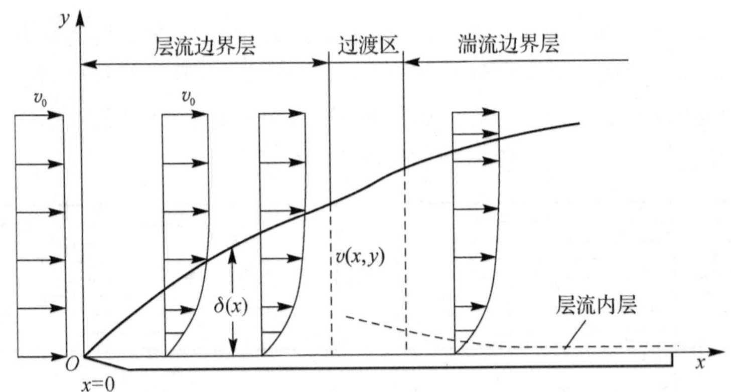


**图 2-8 流体流过平板的边界层**

从图 2-8 可以看出,离壁面越近,流体减速越大,当离壁面一定距离($y=\delta$)后,流体的流速接近 $v_0$。这样,在 $\delta$ 距离内的流体层便产生了速度梯度。在壁面附近存在着较大速度梯度的流体层,称为层流边界层,简称边界层。

应用边界层的概念可将流体沿壁面的流动分成两个区域,存在显著速度梯度的边界层区和几乎没有速度梯度的主流区。在边界层区内,由于存在显著的速度梯度 $dv/dy$,即使粘度 $\mu$ 很小,也有较大的内摩擦应力 $\tau$,故流动时摩擦阻力很大。在主流区内,$dv/dy \approx 0$,故 $\tau \approx 0$,因此,主流区内流体流动时摩擦阻力也趋近于零,可看成理想流体。

把流动流体分成两个区域的这样一种流动模型,将粘性的影响限制在边界层内,可使实际流体的流动问题大为简化,并且可以用理想的方法加以解决。

边界层内流体的流动也可分为层流和湍流,因此,相应地将边界层分为层流边界层和湍流边界层。值得注意的是,在湍流边界层里,靠近壁面处仍有一薄层流体呈层流流动,称为层流内层。

当流体由大空间流入一圆管时,在管内表面形成一个边界层,与平板边界层相似,管内边界层的厚度逐渐增加(见图 2-9)直至在圆管中心汇合,即边界层充满了整个流动截面。边界

层汇合以后的流体速度保持不变,称为充分发展的流动,充分发展的流动的流形取决于汇合点处的边界层流形。从管道入口到流动充分发展开始的管段称为进口端。

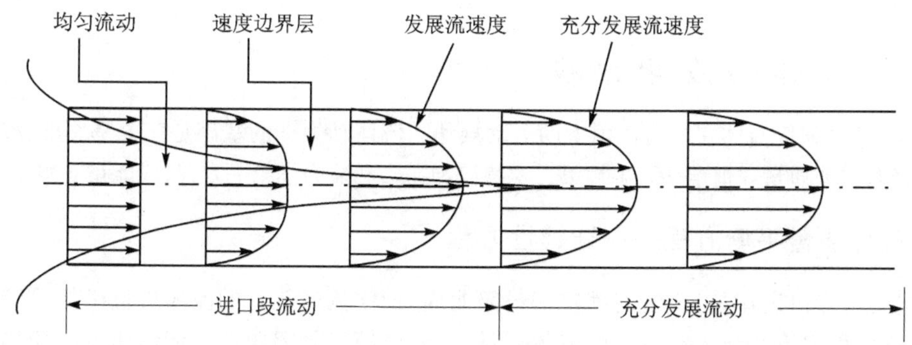


图 2-9　管内边界层

流体流过曲面或局部障碍的地方,由于出现边界层分离,产生漩涡使湍动更加激烈。当流体与固体分离时,在固体和主流体之间会形成低压分离区(见图 2-10)。该区流体微团的漩涡运动能更深地渗入到邻近壁面的地方,使层流底层厚度减薄。

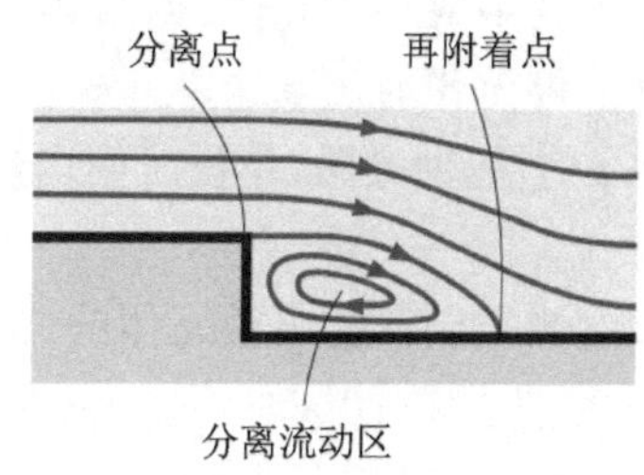


图 2-10　流体经过台阶时的分离现象

流体在管外横向流过管束时(见图 2-11),边界层的分离点$(\partial u/\partial y)_{y=0}=0$。边界层的分离位置以及流体是处于层流还是湍流,都受雷诺数 $Re$ 的影响,从层流向湍流过渡的临界流体的 $Re$ 只在 200 左右,管子尺寸越小,边界层脱离越早,边界层越薄。

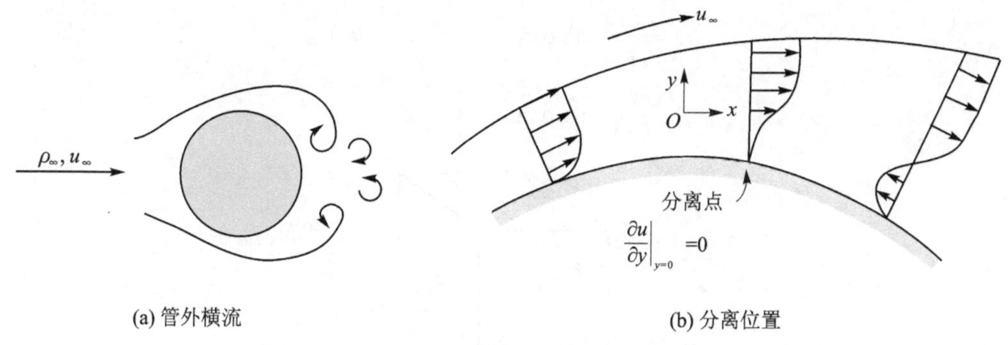


图 2-11　流体横掠圆管时的边界层

**(5) 流体在管路中的传输阻力**

流体在管路中流动时的阻力可分为沿程阻力和局部阻力。沿程阻力是流体在直管中流动时,由于流体的内摩擦而产生的能量损失。局部阻力是流体通过管路中的管件、阀门、突然扩大、突然缩小等局部障碍,引起边界层的分离,产生漩涡而造成的能量损失。流动阻力会引起流体的压强降低。

研究表明,流体阻力与流体的流速或动能相关,各种不同形式的阻力损失可以表示为

$$h_{失}=K\frac{v^2}{2}\rho \tag{2-22}$$

式中:$K$ 为阻力系数。

## 2.2.2 流体动力学方程

流体动力学研究流体在外力作用下的运动规律。流体动力学的基础是三个基本的物理定律:物质不灭定律(或质量守恒定律)、牛顿第二定律($F=ma$)和热力学第一定律(或能量守恒定律)。

### 1. 流体质量平衡方程——连续性方程

根据质量守恒定律,对于空间固定的封闭曲面,稳定流时流入的流体质量必然等于流出的流体质量;非稳定流时流入与流出的流体质量之差,应等于封闭曲面内流体质量的变化量。反映这个原理的数学关系就是流体质量平衡方程——连续性方程。

在流场中取一微元体(见图 2-12),根据质量守恒定律,有

流入微元体的质量速率－流出微元体的质量速率＝微元体内质量累计速率 (2-23)

在 $x$ 坐标轴方向,单位时间内经过左侧控制面流入微元体的流体质量为

$$\rho v_x \mathrm{d}y\mathrm{d}z$$

而经过右侧控制面流出微元体的流体质量为

$$\left[\rho v_x+\frac{\partial(\rho v_x)}{\partial x}\mathrm{d}x\right]\mathrm{d}y\mathrm{d}z$$

两式相减可得流体沿 $x$ 方向的流入与流出质量差;同理可导出流体沿 $y$ 方向和 $z$ 方向的流入与流出质量差,分别为

$$-\frac{\partial(\rho v_x)}{\partial x}\mathrm{d}x\mathrm{d}y\mathrm{d}z \quad (沿\ x\ 方向) \tag{2-24a}$$

$$-\frac{\partial(\rho v_y)}{\partial y}\mathrm{d}x\mathrm{d}y\mathrm{d}z \quad (沿\ y\ 方向) \tag{2-24b}$$

$$-\frac{\partial(\rho v_z)}{\partial z}\mathrm{d}x\mathrm{d}y\mathrm{d}z \quad (沿\ z\ 方向) \tag{2-24c}$$

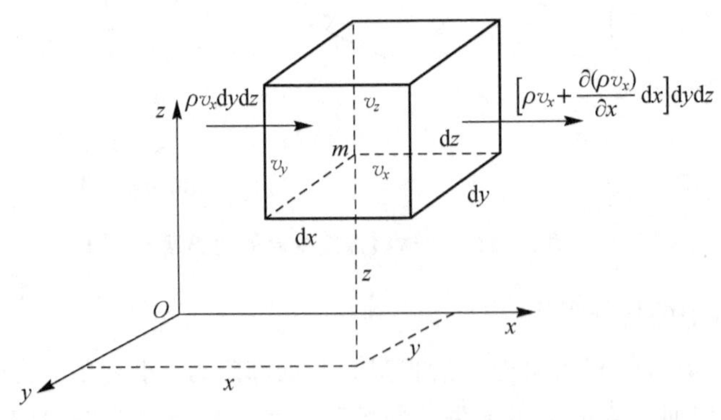


图 2-12 流场中的微元体

在微元体中流体的质量累计速率为

$$\frac{\partial\rho}{\partial t}\mathrm{d}x\mathrm{d}y\mathrm{d}z \tag{2-25}$$

将式(2-24)和式(2-25)代入式(2-23),整理可得

$$\frac{\partial\rho}{\partial t}+\frac{\partial(\rho v_x)}{\partial x}+\frac{\partial(\rho v_y)}{\partial y}+\frac{\partial(\rho v_z)}{\partial z}=0 \tag{2-26a}$$

或写成

$$\frac{\partial\rho}{\partial t}+\nabla\cdot(\rho v_x)=0 \tag{2-26b}$$

这就是流体的质量平衡方程——连续性方程。其物理意义是:流体在单位时间内流经单位体积空间的流出与流入质量差与其内部质量变化的代数和为零。这个方程实际上是能量守恒定律在流体力学中的具体体现。

对于不可压缩的流体,若 $\rho$=常数,则式(2-26a)为

$$\frac{\partial v_x}{\partial x}+\frac{\partial v_y}{\partial y}+\frac{\partial v_z}{\partial z}=0 \tag{2-27}$$

式(2-27)为不可压缩流体流动的空间连续方程。

## 2. 理想流体动量传输方程——欧拉方程

在运动的理想流体中,任取一微元六面体(见图 2-13),其边长分别为 $dx$、$dy$、$dz$,微元体平均密度为 $\rho$,中心 $A(x,y,z)$处的流体静压力为 $p$,流速沿各坐标轴的分量为 $v_x$、$v_y$、$v_z$。微元体所受到的力有表面力(压力)和质量力。因微元体各表面面积很小,故可认为其上压强均匀分布,在垂直于 $x$ 轴的 $abcd$ 面的中心点 $m$ 上的静压力垂直于 $abcd$ 面,其值为 $p-\frac{\partial p}{\partial x}\cdot\frac{dx}{2}$。同理,作用于 $efgh$ 面中心点 $n$ 上的静压力为 $p+\frac{\partial p}{\partial x}\cdot\frac{dx}{2}$。

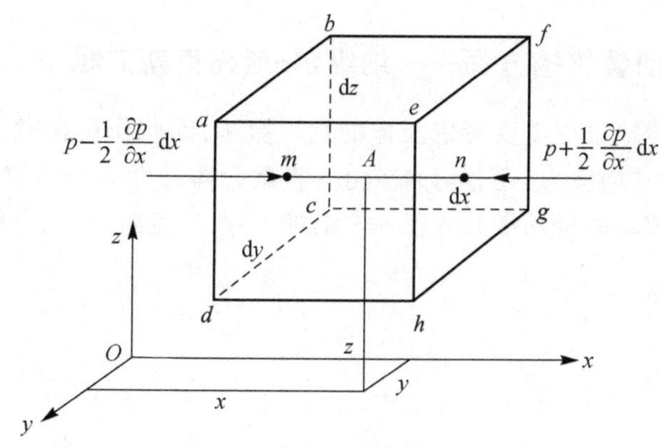


图 2-13　理想流体微元体受力情况

若流体的单位质量力在 $x$ 轴上的分量为 $X$,则微元体的质量力在 $x$ 轴上的分量为

$$F_x=X\rho\,dx\,dy\,dz \tag{2-28}$$

根据牛顿第二定律($F=ma$),在 $x$ 轴上可得

$$X\rho\,dx\,dy\,dz+\left(p-\frac{1}{2}\frac{\partial p}{\partial x}dx\right)dy\,dz-\left(p+\frac{1}{2}\frac{\partial p}{\partial x}dx\right)dy\,dz=\rho\,dx\,dy\,dz\frac{dv_x}{dt} \tag{2-29}$$

等式两边除以微元体质量 $\rho dx dy dz$,则得单位质量流体的运动方程为

$$X-\frac{1}{\rho}\frac{\partial p}{\partial x}=\frac{\mathrm{d}v_x}{\mathrm{d}t} \tag{2-30a}$$

同理，

$$Y-\frac{1}{\rho}\frac{\partial p}{\partial y}=\frac{\mathrm{d}v_y}{\mathrm{d}t} \tag{2-30b}$$

$$Z-\frac{1}{\rho}\frac{\partial p}{\partial z}=\frac{\mathrm{d}v_z}{\mathrm{d}t} \tag{2-30c}$$

式(2-30)就是理想流体的运动微分方程，于1755年由欧拉首先提出，又称欧拉方程。它建立了作用在理想流体上的力与流体运动加速度之间的关系，是流体动力学中一个重要的方程。

式(2-30)右端为流体质点速度 $v_i$ 的随体导数，即流场中某一流体质点的加速度为

$$\frac{\mathrm{d}v_i}{\mathrm{d}t}=\frac{\partial v_i}{\partial t}+v_i\left(\frac{\partial v_i}{\partial x}+\frac{\partial v_i}{\partial y}+\frac{\partial v_i}{\partial z}\right),\quad i=x,y,z \tag{2-31}$$

式(2-31)中右端第1项为流体运动速度 $v_i$ 在某点的时间变化率，称为局部加速度；其余各项是流体运动速度 $v_i$ 在各方向上的变化率，称为对流加速度，两项的总和称为总加速度。

当 $v_x=v_y=v_z=0$ 时，说明流体运动状态没有改变，可得欧拉平衡微分方程：

$$X-\frac{1}{\rho}\frac{\partial p}{\partial x}=0 \tag{2-32a}$$

$$Y-\frac{1}{\rho}\frac{\partial p}{\partial y}=0 \tag{2-32b}$$

$$Z-\frac{1}{\rho}\frac{\partial p}{\partial z}=0 \tag{2-32c}$$

平衡方程只是运动方程的特例。

### 3. 实际流体的动量传输方程——纳维尔-斯托克斯方程

实际流体的动量传输方程需要考虑流体的粘性影响，因此作用在微元体(见图2-14)各个表面上的力，不仅有法向应力，还有切向应力。将微元体粘性力与欧拉方程相结合，可得描述粘性不可压缩流体流动的运动微分方程——纳维尔-斯托克斯方程(也称N-S方程)，即

$$X-\frac{1}{\rho}\frac{\partial p}{\partial x}+\upsilon\left(\frac{\partial^2 v_x}{\partial x^2}+\frac{\partial^2 v_x}{\partial y^2}+\frac{\partial^2 v_x}{\partial z^2}\right)=\frac{\mathrm{d}v_x}{\mathrm{d}t} \tag{2-33a}$$

$$Y-\frac{1}{\rho}\frac{\partial p}{\partial x}+\upsilon\left(\frac{\partial^2 v_y}{\partial x^2}+\frac{\partial^2 v_y}{\partial y^2}+\frac{\partial^2 v_y}{\partial z^2}\right)=\frac{\mathrm{d}v_y}{\mathrm{d}t} \tag{2-33b}$$

$$Z-\frac{1}{\rho}\frac{\partial p}{\partial x}+\upsilon\left(\frac{\partial^2 v_z}{\partial x^2}+\frac{\partial^2 v_z}{\partial y^2}+\frac{\partial^2 v_z}{\partial z^2}\right)=\frac{\mathrm{d}v_z}{\mathrm{d}t} \tag{2-33c}$$

应用拉普拉斯算子 $\nabla^2=\frac{\partial^2}{\partial x^2}+\frac{\partial^2}{\partial y^2}+\frac{\partial^2}{\partial z^2}$，式(2-33)可改写为

$$X-\frac{1}{\rho}\frac{\partial p}{\partial x}+\nu\nabla^2 v_x=\frac{\mathrm{d}v_x}{\mathrm{d}t} \tag{2-34a}$$

$$X-\frac{1}{\rho}\frac{\partial p}{\partial y}+\nu\nabla^2 v_y=\frac{\mathrm{d}v_y}{\mathrm{d}t} \tag{2-34b}$$

$$X-\frac{1}{\rho}\frac{\partial p}{\partial z}+\nu\nabla^2 v_z=\frac{\mathrm{d}v_z}{\mathrm{d}t} \tag{2-34c}$$

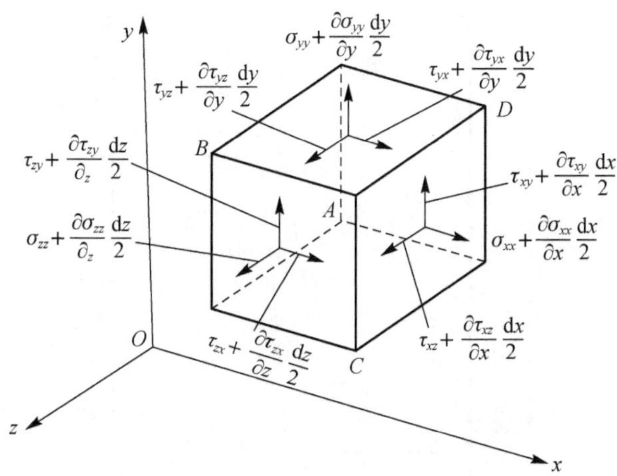


**图 2-14　实际流体的微元体受力情况**

式(2-34)中左端第 3 项为粘性力。该方程表明,实际流体在运动过程中所受的质量力、压力、粘性力与运动惯性力是平衡的。

如果流体是无粘性的,即 $\nu=0$,则式(2-34)可简化为欧拉方程。

## 2.2.3　流体流动的能量守恒

流体流动过程不仅要遵循质量守恒原理,还要遵循能量守恒原理。流体系统的能量转换依据热力学第一定律,伯努利方程是描述动量传输过程中各种能量之间转换的基本方程。

### 1. 理想流体的伯努利方程

不可压缩理想流体在重力场中做一元定常流动时,$\frac{\partial u}{\partial t}=0$,则欧拉方程可简化为

$$g\,dz+\frac{1}{\rho}dp+v\,dv=0 \tag{2-35}$$

式(2-35)为理想流体的伯努利方程的微分形式。微分形式的伯努利方程描述了流体质点在微元体范围内,沿任意方向流线运动时的能量平衡关系。

如果流体质点由空间位置 1 运动到位置 2(见图 2-15),则高度变化从 $z_1$ 到 $z_2$,速度变化从 $v_1$ 到 $v_2$,压力变化从 $p_1$ 到 $p_2$,那么对式(2-35)积分可得

$$g\int_{z_1}^{z_2}dz+\frac{1}{\rho}\int_{p_1}^{p_2}dp+\int_{v_1}^{v_2}v\,dv=0 \tag{2-36}$$

即

$$gz_1+\frac{p_1}{\rho}+\frac{v_1^2}{2}=gz_2+\frac{p_2}{\rho}+\frac{v_2^2}{2} \tag{2-37}$$

或

$$gz+\frac{p}{\rho}+\frac{v^2}{2}=\text{常数} \tag{2-38}$$

式(2-36)为伯努利方程的积分形式。对于理想流体,式(2-37)表明单位质量无粘性流体沿流线自位置 1 流到位置 2 时,其各项能量可以相互转化,但它们的总和却是不变的,即能量守恒。式(2-38)各项同乘以 $\rho$ 可得

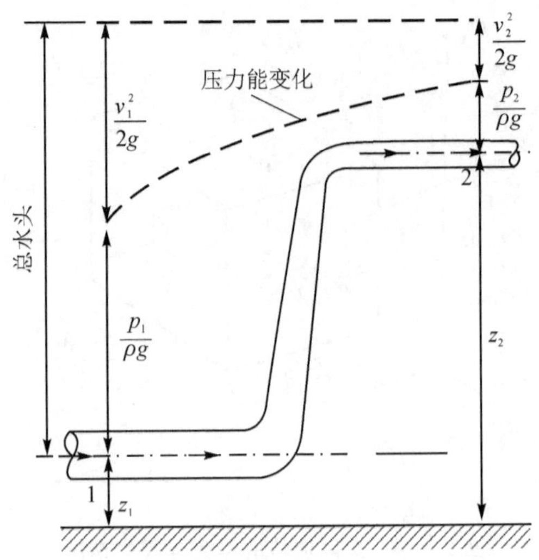


图 2-15 流体流动的能量守恒

$$\rho g z + p + \frac{1}{2}\rho v^2 = 常数 \tag{2-39}$$

式中:$\rho g z$、$p$ 和$\frac{1}{2}\rho v^2$ 可相应地视为单位体积流体所具有的位能、压力能和动能,即理想流体的伯努利方程反映的是流体流动过程中的机械能守恒。

式(2-39)各项同除以 $\rho g$ 可得伯努利方程的常用形式,即

$$z + \frac{p}{\rho g} + \frac{v^2}{2g} = 常数 \tag{2-40}$$

**2. 实际流体的伯努利方程**

实际流体流动时都会由于传输阻力而造成能量损失。令 $h_失$ 为流体从位置 1 到位置 2 的能量损失,则实际流体的伯努利方程可以表示为

$$g z_1 + \frac{p_1}{\rho} + \frac{v_1^2}{2} = g z_2 + \frac{p_2}{\rho} + \frac{v_2^2}{2} + h_失 \tag{2-41}$$

对于实际流体,式(2-41)表明流体沿流线自位置 1 流到位置 2 时,不但各项能量可以相互转化,而且总机械能也是有损失的。

从能量和几何角度方面看,伯努力方程中,$z$ 称为位置水头,简称位头;$\frac{v^2}{2g}$称为速度水头;$\frac{p}{\rho g}$称为静压头或静压;$h_失$为压头损失。位置水头、速度水头、静压头之和称为总压头,记为 $H$,则

$$H = z + \frac{p}{\rho g} + \frac{v^2}{2g} \tag{2-42}$$

流体在流动过程中三个水头可以相互转化。单位质量的理想流体在整个流动过程中,其总水头为一不变的常数,而实际流体在整个流动过程中,由于能量损失,其总水头必然沿流向降低。

## 2.2.4　平板层流边界层方程

高雷诺数下的边界层相当薄，这可以使纳维尔-斯托克斯方程在边界层内部简化并求解，边界层之外的主流区则由欧拉方程或伯努利方程描述。这里仅简单介绍外掠平板层流边界层方程。

### 1. 平板层流边界层微分方程

利用边界层的特性对纳维尔-斯托克斯方程进行简化，从而得到描述边界层内流动的微分方程式。经简化分析得到的常物性流体外掠平板层流边界层微分方程组为

$$\begin{cases} v_x \dfrac{\partial v_x}{\partial x} + v_y \dfrac{\partial v_x}{\partial y} = \nu \dfrac{\partial^2 v_x}{\partial y^2} \\ \dfrac{\partial v_x}{\partial x} + \dfrac{\partial v_x}{\partial y} = 0 \\ \dfrac{\partial p}{\partial y} = 0 \end{cases}$$

边界条件为

$$y = 0,\quad v_x = 0,\quad v_y = 0$$

$$y = \infty,\quad v_x = v_\infty\quad (\text{或近似为 } y = \delta, v_x = v_\infty)$$

平板边界层微分方程式虽然能得到确切的分析解，但是计算十分麻烦，而且目前只能对绕流平板层流边界层进行数值计算。现在比较广泛应用的是边界层积分关系式。

### 2. 平板层流边界层积分方程

建立层流边界层积分方程的方法有两种：一种是运用质量、动量和能量守恒直接推导；另一种是将前述边界层微分方程沿边界层厚度积分，导出积分方程组。积分方程解与微分方程解相比是一种近似解。

常物性流体外掠平板层流边界层的积分方程为

$$\rho \frac{\mathrm{d}}{\mathrm{d}x}\int_0^\delta u(u_\infty - u)\mathrm{d}y = \mu\left(\frac{\mathrm{d}u}{\mathrm{d}y}\right)_{\mathrm{w}}$$

边界层积分关系式求解的基本思路是，根据边界层流动特性和主要边界条件，近似地给出一个速度分布来代替边界层真实的速度分布函数 $u=f(y)$，一般可选用多项式或其他形式的函数，选择哪一种函数，主要看它是否能更好地表达边界层内的速度分布。如选用带 4 个未定常数的多项式 $u=a+by+cy^2+ay^3$ 作为层流边界层速度曲线表达式，则表达式中的 4 个常数可由边界条件求出，从而可解得 $u_\infty$ 为常数的常物性流体外掠平板层流边界层速度分布曲线为

$$\frac{u}{u_\infty} = \frac{2}{3} \cdot \frac{y}{\delta} - \frac{1}{2}\left(\frac{y}{\delta}\right)^3$$

由此可得壁面速度梯度为

$$\left(\frac{\mathrm{d}u}{\mathrm{d}y}\right)_{\mathrm{w}} = \frac{3}{2} \cdot \frac{u_\infty}{\delta}$$

壁面粘滞应力为

$$\tau_w = \frac{3}{2}\mu \cdot \frac{u_\infty}{\delta}$$

# 2.3 热量传输

热的传递是由于物体内部或物体之间的温度不同引起的。铸造、锻造、焊接等热制造工艺都与热量传输过程的控制有密切联系。掌握热量传输原理对热制造过程分析是非常重要的。

## 2.3.1 热量传输的基本概念

### 1. 温度场

物体内各点温度的分布情况，称为温度场。由于物体内任一点的温度是该点的位置和时间的函数，因而温度场可表示为空间坐标和时间的函数，即

$$T = f(x, y, z, t) \tag{2-43}$$

式中：$x$、$y$、$z$ 为空间直角坐标；$t$ 为时间坐标。

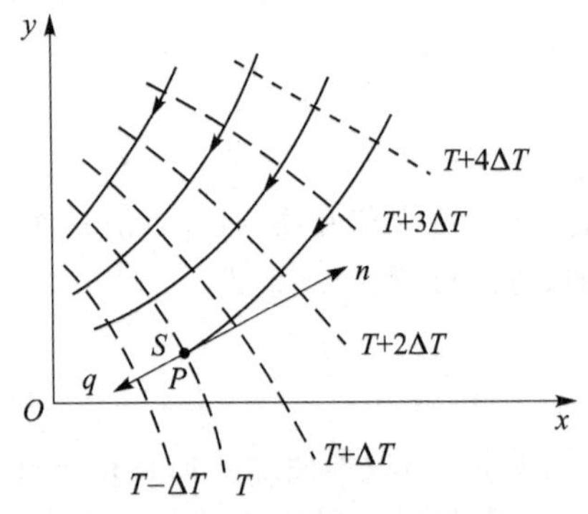

图 2-16 温度梯度与热流方向

如果温度场内各点的温度随时间而变化，则此温度场称为不稳定温度场；如果各点温度不随时间而变化，则此温度场称为稳定温度场。

在某个时刻相同温度的各点所组成的平面称为等温面。等温面可以是平面，也可以是曲面。从任一点起，沿等温面移动，由于温度不发生变化，因而无热量传递；而沿与等温面相交的任何方向移动，温度都要发生变化，即有热量传递，这种温度随距离的变化在与等温面垂直的方向最大，如图 2-16 所示。

温度场中任意一点 $P$ 的温度沿等温面 $S$ 法线方向的增加率称为该点的温度梯度 grad $T$。

$$\mathrm{grad}\ T = \lim_{\Delta n \to 0} \frac{\Delta T}{\Delta n} = \frac{\partial T}{\partial n}\boldsymbol{n} \tag{2-44}$$

式中：$\boldsymbol{n}$ 为单位法向矢量；$\frac{\partial T}{\partial n}$ 为温度在 $n$ 方向上的偏导数。

温度梯度是个向量，它垂直于等温面，并以温度增加的方向为正。热量传输方向为指向温度降低的方向，与温度梯度方向相反。

对于一维的稳定温度场，式(2-44)可简化为 $T=f(x)$，此时温度梯度可表示为

$$\mathrm{grad}\ T = \frac{\mathrm{d}T}{\mathrm{d}x} \tag{2-45}$$

### 2. 热量传输的基本方式

热量传输有三种基本方式，即导热、对流和辐射。

**(1) 导　热**

热量从物体中温度较高的部分传递给温度较低的部分或传递给与之接触的温度较低的另

一物体的过程称为热传导,简称导热。在导热过程中,物体各部分之间不发生相对位移。从微观角度来看,气体、液体、导电固体和非导电固体的导热机理有所不同。

气体的导热机理比较简单,温度代表了气体分子的动能,即高温区的分子运动速度比低温区的大,而且气体分子都处于无规则的运动状态,若能量较高的分子与能量较低的分子相互碰撞,则能量传递给能量较低的分子,热量就会由高温处传到低温处。

导电固体与非导电固体的导热机理也有所不同。在良好的导电体中,有相当数量的自由电子在晶格之间运动,正如这些自由电子能传递电能一样,它们也能将热量从高温处传递到低温处。而在非导电固体中,导热是通过晶格结构的振动传递能量的,通常通过晶格振动传递的能量不像电子传递的能量那么大,这就是良好的导电体往往是良好的导热体的原因。

液体的导热机理定性地看与气体的导热机理类似,但是液体分子间的距离比较小,分子间的作用力对碰撞过程的影响比气体大得多,因此比气体的导热机理复杂得多。

一般而言,固体和静止的液体中发生的热量传递方式为传导,而流动的液体、流动和静止的气体中的热传导方式较弱,其主要的传热方式是对流和辐射。

热量传递与流体的动量传递的牛顿粘性定律具有相似性,导热现象的基本定律为傅里叶定律。根据傅里叶定律,在导热过程中,单位时间内通过给定截面的热量正比于该截面法线方向上的温度变化率和截面面积(见图 2-17),即

$$\Phi = -kA\frac{\mathrm{d}T}{\mathrm{d}x} \tag{2-46}$$

式中:$\Phi$ 为单位时间内通过全部传热面积所传递的热量,称为热流量,单位为 J/s 或 W,$\Phi$ 数值的大小即表示传热过程的快与慢;$A$ 为面积;$k$ 为导热系数。

式(2-46)中负号表示热量传输方向与温度梯度方向相反,即热量总是向较低温处传输(见图 2-18)。

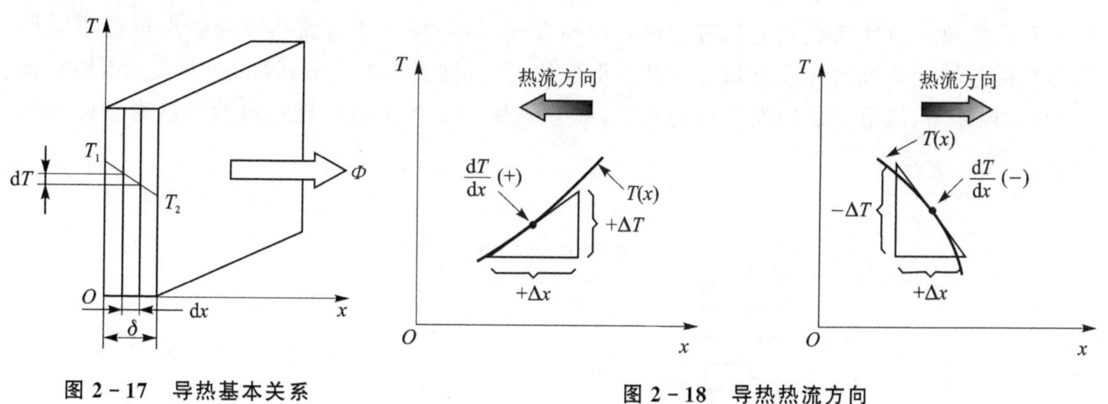


**图 2-17　导热基本关系**

**图 2-18　导热热流方向**

单位时间内通过单位面积的热量称为热流密度,又称比热流,记为 $q$,单位为 W/m$^2$。傅里叶定律用热流密度 $q$ 表示时形式如下:

$$q = -k\frac{\mathrm{d}T}{\mathrm{d}x} \tag{2-47}$$

式中导热系数 $k$ 的定义式由傅里叶定律的数学表达式给出,由式(2-47)得

$$k = \frac{q}{\left|\dfrac{\mathrm{d}T}{\mathrm{d}x}\right|} \tag{2-48}$$

即导热系数表示单位温度梯度作用下物体内所产生的热流密度,单位为 W/(m·K)或 W/(m·℃)。导热系数是物质导热性能的标志,是物质的物理性质之一。导热系数 $k$ 的值越大,表示其导热性能越好。物质的导热系数与物质的组成、结构、密度、温度以及压力等有关。物质的导热系数可用实验的方法测定。一般来说,金属的导热系数值最大,固体非金属的导热系数值较小,液体更小,而气体的导热系数值最小(见图 2-19)。

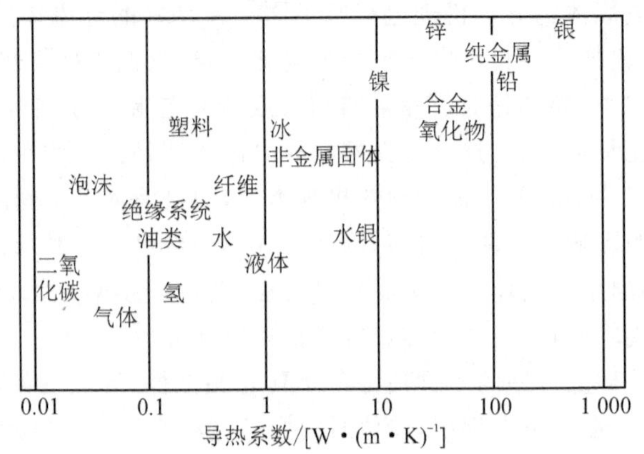


图 2-19 物质的导热系数范围

**(2) 对 流**

对流是指流体各部分质点发生相对位移或当流体流过固体表面时而引起的热量传输过程,即是靠流体的宏观的相对位移所产生的对流运动来传递热量的过程(见图 2-20)。因此,对流只能发生在流体中。在铸造生产中常遇到的是液态金属流经铸型壁面时,温度较高的热流体将热量传递给铸型壁面,或温度较高的铸型壁面将热量传递给流经它的冷流体,这一过程称为对流换热。流体质点发生相对位移有两种方式:第一种方式为流体本身各点温度不同引起密度的差异而造成流体质点相对位移所形成的对流,称为自然对流;第二种方式为借助机械作用(如搅拌器、风机、泵等)而引起的对流,称为强制对流。强制对流较自然对流有较好的换热效果。

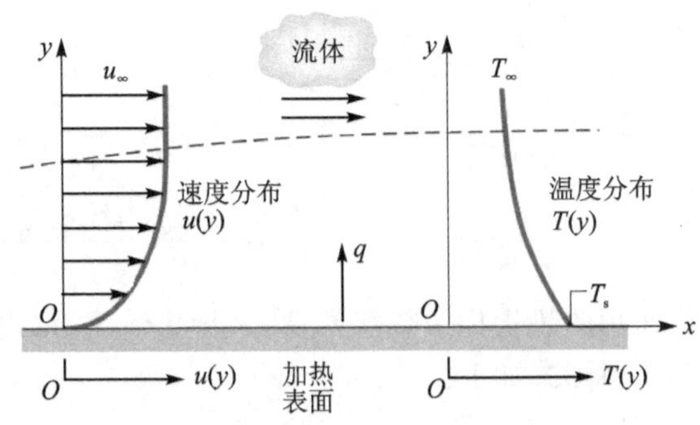


图 2-20 对流换热示意图

对流换热的热流密度 $q$ 与固体表面温度 $T_W$ 和流体温度 $T_f$ 之差成正比,即

$$q = h(T_W - T_f) \tag{2-49}$$

式中:$h$ 为对流换热系数,单位为 W/($m^2$·K)。

式(2-49)为对流换热基本方程式,也称为牛顿冷却定律。

对于面积为 $A$ 的接触面,对流换热的热流量为

$$\Phi = hA(T_W - T_f) \tag{2-50}$$

对流换热系数 $h$ 取决于表面流动条件(特别是其边界层的结构)、表面性质、流动介质的性质和温差($T_W - T_f$)。

**(3) 辐　射**

物体通过电磁波传输能量的方式为辐射。物体在放热时,热能变为辐射能以电磁波的形式发射而在空间传递,当遇到另一物体时部分或全部被吸收,重新又变成热能。辐射传热过程的特点是传热过程中伴有能量形式的转化,这是热辐射区别于热传导和对流传热的特点之一。同时电磁波可以在真空中传递,所以热辐射不需要任何中间介质。电磁波范围极广,通常把波长为 0.4～40 μm 的电磁波称为热射线。温度在绝对零度以上的物体均能辐射能量,当两个物体的温度都在绝对零度以上而只有温差时,高温物体辐射给低温物体的能量大于低温物体辐射给高温物体的能量,总的效果是高温物体辐射给低温物体能量。实验证明:只有当物体的温度大于 400 ℃时,因辐射而传递的能量才比较显著。

物体在一定的温度下单位表面积、单位时间内所发射的全部波长的总能量称为物体的辐射力,用 $E$ 表示,单位为 $W/m^2$。辐射力表示物体热辐射本领的大小。

单色辐射力 $E_\lambda$ 与辐射力 $E$ 之间的关系为

$$E = \int_0^\infty E_\lambda \, d\lambda \tag{2-51}$$

式中:单色辐射力 $E_\lambda$ 的单位是 $W/m^3$。黑体的辐射力和黑体单色辐射力分别表示为 $E_b$ 和 $E_{b\lambda}$。

普朗克定律揭示了黑体辐射能量按波长的分布规律,即黑体单色辐射力 $E_{b\lambda} = f(\lambda, T)$ 的具体函数形式。根据量子理论导出的普朗克定律如下:

$$E_{b\lambda} = \frac{C_1 \lambda^{-5}}{e^{C_2/\lambda T} - 1} \tag{2-52}$$

式中:$\lambda$ 为波长,单位为 m;$T$ 为黑体的热力学温度,单位为 K;e 为自然对数的底;$C_1$ 为常数,其值为 $3.741\,77 \times 10^{-16}$ $W/m^2$;$C_2$ 为常数,其值为 $1.438\,77 \times 10^{-2}$ m·K。

普朗克定律为加热金属时呈现不同的颜色(色温)提供了解释依据。当金属温度低于 500 ℃时,由于实际上没有可见光辐射,所以不能观察到金属颜色的变化。但随着温度的进一步升高,金属将出现所谓白炽,这是由于随着温度的升高,热辐射中可见光部分不断增加所致。

将式(2-52)代入式(2-51),积分可得

$$E_b = \sigma_b T^4 \tag{2-53}$$

式(2-53)为著名的斯忒藩-玻耳兹曼定律(又称四次方定律),式中 $\sigma_b$ 为斯忒藩-玻耳兹曼常数(或黑体辐射常数),其值为 $5.67 \times 10^{-8}$ $W/(m^2 \cdot K^4)$。为了方便计算高温辐射,通常将式(2-53)写成如下形式:

$$E_b = C_b \left(\frac{T}{100}\right)^4 \tag{2-54}$$

式中:比例系数 $C_b$ 称为黑体辐射系数,其值取决于物体表面的情况。对于绝对黑体,$C_b =$ 5.67 $W/(m^2 \cdot K^4)$。

实际物体的辐射不同于黑体。实际物体的光谱辐射力往往随波长发生不规则的变化。将实

际物体的辐射力与同温度下黑体辐射力的比值称为实际物体的发射率ε(通常称为黑度),即

$$\varepsilon = \frac{E}{E_b} \tag{2-55}$$

若已知物体的发射率,则根据式(2-54)和式(2-55)可计算实际物体的辐射力为

$$E = \varepsilon E_b = \varepsilon C_b \left(\frac{T}{100}\right)^4 \tag{2-56}$$

## 2.3.2 固体中的热传导

### 1. 热传导微分方程及定解条件

对于一维稳态导热问题,求解比较简单,可直接对傅里叶定律的表达式进行积分获得其解。但对于三维导热问题的数学描述,则需要结合傅里叶定律和能量守恒原理,对微元体内热量的平衡状态进行分析后才能得到。

首先考虑常物性(即物性参数 $k$、$c$、$\rho$ 都是常数)的各向同性材料,且物体中内热源是均匀的。在导热体中取一微元体(见图2-21),根据能量守恒定律,微元体的热平衡式可以表示为

微元体内能的增量=导入微元体的总热量+微元体中内热源生成的热量−导出微元体的总热量 (2-57)

微元体内能的增量为

$$\rho c \frac{\partial T}{\partial t} \mathrm{d}x\,\mathrm{d}y\,\mathrm{d}z \tag{2-58}$$

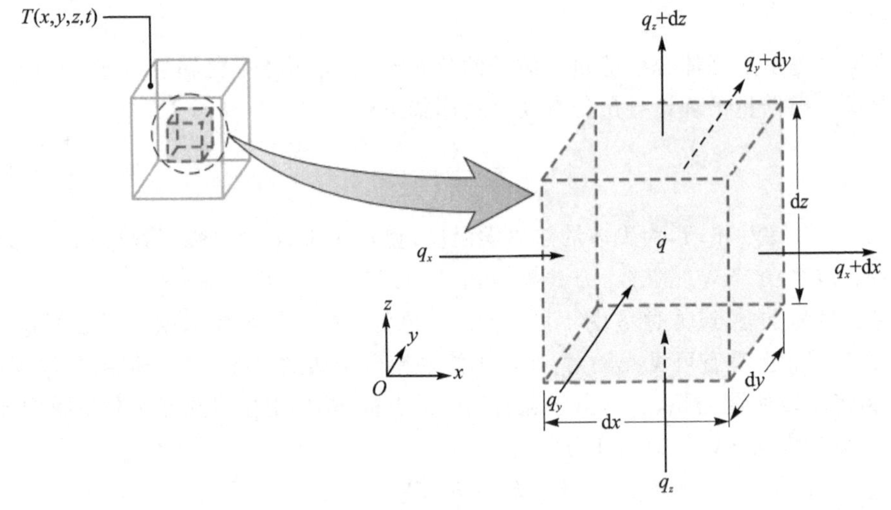


图2-21 微元体导热分析

导入微元体的总热量为

$$q_x \mathrm{d}y\,\mathrm{d}z + q_y \mathrm{d}x\,\mathrm{d}z + q_z \mathrm{d}x\,\mathrm{d}y \tag{2-59}$$

微元体中内热源生成的热量为

$$\dot{q}\,\mathrm{d}x\,\mathrm{d}y\,\mathrm{d}z \tag{2-60}$$

导出微元体的总热量为

$$q_{x+\mathrm{d}x} \mathrm{d}y\,\mathrm{d}z + q_{y+\mathrm{d}y} \mathrm{d}x\,\mathrm{d}z + q_{z+\mathrm{d}z} \mathrm{d}x\,\mathrm{d}y \tag{2-61}$$

式中：$q_x$、$q_y$、$q_z$ 分别为 $x$、$y$、$z$ 三个方向的热流密度；$\dot{q}$ 为单位体积的导热体在单位时间内所放出的热量，即内热源强度，单位为 W/m³。

将上述各式代入热平衡式(2-57)，两边同除 $\mathrm{d}x\mathrm{d}y\mathrm{d}z$，并将 $q_x=-k\dfrac{\partial T}{\partial x}$，$q_y=-k\dfrac{\partial T}{\partial y}$，$q_z=-k\dfrac{\partial T}{\partial z}$代入，整理得

$$\frac{\partial T}{\partial t}=a\left(\frac{\partial^2 T}{\partial x^2}+\frac{\partial^2 T}{\partial y^2}+\frac{\partial^2 T}{\partial z^2}\right)+\frac{\dot{q}}{\rho c} \tag{2-62}$$

式中：$a=\lambda/\rho c$，称为热扩散系数(或导温系数)，表示温度波动在物体中的扩散速率。在稳态、无内热源条件下，导热微分方程简化为

$$\frac{\partial^2 T}{\partial x^2}+\frac{\partial^2 T}{\partial y^2}+\frac{\partial^2 T}{\partial z^2}=0 \tag{2-63}$$

如果考虑热导率随温度的变化，则导热微分方程的一般形式为

$$\rho c\frac{\partial T}{\partial t}=\frac{\partial}{\partial x}\left[k_x(T)\frac{\partial T}{\partial x}\right]+\frac{\partial}{\partial y}\left[k_y(T)\frac{\partial T}{\partial y}\right]+\frac{\partial}{\partial z}\left[k_z(T)\frac{\partial T}{\partial z}\right]+\dot{q} \tag{2-64}$$

式中：$k_x(T)$、$k_y(T)$、$k_z(T)$分别为 $x$、$y$、$z$ 方向上随温度变化的热传导系数，对于各向同性材料，三者相等。

应用热传导方程求解实际传热问题需要一个初始条件和两个边界条件作为其单值性的定解条件。热制造情况下，初始条件指工件在初始时刻的温度分布，记为

$$T_0=T(x,y,z) \tag{2-65}$$

导热问题常见的边界条件有以下三类：

① 第一类边界条件，规定了温度在边界上的值，即

$$T|_\Gamma=f(t) \tag{2-66}$$

② 第二类边界条件，边界上的温度值未知，但规定了边界上的热流密度值，即

$$-k\frac{\partial T}{\partial n}\bigg|_\Gamma=q|_\Gamma \tag{2-67}$$

式中：$q|_\Gamma$ 表示通过边界的热流密度。当$q|_\Gamma=0$ 时为绝热边界，物体与外界不发生热传递。

③ 第三类边界条件，规定了物体边界上温度和温度梯度的线性组合，即

$$cT|_\Gamma+\frac{\partial T}{\partial n}\bigg|_\Gamma=f(t) \tag{2-68}$$

式中：$c$ 为常数，当物体边界和外部环境之间以对流换热的形式进行热交换时，上式可写为

$$-k\frac{\partial T}{\partial n}\bigg|_\Gamma=h(T_f-T|_\Gamma) \tag{2-69}$$

式中：$h$ 为对流换热系数；$T_f$ 为环境介质温度。

### 2. 平面壁稳态导热

#### (1) 单层平面壁

设有一均质的面积很大的单层平面壁(见图 2-22)，厚度为 $\delta$，传热面积 $A$ 和导热系数 $k$ 为常量。平面壁内的温度只沿垂直于壁面的 $x$ 轴方向变化(一维热传导)，第一类边界条件，无内热源。在稳定导热时，$\dfrac{\partial T}{\partial t}=0$，由于热流量 $\Phi$ 不随时间变化，传热面积 $A$ 和导热系数 $k$

为常量,由式(2-63)可得

$$\frac{\partial^2 T}{\partial x^2}=0 \tag{2-70}$$

分离变量求解可得

$$T=C_1x+C_2 \tag{2-71}$$

将边界条件 $x=0$、$T=T_1$,$x=\delta$、$T=T_2$ 代入式(2-71)可求得系数 $C_1$、$C_2$,因此有

$$T=T_1-\frac{T_1-T_2}{\delta}x \tag{2-72}$$

式(2-72)为单层平面壁厚度方向的温度分布。根据傅里叶定律可求得

$$q=-k\frac{\partial T}{\partial x}=\frac{T_1-T_2}{\dfrac{\delta}{k}} \tag{2-73}$$

$$\Phi=Aq=\frac{T_1-T_2}{\dfrac{\delta}{kA}} \tag{2-74}$$

式中:$\frac{\delta}{k}$、$\frac{\delta}{kA}$分别为单位面积导热热阻和总导热热阻,即热量传递与电量传递等现象类似,其传递过程可表示为

$$\text{过程的转移量}=\frac{\text{过程的动力}}{\text{过程的阻力}} \tag{2-75}$$

如电学中的欧姆定律 $I=\frac{U}{R}$,在导热中,式(2-73)可以改写为

$$q=-k\frac{\partial T}{\partial x}=\frac{T_1-T_2}{\dfrac{\delta}{k}}=\frac{\Delta T}{R_k} \tag{2-76}$$

式中:$\Delta T$ 为导热驱动力;$R_k=\frac{\delta}{k}$为导热热阻。

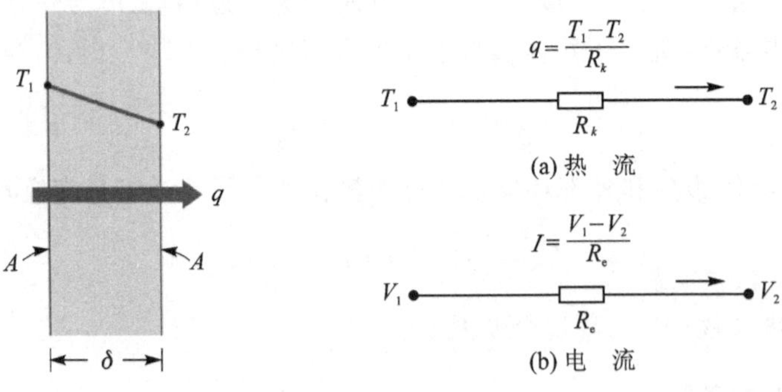


**图 2-22 单层平面壁稳定热传导**

**(2) 多层平面壁**

现以一个三层平面壁为例,说明多层平面壁稳定热传导的计算。如图 2-23 所示,设各层壁厚及导热系数分别为 $\delta_1$、$\delta_2$、$\delta_3$ 及 $k_1$、$k_2$、$k_3$,内表面温度为 $T_1$,外表面温度为 $T_4$,中间两分界面的温度分别为 $T_2$ 和 $T_3$。将此问题视为串联结构,则有

$$q=\frac{T_1-T_4}{\dfrac{\delta_1}{k_1}+\dfrac{\delta_2}{k_2}+\dfrac{\delta_3}{k_3}} \tag{2-77}$$

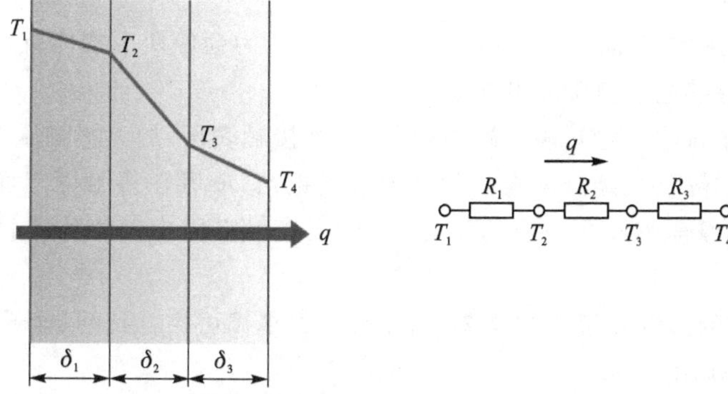


**图 2-23　多层平面壁的热传导及等效电路**

以此类推，可计算 $n$ 层无限大平面壁紧密接触的导热过程，即

$$q=\frac{T_1-T_4}{\sum\limits_{i=1}^{n}\dfrac{\delta_i}{k_i}} \tag{2-78}$$

**(3) 接触热阻**

以上在分析多层平面壁的导热时，都假设层与层之间接触非常紧密，相互接触的表面具有相同的温度。实际上，无论固体表面看上去多么光滑，都不是一个理想的平整表面，总存在一定的粗糙度。实际的两个固体表面之间不可能完全接触，只能是局部的，甚至存在点接触，如图 2-24 所示。只有在界面上那些真正接触的点上，温度才是相等的。当未接触的空隙中充满空气或其他气体时，由于气体的热导率远远小于固体，因此会对两个固体间的导热过程产生附加热阻 $R_c$，称为接触热阻。由于接触热阻的存在，使导热过程中两个接触表面之间出现温差 $\Delta T_c$。根据接触热阻的定义有

$$\Delta T_c=\Phi R_c \tag{2-79}$$

由此可知，热流量 $\Phi$ 越大，接触热阻产生的温差就越大。对于高热流密度场合，接触热阻的影响不容忽视。

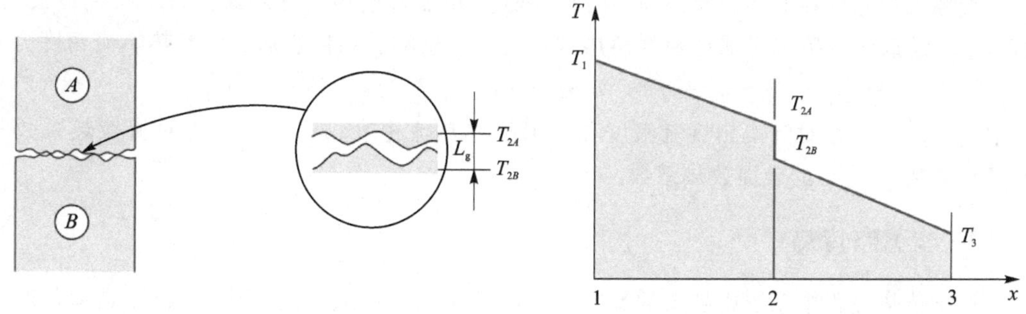


**图 2-24　接触热阻**

接触热阻的主要影响因素如下：

① 相互接触的物体表面的粗糙度:粗糙度越大,接触热阻越大。

② 相互接触的物体表面的硬度:在其他条件相同的情况下,两个都比较坚硬的表面之间接触面积较小,因此接触热阻较大;而两个硬度较小或者一个硬一个软的表面之间接触面积较大,因此接触热阻较小。

③ 相互接触的物体表面之间的压力:显然,加大压力会使两个物体直接接触的面积加大,中间空隙变小,接触热阻也就随之减小。

在工程上,为了减小接触热阻,除了尽可能抛光接触表面、加大接触压力之外,有时在接触表面之间加一层热导率大、硬度又很小的纯铜箔或银箔,或者在接触面上涂一层导热油(一种热导率较大的有机混合物),在一定的压力下,可将接触空隙中的气体排挤掉,显著减小导热热阻。

由于接触热阻的影响因素非常复杂,尚无统一的规律可循,因此只能通过实验加以确定。

**(4) 边界换热热阻**

通过物体边界进行对流换热过程也会产生热阻。根据牛顿冷却定律式(2-49)可得

$$\Phi=\frac{T_s-T_f}{\dfrac{1}{hA}} \tag{2-80}$$

式中:$\frac{1}{hA}$为对流换热热阻,其等效电路如图 2-25 所示。

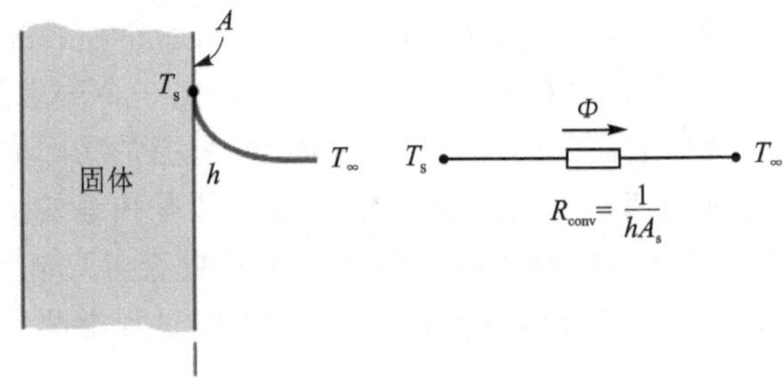


图 2-25 对流换热热阻及等效电路

同样,物体表面和外界辐射换热过程也会产生热阻(见辐射换热部分)。

物体表面和外界的热交换往往同时存在对流和辐射换热两种形式。为了研究方便,常常引入一个总放热系数来考虑这两种换热方式的综合影响。物体表面总的换热热流密度为

$$q=q_c+q_r=(\alpha_c+\alpha_r)(T-T_0)=\alpha(T-T_0) \tag{2-81}$$

式中:$q_c$、$q_r$ 分别为对流换热热流密度和辐射换热热流密度;$\alpha_c$、$\alpha_r$ 分别为对流换热系数和辐射换热系数;$\alpha$ 为总的表面放热系数。

## 3. 非稳态传热

稳态传热过程中系统内各点的温度仅随位置变化而不随时间变化,其特点是单位时间内通过传热面积的热量是常量。若传热系统中各点的温度既随位置变化又随时间变化,则称此传热过程为非稳态传热过程。

根据热传导微分方程,非稳态导热时,物体温度的变化速率与它的导热能力(即导热系数

$\lambda$)成正比,与它的蓄热能力(单位容积的热容量 $c\rho$)成反比,因此非稳态导热速率取决于热扩散系数 $a$。

非稳态传热的求解方法主要有分析解法、数值解法、图解法等。这里主要介绍分析解法的基本思路。

**(1) 集总参数法**

当固体内部的导热热阻远小于其表面的换热热阻时,物体内温度分布趋于一致,可看作仅为时间的函数。这种忽略内部导热热阻的简化方法称为集总参数法。为了描述非稳态导热行为,在导热分析中引入毕渥数($Bi$)和傅里叶数($Fo$)。

毕渥数($Bi$)定义为

$$Bi=\frac{hV}{kA}=\frac{hl}{k}=\frac{l/k}{1/h}=\frac{R_k}{R_h} \tag{2-82}$$

式中:$V$ 为物体的体积;$A$ 为传热的物体表面积;$l$ 为物体的特征长度;$R_k=l/k$ 为固体中导热热阻(内热阻);$R_h=1/h$ 为界面上对流换热热阻(外热阻)。

$Bi$ 的物理意义为固体中导热热阻(内热阻)与界面上对流换热热阻(外热阻)的相对大小。$Bi$ 越大意味着外热阻相对越小或内热阻相对越大,固体表面的换热条件越强,导致物体的表面温度越迅速地接近周围介质的温度,随着时间的推移,固体内部各点的温度逐渐下降。$Bi$ 越小则内热阻相对越小或外热阻相对越大(见图 2-26),任意时刻固体内部各点的温度接近均匀,随着时间的推移而整体下降。在实际中,当 $Bi\leqslant 0.1$ 时,用集总参数法分析非稳态导热问题误差不超过 5%。

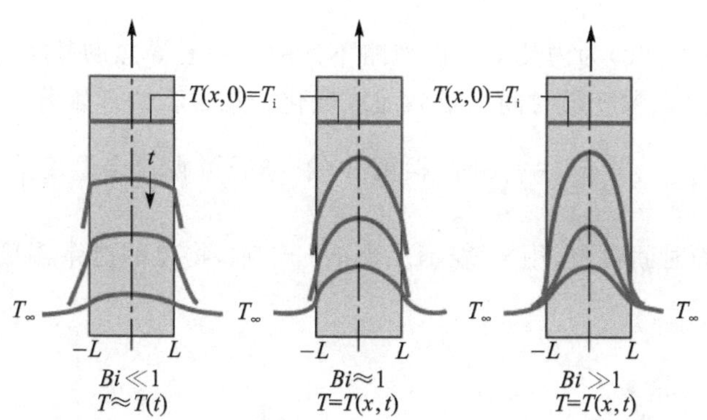


**图 2-26　毕渥数($Bi$)对平板温度场变化的影响**

傅里叶数($Fo$)的定义为

$$Fo=\frac{at}{\left(\frac{V}{A}\right)^2}=\frac{at}{L^2}=\frac{t}{\frac{L^2}{a}} \tag{2-83}$$

$Fo$ 反映了热扰动透过平面壁的时间。在非稳态传热时,$Fo$ 越大,热扰动就会越深入地传播到物体的内部,物体内各点的温度就越接近周围介质的温度。

集总参数法的传热计算公式可以应用能量守恒定律导出。如图 2-27 所示,设有一体积为 $V$、表面积为 $A$、初始温度为 $T_i$、常物性无内热源的任意形状的物体,突然置于温度为 $T_f$(恒定)的流体中被加热(或冷却),物体与流体间的表面传热系数为 $h$。假定此问题 $Bi<0.1$,可应用集总参数法,则在某一时刻物体内部都具有相同的温度 $T$,经 $\mathrm{d}t$ 时间后,温度变化了 $\mathrm{d}T$。

根据能量守恒定律,在没有内热源的情况下,单位时间内导入物体的热量等于物体内能的增加,则有

$$-hA(T-T_f)\,dt=\rho cV dT \tag{2-84}$$

即

$$\rho cV\frac{dT}{dt}=-hA(T-T_f) \tag{2-85}$$

引入过余温度 $\theta=T-T_f$,有

$$\frac{d\theta}{dt}=-\frac{hA}{\rho cV}\theta \tag{2-86}$$

初始条件为 $t=0$ 时,$\theta=\theta_0=T_i-T_f$,分离变量积分可得

$$\int_{\theta_0}^{\theta}\frac{d\theta}{\theta}=-\int_0^t\frac{hA}{\rho cV}dt \tag{2-87}$$

或

$$\frac{\theta}{\theta_0}=\frac{T-T_f}{T_i-T_f}=\exp\left(-\frac{hA}{\rho cV}t\right) \tag{2-88}$$

将式(2-88)等号右端的指数做如下变化,得

$$\frac{hAt}{\rho cV}=\frac{hV}{kA}\,\frac{kA^2t}{\rho cV^2}=\frac{hV}{kA}\,\frac{at}{(V/A)^2}=Bi\cdot Fo \tag{2-89}$$

代入式(2-88)得

$$\frac{\theta}{\theta_0}=e^{-Bi\cdot Fo} \tag{2-90}$$

式(2-88)和式(2-90)为内热阻可以忽略不计的非稳态导热的基本公式。采用集总参数法分析时,物体中的过余温度随时间呈指数曲线变化。在过程的开始阶段温度变化很快,随后逐渐减慢(见图2-28)。当 $\tau=\frac{\rho cV}{hA}$ 时,根据式(2-88)可得过余温度为 $\frac{\theta}{\theta_0}=e^{-1}=0.368=36.8\%$。将 $\frac{\rho cV}{hA}$ 称为时间常数,用 $\tau_c$ 表示。当 $\tau=\tau_c$ 时,物体的过余温度已经达到了初始温度值的36.8%。

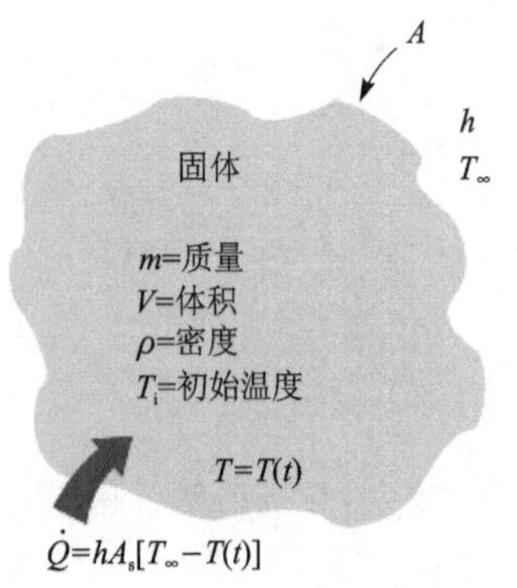


图2-27 物体的非稳态传热

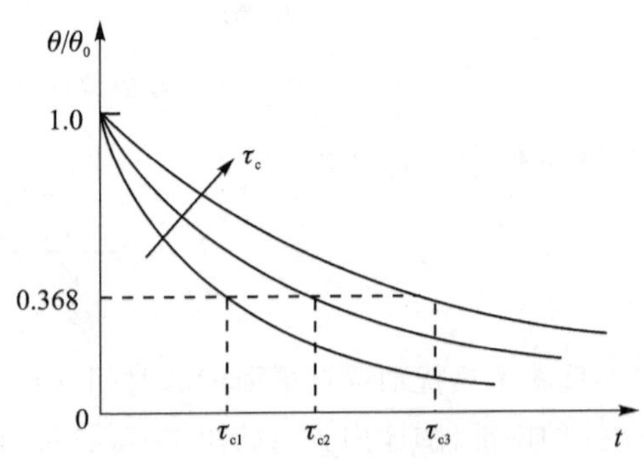


图2-28 过余温度的变化曲线

**(2) 表面温度不变时的一维非稳态导热**

一般情况下的非稳态导热问题的内热阻是不能完全忽略的,这时物体内的温度梯度也不

能忽略。对于这一类问题，不能采用集总参数法，需要应用导热微分方程进行分析，但只有几何形状及边界条件都比较简单的问题才能获得分析解。这里只介绍表面温度不变时半无限大物体（见图 2-29(a)）的一维非稳态导热问题的求解。

常物性一维非稳态导热适用的微分方程为

$$\frac{\partial T}{\partial t}=a\ \frac{\partial^2 T}{\partial x^2} \tag{2-91}$$

初始条件：$t=0$ 时，$T=T_i$。

边界条件：$x=0, T=T_s; x=\infty, T=T_i$。

方程的定解为

$$\frac{\theta}{\theta_0}=\frac{T-T_s}{T_i-T_s}=\mathrm{erf}\left(\frac{x}{2\sqrt{at}}\right)=\mathrm{erf}(\eta) \tag{2-92}$$

式中：$\eta=\dfrac{x}{2\sqrt{at}}$；$\mathrm{erf}(\eta)$ 为高斯误差函数。

利用式(2-92)可以计算出任意给定时刻 $t$ 时距离受热表面为 $x$ 处的温度，也可以计算出在 $x$ 处达到某一温度 $T$ 所需的时间（见图 2-29(b)）。

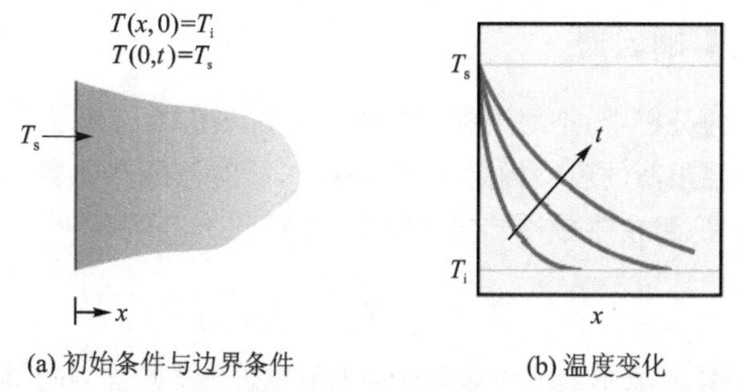


(a) 初始条件与边界条件　　(b) 温度变化

**图 2-29　表面温度不变时半无限大物体的一维非稳态导热**

## 2.3.3　对流换热

### 1. 温度边界层

由于对流换热是在流体流动过程中发生的热量传递现象，而且流体流动过程中又与固体壁面接触，所以流体流动的状况就与对流换热有密切的关系。在动量传输分析中曾指出，流体流经固体壁面时，形成流动边界层，边界层内存在速度梯度。与速率边界层相类似，当流体掠过一固体表面时，如果流体与固体壁面之间存在温差而进行对流交换，则在靠近固体壁面附近会形成一层具有温度梯度的温度边界层，也称为热边界层。

图 2-30 所示为对流换热时沿热流方向的温度分布情况及换热边界层的示意图。在固体壁面处，流体的温度等于固体壁面温度（$T_W$），随着离固体壁面距离的增加，流体温度升高或降低，直到等于流体主流的温度。无论是热流体把热量传递给壁面，还是壁面把热量传递给流经它的冷流体，都必然要通过热边界层。

热边界层的厚度 $\delta_T$ 随流体沿壁面流动距离的延伸而增大，随雷诺数 $Re$ 的增大而减小。流体的流动边界层厚度 $\delta$ 与热边界层厚度 $\delta_T$ 一般是不相等的。在同样流态下，流动边界层的厚度取决于普朗特数 $Pr=\frac{k}{h}$,$k$ 越大则流动边界层越大,$h$ 越大则温度边界层越大。若 $Pr=1$,则 $\delta=\delta_T$;若 $Pr>1$,则 $\delta>\delta_T$;若 $Pr<1$,则 $\delta<\delta_T$。

根据边界层中流体流动的形态,温度边界层有层流温度边界层和湍流(紊流)温度边界层之分。在层流温度边界层中,流体微团在垂直固体表面方向上的流动分速度很小,热量传输以传导为主,层流温度边界层内温度梯度大。在湍流温度边界层中,流体微团在垂直固体表面方向上的流动分速度较大,微团之间相互扰动和混合,热量传输以对流为主,温度边界层内温度梯度小。

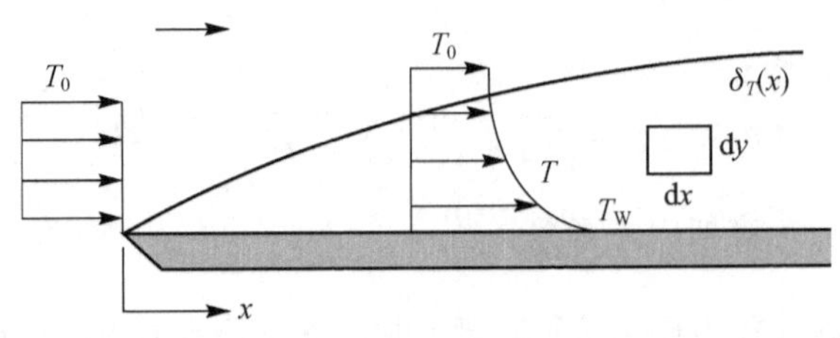


**图 2-30 热边界层**

### 2. 对流换热的影响因素

在对流换热机理的分析中,把对流换热看作是通过热边界层的导热,而热边界层一般情况下是很薄的。它像一层很薄的膜一样附在传热壁上,故对流换热系数又称为传热膜系数。对流换热系数的物理意义,可由牛顿冷却定律得到,由式(2-50)移项可得

$$h=\frac{\Phi}{A(T_W-T_f)} \tag{2-93}$$

此式说明,换热系数 $h$ 表示当流体与壁面间的温度差为 1 K 时,单位时间通过单位传热面积所能传递的热量。显然,$h$ 越大,单位时间内传递的热量就越多,所以换热系数反映对流换热的强度。不同的对流换热过程,$h$ 的数值相差很大,水的 $h$ 值通常在 500~800 W/($m^2$·K),强制对流时可达 1 000~1 500 W/($m^2$·K)。流体有相变时的传热有较大 $h$ 值,粘稠液体的 $h$ 值较小,气体则更小。

实验证明,影响对流换热系数的主要因素如下:

**(1) 流体的流动形态**

流体的流动形态分为层流和湍流,这两种形态的传热机理有本质的不同。层流时换热过程以导热方式进行,换热强度低,换热系数小;湍流时换热过程以对流方式进行,换热强度高,换热系数大。在一定的流道内,流动形态由雷诺数 $Re$ 决定,雷诺数 $Re$ 越大,流体的湍动程度越大,滞流底层越薄,换热边界层也越薄,换热系数就越大。

对一定的流体和设备来说,雷诺数 $Re$ 主要取决于流体的流速。因此,若使雷诺数 $Re$ 提高,则必然会使流体的流速增加,流动阻力也会增加,消耗于流体的输送功率也随之增加。为了防止功率消耗过大,通常要使热交换器里流体的雷诺数 $Re$ 在 50 000 以下。对于粘度很高的流体,即使雷诺数 $Re$ 为 50 000,功率消耗也过大,因此只能采用较小的雷诺数 $Re$。

**(2) 流体的对流情况**

流体的对流分自然对流和强制对流。自然对流是由于密度差而引起的流动,流速较低;而

强制对流时，流体是在力的强制作用下的流动，流速较大，因此，强制对流有较大的换热系数。

1）强制对流换热

如果流体的流动是由于水泵、风机或其他压差作用所造成的，则称为强制对流。流体的强制流动主要有两种基本类型：内部流动和外部流动。常见的内部流动是管道内部的流动，称为管内流动；常见的外部流动有绕流圆管的流动、绕流圆球的流动、掠过平面的流动等。这里仅介绍管内流动时的强制对流传热基本概念。

如图 2－9 所示，当流体由大空间流入一圆管时，流动边界层有一个从零开始增长直到汇合于圆管中心线的过程。若流体与管壁之间存在温差，则流体与管壁之间就会发生对流换热。流体进入管口以后，在形成流动边界层的同时也形成热边界层。管内壁上的热边界层也有一个从零开始增长直到汇合于圆管中心线的过程(见图 2－31)。通常将流动边界层及热边界层汇合于圆管中心线后的流体流动或对流换热称为已经充分发展的流动或对流换热，从进口到充分发展段之间的区域称为入口段。入口段的热边界层较薄，局部对流换热系数比充分发展段的高，随着入口的深入，对流换热系数逐渐降低。如果边界层中出现湍流，则因湍流的扰动和混合作用会使局部对流换热系数有所提高，再逐渐趋向一定值。

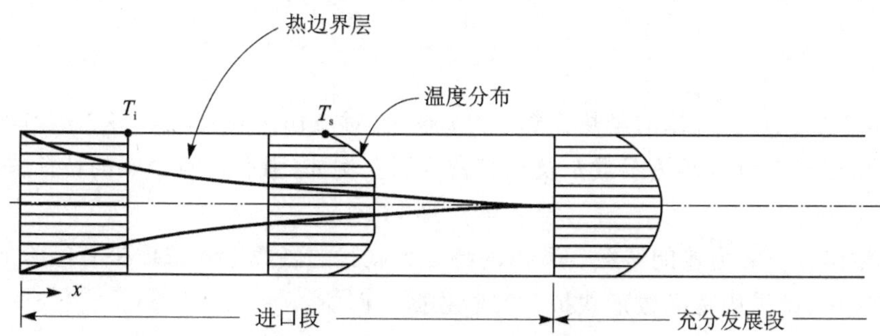


**图 2－31　管内对流换热示意图**

2）自然对流换热

静止的流体如果与不同温度的固体表面接触，则靠近固体表面的流体将因受热(冷却)与主体静止流体之间产生温度差，从而造成密度差，引起自然对流换热(见图 2－32)。自然对流换热分为大空间对流换热和有限空间对流换热。自然对流换热是热制造工艺中工件散热的主要方式，如铸件、锻件、焊件的冷却。

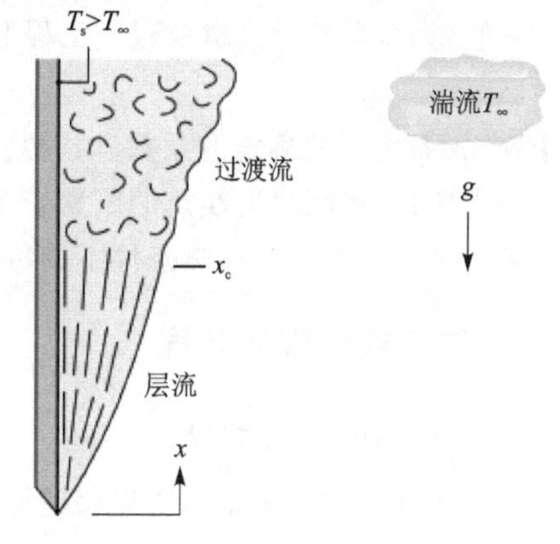


**图 2－32　自然对流换热示意图**

**(3) 流体的物理性质**

流体的物理性质对对流换热过程也有影响，影响较大的物性参数有导热系数 $k$、比定压热容 $c_p$、密度 $\rho$ 和粘度 $\mu$ 等。其中 $k$、$c_p$、$\rho$ 值增大对换热过程有利，而 $\mu$ 值增大则对换热过程不利。这些物性参数又都是温度的函数，当流体和壁面间的温度差比较大时，同一截面上流体的温度分布就会发生明显变化，引起物性参数的变化，从而对换热过程产生影响。

流体在管内被加热时,管壁附近的流体层(换热边界层)的温度就会比管道中心处流体的温度高。对于液体,温度升高会使粘度下降,从而使流体的流速增加,层流底层厚度减小,对换热过程有利。反之,若流体在管内被冷却,则会对换热过程不利。对于气体,温度变化不仅影响气体的粘度,还影响气体的密度,情况更为复杂。

**(4) 传热面的形状、大小和位置**

如前所述,流体流过曲面或有局部障碍的地方,由于出现边界层分离、漩涡而使湍动更加激烈。这样,流体微团的漩涡运动能更深地渗入到邻近壁面的地方,使层流底层厚度减薄。边界层越薄,换热系数越大。这个结论对于管内流动也相同。因此,传热壁面的形状、大小和位置对传热过程都有影响。

从上述分析可以看出,影响换热系数的因素很多,而且这些因素并不是孤立地存在着,还会发生综合影响。流体在换热过程中发生相变化时,影响更加复杂。因此,目前还无法从理论上提出一个普遍公式,用于各种情况下换热系数的计算。工程计算中大量使用的是通过实验建立起来的经验公式。例如,为了度量流体与固体之间对流换热的强弱,引入了努塞尔数($Nu$),即

$$Nu = \frac{hl}{k} \tag{2-94}$$

式中:$l$ 为特征长度;$k$ 为流体的导热系数。$Nu$ 越大,对流作用越强烈。将 $Nu$ 与其他特征数进行关联就可以确定对流换热系数 $h$ 及热流密度了。例如,强制对流换热的特征关联式为

$$Nu = f(Re, Pr) \tag{2-95}$$

式中:$Re$ 为雷诺数;$Pr$ 为普朗特数。具体的特征关联式的函数形式选取带有经验的性质。在对流换热研究中,常采用幂函数形式拟合实验数据。例如:

$$Nu = CRe^n Pr^m \tag{2-96}$$

式中:$C$、$n$、$m$ 为常数,由实验数据确定。不同类型的对流换热的值也不同,同一类型的对流换热,参数范围不同,其值也不同。

在自然对流换热中,格拉晓夫数 $Gr$ 具有重要意义。$Gr$ 表征流体浮升力与粘性力的比值,$Gr$ 值越大,自然对流越强烈。工程上常采用特征关联式计算自然对流换热,即

$$Nu = C(GrPr)^n \tag{2-97}$$

式中:$C$、$n$ 是由实验确定的系数和指数。

综上所述,影响对流换热的因素较多,对流换热系数是多变量的函数。研究对流换热的基本任务归结为求解不同换热条件下的特征关联式。

## 3. 对流换热微分方程

### (1) 边界给热微分方程

将傅里叶定律应用于热边界层壁面处可得

$$\Phi = -kA\left.\frac{\partial T}{\partial y}\right|_{y=0}$$

式中:$\left.\frac{\partial T}{\partial y}\right|_{y=0}$ 为壁面处流体的温度梯度;$k$ 为流体的导热系数;$A$ 为换热面积。

结合式(2-50)可得边界给热微分方程

$$h=-\frac{k}{\Delta T}\frac{\partial T}{\partial y}\bigg|_{y=0}$$

式中：$\Delta T=T_W-T_f$。由于温度是 $x$ 的函数，因此 $h=h(x)$，其平均值为

$$\bar{h}=\frac{\int_0^L h(x)\mathrm{d}x}{\int_0^L \mathrm{d}x}$$

由此可见，要求解一个对流换热问题，获得该问题的表面传热系数或交换的热流量，就必须首先获得流场的温度分布，即温度场，然后确定壁面上的温度梯度，最后计算出在参考温差下的表面传热系数。

**(2) 对流换热的能量方程**

在流体中任取一微元体，由导热和对流进出该微元体的热能如图 2-33 所示。根据能量守恒定律，可得如下关系：

对流输入的热量－对流输出的热量＋传导输入的热量－传导输出的热量＝微元体内能的累积量　(2-98)

在 $\mathrm{d}t$ 时间内，$x$ 方向输入微元体的热量为

$$\Phi'_x=\rho c T v_x \mathrm{d}y\mathrm{d}z\mathrm{d}t$$

在 $x$ 方向输出微元体的热量为

$$\Phi'_{x+\mathrm{d}x}=\rho c\left(T+\frac{\partial T}{\partial x}\mathrm{d}x\right)\left(v_x+\frac{\partial v_x}{\partial x}\mathrm{d}x\right)\mathrm{d}y\mathrm{d}z\mathrm{d}t$$

在 $x$ 方向净输入微元体的热量(略去无穷小)为

$$\Phi'_x-\Phi'_{x+\mathrm{d}x}=-\rho c\left(v_x\frac{\partial T}{\partial x}+T\frac{\partial v_x}{\partial x}\mathrm{d}x\right)\mathrm{d}x\mathrm{d}y\mathrm{d}z\mathrm{d}t \tag{2-99a}$$

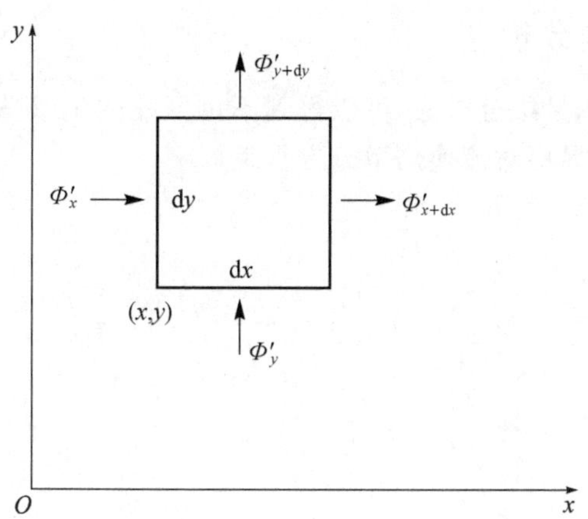


图 2-33　微元体对流换热的热量平衡状态

同理可得在 $y$、$z$ 方向净输入微元体的热量为

$$\Phi'_y-\Phi'_{y+\mathrm{d}y}=-\rho c\left(v_y\frac{\partial T}{\partial y}+T\frac{\partial v_y}{\partial y}\mathrm{d}y\right)\mathrm{d}x\mathrm{d}y\mathrm{d}z\mathrm{d}t \tag{2-99b}$$

$$\Phi'_z-\Phi'_{z+\mathrm{d}z}=-\rho c\left(v_z\frac{\partial T}{\partial z}+T\frac{\partial v_z}{\partial z}\mathrm{d}z\right)\mathrm{d}x\mathrm{d}y\mathrm{d}z\mathrm{d}t \tag{2-99c}$$

在 $\mathrm{d}t$ 时间内，由传导净输入微元体的热量为

$$k\left(\frac{\partial^2 T}{\partial x^2}+\frac{\partial^2 T}{\partial y^2}+\frac{\partial^2 T}{\partial z^2}\right)\mathrm{d}x\,\mathrm{d}y\,\mathrm{d}z\,\mathrm{d}t \tag{2-100}$$

微元体内热能的累积为

$$\rho c\ \frac{\partial T}{\partial t}\mathrm{d}x\,\mathrm{d}y\,\mathrm{d}z\,\mathrm{d}t$$

将上面各式代入式(2-98),得

$$\rho c\ \frac{\partial T}{\partial t}=k\left(\frac{\partial^2 T}{\partial x^2}+\frac{\partial^2 T}{\partial y^2}+\frac{\partial^2 T}{\partial z^2}\right)-\rho c\left(v_x\ \frac{\partial T}{\partial x}+v_y\ \frac{\partial T}{\partial y}+v_z\ \frac{\partial T}{\partial z}\right)-\rho c T\left(\frac{\partial v_x}{\partial x}+\frac{\partial v_y}{\partial y}+\frac{\partial v_z}{\partial z}\right) \tag{2-101}$$

根据流体的不可压缩性,有

$$\frac{\partial v_x}{\partial x}+\frac{\partial v_y}{\partial y}+\frac{\partial v_z}{\partial z}=0 \tag{2-102}$$

所以有

$$\frac{\partial T}{\partial t}+v_x\ \frac{\partial T}{\partial x}+v_y\ \frac{\partial T}{\partial y}+v_z\ \frac{\partial T}{\partial z}=\frac{k}{\rho c}\left(\frac{\partial^2 T}{\partial x^2}+\frac{\partial^2 T}{\partial y^2}+\frac{\partial^2 T}{\partial z^2}\right) \tag{2-103}$$

式(2-103)为对流换热的热量平衡方程,又称傅里叶-克希霍夫导热微分方程。

由此可见,对流换热依靠流体的流动和导热传递热量。因此,求解对流换热问题还要结合流体运动微分方程与定解条件。但是,由于纳维尔-斯托克斯方程的复杂性和非线性的特点,要针对实际问题在整个流场内求解上述方程组却是非常困难的。直到1904年德国科学家普朗特提出边界层概念,对纳维尔-斯托克斯方程进行了实质性的简化,使数学分析解得到很大发展。后来,他又把边界层概念推广应用于对流换热问题,提出了热边界层的概念,使对流换热问题的分析求解也得到很大的发展。

### 4. 边界层对流换热分析

根据边界层理论,运用量级分析法,可以得到不可压缩的牛顿粘性流体,热物性为常量的二维、稳态、无内热源的边界层对流换热微分方程组

$$\begin{cases}\dfrac{\partial u}{\partial x}+\dfrac{\partial v}{\partial y}=0\\[2ex] u\ \dfrac{\partial u}{\partial x}+v\ \dfrac{\partial u}{\partial y}=-\dfrac{1}{\rho}\ \dfrac{\partial p}{\partial x}+\nu\ \dfrac{\partial^2 u}{\partial y^2}\\[2ex] u\ \dfrac{\partial T}{\partial x}+v\ \dfrac{\partial T}{\partial y}=\alpha\ \dfrac{\partial^2 T}{\partial y^2}\\[2ex] h=-\dfrac{\lambda}{\Delta T}\dfrac{\partial T}{\partial y}\bigg|_{y=0}\end{cases}$$

结合定解条件可对上述微分方程组求解获得局部表面换热系数,但在数学处理上较为复杂。类似于流体流动边界层的分析方法,对流换热问题也可以通过建立边界层积分方程组的途径求解,该方法简捷且易于理解。例如,可将平板层流边界层的解推广到同样几何形状的层流对流换热问题的特征关联式求解。若流体运动边界层与热边界层相当,即 $Pr=1$,则层流边界层的能量积分方程与动量积分方程具有相同的形式,即

$$\rho\ \frac{\mathrm{d}}{\mathrm{d}x}\int_0^{\delta} u(T_{\mathrm{f}}-T)\mathrm{d}y=\alpha\left(\frac{\partial T}{\partial y}\right)_{\mathrm{w}}$$

式中速度分布函数 $u=f(y)$已确定，再补充边界层温度分布函数，仍选用多项式 $T=a+by+cy^2+ay^3$，结合边界条件可确定多项式中的常数。求解结果表明，层流边界层的无量纲速度分布与无内热源的热边界层无量纲温度分布也是相同的，即

$$\frac{T-T_W}{T_f-T_W}=\frac{\theta}{\theta_f}=\frac{2}{3}\frac{y}{\delta}-\frac{1}{2}\left(\frac{y}{\delta}\right)^3$$

壁面的温度梯度为

$$\left.\frac{\partial T}{\partial y}\right|_{y=0}=(T_\infty-T_W)\left(\frac{0.332}{x}Re_x^{1/2}\right)$$

式中：$Re_x$ 是以 $x$ 为特征长度的雷诺数，$Re_x=\frac{u_\infty x}{\nu}$，代入边界给热微分方程可得

$$h_x=\frac{0.332\lambda}{x}Re_x^{1/2}$$

无量纲特征关联式为

$$Nu_x=\frac{h_x x}{\lambda}=\frac{0.332}{x}Re_x^{1/2}$$

式中：$Nu_x$ 为局部 $Nu$。由此可见，$Nu_x$ 表示边界上流体的无量纲温度梯度。对于 $Pr$ 不为 1 的情况，热边界层与层流边界层的关系近似为

$$\frac{\delta}{\delta_x}=Pr^{1/3}$$

则 $Nu_x$ 可表示为

$$Nu_x=\frac{h_x x}{\lambda}=\frac{0.332}{x}Re_x^{1/2}Pr^{1/3}$$

此式即为外掠定壁温平板的无内热源的层流对流换热特征关联式。

应当指出，对流换热问题的求解往往是一项较为复杂的工作，分析求解主要针对一些简单问题，大多数对流换热问题常常采用实验求解和数值求解。

## 2.3.4 辐射换热

物体因热的原因以电磁波的形式向外发射能量的过程称为辐射。加热体的辐射传热是一种空间的电磁波辐射过程，可穿过透明体，被不透光的物体吸收后又转变成热能。

### 1. 物体的辐射性质

设投射到某一物体上的总辐射能为 $Q$，则其中一部分能量 $Q_\alpha$ 被吸收，另一部分能量 $Q_\rho$ 被反射，余下的能量 $Q_\tau$ 透过物体(见图 2-34)。总辐射能为

$$Q=Q_\alpha+Q_\rho+Q_\tau \qquad (2-104)$$

或

$$\frac{Q_\alpha}{Q}+\frac{Q_\rho}{Q}+\frac{Q_\tau}{Q}=1$$

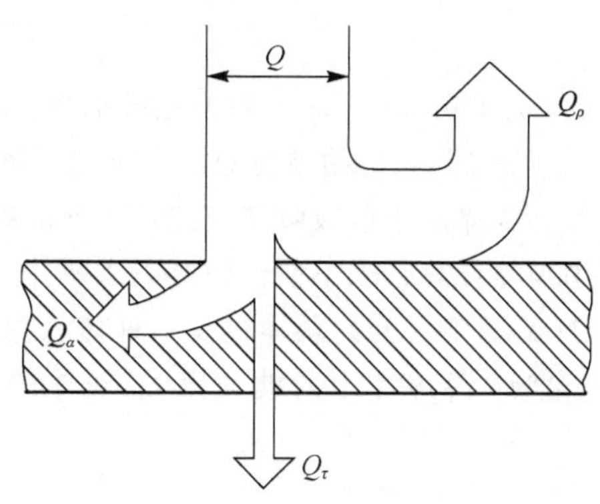

图 2-34　物体对辐射热的吸收、反射和穿透

式中：$\frac{Q_\alpha}{Q}$、$\frac{Q_\rho}{Q}$、$\frac{Q_\tau}{Q}$分别称为物体的吸收率、反

射率和透过率,依次用 $\alpha$、$\rho$、$\tau$ 来表示,则 $\alpha=1$ 的物体称为绝对黑体或黑体;$\rho=1$ 的物体称为绝对白体或镜体;$\tau=1$ 的物体称为透热体。凡能以相同的吸收率吸收所有波长范围的辐射能的物体,定义为灰体。大多数工程材料可视为灰体。灰体吸收率不随辐射波长而变,它是不透热体,即 $\alpha+\rho=1$。气体对热辐射几乎没有反射能力,可认为反射率 $\rho=0$,即 $\alpha+\tau=1$。

## 2. 基尔霍夫定律

普朗克定律和斯忒藩-玻耳兹曼定律仅描述了黑体发射热辐射的规律,如果要考虑物体吸收热辐射的情况,就要引入基尔霍夫定律。基尔霍夫定律表达物体的辐射能力 $E$ 与吸收率 $\alpha$ 之间的关系。假设图 2-35 所示的两块平行平板相距很近,于是从一块板发出的辐射能全部落到另一块板上。若表面 1 为黑体,其辐射力、吸收比和表面温度分别为 $E_b$、$\alpha_b(\alpha_b=1)$ 和 $T_1$;表面 2 为任意物体表面,其辐射力、吸收比和表面温度分别为 $E$、$\alpha$ 和 $T_2$。表面 2 自身单位面积在单位时间内发射出的能量为 $E$,这部分能量投在表面 1 上时全部被吸收。表面 1 的辐射能量 $E_b$ 落到表面 2 上时只被吸收 $\alpha E_b$,其余部分 $(1-\alpha)E_b$ 被反射回表面 1,并被表面 1 全部吸收。表面 2 的能量支出与收入的差额即为两表面间辐射换热的热流密度,即

$$q=E-\alpha E_b \tag{2-105}$$

当系统处于热平衡状态时,即 $T_1=T_2=T$,$q=0$,则有

$$\frac{E}{\alpha}=E_b \tag{2-106}$$

把这种关系推广到任意物体,可得如下关系:

$$\frac{E_1}{\alpha_1}=\frac{E_2}{\alpha_2}=\frac{E_3}{\alpha_3}=\cdots=\frac{E}{\alpha}=E_b \tag{2-107}$$

该式表明任何物体的辐射能力和吸收率的比值等于同温度下黑体的辐射能力。实际物体的吸收率小于 1,故在任一温度下,黑体的辐射能力最大,而且,物体的吸收率越大,其辐射能力也越大。

根据式(2-55),式(2-107)也可写为

$$\alpha=\frac{E}{E_b}=\varepsilon \tag{2-108}$$

式(2-106)和式(2-108)就是基尔霍夫定律的两种数学表达式,表明任何物体在热平衡条件下对黑体辐射的吸收率等于该物体的发射率。基尔霍夫定律同样也适用于单色辐射,即

$$\alpha_\lambda=\frac{E_\lambda}{E_{b\lambda}}=\varepsilon_\lambda \tag{2-109}$$

式中:$\alpha_\lambda$ 为单色吸收率;$\varepsilon_\lambda$ 为单色发射率。对于黑体,在任何温度下、任何波长的单色吸收率均为 1。而实际物体的单色吸收率则与温度和辐射的波长有关。

实际物体的单色吸收率随波长而异的特性表明物体对辐射的吸收具有选择性,这一特性给辐射换热计算带来不便。因此引入灰体的假定,灰体的单色吸收率与温度和波长无关,其值小于 1(见图 2-36)。灰体也是一种理想物体,对于工程计算而言,只要在所研究的波长范围内,光谱吸收率基本上与波长无关,灰体的假定就可成立,而不必要求在全波段范围内均为常数。

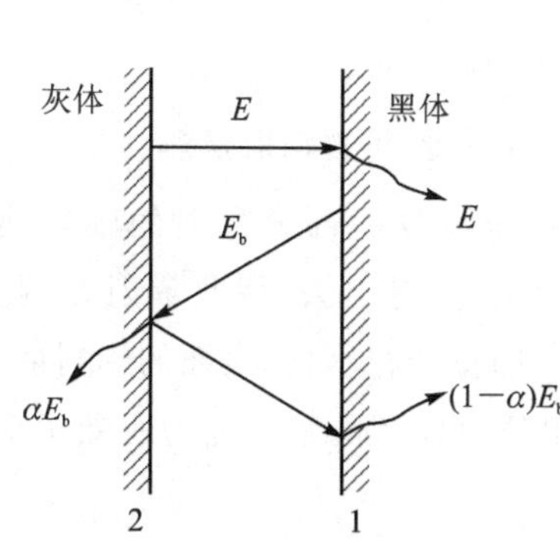

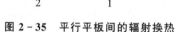

图 2-35　平行平板间的辐射换热

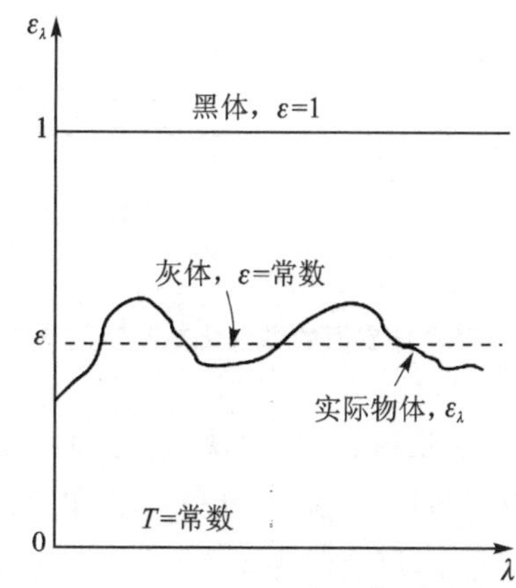


图 2-36　黑体、灰体与实际物体的单色发射率(吸收率)

## 3. 两固体间的辐射换热

### (1) 黑体表面间的辐射换热

考虑表面积分别为 $A_1$ 和 $A_2$ 的黑体表面，温度均匀分布且保持恒定，温度分别为 $T_1$ 和 $T_2$，表面间介质对热辐射是透明的。如图 2-37 所示，每个表面辐射的能量都只有一部分能到达另一个表面，其余部分进入表面以外的空间。将表面 $A_1$ 发射出的辐射能投射到表面 $A_2$ 的百分数称为表面 $A_1$ 对表面 $A_2$ 的角系数，记为 $X_{12}$；表面 $A_2$ 发射出的辐射能投射到表面 $A_1$ 的百分数，称为表面 $A_2$ 对表面 $A_1$ 的角系数，记为 $X_{21}$。角系数纯系几何因子，只取决于传热物体的形状、尺寸及物体的相对位置等几何特性，与物体表面温度以及是否为黑体无关。由角系数的定义可知，单位时间从表面 1 发射出的辐射能投射到表面 $A_2$ 的辐射能为 $E_{b1}A_1X_{12}$，而单位时间从表面 2 发射出的辐射能投射到表面 $A_1$ 的辐射能为 $E_{b2}A_2X_{21}$。因为两个表面都是黑体，所以投射到其表面的辐射能分别被全部吸收，于是两个黑体间的辐射换热量为

$$\Phi_{12}=E_{b1}A_1X_{12}-E_{b2}A_2X_{21} \tag{2-110}$$

在热平衡条件下，两个黑体表面温度相等，$T_1=T_2$，则 $\Phi_{12}=0$，代入式(2-110)可导出

$$A_1X_{12}=A_2X_{21} \tag{2-111}$$

式(2-111)称为角系数的相对性。此外，由多个表面组成的封闭辐射系统，任何一个表面对所有表面的角系数的总和等于 1，这称为角系数的完整性。

根据角系数的相对性，式(2-110)可写成

$$\Phi_{12}=(E_{b1}-E_{b2})A_1X_{12}=(E_{b1}-E_{b2})A_2X_{21} \tag{2-112}$$

式(2-112)可进一步写成如下形式：

$$\Phi_{12}=\frac{E_{b1}-E_{b2}}{\dfrac{1}{A_1X_{12}}} \tag{2-113}$$

式中：$\dfrac{1}{A_1X_{12}}$称为空间辐射热阻，单位为 $m^{-2}$，是由于两个表面的几何形状、大小及相对位置

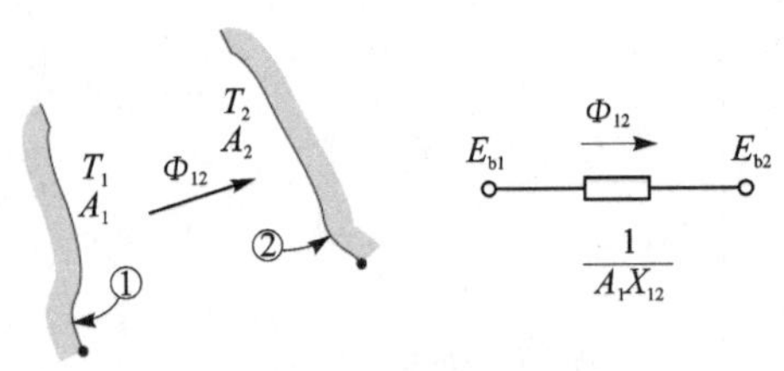


图 2-37　两黑体表面的辐射传热及空间热阻

在其间产生的辐射换热阻力；$E_{b1}-E_{b2}$ 相当于电势差，$\Phi_{12}$ 则相当于电流强度。这样就类似于导热及对流换热，可以用电阻网络来模拟辐射传热问题(见图 2-37)。

**(2) 灰体表面间的辐射换热**

灰体只能吸收一部分入射的辐射能，未吸收的部分被反射出去，因此辐射在两灰体表面间存在多次反射、吸收的现象。为简化计算，定义单位时间总的投射到表面的辐射能为投入辐射 $G$，反射为 $G_{ref}=\rho G=(1-\alpha)G$；单位时间总的离开单位表面积的辐射能为有效辐射(见图 2-38)，记为 $J$，可表示为

$$J=E+\rho G=\varepsilon E_b+(1-\alpha)G \tag{2-114}$$

式中：ε 为物体的发射率或黑度。根据表面的能量平衡，该表面的辐射换热应为

$$\Phi=A(J-G) \tag{2-115}$$

式中：$A$ 为表面积。将式(2-114)与式(2-115)联立消去 $G$ 可得

$$J=\frac{E}{\alpha}-\frac{1-\alpha}{\alpha}\frac{\Phi}{A}=E_b-\left(\frac{1}{\varepsilon}-1\right)\frac{\Phi}{A} \tag{2-116}$$

由此可得

$$\Phi=\frac{E_b-J}{\dfrac{1-\varepsilon}{\varepsilon A}} \tag{2-117}$$

式中：$\dfrac{1-\varepsilon}{\varepsilon A}$ 为表面辐射热阻，等效电路如图 2-39 所示。

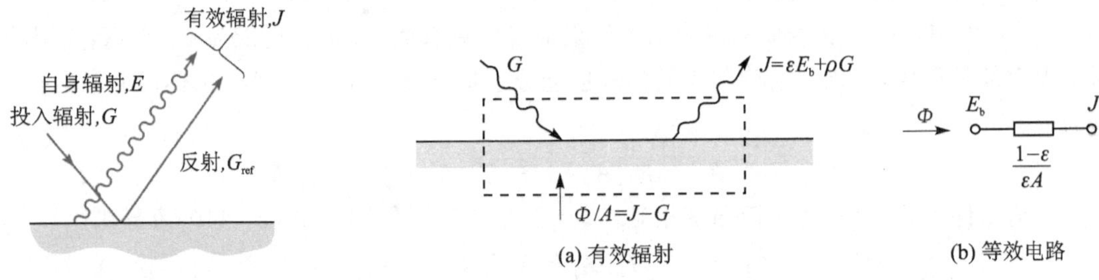


图 2-38　有效辐射示意图

图 2-39　表面热阻及等效电路

两个灰体间(见图 2-40)的辐射换热量应为

$$\Phi_{12}=J_1A_1X_{12}-J_2A_2X_{21} \tag{2-118}$$

根据角系数的相对性，式(2-118)可写成

$$\Phi_{12}=(J_1-J_2)A_1X_{12}=(J_1-J_2)A_2X_{21} \tag{2-119}$$

式(2-119)可进一步写成如下形式：

$$\Phi_{12}=\frac{J_1-J_2}{\dfrac{1}{A_1X_{12}}} \tag{2-120}$$

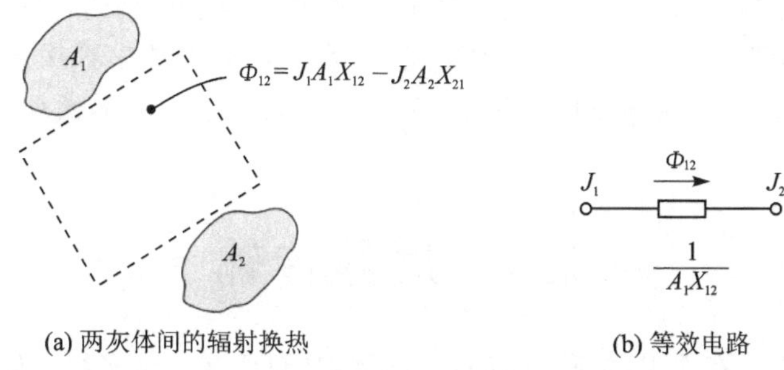


(a) 两灰体间的辐射换热　　(b) 等效电路

**图 2-40　两灰体间的辐射换热及等效电路**

## 2.3.5　强化传热

强化传热指的是运用技术手段提高热交换器单位换热面积的传热量。由总传热方程可知，增大传热总系数、传热面积或传热平均温度差，都能使传热速率增加。因此，强化传热的措施要从以下三方面来考虑。

### 1. 增大传热面积

传热速率与传热面积成正比，传热面积增大可以使传热强化。需要注意的是，只有热交换器单位体积内传热面积增大，传热才能强化。这只有改进传热面结构才能做到。例如，采用小直径管，或采用翅片管、螺纹管等代替光滑管，可以提高单位体积热交换器的传热面积。一些新型的热交换器，像板式、翅片式在增大传热面积方面取得了较好的效果。列管式热交换器每立方米体积内的传热面积为 40～160 $m^2$，而板式热交换器每立方米体积内能布置的传热面积为 250～1 500 $m^2$，板翅式更高，一般能达到 2 500 $m^2$，高的可达 4 350 $m^2$ 以上。

### 2. 增大传热温度差

增大传热温度差是强化传热的方法之一。传热温度差主要是由物料和载热体的温度决定的，物料的温度由生产工艺决定，不能随意变动，载热体的温度则与选择的载热体有关。载热体的种类很多，温度范围各不相同，但在选择时要考虑技术上的可行性和经济上的合理性。例如，水蒸气是工业上常用的加热剂，但水蒸气作为加热剂使用时其温度通常不超过 180 ℃。当水蒸气温度达到 200 ℃时，温度每上升 2.5 ℃就要提高一个标准大气压，当达到 250 ℃时，温度每上升 1.3 ℃时就要提高一个标准大气压。使用高压水蒸气会使设备庞大，技术要求高，经济效益低，安全性下降。因此，当加热温度超过 200 ℃时，就要考虑采用其他加热剂，如矿物油、联苯混合物，甚至采用熔盐、液态金属等。由于载热体的选择受到一些条件的限制，因此，温度变化的范围是有限的。

如果物料和载热体均为变温情况，则可采用逆流操作，这时可获得较大的传热温度差。

### 3. 增大换热总系数

要提高换热总系数就必须减小各项热阻，而且应该先设法减小最大的热阻。减小辐射换热热阻的方法有提高辐射系统的发射率、物体间的角系数和辐射源温度等。对于在换热过程中无相变化的流体，增大流速和改变流动条件都可以增加流体的湍动程度，从而提高对流换热系数。

此外,在某些特殊的场合,则与强化传热相反,需要考虑怎样削弱传热,又称为保温或热绝缘。例如蒸气输送管需要在管外壁包扎保温层,暖水瓶需要采用多种保温绝热措施等。一般情况下,大部分削弱传热的措施是增大热阻,采用换热系数小的材料做保温层,如石棉、软木、聚氨酯材料等。

# 2.4 质量传输

传热是由于介质中存在温差所引起的,与此类似,只要在一个多组分体系中存在浓度差或密度差,每一组分就都有从高浓度向低浓度方向自发进行转移的趋势,这种物质传递过程称为质量传输,简称传质。体系中组分的浓度差或浓度梯度是质量传输的驱动力。质量传输的基本方式主要有扩散传质(简称扩散)和对流传质。

## 2.4.1 质量传输的基本概念

### 1. 浓度、速度及通量密度

**(1) 浓 度**

在多组分混合物中,浓度是指单位体积内某组分所占有的物质质量。如单位体积混合物中组分 $i$ 的质量或摩尔数可分别定义为质量浓度 $\rho_i$(kg/m$^3$)或摩尔浓度 $c_i$(mol/m$^3$),含有 $n$ 个组分混合物的总质量浓度 $\rho$ 和总摩尔浓度 $c$ 为

$$\rho=\sum_{i=1}^{n}\rho_i \tag{2-121}$$

$$c=\sum_{i=1}^{n}c_i \tag{2-122}$$

质量浓度和摩尔浓度的关系为

$$c_i=\frac{\rho_i}{M_i} \tag{2-123}$$

式中:$M_i$ 为组分 $i$ 的分子质量。

定义组分 $i$ 的质量分数 $\omega_i$、摩尔分数 $x_i$ 分别为

$$\omega_i=\frac{\rho_i}{\sum\limits_{i=1}^{n}\rho_i}=\frac{\rho_i}{\rho} \tag{2-124}$$

$$x_i=\frac{c_i}{\sum\limits_{i=1}^{n}c_i}=\frac{c_i}{c} \tag{2-125}$$

根据以上定义可知,体系中各组分的质量分数之和、摩尔分数之和分别为1,即

$$\sum_{i=1}^{n}\omega_i=1 \tag{2-126}$$

$$\sum_{i=1}^{n}x_i=1 \tag{2-127}$$

**(2) 速 度**

多组分混合物在质量传输过程中的整体流动速度应该等于各组分流动速度的平均值。所

以，多组分混合物物质流动的质量平均速度 $v$、摩尔平均速度 $v_M$ 分别为

$$v=\frac{1}{\rho}\sum_{i=1}^{n}\rho_i v_i \tag{2-128}$$

$$v_M=\frac{1}{c}\sum_{i=1}^{n}c_i v_i \tag{2-129}$$

某一组分的速度与整体流动的平均速度之差称为该组分的扩散速度。$v_i-v$ 和 $v_i-v_M$ 分别表示组分 $i$ 相对于整体流动的质量平均速度和摩尔平均速度的扩散速度。

**(3) 通量密度**

扩散通量是指在垂直速度方向的单位面积上、单位时间内通过的物质质量。任一组分的通量密度是该组分的速度与其浓度的乘积。通量密度是一个矢量，其方向与该组分的速度方向一致。对于由 A、B 组成的双组分混合物而言，A 组分的质量通量密度 $j_A$(kg/(m$^2$·s))、摩尔通量密度 $J_A$(mol/(m$^2$·s))分别为

$$j_A=\rho_A(v_A-v) \tag{2-130}$$

$$J_A=c_A(v_A-v) \tag{2-131}$$

且

$$j_A+j_B=0 \tag{2-132}$$

$$J_A+J_B=0 \tag{2-133}$$

式(2-132)和式(2-133)表明，在无化学反应的双组分混合物中，一组分的通量与另一组分的通量密度大小相等，方向相反。

## 2. 扩散定律

1855 年，德国生理学家菲克(Fick)首先肯定了扩散传质过程同热传导过程的相似性，并且在热传导问题的本构方程的基础上，提出了各向同性物质中扩散过程的定量数学表达式，即著名的菲克第一定律，其数学表达式为

$$J_A=-D_{AB}\frac{dc_A}{dx} \tag{2-134}$$

式中：$J_A$ 为组分 A 的摩尔通量；$c_A$ 为组分 A 的摩尔浓度；$D_{AB}$ 为组分 A 在组分 B 中的扩散系数(m$^2$/s)；$dc_A/dx$ 为浓度梯度；$x$ 为扩散方向上的距离(m)。式中负号表示扩散方向为浓度梯度的反方向，即扩散由高浓度区向低浓度区进行，如图 2-41 所示。

菲克第一定律表明，由溶质原子的浓度梯度引起的在基体中的扩散传质通量正比于该截面上的浓度梯度，并且扩散系数 $D_{AB}$ 与浓度无关。同一物质的扩散系数随介质的种类、温度、压强及浓度的不同而变化，但在气相中的扩散，浓度的影响可忽略；对于液相中的扩散，压强的影响并不显著。菲克第一定律中扩散物质的浓度单位必须是体积浓度，即单位体积内扩散物质的量。

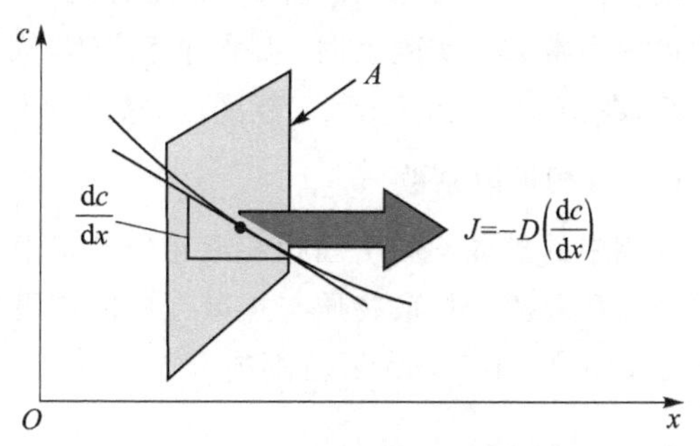


图 2-41　浓度梯度与扩散方向

## 3. 扩散系数

扩散系数与流体的粘度系数、物体的导热系数相似，是表示物质扩散能力的参数。如何确定分子扩散系数是研究扩散问题的主要任务之一。根据菲克第一定律的意义，分子扩散系数可以理解为沿扩散方向、在单位时间内每单位浓度降的情况下，通过单位表面积所扩散的某组分物质质量，即

$$D_{AB}=\frac{J_A}{-\frac{dc_A}{dx}} \tag{2-135}$$

### (1) 固相扩散系数

固态晶体中原子的扩散机制一般和扩散原子在晶体中的位置及扩散介质的晶体结构有关，目前提出的扩散机制主要有间隙扩散、空位扩散、晶界扩散、位错扩散等。温度对固体扩散系数有很大影响，温度越高，扩散系数就越大。固相扩散系数 $D$ 与温度的关系可以表示为

$$D=D_0\exp\left(-\frac{Q}{RT}\right) \tag{2-136}$$

式中：$Q$ 为扩散激活能(J/mol)；$D_0$ 为扩散常数，或称频率因子。

对式(2-136)两边取对数，则有

$$\ln D=\ln D_0-\frac{Q}{RT} \tag{2-137}$$

可见，$\ln D$ 与 $1/T$ 呈直线关系。如果再测出不同温度下的扩散系数，就可绘出 $\ln D-1/T$ 的直线关系，则 $\ln D_0$ 为截距，$-Q/R$ 为斜率，这样就可以通过实验确定 $D_0$ 和 $Q$ 的值。

在很宽的温度范围内，$Q$ 与 $D_0$ 基本上为常数。固相的扩散系数一般在 $10^{-10}\sim10^{-15}\ m^2/s$ 范围内变动。对大部分金属而言，$D_0\approx1\times10^{-4}\ m^2/s$，$Q$ 值也可通过下式估算：

$$Q=RT_M(k_0+V_A) \tag{2-138}$$

式中：$T_M$ 为热力学熔点，对合金取液相线温度和固相线温度的算术平均值。$k_0$ 为与晶格结构有关的系数，体心立方体，$k_0=14$；面心立方体，$k_0=17$；金刚石，$k_0=21$。$V_A$ 为金属的正常原子价。

### (2) 液相扩散系数

液相扩散不但与物系的种类、温度有关，而且随溶质的浓度而变化。只有稀溶液的扩散系数才可视为常数。实验表明，几乎所有液体，从普通溶液到熔融金属，其扩散系数都处于同一数量级，在 $10^{-10}\sim10^{-9}\ m^2/s$ 范围内，它们的激活能通常在 4.2～16.7 J/mol 范围内。

### (3) 气相扩散系数

气相中的扩散不同于固相和液相中的扩散，气体分子的扩散性远强于固相和液相。气相的扩散系数取决于扩散物质与扩散介质的温度和压力，与浓度的关系较小。气相扩散系数通常在 $5\times10^{-6}\sim10^{-5}\ m^2/s$ 范围内。

## 4. 扩散的热力学分析

菲克第一定律指出扩散总是向浓度降低的方向进行，但事实上在很多情况下，扩散是由低浓度处向高浓度处进行的(上坡扩散)。这说明浓度梯度并非扩散的驱动力。热力学研究表

明，扩散的驱动力是化学势梯度。由热力学理论可知，等温等压条件下，体系自动地向自由能降低的方向进行。原子受到的驱动力可由化学势对距离的求导得出，即

$$F=-\frac{\partial u_i}{\partial x} \tag{2-139}$$

即扩散总是向化学势减小的方向进行。

一般情况下的扩散如渗碳、扩散退火等，其化学势梯度与浓度梯度的方向一致，扩散表现为向浓度降低的方向进行。固溶体中溶质原子的偏聚等现象中的化学势梯度与浓度梯度的方向相反，其扩散表现为向浓度高的方向进行。

## 2.4.2　扩散传质

扩散传质是物质内部由于热运动而导致原子或分子迁移的过程。扩散可以在同一物质的一相或固、液、气多相间进行，也可以在不同的固体、液体和气体间进行。在固体中，原子或分子的迁移只能靠扩散来进行。热制造中的铸件扩散退火、合金的许多相变、粉末烧结、离子固体的导电、外来分子向聚合物的渗透都受扩散控制。

### 1. 质量传输微分方程

当扩散过程没有达到稳定状态时，扩散系统中每一点的扩散物质的浓度将随时间的变化而变化，这可仿照非稳态导热微分方程求解。对于介质为静止流体或固体的情况，将浓度替代温度可得质量传输微分方程，即

$$\frac{\partial c_A}{\partial t}=D_{AB}\left(\frac{\partial^2 c_A}{\partial x^2}+\frac{\partial^2 c_A}{\partial y^2}+\frac{\partial^2 c_A}{\partial z^2}\right)=D_{AB}\nabla^2 c_A \tag{2-140}$$

当传质过程处于稳态时，可进一步简化为

$$\frac{\partial^2 \rho_A}{\partial x^2}+\frac{\partial^2 \rho_A}{\partial y^2}+\frac{\partial^2 \rho_A}{\partial z^2}=0 \tag{2-141a}$$

或

$$\frac{\partial^2 c_A}{\partial x^2}+\frac{\partial^2 c_A}{\partial y^2}+\frac{\partial^2 c_A}{\partial z^2}=0 \tag{2-141b}$$

求解上述传质微分方程时，需要给定初始条件和边界条件。

通常把式(2-140)称为菲克第二定律。菲克第一定律给出了扩散介质中任意一点任意时刻的扩散通量和浓度梯度的关系，既适用于稳态扩散，也适用于非稳态扩散；但是由于菲克第一定律中没有给出扩散物质的浓度和时间的确切关系，因而无法对非稳态扩散进行全面描述，扩散过程中扩散物质的浓度与时间及空间坐标的关系由菲克第二定律给出。

若传质过程伴有化学反应，如扩散系数保持为常数，则菲克第二定律可为

$$\frac{\partial c_A}{\partial t}=D_{AB}\nabla^2 c_A+u_i \tag{2-142}$$

式中：$u_i$ 为系统单位体积内的化学反应速率。

式(2-140)和式(2-141)与不稳定导热方程和稳定导热方程结构相似，因此参照导热方程的解，可求出多种情况下的各组分浓度场。

只考虑一维方向上的扩散过程的菲克第二定律的数学表达式为

$$\frac{\partial c_A}{\partial t}=D_{AB}\frac{\partial^2 c_A}{\partial x^2} \tag{2-143}$$

上式表明 $c_A=f(x,t)$,由扩散过程的初始条件和边界条件可求出其通解。

一维稳态传质时,由式(2-143)可得

$$D_{AB}\frac{\partial c_A}{\partial x}=\text{常数}$$

上式与菲克第一定律意义相同,故可以把菲克第一定律视为菲克第二定律的特解。

### 2. 稳态分子扩散

这里仅考虑物体中各点浓度均不随时间变化、无总体流动、无化学反应的不可压缩液体一维稳态扩散问题,质量传输微分方程(2-140)可以简化为

$$\frac{d^2 c_A}{dz^2}=0 \tag{2-144}$$

若边界条件为

$$\text{当 } z=z_1 \text{ 时,}\quad c_A=c_{A1}$$

$$\text{当 } z=z_2 \text{ 时,}\quad c_A=c_{A2}$$

则求解式(2-144)可得组分 A 的浓度分布为

$$\frac{c_A-c_{A1}}{c_{A1}-c_{A2}}=\frac{z-z_1}{z_1-z_2} \tag{2-145}$$

### 3. 非稳态分子扩散

在一维非稳态条件下,扩散方程为

$$\frac{\partial c_A}{\partial t}=D_{AB}\frac{\partial^2 c_A}{\partial x^2} \tag{2-146}$$

假设扩散系数与浓度无关,半无限大介质中一维扩散物质(组分 A)的初始浓度分布为

$$c_A(x,0)=c_{A0}\quad(-\infty,+\infty)$$

若边界条件为

$$c_A(0,t):\quad c_A=c_{AS}$$

$$c_A(\infty,t):\quad c_A=c_{A0}$$

则求解式(2-146)可得组分 A 的浓度分布为

$$\frac{c_{AS}-c_A}{c_{AS}-c_{A0}}=\text{erf}\left(\frac{x}{2\sqrt{D_{AB}t}}\right) \tag{2-147}$$

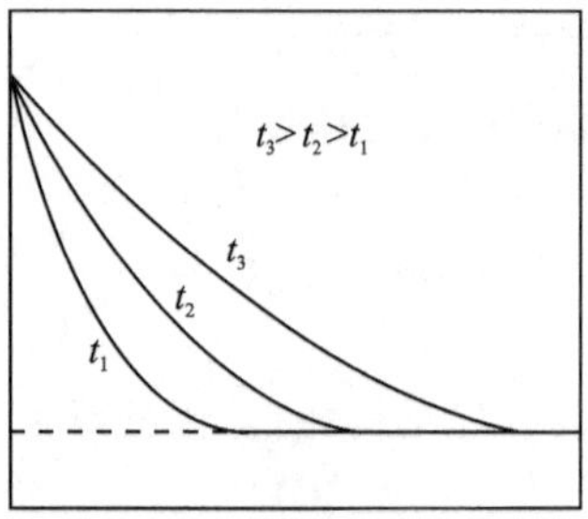

上式右端称为高斯误差函数。

图 2-42 半无限大介质内的非稳态扩散

图 2-42 所示为在半无限大介质内不同时刻一维非稳态扩散的浓度分布曲线。组分 A 的浓度在表面上突然升高(或降低)至 $c_{AS}$ 并保持不变,随着扩散时间的延长,介质内一定深度范围内的浓度分布随时间变化,但总有一定更深层次的介质内部不受扩散过程的影响,保持原始 $c_{A0}$ 不变。

与不稳定传热中的傅里叶数 $Fo$ 类似,在不稳定扩散分析中引入传质傅里叶数 $Fo'=\frac{D_{AB}t}{L^2}$,$Fo'$越大,表

示分子向物体内部的扩散越深入。

## 2.4.3　对流传质

对流传质是指在运动流体与固体之间，或不互溶运动流体之间发生的质量传输现象。在对流传质中，不仅依靠扩散，而且依赖流体各部分之间的宏观相对位移，如金属熔炼时的吸气等。

### 1. 对流传质系数

如图 2-43 所示，若某组分 A 在流体与壁面间存在浓度差，将发生垂直于壁面的质量传输。与描述对流换热的牛顿冷却定律相似，组分 A 的对流传质通量 $J_A$ 与组分 A 在流体剖面上的浓度差 $\Delta c_A$ 成正比，即

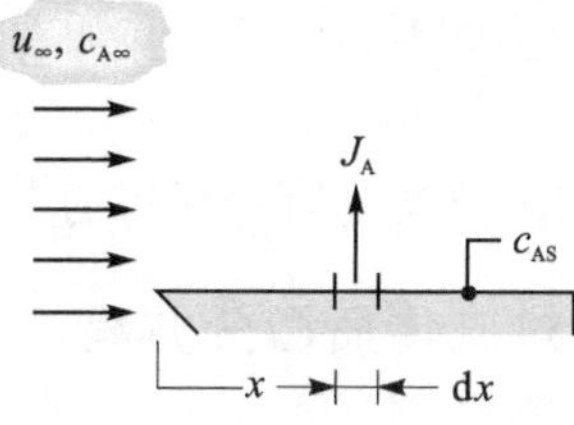


图 2-43　对流传质示意图

$$J_A = k_c(\Delta c_A) = k_c(c_{AS} - c_A) \qquad (2-148)$$

式中：$c_{AS}$ 为组分 A 在界面上的浓度；$c_A$ 为流体主体组分 A 的浓度；$k_c$ 为对流传质系数(m/s)。

如在界面处流体中只有扩散传质，则

$$k_c = -D\left(\frac{\partial c_A}{\partial x}\right)_{x=0} \Big/ \Delta c_A \qquad (2-149)$$

对流传质系数是计算对流传质速率的重要参数，确定方法主要有实验方法和理论分析。理论分析主要有薄膜理论、渗透理论等。

### 2. 薄膜理论

与动量传输中的边界层相似，在流体和相界面间传质时，在靠近界面处的流体中一薄流层(见图 2-44)称为“有效边界层”。薄膜理论认为传质的阻力主要来源于有效边界层。这样就把流体对流传质简化成边界层厚度 $\delta$(见图 2-45)受流体流动情况的影响。边界层内的浓度分布可按线性分布处理。传质通量为

$$J_A = -D\frac{dc_A}{dx} = D\frac{c_{AS} - c_{A\infty}}{\delta} \qquad (2-150)$$

由此可得 $k_c = D/\delta$，即传质系数与扩散系数成正比，与有效边界层厚度成反比。

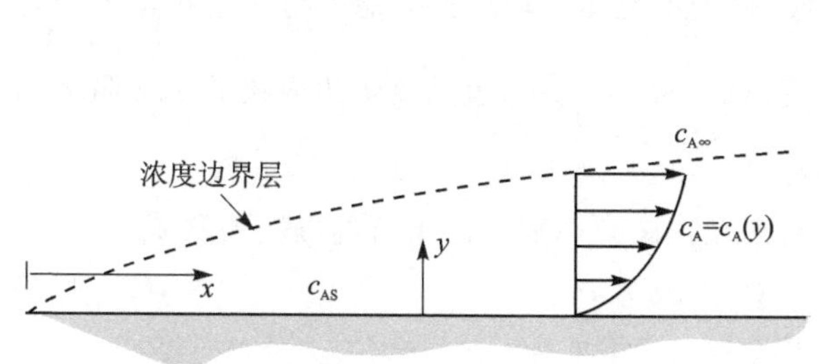


图 2-44　对流传质边界层

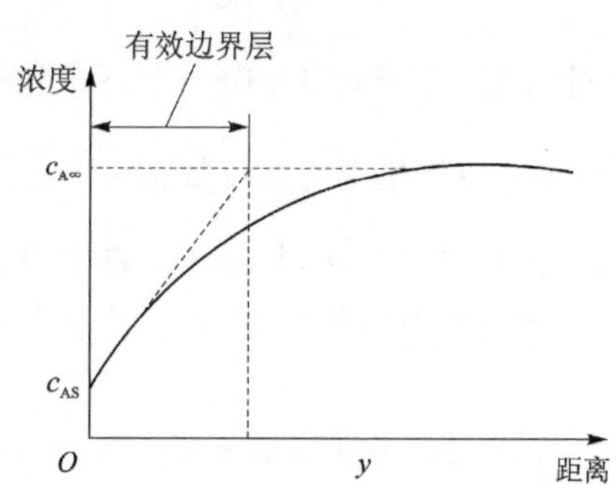


图 2-45　有效边界层

### 3. 渗透理论

两相间的传质是依靠流体的体积元短暂地、重复地与界面相接触而实现的。流体的体积

元在与界面内接触时接受界面的传质,而后又很快离开回到流体主体,带走从界面上获得的物质,与此同时新的流体微元体又与界面接触,即界面上流体是不断更新的。这一过程重复进行,就实现了传质。

由渗透理论得到的传质系数为

$$k_c = 2\sqrt{\frac{D}{\pi t}} \tag{2-151}$$

而大多数对流传质中传质系数与扩散系数的关系为

$$k_c = D^n, \quad n = 0.5 \sim 1.0$$

即薄膜理论和渗透理论所得的传质系数与扩散系数间的关系只是实际中的两种极端情况。

### 4. 对流传质微分方程

类似于对流传热的傅里叶-克希霍夫导热微分方程,将浓度替代温度,可得对流传质的微分方程为

$$\frac{\partial c_A}{\partial t} + v_x \frac{\partial c_A}{\partial x} + v_y \frac{\partial c_A}{\partial y} + v_z \frac{\partial c_A}{\partial z} = D_A\left(\frac{\partial^2 c_A}{\partial x^2} + \frac{\partial^2 c_A}{\partial y^2} + \frac{\partial^2 c_A}{\partial z^2}\right) \tag{2-152}$$

稳定传质时,$\frac{\partial c_A}{\partial t}$为零,则有

$$v_x \frac{\partial c_A}{\partial x} + v_y \frac{\partial c_A}{\partial y} + v_z \frac{\partial c_A}{\partial z} = D_A\left(\frac{\partial^2 c_A}{\partial x^2} + \frac{\partial^2 c_A}{\partial y^2} + \frac{\partial^2 c_A}{\partial z^2}\right) \tag{2-153}$$

如在固体中传质,$v_x = v_y = v_z = 0$,则式(2-152)和式(2-153)具有菲克第二定律的表达形式。如在固体中稳定传质,且 $D_A$ 为常数,则式(2-152)和式(2-153)具有菲克第一定律的表达形式。

### 5. 自然对流传质

大多数实际情况下,对流传质问题很难用理论分析求解,通常采用与对流传热准数方程相类似的方法进行处理。这里仅简单介绍自然对流传质的准数关系。

自然对流传质的准数关系可以表示为

$$Sh = f(Gr_m, Sc) \tag{2-154}$$

式中:$Gr_m$ 为传质格拉晓夫数;$Sc$ 为施密特数,它表示流体中动量扩散能力与质量扩散能力之比,与对流传热中普朗特数相对应;$Sh$ 称舍伍德数,$Sh = \frac{k_c L}{D_A}$,表示流体边界层的扩散阻力与对流传质阻力之比,与对流传热中的 $Nu$ 相对应。

如自然对流情况下,碳在铁液中的溶解和钢在铁碳合金液中的溶解的准数关联式为

$$Sh = 0.11(Gr_m Sc)^{1/3} \tag{2-155}$$

根据 $Sh$ 可求得对流传质系数及通量密度。

## 思考题

1. 什么叫做粘滞性?粘滞性对液体运动起什么作用?
2. 何谓牛顿粘性定律?该定律是否适用于任何液体?

3. 什么是理想液体？理想液体与实际液体的根本区别是什么？

4. 说明动量通量与剪应力的关系。

5. 雷诺数 $Re$ 具有什么物理意义？为什么可以起到判别流态(层流、湍流)的作用？试说明由层流向湍流过渡的物理过程。

6. 什么叫边界层？边界层液流有哪些特点？

7. 解释流体在圆管中充分发展的流动的含义。

8. 分析传导、对流及辐射三种传热方式的特点及应用。

9. 何谓稳态温度场、非稳态温度场、均匀温度场？

10. 说明 $Nu$、$Pr$ 和 $Bi$ 的物理意义。

11. 分析导热系数、导温系数、对流换热系数的物理意义。

12. 分析影响扩散的主要因素。

13. 说明固态晶体中原子扩散的机制。

14. 比较扩散传质与对流传质。

15. 说明动量传输、热量传输和质量传输过程中通量的表示方法及物理意义。

# 第 3 章　热制造冶金理论

冶金是高温、多相、多物质的复杂物理化学过程。热制造中的金属熔炼与凝固、高温塑性变形后的组织转变、粉体烧结、焊接等过程都存在着大量的冶金问题。掌握冶金基本理论对于深入认识热制造过程的本质及其质量控制具有重要作用。

## 3.1　概　述

冶金技术在人类文明发展历程中具有极其重要的作用。早期的冶金理论以研究如何从矿石或其他原料中提取金属并制成金属材料等方面的原理为开端，目的是开发冶金新流程和新方法，以提高生产率、改进质量、降低成本。随着物质和材料科学技术的进步，现代冶金理论远超金属材料技术的范畴，已扩展到对材料成分、组织结构、性能和加工工艺等相互关系的研究。根据冶金的物理化学机制和流程等方面的不同，冶金在广义上可分为提取冶金和物理冶金。

### 1. 提取冶金

在工程应用中，提取冶金主要用于金属材料的生产。提取冶金是研究如何从矿石中提取金属或金属化合物的生产过程，由于该过程是通过各种化学反应，如氧化、还原、焙烧、萃取等而实现的，故又称为化学冶金。化学冶金是应用物理化学的理论和方法研究提取冶金过程，需要根据矿石及提取金属的特性，采用相应的生产工艺过程和设备。

提取冶金工艺主要分为火法冶金、湿法冶金和电冶金三大类。

**(1) 火法冶金**

利用高温从矿石中提取金属或其化合物的方法称为火法冶金。火法冶金是生产金属材料的重要方法，钢铁及大多数有色金属（铝、铜、镍、铅、锌等）材料主要靠火法冶金方法生产。利用火法冶金提取金属或其化合物时通常包括矿石准备、冶炼和精炼三个过程。火法冶金工艺主要有提炼冶金、氯化冶金、喷射冶金和真空冶金等。

**(2) 湿法冶金**

湿法冶金是指利用一些溶剂的化学作用，在水溶液或非水溶液中进行包括氧化、还原、中和、水解和络合等反应，对原料、中间产物或二次再生资源中的金属进行提取和分离的冶金过程。湿法冶金包括浸取、固-液分离、溶液的富集和从溶液中提取金属或化合物等 4 个过程。目前，许多金属或化合物都可以用湿法冶金方法生产。

**(3) 电冶金**

利用电能从矿石或其他原料中提取、回收、精炼金属的冶金过程称为电冶金。按电能性质不同分为电热冶金和电化学冶金。电冶金工艺主要有电热熔炼、水溶液电解和熔盐电解三方面内容。用电加热生产金属的冶金方法称为电热熔炼。铁合金冶炼及用废钢炼钢主要采用电热熔炼。电热熔炼包括电弧熔炼、等离子冶金和电磁冶金等。电解提取是从富集后的浸取液中提取金属或化合物的过程。铝、镁、钠等活泼金属无法在水溶液中电解，必须选用具有高导电率、低熔点的熔盐(通常为几种卤化物的混合物)作为电解质在熔盐中进行电解。

**2. 物理冶金**

物理冶金学主要研究金属和合金的组织结构、性能与工艺之间的相互关系,是现代材料科学与工程的重要内容,也是金属构件制造工艺的理论基础。金属和合金的组织结构即受控于提取冶金过程也受控于热处理与成型工艺,金属构件的强度、塑性、韧性以及耐腐蚀性等方面的性能都与金属的组织结构相关。物理冶金研究涉及合金的凝固、组织结构、相变原理、性能调控、塑性变形与失效机制等材料基础问题,涵盖金属学、热处理、粉末冶金、金属铸造、金属塑性加工等技术领域。

综上可见,热制造科学与工程同冶金理论具有极强的相关性,为此本教材探索了将冶金原理融入热制造学的知识结构,以进一步加强对工件制造中材料性能调控原理的认知。

# 3.2　熔池冶金反应

铸造或熔焊都有金属熔池存在,熔池中的液态金属与气体、熔渣等物质发生的化学反应称为熔池冶金反应。

## 3.2.1　冶金熔体

高温冶金过程(火法冶金)多是在熔融的反应介质中进行的,这些熔融状态的反应介质和反应产物(或中间产品)称为冶金熔体。根据组成熔体的主要成分的不同,一般将冶金熔体分为金属熔体、熔渣、熔盐和熔锍。由于熔渣、熔盐和熔锍的主要成分均为各种金属或非金属的化合物,而不是金属,因此通常又将这三类熔体统称为非金属熔体。冶金熔体的性质直接影响冶炼过程的进行、冶炼工艺的指标以及冶金产品的质量等方面。

熔池冶金反应与冶金熔体的物理化学性质有密切的关系,因此这里主要介绍冶金熔体的基本概念。

**1. 金属熔体**

金属熔体指的是液态的金属和合金。金属熔体不仅是火法冶金过程的主要产品,也是冶炼过程中多相反应的直接参与者。例如,炼钢中的许多物理过程和化学反应都是在钢液与熔渣之间进行的。

在冶金过程中,金属熔体的温度一般只比其熔点高 100～150 ℃,在这种情况下,金属熔体的性质和结构是与固体相近的,而与气态金属差别很大。液态金属和固态金属不仅具有相同的结合键和相近的原子间结合力,而且在熔点附近的液态金属还存在与固态金属相似的原子堆垛和配位情况。金属固、液体积差在 6%以下,比热容差在 10%以下。

现代液体金属结构理论认为,液体中原子堆垛是密集的。从大范围看,原子排列是不规则的,但从局部微小区域来看,原子可以偶然地在某一瞬时出现规则的排列,这种现象称为“近程有序”。近程有序排列的原子集团不断被破坏而消失,同时又会出现新的近程有序排列。这种近程有序结构总是处于此起彼伏的变化中,这种结构不稳定的现象称为结构起伏,大小不一的近程有序排列的此起彼伏(结构起伏)就构成了液体金属的动态图像。这种近程有序的原子集团就是晶胚。在具备一定条件时,大于一定尺寸的晶胚就会成为可以长大的晶核。

金属熔体的物理化学性质与其结构有关。金属熔体的物理化学性质包括密度、粘度、扩散系数、熔点、表面张力、蒸气压、电阻率等。

冶金过程中的金属熔体还可以溶入各种非金属元素和金属元素以形成各类合金。

### 2. 熔　渣

熔渣是由多种氧化物组成的熔体。在金属熔炼、药皮焊条或埋弧焊接过程中都会形成熔渣。熔渣的熔点比液态金属的温度低,能覆盖在液态金属表面,将液态金属与空气隔绝,可防止液态金属的氧化和氮化。熔渣凝固后形成的渣壳覆盖在金属的表面,可防止处于高温的金属在空气中被氧化。熔渣还起到非常重要的冶金处理作用,如脱氧、脱硫、脱磷、去氢等。

熔渣中的质点分布在一定程度上与固态晶体一样,在一些区域保持着固态的规则状态,即具有近程有序排列的性质。构成熔渣的氧化物以离子键为主,但也有一部分共价键。冶金过程在很大程度上取决于熔渣的物理化学性质,而熔渣的物理化学性质主要是由熔渣的组成与结构决定的。金属冶炼生产中必须根据各种冶炼过程的特点,合理地选择熔渣成分,使之具有符合冶炼要求的物理化学性质,如适当的熔化温度和酸碱性、较低的粘度和密度等 。

熔渣对冶炼过程也会产生一些不利的影响。例如,熔渣对炉衬的化学侵蚀和机械冲刷,大大缩短了炉子的使用寿命;产量很大的炉渣带走了大量热量,因而大大地增加了燃料消耗;渣中含有各种有价金属,降低了金属的直收率。

### 3. 熔　盐

熔盐是盐的熔融态液体,通常说的熔盐是指无机盐的熔融体。最常见的熔盐是由碱金属或碱土金属的卤化物、碳酸盐、硝酸盐以及磷酸盐等组成的。熔盐主要用于金属及其合金的电解生产与精炼。

### 4. 熔　锍

熔锍是多种金属硫化物的共熔体,同时溶有少量金属氧化物及金属,也称为冰铜。熔锍的性质对于有价金属与杂质的分离、冶炼过程的能耗等都有重要的影响。为了提高有价金属的回收率、降低冶炼过程的能耗,必须使熔锍具有合适的物理化学性质。

## 3.2.2　液态金属与气体的反应

### 1. 气体在液态金属中的溶解

在不同的温度和压力下,气体在金属中的溶解度不同,尤其是有固液态转变时,气体在金属中的溶解度变化更大。在金属液中的气体主要是 $H_2$、$N_2$、$O_2$。$H_2$ 的原子半径很小,为 0.037 nm(0.37 Å,1 Å=0.1 nm),能溶解到各种铸造合金中,呈溶解状态。$N_2$ 的原子半径为 0.08 nm(0.8 Å),在铸铁及铸钢中有一定的溶解度,几乎不溶解于铝合金及铜合金中,有时以氮化物状态存在。$O_2$ 的原子半径为 0.066 nm(0.66 Å),是一个极活泼的元素,在许多金属中以化合物的形式存在。

双原子气体(如氢和氮)在合金液的溶解过程中,首先是氢或氮吸附于金属液表面,然后气体分子在吸附表面上分解为两个原子,进而原子脱离吸附表面,溶解于金属液中。例如氢的溶解过程为

$$H_2 = 2[H]$$

在一定温度和氢分压的条件下，氢在金属中的溶解度为

$$[H] = K_{H_2}\sqrt{p_{H_2}} \tag{3-1}$$

式中：$K_{H_2}$ 为氢溶解反应的平衡常数；$p_{H_2}$ 为气相中分子氢的分压。

同样，对于 $N_2$ 的溶解反应有

$$N_2 = 2[N]$$

氮在金属中的溶解度为

$$[N] = K_{N_2}\sqrt{p_{N_2}} \tag{3-2}$$

式(3-1)和式(3-2)称为平方根定律。它表示双原子气体在金属中的溶解度与气体分压的平方根成正比。其中溶解反应的平衡常数与温度和金属种类及其状态有关。

气体在金属中的溶解度受温度的影响主要看溶解反应是吸热反应还是放热反应。如果气体溶解过程是吸热反应，则溶解度随温度的升高而增大；反之，如果气体溶解过程是放热反应，则溶解度随温度的升高而降低。氢在 Fe、Ni、Co、Cu、Al、Mg 等金属及合金中的溶解，氮在铁及铁基合金中的溶解都是吸热反应，因此，氢和氮在这些金属及合金中的溶解度将随温度的升高而增大。

在多元合金系中，气体的溶解度还与合金成分有关。如在铁基合金液中，$H_2$、$N_2$ 的溶解度随 C、Si 含量的增加而降低，随 Mn 含量的增加而有所增大。$H_2$ 的溶解度随 Nb、Cr、Ni 等合金含量的增加而增大，随 Al、B、Cu、Co、Sn 等含量的增加而降低。由于低合金钢中合金元素含量小于 1.5%～2%，因此对氢在钢中的溶解度影响不大。而高合金钢中的合金元素较多，对氢的溶解度的影响较明显。在铜基合金液中，$H_2$ 的溶解度随 Ni、Mn 含量的增加而增大；$H_2$ 的溶解度随 Zn、Sn、Al 含量的增加而降低。在铝基合金液中，$H_2$ 的溶解度随 Cu、Si 含量的增加而降低，且 Cu 降低 $H_2$ 在铝液中的溶解度的作用比 Si 更为显著。

Ti、Zr、V、Nb 和稀土等金属能与氢形成稳定的氢化物。这些金属的吸氢能力很强，在温度不太高的固态下就能吸氢，首先与氢形成固溶体，当吸氢量超过了它的固溶度后就以氢化物析出。当合金中的氢含量超过一定值(0.015%)后，便会发生氢脆。

### 2. 氧化反应

氧在液态金属中除少量溶解外，绝大部分与金属及其中的元素发生强烈的氧化反应而生成氧化物。在熔炼、铸造和焊接等热制造过程中，氧主要来源于空气、炉料、焊条药皮、氧化性气体、水分等。

氧化反应是钢铁材料在高温下加工时常见的化学反应，发生在气相与液体金属的界面上的氧化反应又称为直接氧化。其一般的反应式为

$$xM + O_2 = M_xO_2$$

例如：

$$2[Fe] + O_2 = 2FeO$$

$$2[C] + O_2 = 2CO$$

$$[Si] + O_2 = SiO_2$$

$$2[Mn] + O_2 = 2MnO$$

金属氧化物的分解压 $p_{O_2}$ 可用于金属是否被氧化的判据。分解压是指氧化物在一定温

度下,分解反应达到平衡时的气相分压。当 $p_{O_2} < \{p_{O_2}\}$ 时金属被氧化,当 $p_{O_2} = \{p_{O_2}\}$ 时处于平衡状态,当 $p_{O_2} > \{p_{O_2}\}$ 时金属被还原。其中 $\{p_{O_2}\}$ 为气相中氧的分压。

根据氧化物的分解压的大小,可比较合金元素的氧化性。合金元素对氧的亲和力越大,其 $p_{O_2}$ 越小。如 Ca、Mg、Al 等金属氧化物的分解压较小,则它们与氧的亲和力较大,故容易氧化,其氧化物也比较稳定。各种金属氧化物的分解压均随温度的升高而增大。温度越高,金属氧化物越不稳定。但是否发生分解,还与系统中氧的分压有关。系统中氧的分压越小,金属氧化物越易分解,越不稳定。所以,温度的升高,系统中压力的降低,都促使金属氧化物分解,增大其不稳定性。

## 3.2.3 液态金属与熔渣的反应

### 1. 熔渣的性质

熔渣的性质主要包括化学性质和物理性质。熔渣的化学性质涉及熔渣参与化学反应的能力,主要包括熔渣的碱度、氧化性与还原性。熔渣可以分为碱性和酸性两大类。碱性渣是指可以提供 $O^{2-}$ 离子的那些氧化物,如 CaO;酸性渣是指吸收 $O^{2-}$ 离子的那些氧化物,如 $SiO_2$。碱性和酸性只是相对而言的。在冶金中常常使用“碱度”作为熔渣性能的参数。

熔渣的性质主要取决于它的成分与结构。关于熔渣的结构主要有3种理论:分子理论、离子理论及分子离子共存理论。分子理论认为熔渣是由自由状态化合物和复合状态化合物的分子所组成的,分子理论能够定性分析熔渣与金属之间的冶金反应。离子理论认为熔渣是由正离子和负离子组成的电中性溶液,熔渣和金属之间的反应是离子和原子交换电荷的过程。分子离子共存理论认为碱性氧化物以分子状态存在,酸性氧化物以离子状态存在,熔渣中分子与离子之间处于动平衡状态。

根据分子理论,熔渣的碱度的最简单计算公式为

$$B_0 = \frac{\sum \text{碱性氧化物}}{\sum \text{酸性氧化物}} \tag{3-3}$$

式中:$B_0$ 为碱度。当 $B_0 < 1$ 时,为酸性渣;当 $B_0 = 1$ 时,为中性渣;当 $B_0 > 1$ 时,为碱性渣。上式未能反映各种氧化物酸、碱性强弱程度的作用,计算结果与实际情况有所差异。为此,又发展了一些修正的计算公式,如:

$$B_1 = \frac{0.018CaO + 0.015MgO + 0.006CaF_2 + 0.014(NaO + K_2O) + 0.007(MnO + FeO)}{0.017SiO_2 + 0.005(Al_2O_3 + TiO_2 + ZrO_2)} \tag{3-4}$$

式中的氧化物以质量分数计算。

按照离子理论计算的碱度为

$$B_2 = \sum_{i=1}^{n} a_i M_i \tag{3-5}$$

式中:$M_i$ 为熔渣中第 $i$ 种氧化物的摩尔分数;$a_i$ 为熔渣中第 $i$ 种氧化物的碱度系数。当 $B_2 < 0$ 时,为酸性渣;当 $B_2 = 0$ 时,为中性渣;当 $B_2 > 0$ 时,为碱性渣。

碱度是熔渣中重要的化学性能。熔渣的物理性能包括粘度、熔点、表面张力等。通过调整熔渣的成分可对这些性能进行控制,以满足冶金工艺要求。

### 2. 熔渣对金属的氧化

熔渣对金属的氧化性通常用渣中含有最不稳定的 FeO 的高低来衡量。渣中氧化铁含量越高，熔渣的氧化性越强。在熔渣和金属的相互作用过程中，主要发生扩散氧化和置换氧化。

#### (1) 扩散氧化

这种氧化过程是熔渣中的 FeO 直接转移到铁液中的过程。FeO 既溶于渣，又溶于铁液，能在熔渣与铁液之间进行扩散分配。根据平衡定律，在一定温度下达到平衡时，FeO 在铁液和熔渣中的分配比例为

$$LD=\frac{[\mathrm{FeO}]}{(\mathrm{FeO})} \tag{3-6}$$

式中：[FeO]为 FeO 在液态金属中的浓度；(FeO)为 FeO 在熔渣中的浓度。

扩散氧化主要发生在熔池的高温区。温度越高越有利于扩散氧化，且碱性渣比酸性渣更容易使铁液扩散氧化。

#### (2) 置换氧化

置换氧化是一种金属与氧化物之间的反应。反应结果是使对氧亲和力较强的元素被氧化，而对氧亲和力较弱的元素则被还原。如铁液中 Si 和 Mn 可能与 FeO 发生置换反应而被氧化。反应式及平衡常数与温度的关系为

$$[\mathrm{Si}]+2[\mathrm{FeO}]=(\mathrm{SiO_2})+2[\mathrm{Fe}]$$

$$\lg K_{\mathrm{Si}}=\frac{13\ 460}{T}-6.04 \tag{3-7}$$

$$[\mathrm{Mn}]+[\mathrm{FeO}]=(\mathrm{MnO})+[\mathrm{Fe}]$$

$$\lg K_{\mathrm{Mn}}=\frac{6\ 600}{T}-3.16 \tag{3-8}$$

上述反应使铁液中的 Si 和 Mn 被烧损。由于 Si 和 Mn 的氧化反应是放热反应，所以随着温度的升高，平衡常数 $K_{\mathrm{Si}}$ 和 $K_{\mathrm{Mn}}$ 降低，反应减弱，甚至可使置换反应向相反方向进行。利用这一现象在熔焊接过程中进行渗 Mn 和渗 Si。

### 3. 脱氧处理

脱氧的目的是减少钢中的含氧量。利用扩散氧化和置换氧化的原理也可进行脱氧处理，即扩散脱氧和沉淀脱氧。

扩散脱氧是利用扩散氧化的逆反应，将脱氧剂加入熔渣，使渣中氧化铁含量降低，根据分配定律，钢中的氧化物将转向熔渣，从而使溶解于钢中的氧化物减少。

沉淀脱氧是利用置换氧化反应进行的，即用一种对氧亲和力大于铁的元素作为脱氧剂加入钢液中直接与其中的 FeO 发生反应，将 Fe 从 FeO 中置换出来，生成不溶解氧化物或复合氧化物，这些氧化物沉淀析出，进入熔渣，达到脱氧的目的。

### 4. 脱硫与脱磷

#### (1) 脱　硫

硫对绝大多数钢种来说是有害元素。熔渣脱硫是金属熔炼和熔焊中主要的脱硫方法，其

实质是通过液态金属与熔渣间的相互作用,使溶于金属中的硫生成难熔或不溶于金属的硫化物而进入渣中。

FeS是钢中常见的硫化物。FeS可同时存在于钢液和熔渣中,根据分配定律,可以通过扩散来降低钢液中的FeS含量。渣中的FeS与CaO、MgO、MnO等碱性氧化物反应可以生成稳定的硫化物,如FeS与CaO进行的脱硫反应为

$$(FeS)+(CaO)=(CaS)+(FeO)$$

当渣中的FeS减少后,钢液中的FeS就会自动地向熔渣中扩散转移,这样就达到了脱硫的目的。

**(2) 脱　磷**

磷对绝大多数钢种来说也是有害元素。只有在少数情况下,磷才能在金属中发挥有利作用。如磷能改善钢水的流动性,当浇注复杂断面或厚度较小的钢件时,常在钢中加入一定量的磷;电工钢中加入0.01%~0.02%的磷后,能提高其磁性;炮弹钢正是利用磷所引起的冷脆性来提高其杀伤力的。

在通常含量情况下,磷在铁液中与铁生成的化合物主要以$Fe_2P$和$Fe_3P$两种形式存在,为方便起见均用[P]表示,脱磷过程分为两步:首先是铁液中的$Fe_2P$(或$Fe_3P$)与渣中的FeO化合生成$P_2O_5$,然后再与渣中的CaO化合生成稳定的磷酸钙,总的脱磷反应为

$$2[P]+5(FeO)+4(CaO)=(4CaO)\cdot P_2O_5+5[Fe]$$

脱磷反应是放热过程,降低温度对脱磷有利,但温度不宜过低,否则会影响熔渣的流动性,恶化脱磷的动力学条件而不利于脱磷。碱性氧化物(如CaO、MgO、MnO)能和渣中的$P_2O_5$形成稳定的化合物,达到脱硫的目的。保持一定的碱度是熔渣脱磷的必要条件,但碱度过高会急剧降低渣的流动性,反而对脱磷不利。

## 3.2.4 非金属夹杂物及去除

### 1. 非金属夹杂物及特征

金属在熔炼、铸造、焊接过程中会产生各种非金属夹杂物。非金属夹杂物按来源可分为外来夹杂物和内生夹杂物。外来夹杂物是金属在熔炼过程中与外界物质接触发生作用所产生的夹杂物,如滞留在金属液中的熔渣等。内生夹杂物是熔池冶金反应而形成的夹杂物,如氧化物、氮化物、硫化物等。外来夹杂物的外形不规则,尺寸较大,出现的位置具有随机性。内生夹杂物分布较均匀,颗粒比较细小。

### 2. 非金属夹杂物的去除

**(1) 夹杂物的浮升去除**

浮升去除夹杂物的本质是利用金属液与夹杂物密度的不同,使金属液中的夹杂物上浮或下沉,以达到将夹杂物与金属液分离而去除的目的。例如,在有熔渣覆盖的熔池中,非金属夹杂物在浮力的作用下,上浮到钢渣界面而被熔渣吸收。夹杂物上浮速度主要取决于夹杂颗粒的大小,夹杂颗粒尺寸增大可以使上浮速度显著增加。所以利用浮升法去除夹杂物时,主要从控制非金属夹杂物的颗粒大小来促使夹杂物自钢液中去除。

**(2) 渣洗法去除夹杂物**

在电渣重熔、电渣熔铸、电渣浇注过程中渣钢发生强烈作用,熔渣吸收夹杂物,可有效地去

除钢中的夹杂物。这一夹杂物去除过程称为渣洗法去夹杂物。如电渣重熔过程中，冶金反应发生在 3 个区域，即电极末端熔化区、熔滴过渡区及金属熔池区。在电极末端熔化金属液-熔渣界面、过渡熔滴-熔渣界面及金属熔池-渣池界面均可发生渣钢作用去杂过程。在金属熔池内部可发生夹杂物的浮升。熔渣吸收夹杂物的过程分为 3 步：①夹杂物从金属液内部迁移到渣-钢界面；②通过界面由金属相向渣相过渡；③夹杂物在渣相中溶解-渣化。

**(3) 气泡法去除夹杂物**

金属液中夹杂物的去除也经常采用气泡法。例如炼钢过程中的氧化期，通过 C—O 反应生成 CO 气泡以去除钢中的气体和夹杂物，以及向铝液中吹入氮气、氯气以去除铝液中的气体和夹杂物。这些都是利用在金属中产生气泡，在气泡上浮过程中去除金属液中的夹杂物。向金属液中吹气或在金属液中产生气泡，都会使金属液受到搅拌而产生运动，使夹杂物发生碰撞而聚集上浮。气泡在上浮过程中也会与夹杂物发生碰撞，夹杂物将被气泡吸附而随气泡上浮，这样就加速了夹杂物上浮的速度。气泡法去除夹杂物的过程就是碰撞与粘附的过程。夹杂物与金属的润湿性越差，界面张力越大，则夹杂物越易于被气泡所粘附。

## 3.2.5 真空冶金

金属在大气条件下熔炼与浇铸过程中，合金中活泼元素(如 Al、Mg、Ti、B、Ce、La、Zr 等)易烧损。真空冶金不受周围气氛污染，如电子束熔炼真空度高达 $10^{-2} \sim 10^{-3}$ Pa，液态金属不与大气中的氮及氧接触，所以真空熔炼能严格控制合金中活性元素，将合金成分控制在很窄的范围内，因而能保证合金的性能、质量及其稳定性。

### 1. 压力对化学反应平衡的影响

真空冶金使在常压下进行的物理化学反应条件发生了变化，体现在气相压力的降低上。只要冶金反应有气相参加，当反应生成物中气体摩尔数大于反应物中气体摩尔数时，减少系统的压力，就可使平衡反应向着增加气态物质方向移动，这就是真空冶金物理化学反应的基本特点。也就是说，真空可以使在大气条件下已经达到平衡的反应又继续进行，从而强化了冶金过程。

应当注意，反应生成物必须有气体，而且只有当反应生成物中的气体摩尔数大于反应物中气体的摩尔数时，才有可能随压力降低而引起反应平衡向右移动，应用真空熔炼才具有意义。

### 2. 真空脱氧与除气

在大气条件下熔炼，碳氧反应对金属液起着除气作用和机械搅拌作用，但由于碳的脱氧能力不强，不能单独用作脱氧剂，往往用硅、铝等金属脱氧剂进行沉淀脱氧。在真空熔炼条件下，由于气相压力低，且碳氧反应生成 CO 气泡能够不断被抽走，因而平衡向生成 CO 方向移动，按下列方程式反应

$$[C]+[O]=(CO)$$

$$K_{CO}=\frac{p_{CO}}{w_{[C]}\,w_{[O]}} \tag{3-9}$$

$$\lg K_{CO}=\frac{1.160}{T}+2.003 \tag{3-10}$$

反应是向生成 CO 方向自发移动，从而提高了碳脱氧能力。大量实践数据表明，真空熔炼

与大气熔炼相比较,碳的脱氧能力提高 100 倍以上。当真空熔炼镍基合金时,可将合金的氧含量降低到 0.002%以下。真空下用碳脱氧,不仅具有脱氧能力,而且脱氧产物是气体,易于排除,而不致玷污液体金属。因此,真空条件下用碳作脱氧剂是理想的脱氧方法。

真空除气主要指去除合金中的氢与氮。在一定温度下,当金属液上方气相分压降低时,金属液中气体溶解度也随之降低,真空冶金很容易将合金中的[H]降至 0.000 1%以下。氮含量有所不同,除可熔于金属液体中,还可与铬、钛、钒、铝、锆生成化合物,以稳定的氮化物夹杂物形式存在于合金中,因此真空去氮比去氢、氧困难得多。

### 3. 真空条件下元素的挥发

在真空熔炼过程中合金中杂质物的挥发是去除有害元素的途径,随之带来的负面影响是合金中的合金元素也挥发。在同一温度下,不同元素的蒸气压不同。在真空条件下,对于金属液体中某些蒸气压较高的元素,当真空室内压力降到低于其蒸气压时,这些元素能从金属液中挥发。挥发过程是一个复杂的反应过程,挥发的量和速度取决于很多因素,主要是合金成分(元素本身及在金属液中的活度)、熔炼温度、熔体保持时间、炉内真空度、熔池搅拌情况和液态金属比表面积,应当掌握真空熔炼条件下元素的挥发规律,正确制定熔炼工艺,保证有害元素去除,而减少有益元素损失,准确控制合金成分。

### 4. 夹杂物的分解

在真空熔炼条件下,由于熔池表面低压条件,碳沸腾及电磁搅拌均有利于非金属夹杂物的上浮,在熔池表面形成一层氧化膜。如果这些氧化膜混入合金中,则势必影响产品质量。由于金属与氧的亲和力随着温度的升高而降低,而碳与氧的亲和力随着温度的升高而增大,因此在高温下,碳将是很好的还原剂,可还原非常稳定的金属氧化物,碳还原金属氧化物反应如下:

$$(MO)+[C]=[M]+(CO)$$

反应生成物中的 CO 在真空熔炼中可以不断被抽出,使氧化膜可以得到有效去除。

# 3.3 液态金属的凝固

## 3.3.1 纯金属的凝固

纯金属具有确定的熔点(或凝固点),其凝固是在恒温下完成的。例如,纯铝在 660 ℃凝固,铁在 1 537 ℃凝固,钨在 3 410 ℃凝固。由于凝固后的固态金属通常是晶体,所以又将液态金属的凝固称为结晶。液态金属的结晶过程包括晶核的形成及晶核长大的过程,如图 3-1 所示。在液态金属冷却、凝固和固态金属的冷却过程中都会发生收缩,其比体积变化如图 3-2 所示。

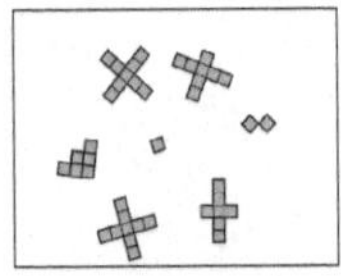
(a) 晶核的形成

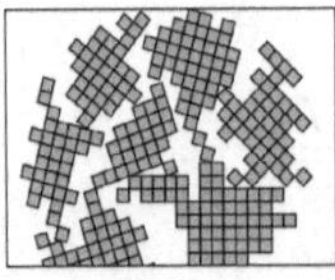
(b) 晶核的长大(1)

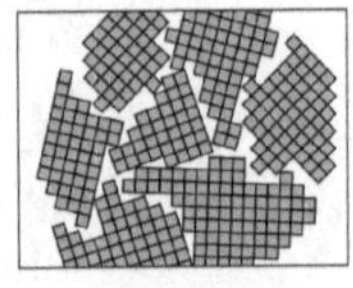
(c) 晶核的长大(2)

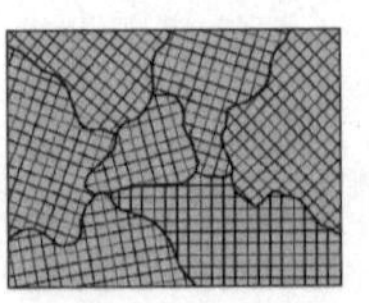
(d) 固态金属的晶粒

**图 3-1 纯金属的结晶过程**

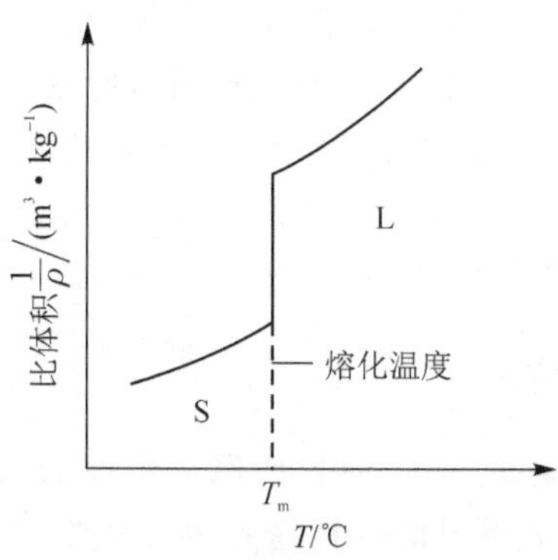


**图 3-2　纯金属凝固时比体积变化**

### 1. 固-液界面上原子过程动力学

根据金属凝固原理，形成稳定的晶核后，就能够通过生长完成其结晶过程。结晶过程中液相原子不断向晶核表面堆砌，固-液界面不断向着液相推移和扩展(见图 3-3)。结晶过程的驱动力来源于固-液界面处固、液两相的体积自由能 $\Delta G_V$。

在移动的固-液界面上，可以设想有两个原子过程在进行，即

固态原子→液态原子：熔化反应；

液态原子→固态原子：凝固反应。

图 3-4 所示为熔化速率和凝固速率与温度之间的关系，其中熔化速率为$\left(\frac{\mathrm{d}a}{\mathrm{d}t}\right)_{\mathrm{M}}$，凝固速率为$\left(\frac{\mathrm{d}a}{\mathrm{d}t}\right)_{\mathrm{F}}$。

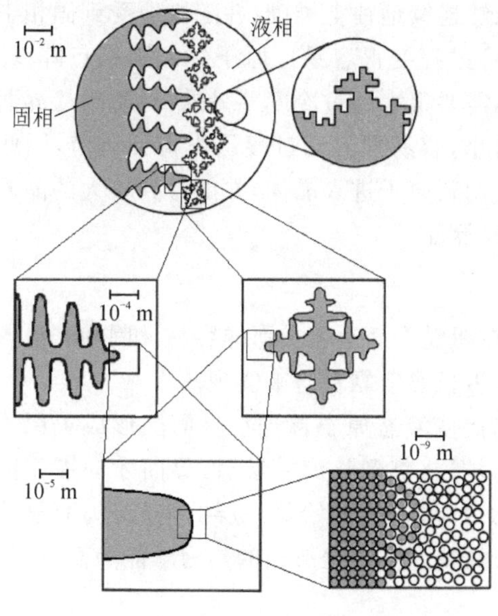


**图 3-3　液态金属的结晶过程示意图**

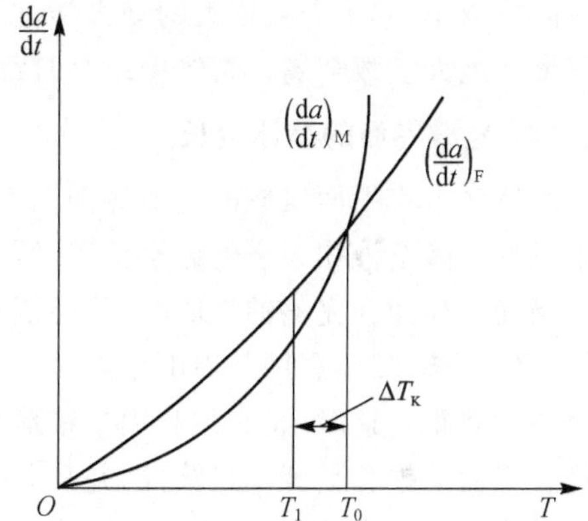


**图 3-4　熔化速率和凝固速率与温度之间的关系**

在平衡时,跃迁到液体上的原子通量与跃迁到固体上的原子通量相等,即在 $T=T_0$ 时,$(\mathrm{d}a/\mathrm{d}t)_M=(\mathrm{d}a/\mathrm{d}t)_F$。要发生凝固,由液体跃迁到固体的原子必须多于由固体跃迁到液体的原子,即 $(\mathrm{d}a/\mathrm{d}t)_F>(\mathrm{d}a/\mathrm{d}t)_M$。要是固-液界面向液相移动,界面温度必须在 $T_0$ 以下某一个温度,以满足 $(\mathrm{d}a/\mathrm{d}t)_F>(\mathrm{d}a/\mathrm{d}t)_M$ 这一条件。因此一个凝固界面必须有一定量的过冷度($\Delta T_K$),以产生从液态向固态的净原子传输。

## 2. 固-液界面的微观结构

晶体长大后的形貌及生长速率与固-液界面原子尺度的微观结构有关。有关研究认为,固-液界面的微观结构可以分为光滑界面与粗糙界面两大类(见图 3-5)。晶体以何种形态生长,主要取决于固-液界面的微观结构。

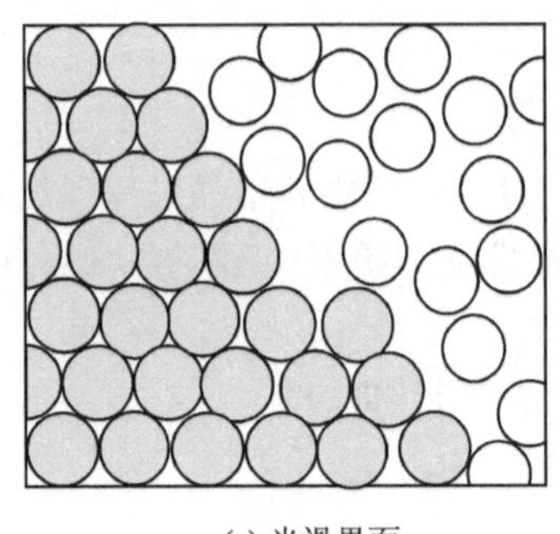

(a) 光滑界面

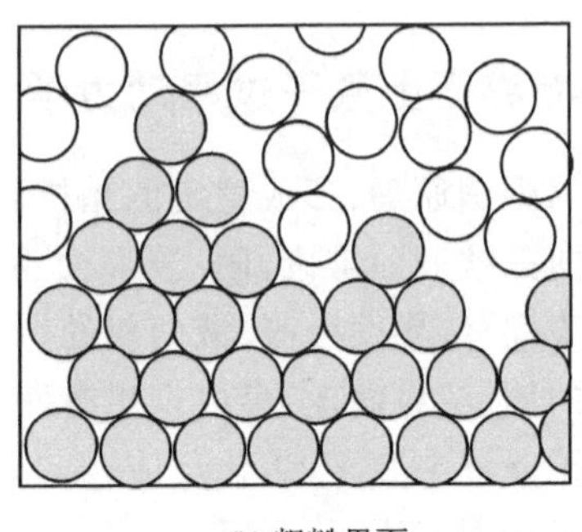

(b) 粗糙界面

图 3-5 固-液界面微观结构

### (1) 粗糙界面的晶体生长

当固-液界面在原子尺度内呈粗糙结构时,界面上存在 50%左右的空虚位置。这些空虚位置构成了晶体生长所必需的台阶,使液相原子能够连续地往上堆砌,并随机地受到固相中较邻近原子的键合。界面的粗糙使原子的堆砌(结晶)过程变得容易。原子进入固相点阵以后,被原子碰撞而弹回液相中的概率很小,生长过程不需要很大的过冷度。另外,对于粗糙界面来说,固相与液相之间在结构与键合能方面的差别较小,容易在界面过渡层内得到调节,因此动力学能障较小,它不需要很大的动力学过冷度来驱动新原子进入晶体,并能得到较大的晶体生长速率。绝大多数金属从熔体中结晶时都属于粗糙界面。

### (2) 光滑界面的晶体生长

晶体在由小平面组成的光滑界面上生长不像在粗糙界面上生长那样容易。因为光滑界面几乎没有显露给液相原子的键合位置,所以晶体的生长要依靠台阶来实现。

当光滑界面为完整的界面时,只能依靠能量起伏使液态原子首先在界面上形成单原子厚度的二维晶核,然后利用其周围台阶沿着界面横向扩展,直到长满一层后,界面才向液相前进一个晶面间距。这时,又必须利用二维形核产生的台阶,才能开始新一层的生长,周而复始地进行。界面的推移具有不连续性,并具有横向生长的特点。二维形核的热力学能障高,生长所需的动力学能障也较大,生长比较困难。

实际上,晶体在结晶时往往难以避免因原子错排而造成缺陷,例如螺型位错与孪晶。这些缺陷为晶体生长(原子堆砌)提供现成的台阶,从而避免了二维晶核生长的必要性。一些合金中的非金属相,如铸铁中的石墨和铝合金中的硅,都是利用晶体本身缺陷实现生长的典型例子。

### 3. 凝固速度

固-液界面向液相区的迁移速度，即凝固速度，可通过热量传输过程进行分析。发生在固-液界面上的热量传输有三项：

① 从液相进入界面的热通量，$-k_L(dT/dn)_L$；

② 从固相进入界面的热通量，$-k_S(dT/dn)_S$；

③ 界面上由潜热形成的热通量，$-L\rho R$，其中 $L$ 为潜热，$\rho$ 为密度，$R$ 为界面迁移速度。

根据热平衡有

$$-k_S\left(\frac{dT}{dn}\right)_S=-k_L\left(\frac{dT}{dn}\right)_L-L\rho R \tag{3-11}$$

由此可得界面迁移速度

$$R=\frac{k_S\left(\frac{dT}{dn}\right)_S-k_L\left(\frac{dT}{dn}\right)_L}{L\rho} \tag{3-12}$$

上式表明凝固速度由热传导所控制。

## 3.3.2 合金的凝固

### 1. 平衡凝固

合金的凝固是在一个温度区间内完成的。如图 3-6 所示，当温度降低到液相线 $T_L$ 以下时，合金开始凝固，温度达到固相线 $T_S$ 时凝固结束。在凝固温度区间，合金呈含有柱状树枝状晶的糊状或浆状。糊状区(液相和固相同时存在)的宽度用温度差($T_L-T_S$)表示，称为凝固区间。纯金属的凝固区间接近零，其凝固前沿以平面形式推进，不形成糊状区。共晶合金与纯金属的凝固方式类似，其凝固前沿基本上为平面形式。

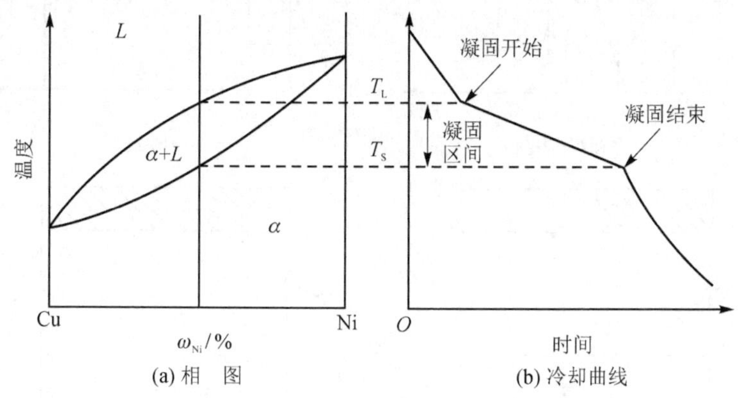


**图 3-6　合金凝固及冷却曲线**

液态合金的冷却、凝固和固态合金的冷却过程的比体积变化如图 3-7 所示。

通常将合金的液固温差小于 50 ℃的区间称为短凝固区间，大于 110 ℃的区间称为长凝固区间。一般而言，黑色金属铸件通常具有较窄的糊状区，而铝、镁合金具有较宽的糊状区。因此，这些合金在整个凝固过程多呈现糊状。

单相合金的结晶过程是贯穿在某一温度范围内进行的。在平衡结晶过程中，这一结晶温

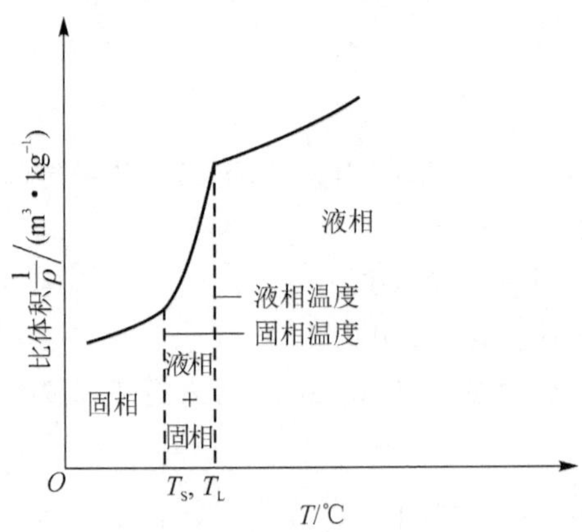


**图 3-7 合金凝固时的比体积变化**

度范围是从平衡相图中的液相线温度开始,至固相线温度结束。随着温度的下降,固相成分沿着固相线变化,剩余的液相成分沿着液相线变化。可见,结晶过程中必有传质过程与之相伴,固-液界面的两侧都将不断地发生溶质再分配的现象。这一现象的起因在于合金中组元化学势的变化,而具体的分配关系则与传质动力学的因素有关。

根据图 3-8(a)可确定温度 $T'$下,处于平衡状态下的固相溶质分数($C'_S$)和液相的溶质分数($C'_L$)。将平衡时的固相与液相的溶质分数之比定义为平衡分布系数,即

$$k_0 = \frac{C'_S}{C'_L} \tag{3-13}$$

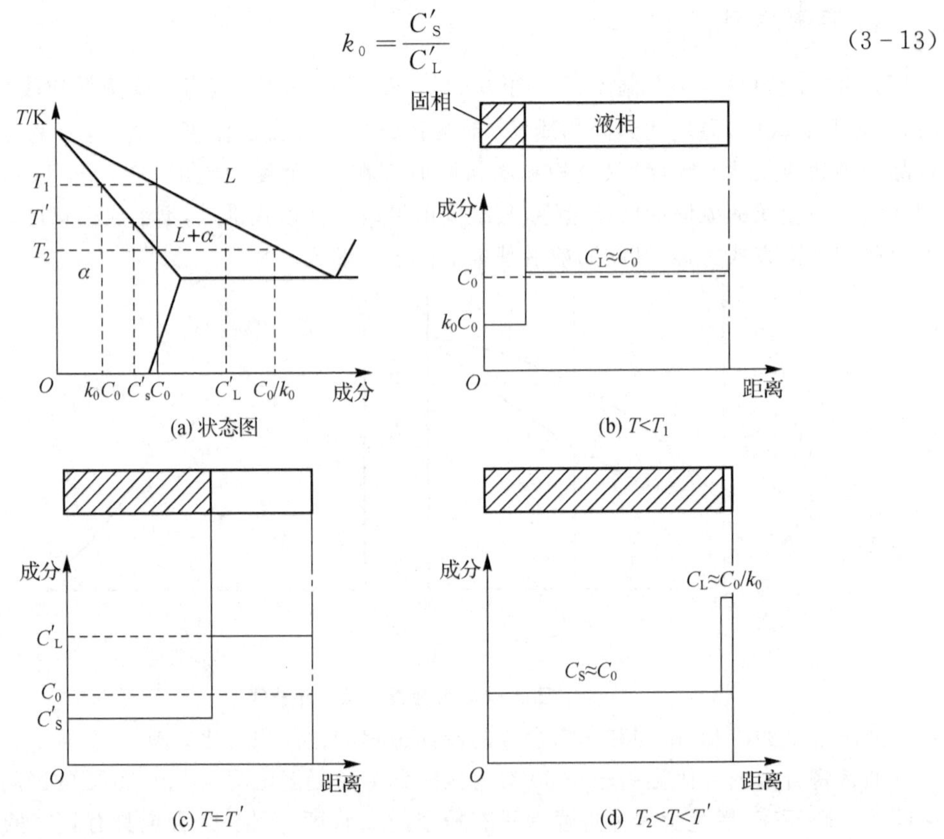


**图 3-8 平衡凝固时的溶质再分配过程**

可以证明，当固相线和液相线均为直线时，$k_0$ 为与成分无关的常数。

如将成分为 $C_0$ 的均匀液相冷却至 $T_1$，则成分为 $k_0C_0$ 的固相开始形成，如图 3-8(b)所示。当温度为 $T'$ 时，如图 3-8(c)所示，固相和液相的百分数分别为 $f_S$ 和 $f_L$，根据溶质原子质量守恒关系得

$$C'_S f_S + C'_L f_L = C_0 \tag{3-14}$$

将 $C'_L = C'_S / k_0$ 和 $f_L = 1 - f_S$ 代入可分别得

$$C'_S = \frac{C_0 k_0}{1 - f_S(1 - k_0)} \tag{3-15a}$$

$$C'_L = \frac{C_0}{1 - f_S(1 - k_0)} \tag{3-15b}$$

式(3-15)为平衡凝固时的溶质再分配数学模型。由此可见，平衡凝固过程中存在溶质的再分配，但最终凝固时，固相的成分仍为液态合金原始成分 $C_0$，如图 3-8(d)所示。

### 2. 非平衡凝固

在通常的冷却条件下，溶质的扩散系数只有温度扩散系数的 $10^{-3} \sim 10^{-5}$ 倍，溶质扩散进程要远远落后于结晶进程。因此，实现平衡凝固是十分困难的。实际上，合金的结晶过程除界面可假定为局部平衡状态外，其他均为非平衡的结晶过程。结晶过程中固、液两相的平衡成分都要或多或少地偏离平衡相图所确定的数值。特别是快速凝固过程，其非平衡性就更为突出。这里重点讨论固相无扩散、液相均匀混合条件下，固-液界面前沿液相中的溶质传输以及溶质在界面前沿液相中的分布问题。

当结晶过程较为缓慢，且液相受到充分的对流搅拌时，液相在任何温度(任何时刻)都能保证溶质浓度完全均匀。在这样的传质条件下的溶质分布规律可由图 3-9 来说明。

合金的原始成分为 $C_0$，其平衡相图如图 3-9(a)所示。当铸件左端冷却到温度 $T_1$ 时，结晶便从左端开始，这时的固相成分为 $k_0C_0$，而液相成分接近于 $C_0$，如图 3-9(b)所示。当界面温度冷却到 $T'$ 时，这时界面已推进到某一距离，此时界面的液相一侧的溶质浓度为 $C'_L$，界面固相一侧的溶质浓度为 $C'_S$，如图 3-9(c)所示。若在 $k_0C_0$ 与 $C'_S$ 之间取其平均值 $\overline{C}_S$，则固相的平均成分将沿着虚线 1～2 变化而与原来的平衡固相线偏离。从图 3-9(a)可以看到当温度由 $T_1$ 沿虚线下降到温度 $T_E$ 时，固相成分低于原始成分 $C_0$(点 2 在 $C_0$ 的左边)，残余液相的成分为 $C_E$，如图 3-9(d)所示，这部分残余液体最后将凝固成共晶体。由此可知，合金液的原始成分 $C_0$ 虽然远离共晶成分 $C_E$，但由于非平衡结晶而使其有某些共晶体在合金中析出。

设结晶过程的某时刻，界面上的固、液两相成分各为 $C'_S$ 和 $C'_L$，相应的质量分数分别为 $f_S$ 和 $f_L$，当界面处固相增量为 $df_S$ 时，有 $(C'_L - C'_S)df_S$ 的溶质排出而使剩余液相 $(1 - f_S - df_S)$ 的浓度升高 $dC'_L$，则有以下的质量平衡关系，即

$$(C'_L - C'_S)df_S = (1 - f_S - df_S)dC'_L \tag{3-16}$$

由于 $C'_L = C'_S / k_0$，略去等式右端剩余液相中的 $df_S$ 项，上式可写为

$$\frac{dC'_S}{C'_S} = \frac{(1 - k_0)df_S}{1 - f_S} \tag{3-17}$$

两端积分

$$\int_{k_0C_0}^{C'_S} \frac{dC'_S}{C'_S} = (1 - k_0)\int_0^{f_S} \frac{df_S}{1 - f_S} \tag{3-18}$$

得

$$C'_S = k_0 C_0 (1 - f_S)^{k_0 - 1} \tag{3-19}$$

同理

$$C'_L = C_0 f_L^{k_0 - 1} \tag{3-20}$$

式(3-19)和式(3-20)称为 Scheil 方程或非平衡结晶的杠杆定理。它描述了晶体生长时的溶质分布规律,即随着固相体积百分数 $f_S$ 的增加(或液相体积百分数 $f_L$ 的减少),固体成分 $C'_S$或液体成分 $C'_L$都要增加。但应指出,由于推导过程忽略了剩余液相中的 $df_S$ 项,而使 $f_S \to 1$ 时(凝固临近终了阶段)公式失去意义。因为没有达到凝固结束时,液相溶质含量就达到共晶成分而进行共晶凝固。也就是说,不管液态合金中的溶质含量如何低,其中总有部分液相最后要进行共晶凝固而获得共晶组织。凝固的结果使溶质发生偏聚,称为宏观偏析。均匀的固体成分只能通过固态扩散达到,而固态扩散通常很慢。

在实际凝固过程中,液相完全混合的溶质再分配是较难实现的。液相溶质原子得不到充分的均匀化,在固-液界面前沿液相就会形成溶质富集区,该区以外的液相内的溶质则基本保持均匀分布。

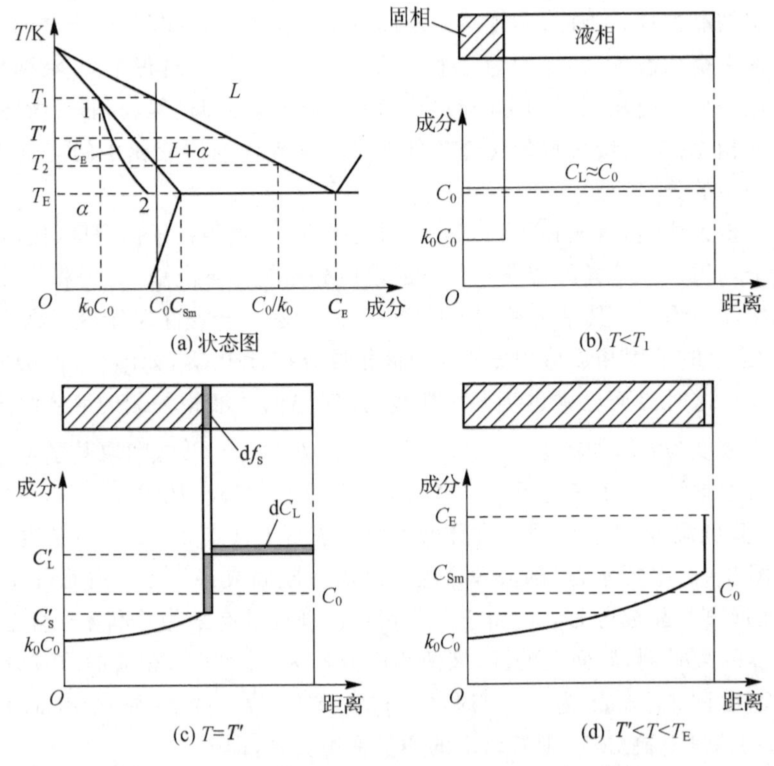


**图 3-9 溶质在液相中均匀混合时的溶质再分配过程**

### 3. 金属凝固过程中的成分过冷

在非平衡凝固过程中,界面前沿溶质分布不均匀,必然会引起液相中各部分液相线温度的不同。对于 $k_0 < 1$ 的合金来说,可采用边界层理论(见第 2 章)进行分析,将固-液界面前沿的溶质富集层转换为液相线温度边界层。如图 3-10 所示,界面前沿的溶质浓度分布(见

图 3-10(a))可以视为浓度边界层,根据状态图可得到与浓度分布相对应的液相线分布曲线,即液相线温度边界层(见图 3-10(c))。当边界层内液相的实际温度 $T_q$ 低于其相应的液相线温度 $T_L$ 时,就会在固-液界面的前沿液相中形成过冷。这种由于溶质原子在凝固过程中再分配所引起的过冷,就称为成分过冷。$\Delta T=T_L-T_q$ 为成分过冷的过冷度。

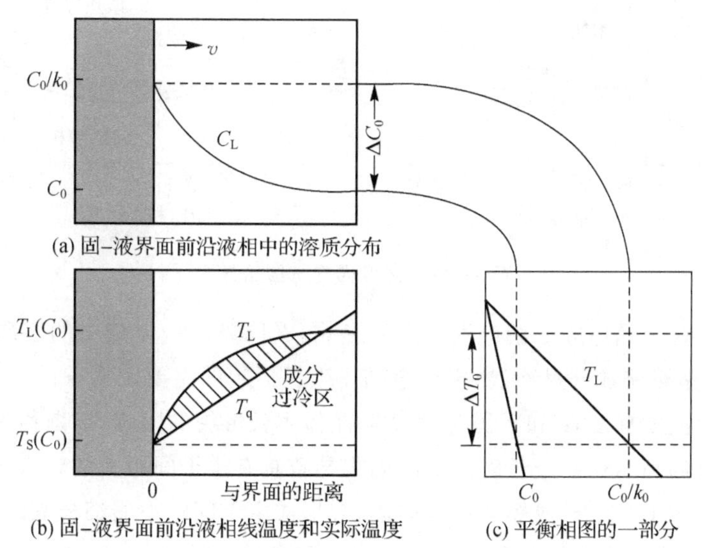


**图 3-10　合金凝固过程固-液界面前沿成分过冷的形成**

## 4. 晶体的生长形态

纯金属凝固时的晶体生长形态取决于固-液界面的微观结构和界面前沿的温度梯度。固-液界面前沿熔体的温度梯度为

$$G=\frac{T_L-T_i}{\delta_T^*} \tag{3-21}$$

式中:$T_L$ 为平衡的液相线温度;$T_i$ 为固-液界面处的液体温度;$\delta_T^*$ 为温度边界层厚度。

在正温度梯度($G>0$)下,如图 3-11(a)所示,热流方向与晶体生长方向相反,结晶潜热只能通过固相散出,在界面前沿获得一定的过冷度,固相才能向前推进。界面推移速度受到固相传热速度的控制,晶体以平面状生长。这种温度分布方式产生于单向散热的结晶过程,例如柱状晶生长时的单向结晶过程。

在负温度梯度($G<0$)下,如图 3-11(b)所示,界面的热量可以从固、液两相散失,界面移动不只受固相传热速率控制。如界面某处偶然伸入液相,则可以有更快的生长速率,伸入液相中形成一个晶轴。由于晶轴结晶时向两侧液相中放出潜热,使液相中垂直于晶轴的方向又产生负温度梯度,这样晶轴上又会产生二次晶轴。同理,二次晶轴上又会长出三次晶轴等。这种生长方式称为树枝状生长。

合金在凝固过程中,固-液界面前沿液相中形成一个溶质富集层,离开界面越远,液相的溶质浓度越低。溶质的富集将引起液相线温度的降低,使得固-液界面前沿实际温度低于平衡液相线,该部分液体处于过冷状态(成分过冷)。平衡液相线温度与熔体实际温度之差即为该合金的过冷度。在负的温度梯度时,合金与纯金属一样,易于长成树枝晶的形貌。在正的温度梯

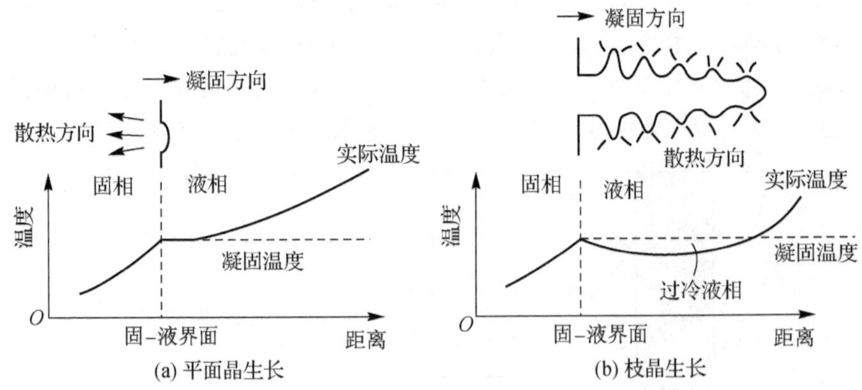


**图 3-11 温度梯度与结晶方式**

度时,成分过冷对合金晶体的形貌产生很大的影响。研究表明,合金中的溶质浓度、温度梯度 $G$ 和凝固速度 $R$ 是影响成分过冷、决定合金晶体生长形貌的主要因素。图 3-12 所示为一定溶质浓度条件下,温度梯度 $G$ 和凝固速度 $R$ 对晶体生长形貌的影响,该图称为 $G-R$ 图。

冷却速率慢(约 $10^2$ K/s)或长时局部凝固将导致具有主干间距大的粗大树枝状结构形成。较高的冷却速率(约 $10^4$ K/s)或短时局部凝固,会形成主干间距小的细枝晶结构。更高的冷却速度($10^6 \sim 10^8$ K/s)可形成非晶结构,如 6.3.1 小节所述。

描述液-固界面动力学的判据是 $G/R$ 比,其中 $G$ 是温度梯度,$R$ 是界面移动速率。

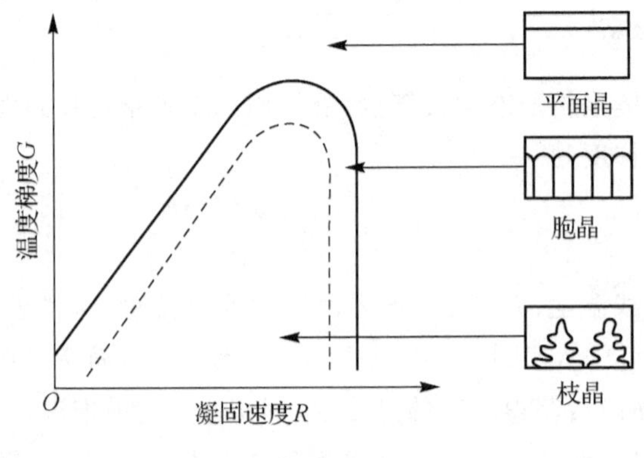


**图 3-12 $G-R$ 图**

## 3.3.3 共晶合金的凝固

共晶体是一种多相的合金,但绝大多数的共晶合金都是只由两个相组成的。因此,这里只讨论由两相组成的共晶合金的凝固。

当共晶成分的液态合金过冷到平衡共晶温度以下时,合金液就处于两条液相线延长线所围成的阴影线区域内(见图 3-13)。在这种亚稳态的共晶液内,因组元的过饱和而为两相的同时析出提供了驱动力。根据两相的生长速率是否一致,以及由此所导致的两相在分布状况方面的差别,可将共晶合金的结晶过程分为共生生长和离异生长两种方式。

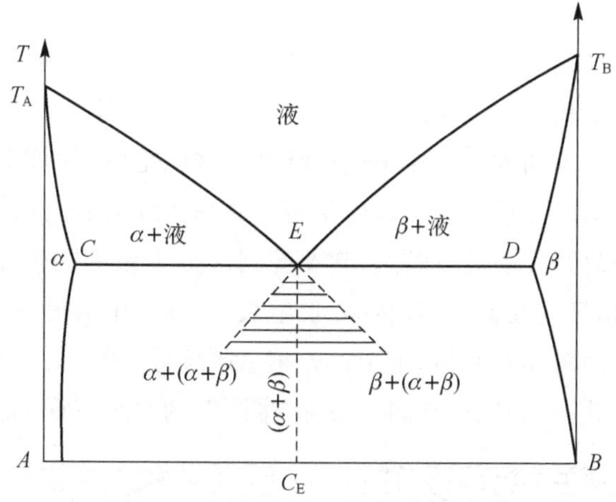


图 3-13　共晶液的过冷共生区

## 1. 共晶合金的结晶方式

### (1) 共生生长方式

在阴影线区域内的过冷熔体进行结晶时，α 相要排出组元原子 B，同时需要溶入组元原子 A，而 β 相要排出组元原子 A(这正是 α 相所需要的)，同时需要溶入组元原子 B(这正是 α 相结晶时所排出的)。于是 α 相和 β 相的结晶过程就可以通过 A、B 两类原子在生长界面前沿的横向交互扩散，彼此为对方提供所需的溶质而并肩向前生长(见图 3-14)。这种两相彼此合作生长的方式称为共生生长。共生生长需要满足两个基本条件：一是两相生长能力要相近，并且后析出相要容易在领先相上形核和长大；二是 A、B 两类原子在界面前沿的横向传输能够保证两相等速生长的需要。实验指出，这两个条件只有当合金过冷到一定温度和处于一定成分范围内时才能满足。这个范围就是图 3-13 中阴影线所示的所谓的共生区。凡是处于该范围内的合金液都有可能成为 100% 的共晶组织(伪共晶组织)。然而这仅是热力学条件，而共晶的实现是受原子迁移和堆砌的动力学条件的制约的。

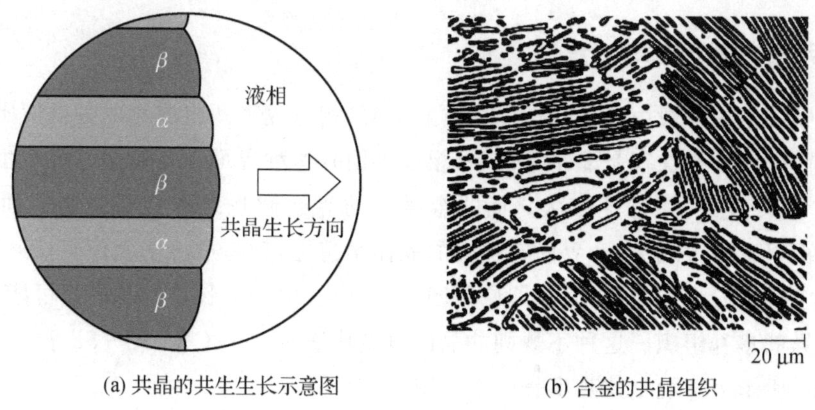


(a) 共晶的共生生长示意图　　(b) 合金的共晶组织

图 3-14　共晶的共生生长与组织形态

**(2) 离异生长方式**

上述共生生长只有当合金液的温度和浓度进入共生区域时才能实现,但是有的共晶合金不进入共生区便以离异生长的方式实现其结晶过程。这时,共晶体中的两相没有同一的生长界面,而是两相分离,并以不同的生长速率进行结晶。这就是所谓的离异生长方式。其所得组织称为离异共晶体。根据离异形态的不同可将离异共晶体分为晶间偏析型和领先相呈团球形两类。前者的合金成分离开共晶成分较远,它要等到形成大量的初生相以后才能进行共晶反应。因此,共晶中的一相只能在初生晶(枝晶)上生长,而共晶中的另一相留在枝晶之间。后一类——领先相呈团球形的离异共晶体,由于领先相呈团球形,所以另一相(后析出相)只能围绕其表面生长。这种离异共晶体具有"晕团"(或称"牛眼")的组织特征(见图3-15)。

(a) 不完整晕圈的共生生长

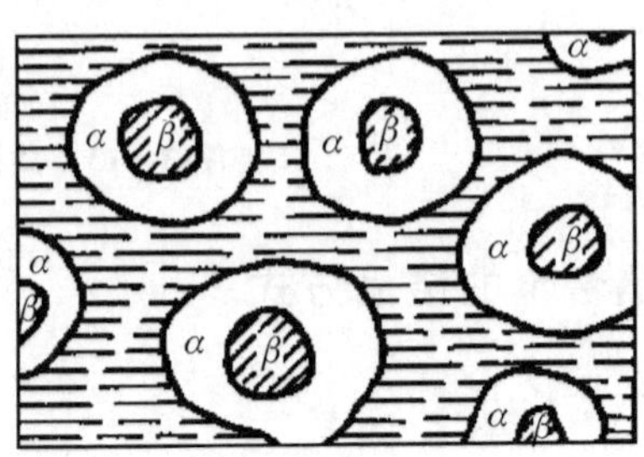

(b) 封闭晕圈的离异生长

**图3-15　离异共晶的晕圈组织**

## 2. 规则共晶的结晶

规则共晶的两相通常由金属-金属组成,其两相的性质相近。固-液之间的生长界面具有各向同性的特点。因为界面微观结构是属于粗糙界面(非小平面结构),所以通常以连续生长的方式进行结晶。规则共晶属于共生生长的类型,并有大致对称的共生区。规则共晶的两相可以排列成层片状(见图3-16(a))、纤维状或棒状(见图3-16(b))、球状(见图3-16(c))和针状(见图3-16(d))。

## 3. 不规则共晶的结晶

不规则共晶组织一般由金属-非金属(或亚金属)相组成。两组成相的各自性质差别较大。金属相的界面微观结构往往是非小平面型(粗糙界面),这种界面以连续生长机制生长,界面各向同性,动态过冷度小,生长速率大。而非金属相的界面微观结构往往是小平面型(光滑界面),这种界面以台阶方式生长,界面有鲜明的晶体学特性,动态过冷度大而生长速率小。小平面型可以有多种台阶生长机制,因此即使是同一种合金,由于生长条件不同而可能生成形态不同和性能各异的多种组织。这种不规则共晶的典型代表有Fe-C和Al-Si等。

图3-17所示为不规则共晶生长的示意图。

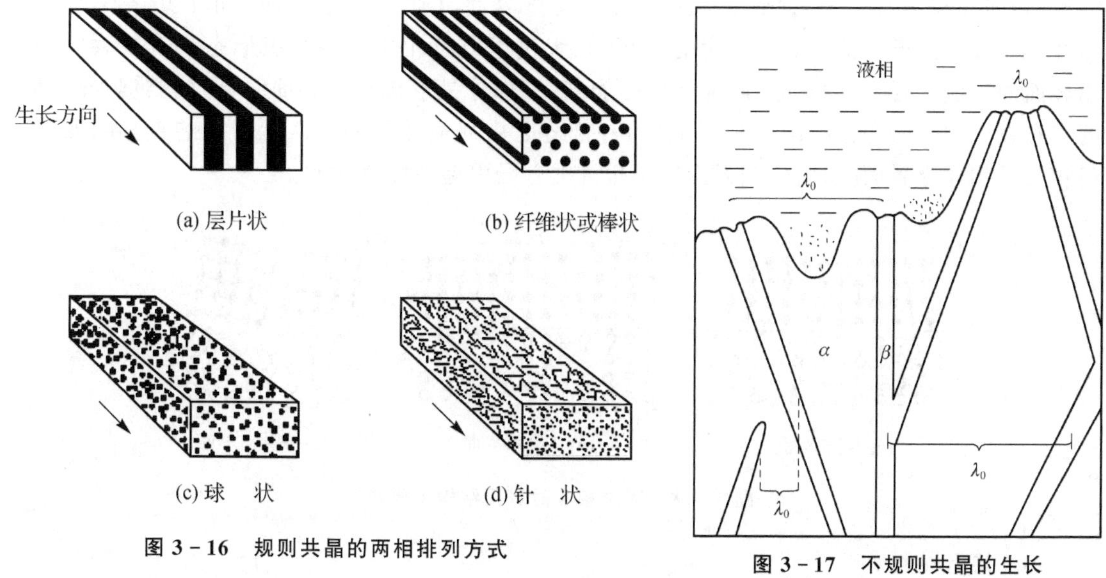


图 3-16　规则共晶的两相排列方式

图 3-17　不规则共晶的生长

# 3.4　合金的固态相变

## 3.4.1　固态相变特征

固体材料在不同的外界条件下具有不同的结构，当外界条件发生变化时，材料的结构就会从一种状态转变为另一种状态，这种现象就称为固态相变。锻造、热处理等热制造工艺就是利用材料的固态相变的性质，实现对材料的加工及组织性能的控制。

当温度、压力以及系统中各组元的形态、数值或比值发生变化时，固体将随之发生相变。发生固态相变时，固体从一个固相转变到另一个固相，其中至少伴随着下述三种变化之一：

① 晶体结构的变化，如纯金属的同素异构转变、马氏体相变等。

② 化学成分的变化，如单相固溶体的调幅分解，其特点是只有成分转变而无相结构的变化。

③ 有序程度的变化，如合金的有序-无序转变，即点阵中原子的配位发生变化，以及与电子结构变化相关的转变(磁性转变、超导转变等)。

固态相变的基本规律类似于液态结晶过程，许多固态相变都包含新相的形核与长大过程，相变驱动力均为新、旧两相的自由能差。降温转变时需要过冷获得足够的驱动力，过冷度对固态相变形核、生长机制及速率都会产生重要影响。但由于固态相变的新相、母相均是固体，故又有不同于液-固相变的特点。固态母相相变时的母相是晶体，其原子呈一定规则排列，而且原子的键合比液态时牢固，同时母相中还存在着空位、位错和晶界等一系列晶体缺陷，新相-母相之间存在界面。对于常见的以形核长大方式发生的固态相变，固态的母相约束作用较大，其次母相中晶体缺陷对形核起促进作用，新相优先于晶体缺陷处形核。在这样的母相中产生新的固相，必然会出现许多特点。

### 1. 相界面

在固态相变中，新旧两相之间总是要形成界面的。按界面原子的排列特点可分为以下几种界面,即共格界面(coherent interface)、半共格界面、(部分共格界面)和非共格界面,如图 3-18 所示。界面结构对相变时的形核、长大过程以及相变后的组织形态都有很大影响。相界面的形成需要界面能,固-固两相界面能高,一部分是形成新相界面时,因同类键、异类键的结合强度和数量变化引起的化学能;另一部分是由界面原子的不匹配产生的点阵畸变能。新相与母相建立界面时,由于相界面原子排列的差异引起弹性应变能。

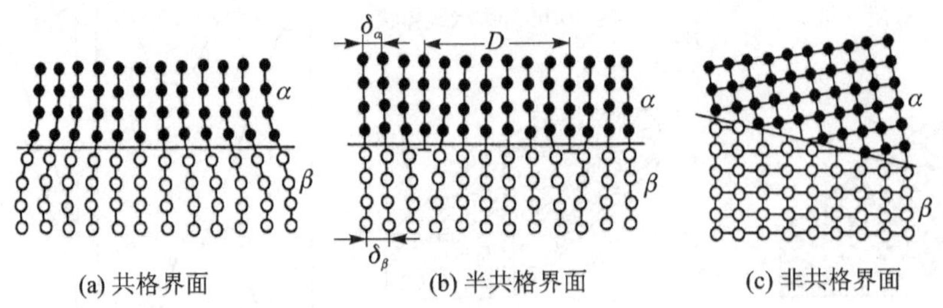


**图 3-18 固态相变时界面结构示意图**

**(1) 共格界面**

如果界面上的原子同时属于两相,即两相晶格在界面上彼此完全衔接,界面上的原子为两相共有,则可形成如图 3-18(a)所示的共格界面。由于两相晶体结构(至少在点阵常数上)总会有所差异,相界面两侧都有一定的晶格畸变,因此在共格界面两侧必然存在一定的弹性应力场,其大小取决于相邻两相界面原子间距的相对差值 $\delta=(\delta_\beta-\delta_\alpha)/\delta_\alpha$,也称错配度。$\delta$ 越大,弹性应变能也越大。但是,很大的弹性应变能是不大可能存在的。当新相不断长大到一定程度时,即弹性应变能增大到一定程度时,可能超过母相的屈服极限则产生塑性变形,以使系统能量降低,共格关系遭到破坏。共格界面由于点阵结构吻合很好,所以两相之间的界面能较小。

**(2) 半共格界面**

由于点阵参数差别引起错配度 $\delta$ 增大到一定程度时,相界面不可能继续维持完全共格,为了使界面上的原子大部分仍为两相共有,必须由一系列刃型位错调节,形成如图 3-18(b)所示的半共格(或部分共格)界面。半共格界面的界面能和弹性应变能介于共格界面和非共格界面之间。对于金属晶体而言,其共格界面大多数是半共格界面,只是半共格的程度有所不同。对于半共格界面,除了位错部分外,其他地方的两相点阵几乎完全匹配。在位错核心部分的结构是严重扭曲的,点阵阵点是不连续的。

**(3) 非共格界面**

当两相的晶格点阵错配度 $\delta$ 很大时,界面处两相原子根本无法匹配,只能形成如图 3-18(c)所示的非共格界面。这种界面由不规则排列的原子构成,厚度为 3～4 个原子层,其性质与大角度晶界相似,界面能较高而弹性应变能很小。

## 2. 位向关系和惯习面

固态相变时形成新相界面,就产生了新的界面能。界面能和应变能是相变的阻力,会抵消部分的相变驱动力。为了降低新相与母相之间的界面能,新相的某些低指数晶向与母相的某些低指数晶向平行。界面结构为共格或半共格时,新相与母相之间必须存在一定的晶体学取向关系。然而,存在一定晶体学取向关系的新相和母相,其界面却不一定共格或半共格。

为了降低界面能和维持共格关系，新相往往在母相的一定晶面上开始形成。这个与所生成新相的主平面或主轴平行的母相晶面称为惯习面。由于一个晶面族包括若干在空间互成一定角度的晶面，故沿惯习面生成的片状新相将互成一定角度或相互平行。

综上所述，固态相变时的应变能和界面能均为相变的阻力。弹性应变能以共格界面最大，半共格界面次之，非共格界面为零。界面能按共格界面、半共格界面和非共格界面的顺序而递增。共格和半共格新相晶核形成时的相变阻力主要是应变能。而非共格新相晶核形成时的相变阻力主要是表面能。与液态物质结晶时的阻力相比较，固态相变阻力较大，因此要在较大的过冷度下提供足够的相变驱动力才能使相变形核。

更为重要的是，由于新相和母相的比体积往往不同，故新相形成时的体积变化会受到周围母相的约束，也会引起弹性应变能。这种由比体积引起的应变能的大小还与新相几何形状有关，图 3-19 所示为在非共格界面情况下，由新、旧两相比体积差引起的应变能(相对值)与新相几何形状的关系。可见，圆盘形新相引起的比体积差应变能最小($c/a \ll 1$)，针状次之($c/a \gg 1$)，而球状最大($c/a = 1$)。

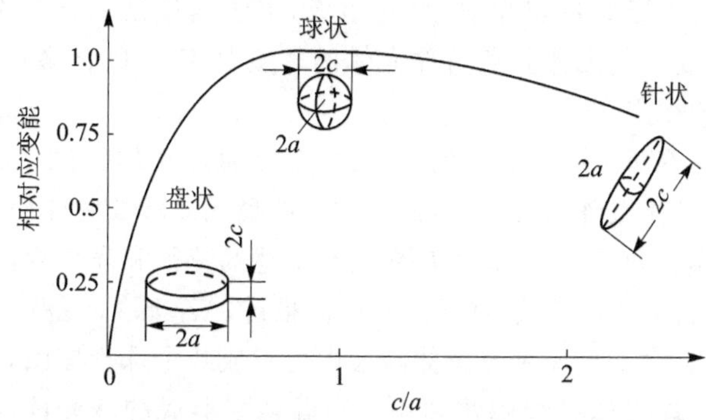

图 3-19　新相粒子的几何形状对应变能相对值的影响

### 3. 固态相变的形核与长大

大多数固态相变都需要经历形核和长大两个阶段。固态相变的形核可分为均匀形核和非均匀形核。固态相变形核的驱动力仍是新相与母相间的自由能差，大多数固态相变伴随有体积的变化，因此阻力除了包括界面能外还包括应变能。由于固相中原子扩散激活能较大，应变能又抵消了一部分相变驱动力，因此在过冷度相同的条件下，固态相变中的形核率比凝固时小得多，也即固态相变的均匀形核更难实现。正因为均匀形核难以实现，所以固态相变中以非均匀形核为主。固态晶体结构中存在大量晶体缺陷可供形核。非均匀形核是指在母相中的晶界、位错、空位等晶体缺陷处的形核，晶体缺陷造成的能量升高可使晶核形成能降低，因而比均匀形核要容易得多。

新相晶核的长大实质上是界面向母相方向迁移。如果新相晶核与母相之间存在着一定的晶体学位向关系，则生长时此位向关系仍保持不变，以便降低表面能。新相的生长机制也与晶核的界面结构有密切关系，具有共格、半共格或非共格界面的晶核，其长大方式也各不相同，不过完全共格的情况很少，大都是非共格和半共格界面。

## 3.4.2　固态相变类型

合金中的固态相变有多种类型。按相变的平衡状态，固态相变可分为平衡相变和非平衡相变;按原子的迁移特征可分为扩散型相变和非扩散型相变。这里主要介绍珠光体转变、马氏体相变、贝氏体转变和过饱和固熔体的脱溶等。

### 1. 珠光体转变

珠光体转变属于共析转变。共析转变类似于共晶反应,其中两个固体相以相互协作的方式从母相中形成长大,其反应可以用下式表示:

$$\gamma \rightarrow \alpha + \beta$$

其中,$\alpha$ 和 $\beta$ 相在共析组织中呈片状交替分布,并且在 $\alpha$ 和 $\beta$ 晶体之间的公共界面上往往存在着某种择优的位向关系。

Fe-C合金中当含有大约0.8% C的奥氏体冷却到 $A_1$ 温度以下时,奥氏体对于铁素体($\alpha$)和渗碳体($Fe_3C$)同时呈过饱和状态,其反应如下:

$$\gamma_{(0.77\%\ C)} \rightarrow \alpha_{(0.02\%\ C)} + Fe_3C_{(6.67\%\ C)}$$

(面心立方)(体心立方)(复杂单斜)

钢中的这种共析组织由片层的 $\alpha$ 相和 $Fe_3C$ 相组成,由于其侵蚀后在显微镜下的形态而得名珠光体,称为珠光体转变。奥氏体分解为珠光体的转变是Fe-C合金最基本的相变,也是控制结构钢性能最重要的相变。

珠光体的形成包含着两个同时进行的过程:一个是通过碳的扩散生成高碳的渗碳体和低碳的铁素体;另一个是晶体点阵的重构,由面心立方的奥氏体转变为体心立方点阵的铁素体和复杂单斜点阵的渗碳体。同时,钢的共析转变还有下述的特征和表象规律。

① 珠光体一般都是在晶界成核,然后向晶体内推进。若干取向差较小的铁素体和渗碳体片层组成一个珠光体团,在一个原始奥氏体晶粒内可形成几个珠光体团,如图3-20所示。

② 转变温度越低,珠光体转变越快越小。高温转变形成的珠光体,其片层间距在150~450 nm之间,光学显微镜可显示其片层结构;较低温度下形成细片状珠光体,其片层间距在80~150 nm之间,工业上叫做索氏体;在更低温度下形成片层间距为30~80 nm的极细片状珠光体,工业上叫做屈氏体。屈氏体的组织形态要通过电子显微镜才能显示出来。

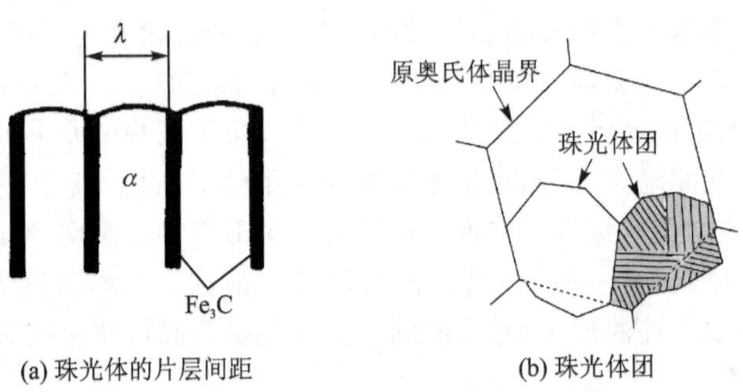


(a) 珠光体的片层间距　　(b) 珠光体团

**图3-20　珠光体示意图**

③ 不仅是 $Fe_3C$ 板的板面两侧,而且在 $Fe_3C$ 板的前沿,都是 $\alpha$-Fe,因此 $Fe_3C$ 的继续生长,是碳从 $\gamma$-Fe通过 $\alpha$-Fe扩散至 $Fe_3C$ 的前沿。当然其中也有Fe的扩散。

④ 钢中常用的合金元素一般都推迟珠光体转变,使恒温转变的C曲线的鼻尖向右移动,从而增加钢的淬透性。这是合金结构钢中加入合金元素的主要原因之一。

## 2. 马氏体相变

马氏体最初只是指钢从奥氏体相区淬火得到的坚硬的组织状态，为碳在铁中的过饱和固溶体。由奥氏体向马氏体的相变过程称为马氏体相变（也可称为马氏体转变）。后来陆续发现，在一些有色金属及许多合金中，甚至在一些非金属化合物中都存在具有上述特征的相变，因而现在已把具有这种转变特征的相变统称为马氏体相变，其转变产物统称为马氏体。马氏体转变机理的最主要特点是无扩散和切变，母相和马氏体的点阵有取向关系，马氏体总是沿母相一定的晶面上析出（惯习关系），以及母相和马氏体在界面上的共格关系等，如图 3 - 21(a) 所示。马氏体相变时原子有规则地保持其相邻原子间的相对关系进行位移，这种位移是切变式的，如图 3 - 21(b) 所示。原子位移的结果产生点阵应变（或形变）。这种切变位移不但使母相点阵结构改变，而且产生宏观形状的改变。马氏体转变不但可以强化金属、韧化陶瓷，还是新型形状记忆合金的基础，因而其理论和实践意义是巨大的。马氏体转变被认为是材料科学中最重要的转变之一，也是研究工作最为活跃的领域之一。

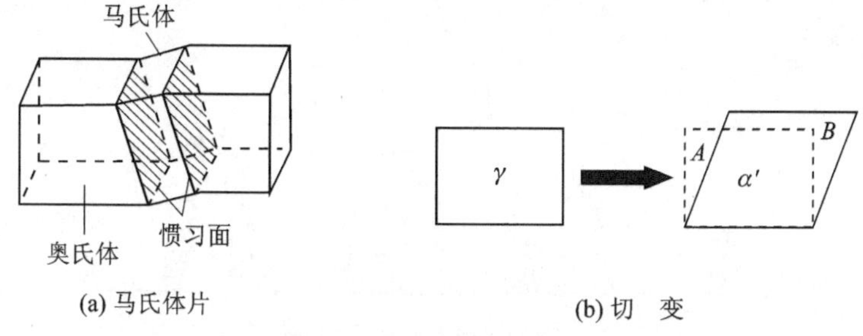


(a) 马氏体片　　(b) 切　变

**图 3 - 21　马氏体相变示意图**

马氏体转变由形核和长大两过程组成，由于转变的巨大速度（以 $10^{-6}$ s 度量），想深入细致地观察和实验研究这一过程是很困难的，尤其是形核，因而透彻而系统的了解仍然甚少。马氏体是一种介稳相，只有通过高温母相经快速冷却才能得到，在适当的温度下回火或时效可转变为平衡相或脱溶出第二相。马氏体作为一个独立的单相，其吉布斯自由能为

$$G_m = H_m - TS_m \tag{3-22}$$

式中：$G$、$H$ 和 $S$ 分别表示自由能、焓和熵，下标 m 表示马氏体。用下标 p 表示母相，则母相的自由能为

$$G_p = H_p - TS_p \tag{3-23}$$

在极低的温度下，例如接近于绝对零度时，$H_p > H_m$，而在马氏体转变的温度范围，$S_p > S_m$，两相的自由能曲线如图 3 - 22 所示。$T_0$ 是两相间的热力学平衡温度，但马氏体转变并不开始于 $T_0$，而开始于更低的温度 $M_s$，即需要一定的过冷度，以产生相变驱动力，来克服转变所伴随出现的两相界面能和弹性应变（畸变）能。

## 3. 贝氏体转变

贝氏体转变是过冷奥氏体在介于高温和低温之间的中温范围内发生的，其转变温度范围比较宽。这时由于转变温度相对降低，铁原子已失去扩散能力，碳原子也只能做短程的扩散。所以，贝氏体类型的组织转变是一个半扩散型的形核和长大过程。

贝氏体本质上是由含碳过饱和的铁素体与渗碳体（或碳化物）组成的两相混合物。根据组

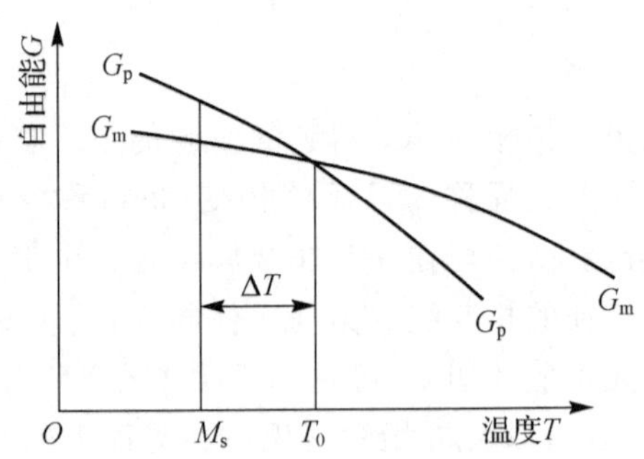


**图 3－22　马氏体相变的自由能随温度的变化**

织形态和转变温度不同,贝氏体一般分为上贝氏体和下贝氏体两种。贝氏体类型组织的力学性能主要取决于贝氏体的组织形貌。如图 3－23(a)所示,上贝氏体的铁素体条较宽,渗碳体在铁素体条间析出,故其强度、硬度较低,常温下的塑性、韧性较差,一般在常温下使用的机械零件都避免得到上贝氏体组织。下贝氏体的碳化物分布在铁素体片内部,如图 3－23(b)所示,其强度、韧性高。

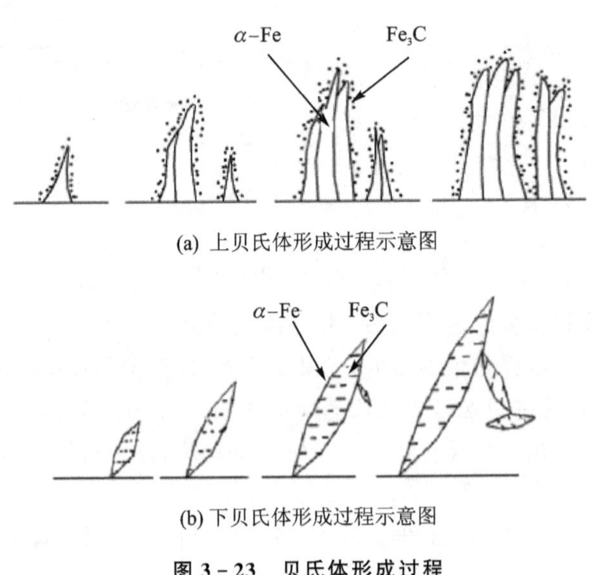


**图 3－23　贝氏体形成过程**

## 4. 脱溶分解

经固溶处理得到的固溶体大多是亚稳定的,在室温保持一段时间或加热会使之分解产生脱溶相,这一热处理过程称为时效。时效过程往往具有多阶段性,各阶段脱溶相结构有一定的区别,于是反映出不同的组织特征和合金性能。此外,由于过饱和固溶体分解是原子扩散过程,其分解程度、脱溶相类型和弥散度以及其他组织特征都与时效工艺有密切关系。

凡是有固溶度变化的相图,从单相区进入两相区时都会发生脱熔沉淀。例如可热处理强化的 Al－Cu 合金,其室温组织由 $\alpha$ 固溶体和 $\theta$ 相($CuAl_2$)构成,加热到 550 ℃ 保温,使 $\theta$ 相熔入 $\alpha$ 相得到单相 $\alpha$ 固溶体,如果淬火快冷,便得到过饱和 $\alpha$ 固熔体,然后再加热到 130 ℃ 保温进行时效处理,随时间的延长,将发生过饱和固溶体的脱溶分解过程。在平衡脱溶相出现之前,先要形成一个或几个亚稳过渡沉淀相。Al－Cu 合金出现的过渡相主要有 GP 区、$\theta''$

和 $\theta'$。其中,GP 区是通过溶质原子扩散形成的偏聚区,$\theta''$也称为 GP-Ⅱ区。饱和固溶体的脱溶分解过程中,亚稳过渡相 GP 区、$\theta''$和 $\theta'$要先于平衡的 $\theta$ 相析出,其脱溶顺序为

$$\alpha_0 \rightarrow \alpha_1 + \text{GP 区} \rightarrow \alpha_2 + \theta'' \rightarrow \alpha_3 + \theta' \rightarrow \alpha_4 + \theta \tag{3-24}$$

式中:$\alpha_0$ 是原始的过饱和固溶体;$\alpha_1$ 是与 GP 区共存的基体相;$\alpha_2$ 是与 $\theta''$共存的基体相;$\alpha_4$ 是与 $\theta$ 共存的平衡相。

过饱和固溶体的脱溶分解也是通过形核、长大进行的,驱动力也是新相和母相的自由能差。图 3-24 所示为 Al-Cu 合金在某一温度下各相自由能-成分的关系曲线,其中稳定的 $\theta$ 相自由能最低,过渡相 $\theta''$和 $\theta'$不如 $\theta$ 相稳定。按式(3-24)顺序脱溶的合金的自由能依如下次序降低:

$$G_0 \rightarrow G_1 \rightarrow G_2 \rightarrow G_3 \rightarrow G_4$$

当达到最低自由能 $G_4$ 时,转变停止。采用公切线法可分别确定基体相 $\alpha_0$、$\alpha_1$、$\alpha_2$、$\alpha_3$、$\alpha_4$ 和脱溶溶相的成分,各公切线与成分为 $C_0$ 的垂线的交点分别代表 $C_0$ 成分母相中形成 GP 区、$\theta''$、$\theta'$、$\theta$ 相时两相的自由能差。当 $\alpha_0$ 分解为 $\alpha_1$+GP 区时,自由能差为

$$\Delta G_1 = G_0 - G_1 \tag{3-25}$$

分解为 $\alpha_2 + \theta''$时,自由能差为

$$\Delta G_2 = G_0 - G_2 \tag{3-26}$$

分解为 $\alpha_3 + \theta'$时,自由能差为

$$\Delta G_3 = G_0 - G_3 \tag{3-27}$$

分解为 $\alpha_4 + \theta$ 时,自由能差为

$$\Delta G_4 = G_0 - G_4 \tag{3-28}$$

比较可得

$$\Delta G_1 < \Delta G_2 < \Delta G_3 < \Delta G_4 \tag{3-29}$$

即形成 GP 区的相变驱动力最小,而析出平衡相时的相变驱动力最大。尽管形成 $\theta$ 相时相变驱动力最大,但由于 $\theta$ 相与基体非共格,形核和长大时的截面能较大且不易形成。GP 区与基体完全共格,形核和长大时界面能较小,并且 GP 区与基体间的浓度差较小,易于通过扩散形核长大,故过饱和固溶体脱溶时一般先形成 GP 区,之后随着时间推移逐渐再向自由能更低的

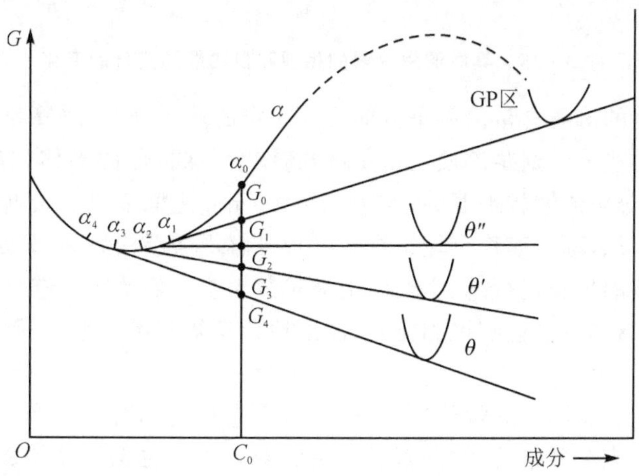


**图 3-24　Al-Cu 合金各相自由能与成分的关系**

即更稳定的状态转变。

## 5. 调幅分解

在一定合金系统中,固溶体分解为结构相同而成分不同的两个共格亚稳相,而这两个相之间没有清晰的相界面,只有溶质的富集区和贫化区。这种两相分离的转变过程称为调幅分解。

考虑一个简单的含有固态两相区的二元系相图(见图 3-25 上部),在固溶间隙区(两相共存区)以上的温度(如 $T_1$),单相固溶体是稳定的。冷却到固溶间隙区以下的温度(如 $T_2$),固溶体的自由能随成分变化的情况如图 3-25 下部所示,其自由能曲线的中间一段向上凸起。在两个拐点 $S_1$ 和 $S_2$ 之间为不互溶区,成分位于此区间的合金将分解为两个相。将各温度下的拐点连接起来就得到了图 3-25 上部的虚线,称为拐点曲线,它是发生化学自发分解的临界线。

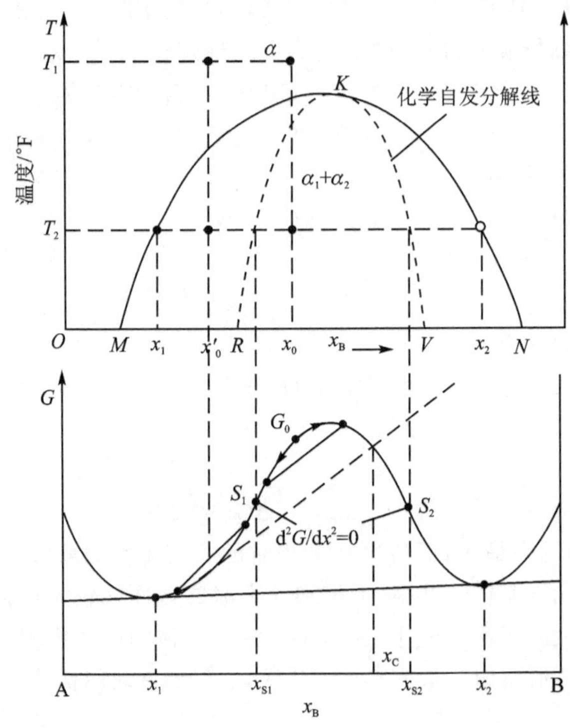


图 3-25 具有调幅分解的相图和自由能随成分的变化

调幅分解转变区的溶质含量沿一个方向形成一定的波形分布,波峰处成分高于平均成分,波谷处成分低于平均成分。这些溶质的富集区与贫化区保持原固溶体的晶体结构,相同成分区域之间的距离(即分域或调幅波长)一般在 5~100 nm 之间变动。此种由成分调幅的微小区域组成的不均匀组织,称为亚稳分域组织。这种分解不需形核势垒,只是通过固溶体中出现的成分涨落(起伏)波的生长进行的,生长由上坡扩散控制。溶质原子进行上坡扩散的结果,使成分起伏的振幅增加,当波幅达到饱和值后,波形逐渐向矩形波形状改变,最后达到矩形调幅波,如图 3-26 所示。

调幅分解的组织具有明显的规律性,一般具有定向排列的特征。调幅分解组织中的新相与母相之间始终保持完全共格关系,分解所得到的新相之间也保持共格关系。新相与母相仅在化学成分上有差异,而晶体结构是相同的,故分解时产生的应力和应变较小,共格关系不易被破坏。

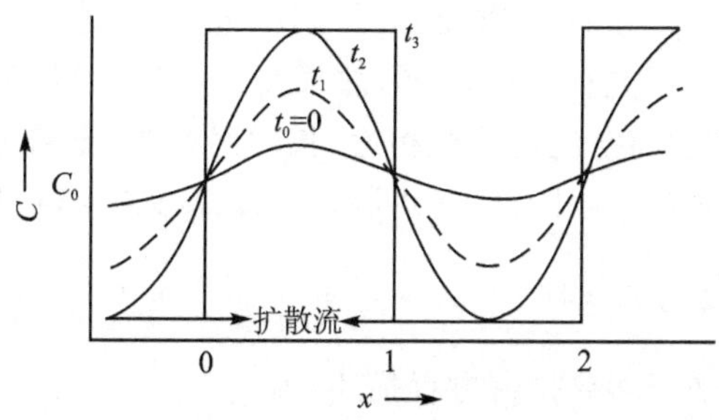


图 3-26　调幅分解时的成分变化,图中 $t_3>t_2>t_1>t_0$

调幅组织具有较高的屈服强度,对合金的物理性能、化学性能也有显著的影响,因此得到了广泛的应用。例如,通过调幅分解可在硬磁合金中形成富铁、钴区和富镍、铝区,具有单磁畴效应,可提高合金的硬磁性能。

# 3.5　回复与再结晶

经冷变形后的金属材料吸收了部分变形功,其内能增高,结构缺陷增多,处于不稳定状态,具有自发恢复到原始状态的趋势。若加热冷变形金属使其原子的活动性增强,则将使其组织结构与性能得到恢复。根据加热温度的不同,冷变形金属将发生回复、再结晶与晶粒长大的过程。

## 3.5.1　回复动力学

通过对回复动力学的分析,可以了解冷变形金属在回复过程中的性能、回复程度与时间的关系,从而更好地控制回复过程。令 $P$ 为在回复阶段发生变化的某种物理性能(如电阻率等),则可以写出

$$P=P_0+P_d \tag{3-30}$$

式中:$P_0$ 为变形前退火状态下的物理性能值;$P_d$ 为由变形造成的缺陷所引起的物理性能增值。假设 $P_d$ 与变形造成的缺陷的体积密度 $C_d$ 成正比,则

$$P=P_0+BC_d \tag{3-31}$$

式中:$B$ 为比例常数。回复时,$C_d$ 下降,物理性能随时间变化的速度为

$$\frac{d(P-P_0)}{dt}=B\frac{dC_d}{dt} \tag{3-32}$$

回复时,缺陷运动是热激活过程,因此可按化学动力学处理,即

$$\frac{dC_d}{dt}=-K(C_d)^n e^{-Q/RT} \tag{3-33}$$

式中:$Q$ 为激活能;$R$ 为气体常数;$T$ 热力学温度;$K$ 为一常数;$n$ 为整数(对于一级反应为 1,二级反应为 2,等等)。根据上述各式可得

$$\frac{d(P-P_0)}{(P-P_0)_n}=Ae^{-Q/RT}dt \tag{3-34}$$

式中:$A$ 为常数。对于一级反应有

$$\ln(P-P_0)=Ae^{-Q/RT}+C' \tag{3-35}$$

式中:$C'$为积分常数。将 $\ln t$ 与 $1/T$ 作图,可得到一直线,若直线斜率为 $m$,则激活能 $Q=R\cdot m$。由于回复温度不同,回复机制也不同,故回复的不同阶段,其激活能值也不同。实验证明,短时间回复所需激活能与空位迁移能相近;长时间回复,求得的激活能则与铁的自扩散激活能相近。因此认为回复开始阶段,回复机制以空位迁移为主,而后期以位错的攀移为主。

## 3.5.2 再结晶动力学

再结晶动力学曲线可采用阿弗拉密方程描述,即

$$x_p = 1 - \exp(-Bt^k) \tag{3-36}$$

式中:$x_p$ 为已再结晶的体积分数;$B$ 和 $k$ 均为常数,$k$ 取决于再结晶形核率的衰减情况,当再结晶为三维时,$k$ 在 3~4 之间。

冷变形金属的再结晶也是一种热激活过程,再结晶速度符合阿累尼乌斯公式,即

$$v_{再} = A\mathrm{e}^{-Q/RT} \tag{3-37}$$

再结晶速度 $v_{再}$ 与产生某一体积分数 $x_p$ 所需的时间 $t$ 成反比,即 $v_{再}\propto 1/t$,故有

$$\frac{1}{t} = A'\mathrm{e}^{-Q/RT} \tag{3-38}$$

式中:$A'$为比例系数。对式(3-38)两边取对数得

$$\ln\frac{1}{t} = \ln A' + (-Q/RT) \tag{3-39}$$

式(3-39)为一直线方程,故 $\ln\frac{1}{t}$ 与 $\frac{1}{T}$ 呈线性关系,可由直线斜率求出再结晶激活能。

## 3.5.3 晶粒的长大

再结晶刚刚完成时,一般得到细小的无畸变等轴晶粒。如果继续升高温度或延长保温时间,晶粒就会继续长大。再结晶后晶粒长大的驱动力是晶粒长大前后总的界面能差。细小的晶粒组成的晶体比粗晶粒具有更多的晶界,故界面能高,所以细晶粒长大使体系自由能下降,故是自发过程。

根据再结晶晶粒长大的均匀性,将晶粒长大分为正常长大和异常长大两种类型。

### 1. 晶粒的正常长大

在晶粒的正常长大过程中,大多数晶粒几乎同时以均匀的速率长大,而且长大过程中晶粒的尺寸也比较均匀。晶粒正常长大是一个晶界迁移的过程。晶界迁移的过程取决于有无足够的驱动力和晶界有无足够的迁移速率,只要有一个因素不满足,晶界就不能迁动。

### 2. 晶粒的异常长大

在再结晶完成后的晶粒长大过程中,有时会出现少数晶粒通过吞食四周晶粒而迅速长大,直至它们相互接触,最后形成粗大的组织,这就是晶粒的异常长大,又称二次再结晶。

晶粒发生异常长大的条件是,正常晶粒长大过程被分散相粒子、织构或表面热蚀沟等强烈阻碍,能够长大的晶粒数目较少,致使晶粒大小相差悬殊。晶粒尺寸差别越大,大晶粒吞食小晶粒的条件就越有利,大晶粒的长大速度也会越来越快,最后形成晶粒大小极不均匀的组织。

## 3.5.4 动态回复与再结晶

在热塑性变形过程中，金属内部同时进行着加工硬化和回复、再结晶软化两个相反的过程，即变形造成的加工硬化与回复、再结晶软化不断地交替进行。如果回复、再结晶过程有条件充分进行时，则热变形加工后没有加工硬化现象。这种与金属变形同时发生的回复与再结晶称为动态回复和动态再结晶。

### 1. 动态回复

动态回复主要发生在层错能高的金属材料的热变形过程中。层错能越高，扩展位错宽度越小，不全位错易束集，故易产生交滑移。铝及铝合金、纯铁等高层错能金属热变形时，动态回复是其主要或唯一的软化机制。在热加工时金属材料的显微组织发生了明显变化。在热加工开始阶段，随变形抗力的增加，位错密度不断增加，当变形进行到一定程度时，位错密度增加速率减小，直到进入稳定态，此时位错密度维持在 $10^{14}\sim10^{15}\ m^{-2}$。这是因为热变形产生加工硬化的同时，动态回复同步进行，螺型位错的交滑移及刃型位错的攀移使异号位错相遇相消，在稳定态时，增殖的位错与回复消灭的位错呈动态平衡。

动态回复也导致了位错的重新分布，虽然显微组织仍保持纤维状，但透射电镜观察表明拉长的晶粒内都存在等轴状亚晶——胞状亚结构。变形速率越高，变形温度越低，亚结构尺寸越小。动态回复组织比再结晶组织强度高，将动态回复组织通过快冷保持下来已在提高建筑用铝镁合金挤压型材的强度方面得到成功应用。

金属在热变形时，若只发生动态回复的软化过程，则其应力-应变曲线，如图 3 - 27(a)所示。曲线明显地分为 3 个阶段。第一阶段为微变形阶段。此时，试样中的应变速率从零增加到试验所要求的应变速率，其应力-应变曲线呈直线，当达到屈服应力以后，变形进入了第二阶段，加工硬化率逐渐降低。最后进入第三阶段，为稳定变形阶段。此时，加工硬化被动态回复所引起的软化过程所抵消，即由变形所引起的位错增加的速率与动态回复所引起的位错消失的速率几乎相等，达到了动态平衡。因此，最后一段曲线接近于一水平线。

发生动态回复有一个临界变形程度，只有达到此值才能形成亚晶。形成亚晶的最低限度变形量与变形温度和变形速度有关，它随变形速度的增加或变形温度的降低而增大。当变形达到平稳态后，亚晶也保持一个平衡形状。在低的变形温度(0.3～0.6)$T_m$ 下，亚晶变形量很小，形状是长条的；而在高的变形温度(0.6～0.7)$T_m$ 下，即使亚晶变形量很大，也能构成等轴的形状。当热变形达到平稳态后，亚晶的平均尺寸有一个平衡值，它又随变形温度的增加或变形速度的增加而下降。给定一个平稳态屈服应力，对应有一个平均的亚晶尺寸。

### 2. 动态再结晶

与静态再结晶过程类似，动态再结晶也是通过新形成的大角度晶界及其随后移动的方式进行的。在整个热变形过程中，再结晶不断通过生核及生长而进行。由于新生的晶粒仍受变形的作用，故使动态再结晶的晶粒中，形成缠结状的胞状亚结构。动态再结晶晶粒的尺寸与变形达到稳定态时的应力大小有关，此应力越大，再结晶晶粒越细。

发生动态再结晶的金属，在热加工温度范围内应力-应变曲线如图 3 - 27(b)所示。它不像只发生动态回复时的应力-应变曲线那样简单。该曲线在高应变速度下，曲线迅速升到一峰值，随后由于动态再结晶发生而引起软化，最后接近于平稳态。此时硬化过程和软化过程达到平衡即处于稳定变形阶段。

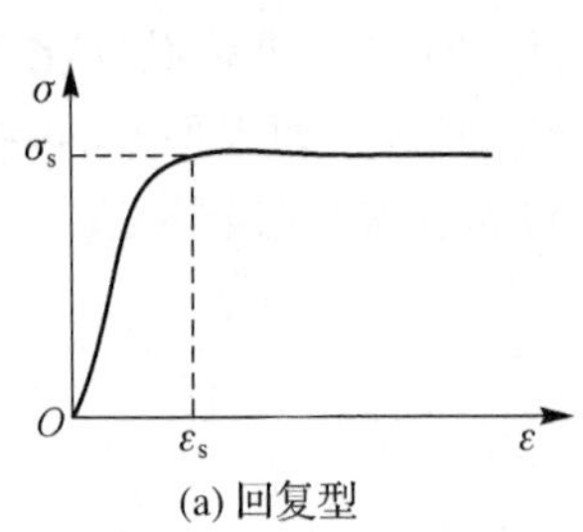

(a) 回复型

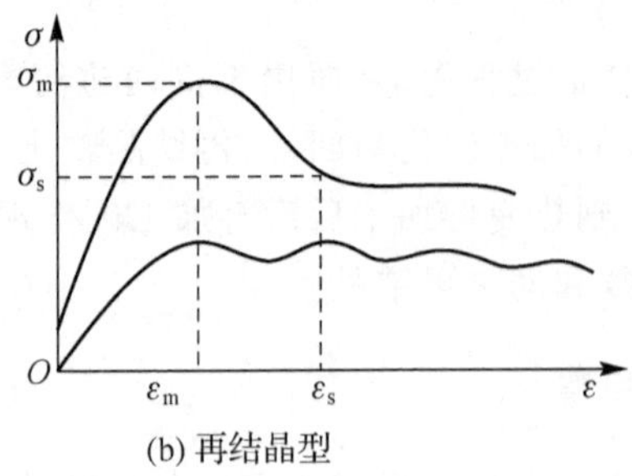

(b) 再结晶型

**图3-27　动态流变曲线**

图3-28所示为铁碳合金在不同应变速率下发生动态再结晶的应力-应变曲线。

在低应变速度情况下,应力-应变曲线呈波浪形。每一波峰对应一新的动态再结晶的开始,此后由于软化作用大于硬化作用,而使曲线下降。每一波谷则代表再结晶完结。如此反复进行,就出现了波浪形的应力-应变曲线,周期大致相同,但振幅逐渐减小。由图3-28还可以看出,稳定变形应力随应变速度的减小而降低。变形温度升高也有类似的影响。

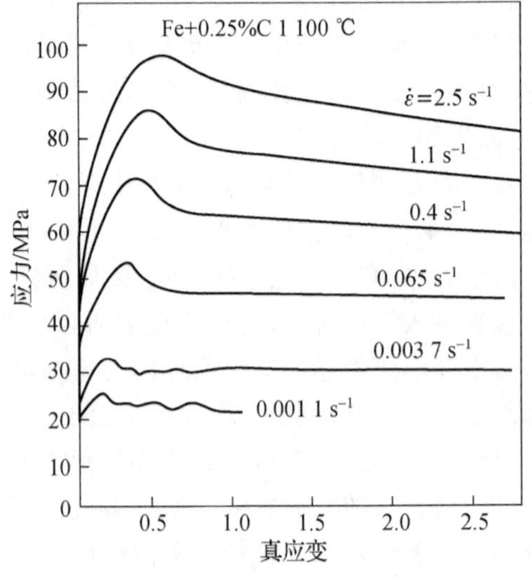


**图3-28　发生动态再结晶的应力-应变曲线(流变曲线)**

典型材料热变形过程发生动态再结晶时,其应力-应变曲线可能出现单峰,也可能出现多峰,一般当应变速率减小或者变形温度升高时,应力-应变曲线会从单峰过渡到多峰。

Zener和Hollomon于1944年提出并实验证实了钢材高温拉伸实验下的应力-应变关系为

$$\sigma = \sigma(Z, \varepsilon) \tag{3-40}$$

式中:$Z$称为热加工参数(或Zener-Hollomon参数),它综合描述了热变形过程中变形温度与应变速率对材料热应变行为的影响作用,其定义式为

$$Z = \dot{\varepsilon}\exp\left(\frac{Q_0}{RT}\right) = f(\sigma_f) \tag{3-41}$$

式中:$\dot{\varepsilon}$为应变速率;$Q_0$为热变形激活能(几乎与应力无关);$R$为气体常数;$T$为变形温度;$\sigma_f$为应力-应变曲线第一个峰的流变应力值。

$Z$ 参数反映了材料热变形的难易程度，它的高低对热变形过程的组织性能变化至关重要：当 $Z$ 值大于 $Z_R$（发生动态再态结晶的临界 $Z$ 值）时，热变形材料仅发生回复；当 $Z$ 值小于 $Z_R$ 时，热变形时的应变值达到临界应变量，变形材料才发生动态再结晶。

由于在再结晶形核长大期间还进行着塑性变形，再结晶新形成的晶粒在长大的同时也还在变形。所以在再结晶完成以后，每个晶粒仍处于形变状态，其应变能由中心向边缘逐渐减小。当位错密度增加到一定程度后，又开始新的再结晶。当应变速度高时（见图 3-27），其再结晶的晶内应变能梯度是高的。在再结晶完成之前，晶粒中心的位错密度已经达到了足以激发另一次再结晶的程度，新的晶核又开始形成并长大。因此，在应力-应变曲线上表现不出波浪形。这种状态的组织使得流变应力保持比较高的水平。

动态再结晶要在很大的变形量下才能发生，即其“临界变形程度”很大；与静态再结晶相似，动态再结晶易于在晶界及亚晶界处形核；由于动态再结晶“临界变形程度”比静态再结晶的大许多，所以如果在变形过程中发生了动态再结晶，那么变形一停止马上就能发生静态再结晶而无需孕育期。开始时静态再结晶以很高的速度进行，以后随时间的延长而减慢；发生动态再结晶或变形过程中的静态再结晶所需时间与温度密切相关，一般而言，温度越高，所需时间越短。

动态再结晶后的晶粒越小，变形抗力越高；变形温度越高，应变速度越慢，动态再结晶后的晶粒就越大。因此，控制变形温度、变形速度及变形量就可以控制动态再结晶过程，通过调整热加工材料晶粒的大小与强度，从而改善材料性能。

应当指出，热变形中止或结束后，由于材料仍处在高温，组织会继续发生变化，即产生静态回复、静态再结晶和亚动态再结晶。图 3-29 所示为热轧和热挤压过程金属的动、静态回复与再结晶示意图。当变形程度比较小时，变形区只发生动态回复，随后发生静态回复和静态再结晶；当变形程度大时，在变形区中发生动态回复与动态再结晶，轧后发生静态回复、静态再结晶和亚动态再结晶。

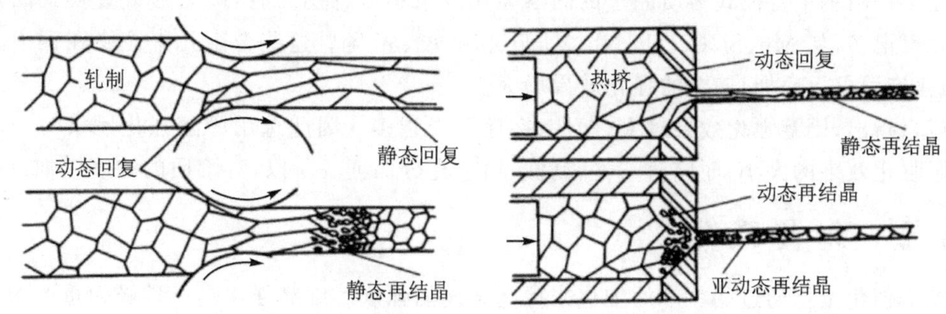


**图 3-29　热轧与热挤压过程金属的动、静态回复与再结晶**

热加工后的静态回复一般发生在变形量较小和变形速度低的热变形之后，或者发生在静态再结晶前的孕育期内。热变形时以动态回复为主的金属，变形后经过一定的孕育期会产生静态再结晶，静态再结晶晶粒尺寸比动态再结晶晶粒尺寸大一个数量级，这是热加工造成的混晶的重要原因。以动态再结晶为主的金属，变形后发生无孕育期的亚动态再结晶，这些都使变形后的金属继续软化。因此，在工业生产条件下很难把动态再结晶的组织保持下来。

# 3.6 强化机制

使金属强度(主要是屈服强度)增大的过程称为强化。金属的强度一般是指金属材料对塑性变形的抗力,发生塑性变形所需要的应力越大,强度也就越高。金属强度是由位错的数目和运动所控制的。为了强化金属,必须限制位错的运动。从这一基本点出发,金属的强化主要有以下4种方式:固溶强化、细晶强化、析出强化以及位错强化。

## 3.6.1 固溶强化

固溶强化的出发点是以合金元素作为溶质原子阻碍位错运动。由于溶质原子与基体金属原子大小不同,因而使基体的晶格发生畸变,造成一个弹性应力场。此应力场与位错本身的弹性应力场交互作用,增大了位错运动的阻力,从而导致强化。此外,溶质原子还可以通过与位错的电化学交互作用而阻碍位错运动。

固溶强化的强化量(屈服强度的增量)$\Delta\sigma_s'$与溶质原子的浓度有关。对间隙原子近似有

$$\Delta\sigma_s' = K_i\sqrt{C_i} \tag{3-42}$$

式中:$C_i$为间隙溶质原子的原子百分浓度;$K_i$为比例系数。

置换式溶质原子,如钢中Cr、Mn、Ni、Si等所造成的强化量$\Delta\sigma_s''$与溶质浓度近似有

$$\Delta\sigma_s'' = K_s C_s \tag{3-43}$$

式中:$C_s$为置换式溶质原子的原子百分浓度;$K_s$为比例系数。

一般认为间隙溶质原子的强化效应远比置换式溶质原子强烈,其强化作用相差10~100倍。因此,间隙原子如C、N是钢中重要的强化元素。然而在室温下,它们在铁素体中的溶解度十分有限,因此,其固溶强化作用受到限制。

在工程用钢中置换式溶质原子的固溶强化效果不可忽视。能与Fe形成置换式固溶体的合金元素很多,如Mn、Si、Cr、Ni、Nb、V、Ti、Mo、Al、W等。这些合金元素往往在钢中同时存在,强化作用可以叠加,使总的强化效果增大。

应当指出,固溶强化效果越大,塑性、韧性下降越多。因此选用固溶强化元素时一定不能只着眼强化效果的大小,而应对塑性、韧性、给予充分保证。所以,对溶质的浓度应加以控制。

## 3.6.2 细晶强化

细晶强化是指通过晶粒度的细化来提高金属的强度。细晶强化是一种极为重要的强化机制,不但可以提高强度,而且还能改善金属的韧性。这一特点是其他强化机制所不具备的。细晶强化的关键在于晶界对位错滑移的阻滞效应。由于晶界的存在,引起在晶界处产生弹性变形不协调和塑性变形不协调。这两种不协调现象均会在晶界处诱发应力集中,以维持两晶粒在晶界处的连续性。其结果在晶界附近引起二次滑移。使位错迅速增殖,形成加工硬化微区,阻碍位错运动。这种由于晶界两侧晶粒变形的不协调性,在晶界附近诱发的位错称为几何上需要的位错。另外,由于晶界存在,使位错难以直接穿越晶界,从而破坏了滑移系统的连续性,阻碍了位错的活动。

晶粒越细化,晶界数量就越多,其强化效果也就越好。Hall - Patch公式是描述晶界强化的一个极为重要的表达式,其形式为

$$\sigma_s=\sigma_0+K_s d^{-\frac{1}{2}} \tag{3-44}$$

式中：$\sigma_0$ 和 $K_s$ 为与材料有关的常数；$d$ 为晶粒直径。

从上式可以看出，多晶体的强度 $\sigma_s$ 和晶粒直径 $d$ 的平方根成反比，即晶粒越细，强度越高。

利用细晶强化的途径如下：

① 利用合金元素改变晶界的特性，提高 $K_s$ 值。可向钢中加入表面活性元素如 C、N、Ni 和 Si 等，以使在 $\alpha$ - Fe 晶界上偏聚，提高晶界阻碍位错运动的能力。

② 利用合金元素细化晶粒，通过减少晶粒尺寸增加晶界数量。常用的方法是向钢中加入 Al、Nb、V、Ti 等元素，形成难熔的第二相质点，阻碍奥氏体晶界移动，间接细化铁素体或马氏体的晶粒。

此外，细化晶粒还可以用热处理方法，如正火、反复快速奥氏体化及控制轧制等。如低碳钢在常规热轧状态，铁素体晶粒尺寸在 14～20 μm，屈服强度的增量在 131～148 MPa，正火状态铁素体晶粒尺寸为 8～14 μm，屈服强度增量提高到 240 MPa，控轧控冷后的铁素体晶粒尺寸可达到 2～5 μm，对强度的贡献为 350 MPa。如果铁素体晶粒实现了 1 μm 目标，钢的屈服强度增量有可能达 435 MPa。

在所有强韧化机制中，仅有晶粒细化既能提高强度，又能改善韧性，所以它是钢中最重要的强化方式。

## 3.6.3　沉淀强化与弥散强化

沉淀强化与弥散强化指在合金的基体内分布的碳、氮化物、金属间化合物、亚稳中间相、硬质颗粒等第二相质点或粒子在晶界、运动位错之间产生的相互作用，导致合金的流变应力和屈服强度的提高。根据获得第二相的工艺不同，第二相强化有不同的名称。若通过相变热处理获得第二相，则称为析出强化、沉淀强化或时效强化；若通过加入不溶于基体的硬质颗粒作为第二相，则称为弥散强化。第二相粒子可以有效地阻碍位错运动。运动着的位错遇到滑移面上的第二相粒子时，或切过（第二相粒子的特点是可变形，并与母相具有共格关系）或绕过（第二相粒子不参与变形，与基体有非共格关系。当位错遇到第二相粒子时，只能绕过并留下位错圈（见图 3 - 30）），这样滑移变形才能继续进行。这一过程要消耗额外的能量，故需要提高外加应力，所以造成强化。

弥散强化是钢中常见的强化机制。例如，淬火回火钢及球化退火钢都是利用碳化物做弥散强化相。这时合金元素的主要作用为在高温回火条件下，使碳化物呈细小均匀弥散分布，并防止碳化物聚集长大，需向钢中加入强碳化物形成元素 V、Ti、W、Mo、Nb 等。

利用沉淀强化的基本途径是合金化加淬火时效。合金化的目的是为造成理想的沉淀相提供成分条件。例如在马氏体时效钢中加入 Ti 和 Mo，形成 NiTi、$Ni_3Mo$ 理想的强化相，以获得良好的沉淀强化效果。

对于珠光体来说，为了达到强化目的，需向钢中加入一些增加过冷奥氏体稳定性的元素 Cr、Mn、Mo 等，使 C 曲线右移，在同样冷却条件下，可以得到片间距细小的珠光体，同时还可起到细化铁素体晶粒的作用，从而达到强化的目的。

沉淀强化和弥散强化强化机制比较复杂，往往要考虑第二相的大小、数量、形态、分布以及性能等方面的影响，这除了涉及热处理参数的直接影响外，还涉及合金元素的影响。合金元素

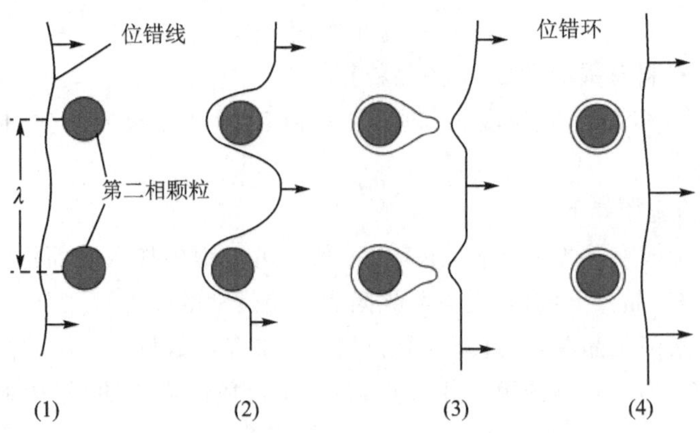


图 3-30 弥散强化合金中位错运动示意图

的作用主要是为形成所需要的第二相粒子提供成分条件。

### 3.6.4 位错强化

位错强化也是钢中常用的一种强化机制，主要着眼于位错数量与组态对钢塑变抗力的影响。

金属中位错密度高，则位错运动时易于发生相互交割，形成割阶，引起位错缠结，因此造成位错运动的障碍，给继续塑性变形造成困难，从而提高了钢的强度。这种用增加位错密度提高金属强度的方法称为位错强化。

位错密度提高所带来的强化效果有时是很大的。金属中的位错密度与变形量有关，变形量越大，位错密度越大，则钢的强度显著提高，但塑性明显下降。例如，高度冷变形可使位错密度达到 $10^{12}/cm^2$ 以上，产生高达数百 $kN/mm^2$ 的强化量。

从位错强化机制出发，钢中加入合金元素应着眼于使塑性变形时位错易于增殖，或易于分解，提高钢的加工硬化能力，具体途径如下：

① 细化晶粒。通过增加晶界数量，使晶界附近因变形不协调诱发几何上需要的位错，同时还可使晶粒内位错塞积群的数量增多。为此，宜向钢中加入细化晶粒的合金元素。

② 形成第二相粒子。当位错遇到第二相粒子时，希望位错绕过第二相粒子而留下位错圈，使位错数量迅速增多。为此，宜向钢中加入强碳化物形成元素。

③ 促进淬火效应。淬火后希望获得板条马氏体，造成位错型亚结构。为此，宜向钢中加入提高淬透性的合金元素。

④ 降低层错能。通过降低层错能，使位错易于扩展和形成层错，增加位错交互作用，防止交叉滑移。为此，宜加入降低层错能的合金元素。

## 思考题

1. 熔渣在熔池冶金反应中的主要作用是什么？
2. 什么是熔渣的碱度和酸度？
3. 说明金属熔炼过程中脱硫与脱磷的方法。
4. 说明真空冶金的特点。

5. 分析金属结晶过程中固-液界面的热量传输。
6. 冶金过程中如何去除非金属夹杂物？
7. 溶质再分配是怎样引起的？它对单相合金的结晶有些什么影响？
8. 何谓成分过冷？
9. 分析温度梯度和凝固速率对结晶形态的影响。
10. 共晶体的生长方式分为哪几种？各有什么特点？
11. 比较金属的晶界与相界。
12. 比较贝氏体转变与珠光体转变的异同。
13. 何谓马氏体相变？
14. 比较调幅分解与脱溶分解的异同。
15. 分析热塑性变形过程中的动态回复与再结晶过程。
16. 金属的强化主要有哪几种方式？各有什么特点？

# 第4章　材料变形力学理论

在铸造、锻压、焊接等热制造过程中，材料发生复杂的运动与变形，特别是随着新材料及热制造工艺的应用，需要更为精确地控制变形。因此，需要将现代力学理论与材料成型技术紧密结合，来研究和揭示热制造过程的本质，进而发展适合工程应用的分析方法。

## 4.1　变形力学基本概念

固体材料在外力作用下将发生变形，变形分为弹性变形和塑性变形。塑性成型就是利用材料的塑性变形过程加工零件。材料变形力学的主要内容是阐明材料受力变形或运动时的基本规律及相应的数学描述(微分方程边值或初值问题)，同时还要研究本构模型以建立材料本身的内在联系。

### 4.1.1　变形与应变

#### 1. 物体的构形、运动与变形

在任一瞬时 $t$，物体在空间都占据一定的区域，这一空间区域称为该物体的构形。物质点 $X$ 在时刻 $t$ 的位置可以表示为 $\boldsymbol{x}=(\boldsymbol{X},t)$。物体构形随时间的变化称为运动。为了描述物体的变形，应选取物体的某一时刻的构形作为参考构形(见图 4-1)，变形后的物体构形为现实构形，物体在某一时刻的构形相对参考构形的改变，称为物体的变形。

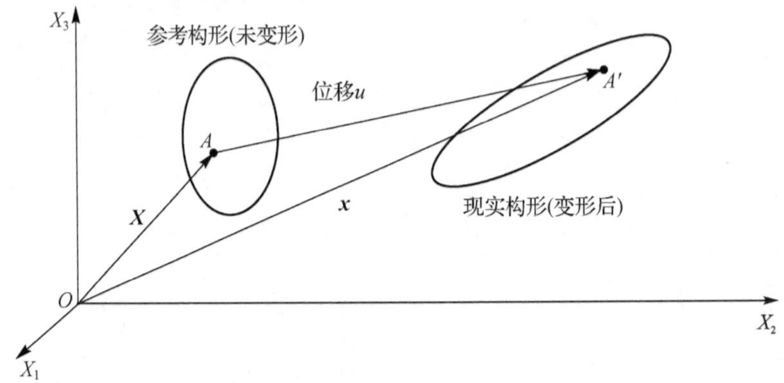


**图 4-1　物体的构形**

运动的物体不一定都会产生变形，例如，刚体的运动只包含位置的变化，而不产生变形。只有当连续介质构形中的各质点之间存在相对运动，质点间的距离发生变化时，才会产生变形。

连续介质构形的连续变化称为流动，如流体的连续运动。流动也用来描述发生永久变形的运动过程，如塑性变形中的流动。

在连续介质力学中，对物体质点的运动描述有两种方法：一种方法是把物体质点的运动和物体的各物理量看成是物质坐标 $X_i$ 和时间 $t$ 的函数，研究这些函数的变化规律，这样的描述和研究方法称为拉格朗日方法；另一种方法是把物体质点的运动和物体的各物理量看成是空间坐标 $x_i$ 和时间 $t$ 的函数，并研究这些函数的变化规律，这样的描述和研究方法称为欧拉方法。

研究材料从初始几何形态到最终成型的变形历程在材料成型力学分析中是非常重要的。针对热制造中材料的大变形特点，在连续统力学非线性分析中应用应变张量、变形梯度等物理量来描述。

记初始构形物质点的位置矢量 $\boldsymbol{X}$ 在现实构形的位置矢量为 $\boldsymbol{x}$，如图 4-1 所示，则其位移矢量为

$$\boldsymbol{u}=\boldsymbol{x}-\boldsymbol{X} \tag{4-1}$$

在 $x$、$y$、$z$ 三个轴上的投影称为位移分量，分别表示为 $u$、$v$、$w$，$u$、$v$、$w$ 是位置坐标的连续函数，且具有连续的二阶偏导。

### 2. 应变张量

图 4-2 所示为微元体 $ABCD$ 变形前在直角坐标平面上的投影，$A'B'C'D'$ 为微元体变形后的投影，$\alpha$、$\beta$ 为相对偏转角。在小变形情况下，定义 $\varepsilon_x$、$\varepsilon_y$ 分别为微元体在 $x$、$y$ 方向上的线应变（或正应变），即

$$\varepsilon_x=\frac{u(x+\mathrm{d}x,y)-u(x,y)}{\mathrm{d}x}=\frac{\partial u}{\partial x} \tag{4-2a}$$

$$\varepsilon_y=\frac{v(x,y+\mathrm{d}y)-v(x,y)}{\mathrm{d}x}=\frac{\partial v}{\partial y} \tag{4-2b}$$

两线元所夹直角的改变称为相对切应变或工程剪应变，规定使线元夹角变小的转角为正。可将微元体在 $x-y$ 坐标平面的相对切应变分解为两个相等的分量 $\gamma_{xy}$、$\gamma_{yx}$，称为剪应变分量。在 $x-y$ 坐标平面，$\gamma_{xy}$、$\gamma_{yx}$ 分别由 $x$ 方向的位移和 $y$ 方向的位移组成。可以证明，在小变形情况下，$\gamma_{xy}$、$\gamma_{yx}$ 可以表示为

$$\gamma_{xy}=\gamma_{yx}=\frac{1}{2}(\alpha+\beta)=\frac{1}{2}\left(\frac{\partial u}{\partial y}+\frac{\partial v}{\partial x}\right) \tag{4-2c}$$

同理，可定义另外两个坐标面内的其余应变分量为

$$\varepsilon_z=\frac{\partial w}{\partial z} \tag{4-3a}$$

$$\gamma_{yz}=\gamma_{zy}=\frac{1}{2}\left(\frac{\partial v}{\partial z}+\frac{\partial w}{\partial y}\right) \tag{4-3b}$$

$$\gamma_{xz}=\gamma_{zx}=\frac{1}{2}\left(\frac{\partial w}{\partial x}+\frac{\partial u}{\partial z}\right) \tag{4-3c}$$

以上应变与位移的关系又称为几何方程，其中 9 个应变分量构成对称应变张量，即

$$\boldsymbol{\varepsilon}_{ij}=\begin{bmatrix}\varepsilon_x & \gamma_{xy} & \gamma_{xz}\\ \gamma_{yx} & \varepsilon_y & \gamma_{zy}\\ \gamma_{zx} & \gamma_{yz} & \varepsilon_z\end{bmatrix} \tag{4-4}$$

### 3. 应变张量分解

经过变形体内一点存在三个相互垂直的主方向，该方向上的线元没有切应变，只有线应

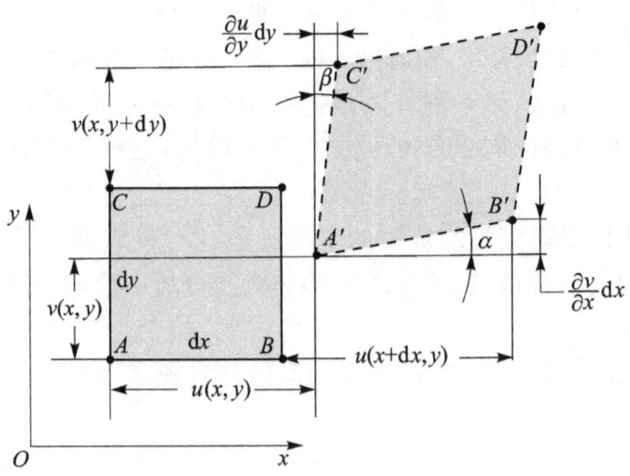


图 4-2 平面变形中的线应变和剪应变示意图

变,称为主应变,用 $\varepsilon_1$、$\varepsilon_2$、$\varepsilon_3$ 表示。主应变张量可以表示为

$$\boldsymbol{\varepsilon}_{\mathrm{m}}=\begin{bmatrix}\varepsilon_1 & 0 & 0\\ 0 & \varepsilon_2 & 0\\ 0 & 0 & \varepsilon_3\end{bmatrix} \tag{4-5a}$$

定义

$$\boldsymbol{\varepsilon}_{\mathrm{m}}=\frac{1}{3}(\varepsilon_1+\varepsilon_2+\varepsilon_3) \tag{4-5b}$$

为平均应变。因此,应变张量式(4-4)可分解为两个张量,即

$$\boldsymbol{\varepsilon}_{ij}=\begin{bmatrix}\varepsilon_x & \gamma_{xy} & \gamma_{xz}\\ \gamma_{yx} & \varepsilon_y & \gamma_{zy}\\ \gamma_{zx} & \gamma_{yz} & \varepsilon_z\end{bmatrix}=\begin{bmatrix}\varepsilon_x-\varepsilon_{\mathrm{m}} & \gamma_{xy} & \gamma_{xz}\\ \gamma_{yx} & \varepsilon_y-\varepsilon_{\mathrm{m}} & \gamma_{zy}\\ \gamma_{zx} & \gamma_{yz}-\varepsilon_{\mathrm{m}} & \varepsilon_z\end{bmatrix}+\begin{bmatrix}\varepsilon_{\mathrm{m}} & 0 & 0\\ 0 & \varepsilon_{\mathrm{m}} & 0\\ 0 & 0 & \varepsilon_{\mathrm{m}}\end{bmatrix}=\boldsymbol{\varepsilon}'_{ij}+\delta_{ij}\boldsymbol{\varepsilon}_{\mathrm{m}}$$

式中,$\boldsymbol{\varepsilon}'_{ij}$ 称为应变偏张量,表示微元体形状的变化;$\delta_{ij}\boldsymbol{\varepsilon}_{\mathrm{m}}$ 称为应变球张量,表示微元体体积的变化。

若已知一点的应变张量,则过该点的三个主应变满足如下的应变张量特征方程:

$$\varepsilon^3-I_1\varepsilon-I_2\varepsilon-I_3=0$$

式中:$I_1$、$I_2$、$I_3$ 称为应变张量的第一、第二和第三不变量,其表达式分别为

$$I_1=\varepsilon_x+\varepsilon_y+\varepsilon_z=\varepsilon_1+\varepsilon_2+\varepsilon_3=3\varepsilon_{\mathrm{m}}$$
$$I_2=-(\varepsilon_1\varepsilon_2+\varepsilon_2\varepsilon_3+\varepsilon_3\varepsilon_1)$$
$$I_3=\varepsilon_1\varepsilon_2\varepsilon_3$$

定义

$$\bar{\varepsilon}=\frac{\sqrt{2}}{3}\sqrt{(\varepsilon_1-\varepsilon_2)^2+(\varepsilon_2-\varepsilon_3)^2+(\varepsilon_3-\varepsilon_1)^2} \tag{4-5c}$$

为等效应变。

### 4. 变形量的工程计算

实际塑性成型时材料将产生较大的塑性变形,一般不能按上述微小变形计算式进行计算。通常变形量的工程计算有三种形式,即绝对变形量、相对变形量、真实变形量。

**(1) 绝对变形量**

指工件变形前后主轴方向上尺寸的变化量。如锻造中的压下量，轧制中的宽展量等。绝对变形量由于直观性而广泛应用于现场中，但它不能准确地反映变形的强烈程度。不论变形前后尺寸怎样变化，习惯上绝对变形量总是取正值。

**(2) 相对变形量**

指绝对变形量与原始尺寸的比值，常称为形变率，它排除了初始尺寸的影响，较绝对变形量科学。习惯上也总是取正值，如压下率 $\Delta H/H_0$、挤压比 $\lambda=(D/d)^2$、锻造比等，广泛应用于现场中。然而相对变形量把基准看成恒定的，因而不能真实地反映变化基准对变形程度的影响，计算大变形时误差较大，另外它不具备可加性。

**(3) 真实变形量**

真实变形量即变形前后尺寸比值的自然对数。变形前尺寸并不一定是原始尺寸。它可真实地反映变形，尤其是大变形，理论研究经常用到，但现场应用并不多。真实变形量能真实反映大变形，具备变形量的可加性与可比性，能够真实地反映塑性变形的体积不变。

## 5. 变形连续方程

如已知一点的 $\varepsilon_{ij}$，要根据几何方程确定其 3 个位移分量时，6 个应变分量应有一定的关系，才能保证物体的连续性。这种关系为变形连续方程或协调方程。从几何方程可导出以下两组变形连续方程。其物理意义是，如果应变分量间符合变形连续方程的关系，则原来的连续体在变形后仍是连续体，否则就会出现裂纹或重叠。

$$\left.\begin{aligned}\frac{\partial^2\varepsilon_{xy}}{\partial x\partial y}&=\frac{1}{2}\left(\frac{\partial^2\varepsilon_x}{\partial y^2}+\frac{\partial^2\varepsilon_y}{\partial x^2}\right)\\\frac{\partial^2\varepsilon_{yz}}{\partial y\partial z}&=\frac{1}{2}\left(\frac{\partial^2\varepsilon_y}{\partial z^2}+\frac{\partial^2\varepsilon_z}{\partial y^2}\right)\\\frac{\partial^2\varepsilon_{zx}}{\partial z\partial x}&=\frac{1}{2}\left(\frac{\partial^2\varepsilon_z}{\partial x^2}+\frac{\partial^2\varepsilon_x}{\partial z^2}\right)\end{aligned}\right\}\tag{4-6a}$$

$$\left.\begin{aligned}\frac{\partial}{\partial x}\left(\frac{\partial\varepsilon_{zx}}{\partial y}+\frac{\partial\varepsilon_{xy}}{\partial z}-\frac{\partial\varepsilon_{yz}}{\partial x}\right)&=\frac{\partial^2\varepsilon_x}{\partial y\partial z}\\\frac{\partial}{\partial y}\left(\frac{\partial\varepsilon_{xy}}{\partial z}+\frac{\partial\varepsilon_{yz}}{\partial x}-\frac{\partial\varepsilon_{zx}}{\partial y}\right)&=\frac{\partial^2\varepsilon_y}{\partial x\partial z}\\\frac{\partial}{\partial z}\left(\frac{\partial\varepsilon_{yz}}{\partial x}+\frac{\partial\varepsilon_{zx}}{\partial y}-\frac{\partial\varepsilon_{xy}}{\partial z}\right)&=\frac{\partial^2\varepsilon_z}{\partial x\partial y}\end{aligned}\right\}\tag{4-6b}$$

式(4－6a)是每个坐标平面内应变分量之间应满足的关系，式(4－6b)是不同平面内应变分量之间应满足的关系。假如已知位移分量，利用几何关系求得应变，自然满足连续方程。如用其他方法求得的应变分量，则必须按式(4－6a)或式(4－6b)检验其连续性。在塑性加工中，有时用体积不变条件做近似检验，从而避免了偏微分运算。

## 6. 应变率

定义质点在单位时间内的位移为该质点的位移速度，位移速度在 3 个坐标轴上的投影称为位移速度分量，分别表示为 $\dot{u}$、$\dot{v}$、$\dot{w}$。位移速度既是坐标的连续函数，又是时间的函数。

单位时间内的应变称为应变速率。应变速率可以表示变形的快慢,也即变形速度。在小变形的条件下,可得与式(4-4)相对应的由位移速度分量表示的应变速率

$$\left.\begin{aligned}\dot{\varepsilon}_x=\frac{\partial \dot{u}}{\partial x},\quad \dot{\gamma}_{yz}=\dot{\gamma}_{zy}=\frac{1}{2}\left(\frac{\partial \dot{v}}{\partial z}+\frac{\partial \dot{w}}{\partial y}\right)\\ \dot{\varepsilon}_y=\frac{\partial \dot{v}}{\partial y},\quad \dot{\gamma}_{zx}=\dot{\gamma}_{xz}=\frac{1}{2}\left(\frac{\partial \dot{w}}{\partial x}+\frac{\partial \dot{u}}{\partial z}\right)\\ \dot{\varepsilon}_z=\frac{\partial \dot{w}}{\partial z},\quad \dot{\gamma}_{xy}=\dot{\gamma}_{yx}=\frac{1}{2}\left(\frac{\partial \dot{u}}{\partial y}+\frac{\partial \dot{v}}{\partial x}\right)\end{aligned}\right\} \tag{4-7a}$$

以及应变速率张量

$$\dot{\boldsymbol{\varepsilon}}_{ij}=\begin{bmatrix}\dot{\varepsilon}_x & \dot{\gamma}_{xy} & \dot{\gamma}_{xz}\\ \dot{\gamma}_{yx} & \dot{\varepsilon}_y & \dot{\gamma}_{zy}\\ \dot{\gamma}_{zx} & \dot{\gamma}_{yz} & \dot{\varepsilon}_z\end{bmatrix} \tag{4-7b}$$

应变速率张量与应变张量相似,都可以用来描述瞬时变形状态。应变速率张量也有其主方向、主应变速率、主切变速率、等效应变速率等。

### 7. 体积不变条件

在变形体内的某一点处,用垂直于该点应变主轴的3对截面,截取一个六面体,棱长为 $\mathrm{d}x$、$\mathrm{d}y$、$\mathrm{d}z$,如图4-3所示。设单元体变形前的边长为 $\mathrm{d}x$、$\mathrm{d}y$、$\mathrm{d}z$,则其体积为

$$V_0=\mathrm{d}x\,\mathrm{d}y\,\mathrm{d}z$$

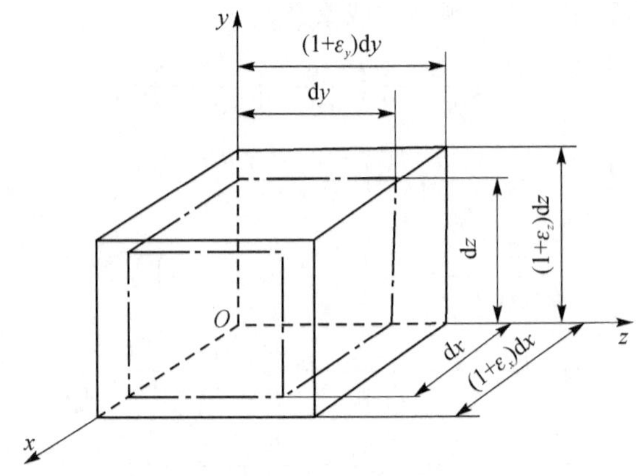


图4-3 单元体的变形

变形后由于产生应变所以体积变为

$$\begin{aligned}V_1&=(1+\varepsilon_x)\mathrm{d}x(1+\varepsilon_y)\mathrm{d}y(1+\varepsilon_z)\mathrm{d}z\\&\approx(1+\varepsilon_x+\varepsilon_y+\varepsilon_z)\mathrm{d}x\,\mathrm{d}y\,\mathrm{d}z\end{aligned}$$

单元体的体积变化率为

$$\varepsilon_V=\frac{\Delta V}{V_0}=\frac{V_1-V_0}{V_0}=\varepsilon_x+\varepsilon_y+\varepsilon_z \tag{4-8}$$

式(4-8)说明体积应变与剪切应变分量无关,即剪切变形不改变物体的体积。

由于在金属塑性变形理论中,假设金属是不可压缩的,即认为塑性变形时体积不变,则

$$\mathrm{d}\varepsilon_V^P=\mathrm{d}\varepsilon_x^P+\mathrm{d}\varepsilon_y^P+\mathrm{d}\varepsilon_z^P=0 \tag{4-9}$$

上式即为塑性变形时的体积不变条件，可作为塑性变形是否协调的近似判据。由上式可以看出，塑性变形时，3 个正应变分量不可能全部是同号的。

## 4.1.2　应　力

### 1. 应力的表示

#### (1) 外力与内力

作用力分外力和内力，外力是物体和物体间的作用，内力是指物体内两部分间的作用力。可变形体因受外力作用而变形，在其内部各部分间因相对位置改变引起的内力是与外力相平衡的，而因温度等非外力因素作用，在物体内部产生的作用力（称内应力）是在物体内部平衡的。如塑性成型工艺中往往要施加较大的外力作用，材料内部产生抵抗变形的内力。而铸造或焊接过程中非均匀的热作用会产生较大的内应力。

#### (2) 体力和面力

作用在体元上的力叫体力，也叫质量力，其大小正比于质量，如重力。作用在物体边界面上的力叫面力，如物体表面上的作用力，或物体截面上的内力。

#### (3) 应力张量

用假想截面把处于平衡的物体分为两部分（见图 4-4(a)），分开的物体仍处于平衡状态，其截面上必存在内力。在假想截面上任取一微面元，外法线为 $\boldsymbol{n}$，其上的作用力为 $\boldsymbol{P}$，称

$$\boldsymbol{p}=\lim_{\Delta S\to 0}\Delta\boldsymbol{P}/\Delta S=\frac{\mathrm{d}\boldsymbol{P}}{\mathrm{d}S} \tag{4-10}$$

为应力矢量。

一般情况下，$\boldsymbol{p}$ 是点的位置和作用面方向的函数。

$$\boldsymbol{p}=f(\boldsymbol{x},\boldsymbol{n}) \tag{4-11}$$

固定 $\boldsymbol{x}$ 而改变 $\boldsymbol{n}$，就得到过一点的不同面上的应力，这就是一点的应力状态；而改变 $\boldsymbol{x}$，得到不同点的应力状态，这就是应力场。在均匀应力状态下，应力只是作用面方向的函数，而与点的位置无关，称为常应力场。

可以证明，只要知道过一点的 3 个正交面上的应力，就可以确定过该点的任何其他面上的应力。在物体上截取一微小正六面体（见图 4-4(b)），选取坐标轴平行于正六面体的 3 条棱边。这样，过一点的 3 个正交面上作用有 3 个应力矢量、9 个应力分量（3 个正应力分量、6 个剪应力分量）。根据剪应力互等定理，9 个应力分量中只有 6 个是独立的。这些应力分量可排列为三阶矩阵形式，即

$$\boldsymbol{\sigma}=\begin{bmatrix}\sigma_{11} & \sigma_{12} & \sigma_{13}\\ \sigma_{21} & \sigma_{22} & \sigma_{23}\\ \sigma_{31} & \sigma_{32} & \sigma_{33}\end{bmatrix} \tag{4-12a}$$

或

$$\boldsymbol{\sigma}=\begin{bmatrix}\sigma_{x} & \tau_{xy} & \tau_{xz}\\ \tau_{yz} & \sigma_{y} & \tau_{yz}\\ \tau_{zx} & \tau_{zy} & \sigma_{z}\end{bmatrix} \tag{4-12b}$$

根据柯西应力公式，已知过一点的 3 个正交面上的应力后，就可以确定过该点的任意截面

上的应力,即

$$\boldsymbol{p}=\boldsymbol{\sigma}\cdot\boldsymbol{n} \tag{4-13}$$

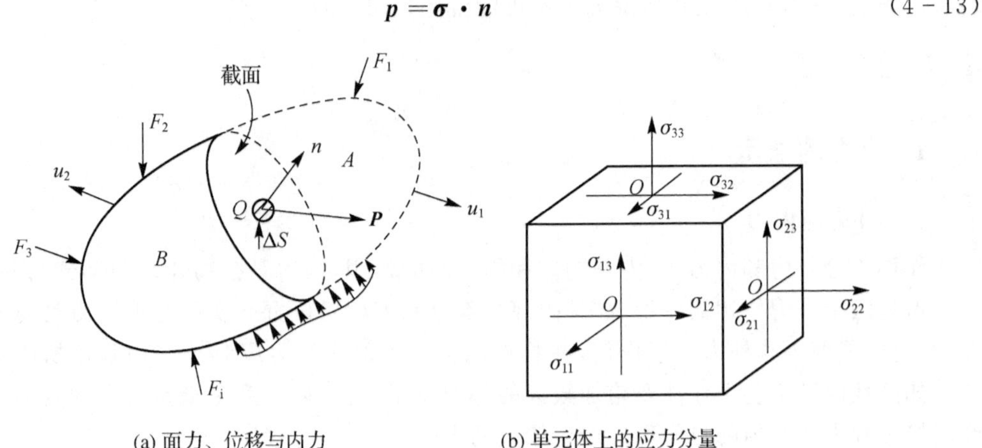


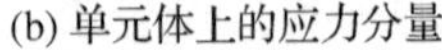

(a) 面力、位移与内力 (b) 单元体上的应力分量

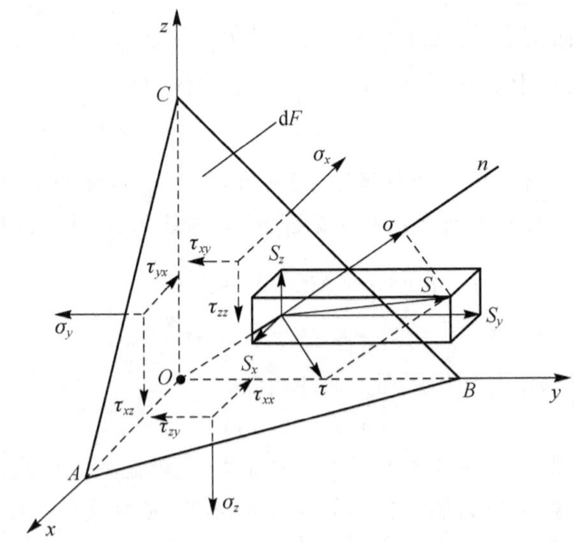


(c) 任意斜切微分面上的应力

**图 4-4 应力的定义**

设斜切微分面 $ABC$ 面积上的全应力为 $S$(见图 4-4(c)),它在 3 个坐标轴方向的分量为 $S_x$、$S_y$、$S_z$;斜面 $ABC$ 的外法线方向 $\boldsymbol{n}$ 的方向余弦分别 $l$、$n$、$m$;斜面 $ABC$ 的面积为 $\mathrm{d}A$,$\mathrm{d}A$ 在 3 个坐标面上的投影面积分别为 $\mathrm{d}A_x$、$\mathrm{d}A_y$、$\mathrm{d}A_z$。由于四面体 $OABC$ 处于平衡状态,由静力平衡条件可得

$$S_x\mathrm{d}A-\sigma_x\mathrm{d}A_x-\tau_{yx}\mathrm{d}A_y-\tau_{zx}\mathrm{d}A_z=0 \tag{4-14}$$

整理得

$$S_x=\sigma_x l+\tau_{yx}m+\tau_{zx}n \tag{4-15a}$$

同理

$$S_y=\tau_{xy}l+\sigma_y m+\tau_{zy}n \tag{4-15b}$$

$$S_z=\tau_{xz}l+\tau_{yz}m+\sigma_z n \tag{4-15c}$$

由此可得全应力为

$$S^2 = S_x^2 + S_y^2 + S_z^2 \tag{4-16}$$

全应力 $S$ 在法线 **n** 上的投影就是斜面上的正应力 $\sigma$，它等于 $S_x$、$S_y$、$S_z$ 在法线 **n** 上的投影之和，即

$$\sigma = S_x l + S_y m + S_z n = \sigma_x l^2 + \sigma_y m^2 + \sigma_z n^2 + 2(\tau_{xy} lm + \tau_{yz} mn + \tau_{zx} nl) \tag{4-17}$$

斜面上的切应力为

$$\tau^2 = S^2 - \sigma^2$$

## 2. 主应力和应力张量不变量

### (1) 主应力

根据式(4-11)可知，一点的任意截面上应力分量将随外法线 **n** 的方向而变。在无穷多个截面中存在 3 个特殊的正交面，这 3 个面上的应力矢量分别垂直于它们的作用面，即只有正应力而无剪应力，这种正应力称为主应力，其作用面和作用方向分别称为主平面和主应力方向。主平面的法线方向就是主应力方向，称为应力主方向或应力主轴。在主平面上，切应力 $\tau=0$，$\sigma=S$，则全应力 $S$ 在 3 个坐标轴上的投影为

$$S_x = Sl = \sigma l \tag{4-18a}$$

$$S_y = Sm = \sigma m \tag{4-18b}$$

$$S_z = Sn = \sigma n \tag{4-18c}$$

将 $S_x$、$S_y$、$S_z$ 的值代入式(4-15a)～式(4-15c)可得

$$\left.\begin{aligned} (\sigma_x - \sigma) l + \tau_{xy} m + \tau_{zx} n = 0 \\ \tau_{xy} l + (\sigma_y - \sigma) m + \tau_{zy} n = 0 \\ \tau_{xz} l + \tau_{yz} m + (\sigma_z - \sigma) n = 0 \end{aligned}\right\} \tag{4-19}$$

式(4-19)是以 $l$、$n$、$m$ 为未知数的齐次线性方程组，其解就是应力主轴的方向。根据齐次方程组非零解的条件必须有

$$\begin{vmatrix} \sigma_x - \sigma & \tau_{xy} & \tau_{xz} \\ \tau_{yz} & \sigma_y - \sigma & \tau_{yz} \\ \tau_{zx} & \tau_{zy} & \sigma_z - \sigma \end{vmatrix} = 0 \tag{4-20a}$$

展开行列式，整理得应力状态特征方程，即

$$\sigma^3 - J_1 \sigma^2 - J_2 \sigma - J_3 = 0 \tag{4-20b}$$

其中，

$$J_1 = \sigma_x + \sigma_y + \sigma_z$$

$$J_2 = -(\sigma_x\sigma_y + \sigma_y\sigma_z + \sigma_z\sigma_x) + \tau_{xy}^2 + \tau_{yz}^2 + \tau_{zx}^2$$

$$J_3 = \sigma_x\sigma_y\sigma_z + 2\tau_{xy}\tau_{yz}\tau_{zx} - (\sigma_x\tau_{yz}^2 + \sigma_y\tau_{zx}^2 + \sigma_z\tau_{xy}^2)$$

特征方程的 3 个实根就是 3 个主应力，一般用 $\sigma_1$、$\sigma_2$、$\sigma_3$ 表示。

与正应力一样，剪应力也随外法线 **n** 的方向而改变，剪应力达到极值的平面称为主剪应力平面，其上作用的剪应力就是主剪应力。主剪应力的求解方法可参考有关文献。

### (2) 应力张量不变量

对于一个确定的应力状态，只能有一组主应力。因此，应力状态特征方程式(4-20b)的系数 $J_1$、$J_2$ 和 $J_3$ 应该是单值的，不随坐标而变，分别称为应力张量的第一、第二和第三不变量。

若取 3 个主应力主方向为坐标轴，则一点应力状态只有 3 个主应力，应力张量为

$$\boldsymbol{\sigma}=\begin{bmatrix}\sigma_1 & 0 & 0\\ 0 & \sigma_2 & 0\\ 0 & 0 & \sigma_3\end{bmatrix} \tag{4-21a}$$

以主应力表示应力状态时,斜微分面上各种应力的计算公式可以简化为

$$S_1=\sigma_1 l,\quad S_2=\sigma_2 m,\quad S_3=\sigma_3 n$$

$$S^2=\sigma_1^2 l^2+\sigma_2^2 m^2+\sigma_3^2 n^2$$

$$\sigma=\sigma_1 l^2+\sigma_2 m^2+\sigma_3 n^2$$

及

$$\tau^2=S+\sigma=\sigma_1^2 l^2+\sigma_2^2 m^2+\sigma_3^2 n-(\sigma_1 l^2+\sigma_2 m^2+\sigma_3 n)^2$$

应力张量的3个不变量为

$$\left.\begin{aligned}J_1&=\sigma_1+\sigma_2+\sigma_3\\ J_2&=-(\sigma_1\sigma_y+\sigma_2\sigma_3+\sigma_3\sigma_1)\\ J_3&=\sigma_1\sigma_2\sigma_3\end{aligned}\right\} \tag{4-21b}$$

由此可见,用主应力表示应力状态可使运算大为简化。利用应力张量不变量,可以判别应力状态的异同。

### 3. 应力偏张量和应力球张量

设$\sigma_m$为3个正应力分量的平均值,称为平均应力,即

$$\sigma_m=\frac{1}{3}(\sigma_x+\sigma_y+\sigma_z)=\frac{1}{3}(\sigma_1+\sigma_2+\sigma_3)=\frac{J_1}{3} \tag{4-22}$$

$\sigma_m$是不变量,与所取的坐标无关。于是可将3个正应力分量写为

$$\sigma_x=(\sigma_x-\sigma_m)+\sigma_m=\sigma'_x+\sigma_m$$

$$\sigma_y=(\sigma_y-\sigma_m)+\sigma_m=\sigma'_y+\sigma_m$$

$$\sigma_z=(\sigma_z-\sigma_m)+\sigma_m=\sigma'_z+\sigma_m$$

因此,应力张量可以分解为两个张量,即

$$\boldsymbol{\sigma}_{ij}=\begin{bmatrix}\sigma_x & \tau_{xy} & \tau_{xz}\\ \tau_{yx} & \sigma_y & \tau_{yz}\\ \tau_{zx} & \tau_{zy} & \sigma_z\end{bmatrix}=\begin{bmatrix}\sigma_x-\sigma_m & \tau_{xy} & \tau_{xz}\\ \tau_{yx} & \sigma_y-\sigma_m & \tau_{yz}\\ \tau_{zx} & \tau_{zy} & \sigma_z-\sigma_m\end{bmatrix}+\begin{bmatrix}\sigma_m & 0 & 0\\ 0 & \sigma_m & 0\\ 0 & 0 & \sigma_m\end{bmatrix} \tag{4-23}$$

或简记为

$$\boldsymbol{\sigma}_{ij}=\boldsymbol{\sigma}'_{ij}+\boldsymbol{\delta}_{ij}\sigma_m$$

式中:$\boldsymbol{\delta}_{ij}$为克氏符号,也称单位张量,当$i=j$时,$\boldsymbol{\delta}_{ij}=\mathbf{1}$;当$i\neq j$时,$\boldsymbol{\delta}_{ij}=\mathbf{0}$。

若取主轴坐标系,则式(4-23)为

$$\boldsymbol{\sigma}_{ij}=\begin{bmatrix}\sigma_1 & 0 & 0\\ 0 & \sigma_2 & 0\\ 0 & 0 & \sigma_3\end{bmatrix}=\begin{bmatrix}\sigma_1-\sigma_m & 0 & 0\\ 0 & \sigma_2-\sigma_m & 0\\ 0 & 0 & \sigma_3-\sigma_m\end{bmatrix}+\begin{bmatrix}\sigma_m & 0 & 0\\ 0 & \sigma_m & 0\\ 0 & 0 & \sigma_m\end{bmatrix} \tag{4-24}$$

式(4-23)右边的后一项表示球应力状态,称为应力球张量。其任何方向都是主应力,而且主应力相同,均为平均应力$\sigma_m$,因此,也称静水应力状态。由于球应力状态在任何斜面上都没有切应力,所以应力球张量不能使物体产生形状变化和塑性变形,只能引起物体的体积变化。

式(4－23)等号右边的前一项 $\boldsymbol{\sigma}'_{ij}$ 称为应力偏张量，它是由原应力张量分解出球张量的结果，即

$$\boldsymbol{\sigma}'_{ij}=\boldsymbol{\sigma}_{ij}-\boldsymbol{\delta}_{ij}\sigma_{\mathrm{m}}$$

由于应力球张量没有剪应力，只引起正应力，而且任意方向上的正应力都相同。因此，应力偏张量 $\boldsymbol{\sigma}'_{ij}$ 的切应力分量、主切应力、最大切应力以及应力主轴等都与原应力张量相同。因而应力偏量使物体产生形状变化，而不能产生体积变化，材料的塑性变形就是由应力偏量引起的。

应力偏张量同样存在 3 个不变量，分别用 $J'_1$、$J'_2$、$J'_3$ 表示。将应力偏张量的分量代入式(4－21b)，可得

$$J'_1=\sigma'_x+\sigma'_y+\sigma'_z=(\sigma_x-\sigma_m)+(\sigma_y-\sigma_{\mathrm{m}})+(\sigma_z-\sigma_{\mathrm{m}}) \tag{4-25a}$$

$$\begin{aligned}J_2&=-(\sigma'_x\sigma'_y+\sigma'_y\sigma'_z+\sigma'_z\sigma'_x)+\tau_{xy}^2+\tau_{yz}^2+\tau_{zx}^2\\&=\frac{1}{6}[(\sigma_x-\sigma_y)^2+(\sigma_y-\sigma_z)^2+(\sigma_z-\sigma_x)^2]+(\tau_{xy}^2+\tau_{yz}^2+\tau_{zx}^2)\end{aligned} \tag{4-25b}$$

$$J_3=\begin{vmatrix}\sigma'_x & \tau_{xy} & \tau_{xz}\\ \tau_{yx} & \sigma'_y & \tau_{yz}\\ \tau_{zx} & \tau_{zy} & \sigma'_z\end{vmatrix} \tag{4-25c}$$

对于主轴坐标系，有

$$J'_1=0$$

$$J'_2=\frac{1}{6}[(\sigma_1-\sigma_2)^2+(\sigma_2-\sigma_3)^2+(\sigma_3-\sigma_1)^2]$$

$$J'_3=\sigma'_1\sigma'_2\sigma'_3$$

应力偏张量的第一不变量 $J'_1=0$，表明应力分量已经没有静水应力成分；第二不变量 $J'_2$ 与屈服准则有关；第三不变量 $J'_3$ 决定了应变的类型，$J'_3>0$ 属于伸长类应变，$J'_3=0$ 属于平面应变，$J'_3<0$ 属于压缩类应变。

### 4. 等效应力

为了描述一点应力状态中应力偏量的综合作用，引入了等效应力。对任意坐标系，等效应力 $\bar{\sigma}$ 为

$$\bar{\sigma}=\frac{1}{\sqrt{2}}\sqrt{(\sigma_x-\sigma_y)^2+(\sigma_y-\sigma_z)^2+(\sigma_z-\sigma_x)^2+6(\tau_{xy}^2+\tau_{yz}^2+\tau_{zx}^2)} \tag{4-26a}$$

对于主轴坐标系

$$\bar{\sigma}=\frac{1}{\sqrt{2}}\sqrt{(\sigma_1-\sigma_2)^2+(\sigma_2-\sigma_3)^2+(\sigma_3-\sigma_1)^2}=\sqrt{J'_2} \tag{4-26b}$$

等效应力 $\bar{\sigma}$ 是一个不变量，是与材料的塑性变形有密切关系的参数。

### 5. 应力平衡微分方程与静力边界条件

应力平衡微分方程就是物体任意无限相邻两点间 $\sigma_{ij}$ 的关系，可以通过微元体沿坐标轴力平衡来得到，一般应力平衡方程在不同坐标系下有不同的表达形式。

在直角坐标系下考察微元体(见图 4－5)，假设物体为连续介质，无限邻近两点的应力状态分别为 $\sigma_{ij}(x,y,z)$，$\sigma_{ij}(x+\mathrm{d}x,\ y+\mathrm{d}y,z+\mathrm{d}z)$。假设 $\sigma_{ij}$ 连续可导则有

$$\sigma_{ij}(x+\mathrm{d}x,y+\mathrm{d}y,z+\mathrm{d}z)=\sigma_{ij}(x,y,z)+\frac{\partial\sigma_{ij}}{\partial x_k}\mathrm{d}x_k\quad(i,j,k=x,y,z)\tag{4-27}$$

由平衡条件可建立物体处于平衡时内部各点所需满足的平衡条件,即平衡微分方程

$$\left.\begin{aligned}\frac{\partial\sigma_x}{\partial x}+\frac{\partial\tau_{yx}}{\partial y}+\frac{\partial\tau_{zx}}{\partial z}=0\\ \frac{\partial\tau_{xy}}{\partial x}+\frac{\partial\sigma_y}{\partial y}+\frac{\partial\tau_{zy}}{\partial z}=0\\ \frac{\partial\tau_{xz}}{\partial x}+\frac{\partial\tau_{yz}}{\partial y}+\frac{\partial\sigma_z}{\partial z}=0\end{aligned}\right\}\tag{4-28}$$

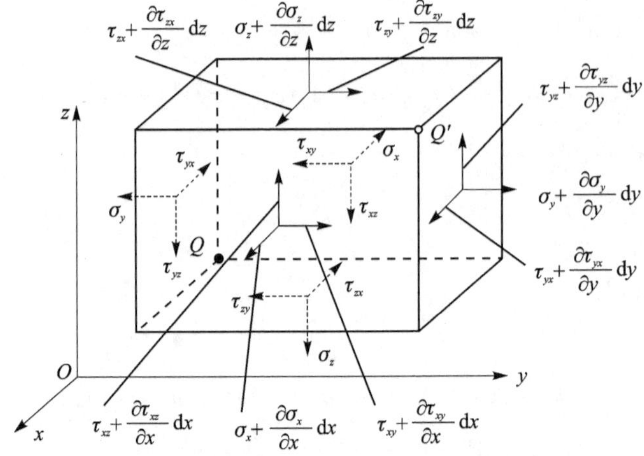


**图4-5　直角坐标系微元体的平衡**

如果将式(4-15)所表示的微分四面体应力关系用于表示物体表面任意一点的平衡条件,并假定此表面任意一点的面力分量分别为 $p_x$、$p_y$、$p_z$,则有

$$p_x=\sigma_x l+\tau_{yx}m+\tau_{zx}n\tag{4-29a}$$

$$p_y=\tau_{xy}l+\sigma_y m+\tau_{zy}n\tag{4-29b}$$

$$p_z=\tau_{xz}l+\tau_{yz}m+\sigma_z n\tag{4-29c}$$

式(4-29)建立了物体表面任意一点的应力与面力之间的关系,称为静力边界条件。塑性成型过程中经常出现的应力边界条件主要有3种情况,即自由表面、工具与工件的接触表面、变形区与非变形区的分界面。

## 4.1.3　变形力学图

### 1. 主应力图

表示某点六面体各面上各主应力有无及其方向的图叫做主应力图。主应力图具有9种可能的组合,如图4-6所示。这9种组合也可从应力球张量与偏张量来加以理解。由 $\boldsymbol{\sigma}'_{ii}=\mathbf{0}$,决定了 $\boldsymbol{\sigma}'_{ij}$ 只可能有3种状态,即 $\sigma_m<0$,$\sigma_m=0$,$\sigma_m>0$,所以 $\boldsymbol{\sigma}_{ij}$ 应该有9种可能。

主应力图是定性分析塑性加工时工件受力状况类型的一种手段。

### 2. 主变形图

用主应变表示质点变形情况的简图称为主变形图。主变形图是定性判断塑性变形类型的

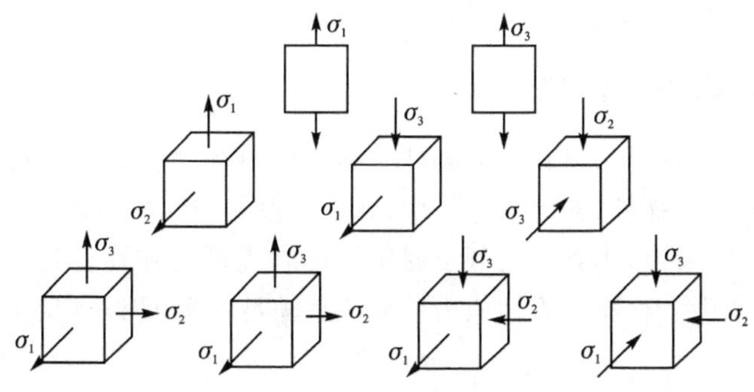


图 4-6　主应力图

图示方法。三个主应变中绝对值最大的主应变称为特征应变。根据塑性变形体积不变条件，特征应变主变形图只可能有 3 种形式，如图 4-7 所示(设 $\varepsilon_1 \geqslant \varepsilon_2 \geqslant \varepsilon_3$)。

图 4-7(a)所示为压缩类变形。特征应变为负应变($\varepsilon_1 < 0$)，另两个应变为正应变，且

$$\varepsilon_2 + \varepsilon_3 = -\varepsilon_1 \tag{4-30}$$

图 4-7(b)所示为剪切类变形(平面变形)。一个应变为零($\varepsilon_2 = 0$)，其他两个应变大小相等，方向相反，即

$$\varepsilon_1 = -\varepsilon_3 \tag{4-31}$$

图 4-7(c)所示为伸长类变形。特征应变为正应变(即 $\varepsilon_1 > 0$)，另两个应变为负应变，且

$$\varepsilon_1 = -\varepsilon_2 - \varepsilon_3 \tag{4-32}$$

主应变图可用于判别塑性变形的类型，对于分析塑性变形的金属流动具有重要意义。若已知应力状态，则可用 $J_3'$ 判别塑性变形的类型。

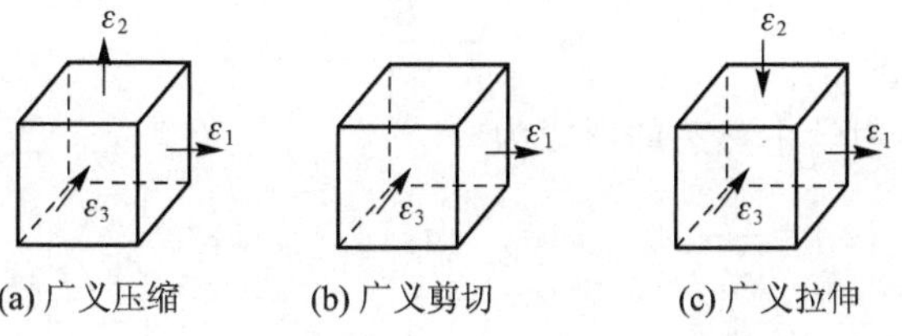


图 4-7　主变形图

变形体内一点的主应力图与主应变图结合构成变形力学图。它形象地反映了该点主应力、主应变有无和方向。主应力图有 9 种可能，主应变有 3 种可能，二者组合，则有 27 种可能的变形力学图。但单拉、单压应力状态只可能分别对应一种变形图，所以实际变形力学图只有 23 种。

## 4.2　固体材料本构方程

本构方程是由材料性质决定的，不同的本构方程是各种材料相互区别的标志。力作用物体，使物体产生变形与运动，不同类型的物质，会产生完全不同的变形与运动。如固体在外力作用下产生弹性变形或塑性变形，流体极易流动，流体的体积变化不大，但形状却随容器而变，气体的体积及形状都由容器决定等，所有这些都是由物质内部结构不同造成的。在热制造过程中，正是利用物质的这些特性对材料进行加工的。根据热制造中材料成型力学问题的需要，

这里主要介绍弹性、塑性、刚塑性等材料的本构模型。

### 4.2.1 弹性本构方程

固体材料受拉伸载荷作用,材料将分别处于弹性阶段和塑性阶段。材料在弹性阶段和塑性阶段的力学行为是不一样的,在力学分析中,弹性阶段与塑性阶段的本构方程是不同的。

对大多的工程材料来说,当其应力低于屈服极限时表现为弹性行为,也就是说,当撤消载荷时,其应变也完全消失。材料的弹性应力应变关系满足广义 Hooke 定律,即

$$\boldsymbol{\sigma}=\boldsymbol{D}_{\mathrm{e}}\varepsilon \tag{4-33a}$$

或

$$\boldsymbol{\varepsilon}=\boldsymbol{D}_{\mathrm{e}}^{-1}\boldsymbol{\sigma} \tag{4-33b}$$

式中:$\boldsymbol{D}_{\mathrm{e}}$ 为弹性矩阵,即

$$\boldsymbol{D}_{\mathrm{e}}=\begin{bmatrix} \lambda+2G & & \text{对} & & & \\ \lambda & \lambda+2G & & & & \\ \lambda & \lambda & \lambda+2G & & & \text{称} \\ 0 & 0 & 0 & G & & \\ 0 & 0 & 0 & 0 & G & \\ 0 & 0 & 0 & 0 & 0 & G \end{bmatrix}$$

其中,

$$\lambda=\frac{E\nu}{(1+\nu)(1+2\nu)}$$

式中:$E$ 为弹性模量;$\nu$ 为泊松比;$G$ 为剪切模量。

$$G=\frac{E}{2(1+\nu)}$$

上述关系写成弹性力学中熟悉的形式为

$$\left.\begin{aligned} \varepsilon_x&=\frac{1}{E}[\sigma_x-\nu(\sigma_y+\sigma_z)], & \gamma_{xy}&=\frac{1}{G}\tau_{xy} \\ \varepsilon_y&=\frac{1}{E}[\sigma_y-\nu(\sigma_x+\sigma_z)], & \gamma_{yz}&=\frac{1}{G}\tau_{yz} \\ \varepsilon_z&=\frac{1}{E}[\sigma_z-\nu(\sigma_x+\sigma_y)], & \gamma_{xz}&=\frac{1}{G}\tau_{xz} \end{aligned}\right\} \tag{4-33c}$$

### 4.2.2 屈服准则

#### 1. 屈服准则的概念

在实际的应力分析中,对单向受拉试件可以通过简单地比较轴向应力与材料的屈服应力来决定是否有塑性变形发生,当 $\sigma=\sigma_{\mathrm{s}}$ 时,材料发生屈服。然而,对于一般的应力状态,是否到达屈服点并不是很明显。在任意应力状态下,质点的应力状态取决于6个独立的应力分量或3个主应力,因而材料质点的屈服与独立的6应力分量或3个主应力有关,同时也与材料本身的特性有关。研究表明,在一定的变形条件(变形温度、变形速度等)下,只有当各应力分量之间符合一定关系时,质点才开始进入塑性状态,这种关系称为屈服准则,也称塑性条件,是描述受力物体中不同应力状态下的质点进入塑性状态并使塑性变形继续进行所必须遵守的力学条

件，这种力学条件可以表示为

$$f(\sigma_{ij})=C \tag{4-34a}$$

式(4-34a)称为屈服函数，式中 $C$ 为与材料特性有关而与应力状态无关的常数，可通过实验确定。对于各向同性材料，由于坐标选择与屈服准则无关，因此屈服函数可用主应力来表示，即

$$f(\sigma_1、\sigma_2、\sigma_3)=C \tag{4-34b}$$

根据屈服准则，当 $f(\sigma_{ij})<C$ 时，质点处于弹性状态；当 $f(\sigma_{ij})=C$ 时，质点处于塑性状态。屈服准则只是针对质点而言，如受力物体内应力均匀分布，则该物体内所有质点可以同时进入塑性状态，即该物体开始发生塑性变形。但在实际材料的塑性加工时，应力分布一般是不均匀的，在加载过程中，某些质点将早一些进入塑性状态，这时整个物体并不一定会发生塑性变形。只有当整个物体，或物体内某些连通区域中的质点全部进入塑性状态时，该物体或该物体内某连通区域才能开始塑性变形。

### 2. 屈雷斯加(H. Tresca) 屈服准则

法国工程师屈雷斯加于 1864 年首先提出了最大剪应力屈服准则。该准则认为：当最大剪应力达到某临界值时，材料就发生屈服，即

$$\tau_{\max}=\left|\frac{\sigma_{\max}-\sigma_{\min}}{2}\right|=C \tag{4-35a}$$

在单向拉伸条件下，发生屈服时有 $\tau_{\max}=\sigma_s/2=K$，则屈雷斯加屈服准则表达式为

$$|\sigma_{\max}-\sigma_{\min}|=\sigma_s=2K \tag{4-35b}$$

式中：$K$ 为材料屈服时的最大切应力值，也称剪切屈服强度。

若规定主应力大小顺序为 $\sigma_1\geqslant\sigma_2\geqslant\sigma_3$，则式(4-35b)可以表示为

$$|\sigma_1-\sigma_3|=2K \tag{4-35c}$$

对于平面变形以及主应力为异号的平面应力问题，因为

$$\tau_{\max}=\sqrt{\left(\frac{\sigma_x-\sigma_y}{2}\right)^2+\tau_{xy}^2} \tag{4-35d}$$

所以，用任意坐标系应力分量表示的屈雷斯加屈服准则可写为

$$(\sigma_x-\sigma_y)^2+\tau_{xy}^2=\sigma_s^2=4K^2 \tag{4-35e}$$

### 3. 米塞斯(von Mises) 屈服准则

德国力学家米塞斯 1913 年提出将应力偏量第二不变量 $J'_2$ 作为屈服准则的判据，称为米塞斯屈服准则。该屈服准则可以表述为：在一定的变形条件下，当受力物体内一点的应力偏量第二不变量 $J'_2$ 达到某一定值时，该点就开始进入塑性状态，即

$$f(\sigma'_{ij})=J'_2=C \tag{4-36}$$

根据式(4-25b)有

$$J'_2=\frac{1}{6}[(\sigma_x-\sigma_y)^2+(\sigma_y-\sigma_z)^2+(\sigma_z-\sigma_x)^2+6(\tau_{xy}^2+\tau_{yz}^2+\tau_{zx}^2)]=C \tag{4-37a}$$

用主应力可以表示为

$$J'_2=\frac{1}{6}[(\sigma_1-\sigma_2)^2+(\sigma_2-\sigma_3)^2+(\sigma_3-\sigma_1)^2]=C \tag{4-37b}$$

单向拉伸时有 $\sigma_1=\sigma_s,\sigma_2=\sigma_3=0$，由式(4-37b)可得 $C=\sigma_s^2/3$；在纯剪切条件下，$\tau_{xy}=\sigma_1=-\sigma_3=K,\sigma_2=0$，由式(4-37b)可得 $C=K^2$；由于 $C$ 与应力状态无关，所以 $K=\sigma_s/\sqrt{3}$。因此式(4-37a)可写为

$$(\sigma_x-\sigma_y)^2+(\sigma_y-\sigma_z)^2+(\sigma_z-\sigma_x)^2+6(\tau_{xy}^2+\tau_{yz}^2+\tau_{zx}^2)=2\sigma_s^2=6K^2 \tag{4-38a}$$

或用主应力表示

$$(\sigma_1-\sigma_2)^2+(\sigma_2-\sigma_3)^2+(\sigma_3-\sigma_1)^2=2\sigma_s^2=6K^2 \tag{4-38b}$$

将式(4-38)与等效应力比较，可得

$$\bar{\sigma}=\frac{1}{\sqrt{2}}\sqrt{(\sigma_x-\sigma_y)^2+(\sigma_y-\sigma_z)^2+(\sigma_z-\sigma_x)^2+6(\tau_{xy}^2+\tau_{yz}^2+\tau_{zx}^2)}=\sigma_s \tag{4-39a}$$

或用主应力表示

$$\bar{\sigma}=\frac{1}{\sqrt{2}}\sqrt{(\sigma_1-\sigma_2)^2+(\sigma_2-\sigma_3)^2+(\sigma_3-\sigma_1)^2}=\sigma_s \tag{4-39b}$$

因此，米塞斯屈服准则也可以表示为：在一定的变形条件下，当受力物体内一点的等效应力 $\bar{\sigma}$ 达到某一定值时，该点就开始进入塑性状态。

1924 年亨盖(H. Hencky)的研究认为，米塞斯屈服准则的物理意义是各向同性材料所积累的单位体积变形能达到一定值时，材料发生屈服，故米塞斯屈服准则又被称为能量屈服准则。

### 4. 屈服准则的几何描述

在主应力空间中，屈服准则的数学表达式表示一个空间曲面。如果表示应力状态的点在此空间曲面上，则材料处于屈服状态，因此，将此空间曲面称为屈服表面。如果表示应力状态的点在此屈服表面内，则材料处于弹性状态。当考虑材料的加工硬化时，屈服表面是以初始屈服表面为始表面、连续向外扩展的一系列相似于始表面的空间曲面群。

式(4-39b)表示的米塞斯屈服准则在主应力空间是一个无限长的圆柱面，称为米塞斯屈服面；屈雷斯加屈服准则的表达式(4-35)在主应力空间是一个内接于米塞斯圆柱面的正六棱柱面，称为屈雷斯加屈服面，如图 4-8 所示。

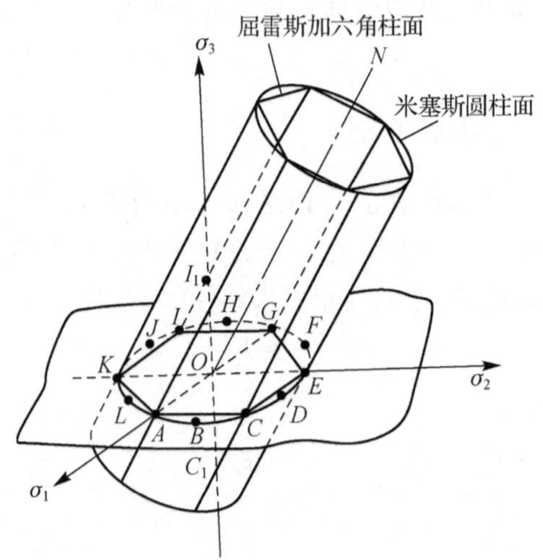


**图 4-8 主应力空间中的屈服表面**

某个主应力为零的平面与空间屈服曲面的交线称为屈服轨迹。若以 $\sigma_3=0$ 代入式(4-38b)可分别得平面应力状态下的米塞斯屈服准则和屈雷斯加屈服准则,即

$$\sigma_1^2-\sigma_1\sigma_2+\sigma_2^2=\sigma_s^2 \tag{4-40a}$$

和

$$\left.\begin{aligned}&\sigma_1-\sigma_2=\pm\sigma_s\\&\sigma_2=\pm\sigma_s\\&\sigma_1=\pm\sigma_s\end{aligned}\right\} \tag{4-40b}$$

如图 4-9 所示,平面应力状态下的米塞斯屈服准则轨迹为一椭圆,称为米塞斯椭圆;屈雷斯加屈服准则轨迹是内接于米塞斯椭圆的六边形,称为屈雷斯加六边形。屈服轨迹的集合意义是:若表示应力状态的点在屈服轨迹里面,则材料的质点处于弹性状态;若表示应力状态的点在屈服轨迹上,则材料的质点处于塑性状态。

从图 4-9 可以看出,在 6 个内接点的应力状态下,屈雷斯加屈服准则与米塞斯椭圆屈服准则是一致的,在其他情况下,两者有所差别,其最大相差为 15.5%。

在主应力空间,通过原点并垂直于等倾线 $ON$ 的平面上各点的球张量皆为零。此平面称为 $\pi$ 平面,其方程为

$$\sigma_1+\sigma_2+\sigma_3=0 \tag{4-41}$$

$\pi$ 平面与两个屈服表面都垂直,故屈服表面在 $\pi$ 平面上的投影(交线)是半径为 $\sqrt{\dfrac{2}{3}}\sigma_s$ 的圆及其内接正六边形,这就是 $\pi$ 平面上的屈服轨迹(见图 4-10)。

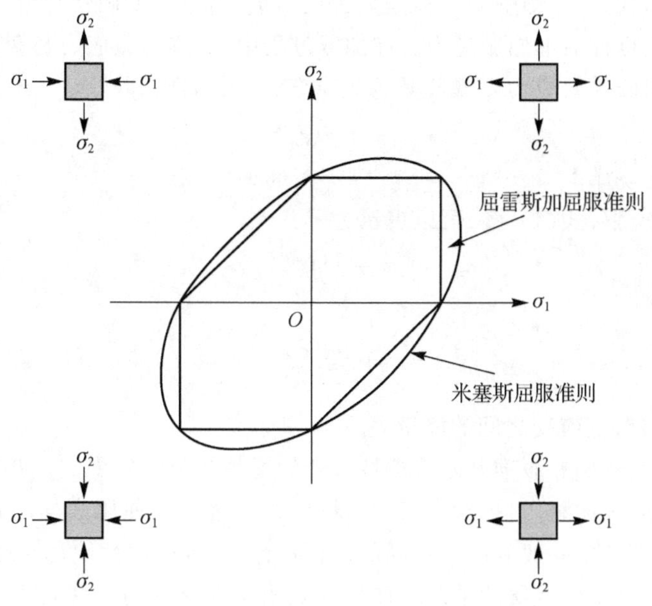


**图 4-9　两向应力状态下的屈服轨迹**

### 5. 塑性流动与应变硬化

当物体的应力状态满足屈服准则时,发生塑性变形(即流动)。例如,当 $\bar{\sigma}=\sigma_s$ 时,材料发生屈服。这里的 $\sigma_s$ 只代表初次加载过程中塑性变形开始发生的屈服应力。在此后的塑性变

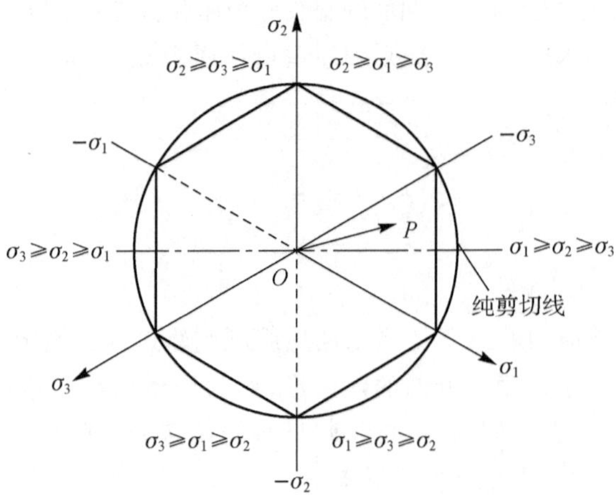


**图 4-10 π 平面上的屈服轨迹**

形过程中,材料因塑性变形而导致屈服应力(流动应力)的改变,$\sigma_s$ 的值一般还会提高,这种现象称为应变强化或硬化。

对于应变硬化材料,前述的屈服准则称为初始屈服准则。当材料产生应变硬化后,屈服准则将发生变化,在塑性变形过程中的某个瞬时,都有一个后继的瞬时屈服表面和屈服轨迹。后继屈服准则可以表示为

$$f(\sigma_{ij}) = Y \tag{4-42}$$

对于理想塑性材料,式(4-42)中的 $Y$ 就是屈服应力 $\sigma_s$,对于应变硬化材料,$Y$ 是材料应变硬化后的瞬时屈服应力,也称后继屈服应力。在加载过程中,后继屈服应力与塑性等效应变总量具有依赖关系,后继屈服等效应力 $\bar{\sigma}$ 是积累等效应变 $\bar{\varepsilon}_p$ 的函数,即

$$\bar{\sigma} = f(\bar{\varepsilon}_p) \tag{4-43}$$

式(4-43)称为强化规律。

在单轴拉伸情况下,式(4-43)可以表示为

$$\sigma = H(\varepsilon_p) \tag{4-44}$$

微分可得

$$H' = \frac{\partial \sigma}{\partial \varepsilon_p} \tag{4-45}$$

即 $H'$ 反映了应力与塑性应变之间的增量关系。

应变硬化是描述初始屈服准则随着塑性应变的增加是如何发展的。既然应力状态只能存在于屈服表面或屈服表面之内,那么任何试图将应力状态移出屈服表面的趋势都将引起塑性应变的发生。塑性理论中一般有两种不同的硬化定律,即各向同性硬化和运动硬化。

为了易于理解,这里以金属的单轴拉伸为例说明塑性流动与硬化特点。图 4-11 所示为金属单轴拉伸的工程应力-应变曲线,其应力和应变分别称为工程应力和工程应变,定义为

$$S = \frac{P}{A_0} \tag{4-46}$$

$$e = \frac{\Delta L}{L_0} \tag{4-47}$$

式中:$P$ 为拉伸载荷,单位为 N;$A_0$ 为试样初始截面积,单位为 $mm^2$;$L_0$ 为试样标距初始长

度，单位为 mm；$\Delta L$ 为试样标距内伸长量，单位为 mm；$S$ 为工程应力，单位为 MPa；$e$ 为工程应变，通常以百分数表示。

工程应力-应变曲线可分为弹性变形、塑性变形和断裂三个阶段。屈服强度 $\sigma_s$ 为弹塑性变形的分界点，$S<\sigma_s$ 为弹性阶段，$S\geqslant\sigma_s$ 为塑性阶段，应力-应变之间为非线性关系；当应力达到 $\sigma_b$ 之后，变形为不均匀塑性变形，呈现不稳定状态。经短暂的不稳定变形（出现缩颈），试样最终断裂。

在拉伸过程中，若在均匀塑性变形阶段卸载，则一部分变形得以恢复，另一部分变形则成为永久变形。若卸载后再加载，则只要 $S<\sigma_g$，加载过程仍为弹性。一旦 $S>\sigma_g$，应力-应变之间则呈现非线性关系，$\sigma_g$ 就成为新的弹塑性变形分界点。材料由初始弹性阶段进入塑性，称为初始屈服，而再度屈服则称为后继屈服。进入塑性变形以后的应力都可以视为屈服极限，即后继屈服应力是材料塑性变形时的应力。很显然后继屈服应力大于初始屈服应力，表明材料经历一定的塑性变形后，其屈服应力升高了，这种现象称为应变强化或加工硬化（见图 4-12）。与单向应力状态相似，材料在复杂应力状态下也有初始屈服和后继屈服的问题。

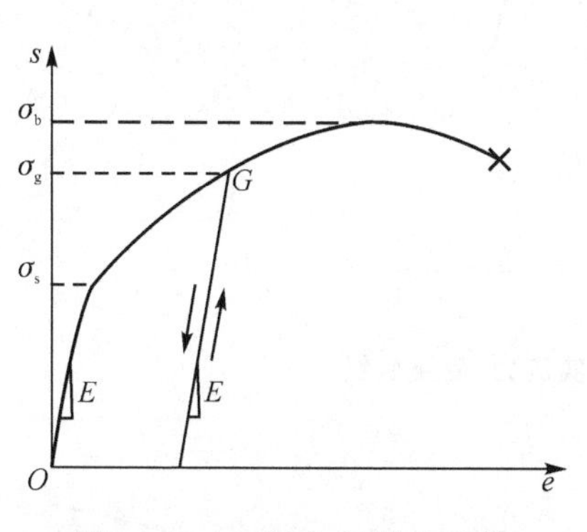


**图 4-11　工程应力-应变曲线**

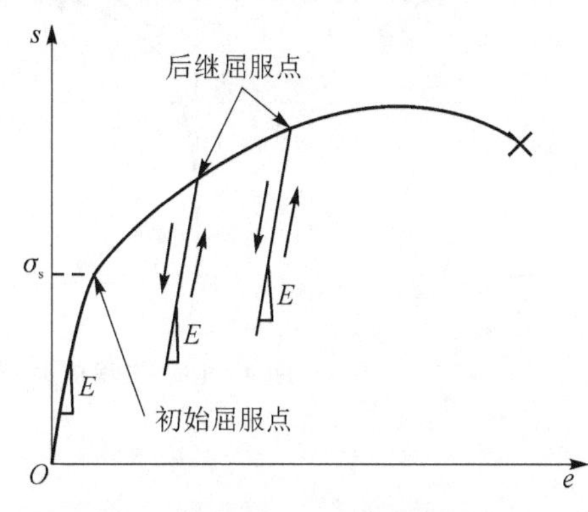


**图 4-12　应变强化**

由于试样的横截面在拉伸过程中逐渐变小，所以工程应力不能反映试样瞬时的真实应力状态，特别是材料进入加工硬化阶段，其变形规律需要用真实应力-应变曲线描述。试样拉伸过程中的真实应力为

$$\sigma=\frac{P}{A} \tag{4-48}$$

式中：$A$ 为试样的瞬时截面积，单位为 mm²。试样的瞬时截面积与初始截面积的关系如下：

$$A(L_0+\Delta L)=A_0\times L_0 \tag{4-49}$$

由此可得

$$\sigma=\frac{P}{A}(1+e)=\sigma(1+e) \tag{4-50}$$

若试样在拉伸过程中测量标距间的瞬时长度为 $L$，则瞬时应变增量为

$$\mathrm{d}\varepsilon=\frac{\mathrm{d}L}{L_0} \tag{4-51}$$

积分可得

$$\varepsilon=\ln\frac{L}{L_0}=\ln(1+e) \tag{4-52}$$

式中:ε 称为真实应变。

图 4 - 13 所示为真实应力-应变关系(曲线 A)与工程应力-应变关系(曲线 B)的比较。真实应力-应变曲线更能反映材料加工硬化的影响,通常称为硬化曲线。硬化曲线与试验温度和应变速率有关(见图 4 - 14)。一般将均匀塑性变形阶段的真应力-应变曲线称为流变曲线(见图 4 - 15),所对应的真应力通常称为流变应力,记为 $\sigma_f$。相对于工程应力-应变曲线,真实应力-应变曲线向左上方移动,也表明流变应力可以更好地反映材料的加工硬化特性,意即加工硬化是流变应力随应变量增加而升高的现象。流变应力是材料在高温下的塑性指标之一,在合金化学成分和内部结构一定的情况下,主要受变形温度、变形程度和应变速率的影响,是变形过程中金属内部显微组织演变和性能变化的综合反映(见 3.5.4 小节)。

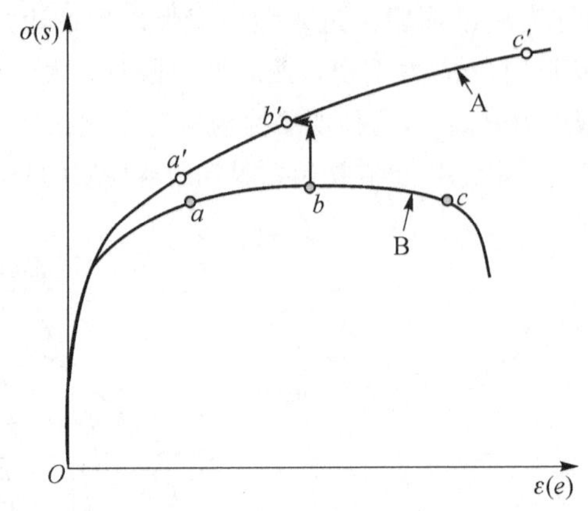


图 4 - 13 工程应力-应变曲线与真实应力-应变曲线

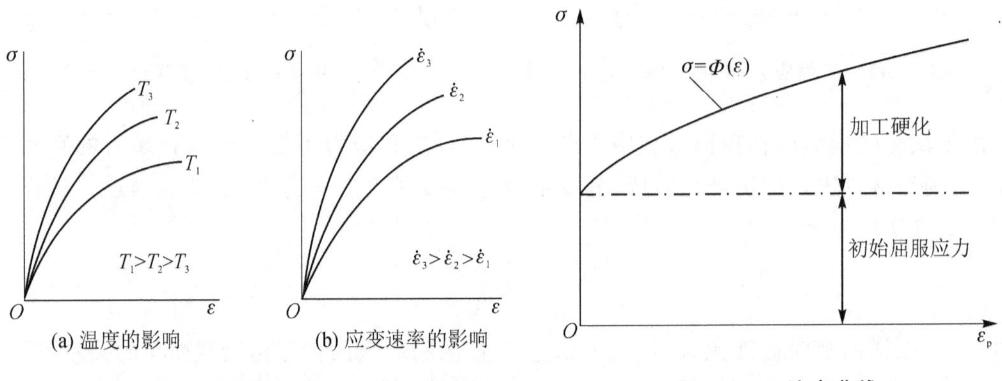


图 4 - 14 温度和应变速率对加工硬化的影响

图 4 - 15 流变曲线

当应力超过屈服限后,应变中出现不可恢复的塑性应变,总应变 ε 可以表示为弹性应变 $\varepsilon_e$ 与塑性应变 $\varepsilon_p$ 之和(见图 4 - 16),其中弹性部分服从 Hooke 定律,即

$$\varepsilon = \varepsilon_e + \varepsilon_p = \frac{\sigma}{E} + \varepsilon_p \tag{4-53}$$

若应力-应变之间的非线性关系为

$$\sigma = \Phi(\varepsilon) = \Phi\left(\frac{\sigma}{E} + \varepsilon_p\right) \tag{4-54}$$

则对式(4 - 54)求导可得

$$\frac{\partial\sigma}{\partial\varepsilon_p}=\frac{\partial\Phi}{\partial\varepsilon}\frac{\partial\varepsilon}{\partial\varepsilon_p}=\Phi'\left(\frac{1}{E}\frac{\partial\sigma}{\partial\varepsilon_p}+1\right) \tag{4-55}$$

由此可得

$$\frac{\partial\sigma}{\partial\varepsilon_p}=\frac{\Phi'}{1-\Phi'/E} \tag{4-56}$$

结合式(4-45)有

$$H'=\frac{\Phi'}{1-\Phi'/E} \tag{4-57}$$

或

$$H'=\frac{\Phi'E}{E-\Phi'} \tag{4-58}$$

其中，$\Phi'$与$H'$的几何意义如图 4-16 所示。

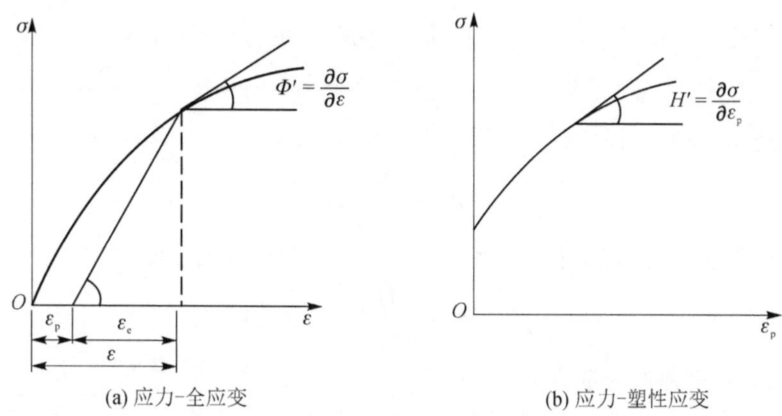


**图 4-16 单轴应力-应变关系**

## 4.2.3 塑性本构方程

当材料的应力状态满足屈服条件时，广义 Hooke 定律已不再适用，需要建立塑性状态下的应力-应变关系。描述塑性变形时应力与应变之间关系的数学表达式称为塑性本构方程。塑性状态下的应力应变关系有两类，即增量理论和形变理论(全量理论)。

### 1. 增量理论

增量理论又称流动理论，认为塑性状态下应力-应变的无限小增量之间存在对应关系。目前应用有限元法求解弹塑性问题时，基本采用增量理论。

在弹塑性条件下，当应力有微小增量 $d\sigma$ 时，总应变也要有微小增量 $d\varepsilon$，应变增量为

$$d\boldsymbol{\varepsilon}=d\boldsymbol{\varepsilon}_e+d\boldsymbol{\varepsilon}_p \tag{4-59}$$

式中：$d\boldsymbol{\varepsilon}_e$ 为弹性应变增量，卸载后要消失；$d\boldsymbol{\varepsilon}_p$ 为塑性应变增量，卸载后不能消失。单轴拉伸条件下的应力与应变增量关系如图 4-17 所示。应力增量 $d\sigma$ 可分别用 $d\varepsilon$、$d\varepsilon_e$、$d\varepsilon_p$ 表示，即

$$d\sigma=\Phi' d\varepsilon \tag{4-60a}$$

$$d\sigma=E d\varepsilon_e \tag{4-60b}$$

$$d\sigma=H' d\varepsilon_p \tag{4-60c}$$

与等效应变对应的塑性等效应变增量为

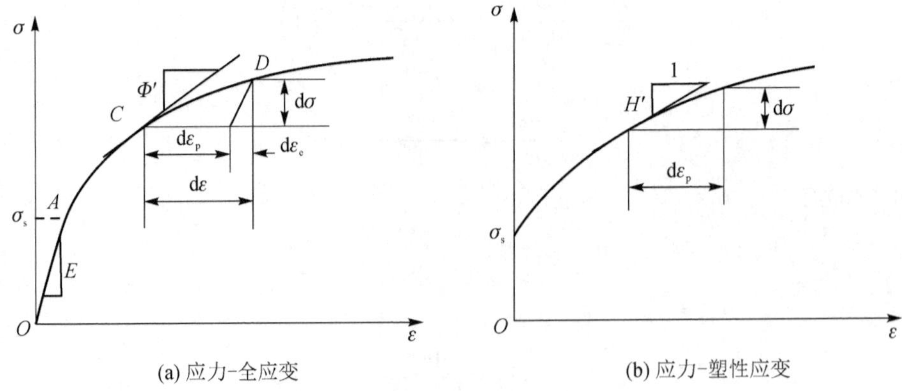

(a) 应力-全应变 (b) 应力-塑性应变

**图 4-17 应力增量与应变增量示意图**

$$d\bar{\varepsilon}_p = \frac{\sqrt{2}}{3}\left[(d\varepsilon_1 - d\varepsilon_2)^2 + (d\varepsilon_2 - d\varepsilon_3)^2 + (d\varepsilon_3 - d\varepsilon_1)^2 + \frac{3}{2}(d\varepsilon_4^2 + d\varepsilon_5^2 + d\varepsilon_6^2)\right]^{\frac{1}{2}} \tag{4-61}$$

根据普朗达尔-罗斯方程,有

$$d\boldsymbol{\varepsilon}_p = \frac{\partial\bar{\sigma}}{\partial\boldsymbol{\sigma}} d\bar{\varepsilon}_p \tag{4-62}$$

为了获得弹塑性应力-应变增量关系,对式(4-44)两边取微分可得

$$\left(\frac{\partial\bar{\sigma}}{\partial\boldsymbol{\sigma}}\right)^T d\boldsymbol{\sigma} = \frac{\partial H}{\partial\bar{\varepsilon}_p} d\bar{\varepsilon}_p = H' d\bar{\varepsilon}_p \tag{4-63}$$

由式(4-59)可得弹性分量为

$$d\boldsymbol{\varepsilon}_e = d\boldsymbol{\varepsilon} - d\boldsymbol{\varepsilon}_p \tag{4-64}$$

弹性应力增量与应变增量之间具有线性关系,即

$$d\boldsymbol{\sigma} = \boldsymbol{D}_e d\boldsymbol{\varepsilon}_e \tag{4-65}$$

将式(4-63)、式(4-62)代入式(4-65)有

$$d\boldsymbol{\sigma} = \boldsymbol{D}_e\left(d\boldsymbol{\varepsilon} - \frac{\partial\bar{\sigma}}{\partial\boldsymbol{\sigma}} d\bar{\boldsymbol{\varepsilon}}_p\right) \tag{4-66}$$

将式(4-66)代入式(4-63)得

$$d\bar{\varepsilon}_p = \frac{\left(\frac{\partial\bar{\sigma}}{\partial\boldsymbol{\sigma}}\right)^T \boldsymbol{D}_e}{H' + \left(\frac{\partial\bar{\sigma}}{\partial\boldsymbol{\sigma}}\right)^T \boldsymbol{D}_e \frac{\partial\bar{\sigma}}{\partial\boldsymbol{\sigma}}} d\boldsymbol{\varepsilon} \tag{4-67}$$

将式(4-67)代入式(4-66)可得

$$d\boldsymbol{\sigma} = \boldsymbol{D}_{ep} d\boldsymbol{\varepsilon} \tag{4-68}$$

式中:$\boldsymbol{D}_{ep}$ 称为弹塑性矩阵,即

$$\boldsymbol{D}_{ep} = \boldsymbol{D}_e - \boldsymbol{D}_p$$

式中:$\boldsymbol{D}_e$ 为弹性矩阵;$\boldsymbol{D}_p$ 为塑性矩阵,即

$$\boldsymbol{D}_p = \frac{\boldsymbol{D}_e \frac{\partial\bar{\sigma}}{\partial\boldsymbol{\sigma}}\left(\frac{\partial\bar{\sigma}}{\partial\boldsymbol{\sigma}}\right)^T \boldsymbol{D}_e}{H' + \left(\frac{\partial\bar{\sigma}}{\partial\boldsymbol{\sigma}}\right)^T \boldsymbol{D}_e \frac{\partial\bar{\sigma}}{\partial\boldsymbol{\sigma}}} \tag{4-69}$$

$\boldsymbol{D}_{\mathrm{p}}$ 与本次加载过程中的应力状态 $\boldsymbol{\sigma}$ 有关,因此上式为非线性的增量方程。

## 2. 全量理论

全量理论是建立塑性变形的全量应变与应力之间的关系,要求变形体满足比例加载(也称简单加载)条件,即变形过程中所有应力分量按同一比例单调增加。在满足有关比例加载的条件下,变形体应变偏张量各分量与应力偏张量各分量成正比,即

$$\varepsilon'_{ij}=\frac{1}{2G'}\sigma'_{ij} \tag{4-70}$$

由于塑性变形时体积不变,即应变球张量为零,因此上式可写为

$$\varepsilon_{ij}=\frac{1}{2G'}\sigma'_{ij} \tag{4-71}$$

其中,

$$G'=\frac{E'}{2(1+\nu)}=\frac{E'}{3}$$

式中:$G'$为塑性切变模量;$E'$为塑性模量(也称正割模量)。$G'$和 $E'$不仅与材料性质有关,而且与塑性变形程度有关,分别为

$$G'=\frac{1}{3}\frac{\bar{\varepsilon}}{\bar{\sigma}}$$

$$E'=3G'=\frac{\bar{\varepsilon}}{\bar{\sigma}}$$

因此有

$$\bar{\sigma}=E'\bar{\varepsilon} \tag{4-72}$$

根据式(4-71)和式(4-72)可得

$$\left.\begin{aligned}
\varepsilon_x&=\frac{1}{E'}\left[\sigma_x-\frac{1}{2}(\sigma_y+\sigma_z)\right],\quad \gamma_{xy}=\frac{1}{G'}\tau_{xy}\\
\varepsilon_y&=\frac{1}{E'}\left[\sigma_y-\frac{1}{2}(\sigma_x+\sigma_z)\right],\quad \gamma_{yz}=\frac{1}{G'}\tau_{yz}\\
\varepsilon_z&=\frac{1}{E'}\left[\sigma_z-\frac{1}{2}(\sigma_x+\sigma_y)\right],\quad \gamma_{xz}=\frac{1}{G'}\tau_{xz}
\end{aligned}\right\} \tag{4-73}$$

式(4-73)与广义 Hooke 定律相似。但在 Hooke 定律中弹性模量 $E$ 和剪切模量 $G$ 均为常数,而塑性模量 $E'$和塑性剪切模数 $G'$都是与材料特性和加载历史有关的变量。上述关系说明塑性变形时应力-应变之间的关系,总可以归结为应力强度与应变强度之间的函数关系,即 $\bar{\sigma}=f(\bar{\varepsilon})$,这种关系只与材料性质和变形条件有关,而与应力状态无关。

研究表明,当材料几乎为不可压缩时,按照不同应力路径所得出的函数关系 $\bar{\sigma}=\Phi(\bar{\varepsilon})$与单轴拉伸时的 $\sigma-\varepsilon$ 曲线十分接近,在工程计算中可视为相同,称为单一曲线假定。因此,可通过单轴拉伸实验曲线的非线性关系 $\sigma=\Phi(\varepsilon)$确定函数关系 $\bar{\sigma}=\Phi(\bar{\varepsilon})$。如图 4-18 所示,若单轴拉伸应力-应变之间的非线性关系为 $\sigma=\Phi(\varepsilon)$,则发生塑性变形时的正割模量为

$$E'=\frac{\sigma}{\varepsilon}=\frac{\Phi(\varepsilon)}{\varepsilon} \tag{4-74}$$

由此可见,$E'$与材料的性质和应变量相关。图 4-18 同时比较了单轴拉伸条件下的不同变形模量。

根据式(4-53)可得单轴拉伸塑性应变与应力的关系为

$$\varepsilon_p = \varepsilon - \frac{\sigma}{E} = \left(\frac{1}{E'} - \frac{1}{E}\right)\sigma \tag{4-75}$$

根据单一曲线假定,式(4-75)也是任意路径下等效塑性应变与等效应力的关系。

全量理论适用于简单加载条件,其最大特点是在整个加载路径中若不考虑卸载的发生,则所给出的应力-应变之间存在一一对应的确定关系,即相当于非线性弹性应力-应变关系。因此,若不考虑卸载问题,则全量关系对于非线性弹性体和塑性体都是适用的。非线性弹性体和塑性体的区别仅在于卸载规律的不同。

### 3. 卸载问题

如前所述,非线性弹性体和塑性体的区别在于卸载规律。非线性弹性体与塑性体的加载特点相同,卸载规则不同,如图4-19所示。非线性弹性体的加载与卸载规律都是沿着同一条曲线,变形是可逆的。而塑性体的加载路径与非线性弹性体类似,但卸载的路径不同,其塑性变形是不可逆的。从材料塑性变形分析中已经知道,不论是否屈服,塑性体卸载时的应力-应变关系始终是线性的,即加载到塑性阶段后卸载,只是弹性变形得到恢复,而塑性变形残留下来。

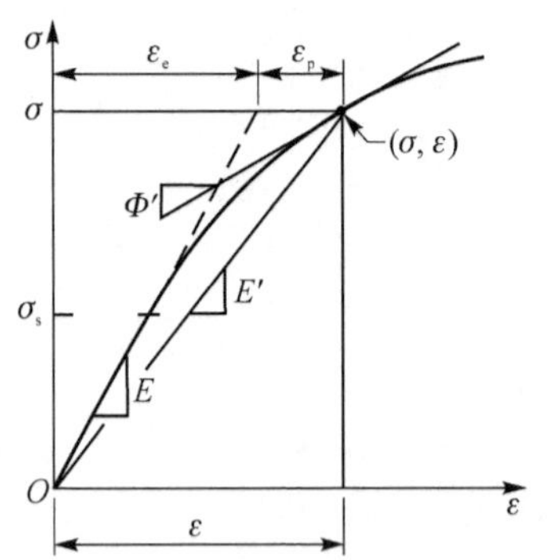


图4-18 单轴应力的变形模量

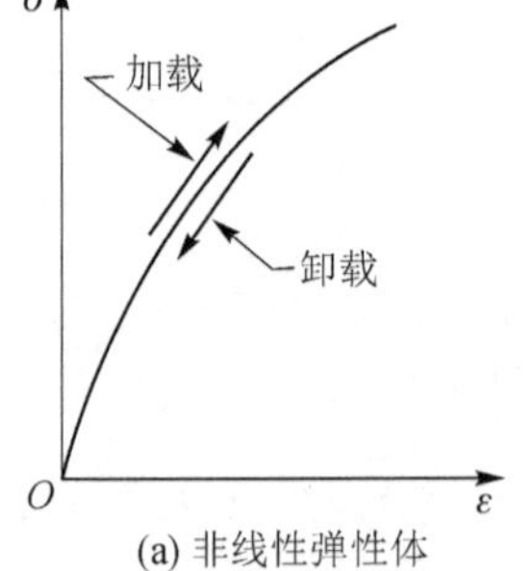


(a) 非线性弹性体

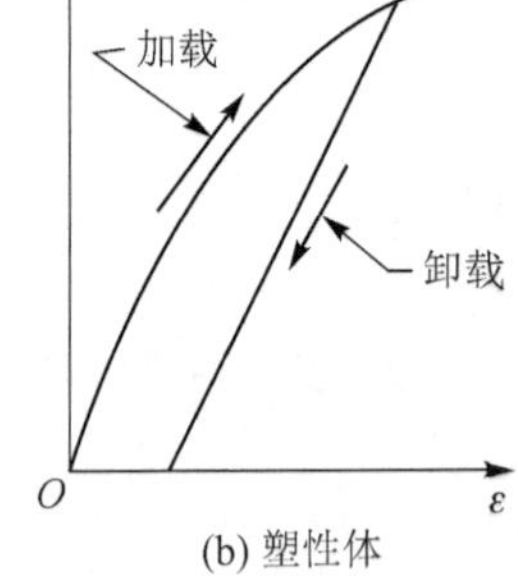


(b) 塑性体

图4-19 加载和卸载示意图

由塑性材料的单轴拉伸曲线可见,进入塑性变形阶段后的继续加载过程中,材料从一个塑性状态过渡到另一个塑性状态,应力为流变应力;卸载时材料是从一个塑性状态返回到一个弹性状态,应力点离开流变应力。

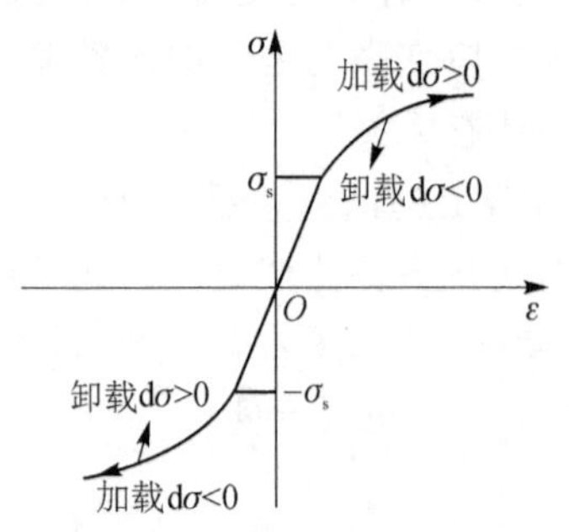


图4-20 单向拉伸与压缩

材料在进入塑性状态以后,持续的载荷变化如果是在拉伸(即$\sigma>0$)的情况下导致有$\mathrm{d}\sigma>0$,而在压缩情况下($\sigma<0$)的$\mathrm{d}\sigma<0$,则这种载荷的变化就是加载(见图4-20),加载的准则可以表示为$\sigma\mathrm{d}\sigma\geqslant 0$,而卸载的准则可以表示为$\sigma\mathrm{d}\sigma<0$。

如按图4-21所示加载至$B$点,从$B$点将载荷完全卸除到达$C$点后,再施加压应力,称为反向加载。若反向加载的屈服应力($A'$点的绝对值)不仅低于$B$点应力,而且低于正向初始屈服应力,则这一现象称为包辛格效应。如果先加压应力使材料进入硬化阶段,然后卸载到零应力后,再加拉应力，也可以观测到包辛格效应，即因压缩屈服应力提高，而导致反向加载时，拉伸屈服应力降低。包辛格效应反映了材料硬化过程中的各向异性性质。一般认为这是由于初始的拉伸或压缩变形改变了材料的内部微观结构以及卸载后残余应力作用的结果。若反向屈服应力的降低程度正好等于正向屈服应力提高的程度，则称为随动硬化(见图 4-22)。

有些材料不出现包辛格效应，而是拉伸加载发生塑性变形使材料的屈服应力提高，在反向加载(即压缩)时，屈服应力也得到同样程度的提高，这种硬化特性称为等向硬化(见图 4-22)。

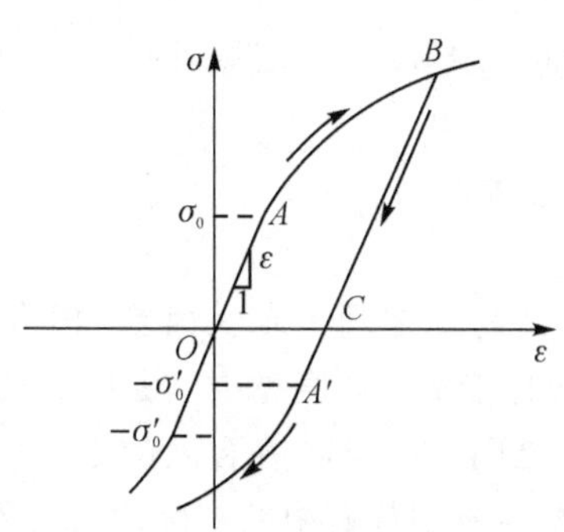


**图 4-21　包辛格效应**

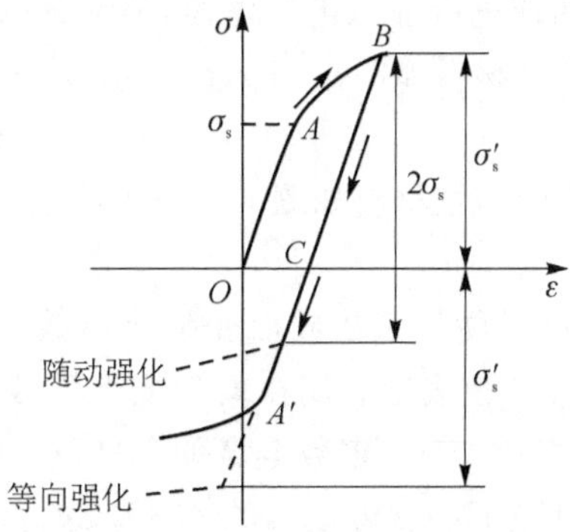


**图 4-22　强化模式**

卸载可以理解为在变形体上施加反方向的载荷。在简单卸载情况下，可以先根据卸载过程中的载荷改变量作为假想载荷作用到物体上，按弹性理论计算其所引起的应力和应变，它们实际上是所卸载荷相应的应力和应变的改变量。从卸载前的应力和应变减去这些改变量就得到卸载后的应力和应变，这就是所谓的卸载定理。

卸载的应力改变量 $\Delta\sigma$ 与应变改变量 $\Delta\varepsilon$ 之间服从 Hooke 定律，即

$$\Delta\sigma = E\Delta\varepsilon \tag{4-76}$$

若卸载前的应力和应变为 $\sigma^*$ 和 $\varepsilon^*$，则卸载后的残余应力 $\sigma_R$ 和残余应变 $\varepsilon_R$ 分别为

$$\sigma_R = \sigma^* - \Delta\sigma \tag{4-77}$$

$$\varepsilon_R = \varepsilon^* - \Delta\varepsilon \tag{4-78}$$

及

$$\sigma^* - \sigma_R = E(\varepsilon^* - \varepsilon_R) \tag{4-79}$$

由此可以看出，即使外荷载全部卸去后，在物体内不仅会留下残余变形，而且还会有残余应力(见图 4-23)。这是因为卸载应力的改变量是按弹性计算得到的，而卸载前的应力是按弹塑性计算的，两种应力不会完全相等，相减之后就得到残余应力。残余应变是卸载后变形体内剩余的应变，它等于卸载前的应变减去卸载过程中的改变量。

当复杂应力状态卸载时，如果外荷载的下降引起物体内塑性区各点的等效应力 $\bar{\sigma}$ 都下降，则整个物体处于卸载过程(也称简单卸载)。这时荷载对应力、应变的改变量

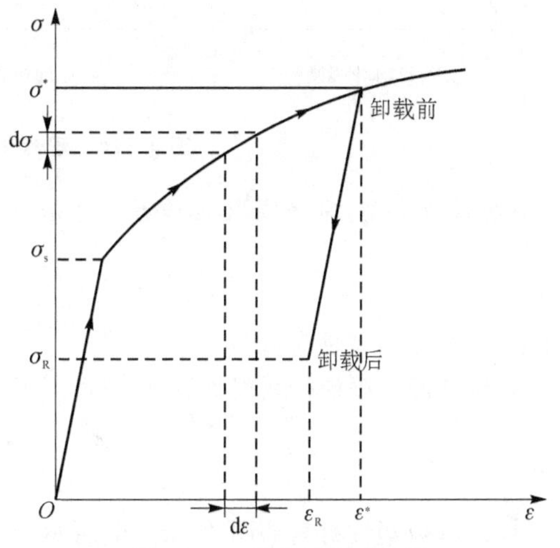


**图 4-23　卸载过程示意图**

之间也存在与上述的弹性体简单拉伸时相似情况。

应当注意,上述计算方法只适用于卸载过程中不发生第二次塑性变形的情形,即卸载不应引起应力改变符号而达到新的屈服。此时应根据载荷过程,求解另一阶段的塑性变形问题。

### 4.2.4 理想化的应力-应变曲线

试验所得的材料真实应力-应变曲线都不是简单的函数关系。实际应用中常对单轴拉伸应力-应变曲线进行理想化处理,其类型有以下几种:

① 线弹性材料如图 4-24(a)所示,应力-应变之间服从 Hooke 定律,即

$$\sigma = E\varepsilon \tag{4-80}$$

② 硬化弹塑性材料如图 4-24(b)所示,应力-应变关系为

$$\sigma = A\varepsilon^{N} \tag{4-81}$$

式中:$N$ 为材料硬化系数或形变强化指数,其值介于 0 与 1 之间。$A$ 为常数,相当于 $\varepsilon=1.0$ 时的真应力;$N$ 值表征金属在均匀变形阶段的形变强化能力,$N$ 值越大,变形时的强化效果越显著(见图 4-25)。多数金属的 $N$ 值在 0.1~0.5 之间。密排六方金属的 $N$ 值较小;而体心立方,特别是面心立方金属的 $N$ 值较大。$N$ 值在塑性成型分析中的实际意义可见第 7 章。

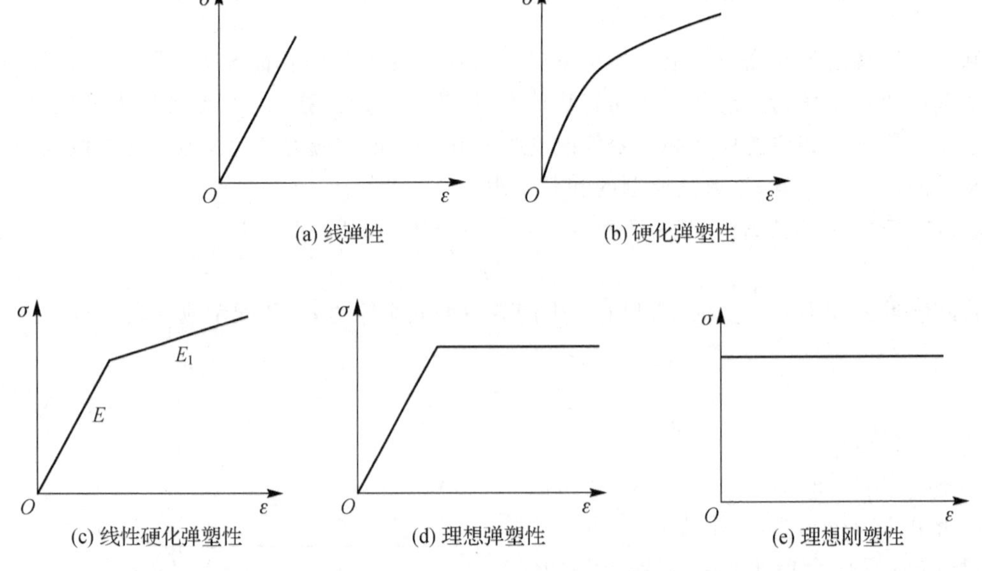


(a) 线弹性 (b) 硬化弹塑性

(c) 线性硬化弹塑性 (d) 理想弹塑性 (e) 理想刚塑性

**图 4-24 理想化的应力-应变曲线**

在数值计算时,常采用 Ramberg - Qcgood 三参数表达式代替幂硬化应力-应变关系,即

$$\varepsilon = \frac{\sigma}{E} + \alpha\left(\frac{\sigma}{E}\right)^{n} \tag{4-82}$$

式中:$\alpha$、$n$ 为材料特性参数。

③ 线性硬化弹塑性材料如图 4-24(c)所示,应力-应变关系为

$$\sigma = E\varepsilon,\quad \varepsilon \leqslant \varepsilon_s \tag{4-83a}$$

$$\sigma = \sigma_s + E_1(\varepsilon - \varepsilon_s),\quad \varepsilon \geqslant \varepsilon_s \tag{4-83b}$$

④ 理想弹塑性材料如图 4-24(d)所示,应力-应变关系为

$$\sigma = E\varepsilon,\quad \varepsilon \leqslant \varepsilon_s \tag{4-84a}$$

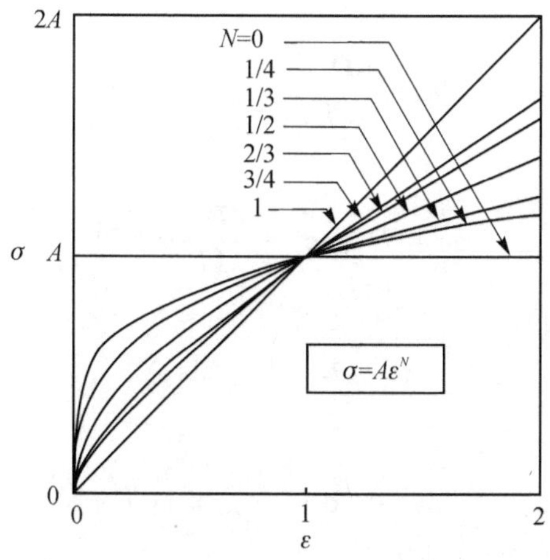


图 4－25　幂硬化材料的应力－应变曲线

$$\sigma = \sigma_s = E\varepsilon_s, \quad \varepsilon > \varepsilon_s \tag{4-84b}$$

⑤ 理想刚塑性材料，如果弹性变形比塑性变形小得多，则可忽略弹性变形，此时即为刚塑性体。在这种模型中，假设应力在达到屈服极限前变形等于零。图 4－24(e)所示为理想刚塑性材料的应力－应变曲线。

# 4.3　热弹塑性分析

热制造中材料的变形与热载荷有很大关系，材料的热弹塑性分析在热制造力学中具有重要作用。

## 4.3.1　热弹性问题

物体由于热膨胀只产生线应变，无剪切应变。在弹性范围内，由于温度变化引起的应变为

$$\boldsymbol{\varepsilon}_T = \boldsymbol{\alpha}\Delta T \tag{4-85}$$

总应变为

$$\boldsymbol{\varepsilon} = \boldsymbol{\varepsilon}_e + \boldsymbol{\varepsilon}_T \tag{4-86a}$$

由此可得弹性应变为

$$\boldsymbol{\varepsilon}_e = \boldsymbol{\varepsilon} - \boldsymbol{\varepsilon}_T \tag{4-86b}$$

增量形式为

$$d\boldsymbol{\varepsilon} = d\boldsymbol{\varepsilon}_e + d\boldsymbol{\varepsilon}_T \tag{4-87}$$

及

$$d\boldsymbol{\varepsilon}_e = d\boldsymbol{\varepsilon} - d\boldsymbol{\varepsilon}_T \tag{4-88}$$

应力－应变关系为

$$\boldsymbol{\sigma} = \boldsymbol{D}_e\boldsymbol{\varepsilon}_e = \boldsymbol{D}_e(\boldsymbol{\varepsilon} - \boldsymbol{\varepsilon}_T) \tag{4-89}$$

式中：$\boldsymbol{D}_e$ 为弹性矩阵。如果材料性质与温度无关，则上式的增量形式为

$$d\boldsymbol{\sigma} = \boldsymbol{D}_e(d\boldsymbol{\varepsilon} - d\boldsymbol{\varepsilon}_0) \tag{4-90}$$

式中：$d\boldsymbol{\varepsilon}_0 = d\boldsymbol{\varepsilon}_T = \boldsymbol{\alpha}dT$，表示温度变化引起的应变。如果材料性质与温度相关，则根据

$$\boldsymbol{\varepsilon}_e = \boldsymbol{D}_e^{-1}\boldsymbol{\sigma} \tag{4-91}$$

当温度变化时，有

$$d\boldsymbol{\varepsilon}_e = \frac{d\boldsymbol{D}_e^{-1}}{dT}\boldsymbol{\sigma}dT + \boldsymbol{D}_e^{-1}d\boldsymbol{\sigma} \tag{4-92}$$

由此可得

$$d\boldsymbol{\sigma} = \boldsymbol{D}_e\left(d\boldsymbol{\varepsilon}_e - \frac{d\boldsymbol{D}_e^{-1}}{dT}\boldsymbol{\sigma}dT\right) \tag{4-93}$$

由于 $d\boldsymbol{\varepsilon}_e = d\boldsymbol{\varepsilon} - \boldsymbol{\alpha}dT$，则有

$$d\boldsymbol{\sigma} = \boldsymbol{D}_e(d\boldsymbol{\varepsilon} - d\boldsymbol{\varepsilon}_0) \tag{4-94}$$

其中，

$$d\boldsymbol{\varepsilon}_0 = \left(\boldsymbol{\alpha} + \frac{d\boldsymbol{D}_e^{-1}}{dT}\boldsymbol{\sigma}\right)dT \tag{4-95}$$

表示相应于温度变化所引起的应变增量。

式(4-94)与式(4-90)的形式相似，只是 $\boldsymbol{\varepsilon}_0$ 的含义不同，式(4-94)的第二项反映了弹性常数变化对温度应变增量的影响。

## 4.3.2 热弹塑性问题

### 1. 热弹塑性应变与应力

在弹塑性范围内，由于温度变化引起的全应变增量为

$$d\boldsymbol{\varepsilon} = d\boldsymbol{\varepsilon}_e + d\boldsymbol{\varepsilon}_p + d\boldsymbol{\varepsilon}_T \tag{4-96}$$

或

$$d\boldsymbol{\varepsilon}_e + d\boldsymbol{\varepsilon}_p = d\boldsymbol{\varepsilon} - d\boldsymbol{\varepsilon}_T \tag{4-97}$$

如果材料性质与温度无关，则可得

$$d\boldsymbol{\sigma} = \boldsymbol{D}_{ep}(d\boldsymbol{\varepsilon} - d\boldsymbol{\varepsilon}_0) \tag{4-98}$$

式中：$\boldsymbol{D}_{ep}$ 为热弹塑性矩阵。

如果材料性质与温度相关，在求解任一增量热载荷时的塑性应变增量时，则需要确定材料的屈服状态与温度的关系。考虑温度的影响，米塞斯屈服准则可写为

$$\bar{\sigma} = H\left(\int d\bar{\varepsilon}_p, T\right) \tag{4-99}$$

或记为

$$\bar{\sigma} = H_T\left(\int d\bar{\varepsilon}_p\right) \tag{4-100}$$

其中，函数 $H$ 或 $H_T$ 可由简单拉伸试验确定。屈服准则为

$$\sigma = H(\varepsilon_p, T) \tag{4-101}$$

对式(4-99)两边取微分可得

$$\left(\frac{\partial\bar{\sigma}}{\partial\boldsymbol{\sigma}}\right)^T d\boldsymbol{\sigma} = \frac{\partial H}{\partial\bar{\varepsilon}_p}d\bar{\varepsilon}_p + \frac{\partial H}{\partial T}dT = H'_T d\bar{\varepsilon}_p + \frac{\partial H}{\partial T}dT \tag{4-102}$$

由式(4-97)可得弹性分量为

$$d\boldsymbol{\varepsilon}_e = d\boldsymbol{\varepsilon} - d\boldsymbol{\varepsilon}_p - d\boldsymbol{\varepsilon}_T \tag{4-103}$$

代入式(4-93)可得

$$\mathrm{d}\boldsymbol{\sigma}=\boldsymbol{D}_{\mathrm{e}}\left(\mathrm{d}\boldsymbol{\varepsilon}-\mathrm{d}\boldsymbol{\varepsilon}_{\mathrm{p}}-\mathrm{d}\boldsymbol{\varepsilon}_{\mathrm{T}}-\frac{\mathrm{d}\boldsymbol{D}_{\mathrm{e}}^{-1}}{\mathrm{d}T}\boldsymbol{\sigma}\mathrm{d}T\right) \tag{4-104}$$

将式(4-62)和 $\mathrm{d}\boldsymbol{\varepsilon}_T=\boldsymbol{\alpha}\mathrm{d}T$ 代入式(4-104)，并结合式(4-95)有

$$\mathrm{d}\boldsymbol{\sigma}=\boldsymbol{D}_{\mathrm{e}}\left(\mathrm{d}\boldsymbol{\varepsilon}-\frac{\partial\bar{\sigma}}{\partial\boldsymbol{\sigma}}\mathrm{d}\bar{\boldsymbol{\varepsilon}}_{\mathrm{p}}-\mathrm{d}\boldsymbol{\varepsilon}_{0}\right) \tag{4-105}$$

将式(4-105)代入式(4-102)得

$$\mathrm{d}\bar{\varepsilon}_{\mathrm{p}}=\frac{\left(\dfrac{\partial\bar{\sigma}}{\partial\boldsymbol{\sigma}}\right)^{\mathrm{T}}\boldsymbol{D}_{\mathrm{e}}\mathrm{d}\boldsymbol{\varepsilon}-\left(\dfrac{\partial\bar{\sigma}}{\partial\boldsymbol{\sigma}}\right)^{\mathrm{T}}\boldsymbol{D}_{\mathrm{e}}\mathrm{d}\boldsymbol{\varepsilon}_{0}-\dfrac{\partial H}{\partial T}\mathrm{d}T}{H'_{\mathrm{T}}+\left(\dfrac{\partial\bar{\sigma}}{\partial\boldsymbol{\sigma}}\right)^{\mathrm{T}}\boldsymbol{D}_{\mathrm{e}}\dfrac{\partial\bar{\sigma}}{\partial\boldsymbol{\sigma}}} \tag{4-106}$$

将式(4-106)代入式(4-105)可得

$$\mathrm{d}\boldsymbol{\sigma}=\boldsymbol{D}_{\mathrm{ep}}(\mathrm{d}\boldsymbol{\varepsilon}-\mathrm{d}\boldsymbol{\varepsilon}_{0})+\mathrm{d}\boldsymbol{\sigma}_{0} \tag{4-107}$$

式中：$\boldsymbol{D}_{\mathrm{ep}}$ 称为弹塑性矩阵，即

$$\boldsymbol{D}_{\mathrm{ep}}=\boldsymbol{D}_{\mathrm{e}}-\boldsymbol{D}_{\mathrm{p}} \tag{4-108}$$

式中：$\boldsymbol{D}_{\mathrm{e}}$ 为弹性矩阵；$\boldsymbol{D}_{\mathrm{p}}$ 为热塑性矩阵，即

$$\boldsymbol{D}_{\mathrm{p}}=\frac{\boldsymbol{D}_{\mathrm{e}}\dfrac{\partial\bar{\sigma}}{\partial\boldsymbol{\sigma}}\left(\dfrac{\partial\bar{\sigma}}{\partial\boldsymbol{\sigma}}\right)^{\mathrm{T}}\boldsymbol{D}_{\mathrm{e}}}{H'_{\mathrm{T}}+\left(\dfrac{\partial\bar{\sigma}}{\partial\boldsymbol{\sigma}}\right)^{\mathrm{T}}\boldsymbol{D}_{\mathrm{e}}\dfrac{\partial\bar{\sigma}}{\partial\boldsymbol{\sigma}}} \tag{4-109}$$

$\mathrm{d}\boldsymbol{\sigma}_0$ 表示温度变化引起的应力增量，即

$$\mathrm{d}\boldsymbol{\sigma}_{0}=\frac{\boldsymbol{D}_{\mathrm{e}}\dfrac{\partial\bar{\sigma}}{\partial\boldsymbol{\sigma}}\dfrac{\partial H}{\partial T}\mathrm{d}T}{H'_{\mathrm{T}}+\left(\dfrac{\partial\bar{\sigma}}{\partial\boldsymbol{\sigma}}\right)^{\mathrm{T}}\boldsymbol{D}_{\mathrm{e}}\dfrac{\partial\bar{\sigma}}{\partial\boldsymbol{\sigma}}} \tag{4-110}$$

受温度的影响，由于外加或内部约束使结构不能自由变形，这时就会产生内应力，这种应力称为热应力。此外，由于发生了塑性变形，卸载后(或温度降低后)结构中将有残余变形存在。同时由于变形的不均匀性，在卸载后的结构中还将有残余应力存在。在铸造、焊接等热制造工艺中，热应力、残余变形与应力是很突出的问题，是热弹塑性分析的主要应用方面。

### 2. 相变的影响

变形材料被加热到相变温度就会发生相变，并且相变是在变形过程中实现的。相变会产生局部体积膨胀与收缩，这样就产生了附加应变。如果相变在金属的塑性温度(金属失去弹性，屈服极限为零的温度)以上发生，则比体积的改变并不影响内应力。如果相变是在塑性温度以下发生，则必须考虑相变的影响。如一般低碳钢的加热和冷却过程中的相变温度均高于塑性温度，因此，在热弹塑性分析中可忽略相变的影响。而一些高强度钢在加热时的相变温度高于塑性温度，但在冷却时的相变温度却低于塑性温度，在这种情况下，相变将影响结构残余应力的分布。

考虑相变效应的热弹塑性应变增量为

$$\mathrm{d}\boldsymbol{\varepsilon}=\mathrm{d}\boldsymbol{\varepsilon}_{\mathrm{e}}+\mathrm{d}\boldsymbol{\varepsilon}_{\mathrm{p}}+\mathrm{d}\boldsymbol{\varepsilon}_{\mathrm{T}}+\mathrm{d}\boldsymbol{\varepsilon}_{\mathrm{ph}} \tag{4-111}$$

式中：$\mathrm{d}\boldsymbol{\varepsilon}_{\mathrm{ph}}$ 为相变应变增量。相变应变增量可以通过相变过程体积变化率进行计算。

### 3. 热力耦合影响

当金属在较高的速度下塑性变形时,都有明显的发热现象。这是因为供给金属产生塑性变形的能量,消耗在弹性变形和塑性变形上,消耗在弹性变形的能量,造成物体的应力状态;而消耗在塑性变形的能量,因塑性变形的复杂现象(滑移、晶间错移等)所致,变形后绝大部分转化为热能,当这部分热量来不及向外散发而积蓄于变形物体内部时,促使金属温度升高。可见,变形速度越大,也即单位时间内变形量越大时,发热量越多,散发的时间越不够,造成变形金属温度的升高也越显著。所以,变形速度的影响,实质上是通过温度条件在起作用。

塑性变形过程中的发热现象,在任何温度下都发生,不过低温下表现得明显一些,发出的热量也相对多一些。随着温度的升高热效应减小,因为温度升高时变形抗力降低,单位变形体积所需要的能量小。

金属在塑性变形过程中,在变形物体内的某些区域可呈现出强烈的塑性变形和热效应。因此,使此局部区域的温度有明显的升高,出现以再结晶方式而进行的组织变化和相转变。这种塑性变形局部化的位置可称为局部化夹层。在这里进行着某种组织的变化或相变,而这些变化与金属基体中的变化不同。塑性变形局部化导致变形物体出现温度梯度,进而影响热传导。因此,力、变形和热是相互耦合的,即热力耦合,这种耦合使热弹塑性问题复杂化。

热力耦合行为本质上是一种能量的转换。热力耦合要考虑温度与变形的相互作用,热会产生变形,变形也要产生或消耗能量,从而影响温度场。结构在热作用下产生的变形功是温度场和应变场耦合的关键,在热传导方程中需要引入变形功对传热的影响。因此,热传导方程中要包含应变的附加项,称为温度场和应变场的耦合项。通常可将耦合项以内生热源率叠加到热传导方程。

耦合作用使热传导方程和热弹塑性方程不再是独立的,必须联立才能求解,但求解耦合问题比较困难,一般需要采用数值模拟方法(见第10章)。在实际应用中,耦合项往往可以被忽略,于是热传导方程变成普通的热传导方程。这样,便可先由热传导方程求出温度分布,再由变形力学方程求解位移和应力。当动态效应较为明显时,耦合项将产生显著影响。例如,在摩擦焊过程中,材料发生剧烈塑性变形,耗散的塑性功转换成热使摩擦区材料的温度急剧上升,进而实现焊接。此外,在强瞬态热力分析中也需要考虑耦合项的影响。因此,研究热力耦合问题具有重要的意义。

## 4.3.3 热变形与应力的简化分析

当温度变化时,物体发生膨胀或收缩。由于物体受到外部约束以及各部分制件的变形协调要求,这种膨胀或收缩不能自由进行,于是就产生了应力,这种应力称为温度应力或热应力。此外,如果同一物体的温度分布不均匀,虽然无外界约束,但由于各处温度不同造成变形不同步,也会在内部产生热应力。为简化分析,这里仅考虑温度变化对变形的单向耦合问题,即忽略变形对温度场的影响。

### 1. 热变形与热应力

如果物体的热变形不受外界的任何约束而自由地进行,则称为自由变形。如图4-26中的金属杆件,当温度为$T_0$时,其长度为$L_0$;当温度由$T_0$升至$T_1$时,如不受阻碍,则其自由变形为

$$\Delta L_T = \alpha(T_1 - T_0)L_0 \tag{4-112}$$

图 4-27 所示为典型材料受热自由变形的比较。单位长度上的自由变形量称为自由变形率，用 $\varepsilon_T$ 表示，即

$$\varepsilon_T = \frac{\Delta L_T}{L_0} = \alpha(T_1 - T_0) \tag{4-113}$$

如果物体在温度变化过程中受到阻碍，使其不能完全自由变形，只能部分地表现出来，则表现出来的这部分变形称为外观变形，用 $\Delta L_e$ 表示。其变形率为 $\varepsilon_e$，即

$$\varepsilon_e = \frac{\Delta L_e}{L_0} \tag{4-114}$$

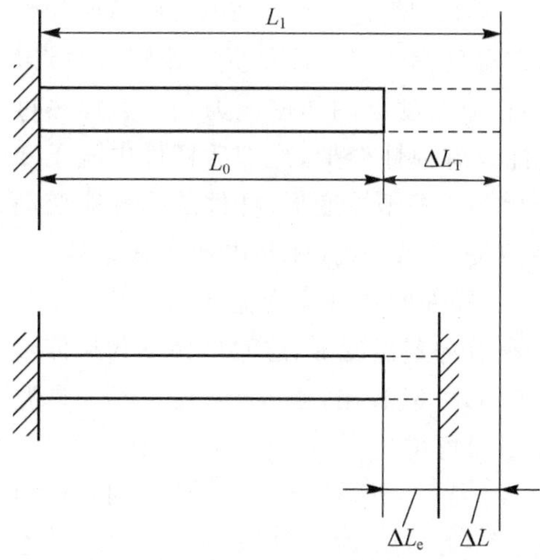


**图 4-26　杆件的热变形**

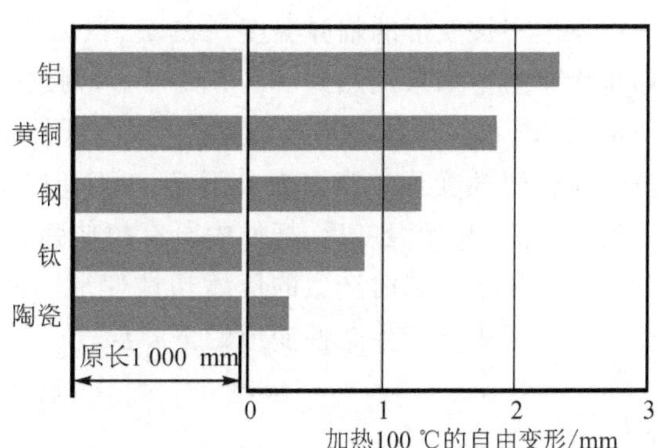


**图 4-27　典型材料受热身自由变形的比较**

而未表现出来的那部分变形，称为内部变形，它的数值是自由变形与外观变形之差，因为是受压故为负值，可用下式表示

$$\Delta L = -(\Delta L_T - \Delta L_e) = \Delta L_e - \Delta L_T \tag{4-115}$$

内部变形率为

$$\varepsilon = \frac{\Delta L}{L_0} \tag{4-116}$$

在弹性范围内，应力与应变之间的关系可以用 Hooke 定律来表示

$$\sigma = E\varepsilon = E(\varepsilon_e - \varepsilon_T) \tag{4-117}$$

当金属杆件在加热过程中受到阻碍，其长度不能自由伸长时，则在杆件中产生内部变形，如果杆中内部变形率的绝对值小于金属屈服时的变形率（$|\varepsilon| < \varepsilon_s$），则杆件中的热应力小于屈服的应力（$\sigma < \sigma_s$）。当杆件的温度从 $T_1$ 恢复到 $T_0$ 时，如果允许杆件自由收缩，则杆件将恢复到原来长度 $L_0$，此时杆件内也不存在应力。

如果杆件温度上升到 $T_2$（$T_2 > T_1$），使杆件中的内部变形率大于金属屈服时的变形率，则 $|\varepsilon| > \varepsilon_s$。在这种情况下杆件中不但产生达到屈服极限的应力，同时还产生压缩塑性变形，根据理想应力-应变关系（见图 4-28），压缩塑性应变为

$$|\varepsilon_p| = |\varepsilon_e - \varepsilon_T| - \varepsilon_s \tag{4-118}$$

当杆件的温度从 $T_2$ 恢复到 $T_0$ 时，如果允许杆件自由收缩，则杆件将比原来缩短 $\Delta L_p$，杆

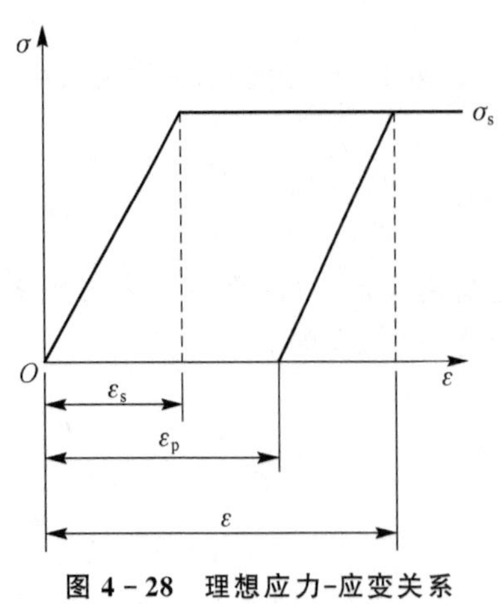

图 4-28 理想应力-应变关系

件中也不存在内应力。若不允许杆件自由收缩，则在杆件中存在拉伸应力，称为残余应力，残余应力的大小视杆件内部变形率的大小而异。

如果杆件两端都是完全固定的，则杆件在热循环作用下，完全没有变形的自由，此时外观变形 $\varepsilon_e=0$，内部变形为

$$\varepsilon=-\varepsilon_T=-\alpha T \tag{4-119}$$

杆件在加热过程一直中受到压缩作用。图 4-29 所示为杆件经受 $0\to T_m\to 0$ 的热循环过程中的应变循环过程，$T_M$ 为力学熔点。图 4-29(a)中 $AB$ 为弹性压缩阶段，在温度高于 $T_e$ 后发生压缩塑性变形，压应力最大为相应温度下的屈服应力，$T_e$ 为加热过程中发生塑性变形的临界温度。在 $T_e$ 点以下加热，杆件只有弹性变形，冷却后杆件中既无变形也无应力。如果加热到 $T_1(T_1>T_e)$，则这时杆件产生了压缩塑性变形，杆件的弹性应变循环沿 $ABC_1E_1$ 进行，冷却至初始温度后，杆件中有弹性应变 $E_1A<\varepsilon_s$，杆件内产生残余应力，没有拉伸塑性变形。当温度升至 $T_2$ 以上时(如 $T=T_3$)，杆件的弹性应变循环沿 $ABC_3D_3E$ 进行，冷却至初始温度后，杆件中既有拉伸弹性应变，也有拉伸塑性变形，这时杆件中的拉伸塑性变形抵消了加热时产生的压缩塑性变形。由图 4-29(a)可以看出，当 $T_2=T_t=2T_e$ 是温度下降过程中不产生塑性变形的下限温度，根据式(4-119)可得

$$\varepsilon_s=\alpha T_e \tag{4-120}$$

则

$$T_e=\frac{\varepsilon_s}{\alpha}=\frac{\sigma_s}{E\alpha} \tag{4-121}$$

对于 235～470 MPa 强度级别的钢材而言，$T_e$=100～200 ℃，$T_t$=200～400 ℃。

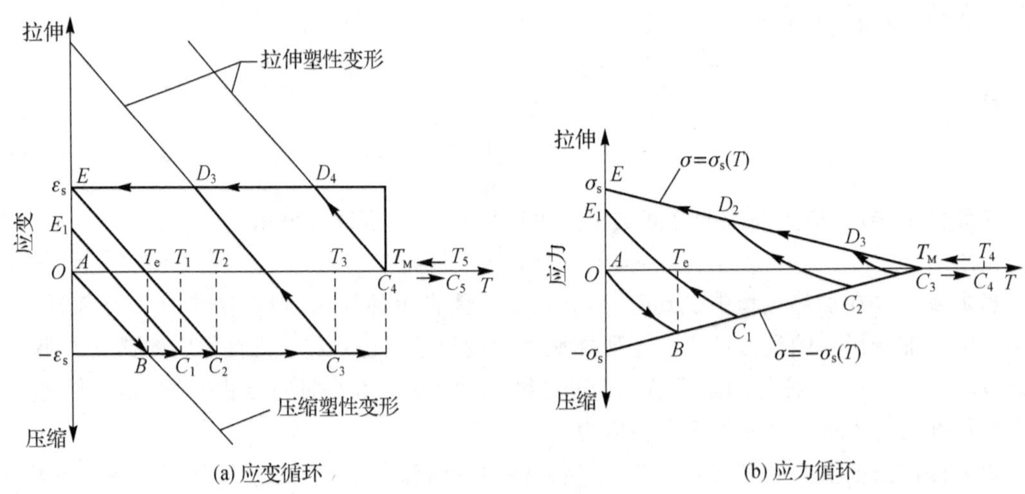

图 4-29 热应力应变循环

若 $T_m\geqslant T_M$，则 $\sigma_s=0$，$E=0$，此时无论 $T_m$ 如何，在冷却过程中，弹性应变均沿 $C_4D_4E$ 变化。上述分析并未考虑 $\sigma_s$ 与 $E$ 在 $T_m<T_M$ 时随温度的变化，$\sigma_s$ 与 $E$ 与温度的关系可以表

示为

$$\sigma_s = \sigma_{s0}\left(1 - \frac{T}{T_M}\right) \tag{4-122}$$

$$E = E_0\left(1 - \frac{T}{T_M}\right) \tag{4-123}$$

式中：$\sigma_{s0}$、$E_0$ 分别为常温下的屈服应力和弹性模量。对于碳钢而言，$\sigma_s$ 在 500 ℃以下基本恒定，500～600 ℃之间 $\sigma_s$ 按线性下降至零。图 4-29(b)所示为 $\sigma_s$ 按线性下降时的应力循环。

在同一物体内部，如果温度的分布是不均匀的，虽然物体不受外界约束，但由于各处的温度不同，每一部分因受到不同温度的相邻部分的影响，不能自由伸缩，也会在内部产生热应力。

由不同材料组成的构件，即使受到均匀温度场的作用，但由于各材料的膨胀系数不同，故材料之间为保证变形协调而产生相互约束，不能自由变形，从而产生不同的热应力，如图 4-30 所示。

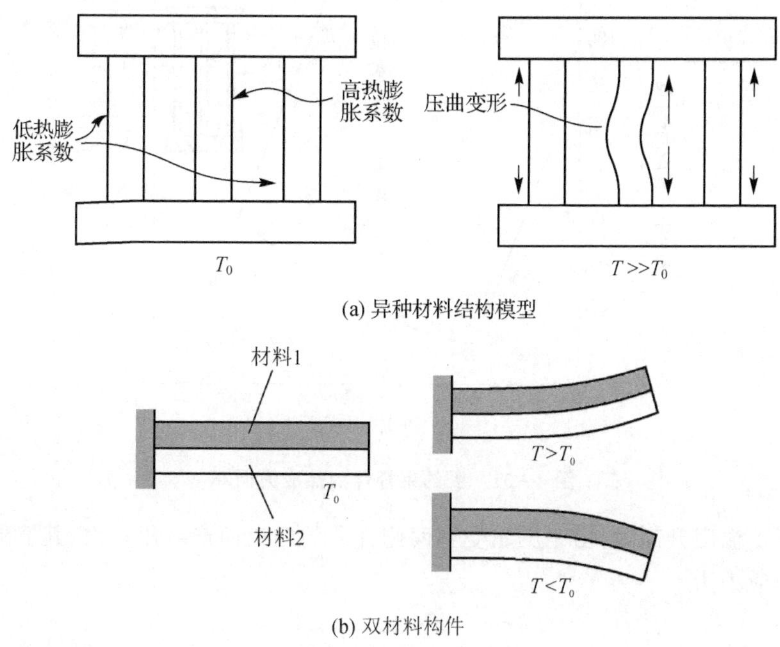


**图 4-30　异种材料的热变形**

对于双材料复合体，材料的弹性模量、泊松比和热膨胀系数分别为 $E_1$、$\nu_1$、$\alpha_1$ 和 $E_2$、$\nu_2$、$\alpha_2$，且 $\alpha_1 < \alpha_2$。在加热或冷却过程中，材料 1 的热变形小于材料 2 的热变形，为了保持界面处的位移连续条件，接头内部有内应力产生，即热应力，热应力的大小与两种材料的热应变差($\alpha_1 T_1 - \alpha_2 T_2$)、弹性系数比($E_1/E_2$)、泊松比($\nu_1$，$\nu_2$)、板厚比($B_1/B_2$)及板长等参数有关，即热应力取决于材料特性、接头形状尺寸和温度分布 3 个主要因素。

## 2. 残余应力

### (1) 残余应力的产生

如果不均匀温度场所造成的内应力达到材料的屈服限，则使局部区域产生塑性变形。当温度恢复原始的均匀状态后，就会产生新的内应力，这种内应力是温度均匀后残存在物体中

的,称为残余应力。残余应力为平衡于物体内部的应力,满足下列平衡条件

$$\int \sigma \mathrm{d}A = 0 \tag{4-124a}$$

$$\int \mathrm{d}M = 0 \tag{4-124b}$$

如图4-31所示的3根等截面杆件与横梁连接组成的金属框架,上下横梁具有足够的刚性,中间杆Ⅰ加热到600 ℃,然后再冷却到室温。在加热过程中,两侧的杆Ⅱ保持室温。图4-31中的曲线 $ABCDE$ 就是中间杆Ⅰ的应力与温度的关系。由于两侧杆阻碍中间杆的自由变形,根据对称性,两侧杆的应力等于中间杆应力的一半,但方向相反,即 $\sigma_{\mathrm{II}} = -\sigma_{\mathrm{I}}/2$。

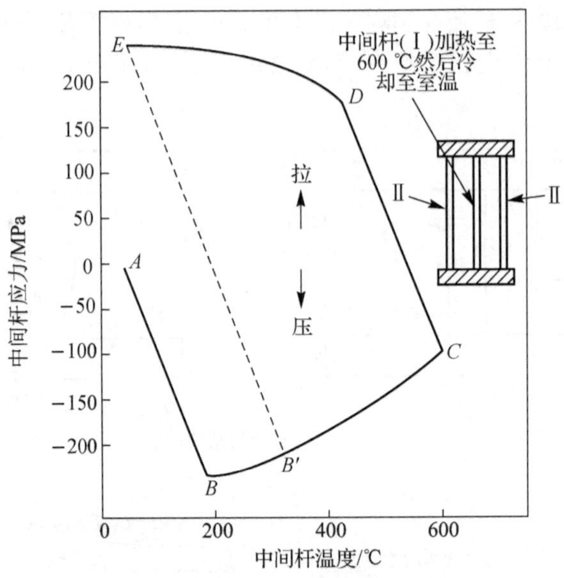


图4-31　受约束杆件的热应力循环

当中间杆Ⅰ温度升高时,由于膨胀受到两侧杆Ⅱ的约束而产生压应力,其值随温度上升而变大。杆Ⅰ的应力为

$$\sigma_{\mathrm{I}} = E_T(\varepsilon_e - \alpha \Delta T) \tag{4-125a}$$

式中:$E_T$ 是温度为 $T$ 时材料的弹性模量;$\varepsilon_e$ 为框架的外观变形,在弹性约束条件下有

$$\varepsilon_e = \frac{\sigma_{\mathrm{II}}}{E} = -\frac{\sigma_{\mathrm{I}}}{2E}$$

代入式(4-125a)可得

$$\sigma_{\mathrm{I}} = -\alpha \Delta T \frac{2E}{1 + 2E/E_T} \tag{4-125b}$$

当温度达到170 ℃后,中间杆的压力反而下降。这是因为温度继续升高时,杆件材料的屈服应力降低,应力的大小不能超过给定温度下材料的屈服限,当压应力达到给定温度下的材料屈服限时,杆Ⅰ中发生压缩塑性变形。

根据式(4-125)可确定杆Ⅰ发生屈服的温升 $\Delta T_s$,令 $\sigma_{\mathrm{I}} = -\sigma_s$,得

$$\Delta T_s = \frac{1 + 2E/E_T}{2\alpha E}\sigma_s \tag{4-126}$$

如果不考虑温度对弹性模量的影响,即 $E = E_T$,则有

$$\Delta T_s = \frac{3}{2}\frac{\sigma_s}{\alpha E} \tag{4-127}$$

杆Ⅰ加热到 600 ℃(图 4-31 中 $C$ 点),然后冷却。在冷却过程中($CDE$ 段),杆Ⅰ收缩,但由于杆内已发生了塑性压缩变形,继续收缩将受到两侧杆Ⅱ的约束而使压应力转变为拉应力,并很快达到拉伸屈服应力($D$ 点)。此后,随着温度的进一步降低,杆Ⅰ的应力限定在相应温度下的屈服应力水平($DE$ 段),并产生拉伸塑性变形,部分抵消了加热阶段所产生的压缩塑性变形。这样,冷却至 $E$ 点后,杆Ⅰ内产生的拉伸残余应力就等于室温下的屈服应力,而两侧杆的压缩残余应力等于中间杆拉伸残余应力的一半。

图 4-31 中 $B'E$ 线表示当杆Ⅰ加热到 316 ℃冷却至室温过程中的应力与温度的关系,其残余应力值也达到 $E$ 点的水平。这说明 $B'$点所对应的温度是杆Ⅰ经热循环产生的残余应力达到屈服应力水平的最低温度,在此温度以下,杆Ⅰ冷却后的残余应力的大小取决于加热最高温度。

**(2) 残余应力基本方程**

这里以平面应力问题为例分析残余应力场的基本关系。平面应力问题所产生的应变分量为

$$\varepsilon_x = \varepsilon'_x + \varepsilon''_x \tag{4-128}$$

$$\varepsilon_y = \varepsilon'_y + \varepsilon''_y \tag{4-129}$$

$$\gamma_x = \gamma'_x + \gamma''_x \tag{4-130}$$

式中:$\varepsilon_x$、$\varepsilon_y$、$\gamma_y$ 为总应变分量;$\varepsilon'_x$、$\varepsilon'_y$、$\gamma'_x$ 为弹性应变分量;$\varepsilon''_x$、$\varepsilon''_y$、$\gamma''_x$ 为非弹性应变分量,可以是塑性应变、热应变等。

弹性应变与应力之间的关系符合 Hooke 定律

$$\varepsilon'_x = \frac{1}{E}(\sigma_x - \mu\sigma_y) \tag{4-131a}$$

$$\varepsilon'_y = \frac{1}{E}(\sigma_y - \mu\sigma_x) \tag{4-131b}$$

$$\gamma'_{xy} = \frac{1}{G}\tau_{xy} = \frac{2(1+\mu)}{E}\tau_{xy} \tag{4-132}$$

应力平衡条件为

$$\frac{\partial \sigma_x}{\partial x} + \frac{\partial \tau_{xy}}{\partial y} = 0 \tag{4-133a}$$

$$\frac{\partial \sigma_y}{\partial y} + \frac{\partial \tau_{xy}}{\partial x} = 0 \tag{4-133b}$$

总应变须满足变形协调条件

$$\left(\frac{\partial^2 \varepsilon'_x}{\partial y^2} + \frac{\partial^2 \varepsilon'_y}{\partial x^2} - \frac{\partial^2 \gamma'_{xy}}{\partial x \partial y}\right) + \left(\frac{\partial^2 \varepsilon''_x}{\partial y^2} + \frac{\partial^2 \varepsilon''_y}{\partial x^2} - \frac{\partial^2 \gamma''_{xy}}{\partial x \partial y}\right) = 0 \tag{4-134}$$

根据式(4-123)可用下式作为判断是否出现残余应力的条件,即

$$R = -\left(\frac{\partial^2 \varepsilon''_x}{\partial y^2} + \frac{\partial^2 \varepsilon''_y}{\partial x^2} - \frac{\partial^2 \gamma''_{xy}}{\partial x \partial y}\right) \tag{4-135}$$

当 $R=0$ 时,不产生残余应力,此时非弹性应变为坐标的线性函数,变形梯度为常数。在这种情况下,变形在物体内部是互相协调的。当 $R\neq 0$ 时,产生残余应力,$R$ 是变形的非协调性的

表征,变形的非协调性是残余应力产生的原因。如果解除这种变形的非协调性,连续介质的物体中就不再连续了,就会出现“空隙”或“错位”,而残余应力就是将“空隙”或“错位”强制“连接”或“复位”,使物体保持连续性。

根据弹性力学的解法,引入应力函数 $F(x,y)$,则有

$$\sigma_x = \frac{\partial^2 F}{\partial y^2} \tag{4-136a}$$

$$\sigma_y = \frac{\partial^2 F}{\partial x^2} \tag{4-136b}$$

$$\tau_x = -\frac{\partial^2 F}{\partial x \partial y} \tag{4-136c}$$

代入式(4-131)和式(4-132)可得

$$\varepsilon'_x = \frac{1}{E}\left(\frac{\partial^2 F}{\partial y^2} - \mu \frac{\partial^2 F}{\partial x^2}\right) \tag{4-137a}$$

$$\varepsilon'_y = \frac{1}{E}\left(\frac{\partial^2 F}{\partial x^2} - \mu \frac{\partial^2 F}{\partial y^2}\right) \tag{4-137b}$$

$$\gamma'_{xy} = -\frac{2(1+\mu)}{E}\frac{\partial^2 F}{\partial x \partial y} \tag{4-137c}$$

将式(4-137)代入式(4-134)可得

$$\frac{1}{E}\left(\frac{\partial^4 F}{\partial x^4} + 2\frac{\partial^4 F}{\partial x^2 \partial x^2} + \frac{\partial^4 F}{\partial y^4}\right) = R(x,y) \tag{4-138}$$

或

$$\nabla^2\left(\frac{\partial^2 F}{\partial y^2} + \frac{\partial^2 F}{\partial x^2}\right) = \nabla^2\nabla^2 F = \nabla^4 F = ER(x,y) \tag{4-139}$$

式(4-139)是一个四阶非齐次偏微分方程,其解包含齐次解 $F_1(x,y)$ 和特解 $F_2(x,y)$,即

$$F(x,y) = F_1(x,y) + F_2(x,y) \tag{4-140}$$

齐次解 $F_1(x,y)$ 是 $R=0$ 时的双调和方程的解,即

$$\nabla^4 F_1 = 0 \tag{4-141a}$$

其解为双调和函数。特解 $F_2(x,y)$ 满足的方程为

$$\nabla^4 F_2 = ER(x,y) \tag{4-141b}$$

即采用应力函数求解平面热应力的问题,可归结为求应力函数的问题,也就是要寻求方程(4-141b)的特解和双调和方程的一般解,并使应力函数满足边界条件。在复杂的边界条件下,要得到精确解往往是很困难的。对于实际结构的热应力分析,目前多采用数值计算方法,相关内容见第10章。

可以证明,对于一个单连通域的平面,在平面应力和平面应变的状态下,无内热源的稳定温度场将不产生热应力,也就不会形成非协调变形。若内部有热源,则即使是单连通域,也要产生热应力。对于多连通域,即使无内热源的稳定温度场,一般也要产生热应力。

在金属结构中进行加热或冷却的过程中,当温度达到一定界限时,会发生组织转变(即相变),在相变时金属体积发生变化,当相变在较低的温度下进行时,此时金属已处于弹性状态,能够形成应力,这种因相变产生的内应力称为相变应力。如焊接合金钢时奥氏体到马氏体的转变,相变区域产生应力。

# 4.4　材料的流变行为

## 4.4.1　流变现象

流变是指物体在外力作用下发生的与时间有关的变形与流动特性，常见的材料流变现象主要包括蠕变、松弛、流动、应变率效应和长期强度效应等。流变研究主要涉及非牛顿流体，保持粘性或流动状态的物质，软固体或半固态材料。流变体本构关系是弹性、粘性和塑性行为的组合。

固体具有自然构形（无应力状态所处的构形），在一定应力下发生弹性变形后，卸去应力后又能恢复到自然构形。流体没有自然构形，只要有足够时间，任何流体都能充满任意形状的容器。固体能在一定剪应力下保持平衡，理想流体（或无粘流）则不能承受剪应力。在理想流体中，过任何一点的任意一个流体面元上，受到的流体内力只有法向力，而没有切向力。

图 4－32 所示为牛顿流体与粘弹性流体剪切流动行为的比较。不同流体在相同转速转轴的转动下在桶内发生剪切流动，明显的区别是粘弹性流体产生包轴爬杆现象，牛顿流体的剪切流动与流体的粘性有关，粘度低的流体沿轴下陷而沿桶壁上升。

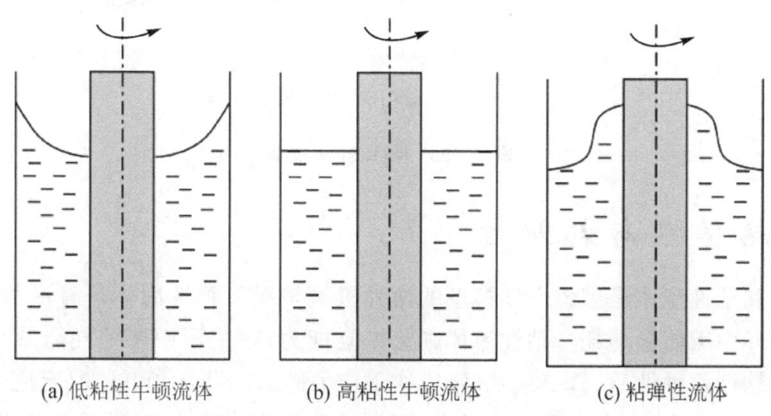

(a) 低粘性牛顿流体　(b) 高粘性牛顿流体　(c) 粘弹性流体

**图 4－32　剪切流动行为的比较**

无粘流只是一种理想状态。在实际流体中，不同流体在相同剪切力作用下的变形速度是不一样的，即不同的流体抵抗剪切力所产生的相对运动（或内摩擦）的能力不同，这种能力称为流体的粘性。真实流体都具有粘性，粘性是流体的一种属性。流体的粘性用动力粘度系数 $\mu$ 来表示，理想流体的 $\mu$ 为 0。

若 $\mu$ 为常数，则切应力和应变率呈线性关系的流体为牛顿流体。牛顿流体也称为线粘性流体，其本构方程为

$$\tau = \mu \frac{\mathrm{d}\gamma}{\mathrm{d}t} \tag{4-142}$$

式中：$\tau$ 为切应力；$\mu$ 为切向粘度系数；$\mathrm{d}\gamma/\mathrm{d}t$ 为切应变速率。

式(4－142)表明切应力与流体的切变速率相关，而不像固体那样，当不进行切向变形时，也可以有切应力，这是粘性流动与其他类变形的不同点之一。当牛顿流体处于静止状态时，其切应力必然为零，也就是说，粘性液体与固体不同，静摩擦力是不存在的。如果粘度系数大，则

可以认为此物体抗变形时的内摩擦力很大,此种物体的形态就接近于固体了。

采用粘壶(粘性元件)作为牛顿流体的力学模型,在粘壶中充满油,活塞与缸壁之间有一缝隙。粘壶的两端作用拉力,活塞的移动量与时间成正比,拉力去除后位移将保留下来。粘性元件的符号如图 4-33(b)所示。

剪切应力和应变速率不满足线性关系的流体称为非牛顿流体,如粘弹性与粘塑性体。

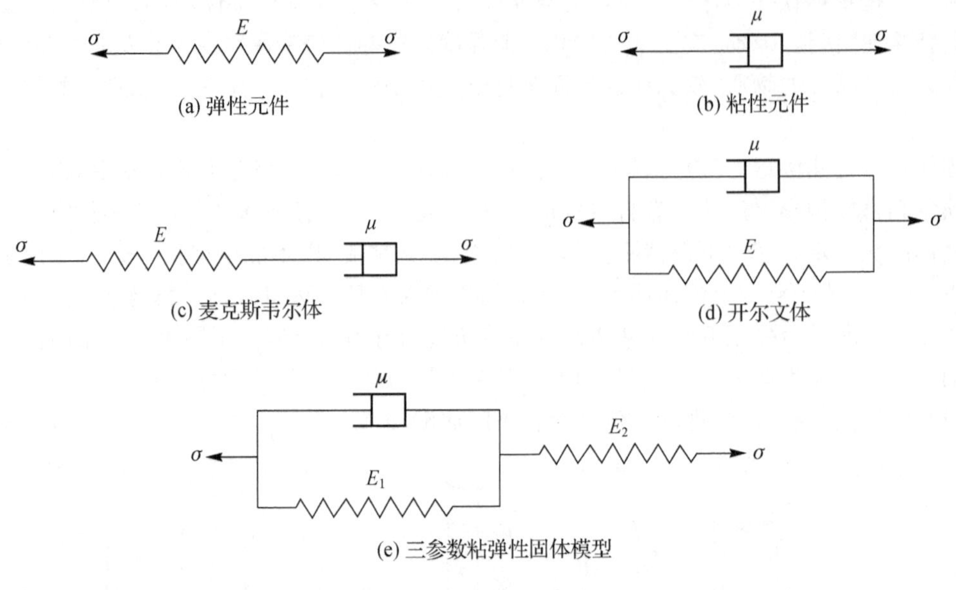


**图 4-33　粘弹性体模型**

## 4.4.2　粘弹性与粘塑性

弹性固体和粘性流体是理想力学模型的两种极端情况。弹性固体具有形状恢复能力,在加载和卸载循环中无能量消耗。粘性流体则无恢复能力,在变形中要消耗能量。也有很多材料兼有弹性和粘性两种性质,具有松弛(定应变下应力随时间降低)和蠕变(定应力下应变随时间增加)的特性,其应力-应变不是一一对应的,如高分子聚合物等,这类介于弹性和粘性之间的材料,称为粘弹性体。

### 1. 线性粘弹性体

对于线性粘弹性体,可以用理想弹性元件(弹簧)和粘性元件(粘壶)这两种基本元件的组合来模拟(见图 4-33)。这两种基本元件的不同组合可得到不同的粘弹性模型。

#### (1) 麦克斯韦尔体

由弹性元件和粘性元件串联的粘弹性模型称为麦克斯韦尔体(见图 4-33(c))。其本构方程为

$$\frac{\mathrm{d}\varepsilon}{\mathrm{d}t}=\frac{\mathrm{d}\sigma}{\mathrm{d}t}\frac{1}{E}+\frac{\sigma}{\mu} \tag{4-143}$$

方程的解含有时间 $t$,在定应力下应变随时间的变化规律,即蠕变特性为

$$\varepsilon(t)=\frac{\sigma(t)}{E}+\int_0^t\frac{\sigma(\tau)}{\mu}\mathrm{d}\tau=\int_0^t\left(\frac{1}{E}+\frac{t-\tau}{\mu}\frac{\mathrm{d}\sigma}{\mathrm{d}\tau}\right)\mathrm{d}\tau \tag{4-144}$$

变形随时间 $t$ 线性变化，表现出流体粘性性质。在定应变 $\varepsilon_0$ 下的松弛特性，即应力为

$$\sigma(t)=E\int_0^t \varepsilon^{-(t-\tau)/\tau_R}\frac{d\varepsilon}{d\tau}d\tau,\quad \tau_R=\frac{\mu}{E} \tag{4-145}$$

**(2) 开尔文体**

在该模型中，弹性元件和粘性元件相互并联(见图 4-33(d))。在所有时刻，两元件的伸长始终是相同的。开尔文体的本构方程为

$$\sigma=E\varepsilon+\mu\frac{d\varepsilon}{dt} \tag{4-146}$$

**(3) 三参数粘弹性固体模型**

在三参数粘弹性固体模型中，弹性元件与开尔文体模型相互串联(见图 4-33(e))，其本构方程为

$$\left(\frac{E_1}{E_2}+1\right)\sigma+\frac{\mu}{E_2}\frac{d\sigma}{dt}=E_1\varepsilon+\mu\frac{d\varepsilon}{dt} \tag{4-147}$$

同样可以构造较复杂的线性粘弹性模型。

**2. 粘塑性**

高分子聚合物等粘弹性材料在弹性范围内呈现粘性性质。对于高温下的金属以及某些常温下的金属，弹性响应可以不计粘性，但塑性变形时伴随粘性效应，称为弹-粘塑性。与粘弹塑性分析方法类似，对弹-粘塑性体分析时要引入塑性元件，当塑性元件中的应力 $\sigma$ 小于静态屈服应力 $\sigma_s$ 时，元件的行为像刚体一样，而当 $\sigma$ 大于 $\sigma_s$ 后，元件承受应力。塑性元件的表示方法如图 4-34(a)所示。

图 4-34(b)所示为刚-粘塑性模型，其本构方程为

$$\varepsilon=0,\quad \sigma<\sigma_s \tag{4-148a}$$

$$\mu\frac{d\varepsilon}{dt}=\sigma-\sigma_s,\quad \sigma\geqslant\sigma_s \tag{4-148b}$$

图 4-34(c)所示为弹-粘塑性模型，其本构方程为

$$\frac{d\varepsilon}{dt}=\frac{1}{E}\frac{d\sigma}{dt},\quad \sigma<\sigma_s \tag{4-149a}$$

$$\frac{d\varepsilon}{dt}=\frac{1}{E}\frac{d\sigma}{dt}+\frac{1}{\mu}(\sigma-\sigma_s),\quad \sigma\geqslant\sigma_s \tag{4-149b}$$

式中：$\sigma-\sigma_s$ 称为“过应力”。通常动载荷下的金属材料服从上述模型。

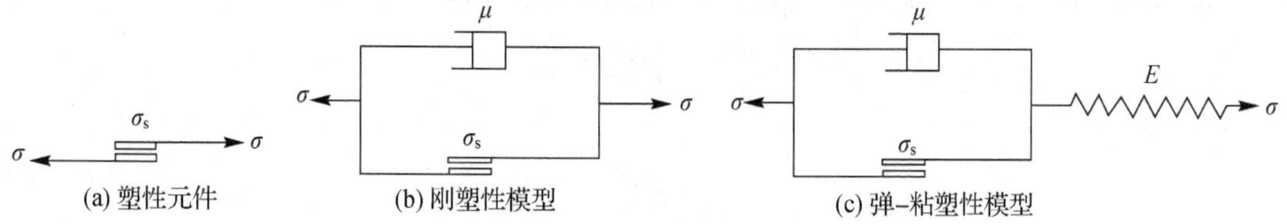


(a) 塑性元件　(b) 刚塑性模型　(c) 弹-粘塑性模型

图 4-34　粘塑性模型

## 4.4.3　简单模型流动分析

在实际应用中为简化流变分析，通常将一些流动简化为简单模型流动，复杂流动形态可视

为若干简单模型流动的组合。这里主要介绍平行板拖曳流动和平行板间的压力流动的简单模型流动分析。

### 1. 平行板拖曳流动

拖曳流动是对流体不施加压力梯度,而是靠边界运动产生流动场,由于粘性作用使运动的边界拖着流体一起运动。

平行板拖曳流动是产生于两块无限大的平行平板之间的流动。上平板以恒定速度 $v$ 沿 $x$ 轴方向运动,下平板固定,两平板之间的距离为 $H$,如图 4-35 所示。设流体在两板间做等温、层流运动,则 $v_x=v(y)$,$v_y=v_z=0$,对于牛顿型流体,动量方程可简化为

$$\mu\frac{\partial^2 v_x}{\partial y^2}=0 \tag{4-150}$$

求解可得

$$v_x=\frac{A}{\mu}y+B \tag{2-151}$$

由边界条件:

$$y=0\text{ 时},\quad v_x=0$$
$$y=H\text{ 时},\quad v_x=v$$

可得到速度分布为

$$v_x=\frac{v}{H}y \tag{2-152}$$

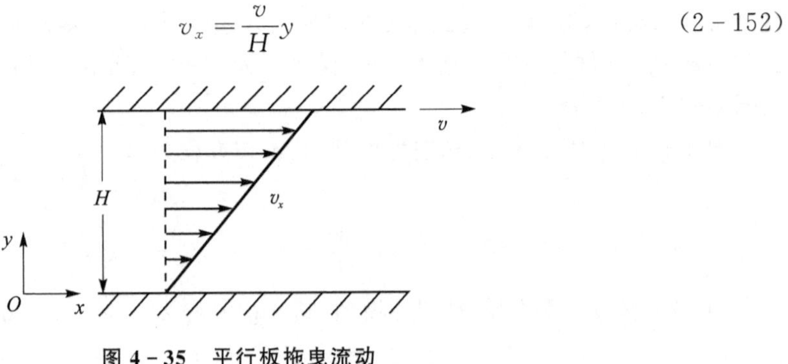


图 4-35 平行板拖曳流动

### 2. 平行板间的压力流动

假设流体在两块无限大的平行平板之间,在外压作用下做等温且充分发展的层流运动(见图 4-36),$v_x=v(y)$,$v_y=v_z=0$,对于牛顿型流体,动量方程为

$$-\frac{\partial p}{\partial x}+\mu\frac{\partial^2 v_x}{\partial y^2}=0 \tag{4-153}$$

$$\frac{\partial p}{\partial y}=0 \tag{4-154}$$

即压力沿 $y$ 向均匀分布。求解式(4-153)可得

$$-\frac{y^2}{2}\frac{\partial p}{\partial x}+\mu v_x+Ay+B=0 \tag{4-155}$$

$$\frac{\partial p}{\partial x}=-\frac{\Delta p}{L} \tag{4-156}$$

由边界条件：

$$y=\frac{H}{2}\text{ 时，}\quad \frac{\partial v_x}{\partial y}=0$$

$$y=0\text{ 及 }y=H\text{ 时，}\quad v_x=0$$

可得到速度分布为

$$v_x=-\frac{H^2}{2\mu}\frac{\mathrm{d}p}{\mathrm{d}x}\left[\frac{y}{H}-\left(\frac{y}{H}\right)^2\right] \tag{2-157}$$

由此可见，如果压力梯度为负值，则速度为正值，即流体向压力降低的方向流动。

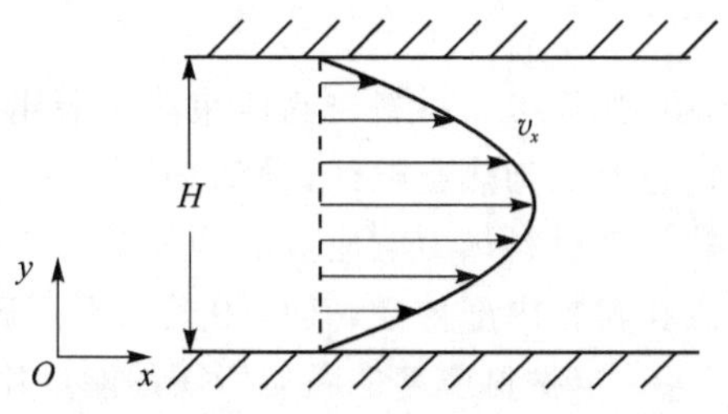


图 4－36　典型平板间的压力流动

在实际的流动过程中，不仅是简单的压力流动或拖曳流动，还有它们的组合流动。图 4－37 所示为典型平板间的组合流动情况。压力梯度 $\mathrm{d}p/\mathrm{d}x$ 决定组合流动速度分布的形状（见图 4－38）。

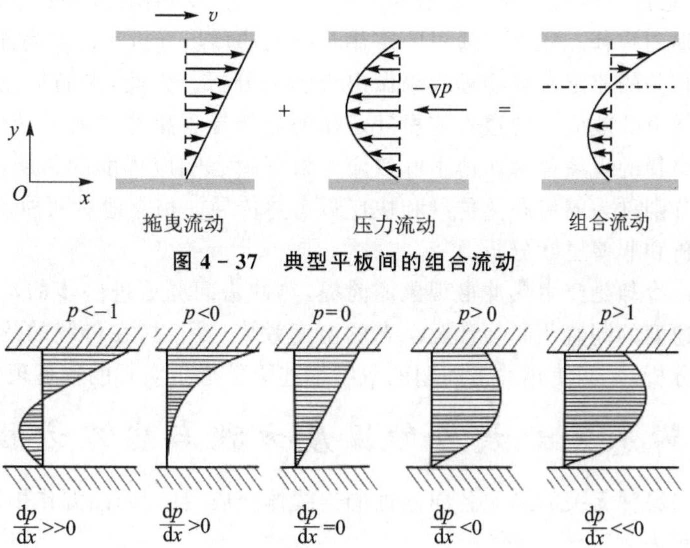


图 4－37　典型平板间的组合流动

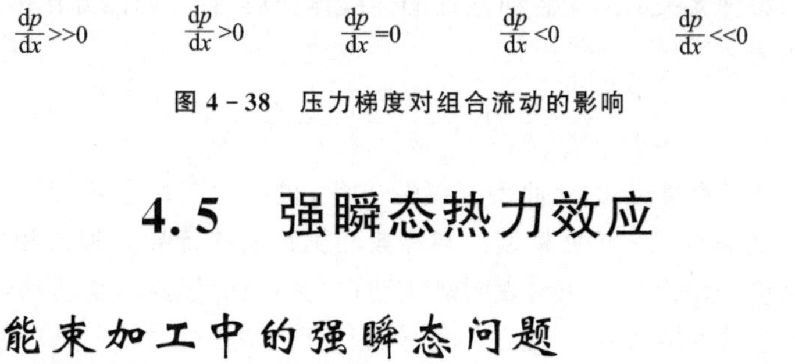

图 4－38　压力梯度对组合流动的影响

# 4.5　强瞬态热力效应

## 4.5.1　高能束加工中的强瞬态问题

目前，激光、电子束等高能束加工得到了广泛的应用。与普通热制造过程相比，高能束的主要特点是功率密度大、升温速度快、热集中性与瞬时性强。由此导致材料在高能束加工条件下的热力行为与普通热加工过程有很大的差异。常规的热力分析一般采用稳态分析方法,而在高能束焊接热力分析中则有必要引入非稳态分析方法。材料在稳态热作用下的热力行为已有广泛的研究,但是材料在高升温速率作用下的非稳态热力行为还缺乏深入的研究工作。

高能束加工热力行为的非稳态特征主要表现在高升温速率和高速加工对材料的热冲击效应。高能束加工的热冲击对材料的组织性能有较大的影响,并产生较大的冲击热应力,在完成加工的同时对热影响区附近的材料造成热冲击损伤。热冲击损伤劣化了材料的性能,对结构的使用构成潜在的危害。因此,在重要构件的高能束加工中必须对材料的抗热冲击损伤的能力进行评估。

在激光、电子束加工过程中(如焊接),材料在高能束集中轰击下温度急剧上升,发生熔化和汽化。由此引起的热扰动迅速波及到热影响区,导致热影响区的温度也立即上升到峰值温度。这种迅速的能量沉积使被加工材料热力响应具有明显的突发性,从而产生强大的冲击载荷。这种载荷以冲击波的形式在材料内部传播,其作用类似于高速碰撞、爆炸轰击,使材料发生破坏。从能量角度分析,产生一定材料厚度的断裂所需的能量比熔融、汽化烧蚀相同厚度材料所需的能量阈值小得多,这是由于断裂只需破坏断裂层附近的分子结合键,而烧蚀则要求破坏整个烧蚀区的全部分子的结合键,而达到材料破坏强度所需的束流能量密度阈值却与烧蚀破坏所需的相当。因此,高能束焊接过程极易产生对材料的热冲击损伤。

在一般传热分析中广泛采用傅里叶定律描述热流量与温度分布之间的本构关系。研究表明,经典的傅里叶定律不能对涉及到超短时响应、大温度梯度和低温环境等极端情况下的热量传递规律做出合理的解释。建立在傅里叶定律基础上的传热分析难以对高能束加工过程中出现的瞬态传热及相关的非定常热物理现象做出合理的分析。为此,人们将热传导现象划分为傅里叶效应和非傅里叶效应。把遵守傅里叶定律的热传导现象称为傅里叶效应,而利用傅里叶定律不能圆满解释的现象称为非傅里叶效应。根据瞬态响应程度的强弱,两种效应下的非稳态热传导过程分别称为弱瞬态热传导和快速瞬态热传导。相应地对两种效应进行的分析分别称为傅里叶分析和非傅里叶分析。

快速地加热或冷却是产生热冲击现象的前提,热冲击问题更进一步的动态处理应该是在考虑到热变形加速度的同时还必须计及动态的温度效应。所以,在传统的热冲击理论中也应该引进非傅里叶分析,才能使热冲击问题的数学描述更接近于实际的物理现象。

### 4.5.2 强瞬态热力效应的温度方程与应力方程

对于热特性与温度无关的均匀各向同性的连续体介质,且无内热源作用时,其快速热传导微分方程可以表示为

$$a\left(\frac{\partial^2 T}{\partial x^2}+\frac{\partial^2 T}{\partial y^2}+\frac{\partial^2 T}{\partial z^2}\right)=\frac{\partial T}{\partial t}+\tau_0\frac{\partial^2 T}{\partial t^2} \tag{4-158}$$

式(4-158)是一个关于温度 $T$ 的双曲型偏微分方程,也称为双曲型热传导(Hyperbolic Heat Conduction,HHC)方程或C-V波模型。与经典的抛物型热传导方程式相比,双曲型热传导方程多了一个波动项$(\tau_0/a)\partial^2 T/\partial t^2$,表明热扰动在物体中的传播呈现波动性。热波能以有限速度传播,是延迟反应的直接结果,因此在热传导波动理论中松弛时间 $\tau$ 是一个最关键的特征参量。研究表明,在常温下,气体的松弛时间为 $10^{-8}\sim10^{-10}$ s,金属的松弛时间为 $10^{-14}\sim10^{-11}$ s,液体和绝热体的松弛时间介于二者之间。定义 $C_w=\sqrt{a/\tau_0}$ 为热量传播的速度,即热波速度。可见

当 $\tau_0=0$ 时，双曲型热传导问题退化为经典的抛物型热传导问题。

由于热量传播速度是有限的，在热扰动发生后的瞬时，热量只能传播到一个有限的区域内，从而存在一个热量传播到和未传播到的明显的分界线。图 4-39 所示为快速加热作用持续时间分别为 $\tau_1<\tau_2<\tau_3$ 情况下 3 个时刻内物体各点的温度对空间位置坐标的分布曲线。图 4-39 中的 3 条实线表明在热量传播速度为有限值时，由于热传导延迟，物体内任意时刻的温度分布 $T(x,t)$ 对空间坐标 $x$ 出现不连续性，体现了热量的波动传播机制，温度不连续性出现的位置为热波的波前位置，波前将固体分为两部分，热量传播到的区域内各点的温度在初始值的基础上有所升高，而没有传播到的区域温度保持为初始温度。而经典的傅里叶预测的固体中任何地方都会立即感受到热扰动，表明没有热传导延迟，即隐含着热量的传播速度无限大的假设，不存在热量传播到区域与未传播到区域之分。

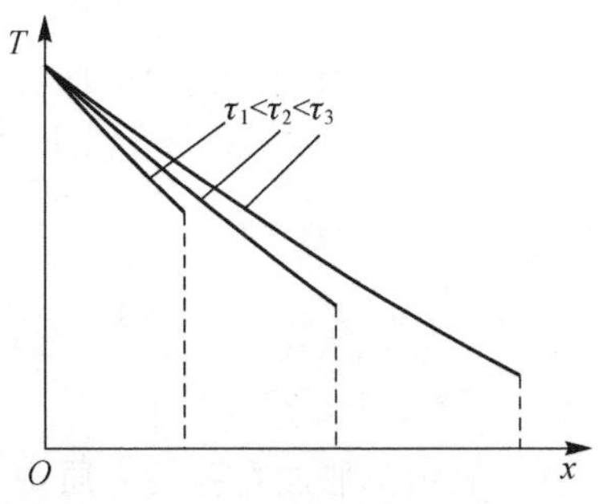


**图 4-39　快速加热条件下不同时刻的温度分布示意图**

在快速瞬态传热过程中，热扰动引发的热应力是在非常短促的时间内产生的，带有冲击的特性，需要研究它的惯性作用和热弹性波。温度的变化导致物体的胀缩，如果温度场是瞬态变化的，那么变形将是时间的函数，其变形的运动规律必将受牛顿第二定律的制约。将牛顿第二定律应用于热弹性平衡方程，可得运动微分方程为

$$\left.\begin{aligned}\frac{\partial\sigma_x}{\partial x}+\frac{\partial\tau_{xy}}{\partial y}+\frac{\partial\tau_{xz}}{\partial z}+X=\rho\frac{\partial^2 u}{\partial t^2}\\\frac{\partial\tau_{xy}}{\partial x}+\frac{\partial\sigma_y}{\partial y}+\frac{\partial\tau_{yz}}{\partial z}+Y=\rho\frac{\partial^2 v}{\partial t^2}\\\frac{\partial\tau_{xz}}{\partial x}+\frac{\partial\tau_{yz}}{\partial y}+\frac{\partial\sigma_z}{\partial z}+Z=\rho\frac{\partial^2 w}{\partial t^2}\end{aligned}\right\}\tag{4-159}$$

式中：$X$、$Y$、$Z$ 为体积力。方程右端为热变形加速度引起的惯性力。

对于表面承受高能束热冲击的半无限大体而言，由于运动是单向的，变形只在 $x$ 方向存在，并且只有在 $x$ 方向存在非零应力。所以，对于位移有 $u=u(x,t)$，根据弹性力学几何方程有

$$\varepsilon_x=\frac{\partial u}{\partial x}\tag{4-160}$$

由热弹性物理方程又可得

$$\varepsilon_x=\frac{1}{1-\nu}\left[\frac{1-2\nu}{2G}\sigma_x(x,t)+(1+\nu)\alpha T(x,t)\right]\tag{4-161}$$

因此有

$$\frac{\partial u}{\partial x}=\frac{1}{1-\nu}\left[\frac{1-2\nu}{2G}\sigma_x(x,t)+(1+\nu)\alpha T(x,t)\right]\tag{4-162}$$

根据运动方程有

$$\frac{\partial\sigma_x}{\partial x}=\rho\frac{\partial^2 u}{\partial t^2}\tag{4-163}$$

对上式两边 $x$ 求偏导数，得

$$\frac{\partial^2 \sigma_x}{\partial x^2} = \rho \frac{\partial}{\partial x}\left(\frac{\partial^2 u}{\partial t^2}\right) = \rho \frac{\partial^2}{\partial t^2}\left(\frac{\partial u}{\partial x}\right) \tag{4-164}$$

将式(4-162)代入式(4-164)并整理,得应力方程为

$$\frac{\partial^2 \sigma_x}{\partial x^2} - \frac{1}{C_E^2}\frac{\partial^2 \sigma_x}{\partial t^2} = \rho\alpha C_1 \frac{\partial^2 T}{\partial t^2} \tag{4-165}$$

其中,

$$C_1 = \frac{1+\nu}{1-\nu}, \quad C_E = \sqrt{\frac{2(1-\nu)}{1-2\nu}\frac{G}{\rho}}$$

式中:$C_E$ 表示膨胀波在弹性介质中的传播速度。对于刚性导热体而言,忽略热膨胀的影响,则式(4-165)中右边为零,退化为标准的波动方程。

根据不同的边界条件,可进一步分析温度方程与应力方程的定解问题。

## 4.5.3 强瞬态热冲击行为

由于式(4-158)及式(4-165)中同时包含热波 $C_w$ 和膨胀波 $C_E$ 两个波的传播速度分量,因此在动态热应力分布中势必存在两个波的传播,波前通过点必然引起瞬时应力的阶跃。通常两个波的波速并不相等,如果 $C_w$ 小于 $C_E$,则膨胀波先于热波。这样对于应力场中的任意一点 $x_\tau$ 来说,在热冲击期间该点的应力将会发生两次跃变,一次是由于电子束轰击边界上的热流扰动在物体内的传播所形成的温度波的波前在 $t_T = x/C_w$(见图 4-40(a)中的曲线 1)时刻通过所引起的;另一次跃变则是由于考虑了热变形加速度的影响而形成的膨胀波的波前在 $t_E = x/C_E$(见图中 4-40(a)中的曲线 2)时刻通过所引起的。两次应力跃变出现的顺序由热波与膨胀波波速的比值决定。

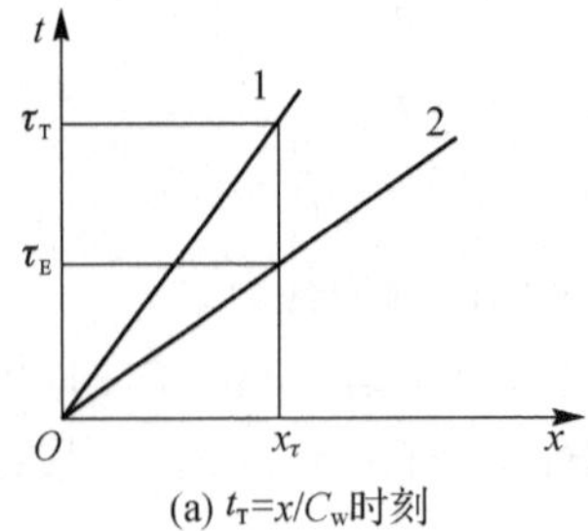

(a) $t_T=x/C_W$时刻

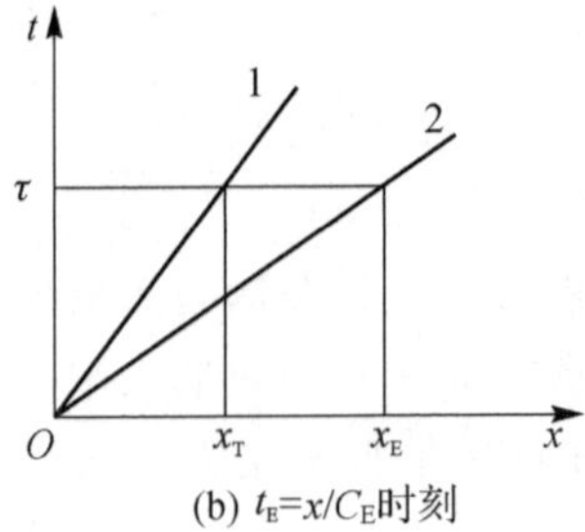

(b) $t_E=x/C_E$时刻

图 4-40 热波与膨胀波的传播比较

由图 4-40(b)可以看出,任意时刻的膨胀波和热波引起的应力波波前处于不同的位置,膨胀波先于热波。在热波的波前到膨胀波的波前这段距离内,虽然温度保持不变,但各点的热应力则处于尖峰状态,产生很强的冲击作用。两个应力跃变点之间的空间点均承受很大的峰值应力。

膨胀波 $C_E$ 分量由热变形加速度引起,是热量传播速度无限大的结果,因此,膨胀波引发的应力波是一个峰值应力不变的无阻尼波。热波 $C_w$ 分量由边界热流扰动引起,是热量传播有限速度的结果,热波具有瞬时薄层的衰减特性,因此,由热波引起的应力波部分是一个有阻尼的衰减波。随着时间的推移,由热波引起应力波的波前迅速衰减为零,从而在半无限体内表现为只有一个跃变点的应力波,反映了无阻尼膨胀波的传播,在热波波前到膨胀波波前这段距离内,虽然温度保持为初始值,但是各点的应力几乎均处于尖峰应力状态,具有很强的冲击性。

激光、电子束等高能束加工具有高强度和高瞬态性的瞬态传热特征,在快速瞬态热传导机

制下，导致在电子束作用区附近产生显著的动态冲击特性。高能束加工中热冲击损伤的根源在于快速的能量沉积作用导致了近缝区急剧的温升和显著的温度梯度。由于高能束热冲击的热波和膨胀波的传播特性，热扰动区附近材料损伤形成后，如果远场热流足够大，则将促进损伤的扩展。激光加热诱发材料的层裂就是典型的例子。深入研究高能束焊接对材料的冲击损伤是优化工艺参数的重要基础。

# 思考题

1. 什么是物体的构形？如何理解物体的运动与变形？
2. 如何表示一点的应力状态？
3. 什么是主应力和主平面？
4. 理解等效应力和等效应变的定义和概念。
5. 比较应变增量以及应变速率的定义和概念。
6. 常用的屈服准则有哪两种？它们有何差别？
7. 说明应变偏张量和应变球张量的物理意义。
8. 说明塑性变形体积不变条件的力学意义。
9. 如何根据主应力图确定塑性变形的类型？
10. 塑性变形量的工程计算有哪几种表示方法？
11. 什么是本构关系？
12. 分析变形温度和变形速度对真实应力-应变曲线的影响。
13. 何谓材料的流变应力？
14. 说明粘性流动与弹性固体的区别。
15. 试分析热应力产生的机制。
16. 举例说明强瞬态热力效应的特点。
17. 分析高能束热冲击过程中的热波和膨胀波的传播特性。

# 第 5 章　热制造工程系统

热制造是利用材料热物理、化学、冶金及力学原理成型零部件、制造结构或改进材料组织性能的工程活动。材料、能量与信息是现代热制造工艺系统构成的基本要素，研究这些要素之间的关系和相互作用及其对制件质量与可靠性的影响是热制造技术应用的工程基础。

## 5.1　热制造工艺模型

### 5.1.1　热制造工艺类型

工程材料可以通过不同的热制造工艺过程成型为所需要的零部件或结构。根据成型过程中材料的形态及变化特点，可将热制造工艺分为熔融-凝固成型（或称相变成型）、塑性成型、聚合工艺等基本类型。

#### 1. 凝固成型

凝固成型主要是指将原材料加热至液态或流动状态，然后成型为所需要形状的工艺。例如铸造、注塑等。这种热制造工艺几乎可以应用于所有的工程材料，主要用来制备各种具有复杂外形或内腔的毛坯或工件。

#### 2. 塑性成型

塑性成型是使工件的原始几何形状从一种状态改变为另一种状态的工艺，包括锻造、钣金加工、轧制、挤压、拉拔等。锻造是将金属加热到一定温度，在冲击力或压力作用下产生较大的塑性变形，成为所需形状的工艺；钣金加工则是利用模具使板料在压力的作用下产生变形或分离。

#### 3. 聚合工艺

聚合是指将离散粉体或分离构件成型或连接为整体零件或结构件的工艺。例如粉末冶金、焊接、粘接等工艺。粉末冶金和焊接是在热制造系统内应用极为广泛的聚合工艺。

在上述基本工艺的基础上，可以派生出各种各样的热制造方法。例如，目前备受关注的增材制造技术多具有热制造工艺的特征。

### 5.1.2　热制造工艺过程描述

#### 1. 热制造工艺模型

热制造过程是材料形状与性能改变的过程，是能量耗散的过程，也是信息传递的过程。材料是热制造系统的物质基础，能量是热制造过程的驱动力，信息是热制造过程按设计要求进行的保证。因此，热制造工艺过程可用材料流程、能量流程和信息流程来描述。3 种流程之间的相互作用，产生出所需要的零件，而流程之间的协调是由控制信息来操纵的，如图 5－1 所示。

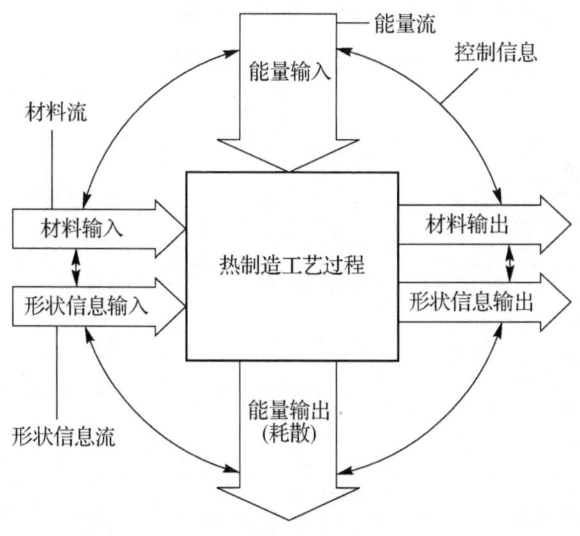


**图 5－1　热制造工艺流程**

## 2. 热制造基本工艺过程

热制造基本工艺过程是使材料的几何形状和(或)性能发生变化的过程。基本工艺过程可以按材料之间相互作用的性质来表示其特征。一个制造工艺过程通常系由一系列基本工艺过程所组成。这一系列基本工艺过程组成了材料流的基本结构。任何一系列的基本过程都可以划分为以下 3 种典型阶段。

阶段 1：这一阶段由那些将材料置于某种适当状态的工艺过程所组成，如材料的几何形状和(或)性能(加热、熔化、切割、剪切等)状态，以获得几何形状和(或)性能的初步变化。

阶段 2：由那些产生所要求的几何形状和(或)性能变化的基本过程所组成。

阶段 3：由那些使工件进入指定的最终状态(凝固、冷却、去毛刺等)的基本过程所组成。

热制造工艺不同阶段的基本工艺过程如表 5－1 所列。

**表 5－1　热制造工艺不同阶段的基本工艺过程**

| 机械过程 | 热过程 | 化学过程 |
|---|---|---|
| 弹性变形 | 加热 | 溶解 |
| 塑性变形 | 冷却 | 燃烧 |
| 脆性断裂 | 熔融 | 硬化 |
| 粘性断裂 | 凝固 | 沉淀 |
| 流动 | 蒸发 | 渗透 |
| 混合 | 凝聚 | ⋮ |
| 分解 | ⋮ | |
| 安装 | | |
| 运输 | | |
| ⋮ | | |

根据热制造过程前后材料质量信息，材料流程有质量不变过程、质量增加过程和质量减少

过程(见表5-2)。根据热制造过程前后材料形状与组织性能信息,材料流程有成型过程和改性过程。根据热制造工艺过程的要求,还需要辅助材料流。

**表5-2 热制造工艺过程分类特征**

| 过　程 | 材料状态 | 基本过程类型 | 主要工艺过程 | 典型工艺 |
|---|---|---|---|---|
| 质量恒定过程 | 固态 | 机械、热过程 | 塑性变形 | 锻造及轧制 |
| | 颗粒状态 | 机械、热过程 | 流动及塑性变形 | 粉体成型 |
| | 液态 | 热过程 | 流动 | 铸造 |
| 质量减少过程 | 固态 | 机械、热过程 | 分离与断裂 | 热塑性切断 |
| | | 热过程 | 熔融及蒸发 | 电火花加工;<br>高能束加工 |
| | | 化学过程 | 溶解 | 电解加工 |
| | | | 燃烧 | 火焰切割 |
| 聚合过程 | 固态 | 机械过程 | 塑性变形 | 冷压焊 |
| | | 机械与热过程 | 塑性变形、扩散 | 摩擦焊、扩散焊 |
| | 颗粒状态 | 热过程 | 烧结 | 粉末冶金;<br>激光选区烧结 |
| | 气态 | 化学过程 | 反应沉积 | 化学气相沉积 |
| | | 热过程 | 沉积 | 物理气相沉积 |
| | 液态 | 热过程 | 局部熔融 | 熔焊、钎焊;<br>激光选区熔化;<br>表面熔覆 |

热制造工艺过程的能量流包括能量的供给、能量向工件传递,以及能量的转移或能量的耗散。

信息流包括材料形状和性能、能量性质与参数、工艺方法、质量要求等信息。在材料形状改变的过程中,将改变形状的信息作用在材料上,最终的形状信息等于材料初始外形信息及工艺过程中施加的形状变化信息的总和。也就是说,材料成型过程是通过能量流使改变形状的信息流作用在材料流上的过程。

使材料产生几何形状变化可用一步或几步来实现,即

$$I_0 = I_1 + \Delta I_{P1} + \Delta I_{P2} + \Delta I_{P3} + \cdots + \Delta I_{Pn}$$

式中:$I_0$ 为希望达到的几何形状;$I_1$ 为材料的初始形状信息;$I_{Pn}$ 为各个过程的形状信息。所需过程的数量一部分取决于技术方面,另一部分取决于经济方面的考虑。

### 3. 热制造过程形态的基本要素

热制造过程形态是指材料的形状与状态、能量的形式与转换、信息的表达与传递等现象的描述。热制造工艺过程可用形态模式来描述,这种形态模式是通过与材料流、能量流和信息流有关的基本要素建立起来的。将这些要素组合起来,就可得到工艺过程的形态模式并由此推导出全部制造工艺过程。

形态学模式的基本要素包括:

材料流——基本过程、材料状态、流动的类型;

能量流——能量供应、能量类型、能量特征、介质转换；
信息流——表面的形成、材料运动模式、模具运动模式。

# 5.2　材料状态

## 5.2.1　热制造工艺过程与材料状态

材料在热制造工艺过程中的各种状态为固态、液态、颗粒状态以及气态。在加工混合材料时，还可能出现不同的状态。颗粒状态可视为固体状态的分散，因为固体是可以分为连续固体和非连续固体（颗粒状态）材料的。考虑加工过程中工艺上的差别，通常保持着颗粒材料和固体材料之间的差异。材料的不同状态，导致工艺过程的结构完全不同。除了材料的状态之外，材料的成分也很重要，可分为均匀材料和非均匀材料。均匀材料包括均匀混合材料以及纯化合物及元素；非均匀材料包括机械混合材料。

热制造工艺中，材料的组织结构和形状大多是在热态下实现的，热过程是其主要的物理过程。与热过程相联系的能量作用于材料的外部，必然引起材料的某种反应，或者某种物理特征的改变，称为材料的热物理性能（简称热物性）。热物性包括密度、热扩散率或导温系数、比热容、导热系数、热膨胀系数，还包括熔点、粘度、热发射率、热吸收率、热反射率等。热物性与其他性能之间也是相互关联的。热物性是评价材料热制造性能的基础。特别是在热制造工艺数值模拟分析中，热物性数据对数值模拟结果影响很大。

为了进行分析，可以按照热性能、化学性能、力学性能以及制造性能来表示材料特征。

## 5.2.2　工件形态

### 1. 工件形态与结构

工件形态是指工件的形状和具有的性质与功能，是工件本身的一种视觉语言和符号。通过工件形态所传达的信息，人们可以联想到工件功能等多方面内容。例如，看到一个齿轮，就会感受到它是用于机械传动的，以及传动过程中的啮合作用等；而看到一个航空发动机涡轮叶片，就会想到它是用于燃气推力传动的，承受高温冲刷作用等。

任何工件都具有一定的功能，这种功能是工件材料和结构所决定的。同类的工件，不同的结构和材料，其功能也是不同的。因此，工件形态是将材料、结构、功能等要素联系起来的综合体现。材料是结构的基础，结构是工件功能的载体，没有结构就无法实现工件的功能。结构决定了工件的外部形态，称为功能形态。

### 2. 工件形状

工件形状繁多，大到水轮机转子、运载火箭贮箱壳体，小到芯片、纳米级齿轮等，都显示出形状的差异与变化。正是这些差异和变化，促使制造工艺不断创新发展。工件形状的复杂程度决定着制造工艺，复杂程度增加必然引起工艺性降低。因此，工件设计的原则是尽可能使形状简单。

图 5-2 说明了工件几何尺寸对选择工艺的影响。靠近横轴的平直虚线说明冷轧的工件可以很薄且宽度变化范围大，如轧制的型材、板材等。而锻造和砂型铸造用于生产较厚大的工

件,熔模铸造和压力铸造用于生产较薄的工件。

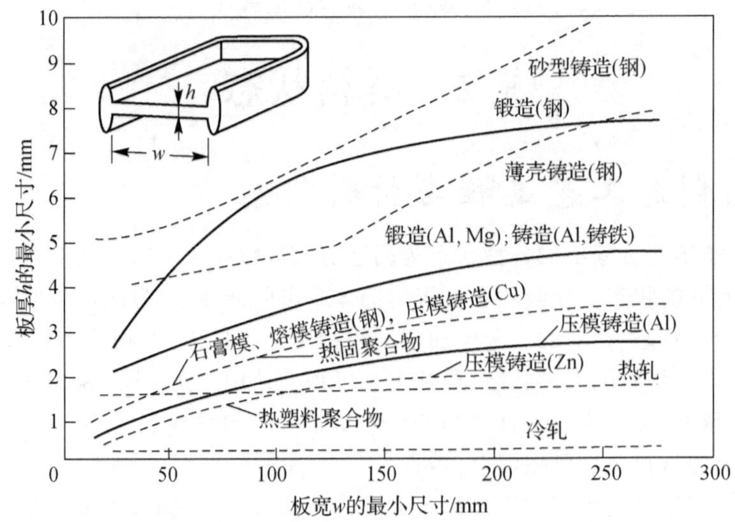


**图5-2 工件形状与制造工艺**

几何学中点、线、面、体等抽象元素一般只提供物体形状的基本信息。对于实际工件而言,除了基本几何信息外,更重要的是赋予能够识别工艺性能的信息。由于各类产品零件或结构形状的复杂性,目前尚未有被普遍接受的工件形状分类方法。在热制造中,常依据工艺方法对工件进行分类,如铸件、锻件、焊件等。

工件一般具有三维特征。随工件三维构造复杂程度的增加,确定其形状的几何信息增多。而制造工艺对工件几何信息量的增加非常敏感,形状微小的变化就可能引起工艺较大的变化。因此,在设计过程中要同时考虑工艺的可实现性。采用热制造工艺时,要综合考虑材料性能、结构及工艺之间的相互作用。

## 5.2.3 热制造过程材料流

在制造系统中,把制造资源转变为产品或零件的制造过程,实质上是一个物料流动的动态过程。这个动态过程主要由5种基本的运动形态或生产活动组成,它们是加工、传送、储存、检验和装配。

### 1. 加　工

加工是制造系统的一项基本功能,也是将制造资源转变为产品或零件的基本运动形态,它通过制造设备及辅助设施、制造技术相操作者的共同作用,从而转变或改变原材料(或坯料)的形态、结构、材质、外观等来实现制造功能。所以加工又称为转变。一种产品或一个零件的制造通常需要经过一系列的工序才能完成,各种工序对应着特定的加工工艺方法。

### 2. 传　送

传送是指在各工作位置之间移动工件,以改变其空间位置的功能,一般也称为物料搬运。它是制造系统完成其制造功能必不可少的一项工序和作业,这是因为原材料转变为产品的全部作业一般不可能在一个工位上完成,因此物料搬运工作的高效化、系统化可以提高制造系统的生产效率。制造过程中的物料搬运工作量相当大,它是设计和运行制造系统时必须考虑的重要问题之一。

#### 3. 储　存

在制造系统中，有许多物料处于等待状态，即不处在加工和使用状态，这些物料需要储存和缓存。当物流系统要求有较大的存储量，或者要求实现无人化生产时，一般都设立自动化中央仓库来解决物料的集中存储问题。中央仓库依据计算机管理系统的信息，实现毛坯、半成品、成品、配套件或工具的自动存储、自动检索、自动输送等功能。物料信息识别与跟踪是物流系统信息管理的基础。在计算机管理系统的支持下，自动化仓库与加工系统、输送设备等构成自动化制造系统的重要支撑。

#### 4. 检　测

检测就是采用调查、检查、度量、试验、监测等方法，把制造质量同产品质量要求相比较的过程，从而提高和保证产品质量，防止不合格产品连续生产，避免质量事故的发生，因此也是产品质量保证体系中至关重要的一环。热制造工件的质量检验包括外观质量及内部质量检验。外观质量检验主要指工件的几何尺寸、形状、表面状况等项目的检验；内部质量的检验主要是指工件化学成分、宏观组织、显微组织及力学性能等项目的检验。

#### 5. 装　配

装配是使组成结构的零件、毛坯以正确的相互位置加以固定，然后再用规定的连接方法将已确定相互位置的零件连接起来。装配工艺直接关系到结构的质量和生产效率。零件装配定位方法主要有夹具定位或划线定位，焊接结构装配时零件的固定常用定位焊、装配焊接夹具来实现。重要焊件的生产必须采用夹具，以保证零件相对位置的准确。装配定位在经过定位和检验合格后，方可进行定位焊。

## 5.3　能量与热源

能量是物质运动的动力。热制造过程中材料的所有运动或变化，均需要能量来维持，都伴随着能量的流动与耗散。热制造过程中能量的存在形式和运动过程影响材料的工艺行为。

### 5.3.1　热制造过程中的能量形式

#### 1. 机械能

热制造过程中多种材料成型是依靠高温下的形变来实现的。材料的塑性变形、流动、断裂都需要机械力，机械力与材料的作用是机械能耗散的过程。直接的机械力来源包括动能、势能、介质压力、真空等，也可以通过电能、电磁能、化学能、热能等其他形式的能量进行转化。图 5-3 所示为典型机械力作用下的热制造工艺示意图，图 5-4 所示为电能转化为机械力作用下的热制造工艺示意图。

在材料成型过程中，机械力的作用可遍及整个工件材料，又可分多次作用于工件材料的同一部位或不同部位。例如，在锤锻过程中，材料要经过多道锻造工序才能最终成型，所需的锻造力为

$$P = \sigma_f Q_p A$$

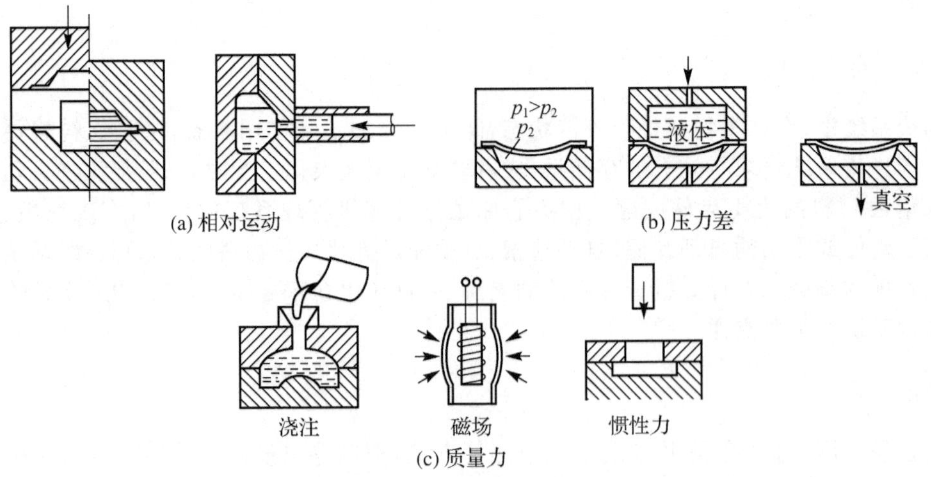


**图 5-3 典型机械力作用下的热制造工艺示意图**

能量消耗为

$$E=\sigma_{f}Q_{e}V\varepsilon_{ave}$$

式中:$\sigma_f$ 为材料的流变应力;$A$ 为工件的总投影面积;$V$ 为工件的体积;$Q_p$、$Q_e$ 为比例系数;$\varepsilon_{ave}$ 为高度平均应变。

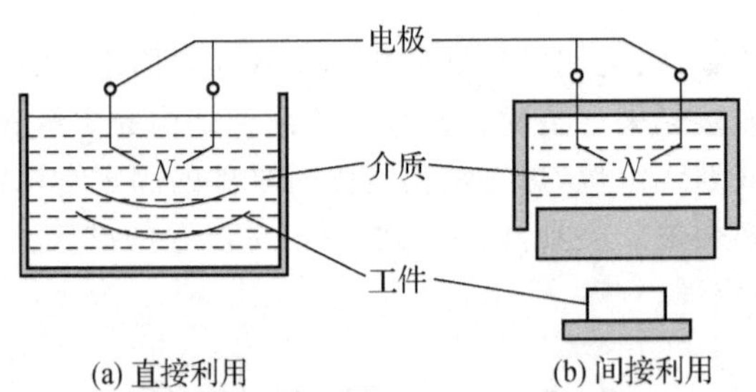


**图 5-4 电能转化为机械力作用下的热制造工艺示意图**

## 2. 热 能

热能可以转换为机械能,作为机械力成型工件的能量供给。但是,在热制造过程中,热能的最主要利用是改变材料的内能,控制材料的物性和凝聚状态,使材料易于成型为所需的形状,或利用工件对不均匀加热所产生的热力效应,实现无外力的成型。不同的热制造工艺对热能形式有不同的要求。热能的产生需要热源,热源是将电能、化学能或机械能转变为热能的装置,发展高效、洁净、低耗的热源是现代热制造工艺热能供应的重要方向。

热制造工艺中广泛应用的热源主要有以下几种形式:

**(1) 电阻热**

利用电流通过导体产生的电阻热作为焊接热源。如电阻焊(点焊和缝焊)及电渣焊,前者是利用焊件金属本身电阻产生的电阻热,后者是利用液态熔渣的电阻产生的电阻热来进行焊接的。

图 5-5 所示为电阻点焊示意图。

导电生热是基于导电材料由电阻产生热量的损失。如果工件本身就是导体则可由其本身

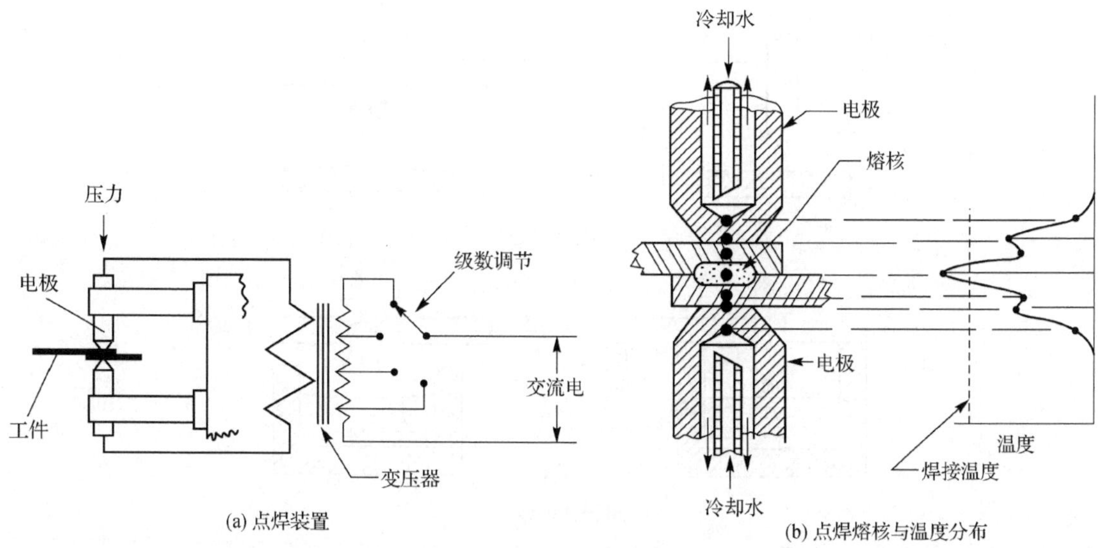

(a) 点焊装置　(b) 点焊熔核与温度分布

图 5-5　电阻点焊示意图

直接供热。如果使用专门的导电体(高电阻值的热元件)来产生热量那就需要通过适当的介质,以辐射或对流的方式将热量传导给工件,这就是间接供热。以电传导为基础将电能转换为热能的方式既可用于导电工件材料本身的加热过程,也可用于机器的加热过程。

**(2) 电磁感应**

感应加热利用涡流原理和变压器原理来实现。将导电的工件置于一个感应线圈的感应场内,线圈通以高频电流(5 kHz～5 MHz),靠物体内感应出的涡流使物体直接产生热量——这就是涡流原理。变压器原理是让工件本身起一个二级线圈的作用。工件感应出低电压、大电流,这也是一种间接供热的方式。如果采用二级线圈为加热元件,那么就变成导电加热的方式了。

图 5-6 所示为典型感应加热淬火的示意图。

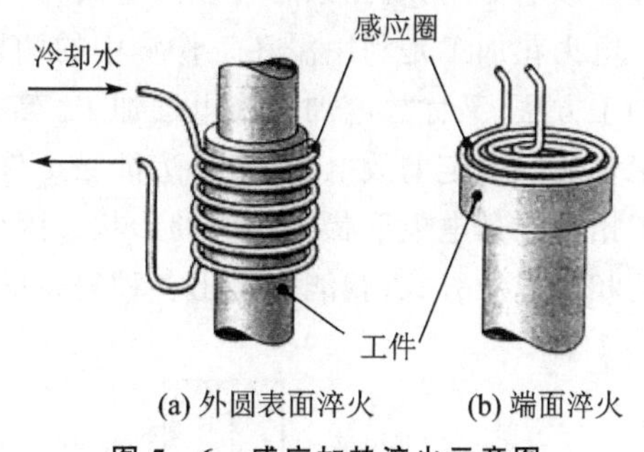

(a) 外圆表面淬火　(b) 端面淬火

图 5-6　感应加热淬火示意图

电介质绝缘体热损耗加热法用于非金属材料的加热,如塑料和胶合板之间在加热时将其置于通有高频电压的电容器线圈中。当工件被置于电容器两板之间受到交变电场的作用时,工件则由于电介质绝缘体的热损耗而直接发热。与感应加热不同者,这种加热法在整个工件上热量分布均匀。当频率增加时所产生的热量也增加。如果工件材料为导电体,那么电介质绝缘体加热法就只能用于间接加热了。

**(3) 电　弧**

利用在气体介质中放电产生的电弧热为热源,如手工电弧焊、埋弧焊、$CO_2$ 气体保护焊、惰性气体保护焊(TIG、MIG)等。电弧发热出现在 3 个不同的位置,即两个电极的表面上和电弧柱上。电弧所产生的热量通过传导、辐射和(或)对流传递到工件上,如图 5-7 所示。

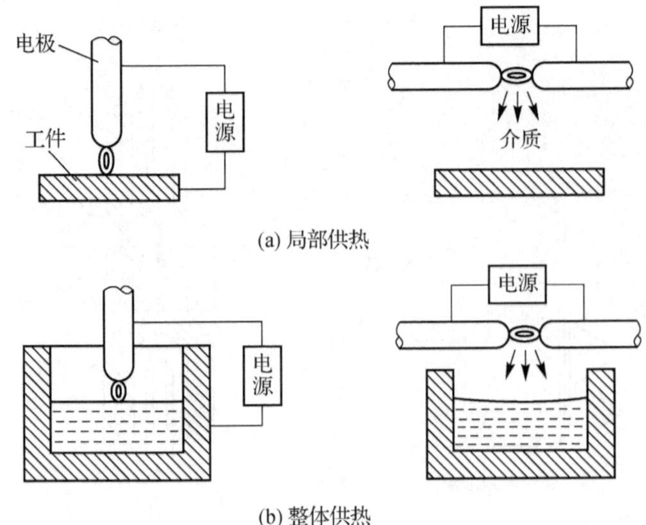


图5-7 电弧加热示意图

**(4) 电火花**

将工具电极和工件分别与脉冲电源的两极相接,并浸入工作液中,或将工作液充入放电间隙,通过间隙自动控制系统控制工具电极向工件进给,当两电极间的间隙达到一定距离时,两电极上施加的脉冲电压将工作液击穿,产生火花放电,如图5-8所示。在放电的微细通道中瞬时集中大量的热能,温度可高达10 000 ℃以上,压力也有急剧变化,从而使这一点工作表面局部微量的金属材料立刻熔化、汽化,并爆炸式地飞溅到工作液中,迅速冷凝,形成固体的金属微粒,被工作液带走。这时在工件表面上便留下一个微小的凹坑痕迹,放电短暂停歇,两电极间工作液恢复绝缘状态。紧接着下一个脉冲电压又在两电极相对接近的另一点处击穿,产生火花放电,重复上述过程。这样,虽然每个脉冲放电蚀除的金属量极少,但因每秒有成千上万次脉冲放电作用,就能蚀除较多的金属,具有一定的生产率。

电火花加工是利用浸在工作液中的两极间脉冲放电时产生的电蚀作用蚀除导电材料的特种加工方法,又称放电加工或电蚀加工,英文简称EDM。在电火花加工过程中保持工具电极与工件之间恒定的放电间隙,一边蚀除工件金属,一边使工具电极不断地向工件进给,最后便加工出与工具电极形状相对应的形状。因此,只要改变工具电极的形状和工具电极与工件之间的相对运动方式,就能加工出各种复杂的型面,如图5-8所示。

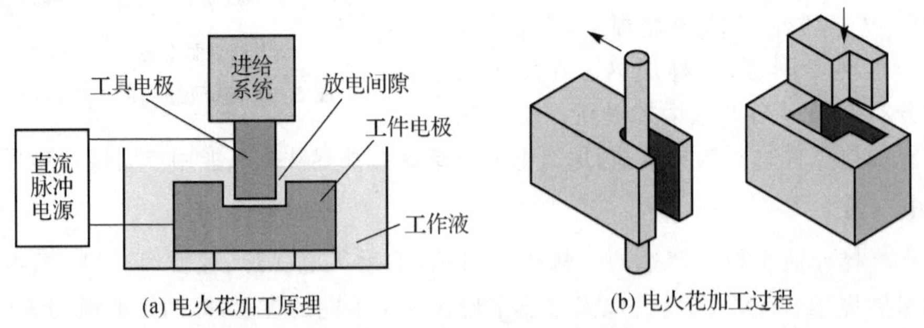


图5-8 电火花加工示意图

**(5) 等离子束**

将电弧放电或高频放电形成的等离子体通过一水冷喷嘴引出形成等离子束电弧(见图 5－9)，由于喷嘴中电弧受到电磁压缩作用和热压缩作用，等离子束具有较高的能量密度和极高的温度(1 800～2 400 K)，是一种高能量密度焊接热源。

**(6) 电子束**

在真空中高电压场作用下，高速运动的电子经过聚焦形成高能密度电子束，当它猛烈轰击金属表面时，电子的动能转化为热能，利用这种热源的焊接方法即为电子束焊，它也是一种高能焊接方法。电子束的能量密度可达 $10^7$ W/mm$^2$，它可用磁性透镜聚焦，使之达到足够的高密度去熔化工件并使材料汽化。

图 5－10 所示为电子束焊接示意图。

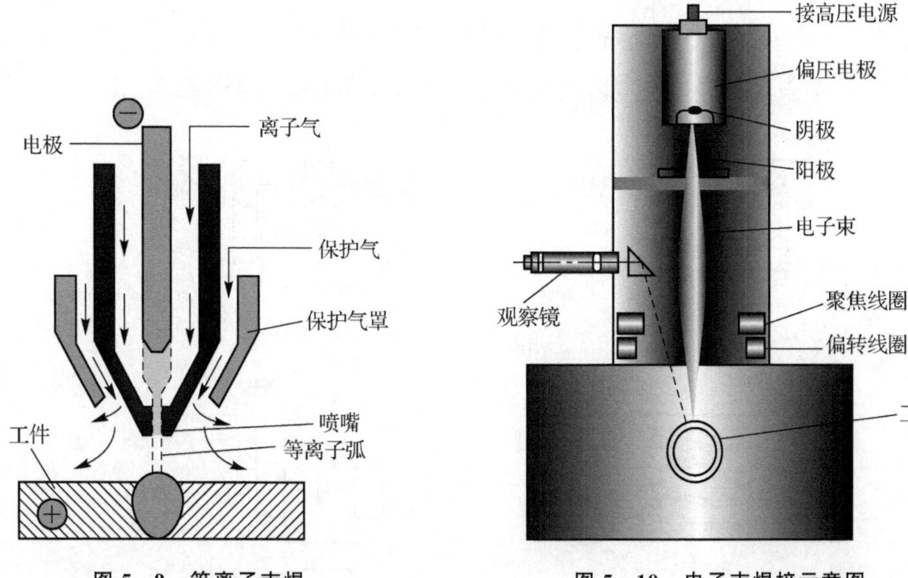


图 5－9　等离子束焊　　图 5－10　电子束焊接示意图

**(7) 激光束**

利用经聚焦后具有高能量密度的激光束作为焊接热源，用于焊接的主要是 $CO_2$ 激光和 YAG 激光。其他以电能为基础的热源还有激光束。由于用作光发射的介质(作为介质的材料可以是固体、液体、气体)不同，因而激光束具有不同的性质。当激光束到达材料上时，一部分能量被反射掉了，其余部分在工件上转换为热量，生成的热量能使大多数金属熔化并汽化。由于激光束可聚集在 10～100 μm 这样极小的范围，所以激光束的能量密度很高($10^2$～$10^6$ W/mm$^2$)。

图 5－11 所示为激光焊接示意图。

**(8) 化学热**

化学热是利用可燃气体燃烧反应热，或铝、镁热剂的化学反应热来进行焊接。如应用氧-乙炔焰(或氢氧焰、液化气焰)为热源的气焊、切割、铝热剂焊、镁热剂焊等。

以化学能为基础的热源的能量转换过程是燃烧或其他放热的化学反应。燃烧可从固体、液体、颗粒体或气体燃料中获得，其热量是间接向工件供应的。

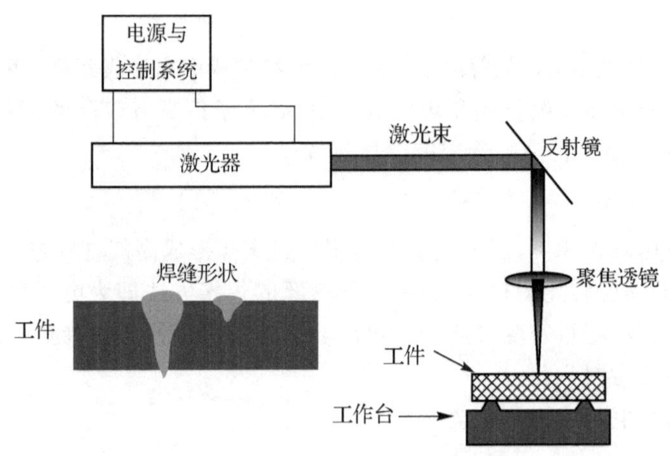


图 5-11　激光焊接示意图

图 5-12 所示为化学能转化为机械力作用下的热制造工艺示意图。

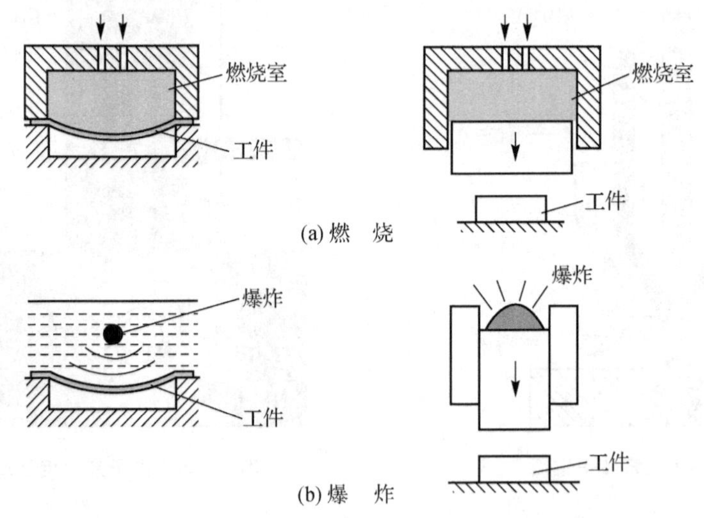


图 5-12　化学能转化为机械力作用下的热制造工艺示意图

**(9) 摩　擦**

摩擦生热是机械能转换为热能的不可逆过程。在摩擦过程中,机械能可以高效地转换为热能,因此科学利用摩擦进行材料加工受到关注。目前,以摩擦焊接为代表的摩擦加工技术正在发展成为一种低能耗、高效、洁净的热制造工艺。

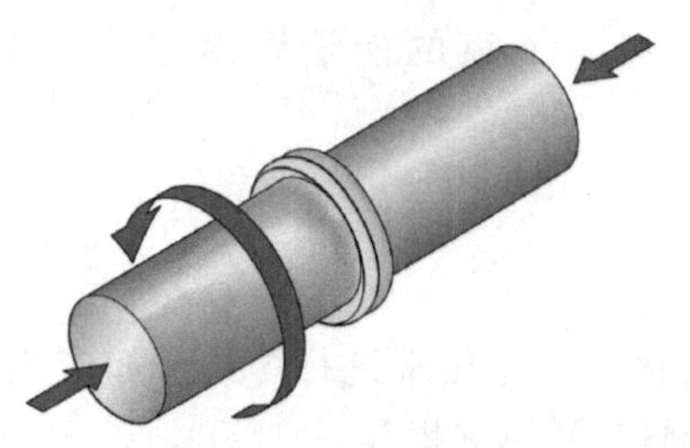

图 5-13　旋转摩擦焊示意图

图 5-13～图 5-15 所示为几种利用摩擦进行材料加工的典型方法。其中,摩擦焊原理及方法见第 9 章。

摩擦挤压成型(见图 5-14)时坯料在较小的挤压力作用下同时连续旋转,利用坯料与模具之间的相对摩擦运动和塑性流动所产生的热量,使局部接触面积金属在模腔内达到粘塑性状态并产生适当的宏观塑性变形,最后从挤压模孔挤出。由于摩擦生热与塑性变形热的共同作用使得挤压坯料升温并软化,坯料在挤压前无需外部加热，直接送进冷坯而获得热态挤压制品。

连续挤压技术(Conform) 是利用金属坯料与工具之间的摩擦力而实现挤压的。如图 5－15 所示，挤压轮由电机带动旋转，模腔位于侧面，坯料在旋转挤压轮槽壁的摩擦力作用下被曳引至挤压模腔内，在这个过程中，摩擦与塑性变形使坯料温度和压力升高，达到一定值后便从模孔中挤出，形成管材或型材产品。

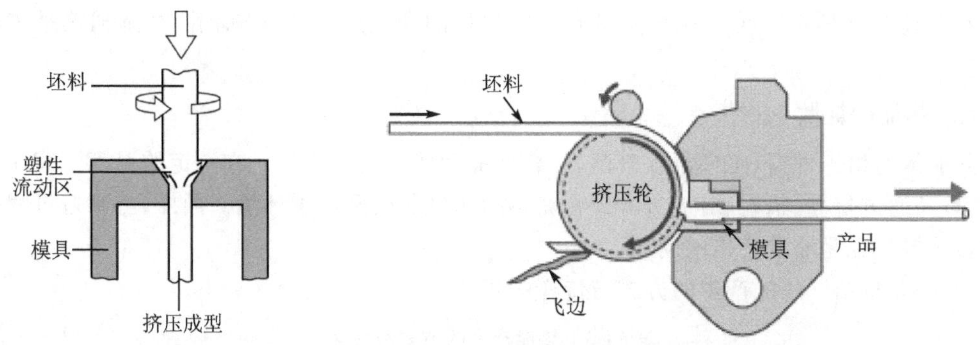


图 5－14　摩擦挤压成型示意图　　图 5－15　连续挤压示意图

## 5.3.2　热制造系统中的能量流

热制造工艺是个动态过程，外部输入的能量经过储存、传递、转化、耗散等有关过程后完成各工艺过程，这种能量运动称为热制造工艺过程的能量流。如前所述，机械能与热能是热制造过程中能量的主要供给方式，因此本书重点讨论机械能与热能在热制造工艺过程中的流动行为。

### 1. 机械能的流动

#### (1) 机械能的储存

机械能能以动能或势能的形式存储。动能通常可以储存于飞轮中，如曲柄式压力机就是依靠飞轮储存的动能来工作的，惯性摩擦焊是利用飞轮旋转所储存的惯性动能来实现摩擦焊接的。

势能存储是最古老的能量储存形式之一，热制造中普遍采用重力原理和压缩空气储能。如锤锻过程就是利用压缩空气(或蒸气)的能量瞬时释放与存储，使锤头快速锻打工件。

#### (2) 机械能的传递

为了完成材料成型过程，机械能必须通过传递介质向工件提供能量。根据热制造工艺的不同，传递介质可以是刚性的或液体状态，如果利用压差来提供能量，则传递介质可以是塑性的、弹性的、气体或真空；如果能量来自工件本身，则其物质力主要通过重力、加速度，或磁场来提供。

#### (3) 机械能的耗散

在热制造工艺过程中，机械能的耗散包括能量自然损失和用于材料成型的能量消耗。能量损失是加工系统自身运转所消耗的，这部分能量消耗的总量在系统输入总能量中所占的比例很大。材料成型的能量消耗结果是改变了材料的形状或性能，部分能量储存在材料内部，部分能量以热的形式散失。提高能量的利用效率，是热制造技术发展的重要课题。

## 2. 热能的流动

### (1) 热能的传递

热源产生的热量可通过传导、辐射、对流和传质来实现转换。热传导可在刚体、颗粒体、液体或气体介质中进行。辐射是一种电磁波,它需要能被电磁波穿过的介质。对流传热转通常发生在液体或气体中。传质换热是具有一定热量的介质通过传导、辐射、对流把热量传递给工件。

### (2) 热能的耗散

热能传递给工件后,工件温度升高,材料性能和状态发生变化。在一定的温度下完成加工后,工件又通过传导、辐射、对流等方式将获得的热量散失到周围环境。同样,热制造过程中热能的自然损失也是非常突出的问题。

表5-3总结了热能产生的方式与传递的相互关系。

**表5-3　热能产生的方式与传递**

| 能量类型 | 电　能 | 化学能 | 机械能 | 热　能 |
|---|---|---|---|---|
| 产热原理 | 放电、感应、电弧、电子束、激光束 | 燃烧、分解/化合、放热反应 | 摩擦、内部迟滞损耗 | 固态、颗粒、液态或气态介质中的热量 |
| 传递介质 | 固态(刚性)、颗粒、液体、气体、真空 | 固态、颗粒、液体、气体 | 固态、颗粒 | 固态、颗粒、液体、气体、真空 |
| 传递方法 | 间接:热传导、热辐射、对流、质量传输;<br>直接:被加工材料中产生热量 | | | |

热制造过程中能量耗散是典型的不可逆过程。例如,工件热成型过程中不断吸收外部设备输入的机械能,相当于输入负熵流,通过塑性变形转化为塑性热和用于内部的微观组织演变而耗散掉,并产生大量正熵。工件在短时内经历了剧烈的非平衡热力过程,使得工件内部出现不均匀、不连续、非线性等一系列复杂的变化。如果考虑材料性质、工艺条件、成型工艺类型所导致的相互作用必然成为更为复杂的系统。

从宏观角度讲,外界做的功除去热传导、辐射等损失给外界的能量,其余的均通过各种形式的能量转换,最终以热的形式表现出来。在工件热成型过程中,输入体系的机械能大部分在金属塑性变形过程中转化成了热,该过程能量变化的主要方式是变性,由高能质自发地“降价”为其他形式的“低质”能量,或者在能量形式不变的情况下发生“降价”,如高温时所含的能由热传导而降低其能“质”。

从熵平衡关系出发,工件的热成型系统总熵变可以表示为

$$\mathrm{d}S=\mathrm{d}S_{\mathrm{i}}+\mathrm{d}S_{\mathrm{e}}$$

式中:$\mathrm{d}S_{\mathrm{i}}$ 为工件热成型系统物质、能量交换区的熵产生或正熵流;$\mathrm{d}S_{\mathrm{e}}$ 为成型设备输入的外部熵流或负熵流,包含了物质流和能量流的作用。在工件的热成型过程中,熵的产生可以认为由热传导过程、粘滞性流动过程和扩散过程共同产生,金属的粘滞性流动的熵在整个熵产中占有很大的比例。

在工件热成型过程中,熵的产生在一定程度上依赖于负熵流的变化,负熵流增加,熵的产生也随之增加。为保证工件热成型顺利进行,在总熵变中 $\mathrm{d}S_{\mathrm{e}}$ 恒为负,即 $\mathrm{d}S_{\mathrm{e}}<0$;若 $\mathrm{d}S_{\mathrm{e}}=0$

则表示无能量输入状态；若 $dS_i < -dS_e$，则 $dS < 0$，即系统总熵减少，表示工件热成型过程中能量的输入足够维持工件热成型过程的不可逆性。根据热力学第二定律，系统由无序转向有序，在热成型工件中出现有序结构，即耗散结构。

## 5.4　热制造信息

随着计算机技术在制造业的广泛应用，信息已经成为先进制造技术中最活跃的因素。热制造系统信息大致可分为产品信息和制造信息。产品信息是指热制造工件的几何形状、尺寸、精度、材料、状态、组织性能、技术规范等；制造信息包括工艺信息和管理信息。提高热制造信息获取、处理、传递的能力对于整体制造系统的信息集成具有重要作用。

### 5.4.1　热制造信息表示

#### 1. 工件数字化建模

数字化建模是应用 CAD 技术定义工件的三维模型，其核心是实体造型。利用实体建模软件，设计人员可在计算机上直接进行工件的三维设计，同时可对其加工性能进行分析。工件的数字信息可方便地进行传递、存储、修改，可显著提高产品的开发速度。

通过数字化模型可定义工件的材料、尺寸、精度要求、技术规范等。根据数字化工件模型可生成输出工件的图纸，还可进一步进行模具设计，生成数控加工指令，为模具制造提供信息。同类特征工件尺寸变化时，只需输入新的参数，就能够方便快捷地修改数字化模型。工件的数字化模型也是工程分析、优化设计、工艺设计的重要依据。

#### 2. 工艺信息

工艺信息的内容包括加工方法、工艺装备、工艺过程、技术条件等多方面的内容，是对工件制造全过程的描述。工艺信息可以用纸介质上的文字或图表的形式表示，也可以数字化的计算机数据形式表示。工艺信息以纸介质的形式输出就形成工艺文件，工艺文件是工件制造过程必须遵守的技术规范。数字化工艺信息是现代制造信息的重要组成部分，对数字化制造与网络化制造具有基础信息作用。

近年来，三维 CAD 软件、反求工程、快速成型、数值模拟技术取得了长足的进步，为热制造数字化建模提供了基础。在传统的热制造工艺中，例如铸造，开发一个新的铸件，工艺定型须通过多次试验，反复摸索，最后根据多种试验方案的浇注结果，选择出能够满足设计要求的铸造工艺方案。多次的试铸要花费很多的人力、物力和财力。若采用铸造过程数值模拟，则可以指导浇注工艺参数优化，预测缺陷数量及位置，有效地提高铸件成品率。

#### 3. 控制信息

热制造过程控制主要包括工艺过程控制和质量控制。工艺过程控制就是对热制造过程的热、力、材料形状与性能、工艺装备等有关状态和参数进行检测与控制，根据工艺规范要求及时反馈控制信息，使工艺过程保持正常状态。

质量控制是指为保证某一产品满足规定质量要求所采取的作业技术和活动，其目标是缩小产品期望质量与实际质量的偏差。在热制造过程中，质量控制活动包括工件加工过程中的质量控制和加工完成后的质量控制。在质量控制过程中,从搜集数据、加工分析数据、处理数据到形成各种报表都涉及大量的信息。

## 5.4.2 热制造系统中的信息传递

### 1. 材料信息的传递

热制造的对象是各种各样的材料,材料在加工过程中要经过固态—液态、液态—固态,或塑性变形等变化。不同的材料和工艺组合,反映材料在加工过程中的信息有很大不同,传递材料在加工过程中的行为信息也不同。如在铸造过程中,液态金属浇注到型腔,要经过流动、充型、凝固、出型等过程,需要传递的信息主要有浇注温度、速度、凝固方式、出型温度等;锻造过程中要传递工件温度、形变情况等信息。这些信息的载体是材料,详细掌握这些信息是保证制造质量的基础,要获得这些信息就必须采用相应传感器及有关信息转换器件来完成。

### 2. 能量信息的传递

热制造过程中的材料状态或设备状态发生变化时,都会引起能量的变化。因此热制造系统的能量流动状态是加工运行状态的综合反映,系统的能量流中包含着丰富的加工状态信息。利用能量信息可有效地对热制造过程实施状态监控和故障诊断。例如,在锻造过程中,工件温度过低,变形抗力提高,需要的锻造力加大,且成型质量差。在这种情况下,根据机械能信息可判断问题所在,可以通过提高对工件的热能输入予以解决。这种能量信息的载体虽然也是材料,但要经过机械装置反映出机械能的变化才能被理解。焊接过程中的能量变化则需要通过电流、弧长、焊速、熔深等多信息进行传递。

### 3. 工艺信息的传递

为了完成零部件的制造,工艺技术人员必须搜集工艺方法、材料、加工装备等物质对象的各种参数,并进行分析与流程设计,生成工件的制造工艺信息。在生产过程中,工艺信息的传递过程就是工件制造的执行过程,工艺信息的有效传递是工件制造质量的保证。工艺信息的传递是由人来完成和执行的,传递的媒体可以是纸介质,也可以是计算机网络。因此,人在工艺信息传递中起到关键作用。

## 5.4.3 信息管理与数据库

### 1. 信息管理

信息管理在现代制造系统中具有极其重要的作用。热制造过程信息管理是有关制造企业生产管理的基础。热制造信息管理就是对与工件制造有关的材料、工艺、设备、标准、能耗、人员、成本等基础信息进行有效组织并用于生产。建立在计算机软硬件基础上的信息管理系统可方便、快速地传递、查询、修改信息。信息的有效管理依赖强大的数据库支持。

### 2. 数据库

数据库是用来存储、管理和恢复集中或分布存储的数据的软件系统。建立符合生产实际需要的数据库是制造系统管理的基础。将与热制造过程有关的工件、材料、工艺、设备、标准等大量数据存入数据库，可使设计、工艺、生产管理等工作实现信息共享，有利于提高工作效率，缩短产品的研制周期。

### 5.4.4　数字孪生技术

随着信息技术及人工智能技术的发展，作为实现信息空间与物理空间融合的数字孪生技术引起了人们广泛的关注。数字孪生技术通过集成多学科、多物理量、多尺度、多概率的仿真过程，以数字化的方式在虚拟空间建立物理对象的映射(见图 5-16)，模拟和反映物理对象的全生命周期过程。数字孪生技术能够解决目前工艺设计模式下产品模型与工艺模型分离，产品模型所包含的信息不能有效地传递到工艺模型等方面的信息隔离问题。在基于数字孪生的工件制造中，工艺信息的数字化表达与管理是生产现场工艺设计与迭代优化的关键。

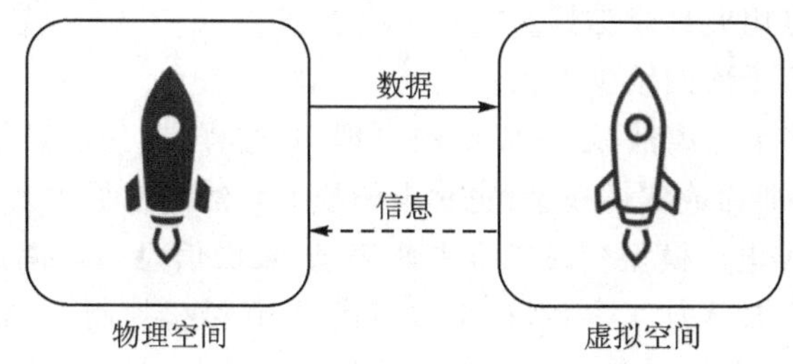


**图 5-16　数字孪生技术示意图**

基于零件的设计模型定义的最终加工状态，在制造阶段需要根据工艺路线创建能够指导生产现场加工制造的工艺数字孪生模型。工艺数字孪生模型以工艺信息模型为载体，融合计算、交互和控制属性。与传统的建模仿真方法不同，数字孪生模型不只关注虚拟模型的仿真数据，更加强调虚实之间的对比分析与交互融合。通过虚拟模型与物理实体之间的交互，精确地仿真工艺物理过程，为生产活动提供决策和支持。

工艺数字孪生模型的构建表现为对零件设计模型的重构。零件的制造需要多道工序，因此工艺数字孪生模型是一系列制造模型的集合。根据零件加工的工艺路线，在制造阶段会重构多个制造模型，不同的制造模型根据该道工序的加工需求，定义了不同的加工设备信息、工装信息、工艺信息、检验测试信息等。在产品制造过程中，数字孪生技术通过与工业互联网、物联网、传感器等发生多级互联，与人工智能、机器学习、数据挖掘、高性能计算等信息技术进行协同，在复杂动态空间的多源异构数据采集、数据集成展示、产品生产监督和质量管理、智能分析决策等方面具有重要作用。

物理实体和虚拟模型是数字孪生的两个核心要素，以仿真技术为重要支撑的虚拟模型构建是数字孪生的基本保障。仿真是数字孪生的基础，利用仿真技术可以在虚拟世界中建立物理系统的映射，进而展示产品的性能或制造过程，模拟物理实体的全生命周期。通过仿真工具模拟工艺物理过程，其关键是工艺模型和算法。基于能量与材料相互作用的热制造工艺中发生复杂的物理过程，物理场之间发生强烈的耦合，材料组织结构在多尺度范围变化，工艺参数与工件性能的关系呈现非线性和不确定性，以及由此导致工艺仿真的复杂性，也是热制造工艺数字孪生技术应用面临的主要挑战。

# 5.5 快速工艺实现技术

## 5.5.1 快速原型

快速原型/零件制造(RPM)技术是由CAD模型直接驱动的快速制造任意复杂形状三维实体的技术总称,是实体自由成型的主要方法,也称为增材制造或3D打印。其主要特征如下:

① 可以制造任意复杂的三维几何实体。

② CAD模型直接驱动。

③ 成型设备无须专用夹具或工具。

④ 成型过程中无人干预或较少干预。

快速原型(RP)技术采用离散/堆积成型的原理,其过程是:先由三维CAD软件设计出所需要零件的计算机三维曲面或实体模型(也称电子模型),然后根据工艺要求,将其按一定厚度进行分层,把原来的三维电子模型变成二维平面信息(截面信息),即离散的过程;再将分层后的数据进行一定的处理,加入加工参数,产生数控代码,在微机控制下,数控系统以平面加工方式有序地连续加工出每个薄层并使它们自动粘接而成型,这就是材料堆积的过程。

目前,已投入应用的快速成型方法(也称实体自由成型方法)主要有立体印刷(SLA)、激光选区烧结/熔化(SLS/SLM)、叠层实体制造(LOM)、熔融沉积成型(FDM)等。

### 1. 立体印刷成型原理

立体印刷成型(SLA)也称光造型或立体光刻,SLA技术是基于液态光固化树脂的光聚合原理工作的。液态光固化树脂在一定波长和强度的紫外光的照射下能迅速发生光聚合反应,分子量急剧增大,材料也就从液态转变成固态。如图5-17所示,液槽中盛满液态光固化树脂,成型开始时,工作平台在液面下一个确定的深度,聚焦后的激光光点按计算机指令在液态表面上逐点扫描,光点打到的地方,液体就固化。当一层扫描完成后,被激光光点照射的地方就固化,未被照射的地方仍是液态树脂。然后升降台带动平台下降一层高度,已成型的层面上又布满一层树脂,刮平器将粘度较大的树脂液面刮平,然后再进行下一层的扫描,新固化的一层牢固地粘在前一层上,如此重复直到整个零件制造完毕,得到一个三维实体模型。

SLA方法是目前快速成型技术领域中研究得最多的方法,也是技术上最为成熟的方法。SLA工艺成型的零件精度较高。多年的研究改进了截面扫描方式和树脂成型性能,使该工艺的加工精度能达到0.1 mm。但这种方法也有自身的局限性,比如需要支撑、树脂收缩导致精度下降、光固化树脂有一定的毒性等。

### 2. 激光选区烧结/熔化

激光选区烧结(SLS)是利用粉末状材料成型的。如图5-18所示,成型时先在工作台上铺设一层材料粉末,用高强度的激光束在计算机控制下有选择地进行烧结(零件的空心部分不烧结,仍为粉末材料),被烧结的材料固化在一起构成零件实体部分的一个层面。当一层截面烧结完后,铺上新的一层材料粉末,选择地烧结下层截面,新的一层与下面已成型的部分烧结在一起。全部烧结完成后,去除多余的粉末,便得到烧结成的零件。

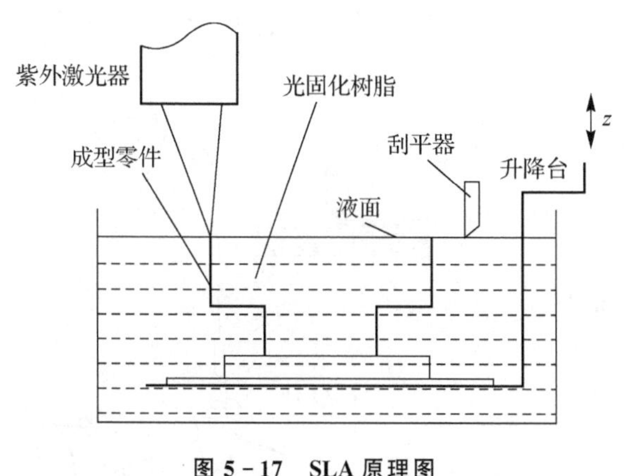


图 5-17　SLA 原理图

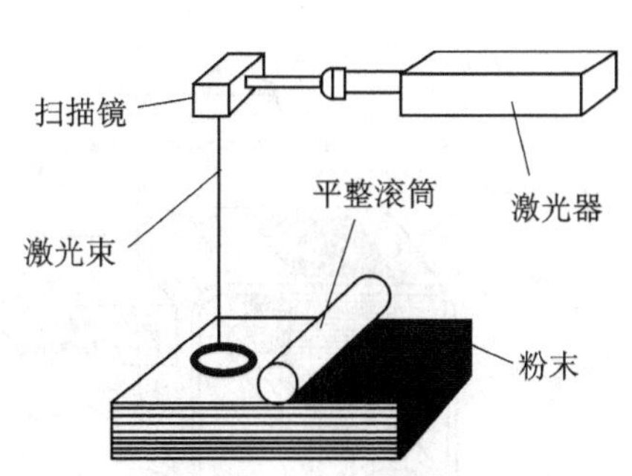


图 5-18　SLS 原理图

SLS 常采用的材料为尼龙、塑料、陶瓷和金属粉末。SLS 工艺的特点是无须加支撑，未烧结的粉末起到了支撑的作用；材料适应面广，不仅能制造塑料零件，还能制造陶瓷等材料的零件，特别是可以制造金属零件。

SLS 适用于形状复杂的单件生产，例如航空航天工业中的特种铸件，或者是在新产品试制时先做一两个铸件供进一步试验使用。SLS 法应用于铸造成型时，可以石蜡粉末为原料，直接制出石蜡原型，用熔模铸造方法制壳浇注铸件，或者用消失模铸造方法直接浇注铸件。

若提高激光能量密度使金属粉末熔化，可直接堆焊成型零件，即激光选区熔化技术(SLM)。热源也可以采用电子束或电弧，例如电子束选区熔化以及电弧熔丝增材制造等。

### 3. 叠层实体制造

叠层实体制造(LOM)采用薄片材料，如纸、塑料薄膜等(见图 5-19)。片材表面事先涂覆上一层热熔胶。成型时，热压辊热压片材，使之与下面已成型的部分粘接；用激光束在刚粘接的新层上切割出零件截面轮廓和工件外框，并在截面轮廓与外框之间多余的区域内切割出上下对齐的网格。激光切割完成后，工作台带动已成型的工件下降，与带状片材(料带)分离；供料机构转动收料轴和供料轴，带动料带移动，使新层移到加工区域；工作台上升到加工平面；热压辊热压，工件的层数增加一层，高度增加一个料厚；再在新层上切割截面轮廓。如此反复直至零件的所有截面粘接、切割完，得到分层制造的实体零件。

LOM 工艺只需在片材上切割出零件截面的轮廓，而不用扫描整个截面。因此成型厚壁零件的速度较快，易于制造大型零件。工艺过程中不存在材料相变，因此不易引起翘曲变形，零件的精度较高，误差小于 0.15 mm。工件外框与截面轮廓之间的多余材料在加工中起到了支撑作用，所以 LOM 工艺无须再加支撑。

LOM 最直接的模具应用是在砂型铸造用的模板和芯盒上，可减少模具的制造周期，降低成本。如美国福特汽车公司用 LOM 法制造长 685 mm 的汽车曲轴模样，先分 3 块做，然后再拼装成砂型铸造用的模板，尺寸精度达到±0.13 mm。

### 4. 熔融沉积成型原理

熔融沉积成型(FDM)是将丝状热熔性材料(如蜡、ABS、尼龙等)加热熔化，通过带有微细喷嘴的喷头挤出，喷头沿零件截面轮廓和填充轨迹运动，材料沉积到指定层面凝固，并与前一层材料熔接(见图 5-20)。一个层面沉积完成后,工作台按预定的增量下降一个层面高度,继续沉积,直至完成整个实体成型。

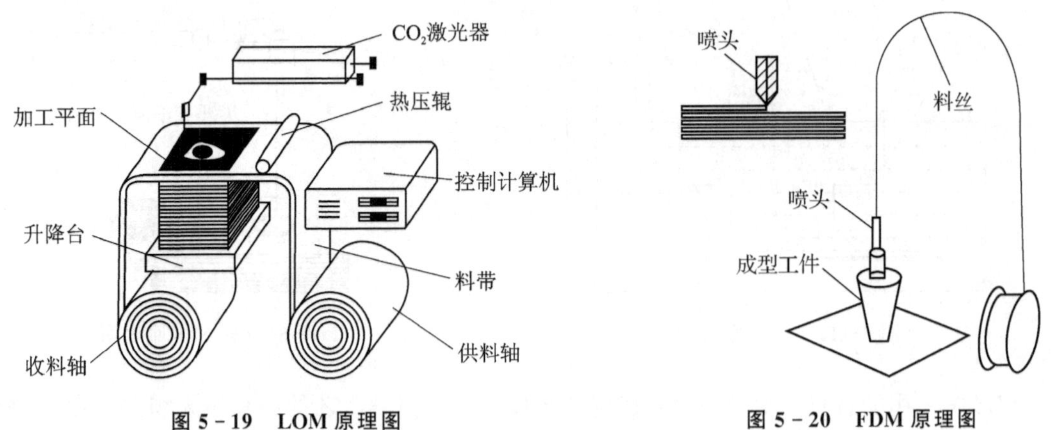


图 5-19 LOM 原理图　　图 5-20 FDM 原理图

熔融挤压沉积成型采用喷头内安装的电阻式加热器将热塑性材料加热成液态,并根据片层参数控制加热喷头沿断面层扫描,同时挤压并控制液体流量,使粘稠液体均匀地沉积在断层面上。其关键部件为具有两个喷嘴的喷头,其中一个喷嘴用于挤出成型材料,另一个用于挤出支撑材料。

熔融挤压沉积成型工艺不用激光器件,因此使用、维护简单,成本较低。用蜡成型的零件原型,可以直接用于失蜡铸造。用 ABS 制造的原型因具有较高强度而在产品设计、测试与评估等方面得到广泛应用。由于以 FDM 工艺为代表的熔融材料堆积成型工艺具有一些显著优点,因此该类工艺发展极为迅速。

随着 RPM 技术的发展和人们对该项技术认识的深入,它的内涵也在逐步扩大。目前快速原型技术包括一切由 CAD 直接驱动的成型过程,而主要的技术特征即是成型的快捷性。对于材料的转移形式可以是自由添加、去除,以及添加和去除结合等形式。

## 5.5.2 快速工艺实现

在生产过程中,模具设计和制造占很长的周期。一个复杂薄壁件模具的设计和制造可能需一年或更长的时间。随着工业技术的进步和人们生活水平的提高,产品的研发周期越来越短,设计要求响应时间短。特别是结构设计需做一些修改时,前期的模具制造所花费用和制造工期就白白地浪费了。因而模具设计和制造成为新产品开发的瓶颈。计算机辅助工程的发展,使传统产业与新技术的融合成为可能。三维 CAD 可以把设计从画图板中解放出来,大大简化了设计者的设计过程,减少了出错的概率。随着快速成型(RP)技术的应用,三维模型可以通过 RP 设备,快速转变成所需的原型,缩短模具设计制造周期。一般来说,采用 RP 技术的模具制造时间和成本为传统技术的 1/3。

基于 RPM 的快速模具总体情况如图 5-21 所示。

RPM 在产品开发中的关键作用和重要意义是很明显的,它不受复杂形状的任何限制,可迅速地将显示于计算机屏幕上的设计变为可进一步评估的实物。根据原型可对设计的正确性,造型合理性,可装配和干涉进行具体的检验。对形状较复杂且价格昂贵的零件(如模具),如直接依据 CAD 模型不经原型阶段就进行加工制造,这种简化的做法风险极大,往往需要多次反复才能成功,不仅延误开发的进度,而且往往需花费更多的资金。通过原型的检验可将此

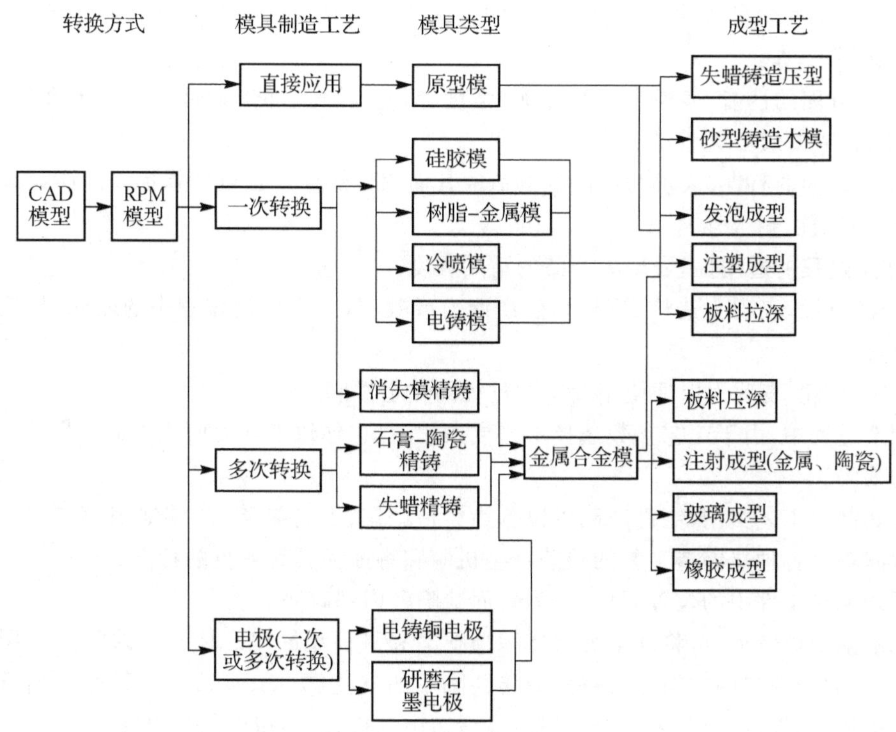


图 5-21　基于 RPM 的快速模具制造过程

种风险减到最低。

# 5.6　工艺质量与可靠性

材料在热制造工艺过程中，其组织、结构发生了一系列变化。产品的质量和性能在很大程度上受这些变化的影响。为了使产品的质量和性能达到设计的要求，有必要对影响产品质量的材料在成型过程中的各种参数进行控制，尤其是在优质、高效、低消耗的现代化生产中，加强对热制造工艺质量与可靠性的控制更是必不可少的。

## 5.6.1　工艺质量与评价

### 1. 工艺质量的基本概念

产品是工艺的结果，工艺质量是产品质量的基础。产品质量特性一般包括功能性、可靠性与维修性、安全性、适应性、经济性和时间性。产品质量合格就是质量特性“满足要求”，不合格就是“未满足要求”。合格称为符合，是满足要求的肯定，称为合格或符合规定要求；不合格称为不符合，也就是没有满足规定的要求，即称为不合格。这里所说的“要求”不仅是从顾客角度出发，还要考虑社会的需要，要符合法律、法令、法规、环境、安全、资源保护等方面的要求。也就是说质量必须符合规定要求，即符合性要求，又要满足顾客和社会的期望，即适用性要求，即所谓的“符合性”和“适用性”要求。

工艺质量指制件满足产品结构的使用价值及其属性。它体现为制件的内在和外观的各种质量指标。产品实体作为一种综合加工的产品，它的质量是产品适合于某种规定的用途，满足

使用要求所具备的质量特性的程度。制件的质量特性除具有一般产品所共有的特性外,还应满足其特殊要求,如:

① 理化方面的性能,表现为力学性能(强度、塑性、冷弯、冲击韧性等)、化学性能(碳、锰、硫、磷、硅等影响焊接工艺性的元素)。

② 使用时间的特性,表现为产品的寿命或其使用性能稳定在设计指标以内所延续时间的能力(如抗腐蚀性、耐久性)。

③ 使用过程的适用性,表现为产品的适用程度。

④ 经济特性,表现为造价(价格),生产能力或效率,生产使用过程中的能耗、材耗及维修费用高低等。

⑤ 安全特性,表现为保证使用及维护过程的安全性能。

热制造过程中,由于工艺参数选择不当或操作不慎,导致工件表面或内部产生的材料不连续性称为缺陷。

根据热制造工艺类型,制件缺陷可以分为铸造缺陷、锻造缺陷、焊接缺陷、粉末冶金缺陷、热处理缺陷等。各种热制造工艺的缺陷产生机制和特征都具有各自的特点。

根据缺陷在工件中的位置,可以分为表面缺陷和内部缺陷。

根据缺陷形貌特征,可将缺陷分为体积型缺陷和平面型缺陷。体积型缺陷可以用三维尺寸来描述,如铸造缺陷中的缩孔、缩松,焊接缺陷中的气孔、夹杂、夹渣等。平面缺陷只能用二维尺寸来描述,如焊接裂纹、未熔合、未焊透;锻造中的折叠;铸造中的冷隔等。

制件缺陷破坏了工件的完整性,对工件的性能有较大影响。因此,防止缺陷的产生是工艺质量保证的重要方面。因此,为了防止工程结构在使用中发生断裂破坏,一方面要求材料有足够的强度和韧性,另一方面还要考虑可能的缺陷对结构强度的不利影响。缺陷对结构强度的影响取决于有缺陷结构的使用条件,即结构的工作载荷、温度和环境条件,以及缺陷的形状、大小、方位等。

### 2. 工艺质量评价

工艺质量需要依据相关标准进行符合性评价,即采用调查、检查、度量、试验、监测等方法,把工艺质量同产品质量要求相比较的过程,从而提高和保证产品质量,防止不合格产品连续生产,避免质量事故的发生,是产品质量保障体系中至关重要的环节。

检测技术是工艺质量控制的组成部分,而且也是科学研究的重要手段。通过检测确定成型过程中的各种参数及其变化,为分析成型过程及其结果、评价和改进工艺提供科学依据。而将成型过程中的各种参数及其变化作为信号提供给成型过程控制系统,即可实现工艺过程的优化及自动控制。

在热制造过程中,影响工艺过程及其产品质量的参数很多,常需检测的主要参数有以下几种:

① 应力与应变。在金属材料成型过程中,由于其温度、金相组织的变化及变化的不均匀性,可导致其形成应力与应变,从而直接影响产品形状的精度和稳定性。检测材料成型过程中的应力和应变量,是研究成型工艺及零件结构合理性的需要。

② 位移和重量。材料成型工艺涉及的材料、设备及控制,常需检测位移量和重量,如料位、设备中运动机构的位置、物料的重量等。

③ 温度。温度是成型工艺中重要的参数。如铸造合金的浇注温度、型芯的烘干温度;锻

造中始锻和终锻温度；焊接中母材的温度以及金属材料成型过程中温度的变化速度等，对零件的质量、性能和成本都有十分重要的影响。对各种温度进行检测，不但能帮助我们了解温度的影响，也能使我们把材料的成型过程控制在最佳的温度区间。

④ 金相组织与力学性能。对零件或制品的质量控制，除了在其形成过程中的控制之外，对成型后的零件进行检测也是重要的质量控制手段。通过对零件金相组织、力学性能及缺陷等的检测，可以准确地评定零件的质量等级，也可分析所测参数偏离标准的程度和原因，帮助人们制定改进措施。

工艺质量检验包括外观质量及内部质量检验。外观质量检验主要指制件的几何尺寸、形状、表面状况等项目的检验；内部质量的检验主要是指成型件化学成分、宏观组织、显微组织及力学性能等项目的检验。

外观质量的检验一般采用非破坏性的检验，通常用肉眼或低倍放大镜进行检查，必要时也采用无损探伤的方法。内部质量的检验，根据不同的检验内容，有些必须采用破坏性检验，如组织检验、力学性能测试等，有些需要采用无损检测技术，如内部缺陷的检验。

在实际生产过程中，破坏性检验不能完全适应成型质量难的要求，因此，无损检测技术在成型质量检验中得到广泛的应用。

热制造过程是一个复杂的、多因素影响的过程。为了确保产品质量，在生产过程中必须进行 3 个阶段的检验，即生产前检验、生产过程检验和生产后的最终检验。

### 3. 材料与工艺选择及验证

零部件(或结构件)热制造遇到的首要问题是材料及成型工艺的选择。材料与成型工艺的选择往往是相互制约的，新结构方案的实现有赖于先进材料的应用，先进材料对成型工艺的发展又起到促进作用。这就要求所选材料既满足结构需要的使用性能，同时又具有良好的工艺性能，以及经济性和环境适应性。

材料是否符合结构性能要求需要进行严格的评估。通常可分为初步评估和结构性能评估。初步评估是检验材料的基本性能是否符合要求。结构性能评估是对关键件材料的损伤容限、持久性能、环境适应性等方面进行评估，以确定材料的可用性。

成型工艺的选择需要经过反复试验验证才能确定，重要工作是评估所选材料对有关工艺的适用性，以及制件性能对工艺参数的敏感性。同时还要分析可能出现的缺陷，确定检验的方法及标准、缺陷的修复方案等。只有通过工艺评定证明是符合要求的成型工艺方案，才能正式投入生产。如果通过试制，证明工艺方案不能满足要求时，则必须修改或重新指定工艺方案，再进行试制和验证，直到合格为止。不经过试制和验证就盲目投产，一旦方案有问题，就会给生产带来很大的损失。

对大批量生产的制件，工艺验证要分两步进行：一是工艺试验及鉴定，其目的是检查成型件的设计质量、工艺性能及使用性能和所采用的工艺方案及工艺路线的合理性及经济性；二是试生产鉴定，其目的是检查生产稳定性。只有通过了工艺试验鉴定以后，才能进行试生产鉴定。

产品整体的强度试验分两类：一类是破坏性强度试验，另一类是超载试验。

破坏性强度试验，是在大量生产而质量尚未稳定的情况下，按 1/100 或 1/1 000 的比例进行抽查，或在试制新产品时及改变产品的加工工艺规范时才选用。试验时载荷要加至产品破坏为止，用破坏载荷和正常工作载荷的比值来说明产品的强度是否符合设计部门规定的要求。

超载试验是对产品所施加载荷超过工作载荷的一定量,如超过25%、50%,保持一定的停留时间,观察结构是否出现裂纹和存在其他渗漏缺陷,且产品变形部分是否在规定范围以内,从而判别其强度是否合格。受压的焊接容器和管道100%均要接受这种检查。

常用受压容器整体的强度试验加载方式有水压试验和气压试验两种。

## 5.6.2 工艺可靠性与分析

工艺可靠性是指在规定时间制造合格产品的能力,是实现产品设计可靠性的保证。工艺可靠性是从工艺的角度控制风险,保证产品的质量波动在允许的范围之内。工艺系统的可靠性不仅影响产品的产量和合格率,而且由于工艺系统的不完善在产品制造过程中造成的缺陷,还会使产品早期故障或降低其寿命,从而降低产品的可靠性、可用性,增加维修费用。因此工艺可靠性在产品可靠性保证中占有重要地位,只有可靠的工艺系统才能保证制造出高质量和高可靠的产品。

### 1. 可靠性基本概念

质量与可靠性技术是从产品质量检验技术逐步发展起来的。产品的质量强调产品符合要求,符合即合格,不符合即不合格;可靠性是产品能否完成规定的功能,能完成即为可靠。因此,质量与可靠性研究的是产品的不同方面和内容,前者关注产品是否满足要求,后者考察产品是否具备实现功能的能力。质量工作的重点是进行质量工作策划、产品质量控制、产品质量保证、质量改进;而可靠性的工作重点在于制订可靠性计划,确定可靠性要求,进行可靠性设计、分析、试验和评价。两者的关注点不同,各有侧重。

从质量的内涵可知,质量问题是产品的某些或某项特性不满足要求,由设计、制造和管理等综合因素导致。可靠性问题指的是产品在规定条件下不能实现既定功能,问题产生的原因为产品故障。可靠性本身是产品的固有特性,产品在规定的时间、条件下能够实现既定功能,即为满足要求;满足要求则说明该产品具备所需能力,即产品质量合格——此时不存在可靠性方面的质量问题。当产品的可靠性不能满足要求时,可靠性问题则被视为质量问题。

产品存在缺陷不能满足特性要求,但又不影响其功能时,该产品存在质量问题而非可靠性问题。在产品使用期间的偶然故障阶段和耗损故障阶段,故障属于可靠性问题,是可靠性分析、设计时需要考虑的内容;但其在广义上也属于质量问题。产品使用期间的早期故障阶段,其问题是由设计和工艺等不满足要求造成的。此时,既是可靠性问题,又是质量问题,即质量问题和可靠性问题之间,在一定程度上存在着交叉关系。

从时间维度上看,产品质量与可靠性问题常常出现在不同阶段(见图5-22)。研制生产中的产品如果存在问题(生产、制造、试验中的不满足要求),则多为质量问题;如果不及时处理,便可能导致使用中出现故障,形成可靠性问题。反之,如果产品可靠性设计不合理,则产品交付验收时(如进行鉴定试验)可能发生故障,不满足设计要求。因此可知,质量问题与可靠性问题二者相互影响。根据热力学第二定律,产品在使用过程中材料性能劣化是一个不可逆的损伤过程,即产品的可靠性是随时间衰减的。因此,在产品的使用阶段关注的可靠性问题是如何保证在规定期间的合格质量衰减在可接受的范围。图5-22中产品A和产品B的初始质量相同,但质量衰减速率不同,其使用可靠性也不同,产品A的可靠性高于产品B。

可靠性设计为产品可靠性奠定基础,未进行可靠性设计的产品必然存在着许多设计缺陷。可靠的制造工艺是实现设计可靠性的技术手段,设计可靠性与制造可靠性共同决定了产品的

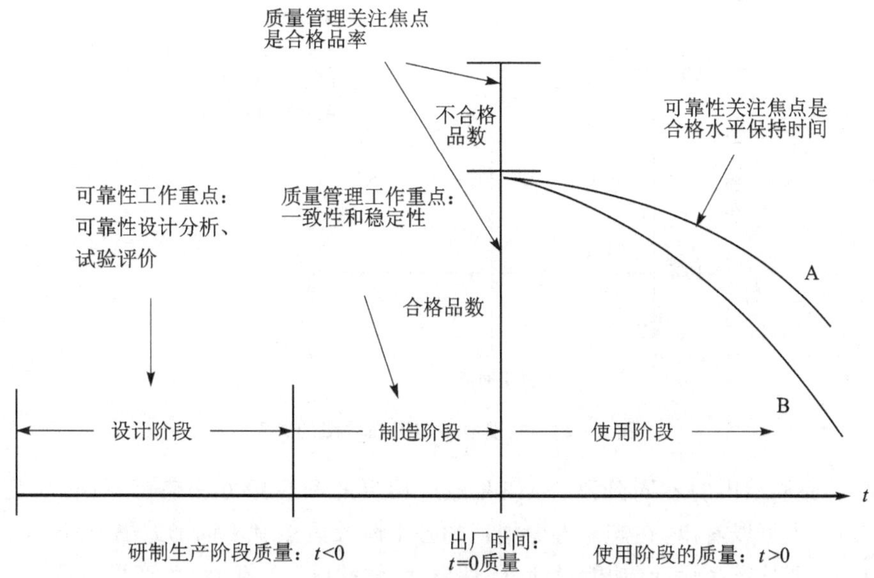


图 5-22　产品不同阶段的质量与可靠性

固有可靠性。使用和维护技术与产品使用可靠性密切相关，是维持产品可靠性的重要手段，也是降低维护费用的重要手段。

产品在生产和使用过程中都具有不确定性，绝对可靠是很难做到的，往往存在一定的风险。因此，在产品生产和使用过程中，应对风险有足够的认识。工程技术人员要掌握风险分析与控制的方法，提高应对风险的能力。工艺可靠性是防范风险的重要基础。合理的做法是将风险限定在一个可接受的水平上，遵循的原则是接受合理的风险，不要接受不必须的风险或力求在风险与利益间取得平衡。

## 2. 可靠性分析

可靠性分析的核心是如何识别并防止故障或失效，保证产品不发生故障就是保证了可靠性。因此，所谓可靠性分析就是故障分析。故障分析的主要方法有故障模式及影响分析(FMEA)、故障树分析(FTA)等。

故障模式及影响分析(Failure Mode and Effects Analysis，FMEA)是分析系统中每一产品所有可能产生的故障模式及其对系统造成的所有可能影响，并按每一个故障模式的严重程度、检测难易程度以及发生频度予以分类的一种归纳分析方法。

产品的质量或可靠性随时间的衰减表现为抵抗故障的能力降低。在进行故障模式分析时，应注意区分两类不同性质的故障，即功能故障和潜在故障。

功能故障是指产品或产品的一部分不能完成预定功能的事件或状态，即产品或产品的一部分突然、彻底地丧失了规定的功能。

潜在故障是指产品或产品的一部分将不能完成预定功能的事件或状态。潜在故障是一种指示功能故障将要发生的一种可鉴别(人工观察或仪器检测)的状态。

图 5-23 所示为结构件功能故障与潜在故障关系示意图。需要指出的是并不是所有的故障都经历潜在故障再到功能故障这一变化过程。在进行故障模式分析时，区分潜在故障模式与功能故障模式是十分必要的(如潜在故障模式可用于产品的故障监控与检测)。

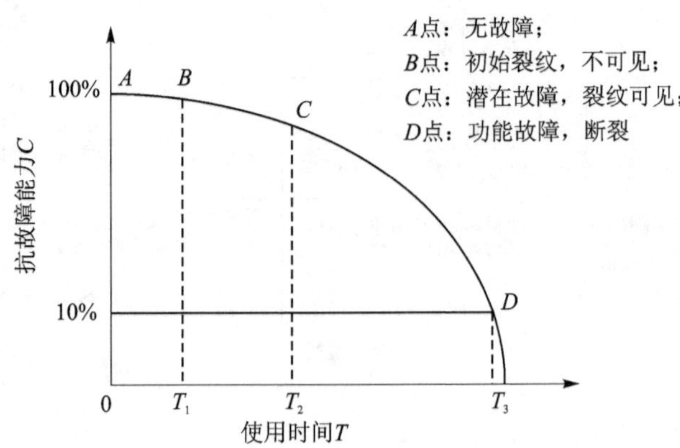


**图 5-23 功能故障与潜在故障的关系**

在产品寿命周期内的不同阶段，FMEA 的应用目的和应用方法略有不同，如表 5-4 所列。从表 5-4 中可以看出，在产品寿命周期的各个阶段虽然有不同形式的 FMEA，但其根本目的只有一个，即从产品设计(功能设计、硬件设计、软件设计)、生产(生产可行性分析、工艺设计、生产设备设计与使用)和产品使用角度发现各种缺陷与薄弱环节，从而提高产品的可靠性水平。

**表 5-4 产品寿命周期各阶段的 FMEA 方法**

| 阶　段 | 方案阶段 | 研制阶段 | 生产阶段 | 使用阶段 |
|---|---|---|---|---|
| 方　法 | 功能 FMEA | 硬件 FMEA、软件 FMEA | 工艺 FMEA、设备 FMEA | 统计 FMEA |
| 目　的 | 分析研究系统功能设计的缺陷与薄弱环节，为系统功能设计的改进和方案的权衡提供依据 | 分析研究系统硬件、软件设计的缺陷与薄弱环节，为系统的硬件、软件设计改进和方案权衡提供依据 | 分析研究所设计的生产工艺过程的缺陷和薄弱环节及其对产品的影响，为生产工艺的设计改进提供依据。分析研究生产设备的故障对产品的影响，为生产设备的改进提供依据 | 分析研究产品使用过程中实际发生的故障、原因及其影响，为评估论证、研制、生产各阶段的 FMEA 的有效性，进行产品的改进、改型或新产品的研制提供依据 |

FMEA 包括故障模式分析、故障原因分析、故障影响分析、故障检测方法分析与补偿措施分析等步骤。故障模式分析是找出系统中每一产品(或功能、生产要素、工艺流程、生产设备等)所有可能出现的故障模式。故障原因分析是找出每一个故障模式产生的原因。故障影响分析是找出系统中每一产品(或功能、生产要素、工艺流程、生产设备等)每一可能的故障模式所产生的影响，并按这些影响的严重程度进行分类。故障检测方法分析是分析每一种故障模式是否存在特定的发现该故障模式的检测方法，从而为系统的故障检测与隔离设计提供依据。补偿措施分析是针对故障影响严重的故障模式，提出设计改进和使用补偿的措施。

### 3. 失效控制

材料及其零件或构件由于某种原因丧失其特定功能的现象常称为失效。材料在热制造阶段或零件在使用阶段特别强调抗失效能力，因此需要对材料的失效进行全面分析，进而提出所需的抗失效指标。根据材料或零件丧失功能的原因，可将失效分为以下 4 种类型：

**(1) 断裂失效**

断裂是材料或构件在外力作用下,当其应力达到材料的断裂强度时而产生的破坏。根据断裂机理可以把断裂分为脆性断裂、塑性断裂、疲劳断裂和蠕变断裂。实际金属构件发生断裂常常是几种断裂机制的复合形式。

**(2) 表面损伤**

表面损伤是由于应力或温度的作用而造成表面材料损耗,或者是由于构件与介质产生不希望有的化学或电化学反应而使金属表面损伤。表面损伤的主要形式有磨损、腐蚀损伤和接触疲劳等形式。表面损伤往往是断裂的前奏,表面损伤处常常是裂纹的策源地,最后导致构件的断裂。

**(3) 过量变形**

过量变形是材料或零件在使用过程中产生超过设计配合要求的过量形变。过量变形主要有过量弹性变形和过量塑性变形(即永久变形)。过量变形影响零件的配合精度,使零件不能使用,或者加速零件的破坏。零件在实际应用中需要限制过量弹性变形,要求具有足够的刚度。

**(4) 材质变化失效**

材质变化失效是由于冶金因素、化学作用、辐射效应、高温长时间作用等引起材质变化,使材料性能降低而发生的失效现象。

在以上几种失效形式中,以断裂失效危害最大,特别是脆性断裂,对工程结构工作的威胁最大。脆性断裂总是突然发生的,往往引起所谓“灾难性”的破坏。因此,对于高可靠性工程结构需要专门进行断裂控制设计。

工程结构的断裂破坏受设计、选材、制造工艺、使用环境等多方面因素的影响,断裂控制设计就是依据断裂理论建立系统的强度设计体系,其设计准则一方面考虑传统的强度和刚度,另一方面又强调结构的抗断裂性能。其核心是保障结构在使用过程中的完整性和可靠性。断裂控制原理是建立在结构材料可能存在或在使用中出现裂纹,以及裂纹扩展导致断裂的基础上。断裂控制基本方法与此相对应,即首先是阻止裂纹起裂(起裂控制),其次是设法对失稳扩展的裂纹进行止裂(止裂控制),建立阻止结构断裂的第二道防线。基于断裂控制的选材原则主要包括以下 3 个方面：

① 材料应具有足够的韧性以保证结构在使用条件下的抵抗裂纹的起裂——抗开裂能力；

② 如果结构发生破坏,其断裂性质应为延性,不允许发生脆性破坏；

③ 一旦裂纹起裂,结构材料要具有足够的能力吸收断裂能量以阻止延性裂纹的扩展——对裂纹扩展的止裂能力。

系统结构断裂控制设计的主要内容如下：

① 详细确定结构整体或断裂关键构件完整性的全部因素；

② 定性或定量分析各因素对结构或构件断裂的影响；

③ 制定设计、工艺、安装、检验、维护等措施以减少断裂可能性；

④ 强调各方面、各环节的协调与合作,制定严格控制程序以及组织措施。

试验评估技术是评估产品可靠性水平、环境适应性及安全性的重要手段,也是取得信息及时改进设计、工艺及管理的重要手段。试验评估技术包括可靠性试验技术、环境试验技术、安全试验技术、认定试验技术等。

# 5.7 热制造工业对环境的作用

热制造是一个将原料、能源转化为产品和废物的流动过程，这一过程必然对自然环境产生影响，影响的强度取决于原料与能量使用的强度。不同的热制造工艺所消耗的能量与所产生的废物是不同的，对环境所产生的影响也是不同的。图 5－24 所示为不同热制造工艺的能量消耗与废物产生的示意图。

## 5.7.1 工业废气

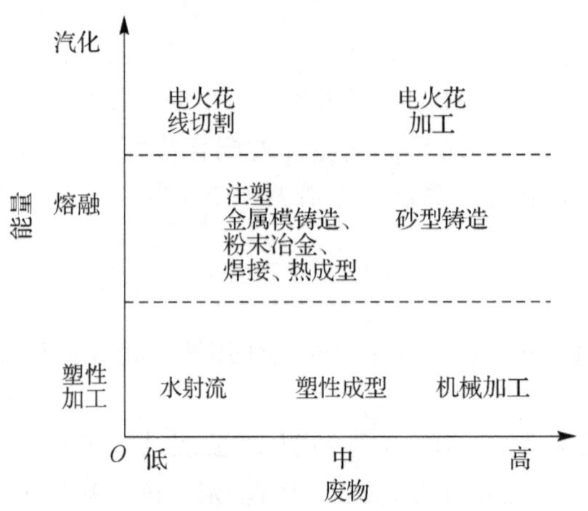


**图 5－24 不同热制造工艺的能量消耗与废物产生**

热制造工业要消耗大量的热能，热能的产生与耗散形成工业废气。如钢铁冶炼、轧制、焊接、热处理等工艺过程中都会产生大量的废气。其中，钢铁冶炼废气的排放量非常大，污染面广，所排放的多为氧化铁烟尘，其粒度小、吸附力强，加大了废气的治理难度。轧钢生产过程中的钢锭和钢坯的加热过程中，炉内燃烧时产生大量废气；钢坯热轧制、锻造过程中，产生大量氧化铁皮、铁屑及水蒸气；冷轧时冷却、润滑轧辊和轧件而产生乳化液废气；钢材酸洗过程中产生大量的酸雾。

金属制品成型过程中废气来源于钢材酸洗过程中产生的大量酸雾和水蒸气，普通金属制品有硫酸酸雾、盐酸酸雾，特殊金属制品有氰化氢、氟化氢气体及含碱、含磷等气体；钢材在热处理过程中产生铅烟、铅尘和氧化铅；钢丝热镀锌过程中产生氧化锌废气，电镀过程中产生酸雾及电镀气体；钢丝在拉丝时产生大量的热和石灰粉尘，涂油包中产生大量的油烟。

## 5.7.2 工业废水

热制造生产中的冷却、清洗、除尘等过程都需要水作为介质，水在使用过程中会进入污染物或使水温升高，由此产生工业废水。工业废水的污染主要有有机污染物质、无机污染物质、有毒污染物、热污染、油污染等。

### 1. 有机污染物质

工业废水中的有机污染物在微生物作用下可被逐渐分解转化为二氧化碳、水、硝酸盐等简单的无机物质，从而使有机物分解而被消化。在这种分解过程中需要消耗大量的氧气，有机物分解的需氧量常作为水体有机物质污染程度的间接指标。

由于水体中有机物分解需氧量大，水中溶解氧因大量消耗而降低，当水中溶解氧补给不足时，水中有机物分解就会停止，引起有机物发酵，分解出甲烷、氢、硫化氢、硫醇及氨等腐臭气体，污染环境，并毒害水中生物。有机物发酵时气体会上浮，有机物就会被带到水面，使水面状况恶化，而且阻止空气进入水体，严重影响水质和周围环境。

### 2. 无机污染物质

热制造生产中对水体造成污染的无机物质主要有各种元素的氧化物、硫化物、卤化物、酸、碱盐类等。各种含酸、碱和盐类的无机污染的工业废水排放，往往引起水质的恶化，产生所谓的“酸碱污染”。酸、碱污染水体，使 pH 值发生变化，破坏水体自净作用，对排水管道和水域中行驶的船舶有腐蚀作用。

### 3. 有毒污染物

工业废水中的有毒物质主要有氰化物、氟化物、酚、砷类，汞、镉和铜等重金属离子以及放射性物质。

电镀废水、焦炉和高炉的煤气洗涤和冷却用水都会形成氰化物污染，氰化物是剧毒物质，对人和水生生物都有致命的危害。有色金属冶炼等生产会造成水体的砷污染，砷也是剧毒物质，在人的机体内有明显的蓄积性，中毒的潜伏期较长。

重金属及放射性物质进入环境后，广泛地污染淡水、海水、土壤、生物和空气。重金属及放射性污染对人类有较大的危害。

### 4. 热污染

热污染是指废水温度过高所引起的危害。热污染是热制造过程中能量转换过程所产生的。水体热污染造成水温升高，使水中溶解氧减少；水温上升会提高水体中化学反应速率，会使水体中某些毒物的毒性增加；对水生生物的生态平衡产生危害。热污染水体加速排水管道和容器的腐蚀。

### 5. 油类污染

材料表面的油类物质在清洗过程中进入水体而形成油类污染。工业废水中的油类物质易引起水面火灾，漂浮在水面或覆盖在土壤颗粒表面的油污还能阻碍复氧过程，危及生物的生命过程。油类污染还会使某些致癌物质在鱼、贝类体内蓄积；油污对海鸟、海滩环境都会造成影响。

## 5.7.3 固体废弃物

固体废弃物是指从生产过程中排放出来的固体物质，包括废渣和废料。

### 1. 冶金废渣

冶金废渣是金属熔炼过程中的必然产物。冶金废渣主要来源于熔炼材料带入的污染物、造渣材料、被侵蚀的炉衬耐火材料、冶炼过程中的化学反应等。冶金废渣的生成量与熔炼材料、熔炼方法、造渣制度等因素有关。在焊条电弧焊与埋弧焊过程中，焊条药皮与焊剂在电弧的热作用下形成熔渣。

### 2. 燃料废渣

燃料废渣主要是燃煤的加热炉排出的粉煤灰和煤渣。粉煤灰如果不加处理任意排放，就会污染大气，排入江河湖海，会污染水质，淤塞河道。煤渣弃置堆积，不仅占用土地，还会释放含硫气体污染大气，危害环境，甚至会自燃起火。

### 3. 废 料

热制造过程所产生的废料主要包括废金属和非金属材料。金属熔炼或浇注过程中要产生废金属、废件等；轧制及锻造过程要产生切头、切边、氧化皮、废件等；切割过程产生的氧化、边角料等；焊接产生的焊条头、焊接坡口加工去除的金属等。高分子材料、陶瓷等非金属材料的加工过程中同样会产生废料。热制造过程所产生的多数废料除了形态和存在方式与原材料有所差别外，其组织结构与理化性能并无本质区别。因此，热制造过程中产生的废料多可以再循环利用。

固体废弃物对水体、土壤、空气都会产生不同程度的影响。因此，必须对固体废弃物进行适当的处理和利用，化害为利，变废为宝。如采用物理的、化学的、生物化学的方法，对固体废弃物进行无害化、稳定化和安全化处理，减轻和消除其对环境的污染。开发综合利用固体废弃物是加速资源再循环的重要途径，如将废渣用于路基铺设、建筑材料、农用肥料等。

## 思考题

1. 分析热制造过程中的材料流、能量流与信息流的相互关系。
2. 说明热制造基本工艺过程及其主要内容。
3. 举例说明热制造过程中材料形态的变化。
4. 热制造工艺中常用的热源形式有哪些？各有什么特点？
5. 调研信息技术在热制造中的应用。
6. 何谓快速原型技术？
7. 分析热制造工艺可靠性的作用及影响因素。
8. 说明工艺质量评价与验证的基本方法。
9. 热制造工艺对环境会产生哪些影响？

# 第 6 章　凝固成型原理

凝固成型是将材料加热到熔融状态后浇注到铸型型腔并在其中凝固和冷却而得到制件的热制造工艺。其特点是使材料一次成型，工艺灵活性大，成本低，适宜于形状复杂、特别是具有复杂内腔的毛坯或零件的制造，可实现机械化和自动化生产。

## 6.1　金属铸造工艺基础

铸造是金属凝固成型的基本工艺。铸造过程涉及液态金属在铸型中的流动、充型、凝固等过程。

### 6.1.1　金属的熔化

铸造是金属的状态经历固态—液态—固态的转变而成型的过程。金属的熔炼是铸造成型过程中的一个重要环节，与铸件的品质、生产成本、产量、能源消耗以及环境保护等密切相关。熔炼是将固态金属的炉料(废钢、生铁、回炉料、铁合金、有色金属等)按比例搭配装入相应的熔炉中加热熔化，通过冶金反应，转变成具有一定化学成分和温度的符合铸造成型要求的液态金属。不同类型的金属，需要采用不同的熔炼方法及设备。如铸铁的熔炼多用冲天炉；钢的熔炼是用转炉、平炉、电弧炉、感应电炉等；而非铁金属如铝、铜合金等的熔炼，则用坩埚炉。

铸造合金熔炼原理实质上就是冶金原理，但研究的对象仅仅局限于铸造合金熔炼过程中发生的冶金反应，即研究合金重熔过程中冶金反应的物理化学规律。

熔化是凝固的逆过程，即从固态到液态的相变过程。固态金属的熔化首先是从晶界开始的(见图 6-1)。这是因为晶界上原子排列的相对不规则性，许多原子偏离平衡位置，具有很高的势能。当温度接近熔点时，晶界上的原子便可能脱离其晶粒表面，使晶粒逐渐失去原有形状。当金属温度达到熔点时，金属的晶粒逐渐被瓦解，金属的体积也突然膨胀(见图 1-4)，这种突变现象就是由于金属由固态转变为液态发生相变而造成的。图 6-2 所示为典型合金的加热曲线，图中 $T_1$ 为合金的固相线温度，$T_2$ 为合金的液相线温度。金属固-液相变时将进一步吸收大量热能即熔化潜热，熔化潜热使金属晶体内的部分金属键进一步破坏，但金属的温度并不同步迅速升高。直到固态金属全部转变为液相，继续加热可使液态金属温度升高。

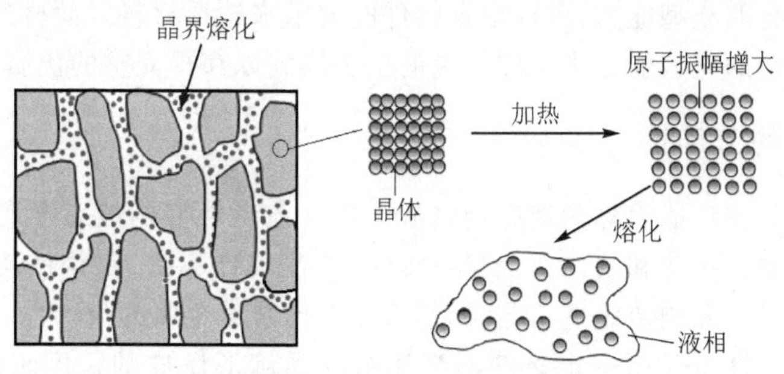


图 6-1　金属的熔化过程示意图

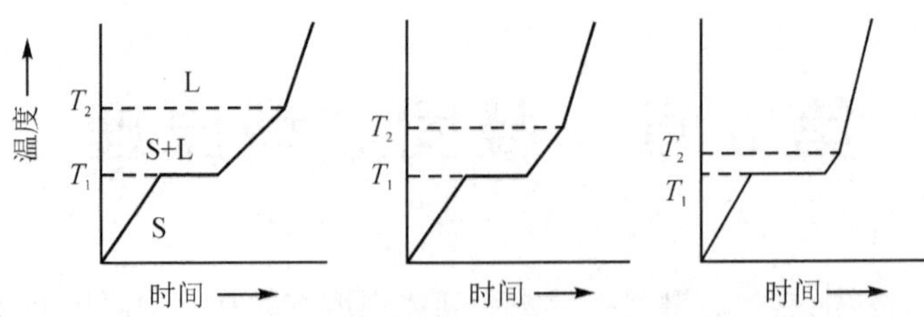


**图 6-2　典型合金的加热曲线**

大部分金属零件都要经过最初的熔化、凝固过程，成为铸件和铸锭，而后再进行各种不同的加工，热处理或表而处理。随着半固态加工、熔焊过程、聚合物材料的合成及其熔体结构控制等材料技术的进展，熔化过程的研究应用背景日益重要。同时，金属由液态转变为固态的凝固过程中产生很多现象，例如生核，晶体长大，溶质的传输，金属体积变化等，都与液态金属的结构及性质有关。因此，对金属熔化过程的深层次规律的研究，可以加深人们对凝固过程的认识，并有助于发展和丰富相变理论。

## 6.1.2　液态金属的充型能力与流动性

铸造是将液态金属直接浇入铸型并在其中凝固和冷却而得到铸件的方法。铸造生产中既然要将液态金属浇入铸型，就需要使其能充满设计的所有空间，这便牵涉到液态金属在铸型中的流动，即充型过程。这一过程对铸件质量的影响很大并影响以后的凝固过程。

### 1. 液态金属的充型能力

液态金属流经浇注系统并充满铸型型腔的全部空间，形成轮廓清晰、形状正确的铸件的能力叫做液态金属充填铸型的能力，即充型能力。

液态金属充填铸型的能力是一个很重要的铸造性能。在铸造上它是对液态金属的主要要求之一，因为它不仅表明了金属充满铸型和使外形轮廓清晰的能力，而且对于获得优质铸件也有很大影响。液态金属充填铸型是一个复杂的物理、化学和流体力学问题。

液态金属充填铸型一般是在纯液态下充满型腔，也有边充填边结晶的情况。液态金属如果在充满型腔之前就停止流动，那么铸件上将出现浇不足的缺陷。因此，液态金属的充型能力首先取决于液态金属的流动性，同时又受外界条件等因素的综合作用。

充型能力的大小影响铸件的成型。充型能力差的合金难以获得大型、薄壁、结构复杂的完整铸件。

由于合金的充型能力与铸件的成型及质量有着密切的关系，所以它是合金的重要性能指标之一。掌握了合金的充型能力，可以根据铸件的要求来选择材料。而材料选定以后，又可根据铸件的要求及合金的充型能力来采取相应的工艺措施以获得完整的优质铸件。

### 2. 液态金属的流动性

液态金属自身的流动能力称为液态金属流动性。流动性好的液态金属充型能力强，有利于液态金属中非金属夹杂物和气体的上浮与排除，若流动性不好，则铸件就易产生浇不到、冷隔等缺陷。在铸造设计和制定铸造工艺时，都必须考虑液态金属的流动性。

液态金属的流动性可采用一定条件下浇注出的螺旋形试样的长度来衡量(见图 6-3)。浇注的螺旋形试样越长，表明该种液态金属的流动性越好。在常用的铸造合金中，共晶成分附近的灰铸铁和硅黄铜的流动性最好，而处于两相区的铸钢的流动性最差。

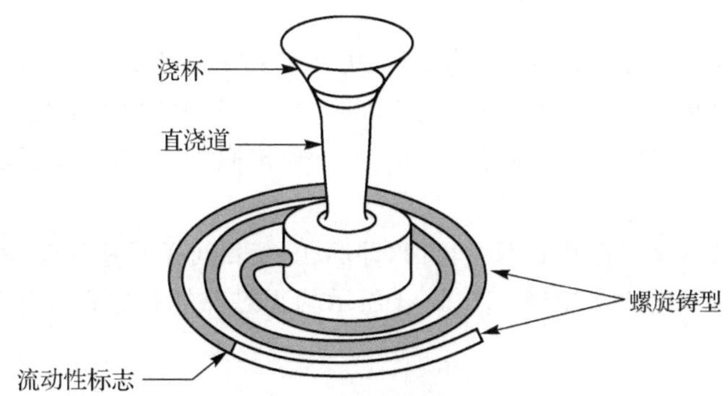


**图 6-3　测量液态金属流动性的螺旋形试样**

影响流动性的因素很多，但以化学成分的影响最为显著。纯金属及共晶成分合金的结晶是在恒温下进行的，结晶过程从表面开始向中心凝固，凝固层的内表面较为光滑，对尚未凝固的金属流动阻力小，金属流动的距离长。此外，对共晶成分的合金，在相同浇注温度下，因其过热度（浇注温度与合金熔点的温度差）大，故液态金属存在的时间较长。因此，纯金属及共晶成分合金的流动性最好。

非共晶合金的结晶特点是在一定温度内进行，有一个液-固双相并存区域。初生的枝晶阻碍液态金属的流动，其流动性较差。合金的结晶间隔越宽，树枝状晶体就越多，其流动性就越差。

导热系数大的合金，热量散失快，保持液态的时间短，并且在凝固期间液-固并存的两相区大，流动阻力大，流动性差。在金属中加入合金元素后，一般都使导热系数明显下降。但是，有时加入合金元素后，初晶组织发生变化，反而使流动性下降。

浇注温度对合金的流动性影响极大。浇注温度高可降低合金的粘度，同时，过热度大，液态金属含热量加大，使液态金属冷却速度变慢，因而可提高充型能力。随着温度的升高，液态金属的粘度降低，流动性提高。所以，提高金属的浇注温度，是防止铸件产生浇不到、冷隔和夹渣等缺陷的重要工艺措施。但浇注温度过高，会增加合金的总收缩量，吸气增多，铸件易产生缺陷。因此，每种金属都规定有一定的浇注温度范围，薄壁复杂件取上限，厚大件取下限。在保证流动性的条件下，尽可能做到“高温出炉、低温浇注”。

铸件结构复杂、厚薄部分过渡面多，使型腔结构的复杂程度增加，流动阻力大，铸型的充型就困难。铸件的壁越薄，合金液的热量损失就越快，在相同的浇铸条件下，铸型就越不易充满。

### 6.1.3　铸件的凝固

铸件的凝固是金属或合金在铸型中由液态转变为固态的状态转变过程。铸件凝固是从传热学观点出发，通过金属与铸型热交换规律所确定的温度场研究铸件断面状态的转变特点、凝固区域大小、结构，凝固方式，凝固时间及顺序等。通过这些特点的研究，确定凝固过程与铸件质量的关系，以及凝固过程的控制途径。常见的许多铸造缺陷，如浇注不足、缩孔、缩松、裂纹、析出性气孔、偏析、非金属夹杂物等，都与凝固过程有直接或间接的关系。所以，认识铸件凝固规律及控制途径，对于防止铸造缺陷，提高铸件性能，有效地获得优质铸件是十分重要的。

### 1. 铸件温度场

研究铸件的凝固首先涉及铸件的温度场。从金属液充填铸型开始,便开始铸件与铸型间的热交换。铸件放出热使温度降低,铸型及周围环境吸收这些热量,温度升高,凝固伴随这一换热过程进行。凝固过程中,热流随时间变化,是不稳定换热,铸造温度场也随时间变化,是不稳定温度场。

铸造过程中金属凝固时存在着两个界面,即固相-液相间界面和金属-铸型间界面,这两个界面随着凝固进程而发生动态迁移。图 6-4 所示为无过热纯金属在砂型中凝固时的近似温度分布。

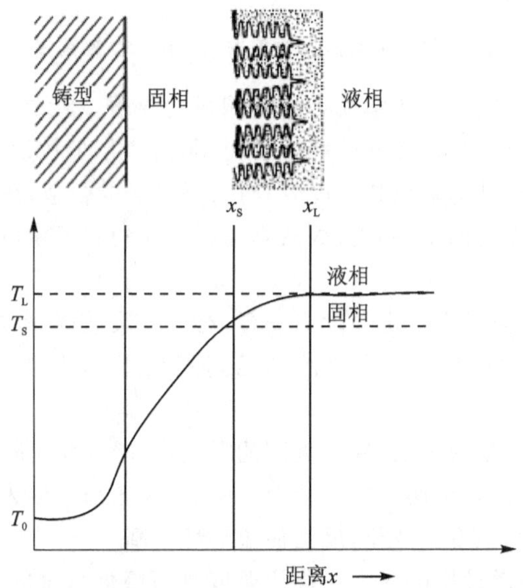


图 6-4 无过热纯金属在砂型中凝固时的近似温度分布

凝固过程传热的研究方法主要有解析法、实验法和数值模拟法。解析法是直接从传热微分方程出发,在给定的定解条件下,求出温度场的解析解。解析法只适用于简单的传热分析。这里以一维半无限大纯金属铸件凝固传热问题(见图 6-4)为例介绍解析法的求解过程。一维半无限大铸件凝固传热问题可转化为一维热传导微分方程的求解,即

$$\frac{\partial T}{\partial t}=a\frac{\partial^2 T}{\partial x^2}$$

设下角标 S、L、M 分别表示固相、液相和铸型的参数,则固相、液相和铸型的导热微分方程为

$$\frac{\partial T_S}{\partial t}=a_S\frac{\partial^2 T_S}{\partial x^2} \tag{6-1}$$

$$\frac{\partial T_L}{\partial t}=a_L\frac{\partial^2 T_L}{\partial x^2} \tag{6-2}$$

$$\frac{\partial T_M}{\partial t}=a_M\frac{\partial^2 T_M}{\partial x^2} \tag{6-3}$$

假定铸件与铸型为理想接触,其界面温度恒为 $T_i$,凝固界面温度恒为 $T_k$,凝固层厚度为

$\delta$,边界条件为

$$x=0,\quad T_S=T_M=T_i$$
$$x=+\infty,\quad T_L=T_{L0}$$
$$x=\delta,\quad T_S=T_L=T_k$$
$$x=-\infty,\quad T_M=T_{M0}$$

根据上述定解条件可以得

$$T_S=T_i+\frac{T_k-T_i}{\mathrm{erf}\left(\frac{\delta}{2\sqrt{a_S t}}\right)}\mathrm{erf}\left(\frac{x}{2\sqrt{a_S t}}\right) \tag{6-4}$$

$$T_L=T_{L0}+\frac{T_{L0}-T_k}{1-\mathrm{erf}\left(\frac{\delta}{2\sqrt{a_L t}}\right)}\mathrm{erf}\left(\frac{x}{2\sqrt{a_L t}}\right) \tag{6-5}$$

$$T_M=T_i+(T_{M0}-T_i)\,\mathrm{erf}\left(\frac{x}{2\sqrt{a_M t}}\right) \tag{6-6}$$

根据凝固过程铸件放热与铸型吸热的平衡原理,可得凝固层厚度 $\delta$ 与凝固时间 $t$ 的关系,即

$$\delta=K\sqrt{t} \tag{6-7}$$

式(6-7)为铸件凝固过程的平方根关系式或平方根定律,即凝固层厚度 $\delta$ 与凝固时间 $t$ 的平方根成正比。$K$ 为凝固系数,是最初单位时间内凝固层厚度,$K$ 值大小与铸件和铸型的热物理性质以及浇注条件等许多因素有关,通常用实验方法测得。

根据式(6-7)可以求出铸件的凝固速度,也即固-液界面向铸件中心推进的速度,即

$$v=\frac{\mathrm{d}\delta}{\mathrm{d}t}=\frac{K}{2\sqrt{t}} \tag{6-8}$$

图 6-5 所示为根据式(6-7)和式(6-8)得出的凝固层厚度 $\delta$ 和凝固速度 $v$ 与时间 $t$ 的关系曲线。可以看出,$\delta-t$ 呈抛物线关系,凝固初期凝固层增长很快,以后逐渐缓慢,在浇注后的最初瞬间里,凝固速度 $v$ 很大,而后急剧下降,再后则变化很小,呈指数曲线。

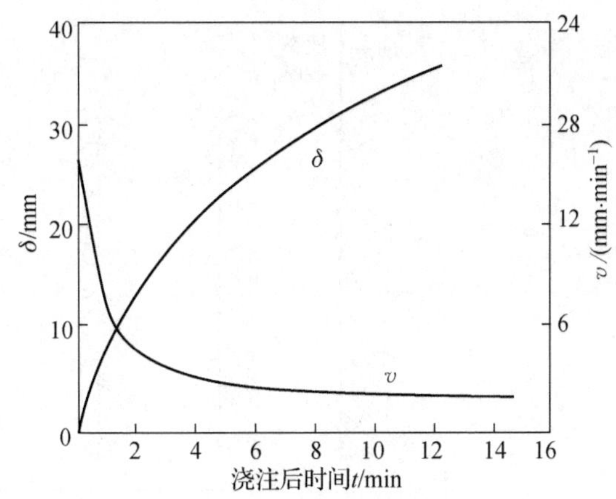

图 6-5　凝固层厚度和凝固速度与时间的关系

式(6-7)是在半无限大铸件一维传热的假设条件下获得的,与实际有限尺寸及不同表面积的铸件的凝固条件所差异。工程应用中根据对大量实验结果的分析,引入了铸件模数的概念,即

$$M=K\sqrt{t_C} \tag{6-9}$$

式中:$t_C$ 为铸件凝固时间;$M$ 为铸件模数,也称折算厚度或当量厚度,定义为铸件体积 $V$ 与铸件有效散热表面积 $A$ 之比 $M=V/A$。

根据式(6-9)可知,即使铸件的体积和质量相等,如果其几何形状不同,则铸件模数及其凝固时间也不相等。反之,不论铸件的体积和形状如何,只要其模数相等,则凝固时间相等或

相近。

对于复杂的几何形状、变化的热物理性质以及多种多样的边界条件等实际铸件凝固传热问题,需要运用数值方法求解(见第 10 章)。

## 2. 铸件的凝固方式

铸件断面的凝固方式一般可分为 3 种类型(见图 6-6):逐层凝固、中间凝固和体积凝固。凝固方式取决于凝固区域的宽度。凝固方式对铸件质量的影响主要表现在铸件致密性及完整程度等方面。

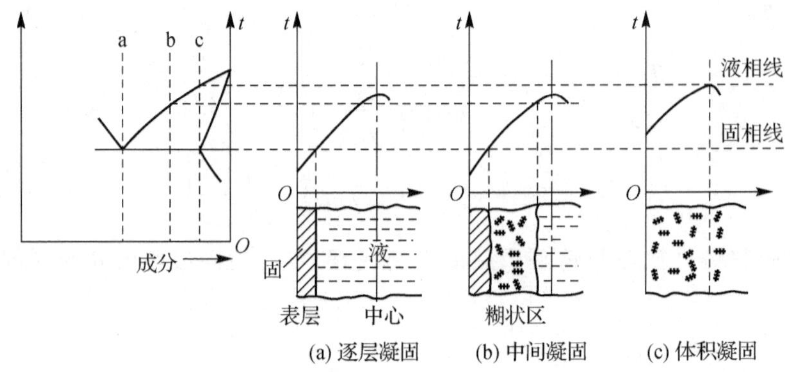


图 6-6 铸件的凝固方式

### (1) 逐层凝固

当铸件断面温度梯度已经确定时,随着温度下降,凝固层逐渐加厚直至凝固结束,称为逐层凝固,如图 6-7 所示。如在一般铸造条件下,纯金属、共晶合金及其他结晶温度间隔很窄的合金如低碳钢、铝青铜等,常为逐层凝固方式。

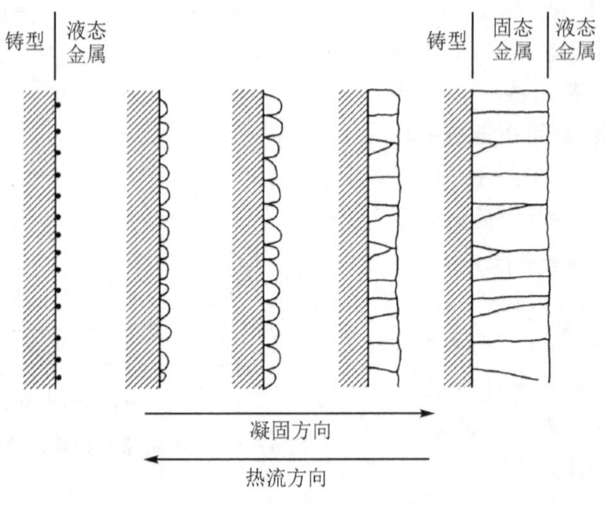


图 6-7 逐层凝固示意图

在液态金属充型过程中,金属在流路的型壁结壳,一层层增厚,通道光滑,阻力小,流速大,因流路阻塞而停止流动前析出的固相量多,即释放结晶潜热多,流动时间长,因此逐层凝固的充型能力好。

**(2) 体积凝固**

在一定条件下，凝固过程可能同时在铸型液态金属各处同时进行，液-固共存的糊状区域充斥铸件断面，这种凝固方式叫“糊状凝固”或“体积凝固”。结晶温度间隔宽的合金，其凝固区域宽，倾向于体积凝固方式。这种凝固方式在充型能力、补缩情况和热裂纹愈合等方面的表现与逐层凝固完全不同。

伴随着充型过程进行的凝固现象发生在液流的前端部，结晶分布在整个断面上，枝晶发达，流动阻力大，流速小，因此，体积凝固时充型能力差。

体积凝固由于凝固区域宽，因此枝晶发达，补缩通道长，阻力大，枝晶间补缩困难。凝固后期，发达的枝晶很容易将枝晶间的残留液体分割成孤立的小熔池，断绝了补缩来源，形成分散的收缩孔洞即缩松。体积凝固形成的缩松分散而且区域广，在一般铸造条件下难以根除，因此铸件的致密性差。

中间凝固方式介于逐层凝固和体积凝固之间。

### 3. 凝固的控制

研究铸件凝固过程及其规律的目的是利用其规律获得优质的铸件。为此，应对凝固过程进行必要而有效的控制。控制凝固的途径多种多样，基本原理是造成必要的冷却条件以满足铸件温度场要求，从而实现对于凝固方式或凝固顺序的控制。当常用方法无效或效果不大，不能满足对凝固控制的要求时，则采用强制控制措施。某些对于铸件组织或性能要求高或要求较特殊的，通常采用强制性凝固控制。

从凝固方式与铸件质量的关系可知，逐层凝固有利于获得完整致密的铸件。要得到优质铸件应首选逐层凝固方式。在通常的铸造条件下，合金成分确定后，凝固方式的改变只能用改变温度梯度的方法达到。要实现逐层凝固则需要相当大的温度梯度，一般铸型材料的激冷能力往往不能满足其需要，在不影响铸件使用性能的情况下，多采用体积凝固方式。

凝固方向的控制是指创造相应的凝固条件以获得顺序凝固或同时凝固。铸型内液态金属相邻部位按一定先后次序和方向结束凝固的过程叫顺序凝固。如果铸型内液态金属相邻各部位的凝固开始及结束的时间相同或相近，甚至是同时完成凝固过程，无先后的差异及明显的方向性，则称为同时凝固。

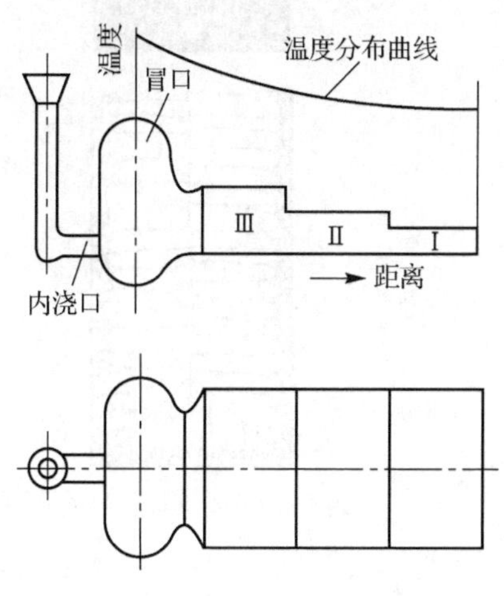


图 6-8　顺序凝固示意图

图 6-8 所示为阶梯形铸件，金属液从内浇道通过冒口从厚部Ⅲ进入，此处温度最高，从而在铸件纵断面上建立一个从薄部到厚部逐渐递增的温度梯度，实现由Ⅰ→Ⅱ→Ⅲ→冒口方向的凝固。按照这样的凝固顺序，先凝固部位的收缩，由后凝固部位的金属液来补充；后凝固部位的收缩，由冒口中的金属液来补充，从而使铸件各个部位的收缩均能得到补充，而将缩口转移到冒口之中。冒口为铸件的多余部分，在铸件清理时将其除去。

通过设置冷铁、布置浇口位置等工艺措施，使铸件各部分在凝固过程中温差尽可能小。如

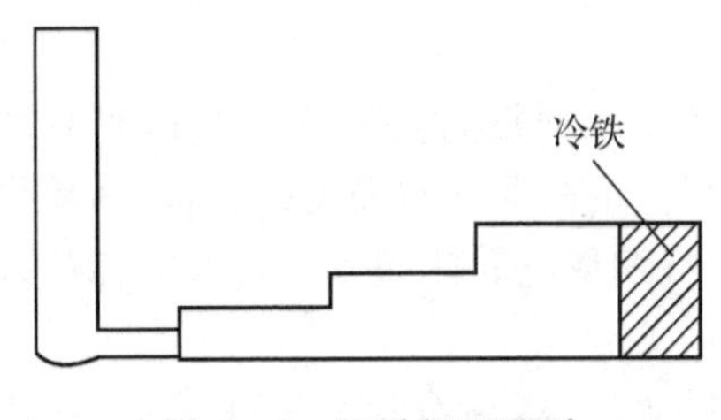


图 6-9 同时凝固原则

图 6-9 所示,浇口开在薄壁处,厚壁处安放冷铁,从而实现同时凝固。采用同时凝固原则可以有效地减小铸造应力,同时不用或少用冒口,工艺简单,节省金属。但同时凝固往往使铸件中心区域出现缩松,影响铸件的致密性。故同时凝固主要应用于收缩较小的合金,如灰铸铁以及对气密性要求不高的铸件。

顺序凝固的程度可以用凝固方向上的温度梯度的大小来衡量。同时凝固受铸件结构及合金特点制约较大。薄壁件,结晶温度间隔大倾向体积凝固时,多采用同时凝固。当铸件的热裂或变形缺陷成为主要问题而难以克服时,往往也采取同时凝固。

强制控制的途径分为冷却条件的强化和补缩条件的强化两类。在强制条件下,铸件凝固组织往往发生显著变化。凝固的强制控制一般都需要在专门的设备或条件下才能实现。如快速凝固、定向凝固、加压补缩、振动等。

## 4. 铸件组织

典型的铸件结晶组织由3个晶区组成:表面细晶区、柱状晶区和中心等轴晶区(见图 6-10)。一般来说,细晶区较薄,只有几个晶粒厚,其余两个区域比较厚。在不同的凝固条件下,柱状晶区和中心等轴晶粒区在铸件截面上所占的面积是不同的,可以是全部柱状晶,也可以是全部等轴晶。

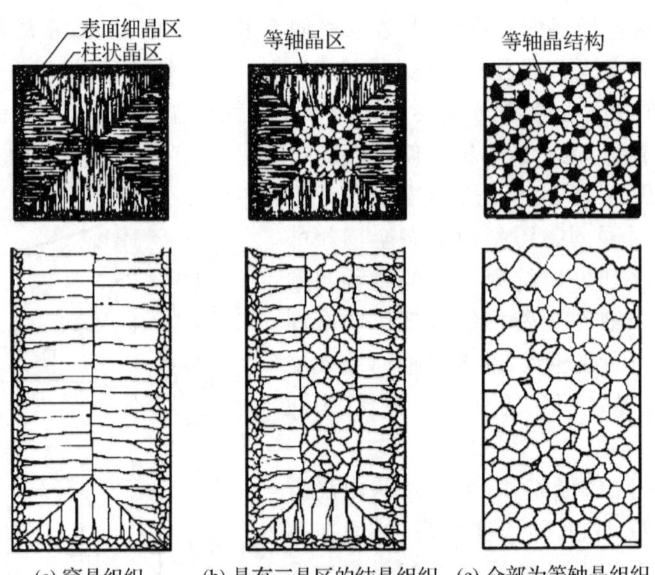


(a) 穿晶组织 (b) 具有三晶区的结晶组织 (c) 全部为等轴晶组织

图 6-10 典型的铸件组织示意图

### (1) 表面细晶区

铸锭的最外层是一层很薄的细小等轴晶粒区,各晶粒随机取向。当金属注入锭模后,表层金属液受到模壁的强烈过冷,形成大量晶核,与此同时还有模壁及杂质的非自发形核作用,因而形成表面层细晶粒区。

表面细晶区的大小与浇注温度、铸型温度、铸型导热能力、合金的形核能力及合金成分有关，其关键是造成大量形核的条件。

**(2) 柱状晶区**

紧接细晶区的为柱状晶区，这是一层粗大且垂直于模壁方向生长的柱状晶粒。其成因是：当细晶区形成时，模壁温度升高，金属液冷却变慢，此外，由于细晶区结晶潜热的释放，使细晶区前沿液体过冷度减小，形核率大大下降，此时只有细晶区与液体相接触的某些小晶粒可沿垂直模壁方向继续生长。因与散热方向一致，所以有利于生长，可长成一次晶轴垂直于模壁的柱状晶体；而另一些倾斜于模壁的晶体长大受到阻碍，不能继续生长。

**(3) 中心等轴晶粒区**

中心等轴晶粒区由随机取向的较粗大的等轴晶粒组成。通常，当结晶进行到接近铸锭中心时，剩余液相温度已比较均匀，几乎同时进入过冷状态。但是，由于中心区过冷度较小，形核率较低，因此主要由柱状晶体的多次晶轴受液流冲碎的小晶块或一些未熔杂质被流动的金属液带近中心并作为晶核而长大，形成中心等轴晶粒区。

图 6-11 所示为典型的铸造组织形成的结晶过程。

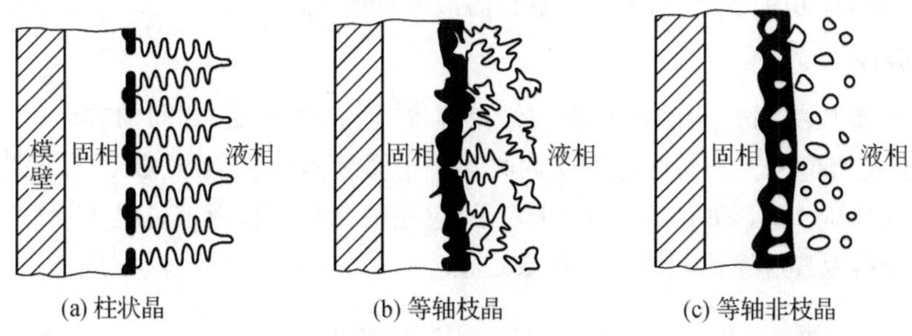


**图 6-11　典型的铸造组织形成的结晶过程**

## 6.1.4　铸件的冷却收缩和收缩缺陷

### 1. 收缩的概念

金属从液态冷却至室温的过程中，体积或尺寸缩小的现象，称为收缩。铸件的形成过程是高温液态金属在铸型中冷却、凝固再冷却至常温固态的过程，在这个过程中存在着温度和凝聚态的变化(包括固态相变)。温度降低使原子平均动能减小，空穴数量减少，原子间距缩短，体积减小。凝聚态变化使原子由近程有序排列转变为远程有序排列，大多数合金体积显著减小。

任何一种液态金属注入铸型以后，从浇注温度冷却到常温都要经历液态收缩、凝固收缩和固态收缩 3 个互相联系的收缩阶段(见图 6-12)。

合金的收缩量通常用体收缩率或线收缩率来表示。当合金由温度 $t_0$ 下降到 $t_1$ 时，其体收缩率和线收缩率分别为

$$\varepsilon_V = \frac{V_0 - V_1}{V_0} \times 100\% = \alpha_V(t_0 - t_1) \times 100\%$$

$$\varepsilon_l = \frac{l_0 - l_1}{l_0} \times 100\% = \alpha_l(t_0 - t_1) \times 100\%$$

式中：$\varepsilon_V$ 为体收缩率；$\varepsilon_l$ 为线收缩率；$V_0$、$V_1$ 为合金在 $t_0$、$t_1$ 时的体积($m^3$)；$l_0$、$l_1$ 为合金在

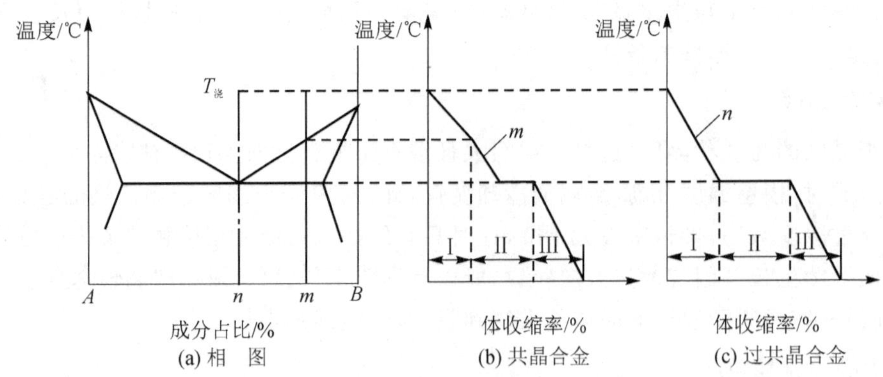

(a) 相　图　(b) 共晶合金　(c) 过共晶合金

Ⅰ—液态收缩；Ⅱ—凝固收缩；Ⅲ—固态收缩

**图 6-12　铸造合金的收缩过程**

$t_0$、$t_1$ 时的长度(m)；$\alpha_V$、$\alpha_1$ 为合金在 $t_0 \sim t_1$ 温度范围内的体收缩系数和线收缩系数(1/℃)。

**(1) 液态收缩**

液态收缩是指液态金属由浇注温度冷却到凝固开始温度(液相线温度)间的收缩。此阶段，金属处于液态，体积的缩小仅表现为型腔内液面的降低。

**(2) 凝固收缩**

凝固收缩是指从凝固开始温度到凝固结束温度(固相线温度)之间的收缩。合金结晶的范围越大，则凝固收缩越大。液态收缩和凝固收缩使金属液体积缩小，一般表现为型内液面降低，因此，常用单位体积收缩量(即体收缩率)来表示，它是缩孔和缩松形成的基本原因。图 6-13 和图 6-14 所示分别为铸造缩孔和缩松的形成过程。

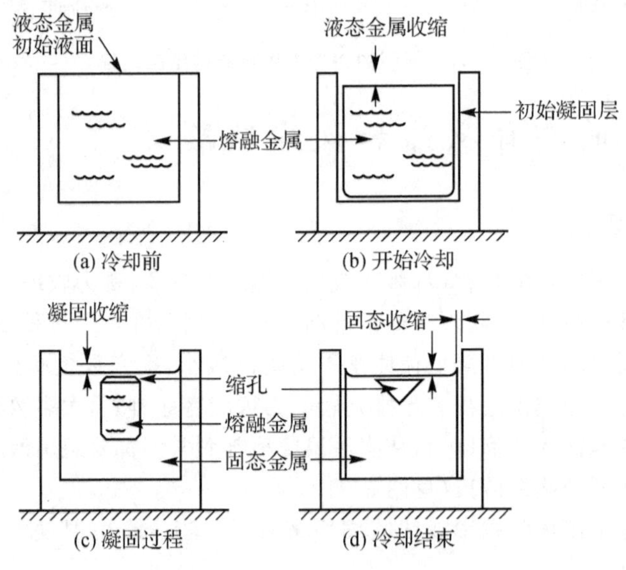


**图 6-13　缩孔的形成过程**

纯金属和接近共晶成分的金属易形成缩孔。缩孔总是出现在铸件上部或最后凝固的部位，其外形特征是：内表面粗糙，形状不规则，多近于倒圆锥形。通常缩孔隐藏于铸件的内部，有时经切削加工才能暴露出来。

缩松是分散在铸件某区域内的细小孔洞，主要出现在呈糊状凝固的合金或截面较大的铸

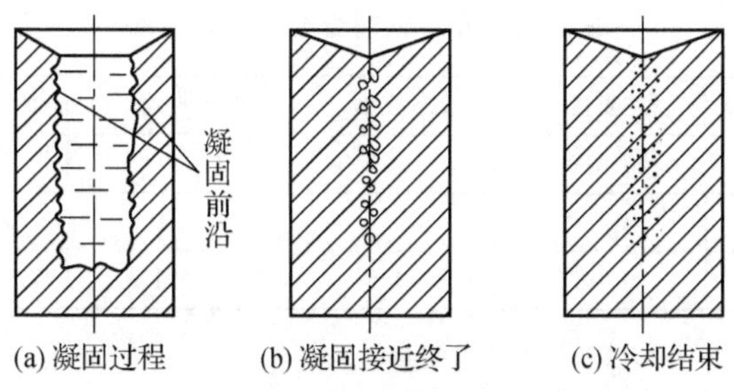


**图 6-14　缩松的形成过程**

件壁中。缩松的形成过程是在铸件结晶后期，其厚大截面的内部，尤其是凝固范围较宽的合金有一个较宽的液-固两相区，继续凝固时，晶体不断长大，直至互相接触，此时互相接触的固体将液相分割成许多封闭的小区，封闭区内的金属液凝固收缩时无法得到补充，故最后形成一个个微小的分散孔洞，即缩松。

**(3) 缩孔、缩松的防止措施**

缩孔是铸件中的重要缺陷，它导致铸件的力学性能下降，甚至报废；而缩松虽对于一般铸件不作为缺陷对待，但对于气密性要求较高的铸件，例如承受液压和气压的铸件，则应设法将其减少，以防止铸件因发生渗漏等现象而报废。

产生缩孔、缩松的主要原因是液态收缩和凝固收缩，而收缩是铸造合金的物理本性，在一定条件下其收缩容积是不能改变的。但生产中可以通过采取顺序凝固、合理设置冒口和冷铁等工艺措施，避免在铸件中产生缩孔、缩松缺陷。顺序凝固原则适于收缩大或壁厚差别较大，易产生缩孔的合金铸件，如铸钢、高强度灰铸铁等。冒口补缩作用好，铸件致密度高。其缺点是铸件各部分温差较大，冷却速度不一致，易产生铸造应力、变形及裂纹等缺陷；冒口消耗金属多，切削费事。

**(4) 固态收缩**

固态收缩是指合金从凝固终止温度冷却到室温之间的收缩，这是处于固态下的收缩。该阶段收缩不仅表现为合金体积的缩减，还直接表现为铸件的外形尺寸的减小，因此常用单位长度上的收缩量(即线收缩率)表示。

铸件在凝固过程中，由于金属的液态收缩和凝固收缩，往往在铸件最后凝固的部位出现孔洞。容积大而集中的孔洞称为缩孔细小而分散的孔洞称为缩松。

## 2. 影响收缩的因素

合金的总体积收缩为液态收缩、凝固收缩和固态收缩之和，其主要影响因素有合金的化学成分、浇注温度、铸型结构和铸型条件等。

**(1) 化学成分**

不同成分的合金其收缩率一般也不相同。常见铁碳合金的体积收缩率如表 6-1 所列。

在常用铸造合金中铸钢的收缩最大，灰铸铁最小。这是因为灰铸铁结晶时所含碳大多以石墨形态析出，石墨质量体积大，使铸铁体积膨胀(每析出质量分数为 1%的石墨，铸铁的体积约增加 2%)，因而抵消了一部分收缩。凡有利于石墨形成的元素都将减小铸铁的收缩。

表 6-1 几种铁碳合金的体收缩率

| 合金种类 | 含碳量/% | 浇注温度/℃ | 液态收缩/% | 凝固收缩/% | 固态收缩/% | 总体积收缩/% |
|---|---|---|---|---|---|---|
| 铸造碳钢 | 0.35 | 1 610 | 1.6 | 3 | 7.86 | 12.46 |
| 白口铸铁 | 3.00 | 1 400 | 2.4 | 4.2 | 5.4～6.3 | 12～12.9 |
| 灰铸铁 | 3.50 | 1 400 | 3.5 | 0.1 | 3.3～4.2 | 6.9～7.8 |

**(2) 浇注温度**

合金浇注温度越高，过热度越大，液体收缩越大。

**(3) 铸型结构与铸型条件**

铸件冷却收缩时，因其形状、尺寸的不同，各部分的冷却速度也不同，导致收缩也不一致，且互相阻碍，又加之铸型和型芯对铸件收缩的阻力，故铸件的实际收缩率总是小于其自由收缩率。这种阻力越大，铸件的实际收缩率就越小。

浇注温度和浇注速度都对铸件收缩有影响，应根据铸件结构、浇注系统类型确定。浇注速度越慢时，合金液流经铸型时间越长，远离浇口处的液体温度越低，靠近浇口处温度较高，有利于顺序凝固。慢浇也有利于补缩、消除缩孔。在不增加其他缺陷的前提下，应尽量降低浇注温度和浇注速度。

## 6.1.5 铸造应力及铸件变形

铸件凝固后将在冷却至室温的过程中继续收缩，有些合金甚至还会发生固态相变而引起收缩或膨胀，这些都使铸件内部产生应力。应力是铸件产生变形及裂纹的主要原因。

### 1. 热应力

铸件在凝固和其后的冷却过程中，因壁厚不均，各部分冷却速度不同，便会造成同一时刻各部分收缩量不同，因此在铸件内产生热应力。

金属在冷却过程中，从凝固终止温度到弹塑性转变的临界温度阶段，处于塑性状态。在较小的外力下，就会产生塑性变形，变形后应力可自行消除。低于再结晶温度的金属处于弹性状态，受力时产生弹性变形。

固态收缩使铸件厚壁或心部受拉，薄壁或表层受压缩。合金固态收缩率越大，铸件壁厚差别越大，形状越复杂，所产生的热应力越大。

现以框形铸件为例，说明热应力的形成过程，如图 6-15 所示。铸件由中间的粗杆Ⅰ、两侧完全相同的细杆Ⅱ以及联系它们的上、下横梁所组成，如图 6-15(a)所示。

铸件凝固时，粗细两杆均从同一温度 $T_1$ 开始冷却。由于两杆厚度不一致，故其冷却速度不同，但最后两杆必定达到同一温度 $T_0$(室温)。这必然是细杆Ⅱ前期的冷却速度大于厚杆Ⅰ，而后期则是厚杆Ⅰ的冷却速度大于细杆Ⅱ，两杆的固态冷却曲线如图 6-15(b)所示。图 6-15(b)中，$T_k$ 是金属弹、塑性转变的临界温度(例如钢和铸铁为 620～650 ℃)，合金在此温度之上处于塑性状态，其下则处于弹性状态。塑性变形受阻不产生内应力，而弹变形受阻会引起内应力。热应力形成可根据图 6-15 分 3 个阶段说明。

塑性阶段($t_0$～$t_1$)：粗杆Ⅰ和细杆Ⅱ均处于塑性状态。细杆降温较快，若能自由收缩，其收缩量必定会大于粗杆而变得比粗杆短；由于粗细杆之间有横梁联系，互相制约，两者只能收

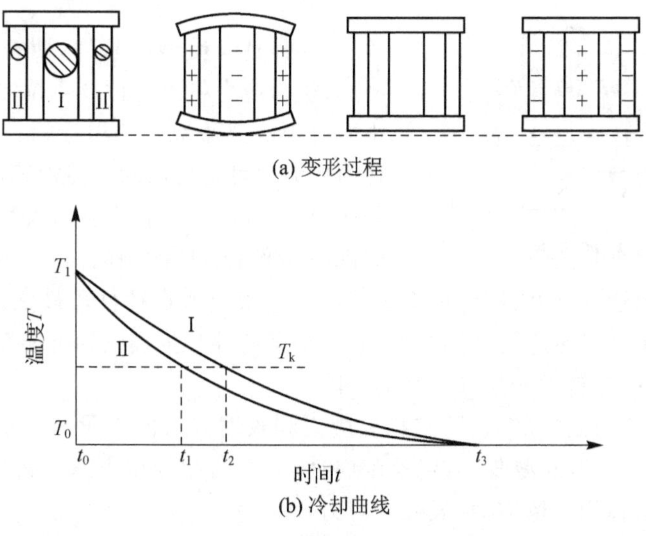


**图 6-15　热应力形成过程**

缩到同一长度。此时粗杆受压产生压应力，而细杆受拉产生拉应力。但由于此时粗细杆均处于塑性状态，所产生的瞬时应力通过其本身的塑性变形而自行消失，故此阶段铸件内不残留应力。

弹、塑性阶段($t_1 \sim t_2$)：杆Ⅱ冷却较快，率先进入弹性状态，而杆Ⅰ由于冷却速度较慢仍停留在塑性状态。此阶段粗、细杆的收缩也不相同，通过横梁的作用，收缩快的杆内产生拉应力，收缩较小的产生压应力。但由于粗杆Ⅰ处于塑性状态，在应力的作用下其发生微量塑性变形，以缓解所产生的应力，故此阶段铸件内也不产生残留应力。

弹性阶段($t_2 \sim t_3$)：当铸件冷却到更低温度时，粗、细杆均进入弹性状态。此时粗杆Ⅰ的温度高于细杆Ⅱ，在其后的冷却过程中Ⅰ、Ⅱ杆降到同一温度时，粗杆的收缩量必定会大于细杆。但由于横梁的作用，Ⅰ、Ⅱ杆必须保持同一长度，故粗杆的收缩受到细杆的强烈阻碍，其内产生拉应力，同时细杆内也产生压应力。这种应力被保存在铸件内部，形成热应力。

由以上分析可以看出，铸件壁厚不均匀，凝固冷却后其内将产生残余内应力。内应力的性质为：横截面积较大的厚大部分受到拉伸，产生拉应力；而横截面积较小的细薄部分受到压缩，产生压应力，铸件的壁厚差别越大，合金的线收缩率越高，弹性模量越大，则铸件内产生的热应力就越大。

### 2. 固态相变应力

铸件由于固态相变，各部分体积发生不均衡变化而引起的应力称为固态相变应力。在凝固以后的冷却过程中如果有固态相变发生(例如钢和铸铁的共析转变)，则晶体的体积就会发生变化。若此时铸件各部分温度均匀一致，则相变同时发生，可能不产生应力；若壁厚不均，冷却过程中存在着温度差，则各部分的相变不同时发生，其体积变化不均衡而导致产生相变应力。

### 3. 约束应力

铸件收缩受到铸型、型芯及浇注系统的机械阻碍而产生的应力称为约束阻碍应力，简称约束应力。

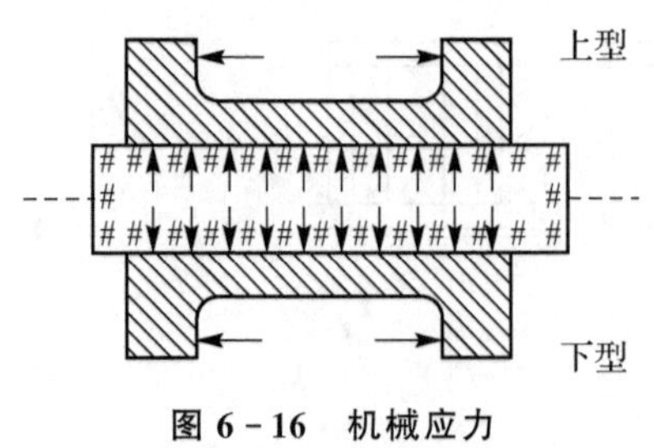

图 6-16 机械应力

如图 6-16 所示,铸件在冷却收缩时,其轴向受砂型阻碍,径向受型芯阻碍,使铸件产生机械应力。显然,机械应力将使铸件产生拉伸或剪切应力,其大小取决于铸型及型芯的退让性。当铸件落砂后,这种内应力便可自行消除。然而若机械应力在铸型中与热应力共同起作用,则将增大某部位的拉伸应力,促进铸件产生裂纹的倾向。

若铸型或型芯退让性良好,则约束应力就小。约束应力在铸件落砂之后可自行消除。但是约束应力在铸型中能与热应力共同起作用,增加了铸件产生裂纹的可能性。

应力的存在,将引起铸件变形和冷裂的缺陷。

综上所述,铸造应力是热应力、固态相变应力和收缩应力的矢量和。根据不同情况,3 种应力有时互相抵消,有时互相叠加,有时是临时性的,有时则残留下来。铸件铸出后存在于铸件不同部位的内应力称为残留应力(或残余应力)。

### 4. 铸件的变形

如果铸件存在内应力,则铸件处于不稳定状态。铸件厚的部分受拉应力,薄的部分受压应力。如果内应力超过合金的屈服点,则铸件本身总是力图通过变形来减缓内应力。因此细而长或大又薄的铸件易发生变形。

图 6-17 所示为铸件变形示意图。图 6-17(a)、(b)所示为壁厚不同的相连 T 形杆铸件,当杆Ⅰ厚杆Ⅱ薄时,冷却凝固后厚杆Ⅰ内产生拉应力,而薄杆Ⅱ内产生压应力。两杆都有力图恢复原状的趋势,若铸件的刚度不够,则厚杆Ⅰ内凹变短,薄杆Ⅱ外凸,整个铸件发生弯曲变形,如图 6-17(a)所示;反之,当杆Ⅰ薄而杆Ⅱ厚时,则将发生反向翘曲,如图 6-17(b)所示。图 6-17(c)所示为大平板铸件,尽管其壁厚均匀,但其中心部分的冷却速度低于边缘的冷却速度,故冷却速度慢的中心部分受拉应力,而边缘处则受压应力的作用;除具有反膨胀物理性质的合金(如灰铸铁、锑、秘等)外,一般铸型下面比上面先凝固,铸件产生如图 6-17 所示的翘曲变形。

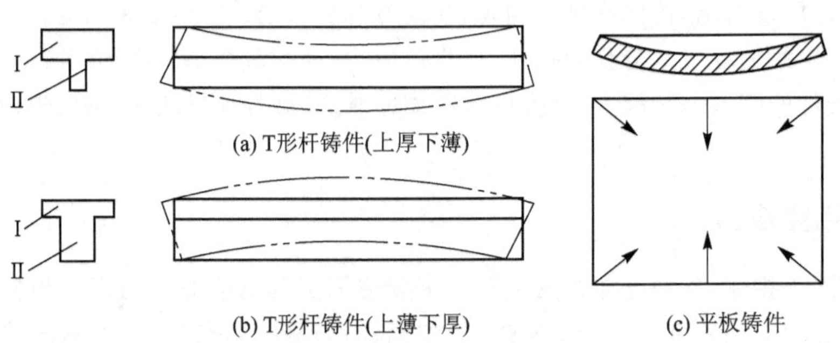


图 6-17 铸件变形示意图

有的存有内应力的铸件在铸态下虽无明显变形,但经切削加工后,应力重新分布,又产生新的变形甚至开裂。这种经切削加工后产生的变形称为切削加工变形。

铸件变形的根本原因在于铸造应力的存在,消除铸造应力的工艺措施也是防止变形的根本方法。此外,工艺上也可采取一些方法来防止铸件变形的发生。

**(1) 铸造应力的防止和消除措施**

铸造应力的存在对铸件的危害极大,它将影响铸件的精度和使用寿命,甚至导致铸件的变形和开裂。减小和消除铸造应力的方法如下:

① 采用同时凝固的原则。铸造应力的产生总是和铸件不均匀地凝固冷却有关,预防热应力的基本途径是尽量减少铸件各部位的温度差,采用同时凝固的原则。同时凝固是指通过设置冷铁、布置浇口位置等工艺措施,使铸件各部分在凝固过程中温差尽可能小。

② 提高铸型温度。这可使整个铸件缓慢冷却,以减小铸型各部分的温度差。

③ 改善铸型和型芯的退让性。这可避免铸件在凝固后的冷却过程中受到机械阻碍。

④ 进行去应力退火。这是一种消除铸造应力最彻底的方法。

**(2) 铸件的变形和预防**

如前所述,存有热应力的铸件,其厚大的部分受拉伸,薄的部分受压缩。但铸件的这种状态是不稳定的,它总是力图通过变形来减缓应力,以达到稳定状态。显然,只有原来受压的部分伸长、受拉的部分缩短,才能缓解铸件中的残留应力。常用的铸件变形控制方法主要有:

① 采用反变形法。工件在铸造应力的作用下,特别是壁厚不均匀的长杆形铸件以及大平板铸件,极易发生翘曲变形,导致加工余量不足而报废。为防止这种现象的发生,可在模样上做出与翘曲量相等而方向相反的预变形量来抵消铸件的变形,此种方法称为反变形法。

② 对于那些容易产生切削加工变形的铸件,一定要先进行去应力退火,稳定铸件尺寸,消除切削加工变形造成的废品。

③ 设置工艺肋。为了防止铸件的铸件变形,可在容易变形的部位设置工艺肋,工艺肋在铸件消除应力后应割掉。

## 6.1.6 铸件的裂纹及预防

当铸件内应力超过金属的强度极限时便会产生裂纹。裂纹是铸件上最常见的也是最严重的铸造缺陷,按其形成的温度范围可分为热裂和冷裂两种。

### 1. 热 裂

热裂是在凝固末期高温下产生的裂纹。热裂纹一般沿晶界产生,其形状特征是裂纹短、缝隙宽、形状曲折、缝内呈氧化色。铸件凝固末期,固态合金已形成了完整的骨架,但晶粒之间还存有少量液体,故强度、塑性较低。当铸件的收缩受到铸型、型芯或浇注系统阻碍时,若铸造应力超过了该温度下合金的强度极限,则发生热裂。热裂一般出现在铸件上的应力集中部位(如尖角、截面突变处)或热节处等。铸钢件、可锻铸铁件以及某些铸造铝合金件容易产生热裂纹缺陷。

热裂形成的机理主要有强度理论和液膜理论。

**(1) 强度理论**

合金高温力学性能的研究表明,温度在有效结晶温度范围内的合金,强度和断裂应变都很低,呈脆性断裂。因此,有效结晶温度范围是合金的“热脆区”。热脆区的大小受合金的化学成分、晶间杂质偏析情况,晶粒尺寸、形状和液体在晶间的分布等的影响。处于热脆区的铸件,当收缩受阻时,便产生应力和变形,若应力超过合金在该温度时的强度极限或变形超过塑性变形极限,则铸件便产生热裂。研究表明,合金在热脆区内的断裂应变远大于合金在该温度的自由线收缩率。这就是说即使铸件收缩受到刚性阻碍,如果仍能均匀变形,也不会产生热裂。

但是,在实际生产中,由于铸件结构、浇注系统类型及铸型情况等的不同,造成铸件各部位的冷却速度不一致,各部位的温度状态及性能不同,抗变形能力也就不同。铸件收缩受阻产生的变形,将主要集中在抗变形能力较小的高温部位,热裂也多在此处形成。温度越不均匀,这一现象越严重。因此,强度理论认为,合金存在热脆区以及热脆区内合金的断裂应变低是产生热裂的重要原因。铸件内的变形集中是热裂形成的必要条件。

**(2) 液膜理论**

由铸件凝固结晶的行为可知,铸件凝固冷却到固相线附近时,晶体周围还有少量未凝固的液体,在晶体间构成液膜。温度越接近固相线,液体数量越少,液膜越薄,甚至被分割成孤立的"小岛"。铸件凝固结束时液膜也消失。研究表明,合金的热裂倾向与合金结晶末期晶体间的液膜性质及分布情况有关。

液膜理论认为,热裂的形成是由于铸件在凝固末期晶间存在液膜和铸件在凝固过程中受到拉应力共同作用的结果。如果铸件收缩受到阻碍,拉应力和变形主要集中在液膜上,使液膜被拉长。当应力足够大时,液膜开裂形成晶间裂纹,称为热裂。可见,液膜的存在是产生热裂的根本原因,铸件收缩受阻是热裂形成的必要条件。凡是降低晶间液膜表面张力的表面活性物质都使合金的抗裂性下降。钢中的硫、磷为表面活性元素,在一定范围内随其含量的增加,钢的抗裂性下降。

影响热裂形成的主要因素是合金性质和铸型阻力。防止热裂的措施如下:

① 选择结晶温度范围窄、热裂收缩小的合金生产铸件,因为其热裂倾向小。在常用合金中,灰口铸铁和球墨铸铁热裂倾向小,而铸钢、铸铝、可锻铸铁(白口铸铁)的热裂倾向较大。

② 减少铸造合金中的有害杂质以提高其高温强度。钢铁中的磷、硫,因可形成低熔点的共晶体,扩大了结晶温度范围,使热裂倾向增大,故应尽量减少其含量。

③ 改善铸型和型芯的退让性。铸型的退让性与造型材料中粘结剂种类密切相关。退让性越好,机械应力越小,形成热裂的可能性也越小。当采用有机粘结剂(如植物油、合成树脂、糊精等)配置型砂或芯砂时,因高温强度低,故其退让性好。为提高粘土砂的退让性,可在混合料中掺入少量锯木屑。

④ 尽可能避免浇口、冒口对铸件收缩的阻碍,如内浇口的布置应符合同时凝固原则。

## 2. 冷　裂

冷裂是铸件处于弹性状态时,铸造应力超过合金的强度极限而产生的。冷裂常常是穿过晶体而不是沿晶界断裂,裂纹细小,外形呈连续直线状或圆滑曲线状,且裂纹内干净,有时呈轻微氧化色。冷裂往往出现在铸件受拉伸的部位,特别是在有应力集中的地方。

铸件产生冷裂的倾向与铸件形成应力的大小密切相关。影响冷裂的因素与影响铸造应力的因素基本是一致的。脆性大、塑性差的合金,如白口铸铁、高碳钢及某些合金钢最易产生冷裂纹,大型复杂铸件也容易产生冷裂纹。

大型复杂铸件由于冷却不均匀,应力状态复杂,铸造应力大而易产生冷裂。有的铸件在落砂和清理前可能未产生冷裂,但内部已有较大的残余应力,而在清理或搬运过程中,因为受到激冷或震击作用而促使其冷裂。

图6-18所示为带轮和飞轮铸件的冷裂纹示意图。带轮的轮缘、轮辐比轮毂薄,冷却速度较快,比轮毂先行收缩。当整个铸件进入弹性状态时,轮毂的收缩受到轮缘的阻碍,轮辐内产

生拉应力，当其大于材料的强度极限时，轮辐发生断裂，如图 6－18(a)所示，而对于飞轮铸件，其轮缘较厚，轮缘后期的收缩将受到轮辐的阻碍而产生拉应力，在轮缘内产生裂纹，如图 6－18(b)所示。

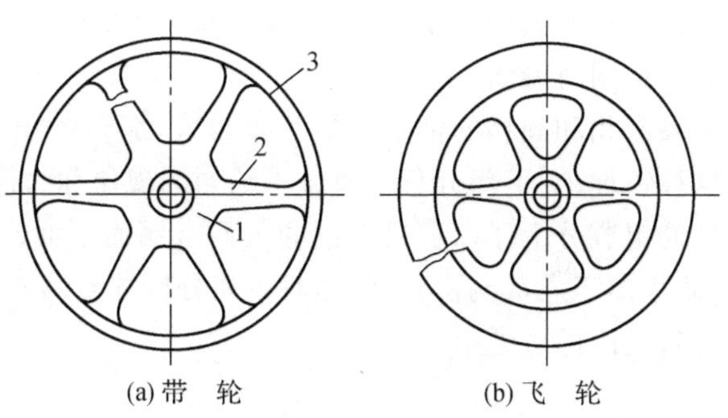


1—轮毂；2—轮辐；3—轮缘

**图 6－18　轮形铸件的冷裂**

铸件产生冷裂的倾向还与材料的塑性和韧性有密切关系。有色金属由于塑性好易产生塑性变形，冷裂倾向较小。低碳奥氏体钢弹性极限低而塑性好，很少形成冷裂。当合金成分中含有降低塑性及韧性的元素时，将增大冷裂倾向。磷增加钢的冷脆性，而容易冷裂。当合金中含有较多的非金属夹杂物并呈网状分布时，也会降低韧性而增加冷裂倾向。

裂纹是严重的铸造缺陷，往往造成铸件的报废。消除和防止铸造应力的所有措施都可以有效地防止裂纹缺陷的产生。此外，铸造合金的结晶特点和化学成分对裂纹的产生均有明显的影响。合金凝固温度范围的宽窄决定了合金凝固收缩量的大小，合金的凝固范围越宽，其绝对收缩量越大，产生的热裂倾向就越大；反之，热裂倾向就小。灰口铸铁和球墨铸铁由于凝固收缩很小，故它们不易产生热裂；而铸钢、白口铸铁，由于其凝固范围较宽，故容易产生热裂缺陷。

钢铁中的硫、磷可在铸件中形成低熔点的共晶体，扩大了凝固温度范围，故含量越多，热裂倾向越大。同时，钢铁中的磷增加了材料的冷脆性，如铸钢中磷的质量分数大于 0.1%、铸铁中磷的质量分数大于 0.5%时，因冲击韧度急剧下降，冷裂倾向将明显增加。

因此，为有效地防止铸件裂纹的发生，应尽可能采取措施减小铸造应力；在金属的熔炼过程中，严格控制有可能扩大金属凝固范围元素的加入量及钢铁中的硫、磷含量。

## 6.1.7　铸造合金的偏析和吸气性

### 1. 偏　析

铸件中出现化学成分不均匀的现象称为偏析。偏析可导致铸件的性能下降，严重时可造成废品。铸件的偏析可分为晶内偏析、区域偏析和体积质量偏析三类。

晶内偏析（又称枝晶偏析）是指晶粒内各部分化学成分不均匀的现象，这种偏析出现在具有一定凝固温度范围的合金铸件中。当铸件凝固时，往往初生晶轴上含熔点较高的组元多，而在枝晶的边缘上，含熔点较低的组元多，对于那些凝固范围较大的形成固溶体的合金，晶内偏析尤为严重。为防止和减少晶内偏析的产生，在生产中常采取缓慢冷却或孕育处理的方法。若偏析已产生，则可采用扩散退火将其消除。

铸件在凝固时，与铸型壁相接触的外部先行凝固，于是靠近型壁的部分高熔点组元含量较多,而中心部分容易富集低熔点的组元和杂质。这种铸件截面的整体上化学成分和组织不均匀,称为区域偏析。区域偏析难以采用热处理的方法予以消除,因为在实用的温度和时间内偏析元素不可能在长距离内扩散均匀。为避免区域偏析的发生,主要应该采取预防措施,控制浇注温度不要太高,采取快速冷却使偏析来不及发生,或采取工艺措施造成铸件断面较低的温度梯度,使表层和中心部分接近同时凝固。

铸件凝固过程中,如果液相和固相的体积质量相差较大,那么体积质量大的组元下沉,体积质量小的组元上浮,这种铸件上、下部分化学成分不均匀的现象称为体积质量偏析。球墨铸铁的石墨飘浮、高铝铸铁的铝成分上浮以及铅青铜的上面富铜而下面富铅等现象都是由于体积质量偏析的缘故。为防止体积质量偏析,在浇注时应充分搅拌金属液或加速合金液的冷却,使液相和固相来不及分离,凝固即告结束。

### 2. 吸气性

吸气性是指金属液吸收气体的能力。液态金属对某些气体(如氧气、氢气等)有一定的溶解能力,轻合金、钢和某些耐热合金都有较高的吸气性,特别是吸取氢气。对于一定合金而言,气体的溶解度取决于合金的温度和气体的分压力。在一定的压力下提高合金的温度,或者在一定的温度下随着压力的增加,都会使气体在合金中的溶解度增加。

凝固时溶解度急剧下降,气体大量析出。析出的气体形成气泡,当气泡浮出受阻不能排出时,则在铸件中形成气孔。气孔破坏了合金的连续性,减少了承载的有效面积,并在气孔附近引起应力集中,因而降低了铸件的力学性能,特别是冲击韧性和疲劳强度显著降低。弥散性气孔还可促使显微缩松的形成,降低了铸件的气密性。

**(1) 铸件中的气孔**

按照合金中的气体来源,可将气孔分为3类:侵入气孔、析出气孔和反应气孔。

① 侵入气孔。侵入气孔是由于砂型表面层聚集的气体侵入合金液中,而形成的气孔。侵入铸件的气体主要来自造型材料中的水分、粘结剂和各种附加物。

② 析出气孔。溶解于合金液中的气体在冷凝过程中因气体溶解度下降而析出,铸件因此而形成的气孔,称为析出气孔。

析出气孔在铝合金中最为常见,其直径多小于1 mm,这不仅影响合金的力学性能,并将严重影响铸件的气密性。

③ 反应气孔。浇入铸型中的合金液与铸型材料、芯撑、冷铁或熔渣之间,发生因化学反应而产生的气体,使铸件内形成的气孔,称为反应气孔。

反应气孔的种类众多,形状各异。如合金液与砂型界面因化学反应生成的气孔,多分布在铸件表层下1～2 mm处,呈皮下气孔。

**(2) 预防气孔的措施**

① 降低型砂(芯砂)的发气量,增加铸型的排气能力。

② 控制合金液的温度,减少不必要的过热度。

③ 加压冷凝。因为压力的改变直接影响气体的析出,例如铝合金放在4～6个大气压(405～608 kPa)的压力室内结晶,能阻止气体在冷凝过程中析出,得到无气孔的铸件。

④ 熔炼和浇注时设法减少合金液与气体接触的机会。如在合金液表面加覆盖剂保护或采用真空熔炼技术。

⑤ 向合金液中通入不溶解于合金液的气体，带走溶入合金液中的气体。如铝合金中通入氯气，当不溶解的氯气泡上浮时，溶入铝液中的氢原子不断地扩散到氯气泡中而被带出合金液。

⑥ 冷铁、芯撑等表面不得有锈蚀、油污，并应保持干燥等。

# 6.2　定向凝固与单晶生长

定向凝固技术是利用合金凝固时晶粒沿着与热流方向相反的方向生长的原理，控制热流方向，使合金液沿着最有利的方向凝固，从而获得具有一束平行排列的柱状晶的定向凝固铸件。单晶技术是定向柱晶技术的进一步发展。定向凝固技术由于能得到一些具有特殊取向的组织和优异性能的材料，因此可显著提高铸件的性能。

## 6.2.1　定向凝固技术

### 1. 定向凝固工艺原理

定向凝固是通过维持热流一维传导使凝固界面沿逆热流方向推进而实现的。定向凝固工艺的两个重要参数是凝固过程中固液界面液相中的温度梯度 $G_L$ 和固液界面向前推进速度，即晶体生长速率 $R$。

图 6-19 所示为定向凝固与温度分布。在热平衡条件下，液-固界面热流密度 $q_1$、$q_2$ 与结晶潜热释放率 $q_3$ 之间的关系为

$$q_2 - q_1 = q_3 \tag{6-10}$$

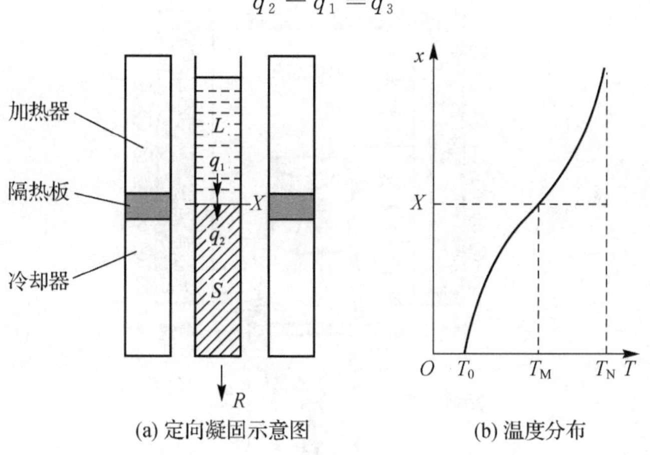


(a) 定向凝固示意图　(b) 温度分布

**图 6-19　定向凝固与温度分布**

根据傅里叶导热定律可得

$$k_S\left(\frac{dT_S}{dx}\right)_{x=X} - k_L\left(\frac{dT_L}{dx}\right)_{x=X} = \rho_S L\ \frac{dx}{dt} \tag{6-11}$$

或

$$k_S G_S - k_L G_L = \rho_S L R \tag{6-12}$$

式中：$k_S$、$k_L$ 分别为固相和液相的热导率；$\rho_S$ 为固相密度；$L$ 为结晶潜热；$G_S$、$G_L$ 分别为固相和液相中的温度梯度；$R = dx/dt$ 为凝固速率。

由式(6 - 12)可得

$$G_L = \frac{1}{k_L}(k_S G_S - \rho_S L R) \tag{6-13}$$

若 $k_S$、$k_L$ 为常数,则在凝固速率一定时,$G_L$ 与 $G_S$ 成正比。通过增大 $G_S$ 来增强固相的散热强度,是实际应用中获得大的 $G_L$ 的重要途径。

根据式(6 - 13)可得凝固速率为

$$R = \frac{k_S G_S - k_L G_L}{\rho_S L} \tag{6-14}$$

在实际应用中,将 $G_L/R$ 值作为控制晶体长大形态的重要判据,通过建立合适的 $G_L/R$ 值来保证晶体稳定生长。

### 2. 定向凝固方法

如上面的分析,定向凝固过程的关键是保证单向热流和固-液界面液相一侧的温度梯度。目前,已经发展了多种定向凝固方法,这里仅介绍快速凝固法和液态金属冷却法。

**(1) 快速凝固法**

快速凝固法如图 6 - 20 所示,将底部开口的型壳放在水冷铜结晶器上,送入定向炉内的感应加热器中,加热到预定温度后,浇入合金液,然后以预定的速度徐徐下移,通过隔热挡板,离开加热器。由于隔热挡板上下具有纵向温度梯度(一般为 30～60 ℃/cm)故在型壳下移过程中实现定向凝固,合金结晶热除了靠水冷结晶器散失外,还靠在挡板以下铸型部分辐射导热而散失。

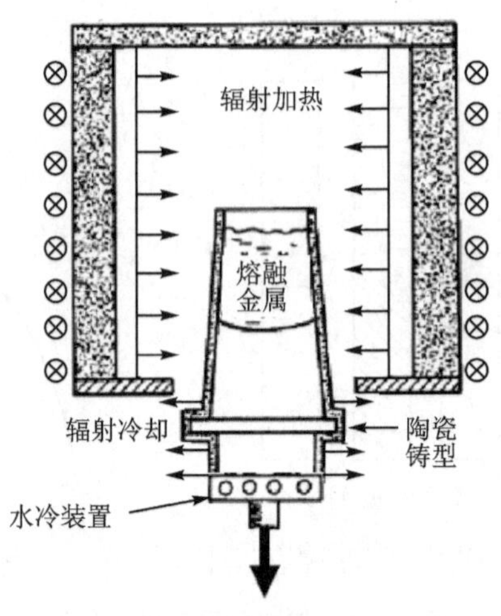


**图 6 - 20 快速凝固法**

该方法的特点是铸件以一定的速度从炉中移出或炉子移离铸件,采用空冷的方式,且炉子保持加热状态。这种方法由于避免了炉膛的影响,且利用空气冷却,因而获得了较高的温度梯度和冷却速度,所获得的柱状晶间距较长,组织细密挺直,且较均匀,使铸件的性能得以提高。该工艺广泛应用于制造航空发动机涡轮叶片及其他零件,配置选晶器可用于制备单晶叶片。

**(2) 液态金属冷却法**

快速凝固法是由辐射换热来冷却的,所能获得的温度梯度和冷却速度都很有限。为了获得更高的温度梯度和生长速度，在快速凝固法的基础上，将抽拉出的铸件部分浸入具有高导热系数的高沸点、低熔点、热容量大的液态金属中(见图 6－21)，形成了一种新的定向凝固技术，即液态金属冷却法。这种方法提高了铸件的冷却速度和固-液界面的温度梯度，而且在较大的生长速度范围内可使界面前沿的温度梯度保持稳定，结晶在相对稳态下进行，能得到比较长的单向柱晶。

常用的液态金属有 Ga－In 合金和 Ga－In－Sn 合金，以及 Sn 液，前两者熔点低，但价格昂贵，因此只适合在实验室条件下使用。Sn 液熔点稍高(232 ℃)，但由于价格相对比较便宜，冷却效果也比较好，因而适于工业应用。该法已用于航空发动机叶片的生产。

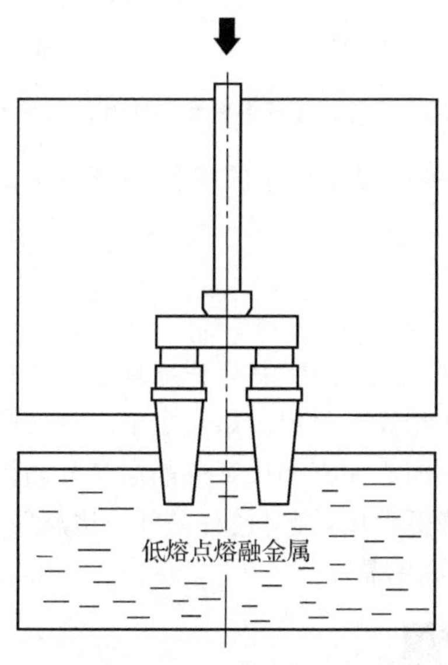


图 6－21　液态金属冷却法

## 6.2.2　单晶体及制备方法

普通铸造获得的是大量的等轴晶(见图 6－22(a))，等轴晶粒的长度和宽度大致相等，其纵向晶界与横向晶界的数量也大致相同。对高温合金涡轮叶片的事故分析发现，由于涡轮高速旋转时叶片受到的离心力使得横向晶界比纵向晶界更容易开裂。应用定向凝固方法，得到单方向生长的柱状晶(见图 6－22(b))，甚至单晶(见图 6－22(c)、(d))，不产生横向晶界，较大地提高了材料的单向力学性能。应用单晶铸造获得的单晶叶片可显著提高现代航空发动机的性能。

对于磁性材料，应用定向凝固技术可使柱状晶排列方向与磁化方向一致，大大改善了材料的磁性能。定向凝固技术还广泛用于自生复合材料的生产制造，用定向凝固方法得到的自生复合材料消除了其他复合材料制备过程中增强相与基体间界面的影响，使复合材料的性能大大提高。

单晶体就是由一个晶粒组成的晶体。单晶制备就是使液体凝固时只存在一个晶核，由它生长成可供使用的单晶材料或零件，有时还要求它按一定的晶向生长成为一个定向单晶。晶核可以是事先制备好的籽晶，也可直接在液体中形成。在单晶制备的过程中，要严格防止另外形核。

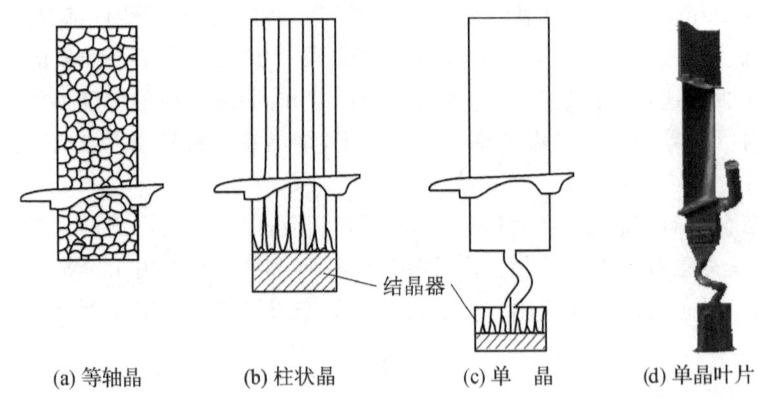


**图 6-22　三种铸造高温合金涡轮叶片及显微组织**

快速凝固法配置选晶器也可以用于单晶的制备(见图 6-23)。此外还有垂直提拉法、悬浮区熔法等单晶制备的方法。

## 1. 垂直提拉法

垂直提拉法是制备大单晶的主要方法,其操作原理如图 6-24(a)所示。先将坩埚中的原料加热熔化,并使其温度保持在稍高于材料的熔点之上。将籽晶夹在籽晶杆上,如欲使单晶按某一晶向生长,则籽晶的夹持方向应使籽晶中某一晶向与籽晶杆轴向平行,然后将籽晶杆下降使籽晶与液面接触,接着缓慢降低温度,同时使籽晶杆一边旋转,一边向上提拉,这样液体就以籽晶为晶核不断结晶生长而形成单晶。

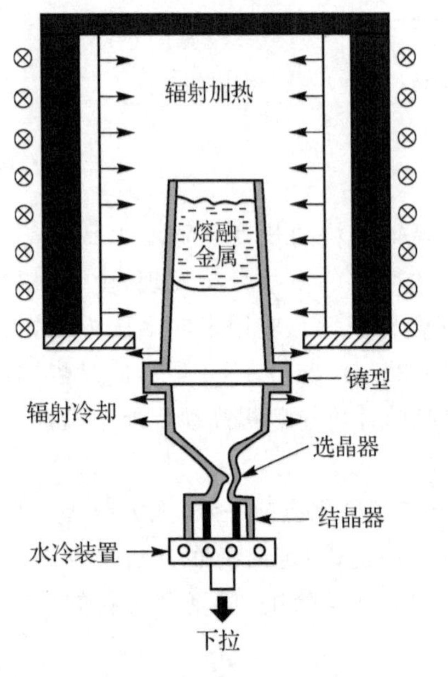


**图 6-23　单晶制备装置**

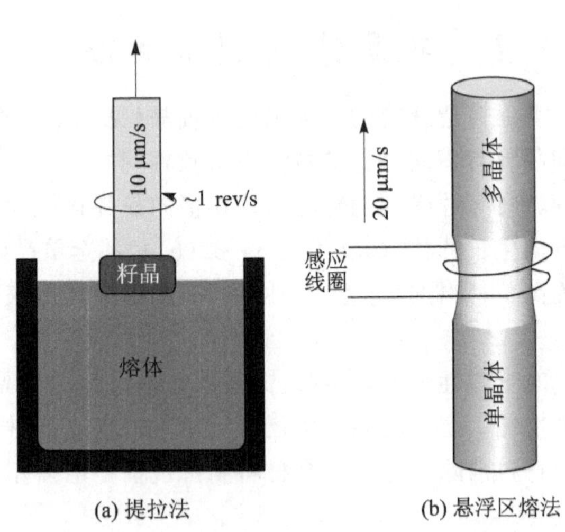


**图 6-24　单晶制备示意图**

## 2. 悬浮区熔法

图 6-24(b)所示为一种垂直悬浮区熔法示意图。悬浮区熔法是将棒状多晶材料置入加

热区与单晶籽晶接触,采用高频感应线圈在保护气氛中加热,使单晶籽晶与多晶棒接触处产生局部熔区,然后使熔区向上移动进行单晶生长。这种单晶制备过程中的熔体完全依靠其表面张力和高频电磁力的支托,悬浮于多晶棒与单晶之间,故称为悬浮区熔法。由于熔硅有较大的表面张力和小的密度,所以该法是生产硅单晶的优良方法。该方法不需要坩埚,避免了坩埚污染,可用来生长熔点高的单晶。

# 6.3　非晶合金与快速凝固

## 6.3.1　非晶合金的形成

对于金属来说,通常情况下,金属及合金在从液体凝固成固体时,原子总是从液体的混乱排列转变成整齐的排列,即成为晶体。但是,如果金属或合金的凝固速度非常快,原子来不及整齐排列便被冻结住了,最终的原子排列方式类似于液体,是混乱的,就形成了非晶合金。图 6-25 所示为液态金属冷却速度与结晶之间的关系(液-固转变 C 曲线),当采用图中①的冷却速度时,可以获得固态晶体,当采用图中②的冷却速度时,将获得非晶态固体。$t_m$ 是晶体形核所需要的最短时间。

溶液冷凝成晶体或是非晶态(也称玻璃态)的情况如图 1-4 所示,图中以 $T_m$ 代表结晶温度,$T_g$ 代表转变成玻璃态的温度($T_g$ 的具体温度与冷却速度等因素有关)。当液体发生结晶时,其比体积发生突变,而液体转变为玻璃态时,比体积无突变而是连续地变化。材料的 $T_m-T_g$ 间隔越小,越容易转变成玻璃态,如纯 $SiO_2$ 的 $T_m=1\ 993$ K,$T_g=1\ 600$ K,$T_m-T_g=393$ K;而金属的 $T_m-T_g$ 间隔非常大,尤其是高熔点金属的间隔更大,如纯钯的 $T_m=1\ 825$ K,$T_g=550$ K,$T_m-T_g$ 达 1 275 K,故不易呈非晶态。

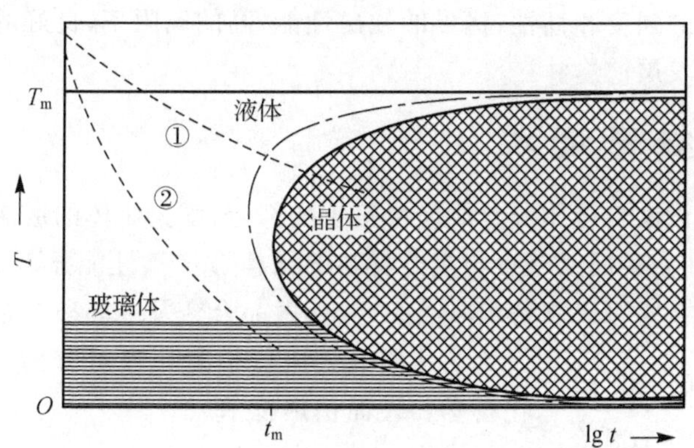


**图 6-25　液-固转变 C 曲线**

非晶合金原子的混乱排列情况类似于玻璃,所以又称为金属玻璃。任何物质只要它的液体冷却足够快,原子来不及整齐排列就凝固,那么原子在液态时的混乱排列被迅速冻结,就可以形成非晶态。但是,不同的物质形成非晶态所需要的冷却速度大不相同。例如,普通的玻璃只要慢慢冷却下来,得到的玻璃就是非晶态的。而单一的金属则需要每秒高达一亿度以上的冷却速度才能形成非晶态。由于目前工艺水平的限制,实际生产中难以达到如此高的冷却速度,也就是说,单一的金属难以从生产上制成非晶态。

为了获得非晶态的金属,一般将金属与其他物质混合形成合金。这些合金具有两个重要性质:第一,合金的成分一般在冶金学上的所谓“共晶”点附近,它们的熔点远低于纯金属,例如纯铁的熔点为1 538 ℃,而铁硅硼合金的熔点一般为1 200 ℃以下;第二,原子的种类很多,合金在液体时它们的原子难以移动,在冷却时难以整齐排列,也就是说更加容易被“冻结”成非晶。有了上面的两个重要条件,合金才可能比较容易地形成非晶。例如,铁硼合金只需要每秒一百万度的冷却速度就可以形成非晶态。

起初,人们应用气相沉积法把亚金属(硒Se、碲Te、磷P、砷As、锑Sb、铋Bi)制成了玻璃态的薄膜,但它们是亚稳定的,温度升高就转变为结晶体。1960年以后,发展了液态急冷方法,使冷却速度大于$10^7$℃/s,从而能获得某些非晶态的合金(加入合金元素可使$T_m$降低,$T_g$提高,即$T_m-T_g$间隔减小,如上述的钯加入20%原子硅后,$T_m$降至约1 100 K,$T_g$升至约700 K,故较易在急冷时形成非晶态)。对纯金属而言,临界冷速一般为$10^8$ K/s,而合金一般为$10^6$ K/s。加快冷却速度和凝固速率所引起的组织和结构特征变化可用图6-26来表示。

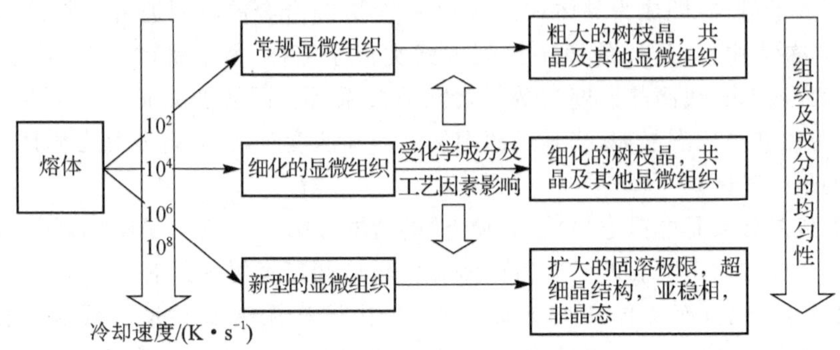


图6-26 快速凝固引起的显微组织变化

非晶态金属由于其结构的特殊性而使其性能不同于通常的晶态金属,它具有一系列突出的性能,例如:特别高的强度和韧性,优异的软磁性能,高的电阻率,良好的抗蚀性等。因此,非晶态金属具有很大的发展前途。

## 6.3.2 快速凝固技术

快速凝固技术是设法将熔体分割成尺寸很小的部分,增大熔体的散热面积,再进行高强度冷却,使熔体在短时间内凝固以获得与模铸材料的结构、组织、性能显著不同的新材料的凝固方法。采用快速凝固技术可以制备出非晶态合金、微晶合金及准晶态合金。

快速凝固方法按工艺原理可分为3类,即模冷技术、雾化技术和表面快热技术。

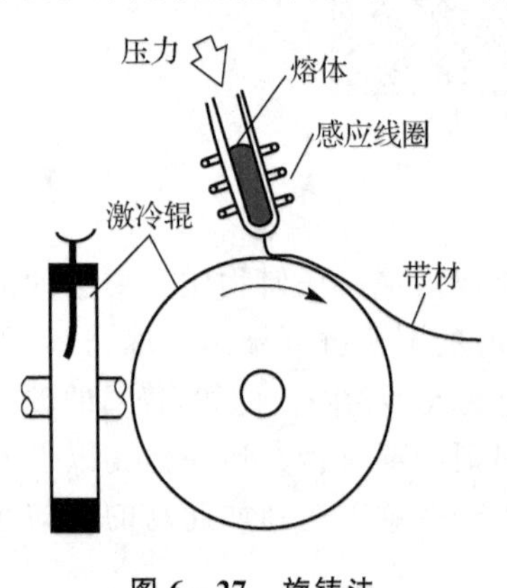


图6-27 旋铸法

### 1. 模冷技术

模冷技术是将熔体分离成连续和不连续的截面尺寸很小的熔体流,使其与散热条件良好的冷模接触而得到迅速凝固,得到很薄的丝或带。如旋铸法(见图6-27)、平面流铸造法(见图6-28)、双辊轧制法(见图6-29)、熔体拖拉法(见图6-30)、熔体甩出法(见图6-31)等。

其中旋铸法是将熔融的合金液在惰性气体(如Ar)的压力下射向一高速旋转的,以高热导率材料制成的辊子外表面,液态合金与辊面连续凝固为一条很薄的条带，在离心力的作用下飞离辊面。该方法制备的条带厚度通常为几十 μm，宽度较窄，冷却速度为 $10^6 \sim 10^7$ K/s。平面流铸造法是在旋铸法的基础上发展起来的，该方法采用窄缝喷射嘴以增加条带宽度，可制造宽度达数百 mm 的快速凝固合金条带。

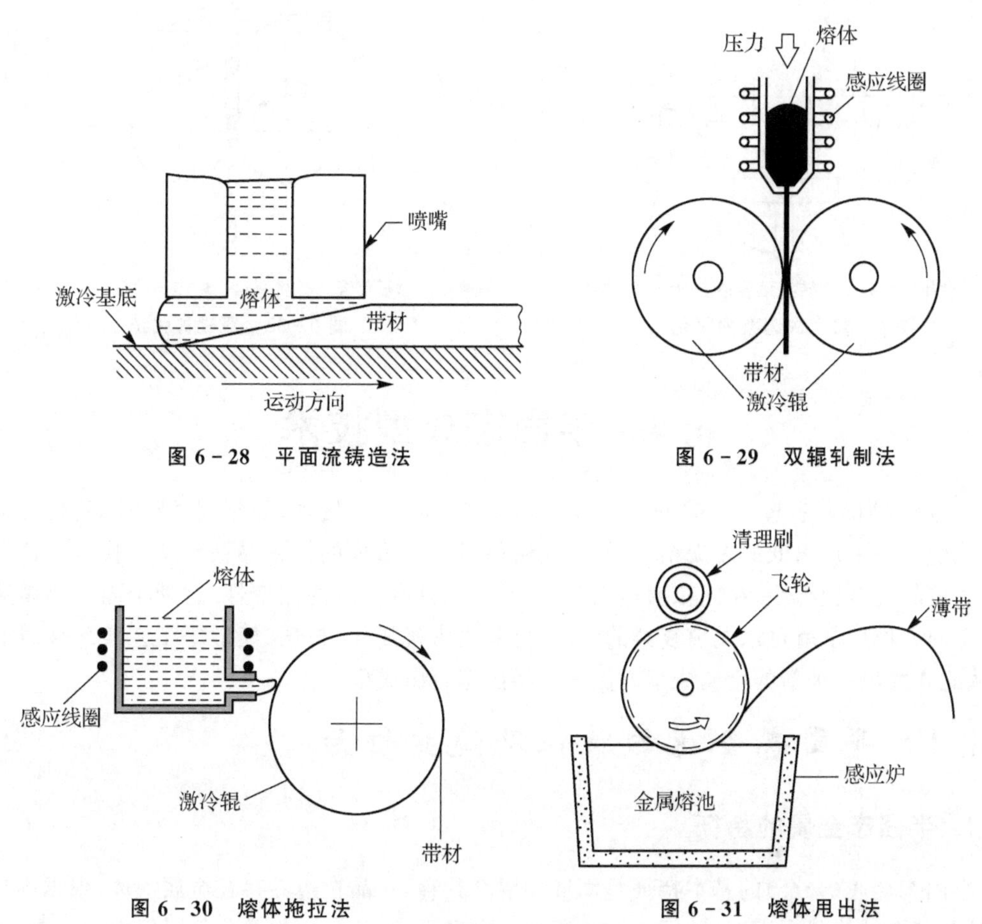


图 6-28　平面流铸造法

图 6-29　双辊轧制法

图 6-30　熔体拖拉法

图 6-31　熔体甩出法

## 2. 雾化技术

雾化技术是熔体在离心力、机械力或高速流体冲击力作用下，分散成尺寸极小的雾状熔滴，并使熔滴在与流体或冷模接触中凝固，得到急冷凝固的粉末。常用的有离心雾化法（见图 6-32）、双辊雾化法（见图 6-33）等。

## 3. 表面快热技术

表面快热技术即通过高密度的能束，如激光或电子束扫描工件表面，使工件表面熔化，然后通过工件自身吸热散热使表层得到快速冷却。也可利用高能束加热金属粉末，使之熔化变成熔滴喷射到工件表面，利用工件自冷，熔滴迅速冷凝沉积在工件表面上，如等离子喷涂沉积法。

由模冷技术和雾化技术所得的制品多为薄片、线体、粉末。要得到较大的急冷凝固材料，用于制造零件，还需将粉末等利用固结成型技术，如冷热挤压法、冲击波压实法等，使之保持快冷的微观组织结构,压制成致密的制品。

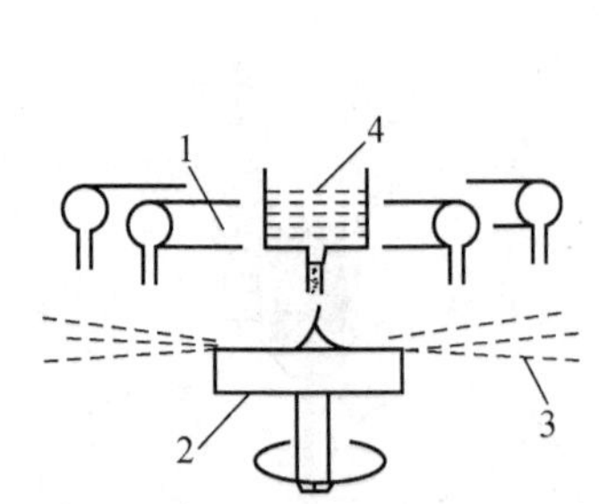


1—冷却气体;2—旋转雾化器;3—粉末;4—熔体

**图 6-32 快速凝固雾化法**

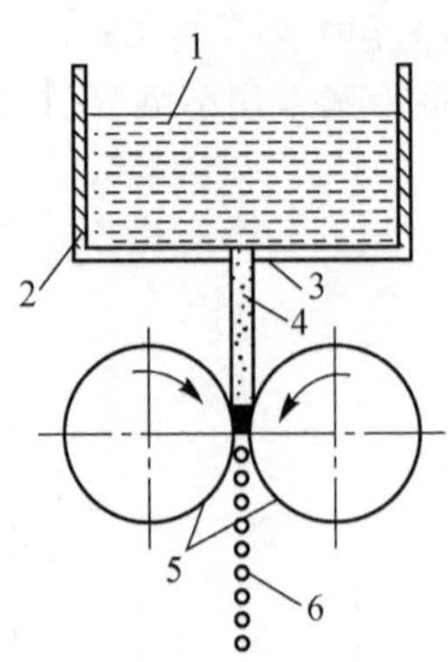


1—熔体;2—石英管;3—喷嘴;4—熔体;5—辊轮;6—雾化熔滴

**图 6-33 双辊雾化法**

# 6.4 半固态成型技术

1971 年美国麻省理工学院的 M. Flemigs 和 D. Spencer 发现,处于固-液相区间的合金经过连续搅拌后呈现出低的表观粘度,此时在结晶过程中形成的树枝晶被粒状晶代替。这种颗粒状非枝晶的显微组织,在固相率达 0.5~0.6 时仍具有一定的流变性,这种半固态金属浆料在很小的力作用下就可以充填复杂的型腔,可利用常规压铸、挤压、模锻等工艺实现金属的成型,从此开发出一种新的金属成型方法——半固态金属成型。

## 6.4.1 半固态金属的特性及流变行为

### 1. 半固态金属的特征

半固态金属(合金)的基本特征是固液相混合共存,在晶粒边界存在金属液体,根据固相分数不同,其微结构状态不同,如图 6-34 所示。在高固相率时,液相成分仅限于部分晶界,当固相率低时,固相颗粒游离在液相成分之中。

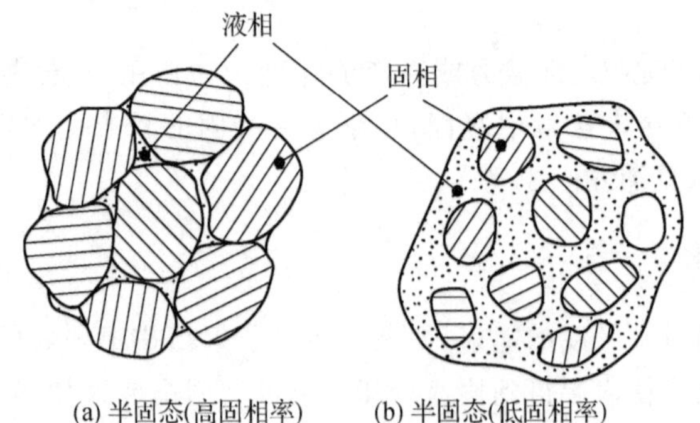


**图 6-34 半固态金属的内部结构**

由于固液共存,晶粒间或固相颗粒间有液相成分,固相粒子间几乎没有结合力,因此,其宏观流动变形抗力显著降低。例如,固相分数为 0.4 的 Sn-15%Pb 合金屈服强度为 0.2 MPa,

而固相分数为0.4的半固态Sn-15%Pb合金屈服强度仅为0.12 MPa。由于固相粒子间几乎没有结合力，因此半固态金属容易分离，但由于液相成分的存在，又可以很容易地使分离的半固态金属相互连接。特别是液相成分很活跃，不仅有利于半固态金属间的结合，而且与一般固态金属材料也容易形成很好的结合。

在通常的铸造条件下，合金的固相分数为0.2～0.3时，其宏观流动性已基本消失，此时合金中虽仍有大量液相存在，但已凝固的枝晶构成空间网架，阻碍了合金整体的流动。半固态金属浆料静止时颗粒有聚集现象，内部形成了一定的结构，使合金液具有固体的特性，当对浆料施加切应力并超过其屈服强度时，半固态金属就会表现出较好的流动性。对于各种合金，只要有固、液相同时存在的凝固区间，都可以进行半固态金属成型加工。

半固态合金组织和普通铸造的组织差别较大。普通铸造所得的组织初晶呈发达的树枝状。半固态组织的形态和大小与合金的温度、剪切速率和固相比例有关。随合金温度下降，初晶枝晶间距和质点尺寸减小；剪切力越高，质点形状越趋向于球形；质点尺寸随固相比例增大而增大。

## 2. 半固态金属的流变行为

半固态金属具有典型的流变学特性，其变形的切应力不仅取决于固相的体积分数，同时与固相的生长形态密切相关。半固态金属的变形阻力是由枝晶骨架的变形阻力造成的，控制晶体以细小的等轴晶生长将提高合金的流变性。

处于液固共存状态的合金在强烈的搅拌下，枝晶被破碎，进一步形成球状细晶。此状态下的合金表现出高粘度流体的流体力学特性，可称为糊状金属。糊状金属的内部组织参数是固相的尺寸，表观参数是其变形过程中的动力粘度。

糊状金属中的固相尺寸主要是由冷却速率决定的，它随着冷却速率的增大而减少，但显然还需要一定的搅拌强度来保证。表观动力粘度取决于合金的冷却速率和剪切速率。随着剪切速率的增大，表观动力粘度减少，并且糊状金属可在更大的固相分数下维持较好的流动性。减少冷却速率可获得与增大剪切速率相似的效果。

普通铸造过程的浇铸温度高于液相线，合金以全液态形式浇入铸型。从流体的分类上讲，全液态合金属于牛顿流体，它的粘度是一常数，而不随切变速率变化。

大量实验表明，部分凝固合金是非牛顿流体，属于伪塑性体，它的粘度不再是常数，而是随切变速率的变化而改变。非牛顿流体的粘度与切变速率和时间的关系如图6-35所示。根据流变学理论，非牛顿流体的表观粘度与剪切速率之间满足指数关系，即

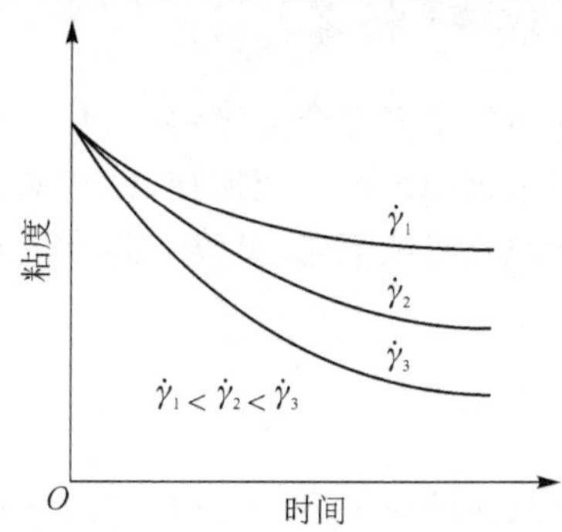


**图6-35　非牛顿流体的粘度与切变速率和时间的关系**

$$\mu_a = K\dot{\gamma}^{n-1} \tag{6-15}$$

式中:$K$ 为稠度系数;$n$ 为指数,$n$ 越大,表明伪塑性越明显。

在许多情况下,剪切速率大小是搅拌转速的函数,表观粘度随转速的增加而下降,所以表观粘度随剪切速率的增加而下降。增大剪切速率或降低冷却速率可加速球化过程,球化的程度越高,表观粘度越小。半固态成型技术是以研究半固态金属流变学特性为基础的,通过各种方法保证合金中的固相球化,使其在较大固相体积分数下仍表现出很好的流动性,然后用此糊状金属进行成型。

部分凝固合金与全液态合金的主要差异在于它含有已凝固的固相,固相的多少(即固相分数)对表观粘度的影响最大。表观粘度随固相体积分数的增加而增加,特别是当固相体积分数相超过某一临界值时,表观粘度开始迅速上升,这一特性对流变铸造有重要意义。它表明,当固相体积分数超过某一临界值时,表观粘度的控制将是困难的。

固相体积分数由固-液两相体的温度决定,Scheil 方程给出了固相体积分数与温度的函数关系,即

$$f_S = 1 - \left(\frac{T_M - T_L}{T_M - T}\right)^{\frac{1}{1-k}}$$

式中:$T_M$ 为纯溶剂的熔点;$T_L$ 为合金的液相线温度;$k$ 为平衡分配比值。

因此,通过温度的控制就可以调节固相体积分数。固相的数量、大小、形状及分布等参数决定了表观粘度的高低,固相分数越高,部分凝固合金液相量越少,流动性越差。因此,表观粘度随固相分数的增加而上升是必然的。当固相分数超过临界值时,部分凝固合金的宏观流动性趋于消失,因此表观粘度的增加速度很快。通常固相分数达到 0.4 左右时,表观粘度将急剧增加,它们之间的关系为

$$\mu_a = A\exp(Bf_S)$$

式中:$A$、$B$ 为系数。

在不同的固相体积分数区间,半固态金属浆料表现的物性有很大的差别,适用的物理模型也不同。当固相体积分数很低时($<0.2$),固相微粒间的相互作用很小,半固态金属浆料可以作为一种牛顿粘性流体来处理;当固相体积分数增大到 0.2~0.6 时,固相微粒间的相互作用已经十分显著,固相微粒相对运动的流体动力学行为以及固相微粒的附聚行为被用来解释半固态金属浆料的性质;当固相体积分数达到 0.6~0.7 以上时,固相微粒已经形成了“骨架”,此时的半固态金属浆料可以被认为是浸透着液体的多孔固体。

## 6.4.2 半固态金属坯料制备

半固态成型的关键是制备优质的半固态合金坯料。为了使金属浆料具有流变性,通常需要在液态金属从液相到固相冷却过程中进行强烈搅拌,使普通铸造成型时易于形成的树枝晶网络骨架被打碎而保留分散的颗粒状组织形态,悬浮于剩余液相中。根据这一现象发展了多种半固态合金的制备方法。

### 1. 机械搅拌法

机械搅拌是制备半固态合金最早使用的方法。M. Flemings 等人用一套由同心带齿内外筒组成的搅拌装置(外筒旋转,内筒静止),成功地制备了锡-铅合金半固态浆液;H. Lehuy 等人用搅拌桨制备了铝-铜合金、锌-铝合金和铝-硅合金半固态浆液。后人又对搅拌器进行了改

进，采用螺旋式搅拌器制备某些合金的半固态浆液。通过改进，改善了浆液的搅拌效果，强化了型内金属液的整体流动强度，并使金属液产生向下压力，促进浇注，提高了铸锭的力学性能。

图 6－36(b)所示为机械搅拌式半固态金属制造装置。

### 2. 电磁搅拌法

电磁搅拌是利用旋转电磁场在金属液中产生感应电流，金属液在洛伦磁力的作用下产生运动，从而达到对金属液搅拌的目的。目前，主要有两种方法产生旋转磁场：一种是在感应线圈内通交变电流的传统方法；另一种是 1993 年由法国的 C. Vives 推出的旋转永磁体法，其优点是电磁感应器由高性能的永磁材料组成，其内部产生的磁场强度高，通过改变永磁体的排列方式，可使金属液产生明显的三维流动，提高了搅拌效果，减少了搅拌时的气体卷入。

图 6－36(c)所示为制造铝基复合材料用的电磁搅拌装置。

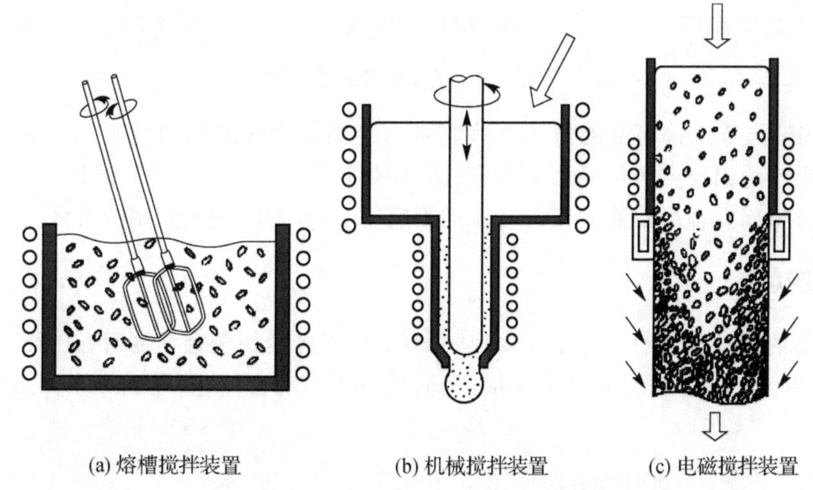

(a) 熔槽搅拌装置　(b) 机械搅拌装置　(c) 电磁搅拌装置

**图 6－36　半固态金属制备方法**

### 3. 应变诱发熔化激活法

应变诱发熔化激活法是将常规铸锭经过预变形，如进行挤压、滚压等热加工制成半成品棒料，这时的显微组织具有强烈的拉长形变结构，然后加热到固-液两相区等温一定时间，被拉长的晶粒变成了细小的颗粒，随后快速冷却获得非枝晶组织铸锭。

应变诱发熔化激活法的工艺效果主要取决于较低温度的热加工和重熔两个阶段，或者在两者之间再加一个冷加工阶段，工艺就更易控制。应变诱发熔化激活法适用于各种高、低熔点的合金系列，尤其对制备较高熔点的非枝晶合金具有独特的优越性。这种方法已成功应用于不锈钢、工具钢，以及铜合金、铝合金系列，获得了晶粒尺寸 20 μm 左右的非枝晶组织合金，正成为一种有竞争力的制备半固态成型原材料的方法。但是，它的最大缺点是制备的坯料尺寸较小。

## 6.4.3　半固态合金成型方法

目前，已发展了多种半固态合金成型方法，主要有流变铸造、触变铸造、注射成型等。

## 1. 流变铸造

在金属液从液相到固相的冷却过程中进行强烈搅动,并在一定的固相分数下,直接将所得到的半固态金属浆液压铸或挤压成型,如图 6-37 所示。

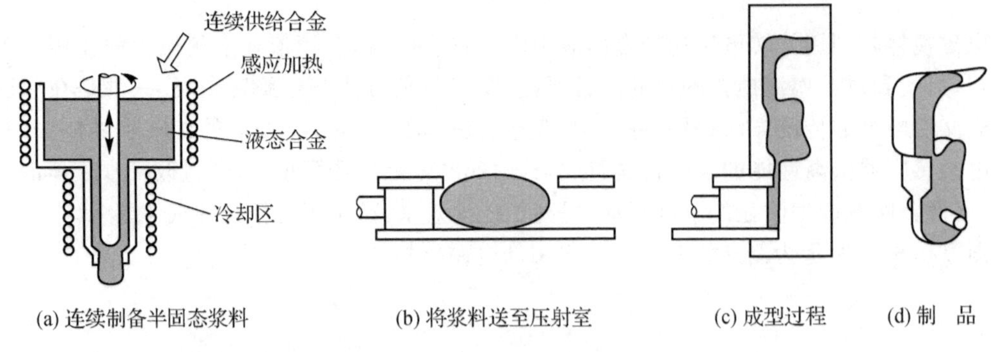


**图 6-37　流变铸造工艺流程**

如 R. Shibata 等人曾用电磁搅拌方法制备的半固态合金浆液直接送入压铸机射室中成型。该方法生产的铝合金铸件的力学性能较挤压铸件高,与半固态触变铸件的性能相当。其存在的问题是半固态金属浆液的保存和输送难度较大,故实际投入应用的不多。

## 2. 触变铸造

将已制备的非枝晶组织锭坯重新加热到固-液两相区达到适宜粘度后,进行压铸或挤压成型,如图 6-38 所示。该方法对坯料的加热、输送易于实现自动化,是当今半固态铸造的主要工艺方法。

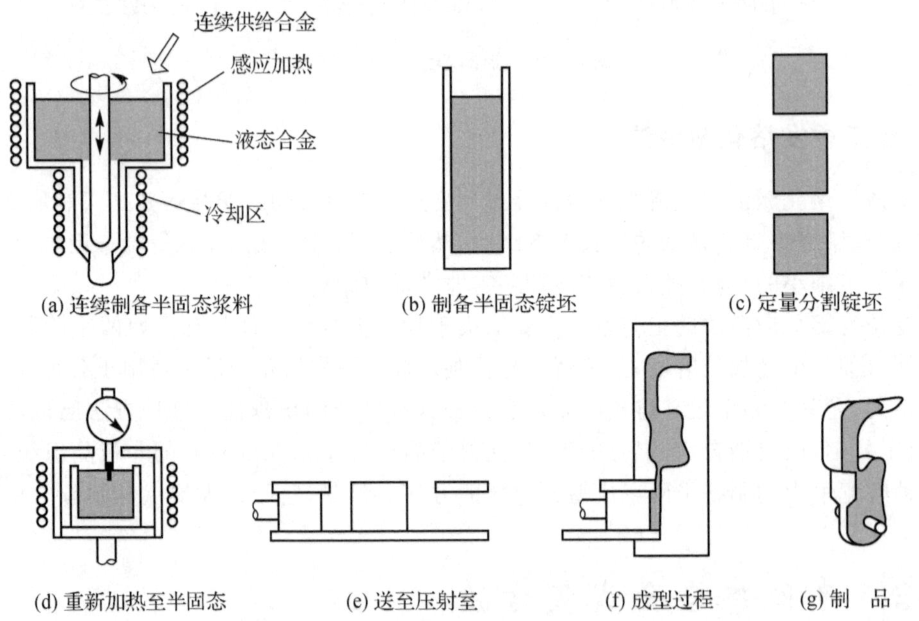


**图 6-38　触变成型工艺流程**

### 3. 注射成型

注射成型是直接把熔化的金属液冷却至适宜的温度，并辅以一定的工艺条件压射入型腔成型。如美国威斯康辛的触变成型发展中心曾采用该方法进行镁合金的半固态铸造。美国康奈尔大学的 K. K. Wang 教授等人研制出类似的镁合金射铸成型装置，将半固态浆液从料管加入，经适当冷却后压射入型腔(见图 6－39)。

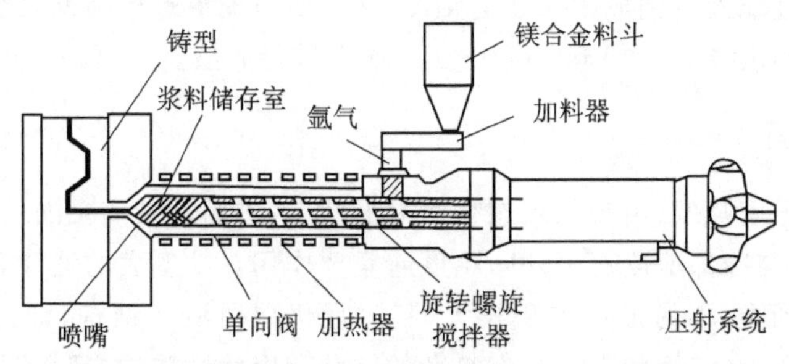


**图 6－39　注射成型示意图**

# 6.5　玻璃的熔制成型

无机玻璃是一种典型的非晶态结构材料。玻璃件的制造一般包括备料、熔制、成型及深加工等过程。

## 6.5.1　玻璃的熔制与凝固

### 1. 玻璃的熔制

玻璃的熔制是一个非常复杂的过程，它包括一系列的物理、化学以及物理化学过程。根据原料在过程中的不同变化可以将熔制过程分为以下几个阶段。

**(1) 硅酸盐形成**

硅酸盐的生成一般在熔制过程的初期加热阶段(800～900 ℃)。玻璃原料在高温下发生脱水、盐类分解、气体逸出、多晶转变、复盐生成、硅酸盐生成等一系列过程，最终得到硅酸盐和剩余二氧化硅组成的不透明烧结物。

**(2) 玻璃形成**

由硅酸盐和剩余二氧化硅组成的烧结物继续加热到 1 200 ℃左右，所生成的硅酸盐及剩余二氧化硅开始熔化，经吸附溶解和扩散，形成不含固体颗粒的液态透明体，通常在 1 200～1 250 ℃范围内完成玻璃液的形成过程。此时的玻璃液在化学组成和性质上是不均匀的。

**(3) 玻璃液澄清**

玻璃液形成阶段结束后，熔融体中包含许多气泡。玻璃液的澄清是从玻璃液中去除可见的气体夹杂物，以及清除玻璃中的气孔组织的过程。但温度升高时，玻璃液的粘度会大大下降，使气泡大量逸出，因此玻璃液的澄清阶段一般需在 1 400～1 500 ℃的高温下进行。

**(4) 玻璃液均化**

玻璃液均化是消除与主体玻璃化学成分不同的不均匀体的过程。玻璃液的均化包括对其化学均化和热均化两个方面。玻璃液的均化主要通过不均匀体的溶解和扩散、玻璃液的对流以及因气泡上升而引起的搅拌等方式进行。

**(5) 玻璃液冷却**

欲使均化后的玻璃液达到成型所需的粘度,必须对玻璃液进行降温,此即为玻璃液的冷却阶段。如一般钠钙硅玻璃需冷却至1 000～1 100 ℃进行成型。

### 2. 玻璃的凝固

熔融玻璃随着温度降低,由流动状态变为粘滞状态,进而呈玻璃凝固。玻璃凝固除像金属凝固需要过冷度(即与冷却速度有关)外,粘度起重要作用。粘度大的液体,凝固时生成核心后由于原子迁移调整困难,不易形成堆积长大,凝固后仍保留液体结构,即过冷液体——玻璃。极性大的共价键物质,在液体状态下具有复杂的链状和层状结构,并且粘度大,故易生成玻璃。

冷却速度大时过冷度大,粘度增加,原子迁移调整困难,核心来不及形成,即使核心形成也难以堆积长大,将非晶体的结构保留下来形成玻璃。例如,$SiO_2$(石英)由1 710 ℃高温液体缓慢冷却下来,其可产生晶体核心且长大形成石英晶体;反之,快速冷却下来,则阻碍核心生成和长大,形成石英玻璃。

## 6.5.2 玻璃的成型

玻璃的成型是从熔融的玻璃转变为具有固定几何形状的玻璃制品的过程。玻璃的成型方法主要有吹制法(空心玻璃制品)、压制法(厚玻璃制品)、压延法(压花玻璃)、浇注法(光学玻璃)、焊接法(玻璃仪器)、浮法(平板玻璃)、拉制法(玻璃棒、管、纤维)等。这里仅简要介绍平板玻璃的浮法生产。

浮法玻璃的成型是在锡槽中完成的,其成型包含了自由展薄、抛光、拉引等基本过程。平板玻璃的浮法生产过程如图6-40所示。

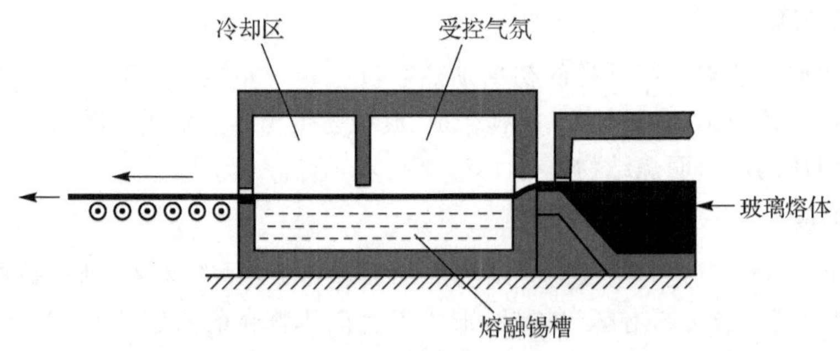


**图6-40 平板玻璃的浮法生产过程**

玻璃液流入锡槽后,由于其密度远小于熔融锡的密度,故浮在熔融锡的表面,在重力作用下会自由铺展(展薄)。无外力作用下玻璃液在熔融锡液面上的厚度称为自由厚度,自由厚度一般在6～7 mm之间。自由展薄过程初期的玻璃液面会出现波纹,在表面张力作用下会逐渐变为平整的玻璃带,此过程为玻璃的抛光。为了得到不同于自由厚度的平板玻璃,需要对玻璃进行拉薄。拉薄过程是在一定的粘度范围内进行的。

### 6.5.3 玻璃的热处理

**1. 退　火**

玻璃制品由高温冷却时，由于表面及芯部冷却速率和热收缩的差异，会产生内应力，即热应力。这种热应力会使性脆的玻璃制品强度降低，在极端情况下，甚至会导致破裂，又称热震或热裂。因此，在生产中要设法避免产生热应力，如可以设法使工件以足够低的速率进行冷却，一旦产生了热应力，可以通过退火热处理来减小或消除，具体操作是将工件加热到退火点，然后缓慢冷却到室温。

**2. 玻璃的化学强化**

玻璃的强度可以用特殊的化学处理来提高。例如，将钠硅酸铝玻璃浸入硝酸钾溶槽中 6～10 h，玻璃表面附近较小的钠离子就会被较大的钾离子所取代，从而使表面产生残余压应力而中心部则为拉应力。这种化学回火或强化工艺可用于较薄截面的玻璃，因为压应力层的厚度要薄得多。化学强化玻璃可用于超声速飞机的窗用玻璃和眼科检查的透镜。

## 6.6 聚合物材料的熔融与成型

大多数高聚物是由柔性链组成的，当这些分子排列成束时，可形成有规则排列的晶态结构。高聚物的结构可以既有晶态又有非晶态。当高聚物的结构是以晶态为主时，则有较高的强度、硬度和耐热性；当以非晶态为主时，富有强极性以及吸收和渗透液体。

高聚物凝固除像金属凝固需要一定的过冷度外，不同的结构对凝固有很大影响：

① 链状结构显示对称性，因而凝固过程阻碍分子的规则排列，显示结晶能力较差；

② 强极性的高聚物有强的结晶能力，但当极性太大时，使分子链不能发生运动，显示结晶能力极差而不能结晶；

③ 某些高聚物(如熔融聚苯二甲酸乙二醇脂)快冷则形成非晶态结构，而缓冷则可形成晶态结构。

### 6.6.1 聚集态结构

高分子链的聚集态结构是指高分子材料本体内部高分子链之间的几何排列状态。高分子链聚集态结构有晶态和非晶态结构之分。晶态高聚合物的分子排列规则有序，简单的高分子链以及分子间作用力强的高分子链易于形成晶态结构；比较复杂和不规则的高分子链往往形成非晶态(无定型或玻璃态)结构。

**图 6－41　高聚物的晶区与非晶区**

实际生产中获得完全晶态高聚合物是很困难的，大多数高聚合物都是部分晶态或完全非晶态。图 6－41 中分子有规则排列的区域为晶区，分子处于无序状态的区域为非晶区。在高聚合物中晶区所占的百分数称为结晶度。一般晶态高聚合物的结晶度为50%～80%。

高聚合物的性能与其聚集态有密切联系。晶态高聚合物的分子排列紧密,分子间吸引大,其熔点、密度、强度、刚度、硬度、耐热性等性能好,但弹性、塑性和韧性较低。非晶态聚合物的分子排列无规则,分子链的活动能力大,其弹性、伸长率和韧性等性能好。部分晶态高聚合物性能介于晶态和非晶态高聚合物之间,通过控制结晶可获得不同聚集态和性能的高聚合物。

## 6.6.2 聚合物的熔融与流变特性

### 1. 聚合物的熔融

聚合物的成型大多是在热塑化状态下进行的,热塑化是指聚合物受热达到的充分熔融状态,所以熔融是聚合物产品热制造过程的基本阶段。在通常的升温速度下,结晶聚合物熔融过程与低分子晶体熔融过程既相似,又有差别。相似之处在于热力学函数(如体积、比热容等)发生突变;不同之处在于聚合物熔融过程有一较宽的温度范围,称为熔限。在这个温度范围内,发生边熔融边升温的现象。而小分子晶体的熔融发生在狭窄的温度范围内,在整个熔融过程中,体系的温度几乎保持在两相平衡的温度下。图6-42给出了结晶聚合物熔融过程体积(或比热容)对温度的曲线,并与小分子晶体进行比较。

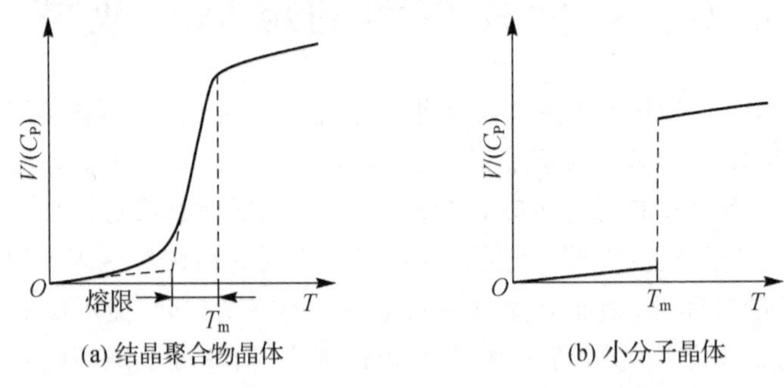


图6-42 晶体熔融过程体积(或比热容)-温度曲线

在金属材料或无机非金属材料的加热熔融中,热传导是提高固体温度并使之熔融的主要方式。在传导熔融过程中,固体的熔融速率受控于导热系数、合理的温度梯度,以及热源与被熔融固体间的有效接触面积。由于聚合物本身固有的较低的导热系数,且多数聚合物具有较大的热敏感性和较高的粘度。聚合物的热敏感性意味着加热最高温度和高温停留时间要严格限制,从而制约了熔融所需的温度梯度的形成。聚合物熔体的高粘度特性限制了自然对流,也严重阻碍了熔体的混合以及气体的排除。这就使传导熔融方式在聚合物熔融中受到很大的限制。

为了克服聚合物传导熔融的困难,需要在加热的同时引入机械力的作用。一定的温度是使聚合物得以形变与熔融的必要条件,通过加热使聚合物由固体向液体转变,机械力是提供剪切作用强化混合与熔融过程,使熔体温度分布及物料组成均匀化。剪切作用能在聚合物中产生摩擦热,对熔融具有加速作用。目前普遍采用的料桶加热与螺杆剪切共同熔融聚合物就是利用了上述原理。

根据聚合物本身固有的物理性质、原料的形态和成型方法,生产实际中常用的熔融方法有耗散混合熔融、无熔体迁移的传导熔融、强制熔体迁移的传导熔融等。在聚合物耗散混合熔融过程中，在加热的同时需要提供强烈的搅拌作用，依靠由搅拌输入的机械能转化为熔融区的粘性耗散热(摩擦热)，以使聚合物充分熔融。无熔体迁移的传导熔融所需热量可通过对流或接触换热来提供，如聚合物片材成型时的加热软化等。强制熔体迁移的传导熔融是借助机械力的作用将已熔聚合物从高温区快速连续移走，使热接触面和固体聚合物之间连续地维持一熔融薄层，保证具有足够的热传导速率，以形成连续熔融。

## 2. 聚合物的流变特性

聚合物制品的成型多数都要依靠外力作用下聚合物熔体的流动与变形(简称“流变”)来实现。掌握聚合物的流变特性对于聚合物制品成型工艺分析具有指导意义。

流变性质主要表现为粘度的变化，因此聚合物熔体的粘度及其变化是塑料成型过程中最重要的参数。塑料成型过程中影响熔体粘度的因素可以从聚合物本身和工艺条件两方面来考虑。

### (1) 聚合物相对分子质量的影响

聚合物相对分子质量越大，流动时所受的阻力也越大，熔体粘度必然就高。不同的成型方法对聚合物熔体粘度的要求不一样，因此对分子量的要求也不同。通常注射成型要求塑料的相对分子质量较低，挤出成型则可采用相对分子质量较高的聚合物，中空吹塑成型所要求的相对分子质量介于注射成型和挤出成型之间。在聚合物中可通过添加一些低分子物质(如增塑剂等)，以减小相对分子质量，降低粘度值，促使流动性得到改善。

### (2) 温度对粘度的影响

升高温度可使聚合物大分子的热运动和分子间的距离增加，从而降低熔体粘度，不同聚合物的熔体粘度对温度变化的敏感性不完全相同。一般聚合物熔体对温度的敏感性要比对剪切作用的敏感性强，虽然升高温度可使粘度降低，但过高的温度却会使聚合物降聚、分解或变色，同时增加能量的消耗。熔体粘度对温度变化非常敏感的聚合物在生产中只要出现温度变化，就会引起粘度较大的变化，使生产过程不稳定，影响产品质量，因此控制适宜的成型温度是十分重要的。

### (3) 压力对粘度的影响

由于聚合物熔体存在微小空穴，因而具有可压缩性，在成型过程中通常要受到自身熔体静压力和外部压力双重作用，特别是外部压力作用(一般可达 10～ 300 MPa)，可使聚合物分子间的距离缩小，分子间作用力增大，以致熔体粘度也随之增加。塑料成型过程中压力一般都比较高，当压力从 13.8 MPa 增加到 17.3 MPa 时，高密度聚乙烯和聚丙烯的熔体粘度增加 4～7 倍，而聚苯乙烯甚至可增加 100 倍。增加压力引起粘度增大说明，单纯靠增加压力来提高塑料流量是不恰当的。过高的压力还会造成过多的功率消耗和过大的设备磨损。增加压力和降低温度对熔体粘度的影响有相似性，这种在成型过程中通过改变压力或温度都能获得同样粘度的效应称为压力-温度等效性，对于很多聚合物，压力增大 100 MPa，熔体粘度的变化相当于温度降低 30～50 ℃的作用。

### (4) 剪切速率对粘度的影响

聚合物熔体的流动一般呈现非牛顿流体性质。多数聚合物流体的粘度随着剪切速率的增加而降低。这是因为剪切流动的流体的各流层间流速不同，存在着速度梯度，一个细而长的大分子链同时穿过流速不同的液层时，由于剪切速率或剪切应力的差异迫使整个大分子链进入同一流层中而沿流动方向取向,且剪切速率越大,取向程度越高。取向的结果使原来缠结的大分子链出现解缠,从而降低了流动阻力。通过调整剪切速率,控制聚合物熔体粘度以利成型加工。

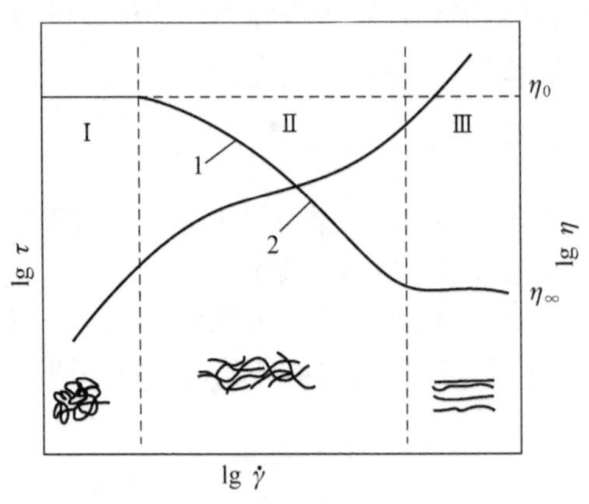


1—流动曲线;2—粘度对剪切速率依赖性曲线;Ⅰ—牛顿流动;Ⅱ—假塑性流动;Ⅲ—牛顿流动

**图6-43 聚合物熔体和溶液的一般流动性质**

聚合物熔体的流动性质可用双对数坐标上的流动曲线和粘度($\eta$)对剪切速率($\dot{\gamma}$)依赖性曲线表示(见图6-43)。从图6-43可见,流动曲线可分为3部分:在低剪切速率下,聚合物流体显示出牛顿流动,它的粘度等于零剪切粘度($\eta_0$);在中等剪切速率下,聚合物流体显示假塑性流动,其粘度是随剪切速率增加而下降的;在很高的剪切速率下,聚合物流体则显示另一种牛顿流动,其粘度为$\eta_\infty$(无限剪切速率粘度),实际上这一区域不能出现,因为熔体在极高剪切速率会引起降解或者出现不稳定的流动。

在螺杆式注射机中物料受到剪切作用,大多数聚合物粘度随剪切应力或剪切速率的增加而下降。不同聚合物熔体粘度的变化对剪切作用的敏感程度不同。如果聚合物的熔体粘度对剪切作用很敏感,则在操作中就必须严格控制螺杆的转速或压力不变,否则剪切速率的微小变化都会引起粘度的显著改变,致使制品出现表面不良,充模不均,密度不匀或其他弊病。

总之,聚合物熔体粘度的大小直接影响塑料成型过程的难易,各种成型工艺要求聚合物有适宜的熔体粘度,太大太小都会给成型带来困难。根据上述分析,可按不同的聚合物选择适当的工艺条件,使熔体粘度达到成型操作的要求。此外大多数聚合物熔体在流动中除表现粘性行为外,还不同程度地呈现弹性行为,这种弹性行为对塑料的成型加工有很大影响。特别是在注射、挤出和抽丝过程中,可能导致产品变形和扭曲,造成制品表面粗糙等,降低了制品的尺寸稳定性,并可能使制品内应力增加,降低物理力学性能。

聚合物熔体在成型过程中的流动形式主要有压力流动、拖曳流动、单轴和双轴拉伸。聚合物熔体的形变和流动具有粘弹性。粘弹性对吹塑和热成型加工的制品壁厚有调节作用。但在管道中流动的聚合物熔体流出管口时,会由于弹性恢复而使熔体出现膨胀现象,称为离模膨胀。在挤出成型中,当挤出速率逐渐增加时,挤出物表面将出现类似鲨鱼皮或橘皮纹的现象,甚至造成挤出物熔体的破裂。因此,在选择聚合物成型条件和模具设计时,必须充分考虑粘弹性的影响。

### 3. 聚合物的结晶与收缩性

#### (1) 聚合物的结晶

聚合物熔体在成型过程中的冷却固化实际上是聚合物的结晶过程。聚合物的结晶是大分子链段重新排列进入晶格的过程。大分子重排需要一定的热运动能,形成结晶结构又需要分子间有足够的内聚能,而分子的热运动能和内聚能都与温度密切相关,随温度的降低,分子的热运动能减小,而内聚能增加,因此需要在适当的温度范围才能形成结晶。聚合物结晶过程通常包括晶核形成和结晶生长两个过程,其结晶速度和形态受熔融温度及时间、成型压力、冷却速度等工艺因素的影响。

聚合物在成型时能否形成晶形结构与它的分子结构和成型时的冷却速率有很大的关系。一般来说,只有那些具有高度规整结构的线型或带轻微支链结构的热塑性树脂才能够结晶,热固性树脂由于具有三维网状结构,根本不可能结晶成具有结晶倾向的聚合物,在成型时冷却速度快(例如,当模温较低时),所得到的制件结晶度低、晶粒小,制件硬度低、韧性好,收缩率也较小。冷却速度慢时(模温较高时)则正好相反。

聚合物的成型是一个流动形变而后保持所需形状的过程,聚合物的流动形变必然伴随着剪切应力和拉伸应力的作用。这些应力的作用导致聚合物熔体的结晶过程加快,并在一定程度上影响晶体的结构和形态。这是因为拉伸应力或剪切应力的作用导致大分子链沿应力作用方向取向,从而增加了有序程度,对晶核的形成和晶体的生长有促进作用,使结晶速率加快。同时,大分子链在应力场中的取向也往往导致纤维状晶体的生成,使制品产生各向异性。

**(2) 聚合物的收缩性**

塑料制品从模具中取出冷却到室温后 16～24 h,发生尺寸收缩的特性,称为收缩性。它导致塑件的尺寸与模具型腔的尺寸不相符合。塑料制品的成型收缩值可用计算收缩率来表示,即

$$K_{\text{计}} = \frac{a-b}{b} \times 100\%$$

式中:$K_{\text{计}}$为计算收缩率;$a$ 为型腔在常温下的实际尺寸;$b$ 为塑件在常温下的实际尺寸。

造成成型收缩的原因有:热胀冷缩,弹性回复造成的收缩,凝固收缩等。影响收缩率变化的因素主要有:塑料品种和塑件形状,成型压力和成型时温度等。形状复杂,尺寸较小,壁薄且有嵌件或有较多型孔的塑件,其收缩率较小;成型压力大,塑料的弹性恢复大,成型收缩率小;成型时温度高,热胀冷缩大,收缩率大。但熔料温度高,型腔内熔料密度大,可能使收缩率变大;成型时间长,冷却时间长,收缩率小,但超过某时间后,变化不大且使生产效率降低。此外,模具结构上模具分型面及加压方向、浇注系统的形式,以及尺寸等对收缩的影响都较大。

## 6.6.3　聚合物的挤出成型

聚合物成型加工是将各种形态的物料(粉料或粒料)加工为具有固定形状制品或坯件的过程。热塑性和热固性聚合物的加工性质不同,采用的加工技术也不同。热塑性聚合物制品大多是通过熔体成型,主要方法有挤出成型、注射成型、压延成型、吹塑成型等。这里主要介绍单螺杆挤出成型的基本原理。

### 1. 挤出成型过程

挤出成型是将粉状或粒状的物料加入挤出机的料筒,料筒外的加热装置使物料温度上升,转动的螺杆将物料向前输送,物料在运动中与料桶、螺杆,以及物料之间相互摩擦、剪切,产生大量的热,料筒外部加热和剪切摩擦共同作用使加入的物料不断熔融。熔融的物料被螺杆输送到具有一定形状的口模,通过口模后,处于流动状态的物料取近似口模形状,再进入冷却定型装置,使物料边固化,边保持既定的形状,然后在牵引力的作用下使制品连续地前进,达到最终形状和尺寸。最后用切割的方法截断制品,以便储存和运输。图 6 - 44 所示为单螺杆挤出成型示意图。

挤出成型主要用于热塑料的成型,也可用于某些热固性塑料。挤出制品都是连续的型材,如管、棒、丝、板、薄膜、电线电缆包覆层等。

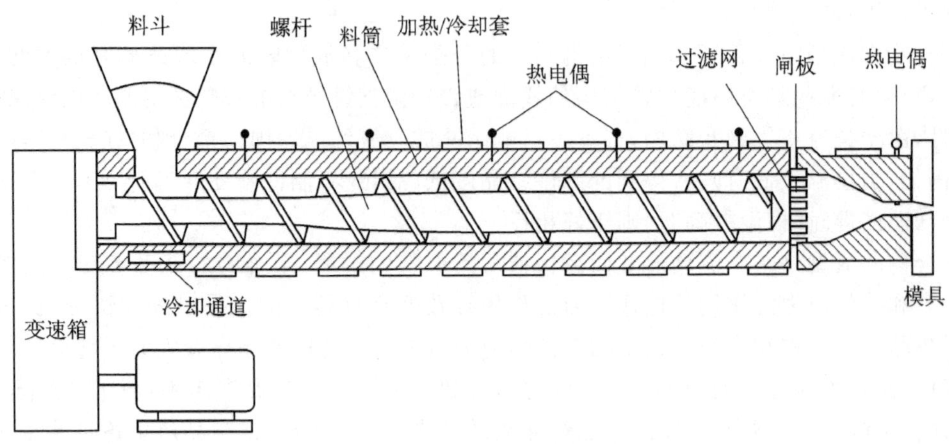


图 6-44 单螺杆挤出成型示意图

## 2. 单螺杆挤出的熔融

在挤出成型过程中,螺杆在挤出机中的作用是固体物料输送、熔融和熔体输送。这里主要介绍单螺杆挤出的熔融机理。

在螺杆挤出的熔融阶段,固态塑料通过螺杆转动向前输送,在外部加热和内部摩擦热的作用下,逐渐熔化最后完全转变成熔体,并在压力下压实。在这个阶段中,塑料的状态变化和流动行为很复杂。塑料在进料段仍以固体存在,在压缩段逐渐熔化而最后完全转变为熔体。其中有一个固体与熔体共存的区域即熔化区。在该区,塑料的熔化是从与料筒表面接触的部分开始的,在料筒表面形成一层熔膜。随着螺杆与料筒的相对运动,熔膜厚度逐渐增大,当其厚度超过螺翅与料筒的间隙时,就会被旋转的螺翅刮下并将其强制积存在螺翅前侧形成熔体池,而在螺翅后侧则充满着受热软化和部分熔融后粘结在一起的固体粒子以及尚未熔化的固体粒子,统称为固体床。这样,塑料在沿螺槽向前移动的过程中,固体床的宽度就会逐渐减小,直到全部消失,即完全熔化而进入均化段。在均化段中,螺槽全部为熔体充满。

图 6-45 所示为展开螺槽中固相与熔体的分布情况。$z$ 向是熔融区沿螺旋槽的坐标。固相区宽度 $X$ 是位置 $z$ 的函数,即 $X(z)$。$Z_T$ 是固相物料全部熔融所需的熔融区的螺旋线长度;$V_b$ 是螺杆旋转的拽曳速度,$V_{sz}$ 是固相沿螺杆槽推进的速度分量,$V_j$ 为熔模熔体运动速度,$V_j$ 是 $V_b$ 与 $V_{sz}$ 的矢量和。

图 6-46 所示为熔融区螺槽法向截面熔融的物理模型。在物料的输送过程中,螺杆的固体输送区的物料被压实成固体床。固体床在螺槽拽曳下推挤前进。与料筒内壁接触的固体物料在料筒外部加热和摩擦热的作用下首先熔融,形成一层熔膜。当这层熔膜的厚度超过料筒与螺杆的间隙时,就会被旋转的螺杆棱刮落,并强制积存在螺杆棱推进面的前侧,形成旋涡状的熔池。

在挤出过程中,螺杆尾部充满固体物料,头部充满以熔融的物料,而在螺杆中间大部分区段内固体物料和熔体共存(见图 6-47)。在料筒内,固相与液相存在明显的分界面,随着物料往螺杆头部方向输送,熔化过程逐渐进行,固相宽度逐渐减小,液相宽度逐渐增加,直到固相完全消失,全部螺槽内充满熔融物料。

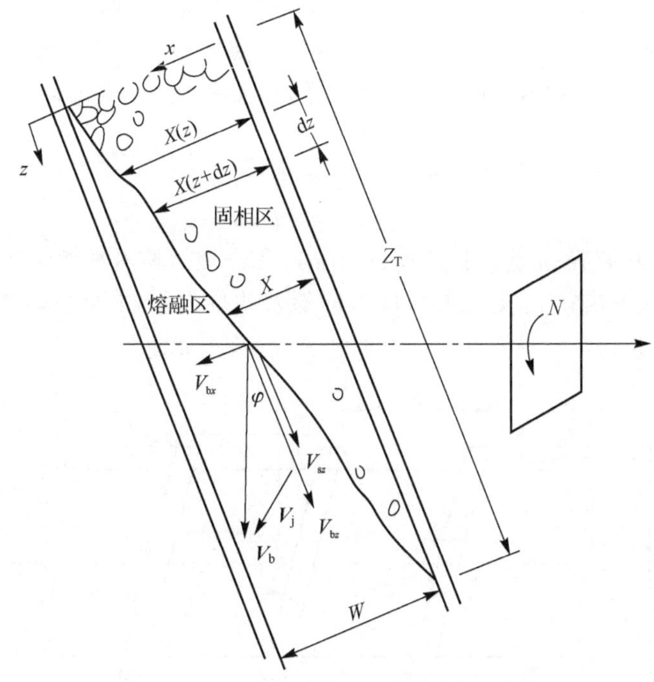


图 6-45　展开螺槽中固相与熔体的分布

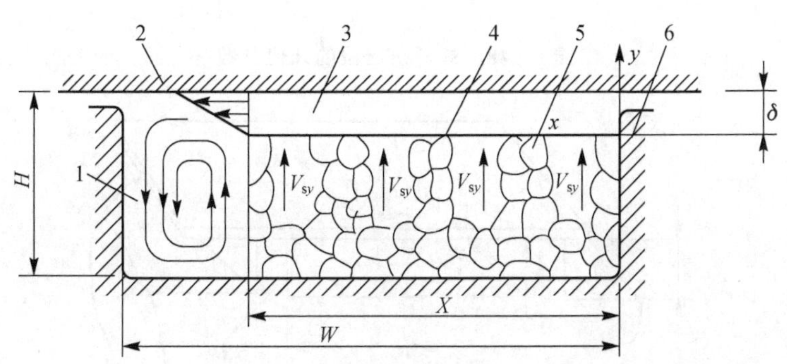


1—熔池；2—料筒壁；3—熔膜；4—固-液相界面；5—固体床；6—螺棱

图 6-46　螺槽法向截面熔融的物理模型

图 6-47　物料在螺杆挤出中的熔融过程

## 3. 熔体的输送

输送熔体的螺槽是等深等距分布的，但螺槽最浅，此段螺杆称为挤出段或计量段。加热料筒与螺杆槽所组成的周向密闭的浅槽中，螺杆的转动使熔体被输送、压缩和搅拌。熔体在螺槽的螺旋曲面推挤下，剪切应力使运动物料的温度、压力和流率经均匀化后稳定连续地泵入挤出口模。

螺杆挤出段的几何形状如图 6-48 所示。将螺杆的螺槽和料筒分别展开成两个平面，如图 6-49 所示。螺槽底的线速度 $V_b=\pi Dn$，对物料有拽曳作用。将螺槽固定，则料筒平板移动的相对速度为 $V_b$。由于螺槽两侧壁的推挤作用，存在沿螺线 $z$ 向的速度分量和法向截面中 $x$ 向的速度分量，分别为

$$V_{bz}=V_b\cos\varphi=\pi Dn\cos\varphi \tag{6-16}$$

$$V_{bx}=V_b\sin\theta=\pi Dn\sin\varphi \tag{6-17}$$

式中：$D$ 为螺杆的公称直径；$n$ 为螺杆转速(r/min)。$V_{bz}$ 使熔体沿螺槽向出口方向运动，该速度对熔体挤出有直接影响；$V_{bx}$ 则是将熔体挤向螺棱的推力面，能促使熔体较好地混合与塑化，间接影响熔体的挤出。

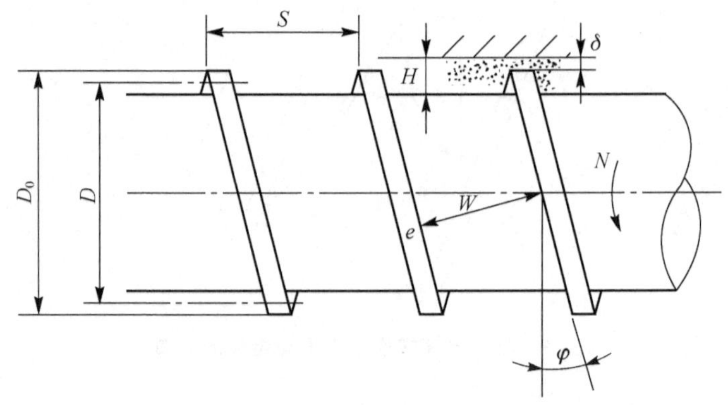


**图 6-48 螺杆挤出段的几何参数**

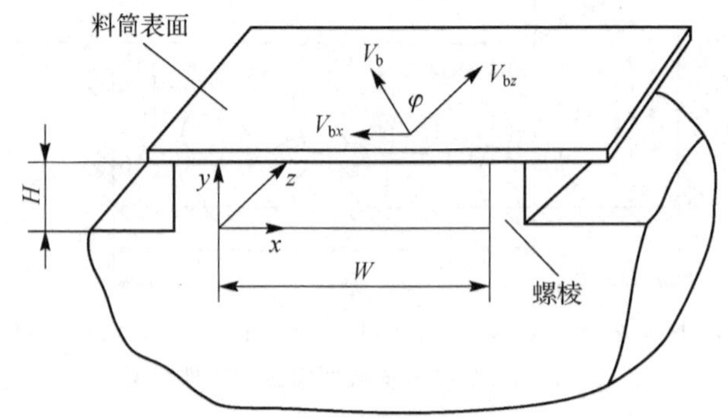


**图 6-49 螺槽和料筒的展开**

# 6.7 金属基复合材料的液相法成型

金属基复合材料是以金属为基体，以纤维、晶须、颗粒等为增强体的复合材料。其成型过程常常也是复合过程。复合工艺主要有固态法(如扩散结合、粉末冶金)和液相法(如压铸、精铸、真空吸铸、共喷射等)。

压铸、离心铸及熔模精铸均属液相法复合工艺。

## 6.7.1 挤压铸造法

挤压铸造法又称高压铸造法，是一种液态金属浸润工艺方法，被认为是制备金属基复合材

料最有效的方法之一，是目前批量生产纤维增强金属基复合材料的主要方法。该工艺主要包括两个过程：首先，将长纤维、短纤维、晶须或陶瓷颗粒加以合适的粘结剂制成预制块；然后，将预制块放入固定在压力机上的预热模具中，注入液态金属后，加压使液态金属渗透预制块并在压力下凝固成复合材料(见图 6-50)。

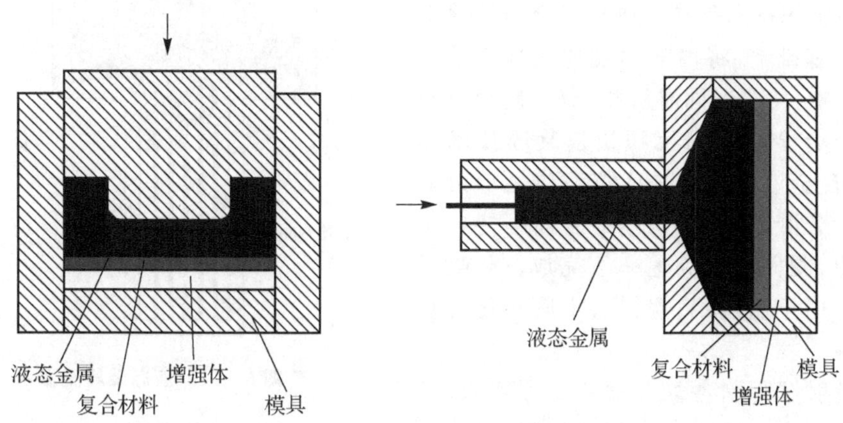


**图 6-50　复合材料的挤压铸造示意图**

在挤压铸造工艺中，影响复合材料成型的主要因素有熔融金属的温度、模具预热温度、使用的最大压力、加压速度等。在采用预制增强材料块时，为了获得无孔隙的复合材料，一般压力不低于 50 MPa，加压速度以使预制件不变形为宜，一般为 1～3 cm/s。对于铝基复合材料，熔融金属温度一般为 700～800 ℃，预制件和模具预热温度一般可控制在 500～800 ℃。

## 6.7.2　液态金属浸渗法

液态金属浸渗是长纤维增强复合材料成型的主要方法，又称为连铸法。该方法是将熔融的液态金属以加压或不加压的方式浸入到纤维预制件中，凝固后获得具有预期组织和性能的复合材料。

在液态金属浸渗过程中，纤维与合金液的界面特性对于复合材料的成型非常重要，合金液与纤维的界面要具有很好的润湿性，还要防止合金液与纤维之间发生化学反应引起纤维的破坏。成型后的基体材料与增强纤维的界面结合力包括化学作用力(形成化学键)、物理作用力(原子之间的吸附力)和因基体材料凝固收缩形成的包紧力(摩擦力)。

为了改善熔融金属对纤维的润湿性，防止纤维的熔蚀损伤，提高纤维与基体的界面强度，成型前必须对增强纤维进行表面涂层处理。典型的增强纤维表面涂层工艺有溶胶-凝胶法和化学气相沉积法。如采用溶胶-凝胶法可以在碳纤维表面涂覆 $SiO_2$ 膜，涂覆后的碳纤维在 700 ℃以下不氧化，能够被镁合金液很好地润湿；应用化学气相沉积法可制备梯度涂层，以满足增强纤维与基体材料之间的物理化学匹配要求。

合金液向纤维预制件中的浸渗需要在一定的压力下进行，同时应对合金液的温度及防氧化，预制件的预热及防氧化等工艺因素进行控制。图 6-51 所示为典型的液态金属浸渗法制备复合材料的工艺原理示意图。

液态金属浸渗完成后的凝固方式取决于合金液的热状态。当合金液的过热度较低时，浸渗结束后合金液已处于过冷状态，将按照体积凝固方式进行，冷却速率和形核条件决定着最终的凝固组织。如果浸渗结束后合金液仍处于过热状态，则其凝固方式取决于导热条件，均匀冷却可实现体积凝固,控制一维散热条件可实现定向凝固。

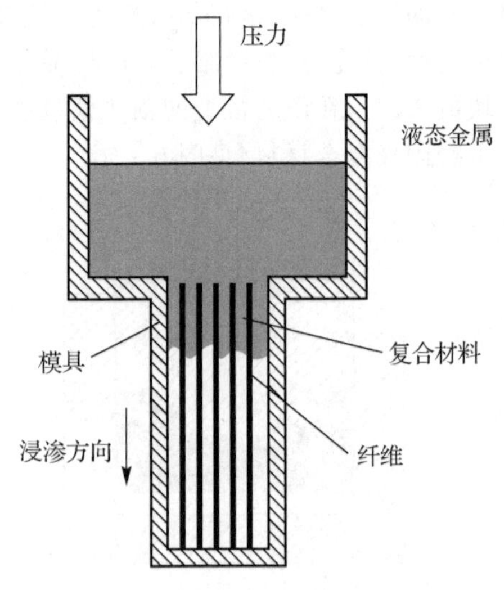


图6-51　液态金属浸渗法

## 6.7.3　共喷射沉积

共喷射沉积技术是在基体材料合金液喷射沉积工艺的基础上,将增强颗粒加入雾化的合金液粉末流中,使二者同时沉积,获得复合材料的技术。与合金液喷射沉积快速凝固技术相同,雾化的合金液粉末在进入沉积体之前可能已经发生部分凝固,在沉积体的表面维持一个很薄的液膜,凝固在较高速率下完成。共喷射沉积法可以用于制造铝、铜、铁、金属间化合物基复合材料。

在共喷射沉积制备复合材料的过程中,增强颗粒与雾化合金液滴发生相互作用,对沉积体表面液膜凝固过程也会产生影响。当液滴尚未凝固或仅发生部分凝固时,液滴与增强颗粒的相互作用过程取决于合金液对增强颗粒的润湿特性和碰撞动量,增强颗粒可能嵌入液滴、粘附在液滴表面或被液滴反弹。一旦液滴完全凝固,增强颗粒与凝固的液滴之间将发生弹塑性碰撞。

共喷射沉积工艺过程包括基体金属熔化、液态金属雾化、颗粒加入及金属雾化流的混合、沉积和凝固等工序,主要工艺参数有:熔融金属温度,惰性气体压力、流量、速度,颗粒加入速度、沉积底板温度等。不同的金属基复合材料有各自合理的工艺参数组合,需要严格加以控制。

## 6.7.4　自生复合材料

### 1. 共晶合金定向凝固

共晶合金定向凝固法是采用单晶和定向凝固制备方法,通过合理地控制工艺参数,在凝固过程中析出增强相并与基体均匀相间,定向整齐地排列,形成自生复合材料。共晶合金定向凝固法要求合金成分为共晶或接近共晶成分,参与共晶反应的 $\alpha$ 和 $\beta$ 两相同时从液相中生成,其中一相以棒状(纤维状)或层片状规则排列生成。棒状共晶具有良好的常温性能,而片状共晶的高温性能较好。强化相的形态取决于该相在共晶中的体积分数,在二元共晶中当强化相体积分数小于 $1/\pi$(即32%)时,强化相以纤维状为主;当强化相体积分数大于32%时,强化相多呈层片状。

定向凝固共晶复合材料制备方法主要有精密铸造、连续浇铸、区域熔炼等,可用于航空航天高温结构部件的制造。如镍基、钴基定向凝固共晶复合材料在发动机叶片制造中已得到应用,金属间化合物基定向凝固共晶复合材料也正在发展之中。

### 2. 自蔓延高温合成

自蔓延高温合成是利用不同物质间发生化学反应时的放热特性,在外部能量的触发下引发化学反应,化学反应所释放的热量进一步加热材料而激发周围物质的化学反应,这种化学反应以燃烧或慢速爆炸波的形式推进直至反应结束。参加反应的物质可以是固相或气相，反应过程中释放的热量可能引起材料的熔化。自蔓延高温合成主要用于化合物材料和包含化合物组成相的材料合成，从而可用于化合物颗粒增强复合材料的制备。自蔓延高温合成工艺将材料的合成与成型过程结合起来，可直接获得近终成型产品。

典型的自蔓延高温合成制备复合材料的工艺原理如图 6－52 所示。其中图 6－52(a)所示为两种固相反应形成化合物的自蔓延过程(反应物 A、B 均为固相)。首先将参加反应的两种或多种物质按照一定的比例混合，预制成具有一定形状的工件(预制件)，并根据需要控制在一定的温度，即预热温度。然后将某一部位加热到反应温度，即着火点以上，引发反应，并依赖化学反应释放的热量维持反应的连续进行。图 6－52(b)所示为气相浸渗的自蔓延合成过程(反应物 A 为固相，B 为气相)。图 6－52(c)所示为释放气体的自蔓延合成过程(反应物 A、B 均为固相，生成部分为气相 B)。

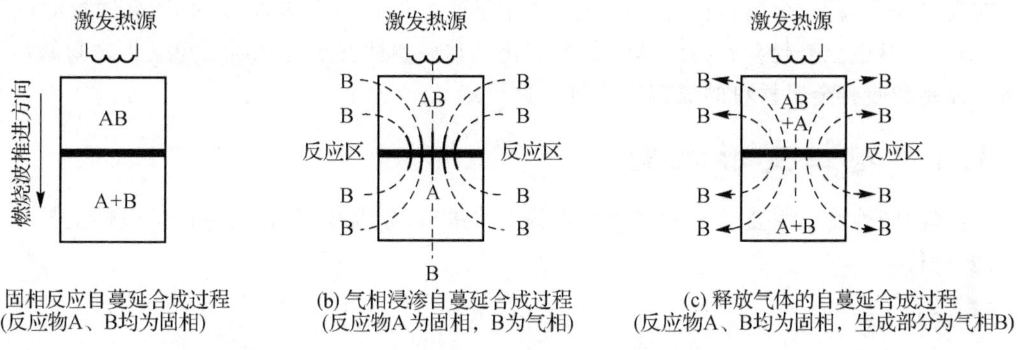


**图 6－52　三种自蔓延法复合材料制备工艺原理图**

# 思考题

1. 分析液态金属的充型能力和流动性之间在概念上的区别。
2. 铸件的凝固有哪几种方式？如何对铸件的凝固过程进行控制？
3. 何谓铸件模数？
4. 分析缩孔和缩松对铸件质量的影响。
5. 分析温度梯度与凝固速度对结晶形态的影响。
6. 分析铸造热应力的形成机制。
7. 说明如何区分铸件的热裂和冷裂。
8. 说明铸件气孔的类型及形成原因。
9. 分析定向凝固叶片的铸造过程。
10. 分析液态金属快速凝固的组织及特点。
11. 分析熔融玻璃的凝固特点。
12. 说明半固态成型的特点及基本方法。
13. 分析高聚合物单螺杆挤出过程的熔融行为。
14. 金属基复合材料的液相法成型有哪几种？

# 第 7 章　热塑性成型原理

热塑性成型是利用材料在热力作用下发生塑性变形，从而获得所需形状和性能的坯料或零件的加工方法。具有塑性的材料，在一定的工艺条件下就可以进行塑性成型加工。

## 7.1　金属的塑性变形

金属作为工程材料应用的一个重要特性是在具有高强度的同时还具有优良的塑性变形能力，在高温或常温下，金属材料可以在外力作用下改变形状而不破坏，从而具有优越的成型性能。塑性变形还会引起金属组织和性能的变化。掌握塑性变形与金属组织变化之间的相互关系，对控制和改善金属材料的成型性能具有重要意义。

### 7.1.1　塑性变形机制

金属的塑性变形主要通过滑移和孪生的方式进行，高温变形时，还会以扩散蠕变与晶界滑动方式进行。

#### 1. 滑　移

单晶体金属产生宏观塑性变形实际上是金属沿着某些晶面和晶向发生相对切向滑动，这种切向滑动称为滑移(见图 7－1)，发生滑移的晶面称为滑移面，滑移面上与滑移方向一致的晶向称为滑移方向，滑移面与滑移方向的组合称为滑移系。图 7－1 中的切应力 $\tau$ 是作用于滑移面两侧晶体上的切应力，通常它只是金属所受的宏观外应力的分力，所以称为分切应力。

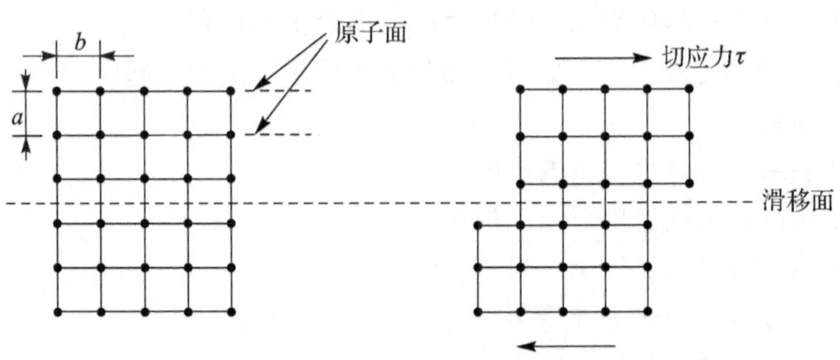


图 7－1　单晶体金属滑移示意图

设某一晶体作用有拉力 $P$ 引起的拉伸应力 $\sigma$(见图 7－2)，其滑移面的法线方向与拉伸轴的夹角为 $\phi$，滑移方向与拉伸轴的夹角为 $\lambda$，滑移面滑移方向上的切应力分量为

$$\tau = \sigma\cos\phi\cos\lambda \qquad (7-1)$$

由式(7－1)可见，当 $\sigma$ 为定值时，切应力分量取决于 $\cos\phi\cos\lambda$。$\cos\phi\cos\lambda$ 称为取向因子。若 $\phi=\lambda=45°$，取向因子为最大值，$\cos\phi\cos\lambda=0.5$，则 $\tau=\tau_{max}=\sigma/2$，该滑移系处于最佳取向。

当分切应力增大并超过某一临界值时，滑移面两侧的晶体就会产生滑移。使晶体发生滑移的最小分切应力称为临界分切应力 $\tau_c$,$\tau_c$ 是与金属成分、微观组织结构等因素有关的常数。发生塑性变形必需的临界正应力 $\sigma_c$ 为

$$\sigma_c = \frac{\tau_c}{\cos\phi\cos\lambda} \tag{7-2}$$

可见,使滑移开始必需的正应力不是材料常数。

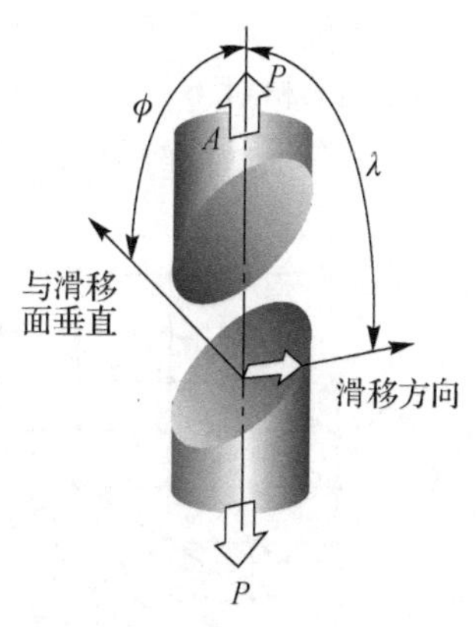


图 7-2　拉伸引起的滑移

在实际晶体中塑性变形实质上是位错的连续运动,而不是像理想晶体模型那样以滑移面两侧晶体的整体同时相对运动,因而受外力作用时单个位错很容易产生运动,称为位错的易动性。图 7-3 所示为在外力作用下金属晶体通过位错的连续运动产生滑移的过程,从图中可以看出,在分切应力 $\tau$ 的作用下,由于刃型位错的原子列处于不完全键合状态,故该处原子与其他原子比较更容易发生移动。实际上,只要分切应力 $\tau$ 大于沿位错运动方向上位错前面那列原子与滑移面另一侧原子的键合力,位错就可以沿 $\tau$ 的方向向前连续运动,并且当位错移动到晶体表面时产生宽度等于一个原子间距的滑移台阶,这种运动方式类似蠕虫的爬行。与图 7-1 比较可以看出,在外力作用下实际金属晶体通过位错运动产生滑移和理想晶体进行整体滑移的效果相同,但是具体滑移的微观过程和所需的临界外应力大小却有很大的差别。正因为如此,在位错密度不是太高时,含有位错的实际金属晶体就很容易在外力作用下发生塑性变形。事实上,根据实际金属晶体模型和滑移的位错运动假设计算出的临界分切应力 $\tau_c$ 比根据理想晶体模型和整体滑移假设计算出的结果小得多,并与实际测定的数值十分接近。因而说明,这一模型和滑移的位错运动假设是符合实际情况的。

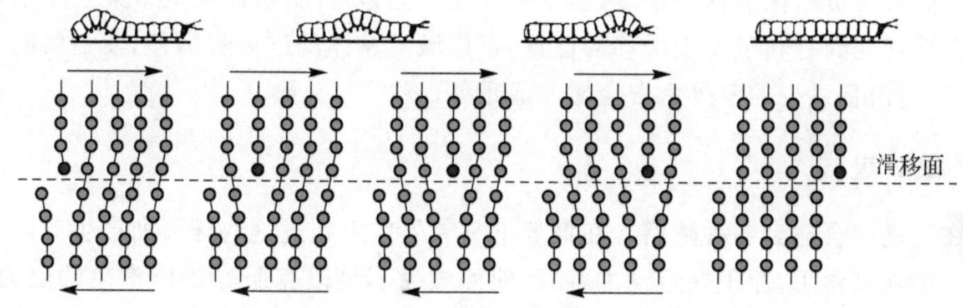


图 7-3　刃型位错在晶体中的运动过程

通过上述对单晶体金属塑性变形微观过程的简要介绍可以清楚地说明,金属晶体塑性变形的实质是在分切应力作用下产生位错的连续运动,从而使金属沿一定的滑移面和滑移方向发生滑移。

## 2. 孪　生

孪生是塑性变形的另一种重要方式,常作为滑移不易进行时的补充。一些密排六方的金属如 Cd、Zn、Mg 等常发生孪生变形。体心立方及面心立方结构的金属在形变温度很低,形变速率极快时,也会通过孪生方式进行塑性变形。孪生是发生在晶体内部的均匀切变过程,总是沿晶体的一定晶面(孪晶面)、一定方向(孪生方向)发生,变形后晶体的变形部分与未变形部分以孪晶面为分界面构成了镜面对称的位向关系(见图 7-4)。

孪生是与滑移不同的另一种切变方式(见图7-5)。孪生切变是一种均匀的切变，切变部分每一层原子相对下一层都切变过相同的距离，而滑移则属于不均匀切变，切变集中在滑移平面上。发生孪生后，在晶体内部将出现孪晶和孪晶界。

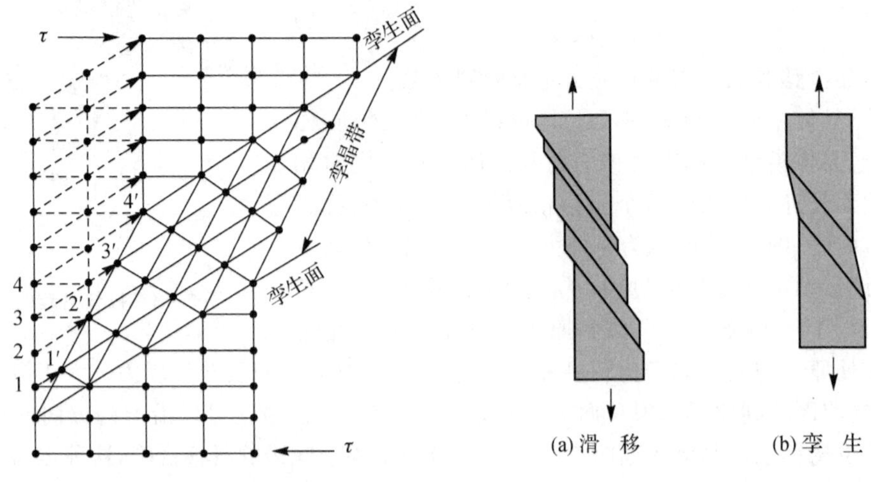


图7-4 孪生变形过程示意图

图7-5 滑移与孪生的比较

孪生变形的应力-应变曲线也与滑移变形时有明显的不同，在拉伸曲线上，孪生将产生锯齿形变化，因为孪生形成时，往往需要较高的应力，一旦产生孪生切变后，其速度很快，因此伴随着载荷的下降，而新的孪生出现又需再增大应力，因而导致了锯齿形的变化。

孪生切变比滑移切变需要大得多的切应力，因此滑移是更普遍的塑性变形的形式。孪生对塑性变形的直接贡献比滑移小很多，但孪生改变了晶体位向，从而使其中某些原来处于不利取向的滑移系转变到有利于发生滑移的位置，可以激发晶体的进一步滑移，使金属的变形能力得到提高，这对滑移系少的密排六方金属尤显重要。

### 3. 热激活过程

位错在运动时会遇到各种障碍。在低温下只有外应力超过这些障碍所产生的阻力时位错才能滑移。但在高温下，原子热运动加剧，即使外应力不足以克服障碍所产生的阻力，位错也可以在热能的帮助下越过障碍而滑移。这种运动位错遇到障碍时在外应力和热能的共同作用下越过障碍而滑移的过程称为热激活过程。温度越高，热激活过程越活跃，克服障碍所需的外应力就越小，临界切应力也相应降低。

晶体点阵的周期性是位错运动阻力的来源，位错运动越过障碍所需的能量沿运动方向也是波动的(见图7-6)。图7-6中的波峰表示位错运动过程遇到的局部障碍所产生的最大阻力(短程势垒)。位错跨越各种短程势垒一方面靠外力做功，另一方面靠晶格热振动(热起伏)的热激活能。晶体发生滑移的临界分切应力($\tau_c$)可以表示为热激活分量($\tau^*$)和非热分量($\tau_a$)之和，即

$$\tau_c = \tau_a + \tau^* \tag{7-3}$$

式中：非热分量($\tau_a$)不受温度和应变速率的影响或影响较小；热激活分量($\tau^*$)是温度、应变率和微观结构的函数。温度越高，热激活过程越活跃，位错运动越容易，临界切应力也相应地降低。临界分切应力($\tau_c$)与温度的关系可分为三个区域，如图7-7所示，在低温区(Ⅰ区)，热激

活作用随温度降低而减弱，只能依靠外力做功克服短程势垒，$\tau_c$ 迅速升高；在过渡温度区间（Ⅱ区），热激活机制作用增强，$\tau^*$ 可忽略，$\tau_c \approx \tau_a$；当温度较高时（Ⅲ区），热激活效应显著，$\tau_c$ 随温度升高而迅速降低。应变速率影响晶体在低温区和高温区的滑移。

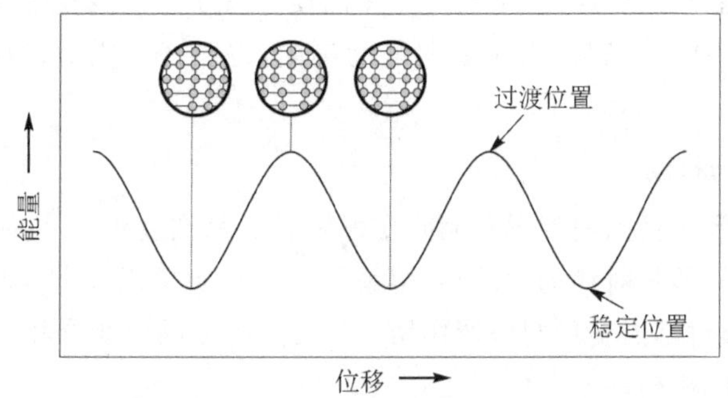


图 7-6　位错滑移过程的能量变化

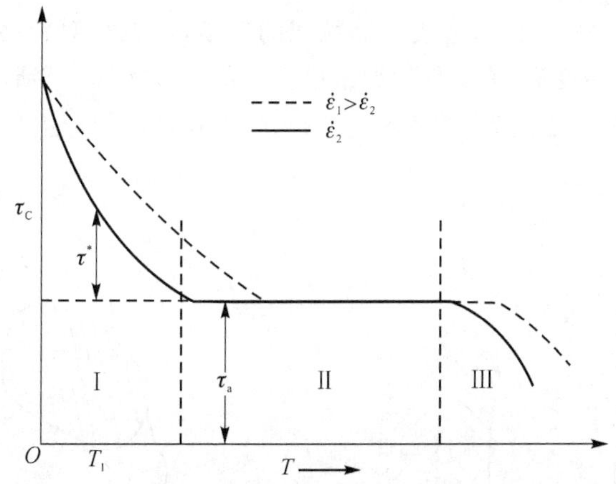


图 7-7　临界分切应力与温度和应变速率的关系

## 7.1.2　金属的塑性变形及塑性表征

### 1. 多晶体的塑性变形机构及特点

大多数金属材料是由多晶体组成的。多晶体的塑性变形虽然是以单晶体的塑性变形为基础的，但取向不同的晶粒彼此之间在变形过程中有约束作用，晶界的存在对塑性变形会产生影响，所以多晶体变形还有自己的特点。

**(1) 变形的不均匀性**

多晶体内的晶界及相邻晶粒的不同取向对变形产生重要的影响。如果将一个只有几个晶粒的试样进行拉伸变形，变形后就会产生“竹节效应”（见图 7-8）。此种现象说明，在晶界附近变形量较小，而在晶粒内部变形量较大。

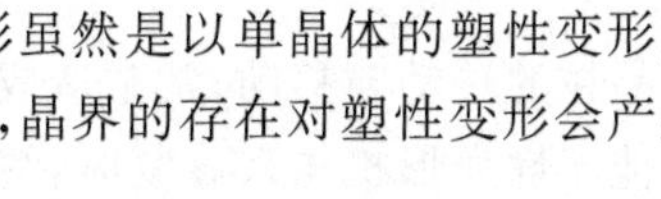

图 7-8　多晶体塑性变形的竹节现象

多晶体塑性变形的不均匀性不仅表现在同一晶粒的不同部位，而且也表现在不同晶粒之间。当外力加在具有不同取向晶粒的多晶体上时，每个晶粒滑移系上的分切应力因取向因子不同而存在着差异。因此,不同晶粒进入塑性变形阶段的起始早晚也不同。如图 7-9 所示,分切应力首先在软取向的晶粒 B 中达到临界值,优先发生滑移变形;而与其相邻的硬向晶粒 A,由于没有足够的切应力使之滑移,不能同时进入塑性变形。这样硬取向的晶粒将阻碍软取向晶粒的变形,于是在多晶体内便出现了应力与变形的不均匀性。另外在多晶体内部力学性能不同的晶粒,由于屈服强度不同,也会产生类似的应力与变形的不均匀分布。

**(2) 晶粒的转动与移动**

多晶体的塑性变形包括晶内变形和晶间变形两种。晶内变形的主要方式是滑移和孪生。晶间变形包括晶粒之间的相对移动和转动、溶解——沉积机构以及非晶机构。冷变形时以晶内变形为主,晶间变形对晶内变形起协调作用。热变形时则晶内变形和晶间变形同时起作用,这里主要讨论晶间变形机构。

多晶体变形时,由于各晶粒原来位向不同,变形发生、发展情况各异,但金属整体的变形应该是连续的、相容的(不然将立刻断裂),所以在相邻晶粒间产生了相互牵制又彼此促进的协同动作,因而出现力偶(见图 7-10),造成了晶粒间的转动,晶粒相对转动的结果可促使原来位向不适于变形的晶粒开始变形,或者促使原来已变形的晶粒能继续变形。另外,在外力的作用下,当晶界所承受的切应力已达到(或者超过了)阻止晶粒彼此间产生相对移动的阻力时,则将发生晶间的移动。

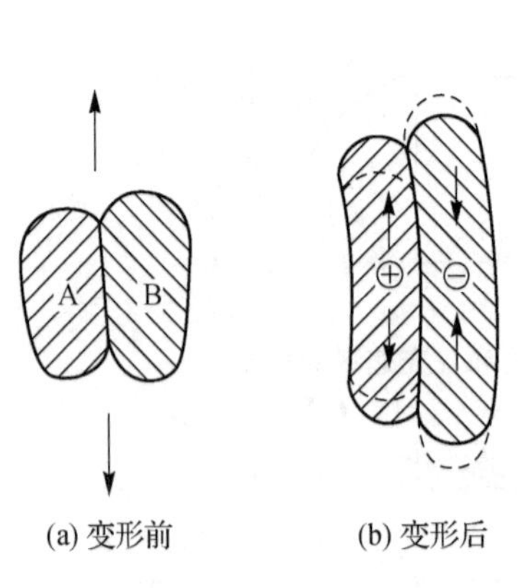


图 7-9 多晶体塑性变形的不均匀性

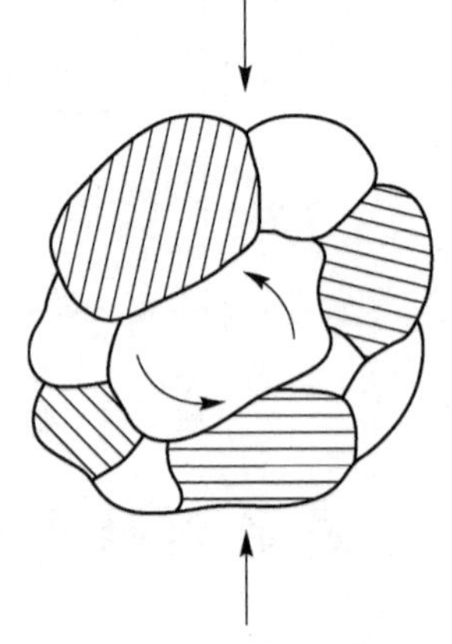

图 7-10 晶粒的转动

晶粒的转动与移动,常常造成晶间联系的破坏,出现显微裂纹。如果这种破坏完全不能依靠其他塑性变形机构来修复时,继续变形将导致裂纹的扩大与发展并引起金属的破坏。

由于晶界难变形的作用,低温下晶间强度比晶内大,因此低温下发生晶界移动与转动的可能性较小,晶间变形的这种机构只能是一种辅助性的过渡形式,它本身对塑性变形贡献不大,同时,低温下出现这种变形,又常常是断裂的预兆。

在高温下,由于晶间一般有较多的易熔物质,并且因晶格的歪扭,原子活泼性比晶内大,所以晶间的熔点温度比晶粒本身低,而产生晶粒的移动与转动的可能性大。同时伴随着产生了软化与扩散过程,能很快地修复与调整因变形所破坏的联系,因此金属借助晶粒的移动与转动能获得很大的变形,且没有断裂的危险。可以认为,在高温下这种变形机构比晶内变形所起的作用大,对整个变形的贡献也较多。

## 2. 多晶体的塑性变形的影响因素

### (1) 晶粒取向对塑性变形的影响

多晶体中各个晶粒的取向不同,在大小和方向一定的外力作用下,各个晶粒中沿一定滑移面和一定滑移方向上的分切应力并不相等,因此在某些取向合适的晶粒中,分切应力有可能先满足滑移的临界应力条件而产生位错运动,这些晶粒的取向称为“软位向”。与此同时,另一些晶粒由于取向的原因可能还不满足滑移的临界应力条件而不会发生位错运动,这些晶粒的取向称为“硬位向”。在外力作用下,金属中处于软位向的晶粒中的位错首先发生滑移运动,但是这些晶粒变形到一定程度后就会受到处于硬位向、尚未发生变形的晶粒的障碍,只有当外力进一步增加时才能使处于硬位向的晶粒也满足滑移的临界应力条件,产生位错运动从而出现均匀的塑性变形。

在多晶体金属中,由于各个晶粒取向不同,一方面使塑性变形表现出很大的不均匀性,另一方面也会产生强化作用。同时,在多晶体金属中,当各个取向不同的晶粒都满足临界应力条件后,每个晶粒既要沿各自的滑移面和滑移方向滑移,又要保持多晶体金属的结构连续性,所以实际的滑移形变过程比单晶体金属复杂、困难得多。在相同的外力作用下,多晶体金属的塑性变形量一般比相同成分单晶体金属的塑性变形量小。图 7-11 所示为多晶体的滑移示意图。

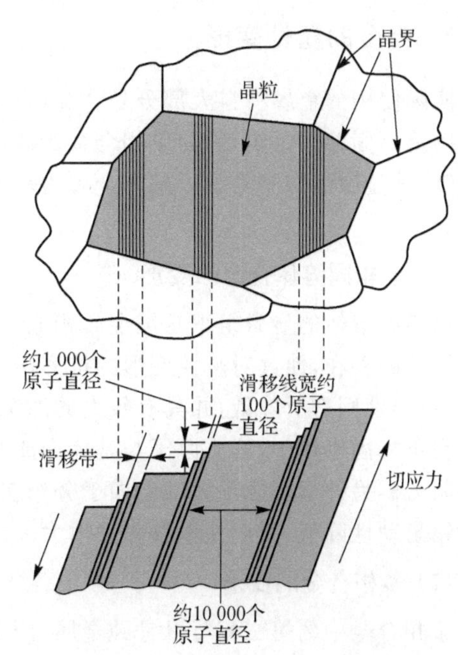


图 7-11　多晶体的滑移示意图

在多晶体中,像铜、铝这样一些具有面心立方结构的金属由于结构简单、对称性良好,即便是处于多晶体形态时也仍然有很好的塑性;而像镁、锌这样一些具有密排六方结构以及其他对称性较差的结构的金属处于多晶态时,其塑性就要比单晶体形态差得多。

### (2) 晶界对塑性变形的影响

在多晶体金属中,晶界原子的排列是不规则的,局部晶格畸变十分严重,还容易产生杂质原子和空位等缺陷的偏聚。当位错运动到晶界附近时容易受到晶界的阻碍。在常温下当多晶体金属受到一定的外力作用时,首先在各个晶粒内部产生滑移或位错运动,只有当外力进一步增大后,位错的局部运动才能通过晶界传递到其他晶粒形成连续的位错运动,从而出现更大的塑性变形。这表明与单晶体金属相比,多晶体金属的晶界可以起到强化作用。

金属晶粒越细小,晶界在多晶体中占的体积百分比越大,它对位错运动产生的阻碍也越大,因此细化晶粒可以对多晶体金属起到明显的强化作用。同时,在常温和一定的外力作用下,当总的塑性变形量一定时,细化晶粒后可以使位错在更多的晶粒中产生运动,这就会使塑性变形更均匀,因而不容易产生应力集中,所以细化晶粒在提高金属强度的同时也改善了金属材料的韧性。

在晶界中,原子排列是不规则的,在结晶时这里还积聚了许多不固溶的杂质,在塑性变形时这里还堆积了大量位错(一般位错运动到晶界处即行停止),此外还有其他缺陷,这些都造成了晶界内的晶格畸变。所以,晶界使多晶体的强度、硬度比单晶体高。多晶体内晶粒越细,晶界区所占比率就越大,金属和合金的强度、硬度也就越高。此外,晶粒越细,即在同一体积内晶粒数越多,塑性变形时变形分散在许多晶粒内进行,变形也会均匀些,与具有粗大晶粒的金属相比,局部地区发生应力集中的程度较轻,因此出现裂纹和发生断裂也会相对较迟,这就是说,在断裂前可以承受较大的变形量,所以细晶粒金属不仅强度、硬度高,而且在塑性变形过程中塑性也较好。

多晶体由于晶粒具有各种位向和受晶界的约束,各晶粒的变形先后不同、变形大小不同,晶体内甚至同一晶粒内的不同部位变形也不一致,因而引起多晶体变形的不均匀性。由于变形的不均匀性,在变形体内就会产生各种内应力,变形结束后不会消失,成为残余应力。

### 3. 合金的塑性变形

实际使用的金属材料大部分是合金,合金按其组织特征可分为两大类:①具有以基体金属为基的单相固溶体组织,称为单相合金。②加入合金元素数量超过了它在基体金属中的饱和溶解度,其显微组织中除了以基体金属为基的固溶体以外,还将出现新的第二相构成了所谓多相合金。

#### (1) 单相固溶体合金的变形

单相固溶体的显微组织与纯金属相似,因而其变形情况也与之类同,但是在固溶体中由于溶质原子的存在,使其对塑性变形的抗力增加。固溶体的强度、硬度一般都比其溶剂金属高,而塑性、韧性则有所降低,并具有较大的加工硬化率。

在单相固溶体中,溶质原子与基体金属组织中的位错产生交互作用,造成晶格畸变而增加滑移阻力。另外异类原子大都趋向于分布在位错附近,这样可减少位错附近晶格的畸变程度,使位错易动性降低,因而使滑移阻力增大。

#### (2) 多相合金的变形

多相合金中的第二相可以是纯金属、固溶体或化合物,其塑性变形不仅和基体相的性质,而且和第二相(或更多相)的性质及存在状态有关。如第二相本身的强度、塑性、应变硬化性质、尺寸大小、形状、数量、分布状态、两相间的晶体学匹配、界面能、界面结合情况等。

### 4. 金属的塑性表征

金属在外力作用下能稳定地产生永久变形而不破坏其完整性的能力称为塑性。塑性反映了材料产生塑性变形的能力。塑性的好坏或大小,可用金属在破坏前产生的最大变形程度来表示,并称其为“塑性极限”或“塑性指标”。

#### (1) 塑性指标

塑性指标是金属在不同变形条件下允许的极限变形量。由于影响金属塑性的因素很多,所以很难采用一种通用指标来描述。目前人们大量使用的仍是那些在某特定的变形条件下所测出的塑性指标。如拉伸试验时的断面收缩率及延伸率,冲击试验所得的冲击韧性;镦粗或压缩试验时,第一条裂纹出现前的高向压缩率(最大压缩率);扭转试验时出现破坏前的扭转角(或扭转数);弯曲试验试样破坏前的弯曲角度等。

**(2) 塑性指标的测量方法**

1) 拉伸试验法

用拉伸试验法可测出破断时最大伸长率($\delta$)和断面收缩率($\psi$),$\delta$ 和 $\psi$ 的数值由下式确定：

$$\delta=\frac{L_h-L_0}{L_0}\times 100\% \tag{7-4}$$

$$\psi=\frac{F_0-F_h}{F_0}\times 100\% \tag{7-5}$$

式中:$L_0$ 为拉伸试样原始标距长度;$L_h$ 为拉伸试样破断后标距间的长度;$F_0$ 为拉伸试样原始截面积;$F_h$ 为拉伸试样破断处的截面积。

2) 压缩试验法

在简单加载条件下,用压缩试验法测定的塑性指标为

$$\varepsilon=\frac{H_0-H_h}{H_0}\times 100\% \tag{7-6}$$

式中:$\varepsilon$ 为压下率;$H_0$ 为试样原始高度;$H_h$ 为试样压缩后,在侧表面出现第一条裂纹时的高度。

3) 扭转试验法

扭转试验法是在专门的扭转试验机上进行的。试验时圆柱体试样的一端固定,另一端扭转。随着试样扭转数的不断增加,最后将发生断裂。材料的塑性指标用破断前的总扭转数($n$)来表示,对于一定试样,所得总转数越高,塑性越好,可将扭转数换作剪切变形($\gamma$),即

$$\gamma=R\ \frac{\pi n}{30L_0} \tag{7-7}$$

式中:$R$ 为试样工作段的半径;$L_0$ 为试样工作段的长度;$n$ 为试样破坏前的总转数。

4) 轧制模拟试验法

在平辊间轧制楔形试件,用偏心轧辊轧制矩形试样,找出试样上产生第一条可见裂纹时的临界压下量作为轧制过程的塑性指标。

上述各种试验,只有在一定条件下使用才能反映出正确的结果,按所测数据只能确定具体加工工艺制度的一个大致的范围,有时甚至与生产实际相差甚远。因此需将几种试验方法所得结果综合起来考虑才行。

**(3) 塑性状态图**

金属塑性指标与变形温度及加载方式的关系曲线图形称为塑性状态图或简称塑性图。它给出了温度-速度及应力状态类型对金属及合金塑性状态影响的明晰概念。在塑性图中所包含的塑性指标越多,变形速度变化的范围就越宽广,应力状态的类型就越多,对于确定正确的热变形温度范围就越有益。

塑性图可用来选择金属及合金的合理塑性加工方法及制定适当的冷热变形规程,是金属塑性加工生产中不可缺少的重要的数据之一,具有很大的实用价值。由于各种测定方法只能反映其特定的变形力学条件下的塑性情况,因此为确定实际加工过程的变形温度,塑性图上需给出多种塑性指标作参考。

图 7-12 所示为镁合金 MB5 的塑性图。该合金在 530 ℃附近开始熔化,270 ℃以下为 $\alpha+\beta$ 两相组织。可见,MB5 热加工温度应选择在 270 ℃以上的单相区。再由 MB5 塑性图可见,该合金在 350~400 ℃范围内 $\psi$ 值和 $\varepsilon_M$ 值均很高,因此对于变形速度较低的一般热轧和热

挤压的温度应选择在 350～400℃范围内。MB5 塑性图显示冲击力作用下的最大压缩率 $\varepsilon_C$ 在 350 ℃以上的温度范围内最好,因此该合金高速模锻加工的温度范围也应选择在 350～400 ℃。而对于加工形状复杂、变形时易发生应力集中的加工过程,则应根据冲击功 $A_k$ 来选择。由 MB5 塑性图可知,$A_k$ 值在相变点 270 ℃附近发生突然降低,因此复杂零件的锻造和冲压成型加工应在 250 ℃以下的温度进行。

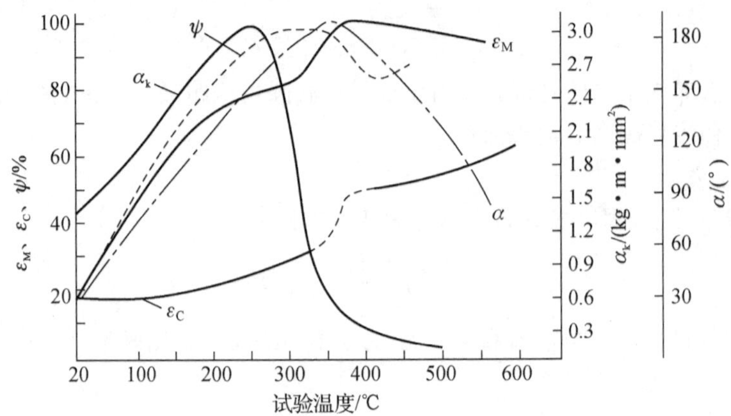


$\alpha_k$—冲击韧性;$\varepsilon_M$—慢力作用下的最大压缩率;$\varepsilon_C$—冲击力作用下的最大压缩率;$\psi$—断面收缩率;$\alpha$—弯曲角度

**图 7-12 MB5 合金的塑性图**

## 7.1.3 金属的热塑性变形

### 1. 冷变形与热变形

一般认为,金属在再结晶温度以下进行的塑性变形称为冷变形,热变形是金属在再结晶温度以上进行的。依据冷、热变形原理对金属进行塑性成型加工分别称为冷加工与热加工。在金属的再结晶温度以下进行塑性成型称为冷加工;在再结晶温度以上进行塑性成型称为热加工。例如,铅的再结晶温度在 0 ℃以下,在室温下对铅进行塑性成型已属于热加工;而钨的再结晶温度约为 1 200 ℃,即使在 1 000 ℃进行塑性成型也属于冷加工。由此可见,依据再结晶温度对冷、热加工进行判定不能很好地反映热激活机制。热制造的基本特征是利用材料的热态性质,也即热制造过程需要对材料进行加热。因此,根据是否对工件进行加热来判定冷、热加工较为合理,即室温下无热源加热的材料加工为冷加工(忽略非明显的变形热效应),热加工则需要热源(含剧烈塑性变形热效应)对材料进行加热。

如图 7-13 所示,金属在低温区的位错滑移临界分切应力高,塑性变形阻力大。金属冷变形后会产生加工硬化、塑性和韧性降低、点阵畸变或晶格扭曲和内应力,经退火处理可恢复变形金属的性能。热变形就是利用晶体位错运动的热激活机制。由于温度升高,金属原子间的结合力降低,滑移的临界切应力降低,流变应力也随之降低。当温度升高到一定程度,原子获得足够扩散能力时,还会发生回复与再结晶,从而使金属处于高塑性、低变形抗力的软化状态。金属的高温软化过程与变形温度、应变速率、变形程度以及金属本身的性质等因素有关(见图 7-13)。

研究表明,高温塑性变形的应力-应变关系可以表示为

$$\sigma=\sigma(Z,\varepsilon) \tag{7-8}$$

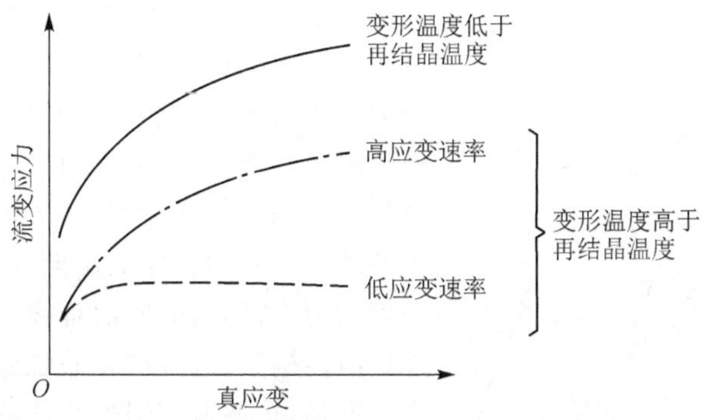


**图 7-13　温度和应变速率对流变应力的影响**

式中：$Z$ 为热加工参数（或 $Z$ 参数）。$Z$ 参数将变形温度和变形速率对变形的影响整合为一个参数，其定义式为

$$Z=\dot{\varepsilon}\exp\left(\frac{Q_0}{RT}\right) \tag{7-9}$$

式中：$Q_0$ 为材料的高温变形激活能；$R$ 为气体常数。

$Z$ 参数的物理意义是温度补偿变形速率因子。引入 $Z$ 参数可将金属材料本构方程中的应力、应变、温度、速率 4 个变量简化为应力、应变、$Z$ 参数 3 个变量，有助于解决材料本构方程中参数多、求解困难的问题，为制定合理的热成型工艺参数提供了方便。

在应变一定的条件下，$Z$ 参数与塑性流动应力 $\sigma$ 相关，即 $Z=f(\sigma)$。例如，

$$Z=f(\sigma)=A[\sinh(\alpha\sigma)]^n \tag{7-10}$$

或

$$\dot{\varepsilon}=A[\sinh(\alpha\sigma)]^n\exp\left(\frac{-Q_0}{RT}\right) \tag{7-11}$$

式中：$A$、$\alpha$、$n$ 为材料常数。实际应用中，可依据 $Q_0$ 值求出不同应变速率和不同温度下的 $Z$ 值，然后确定式(7-8)中的其他参数。由此可见，高温塑性变形速率受热激活过程控制，可以通过变形激活能 $Q_0$ 的计算和微观组织的观察来判定合金的变形机制。$Z$ 参数反映了合金热变形的难易程度，其值的高低对于合金热变形过程中的组织性能变化至关重要。一般认为，合金的变形激活能与其扩散激活能数值相差不大时，热变形软化机制主要为动态回复；当变形激活能大于自扩散激活能时，合金的热变形可能会有动态再结晶发生。

### 2. 热塑性变形机制

金属热塑性变形机理主要有晶内滑移、晶内孪晶、晶界滑移和扩散蠕变等。晶界滑移是热塑性变形主要和常见的机制；孪生多在高温高速变形时发生，但对于六方晶系金属，这种机理也起主要作用；晶界滑移和扩散蠕变只在高温变形时才发挥作用。随着变形条件（如变形温度、应变速率、三向压应力状态等）的改变，这些机理在热塑性变形中所占的分量和所起的作用也会发生变化。

#### (1) 扩散蠕变

扩散蠕变是多晶体（特别是细晶粒多晶体）高温条件下的一种形变机制。扩散蠕变过程和空位的输送有关，如图 7-14 所示，多晶体在拉伸时，和应力垂直的晶界受拉伸，和应力平行的

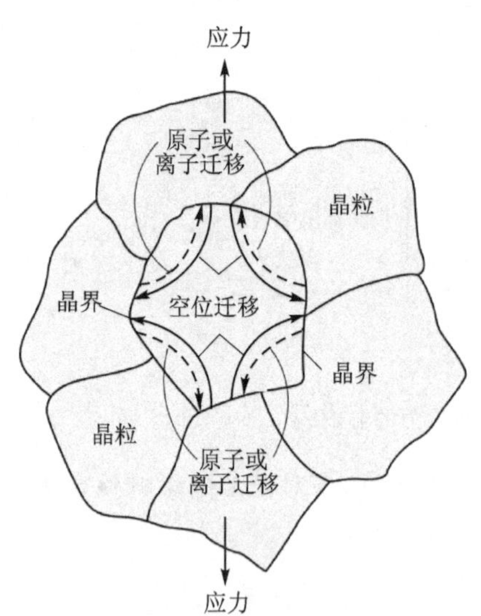


图 7-14 多晶体拉伸时的原子自扩散

晶界受压缩。因为晶界本身就是空位的源和井，垂直于应力方向的晶界易于放出空位，平行于应力方向的晶界易于接受空位，所以在应力作用下就发生空位的扩散流动，在反方向发生金属原子的流动，即自扩散。图 7-14 中箭头方向是原子自扩散方向。扩散的结果必然会增加拉伸方向的应变，所以，即使在恒应力下，随着时间的延续而不断发生应变，这就是扩散性蠕变。温度高，晶粒越小，扩散蠕变速度越大。但是，扩散速度强烈地依赖于温度，只有在足够高的温度下，扩散才有较大的速度。

**(2) 晶界滑动**

多晶材料在高温下的塑性变形机制还与晶体内部强度和晶界强度的相互作用有关。晶内和晶界强度与温度有关，将晶内和晶界等强所对应的温度称为等强温度。等强温度一般为$0.4T_m$($T_m$为合金的熔点)，当$T<0.4T_m$时，晶界强度略高于晶内强度，变形以晶内滑移为主；当$T>0.4T_m$时，晶界强度低于晶内强度，晶界两侧的晶粒可以在切应力作用下发生相对运动，即发生晶界滑动。特别是在接近合金固相线的温度下，由于晶间有较多的易熔物质，再加上晶界晶格的歪扭，原子活泼性比晶内大，所以晶界处的强度就比晶内更低，因而发生晶界滑动和晶粒转动的可能性大。同时伴随软化与扩散过程，能很快地修复与调整因变形所破坏的协调性。所以高温下晶界滑移和晶粒的转动能获得很大的变形，比晶内变形起着更大的作用。

图 7-15 所示为几个晶粒组态的晶界滑动过程示意图。假定两晶粒群的晶界滑移在遇到了障碍晶粒时，被迫停止，此时引起的应力集中通过障碍晶粒内位错的产生和运动而缓和。位错通过晶粒而塞积到对面的晶界上，当应力达到一定程度时，使塞积前端的位错沿晶界攀移而消失，则内应力得到松弛，于是晶界滑移又再次发生。此模型表示了晶界区位错的攀移控制变形过程，晶界滑移过程中晶粒的转动不断地改变晶内滑移最有利的滑移面以阻止晶粒伸长。若应力高到足以形成位错胞或位错缠结，则此机制便停止作用，因为此时位错已无法穿越晶粒了。

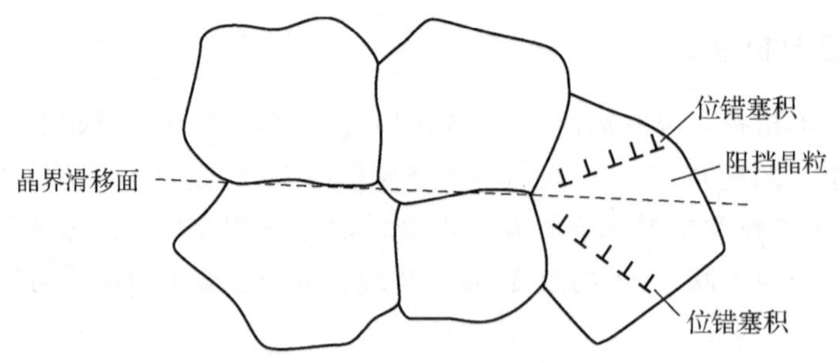


图 7-15 晶界滑动过程示意图

超细晶粒材料的晶界有异乎寻常大的总面积，因此晶界运动在超塑性变形中起着极其重要的作用。晶界运动分为滑动和移动两种，前者为晶粒沿晶界的滑移，后者为相邻晶粒间沿晶界产生的迁移。

金属材料的热塑性成型要控制在一定温度范围之内，其上限温度一般控制在固相线以下 100～200 ℃范围内，如果超过这一温度，就会造成晶界氧化，使晶粒之间失去结合力，塑性变坏。热塑性成型的下限温度一般应在再结晶温度以上一定范围，如果超过再结晶温度过多，则会造成晶粒粗大，如低于再结晶温度则会使变形组织保留下来。因此，一般将金属热塑性成型温度控制在 $0.7 \sim 0.9T_m$ 之间。温度在 $0.3 \sim 0.5T_m$ 之间的变形通常称为温成型，其特点是减少应变硬化，降低变形抗力。

### 3. 影响热塑性变形的主要因素

#### (1) 变形温度

变形温度对金属和合金的塑性有很大的影响。就多数金属及合金而言，随着温度的升高塑性增加，变形抗力降低。这种情况，可以从以下几方面进行解释。

① 随着温度的升高，发生了回复和再结晶。回复使变形金属的加工硬化得到一定程度的消除，再结晶则能完全消除加工硬化。因此，随着温度提高，金属和合金的塑性提高，变形抗力降低(见图 7-16)。

② 随着温度升高，原子的热运动加剧，动能增大，原子间的结合力减弱，使临界切应力降低。此外，随着温度升高，不同滑移系的临界切应力降低速度不一样。因此，在高温下可能出现新的滑移系。例如，面心立方的铝，在室温下滑移面为(111)；在 400 ℃时，除了(111)面，(100)面也开始发生滑移。因此，在 450～500 ℃范围内，铝的塑性最好(见图 7-17)。

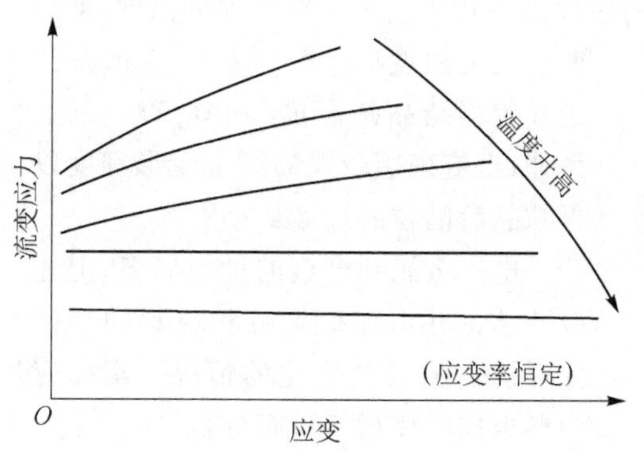


图 7-16　温度对流变应力的影响

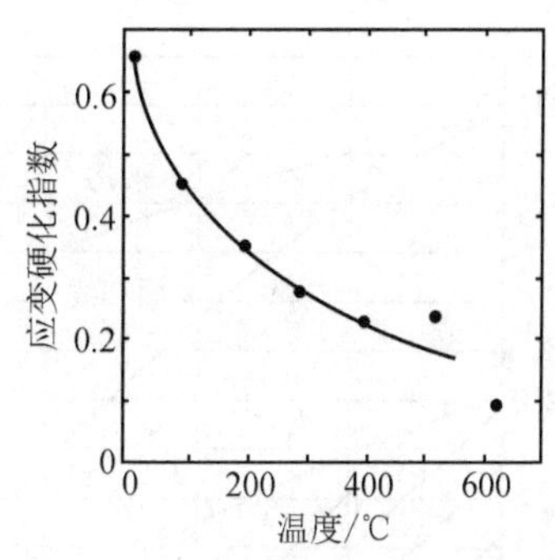


图 7-17　典型铝合金应变硬化指数与温度的关系

③ 温度升高，材料可能由多相组织变为单相组织。例如，碳钢在 950～1 250 ℃范围内，塑性很好，这与此时碳钢为单相组织和具有面心立方晶格状态有关。又如，钛在室温下呈密排六方晶格，只有 3 个滑移系，当温度高于 882 ℃时，转变为体心立方晶格，有 12 个滑移系，所以塑性显著提高。

④ 当温度升高时，原子的热振动加剧，晶格中的原子处于不稳定状态。此时，如晶格受到外力作用，原子就会沿应力场梯度方向，由一个平衡位置转移到另一个平衡位置，使金属产生塑性变形。这种塑性变形方式称为热塑性，也称扩散塑性。在高温下，热塑性的作用大为增加，因而使金属或合金的塑性提高，变形抗力降低。

⑤ 随着温度的升高，晶界的强度下降，使得晶界的滑移容易进行。同时，由于高温下扩散作

用加强,使晶界滑移产生的缺陷得到愈合。另外,晶界滑移能使相邻晶粒间由于不均匀变形而引起的应力集中得到松弛。这些原因都有助于提高金属或合金在高温下的塑性和降低变形抗力。

根据合金相图及塑性图,可以从以下几方面选择热变形温度范围:

① 温度的上限大致取合金熔点绝对温度($T_m$)的 0.95 倍,即应比液相线低 50 ℃左右。这样可保证不会熔化,也可避免产生过度的氧化。若该合金中含有低熔点物质,则应比其熔点温度稍低,以免易熔物质的熔化破坏晶间联系,造成变形材料的脆裂(有时晶间层内仅有少量的低熔点成分,也可因温度稍高而使变形金属脆成小块),从塑性图看,最高温度应取在塑性最大的区域附近。

② 温度的下限要求保证在变形的过程中再结晶能充分迅速地进行,并且整个变形过程是在单相系统内完成。若产生了相变,则因变形材料性能的不一致而显著降低塑性。这里需要指出,对于某些合金,在相变温度呈现塑性特别高的异常现象——超塑性,反而可以承受极大的变形量。

另外还应注意,金属和合金再结晶开始的温度与金属所承受的变形程度的大小有关,变形程度越大,开始再结晶的温度越低。考虑上述一些情况,取热变形温度的下限,在 $0.7T_m$ 左右,并且应比相变线稍高。

根据相图确定了变形温度范围后,尚需用抗力图(类似图 7-23)来校正,应设法保证整个热变形过程是在金属变形抗力最小的区间内完成。在安排每道次变形的大小时,尚需参考第二类再结晶图(即变形温度、变形程度与晶粒大小的立体再结晶图),选择能保证获取最小晶粒尺寸的道次变形量。

为了获取晶粒较细小的产品,对于多道次变形的热变形作业,在最后道次时,一般应将变形温度降低到可以及时充分进行再结晶,完工后的冷却又不致再发生晶粒长大的温度,即热变形的完工温度(或终了温度)应选取稍高于开始再结晶的温度(约 $0.5T_m$ 以上)。另外,也应采用较大的终了变形程度以求再结晶后晶粒的尺寸最小。

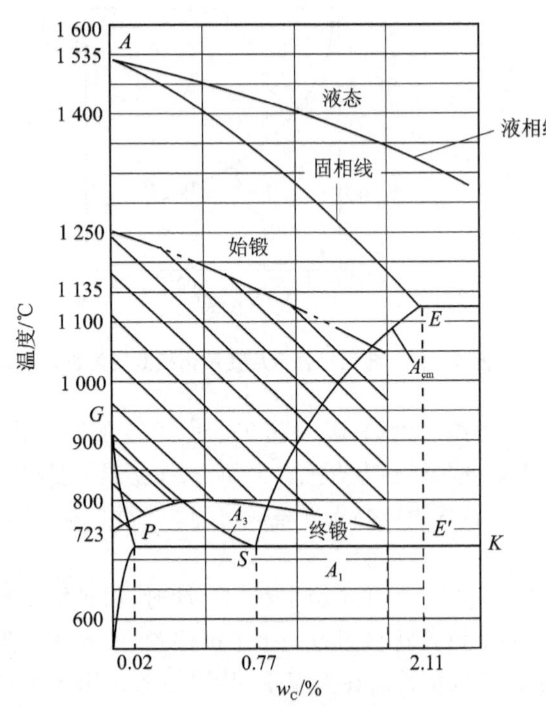


**图 7-18 碳钢的锻造温度范围**

由于金属和合金的种类繁多,上述一般性结论并不能概括各种材料的塑性和变形抗力随温度变化的情况。实际应用中要根据具体材料进行分析。

金属的锻造是在一定温度范围内进行的(见图 7-18)。为缩短加热时间,对塑性良好的中小型低碳钢坯料,可把冷的坯料直接送入高温的加热炉中,尽快加热到始锻温度。这样不仅可提高生产率,而且可以减少坯料的氧化和钢的表面脱碳,并防止过热。但快速加热会使坯料产生较大的热应力,甚至可能会导致内部裂纹。因此,对热导率和塑性较低的大型合金钢坯料,常采用分段加热,即先将坯料随炉升温至 800 ℃左右,并适当保温以待坯料内部组织和内外温度均匀。然后再快速升温至始锻温度并在此温度下保温，待坯料内外温度均匀后出炉锻造。

锻造后的锻件冷却也必须注意。锻好的锻件仍有较高的温度，冷却时由于表面冷却快，内部冷却慢，锻件表里冷却收缩不一致，可能会使一些塑性较低或大型复杂锻件产生变形或开裂等缺陷。常用的锻件冷却方式有 3 种：①直接在空气中冷却(简称空冷)，此法多用于碳钢和低合金钢的中小锻件。②在炉灰或干砂中缓冷，多用于中碳钢、高碳钢和大多数低合金钢的中型锻件。③随炉缓冷，锻后随即将锻件放入 500～700 ℃的炉中随炉缓冷，多用于中碳钢和低合金钢的大型锻件以及高合金钢的重要锻件。

**(2) 变形速度的影响**

1) 热效应及温度效应

塑性加工时，物体所吸收的能量一部分转化为弹性变形能，一部分转化为热能。塑性变形能转化为热能的现象，称为热效应。

塑性变形能转化为热能，其部分散失到周围介质，其余部分使变形体温度升高，这种由于塑性变形过程中产生的热量使变形体温度升高的现象，称为温度效应。温度效应首先取决于变形速度，变形速度高，单位时间的变形量就大，产生的热量便多，热量的散失相对减少，因而温度效应也就越大。其次，变形体与工具和周围介质的温差越小，热量的散失就越小，温度效应也就越大。此外，温度效应还与变形温度有关，温度越高，材料的流动应力降低，单位体积的变形能就越小，因而温度效应也就较小。但是冷塑性成型时，因材料流动应力高，单位体积的变形功也大，所以温度效应显著。

热效应可用发热率来表示，即

$$\eta_A = \frac{A_{\mathrm{T}}}{A} \times 100\% \tag{7-12}$$

式中：$\eta_A$ 为发热率；$A_{\mathrm{T}}$ 为转化为热的那部分能量；$A$ 为使物体产生塑性变形时的能量。

不同金属的发热率是不相同的，如铝约为 93%，铜为 92%；一般认为在室温条件下镦粗时，纯金属的发热率为 0.85～0. 9，合金的为 0.75～0. 85。

塑性变形过程中的发热现象在任何温度下都能发生，不过低温下表现得明显一些，发出的热量也相对的多一些。随着温度的升高，热效应减小，因为温度升高时变形抗力降低，单位变形体积所需要的能量小。

塑性变形过程中因金属发热而促使金属的变形温度升高，称为温度效应，用 $\alpha_\eta$ 表示，即

$$\alpha_\eta = \frac{T_2 - T_1}{T_1} \times 100\% \tag{7-13}$$

式中：$T_1$ 为变形前金属所具有的温度；$T_2$ 为变形后因热效应的作用金属实际具有的温度。

按式(7-8)计算的 $\alpha_\eta$ 越大，表示温度上升得越多。

2) 变形速度对塑性的影响

当变形速度(或应变速率)大时，塑性变形来不及在整个变形体内均匀地传播开，金属的变形主要以弹性变形的形式表现。根据 Hooke 定律，弹性变形量越大，应力越大。因此，上述现象导致材料的流动应力增大。但是，变形速度对材料的断裂应力的影响很小，因此，变形速度提高，将使材料断裂前的变形程度减小，即使材料的塑性降低。应变速率对流变应力的影响如图 7-19 所示。

热塑性成型时，变形速度大，这可能是由于没有足够的时间进行回复和再结晶，材料的变

形抗力提高,塑性降低。对于再结晶温度高,再结晶速度慢的高合金钢,这种现象尤为明显。变形速度大时,也可能由于温度效应显著,使材料的温度上升,从而提高塑性,降低流动应力。但是,对于某些材料,变形速度过大所引起的温升会使材料进入脆性区,反而使塑性降低。此外,变形速度变化还可能改变摩擦系数,从而对金属和合金的塑性产生一定的影响。变形规程的基本参数如图 7-20 所示。

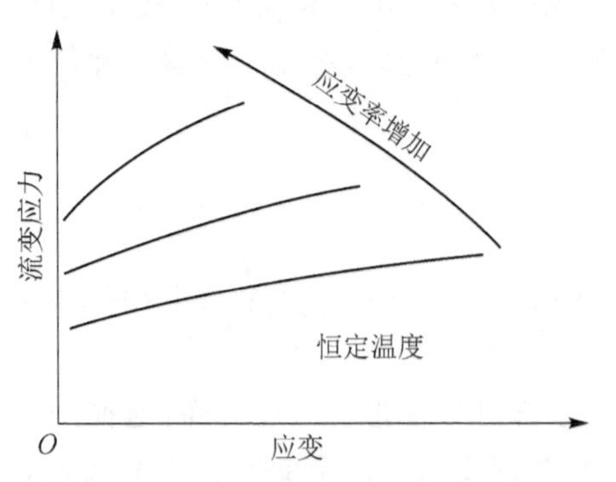


图 7-19 应变速率对流变应力的影响

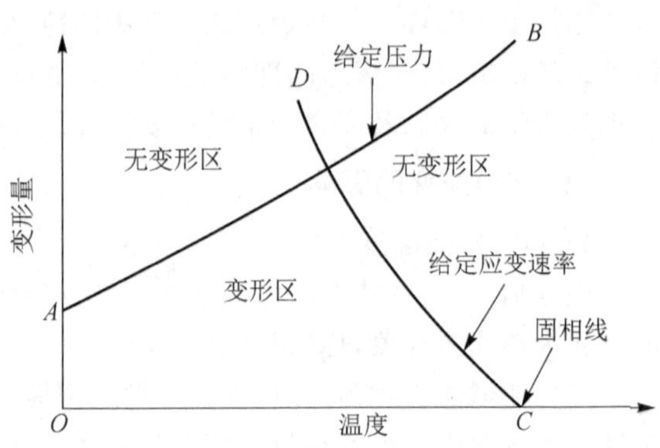


图 7-20 变形规程的基本参数

塑性变形过程中的变形温度、变形速度、变形程度都使变形体的内能增加。温度升高是变形体中原子动能增加的反应,而其他两个条件也影响变形体的温度变化。所以,变形温度、变形速度和变形程度(工艺上称"三度")是变形规程的基本参数,故又统称为变形规程。

制定良好的变形规程,直接关系变形过程能否顺利进行,产品质量能否合乎要求。因为变形温度直接决定于变形形式,即决定硬化与软化的情况。而变形程度对软化温度范围及软化速度、晶粒度等又有影响。变形程度大时,再结晶速度加速,而且再结晶开始与终了温度有所降低,晶粒变细;同时在一定的工具速度下,变形程度的提高也引起变形速度的提高。变形程度与变形速度的变化又同时影响变形温度的变化,从而影响硬化与软化的效果,导致变形形式发生变化,这些都使金属组织发生变化,从而影响金属性能。在大多数情况下,变形规程对产品性能起决定性的影响,因此有必要综合考虑三度对变形形式的影响。

**(3) 变形机制图**

对于给定的材料,当外在条件(例如应力、温度、应变速率)不同时,或者金属的组织结构(例如晶粒大小)不同时,将有不同的变形机制起作用;或者在特定的条件下,起着作用的几种变形机制中,将有某一种机制起控制作用。确定在各种特定条件下的材料变形机制具有重要的实际意义。

可以通过求解各种变形机制的本构方程(应力、温度、材料常数和应变速率关系的表达式)并用图示的方法将变形机制中温度、应力和应变速率三者之间建立联系,这就是变形机制图。图 7-21 表示了晶粒尺寸为 30 μm 的 304 不锈钢的变形机制图,图中横坐标是熔点归一化温度,纵坐标是应力相对切变模量归一化的数值。图 7-21 给出了不同变形机制起控制作用的温度——应力区间,图中还标出了一系列应变速率等值线。

变形机制图形象化地描述了材料各种变形机构之间的复杂关系。根据塑性变形机制图,能够方便了解实际热塑性加工过程或工程材料在实际使用情况下温度-应力-变形速率范围内哪种变形机制在起控制作用,以便采取相应的措施根据实际需要来控制变形机制,促进变形或抑制变形。

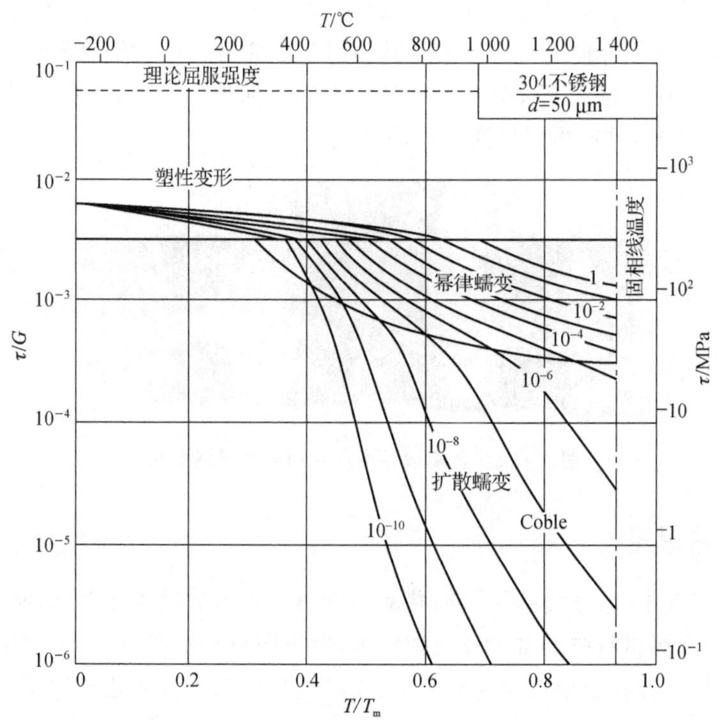


图 7－21　晶粒尺寸为 30 μm 的 304 不锈钢的变形机制图

## 7.1.4　热塑性变形对金属组织与性能的影响

### 1. 改善铸锭和钢坯的组织

铸态组织的不均匀，可从铸锭断面上看出 3 个不同的组织区域，最外面是由细小的等轴晶组成的一层薄壳，与这层薄壳相连的是一层相当厚的粗大柱状晶区域，中心部分则为粗大的等轴晶。从成分上看，除了特殊的偏析造成成分不均匀外，一般低熔点物质、氧化膜及其他非金属夹杂多集结在柱状晶的交界处。此外，由于存在气孔、分散缩孔、疏松及裂纹等缺陷，使铸锭密度较低。组织和成分的不均匀以及较低的密度是铸锭塑性差、强度低的基本原因。

通过热塑性加工可使钢中的组织缺陷得到明显的改善，如气孔和疏松被焊合，使金属材料的致密度增加，铸态组织中粗大的柱状晶和树枝晶被破碎，使晶粒细化，某些合金钢中的大块初晶或共晶碳化物被打碎，并较均匀分布，粗大的夹杂物也可被打碎，并均匀分布。由于在温度和压力作用下原子扩散速度加快，因而偏析可部分得到消除，使化学成分比较均匀。以上这些都使材料的性能得到明显的提高。

### 2. 形成纤维组织

在热加工过程中铸态金属的偏析、夹杂物、第二相、晶界等逐渐沿着流线方向延伸。其中硅酸盐、氧化物、碳化物等脆性杂质与第二相破碎呈链状，塑性夹杂物则变成带状、线状或条状。在宏观试样上沿着变形方向呈现一条条的细线，这就是热加工钢中的流线。由一条条流线勾画出来的组织叫做纤维组织。

金属中纤维组织的形成将使其力学性能呈现出各向异性，沿着流线方向比垂直于流线方向具有较高的力学性能,特别是塑性和冲击韧性。在制定热加工工艺时,必须合理地控制流线的分布情况,尽量使流线方向与应力方向一致。对所受应力比较简单的零件,如曲轴、吊钩、扭力轴、齿轮、叶片等,应尽量使流线分布形态与零件的几何外形一致,并在零件内部封闭,不在表面露头(见图 7-22),这样可以提高零件的性能。

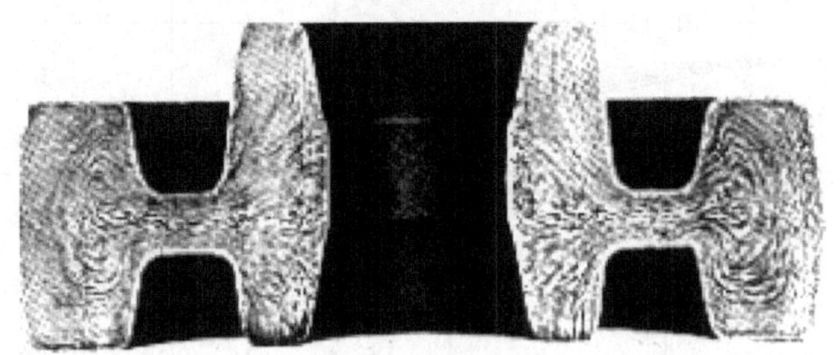

图 7-22 金属锻件中纤维组织的流线分布

### 3. 形成带状组织

复相合金中的各个相,在热加工时沿着变形方向交替地呈带状分布,这种组织称为带状组织,在经过压延的金属材料中经常出现这种组织,但不同材料中产生带状组织的原因不完全一样。一种是在铸锭中存在着偏析和夹杂物,压延时偏析区和夹杂物沿变形方向伸长成带条状分布,冷却时即形成带状组织。

当钢中存在较多的夹杂物时,若夹杂物被变形拉成带状,则在冷却过程中先共析的铁素体通常依附于它们之上而析出,也会形成带状组织。对于高碳高合金钢,由于存在较多的共晶碳化物,故在热加工时碳化物颗粒也可呈带状分布,通常称为碳化物带。

带状组织使金属材料的力学性能产生方向性,特别是横向的塑性和韧性明显降低,使材料的切削性能恶化。对于高温下能获得单相组织的材料,带状组织有时可用正火来消除,但严重的磷偏析引起的带状组织必须采用高温扩散退火及随后的正火加以改善。

### 4. 晶粒大小

正常的热加工一般可使晶粒细化。但是晶粒能否细化取决于变形量、热加工温度等因素。一般认为增大变形量,有利于获得细晶粒,当铸锭的晶粒十分粗大时,只有足够大的变形量才能使晶粒细化。

若变形度不均匀,则热加工后的晶粒大小往往也不均匀。当变形量很大(>90%),且变形温度很高时,容易引起二次再结晶,得到异常粗大的晶粒组织。因此,应对热加工工艺进行认真控制,以获得细小均匀的晶粒,提高材料的性能。

如前所述,热塑性变形发生动态回复与动态再结晶,变形温度及变形速度对动态回复和再结晶过程起控制作用,从而决定了金属及合金的塑性和变形抗力变化的特点。因此,在热塑性加工过程中,应同时考虑变形温度和变形速度的影响。

# 7.2　金属塑性成型性能与规律

## 7.2.1　金属塑性成型性能

金属塑性变形的能力决定金属材料在塑性成型加工时获得优质毛坯或零件的难易程度，或称为成型性。金属的成型性好，表明该金属适合于塑性加工成型，反之则说明该金属不宜于选用塑性成型加工。

### 1. 塑性变形抗力及影响因素

塑性成型时，对金属或合金必须施加的外力，称为变形力。金属或合金对变形力的反作用力，称为变形抗力。在某种程度上，它反映了材料变形的难易程度。变形抗力的大小，不仅取决于材料的流动应力，而且取决于塑性成型的应力状态、摩擦条件及变形体的几何尺寸等因素。只有在单向均匀拉伸（或压缩）时、变形抗力才与所考虑材料在一定变形温度、变形速度和变形程度下的流动应力相等。

成型性常用金属的塑性指标（伸长率 $\delta$ 和断面收缩率 $\psi$）和变形抗力来综合衡量，塑性指标越高，变形抗力越低，成型性越好。金属成型性的优劣受材料性质和变形加工条件这两个内外因素的综合影响。

变形抗力的影响因素主要有如下几方面：

**(1) 材料性质的影响**

① 化学成分。不同种类的金属以及不同成分含量的同类金属材料塑性是不同的，铁、铝、铜、镍、金、银等的塑性好。一般情况下，纯金属的塑性比合金的好，如纯铝的塑性就比铝合金的好；低碳钢的塑性就比中高碳钢的好；碳素钢的塑性又比含碳量相同的合金钢的好。

② 组织状态。金属内部组织结构不同，其成型性有较大的差异。纯金属及固溶体（如奥氏体）组成的单相组织比多相组织的塑性好，变形抗力低；均匀细小的晶粒比铸态柱状晶组织和粗晶组织的成型性好。

**(2) 成型加工条件的影响**

① 成型温度。就大多数金属材料而言，提高金属塑性变形时的温度，金属的塑性指标（伸长率 $\delta$ 和断面收缩率 $\psi$）增加，变形抗力降低，是改善或提高金属成型性的有效措施，故热成型加工时，都要将金属预先加热到一定的温度。

金属在加热过程中，随着温度的升高，其性能变化很大（见图 7-23）。低碳钢在 300 ℃以上，随着温度的升高，塑性指标 $\delta$ 和 $\psi$ 上升，变形抗力下降，当组织为单一奥氏体时，塑性很好，适宜进行塑性成型加工。

为保证金属在热成型过程中具有最佳变形条件以及热变形后获得所要求的内部组织，需正确制定金属材料的热成型加热温度范围。加热温度过高易产生过热（金属内晶粒急剧长大的现象）、过烧（晶粒间低熔点物质熔化，变形时金属发生破裂）及严重氧化等缺陷；过低会因出现加工硬化而使塑性下降，变形抗力剧增，难以进行变形。

② 变形速度。变形速度对金属成型性的影响是比较复杂的，一方面，因变形速度的增大，回复与再结晶不能及时克服加工硬化现象，金属表现出塑性指标 $\delta$ 和 $\psi$ 下降、变形抗力增大，

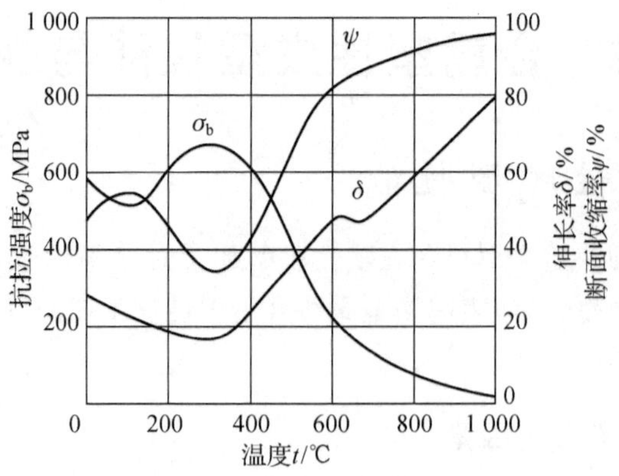


**图 7-23 低碳钢力学性能与温度的关系**

成型性变坏。另一方面,金属在变形过程中消耗于塑性变形的能量有一部分转换成热量,使金属温度升高(热效应现象)。若变形速度足够大,则热效应现象很明显,又使金属的塑性指标 $\delta$ 和 $\psi$ 提高、变形抗力下降,成型性变好。

成型温度与变形速率对金属硬度的影响如图 7-24 所示。

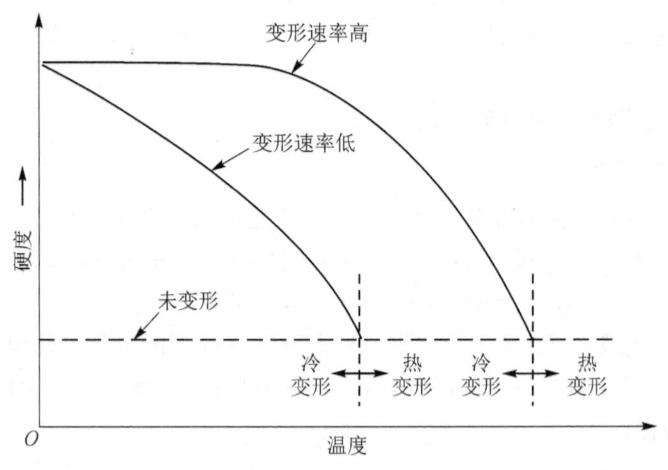


**图 7-24 成型温度与变形速率对金属硬度的影响**

**(3) 应力状态的影响**

研究表明,金属塑性变形时,三向压应力状态可以使材料的塑性提高,同时提高材料的变形抗力。三向压应力状态越强烈,材料的塑性越好,变形抗力也越高。而且同号应力状态下引起的变形抗力大于异号应力状态下的变形抗力。

当金属内部有气孔、小裂纹等缺陷时,在拉应力作用下,缺陷处易产生应力集中,导致缺陷扩展,甚至产生破裂。压应力会使金属内部摩擦增大,变形抗力也随之增大,但压应力使金属内原子间距减小,又不易使缺陷扩展,故金属的塑性得到提高。因此,在锻压生产中,人们通过改变应力状态来改善金属的塑性,以保证生产的顺利进行。例如,圆柱体镦粗时,侧表面可能因出现附加拉应力而形成纵向裂纹。如施加侧向压力,就可能抵消所形成的附加拉应力,从而避免出现裂纹。某些有色合金和耐热合金,由于其塑性很差,需要采用挤压方法进行开坯或成型。即使如此,有时仍不能避免毛坯挤出端开裂。因此,需要采用包套挤压。

应力状态对变形抗力的影响，可用屈服准则进行解释。为了使金属发生塑性变形，必须满足屈服准则，即

$$\sigma_1-\sigma_2=Y\sigma_s \tag{7-14}$$

式中：$\sigma_1$ 和 $\sigma_2$ 分别为最大和最小主应力；$Y$ 为影响系数，其值在 1～1.155 之间。从屈服准则的表达式可知，在异号主应力情况下，表达式左边是 $\sigma_1$ 和 $\sigma_2$ 的绝对值之和，所以容易满足屈服准则；而在同号主应力的情况下，左边是 $\sigma_1$ 和 $\sigma_2$ 的绝对值之差，因而不易满足屈服准则。由于上述原因，在同样条件下，拉伸时，因为是异号主应力，所以变形抗力较小；挤压时，为同号主应力，所以变形抗力比拉伸时大得多。

**(4) 变形抗力计算模型**

对于一定的金属材料，变形抗力 $\sigma_s$ 是变形温度、应变速率和变形程度（即“三度”）的函数，即

$$\sigma_s=f(\varepsilon,\dot{\varepsilon},T) \tag{7-15}$$

根据不可逆过程热力学理论，在一定的假设条件下，可得出变形抗力与三度的规律如下：

① 变形温度和变形速度恒定时，变形程度 $\varepsilon$ 与变形抗力 $\sigma_s$ 的关系为

$$\sigma_s=B_1\varepsilon^a \tag{7-16a}$$

② 变形程度和变形速度恒定时，变形抗力与单相状态条件下的变形温度的关系为

$$\sigma_s=B_2\mathrm{e}^{-bT} \tag{7-16b}$$

③ 变形程度和变形温度恒定时，变形抗力与变形速度的关系为

$$\sigma_s=B_3\left(\dot{\bar{\varepsilon}}\right)^c \tag{7-16c}$$

综合式(7-16a)、(7-16b)和式(7-16c)可写成

$$\sigma_s=B_4(\bar{\varepsilon})^a\left(\dot{\bar{\varepsilon}}\right)^c\mathrm{e}^{-bT} \tag{7-17}$$

式中：$B_1$、$B_2$、$B_3$、$B_4$、$a$、$b$、$c$ 是取决于变形条件和变形材料的常数，由实验确定；$\bar{\varepsilon}$ 为平均变形程度；$\dot{\bar{\varepsilon}}$ 为平均变形速度；$T$ 为变形温度，单位为 K。

对于大应变、高应变速率、高温变形的材料，可采用 Johnson-Cook 本构模型，即

$$\sigma=(A+B\varepsilon^n)\left[1+C\ln\left(\frac{\dot{\varepsilon}}{\dot{\varepsilon}_0}\right)\right]\left[1-\left(\frac{T-T_r}{T_m-T_r}\right)^m\right] \tag{7-18}$$

式中：$\sigma$ 为流动应力；$\varepsilon$ 为等效塑性应变；$\dot{\varepsilon}$ 为塑性应变率；$A$、$\dot{\varepsilon}_0$ 分别表示准静态实验下的屈服应力和参考应变率；$B$、$n$ 为应变强化参数；$C$ 为经验性应变率敏感系数；$m$ 为温度软化效应；$T_m$ 为材料熔点；$T_r$ 为室温。

总之，金属的成型性既取决于金属本质，又取决于变形条件。因此，在金属材料的成型加工过程中，力求创造最有利的变形加工条件，提高金属的塑性，降低变形抗力，达到塑性成型的目的。另外，还应使加工过程满足能耗低、材料消耗少、生产率高、产品品质好的要求。

**(5) 塑性变形的稳定性**

根据金属材料的恒速拉伸试验，试样在外载荷作用下首先发生弹性变形，再经过一定的均匀塑性变形，载荷达到最大值后出现缩颈，然后载荷降低直至断裂。缩颈表明试样的变形集中在试样的某一局部区域而不是均匀分布，称为塑性变形局部化。与均匀塑性变形的相对稳定状态而言，变形局部化现象称为不稳定状态（或称塑性变形失稳）。失稳点的力学条件为 $\mathrm{d}F=0$ 或 $\mathrm{d}\sigma=0$。

拉伸实验载荷-位移关系如图 7-25 所示。

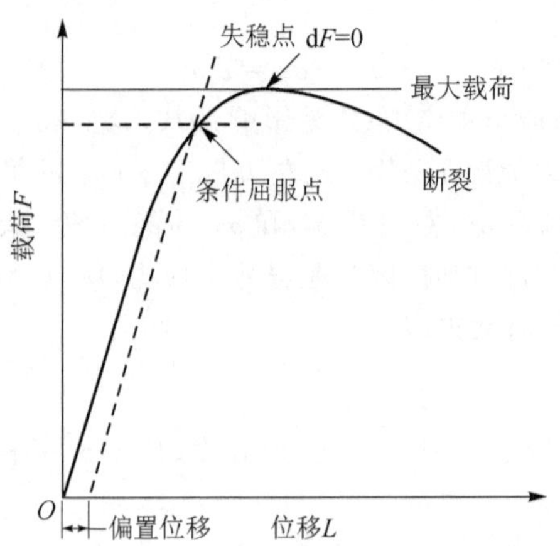


**图 7-25　拉伸实验载荷-位移关系**

以单向拉伸为例，在加载过程中，图 7-26(a)所示的材料满足 $\Delta\sigma \cdot \Delta\varepsilon \geqslant 0$，故为稳定塑性变形；图 7-26(b)所示的材料不满足 $\Delta\sigma \cdot \Delta\varepsilon \geqslant 0$，故为非稳定塑性变形。

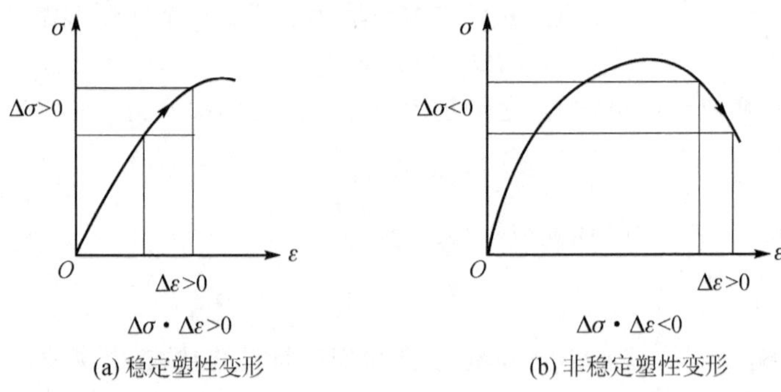


(a) 稳定塑性变形　　　(b) 非稳定塑性变形

**图 7-26　塑性变形的稳定性**

拉伸试样缩颈发生在载荷-位移曲线的最大载荷处，即 $\mathrm{d}F=0$ 处，或者说均匀塑性变形阶段试样各截面的载荷 $F$ 均相等。根据载荷 $F$ 与试样截面积 $A$ 和应力 $\sigma$ 的关系，$F=A\sigma$，发生塑性变形失稳的条件为

$$\frac{\mathrm{d}F}{\mathrm{d}L}=A\frac{\mathrm{d}\sigma}{\mathrm{d}L}+\sigma\frac{\mathrm{d}A}{\mathrm{d}L}=0 \tag{7-19a}$$

$$\mathrm{d}F=A\mathrm{d}\sigma+\sigma\mathrm{d}A=0 \tag{7-19b}$$

或

$$A\mathrm{d}\sigma+\sigma\mathrm{d}A=0 \tag{7-19c}$$

两端同除 $A\sigma$ 可得

$$\frac{\mathrm{d}\sigma}{\sigma}+\frac{\mathrm{d}A}{A}=0 \tag{7-20}$$

由于试样发生塑性变形的体积 $V=AL$，则 $\mathrm{d}V=A\mathrm{d}L+L\mathrm{d}A$。根据体积不变原理，则有 $\mathrm{d}V=0$，因此可得

$$A\mathrm{d}L+L\mathrm{d}A=0 \tag{7-21a}$$

或

$$\frac{dL}{L}+\frac{dA}{A}=0 \tag{7-21b}$$

由于 $d\varepsilon=\frac{dL}{A}$，则有 $d\varepsilon=-\frac{dA}{A}$，

$$\frac{d\sigma}{\sigma}-d\varepsilon=0 \tag{7-22}$$

又由于缩颈开始时最大载荷的应力为抗拉强度，即 $\sigma=\sigma_b$，因此式(7-22)可以表示为

$$\frac{d\sigma}{d\varepsilon}=\sigma=\sigma_b \tag{7-23}$$

式中：$\frac{d\sigma}{d\varepsilon}$称为应变硬化速率。式(7-23)表明，当加工硬化速率数值与屈服强度相等时开始缩颈。如图 7-27 所示，即真应力-应变曲线与$\frac{d\sigma}{d\varepsilon}$-ε 曲线的交点即为塑性变形失稳开始点(缩颈)。在交点的左边，$\frac{d\sigma}{d\varepsilon}>\sigma$，加工硬化作用较强，能够补偿因截面积减少所引起的应力升高；在交点的右边，$\frac{d\sigma}{d\varepsilon}<\sigma$，加工硬化作用减弱或失去，导致塑性变形局部化(或缩颈)。

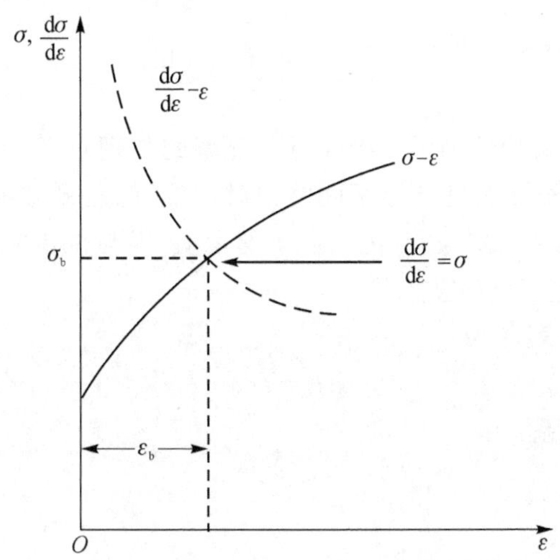


**图 7-27　真应力-应变曲线与加工硬化速率**

对于幂硬化材料，$\sigma=K\varepsilon^n$，应变硬化速率为

$$\frac{d\sigma}{d\varepsilon}=Kn\varepsilon^{n-1}=\frac{n\sigma}{\varepsilon} \tag{7-24}$$

当 $\sigma=\sigma_b$ 时，所对应的真实应变值 $\varepsilon=\varepsilon_b$。结合式(7-23)和式(7-24)则有 $\sigma_b=\frac{n\sigma_b}{\varepsilon_b}$，即 $\varepsilon_b=n$。由此可见，硬化指数 $n$ 即反映材料开始屈服以后继续变形时材料的应变硬化情况，同时也决定了材料开始发生缩颈时的最大应力。出现颈缩时 $\varepsilon_b=n$，说明硬化指数 $n$ 也决定了材料能够产生的最大均匀应变量。

### 2. 加工图

Prasad 和 Gegel 等人根据大塑性变形连续介质力学、物理系统模拟和不可逆热力学理

论,建立了动态材料模型。动态材料模型可看作是联系大塑性变形和组织结构耗散的纽带,可阐明外界作用的能量如何通过工件塑性变形而耗散。

Prasad 等人根据动态材料模型建立的加工图已成功应用于多种合金。该模型把变形工件作为一个功率耗散器,变形时能量通过两个互补的过程给予消耗,即大部分能量转化为热能,余下的部分由变形中组织演变所消耗。根据耗散结构理论,输入系统的能量 $P$ 可分为两部分:耗散量($G$)和耗散协量($J$),其数学定义为

$$P = \sigma\dot{\varepsilon} = G + J = \int_0^{\dot{\varepsilon}} \sigma \mathrm{d}\dot{\varepsilon} + \int_0^{\sigma} \dot{\varepsilon} \mathrm{d}\sigma \tag{7-25}$$

式中:$G$ 是材料发生塑性变形所消耗的能量,其中大部分能量转化成了热能,小部分以晶体缺陷能的形式存储;$J$ 是材料变形过程中组织演化所耗的能量。根据不可逆热力学原理,当温度一定时,工件的总功率耗散同熵产生率有关,即

$$P = \sigma\dot{\varepsilon} = T \frac{\partial S_i}{\partial t} \geqslant 0 \tag{7-26}$$

式中:$\partial S_i/\partial t$ 是熵产生率,不等式表示不可逆过程。在等温条件下,熵产生率包括2个独立的部分:第1部分是传导熵,表示位错运动产生的热传导,与耗散量 $G$ 有关;第2部分是组织变化熵,同耗散协量 $J$ 有关。这两种能量所占比例由材料在一定应力下的应变速率敏感指数 $m$ 决定,即

$$m = \frac{\partial J}{\partial G} = \frac{\dot{\varepsilon}\partial\sigma}{\sigma\partial\dot{\varepsilon}} = \frac{\partial \ln \sigma}{\partial \ln \dot{\varepsilon}} \tag{7-27}$$

从原子运动角度能更清楚地阐明系统能量分配率的物理意义。众所周知,材料能量的耗散可分为势能和动能两部分。势能与原子间的相对位置有关,显微组织的改变势必引起原子势能变化,因而与耗散协量($J$)对应;动能与原子的运动,即与位错的运动有关,动能转化以热能形式耗散,因而与耗散量($G$)对应。

耗散协量 $J$ 的微分可表示为

$$\mathrm{d}J = \dot{\varepsilon}\mathrm{d}\sigma \tag{7-28}$$

假定材料符合本构关系:

$$\sigma = K\dot{\varepsilon}^m \tag{7-29}$$

则 $J$ 表示为

$$J = \int_0^{\sigma} \dot{\varepsilon}\mathrm{d}\sigma = \frac{m}{m+1}\sigma\dot{\varepsilon} \tag{7-30}$$

需要强调的是,只有当 $m$ 值为常数时,式(7-30)才有效。一般情况下 $m$ 值随温度和应变速率呈非线性变化。对于粘塑性固体的稳态流变,$m$ 的取值范围在0~1之间。当 $m=1$ 时,材料处于理想线性耗散状态,耗散协量 $J$ 达到最大值 $J_{max}$,$J_{max}$ 即图7-28(b)中直线上半部分的面积,即

$$J_{max} = \frac{\sigma\dot{\varepsilon}}{2}$$

将 $J$ 与理想线性耗散因子 $J_{max}$ 进行标准化后得到一个无量纲的参数 $\eta$,称为耗散效率因子。其物理意义是材料成型过程中显微组织演变所耗散的能量同线性耗散能量的比例关系,其值为

$$\eta = \frac{J}{J_{max}} = \frac{2m}{m+1} \tag{7-31}$$

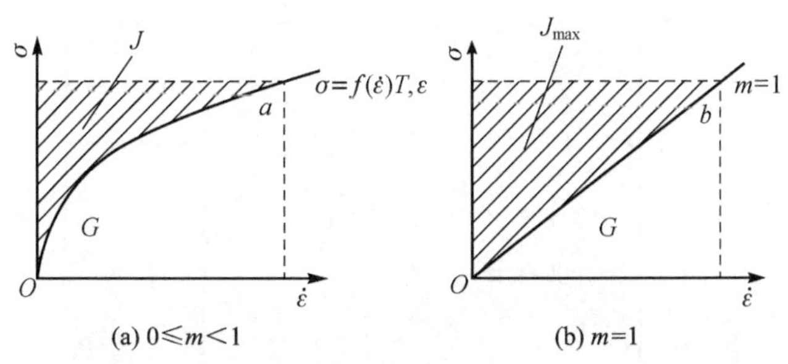


**图 7-28　材料系统能量耗散示意图**

由式(7-31)可知,功率耗散效率 $\eta$ 须通过计算加工过程中的功率耗散量 $G$ 来求解。参数 $\eta$ 本质上描述了加工件在施加的温度和应变范围内的微观变形机制,功率耗散效率因子随温度和应变速率的变化就构成了功率耗散图,功率耗散图代表材料显微组织改变时功率的耗散。由于塑性变形过程中各种损伤(如空洞形成和楔形开裂)或者冶金变化(如动态回复、动态再结晶等)都耗散能量,因此,借助金相观察,功率耗散图可以用来分析不同区域的变形机理。值得注意的是,在功率耗散图中,并不是功率耗散效率越大,材料的内在可加工性能越好。因为在加工失稳区功率耗散效率也可能会较高,所以有必要先判断出合金的加工失稳区。

根据大应变塑性变形的极大值原理,当 $\mathrm{d}D/\mathrm{d}\varepsilon < D/\varepsilon$ 时,会出现变形失稳,式中 $D$ 是在给定温度下的耗散函数。按照动态材料模型原理,$D$ 等于耗散协量 $J$,由上述分析可以得到流变失稳的判据为

$$\frac{\mathrm{d}J}{\mathrm{d}\dot{\varepsilon}} < \frac{J}{\dot{\varepsilon}} \tag{7-32}$$

或

$$\xi(\dot{\varepsilon}) = \frac{\partial \ln\left(\dfrac{m}{m+1}\right)}{\partial \ln \dot{\varepsilon}} + m < 0 \tag{7-33}$$

在 $\dot{\varepsilon}$ 和 $T$ 所构成的二维平面上绘出变量 $\xi(\dot{\varepsilon})$ 的等值线图,这就构成了材料的流变失稳图 $\xi(\dot{\varepsilon})<0$ 的区域为流变失稳区域。如果将功率耗散图与流变失稳图叠加就可得到加工图(Processing Map)。图 7-29 所示为典型钛合金 Ti-6Al-4V 的加工图。在加工图上可以直接显示加工安全区和流变失稳与开裂区域。

金属材料的加工图存在几个可以安全加工的域,同时可能包含流变不稳定性状态和可以避免的裂纹。一般来说,安全域描绘的为原子机制,例如,动态再结晶、动态回复和超塑性等。危险的过程包括在硬微粒处的韧性断裂、楔形断裂、晶间断裂、沿微粒边界断裂等。不稳定过程包括局部流变、绝热剪切带的形成、流变转动和动态应变时效等。动态再结晶是金属在热变形过程中发生的再结晶过程,一般出现的温度区间为 $0.7T_\mathrm{m} \sim 0.8T_\mathrm{m}$。由于再结晶的同时还在进行变形,因此动态再结晶晶粒通常不是等轴状,晶粒大小也不均匀。

动态再结晶是金属体积成型的一个重要过程,通过它可以破碎铸态组织,完成片状组织的球化等,对改善材料的加工性和控制组织有重要作用,其发生条件随层错能的变化而不同。对低层错能的材料,发生动态再结晶的应变速率为 $0.1 \sim 1\ \mathrm{s}^{-1}$,最大耗散效率为 30%~35%;对高层错能的材料,应变速率为 $0.001\ \mathrm{s}^{-1}$,最大功率耗散为 50%~55%;对于中等层错能的材料来说,其最大的耗散效率为 40%。有关研究认为动态再结晶随层错能的变化是位错形核和

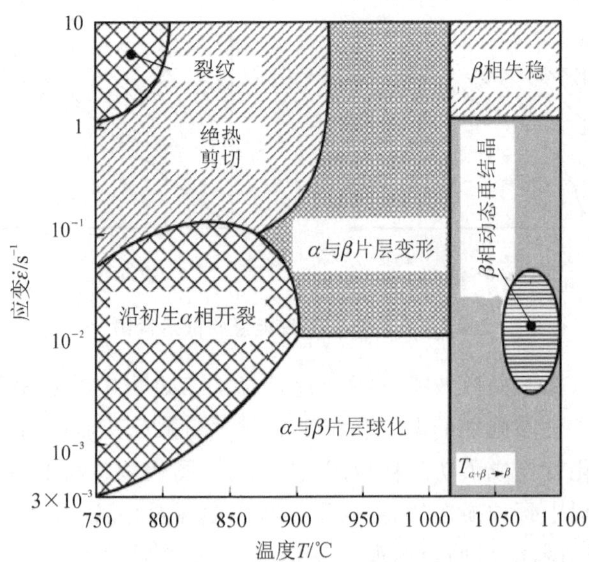


**图 7-29 Ti-6Al-4V 合金加工图**

晶界迁移两个过程相互竞争的结果。按照这一理论,低层错能的金属形核率低,因而动态再结晶是由形核率控制的,耗散效率也低。高层错能金属形核率高,动态再结晶主要受晶界的迁移率控制,因而动态再结晶耗散效率高,发生在低应变速率。试样的显微组织是重新形成的,并且其晶界一般呈波浪形或者曲线形。

## 7.2.2 金属塑性成型的基本规律

### 1. 体积不变定理

金属塑性成型加工中金属变形后的体积等于变形前的体积,称为体积不变定理(或质量恒定定理)。实际上金属在塑性变形过程中,体积总有些微小变化,如锻造钢锭时,由于气孔、缩松的锻合密度略有提高,以及加热过程中因氧化生成的氧化皮耗损等。然而这些变化对整个金属坯件来说是相当微小的,故一般可忽略不计。因此在每一工序中,坯料一个方向尺寸的减小,必然使其他方向的尺寸有所增加,这在确定各工序间尺寸变化时就可运用该定理。

材料变形力学分析中已给出了塑性变形体积不变的条件(见第 4 章)。对于简单几何形状坯料拔长过程的塑性变形(见图 7-30),假设坯料变形前的宽度和厚度分别为 $B_0$、$H_0$,变形后的宽度和厚度分别为 $B$、$H$;锤头平面宽度为 $L_0$,锤头平面下坯料拔长变形为 $L$。上下锤头平面间的坯料在每次锤头下压前的体积为 $V_0=L_0B_0H_0$,下压变形后的体积为 $V=LBH$,根据体积不变定理则有 $V_0=V$,即

$$L_0B_0H_0=LBH \tag{7-34a}$$

或

$$\frac{L}{L_0}\cdot\frac{B}{B_0}\cdot\frac{H}{H_0}=1 \tag{7-34b}$$

式中:$\frac{L}{L_0}$为拔长比;$\frac{H_0}{H}$为镦粗比;$\frac{B}{B_0}$为展宽比。

对式(7-34b)取对数可得

$$\ln \frac{L}{L_0} + \ln \frac{B}{B_0} + \ln \frac{H}{H_0} = 0 \tag{7-35}$$

根据式(4-52),式(7-35)可写成

$$\varepsilon_x + \varepsilon_y + \varepsilon_z = 0 \tag{7-36}$$

增量关系为

$$d\varepsilon_x + d\varepsilon_y + d\varepsilon_z = 0 \tag{7-37}$$

所得结果与式(4-9)一致。

### 2. 最小阻力定律

金属在塑性变形过程中,其质点都将沿着阻力最小的方向移动,称为最小阻力定律。一般来说,金属内某一质点塑性变形时移动的最小阻力方向就是通过该质点向金属变形部分的周边所作的最短法线方向。因为质点沿这个方向移动时路径最短、阻力最小、所需做的功也最小。因此,金属有可能向各个方向变形,但最大的变形将向着大多数质点遇到的最小阻力的方向。例如,在开式模锻中(见图 7-31),增加金属流向飞边槽的阻力,可以促使金属更好地充填模膛;或者修磨圆角 $r$,减少金属流向 $A$ 区的阻力,可使金属填充得更好。

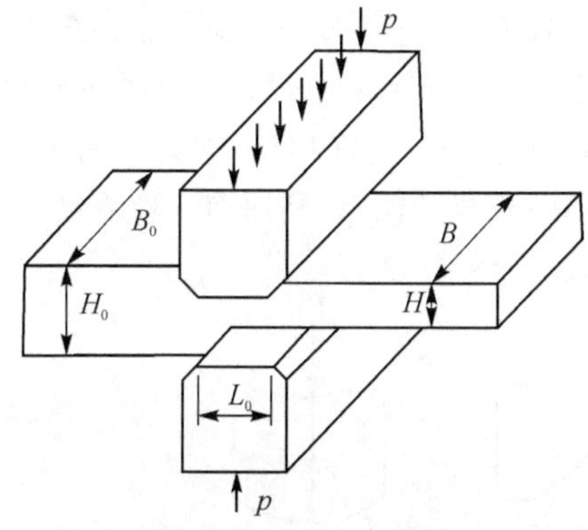


图 7-30　坯料变形示意图

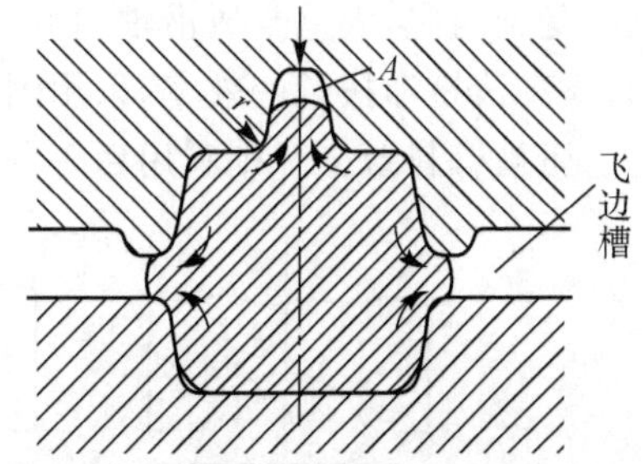


图 7-31　开式模锻的金属流动

在锻造过程中,可应用最小阻力定律事先判定变形金属的截面变化。例如,镦粗圆形截面毛坯时,金属质点沿半径方向移动,镦粗后仍为圆形截面;镦粗正方形截面毛坯时,以对角线划分的各区域里的金属质点都垂直于周边向外移动。这就不难理解为什么正方形截面会逐渐向圆形变化(见图 7-32),长方形截面会逐渐向椭圆形变化(见图 7-33)的规律了。

在毛坯拔长工序中运用最小阻力定律可以提高拔长的生产效率。毛坯拔长时就是沿坯料长度方向逐次镦粗(见图 7-34),镦粗过程中伴随翻转操作,使坯料截面积逐渐减少,长度增加。送进量小时,金属大部分沿长度方向流动;送进量增大,更多的金属将沿宽度方向流动,故对拔长比而言,送进量越小,拔长的效率越高。另外,在镦粗或拔长时,毛坯与上、下砧铁表面接触产生的摩擦力使金属流动形成鼓形。

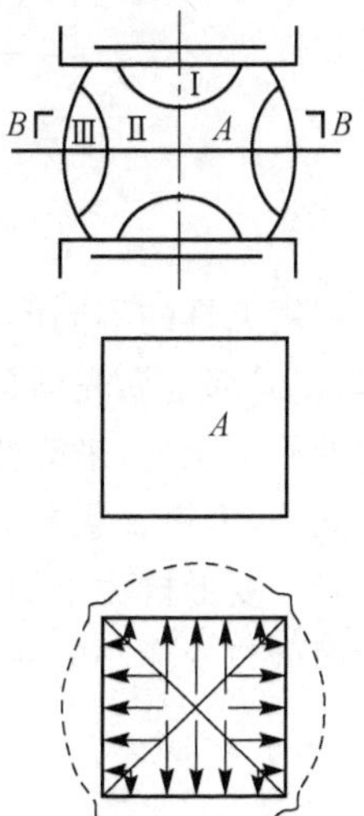


图 7-32　正方形断面变形模式

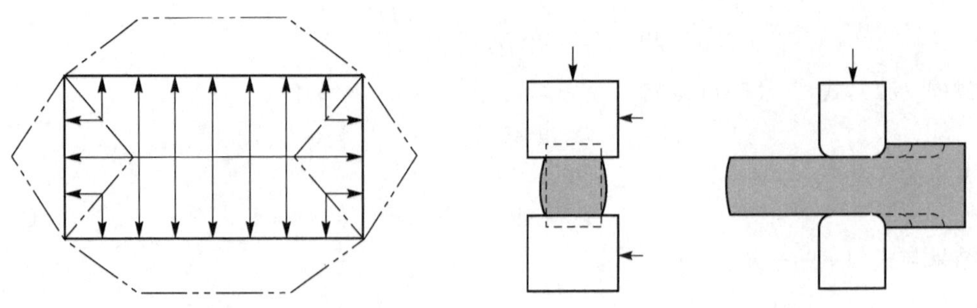

图 7-33　矩形截面坯料镦粗时的金属质点流动　　图 7-34　毛坯拔长

金属塑性变形应满足体积不变条件，即坯料在某些方向被压缩的同时，在另一些方向将有伸长，而变形区内金属质点是沿着最小阻力方向流动的。根据体积不变条件和最小阻力定律，可以大体确定出塑性成型时的金属流动模式，从而控制塑性变形过程，指导塑性成型工艺设计。

### 3. 工具形状对金属塑性变形和流动的影响

工具形状是影响金属塑性流动的重要因素。工具形状不同，各个方向的流动阻力不一样。在圆弧形砧上或V形砧中拔长圆截面坯料时，如图 7-35 所示，由于工具的侧面压力使金属沿横向流动受到阻碍，大量金属沿轴向流动。在凸弧形砧上，正好相反，加大横向流动。模锻制坯时，为提高滚挤和拔长的效率，采用闭式滚挤和闭式拔长模膛，利用前一种流动模式；叉形件模锻时金属被劈料台分开则利用后一种流动模式。

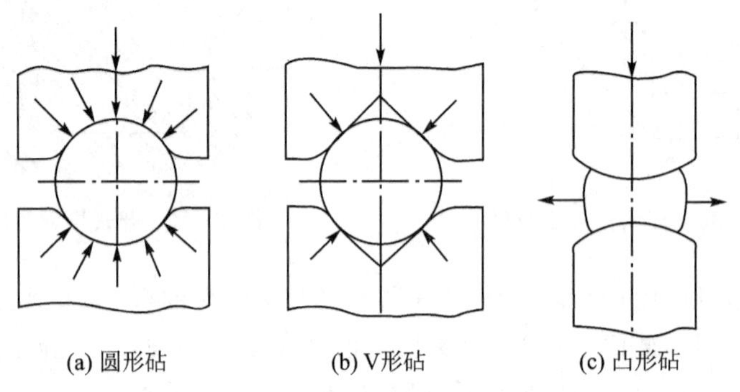


图 7-35　不同形砧的拔长

利用工具的不同形状，除了可以控制金属的流动方向外，还可以在坯料内产生不同的应力状态，使局部金属先满足屈服准则而进入塑性状态，以达到控制塑性变形区的作用；或者造成不同的静水压力，来改变材料在该状态下的塑性。

此外，由于金属本身的化学成分、组织和温度的不均匀，会造成金属各部分的变形和流动的差异。变形抗力小的部分首先变形，但作为一个整体，先变形的部分与后变形的部分、变形大的部分与变形小的部分必然彼此影响。

## 7.2.3 金属塑性变形与应力分布的不均匀性

### 1. 均匀变形与不均匀变形

若变形区内金属各质点的应变状态相同，即它们相应的各个轴向上变形的发生情况、发展方向及应变量的大小都相同，则这个体积的变形可视为均匀的。可以认为，变形前体内的直线和平面，变形后仍然是直线和平面；变形前彼此平行的直线和平面，变形后仍然保持平行。显然，要实现均匀变形状态，必须满足以下条件：

① 变形体的物理性质必须均匀且各向同性；

② 整个变形体任何瞬间都承受相等的变形量；

③ 接触表面没有外摩擦，或没有接触摩擦所引起的阻力；

④ 整个变形体处于工具的直接作用下，即处于无外端的情况下。

可见，要实现均匀变形是困难的。要全面满足以上条件，严格说是不可能的，因此，不均匀变形是绝对的。例如，挤压或拉伸棒材的后端凹入，平砧下镦粗圆柱体时出现的鼓形，板材轧制时易出现舌头和鱼尾等均表明变形体横断面上延伸都是不均匀的。这对产品质量及实现加工过程有着重大影响。因此必须对不均匀变形规律加以研究，以便采取各种有效措施来防止或减轻其不良后果。

不均匀变形实质上是由金属质点的不均匀流动引起的。因此，凡是影响金属塑性流动的因素，都会对不均匀变形产生影响。

### 2. 基本应力与附加应力

金属变形时体内变形分布不均匀，不但使变形体外形歪扭、内部组织不均匀，而且还使变形体内应力分布不均匀。此时，除基本应力外还产生附加应力。

由外力作用所引起的应力叫基本应力，表示这种应力分布的图形叫基本应力图。工作应力图是处于应力状态的变形体在变形时用各种方法测出来的应力图。均匀变形时基本应力图与工作应力图相同。而变形不均匀时，工作应力等于基本应力与附加应力的代数和。实际上各种塑性加工过程中变形都是不均匀分布的，所以其工作应力都是属于后者。

附加应力是物体不均匀变形受到其整体性限制，而引起变形体内相互平衡的应力。仅以凸形轧辊上轧制矩形坯为例加以说明。如图7-36所示，坯料边缘部分$a$的变形程度小，而中间部分$b$的变形程度大。若$a$、$b$部分不是同一整体时，则中间部分将比边缘部分发生更大的纵向伸长，如图7-36中点画线所示。轧件实际上是一个整体，虽然各部分的变形量不同，但纵向延伸趋于相等。由于整体性迫使延伸均等的结果，故中间部分将给边缘部分施以拉力使其增加延伸，而边缘部分将给中间部分施以压力，使其减少延伸，这样就产生了相互平衡的内力，即中间产生附加压应力，边部产生附加拉应力。

根据不均匀变形的相对范围大小，按宏观级、显微级和原子级的变形不均匀性可把附加应力分为3种：在整个变形区内的几个区域之间的不均匀变形所引起的彼此平衡的附加应力称为第一类附加应力；在晶粒之间的不均匀变形所引起的附加应力，称为第二类附加应力，如相邻晶粒由于位向不同引起变形大小的不同，便会产生互相平衡的第二类附加应力；在晶粒内部滑移面附近或滑移带中由各部分变形不均匀而引起的附加应力，称为第三类附加应力。

由以上分析可知，附加应力是变形体为保持自身的完整和连续，约束不均匀变形而产生的内

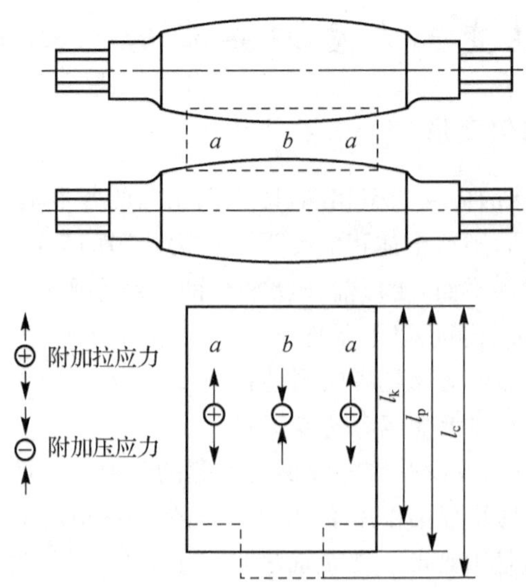


图7-36　凸形轧辊上轧制矩形坯产生的附加应力

力。也就是说,附加应力是由不均匀变形所引起的,但同时它又限制不均匀变形的自由发展。此外,附加应力是互相平衡、成对出现的,当一处受附加压应力时,另一处必受附加拉应力。

由于物体塑性变形总是不均匀的,故可以认为,任何塑性变形的物体内,在变形过程中均有自相平衡的附加应力,这就是金属塑性变形的附加应力定律。

### 3. 残余应力

残余应力是塑性变形完毕后保留在变形物体内的附加应力。在塑性成型过程中,塑性变形的总位能是由释出位能和约束位能两部分所组成的。释出位能用来确定平衡外力作用的内力数值,而约束位能则是用来确定由塑性变形引起的相互平衡的内力的数值。因为附加应力是由不均匀变形引起的相互平衡的内力所造成的,所以约束位能也同样可确定在每一变形瞬时附加应力的数值。虽然残余应力是变形完毕后保留在物体内的附加应力,但并不是所有的约束位能都用于形成残余应力,而是有部分位能在塑性变形中由于软化而被释放。因此,残余应力的位能应小于在塑性变形过程中用于形成附加应力的位能。

凡是塑性变形不均匀的地方都可能出现残余应力。前面已介绍变形不均匀要产生附加应力,变形完成后,变形不均匀状态不消失,附加应力将残留在物体内而形成残余应力。一般不均匀变形引起的残余应力符号与引起残余应力的塑性应变符号相反。此外,由于温度不均匀(加热或冷却不均匀)所引起的热应力以及由相变过程所引起的组织应力都会引起残余应力。

残余应力与附加应力一样,也同样受到变形条件的影响,其中主要是变形温度、变形速度、变形程度、接触摩擦、工具和变形物体形状等。

## 7.3　金属塑性成型的变形与裂纹

金属塑性加工的主要方法有锻造、轧制、挤压和拉拔等。本节主要介绍金属的镦粗、板材轧制、棒材挤压时的变形特点及开裂现象。

## 7.3.1　金属塑性成型的变形特点

### 1. 圆柱体镦粗时的变形分析

在镦粗过程中，圆柱体和模具之间的接触面上不可避免地存在着摩擦，接触面上的摩擦力使变形不均匀。圆柱体镦粗时外形要发生畸变，即要产生鼓形(见图 7－37)。鼓形程度与摩擦系数、毛坯初始相对高度($d_0/h_0$)和瞬时相对高度($d/h$)有关。

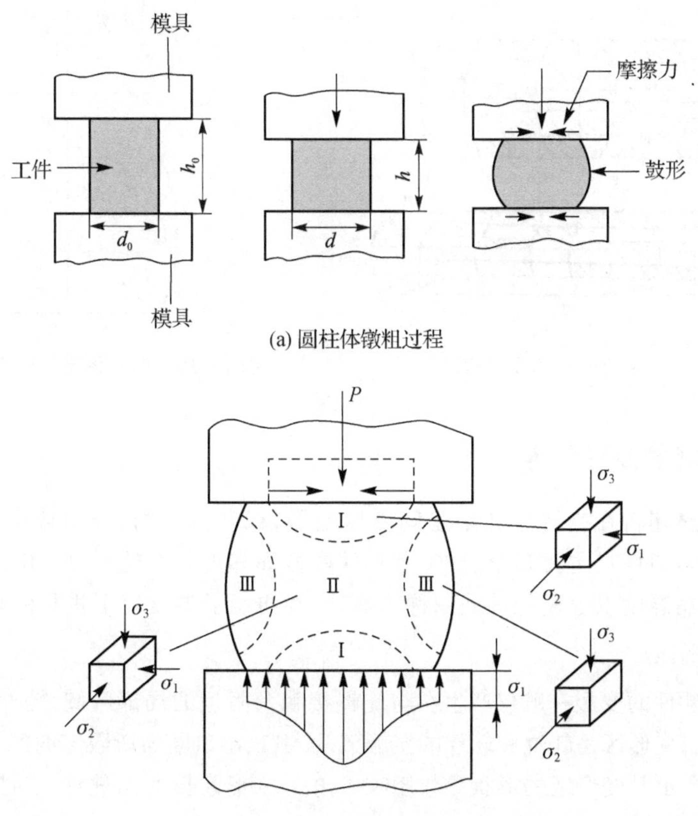


**图 7－37　圆柱体镦粗示意图**

镦粗变形的不均匀性也反映在毛坯端面的变化上。实验结表明，在一般情况下，镦粗试样的端面可分为边部和心部两个不同区域。在边部区域，金属质点与模具表面有径向滑动，称滑动区。而在心部区域，没有这种相对滑动，称为停滞区，即为难变形区的底面。滑动区和停滞区的相对大小，取决于摩擦系数和毛坯的相对高度，摩擦系数和毛坯的相对高度越大，粘着区越大。

在接触表面上，试件的中心区域没有变形而边缘部分的变形较大，并且有很明显的侧面翻平现象，即侧表面金属局部地转移到接触表面上的现象(图 7－38 中原侧面上 $aa$ 和 $bb$ 镦粗后转移到端面)，这表明在接触表面上确实存在着难变形区或粘着区。除去面层外，其他各层 $x$ 方向上的各处都有高向变形，并且到达试件中心对称面上时，变形最大，边缘部分的变形则越来越小，表明塑压间试件内存在明显的 3 个区，即易变形区Ⅱ、自由变形区Ⅲ和难变形区Ⅰ(见图 7－37)。

当圆柱体的相对高度 $1.5<d_0/h_0\leqslant 2.5$ 时，镦粗过程中还会出现双鼓形(见图 7-39)。随着镦粗继续，瞬时相对高度接近 1 时，双鼓形逐渐变成单鼓形。如果坯料相对高度 $d_0/h_0>3$，则镦粗时容易失稳而弯曲。

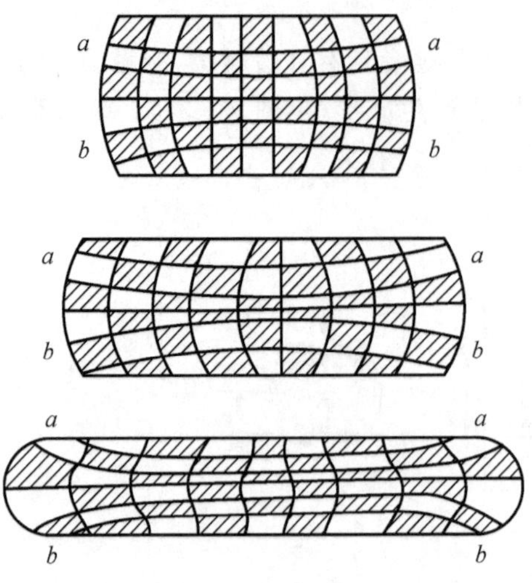


图 7-38 镦粗时侧面翻平现象

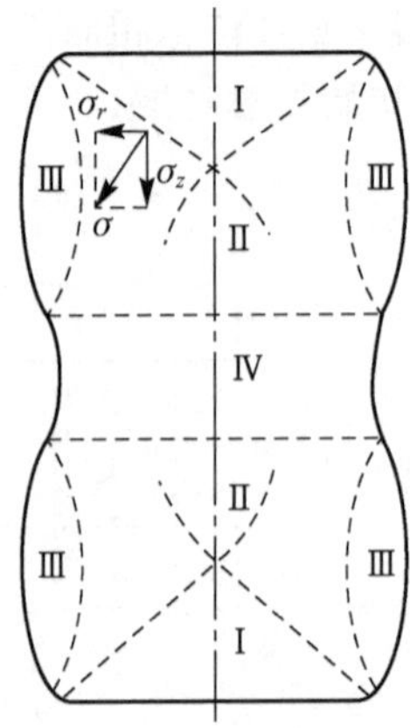


图 7-39 圆柱体镦粗时出现的双鼓形

## 2. 金属轧制的变形特点

轧制是指金属坯料在旋转的轧辊之间受压变形，以获得板材、管材或型材的塑性成型方法。轧制生产所用的坯料主要是金属锭，坯料的横截面和形状在轧制过程中减少而长度增大。坯料加热到再结晶温度以上进行的轧制称为热轧，在再结晶温度以下进行的轧制称为冷轧。

### (1) 轧制变形区

轧制过程中轧件的变形一般仅产生在与轧辊接触及附近的局部区域，轧件处于变形阶段的区域称为变形区。变形区是轧辊和轧件的接触弧及入口、出口断面所限定的区域，如图 7-40 中的轧件影线部分所示。变形区的形状参数用咬入角 $\alpha$，变形区长度 $l$，轧件入口断面的高度 $H$ 及宽度 $B$，出口断面的高度 $h$ 及宽度 $b$ 表示。

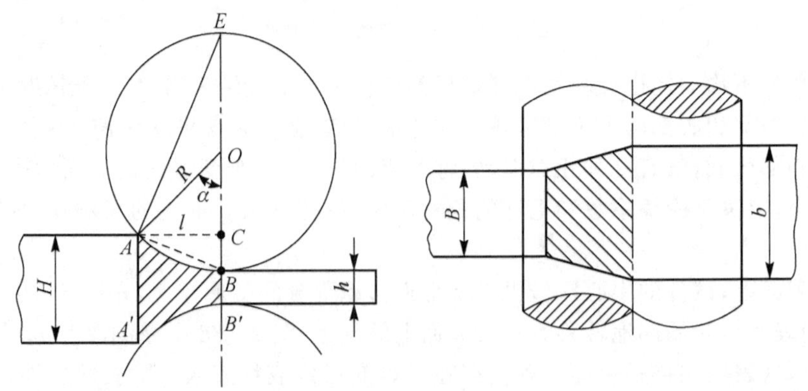


图 7-40 轧制时的变形区

根据几何关系和近似条件，可得变形区长度为

$$l=\sqrt{R\cdot\Delta h} \tag{7-38}$$

式中：$R$ 为轧辊半径；$\Delta h$ 为下压量，$\Delta h=H-h$ 或 $\Delta h=D(1-\cos\alpha)$，$D$ 为轧辊直径。

咬入角的近似计算公式为

$$\alpha=\sqrt{\frac{\Delta h}{R}}\quad（弧度） \tag{7-39}$$

经过轧制，轧件的宽度变化 $\Delta b=B-b$，称为展宽量。展宽量与轧辊表面状态、轧辊直径、压下量等因素有关，可用下式估算

$$\Delta b=c\,\frac{\Delta h}{H}\sqrt{R\cdot\Delta h} \tag{7-40}$$

式中：$c$ 为常数，一般为 0.35～0.45，当温度高于 1 000 ℃时，$c=0.35$。

**(2) 轧制过程中金属的塑性流动**

金属在平辊间轧制时，变形区内产生因塑性变形引起的质点纵向流动，还受到轧辊旋转的带动所产生的机械运动。金属质点运动速度与轧辊圆周线速度一致的截面称为中性面，如图 7-41 所示，在这个面上的金属质点对轧辊没有相对运动。当金属质点速度低于轧辊圆周线速度时形成后滑，当金属质点速度高于轧辊圆周线速度时形成前滑。金属质点也向坯料两侧边流动，使坯料宽度在轧制后变宽，形成展宽。

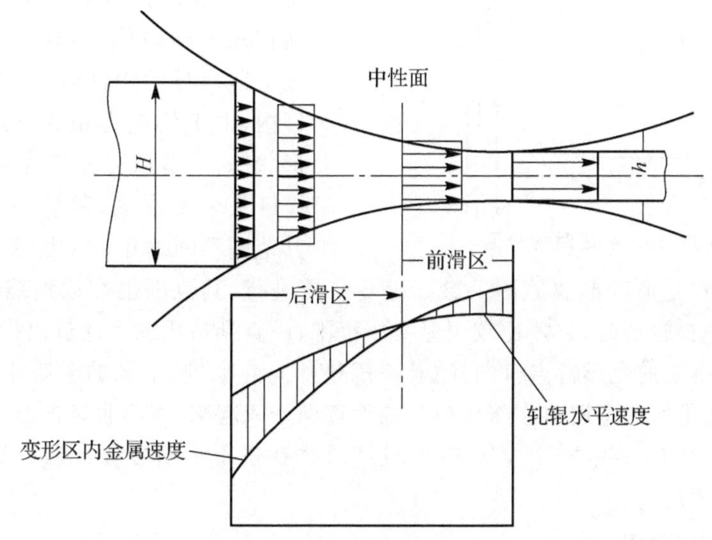


**图 7-41　变形区内金属流动速度与轧辊水平速度**

在实际轧制条件下，宽展、变形不均匀是不可避免的。在薄件轧制时，通过变形区各横断面上的金属质点速度沿轧件厚度上的变化如图 7-42(a)所示。靠近表层，由于受摩擦阻力的影响，金属表面质点速度与轧辊表面速度的相差较小。在后滑区，金属横断面中心部分要比表面速度慢；而在前滑区，金属横断面中心部分要比表面速度快。

厚件轧制时，变形难以深入到整个断面。如图 7-42(b)所示，在后滑区各断面上，外层金属质点的流动速度由接触表面向中心层逐渐减小，中心层附近没有产生变形，速度保持固定值；在前滑区各断面上，外层金属质点的流动速度由接触表面向中心层逐渐增大，中心层附近没有产生变形，速度仍保持不变。

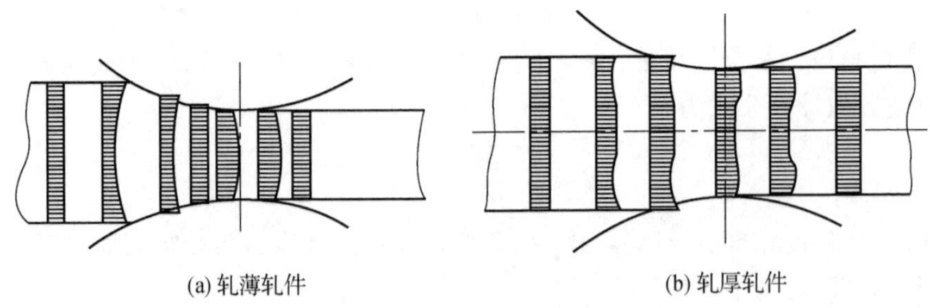

(a) 轧薄轧件 (b) 轧厚轧件

图 7-42 轧件金属质点沿横断面的速度分布

### 3. 棒材挤压时的变形特点

挤压是有色金属及合金压力加工生产的重要方法之一,它可以生产各种棒材、管材、型材和线坯。这里主要以单孔棒材挤压为例,分析挤压过程中的应力与变形特点。

**(1) 挤压变形分析**

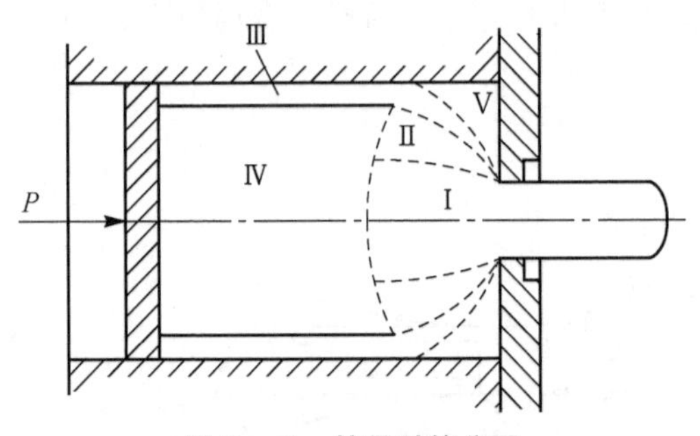


图 7-43 挤压时的分区

根据挤压时坯料的受力特点,可将其分为 5 个区(见图 7-43)。Ⅰ区称为延伸变形区,Ⅱ区称为压缩变形区。Ⅱ区的金属首先是轴向压缩,径向延伸,当它们流入Ⅰ区后再转为轴向延伸径向压缩,在Ⅲ区内,由于切应力很大,也将进入塑性变形状态,只是以剪变形为主,称为切变区。Ⅳ区是未变形区,随着挤压过程的进行,其范围不断缩小。Ⅴ区是“死区”,其形成原因与墩粗时的难变形区形成原因一致。随着挤压进行,其范围也在逐渐缩小,但是进展很慢,只有当挤压残料较短时,它才比较明显缩小范围,一直到挤压最后才流出模孔。

由图 7-43 所示的变形特点可知:随着挤压垫片向前推进,Ⅰ区的金属流动最快,Ⅱ区的金属流动较慢,而Ⅲ区的金属将在挤压垫片前面逐渐堆积起来,由于Ⅲ区的金属原来处于坯料表面,不可避免地带有一些油、灰尘等脏物,这些脏物在挤压末期沿着Ⅲ区与Ⅴ区的界面流入制品尾部,构成“缩尾”。

**(2) 挤压时的附加应力**

从前面的分析可以看出,虽然棒材头部刚出模孔时金属的流动还是比较均匀的,但是随后在变形中即发生很不均匀的流动。由于变形区内中间的金属流动得快,周围的金属流动得慢,所以变形流动快的部分对变形流动慢的部分产生一个附加应力;反过来,变形流动慢的部分将对变形流动快的部分作用一个附加应力。同样,变形区将对未变形区及已变形完成的外端作用一个附加应力,以满足其不均匀流动的要求。而未变形区及外端对变形区作用以附加应力,强迫变形区的不均匀流动不继续发展。由此可以清楚地看出,在棒材端面附近产生了径向附加拉应力(见图 7-44)。

在未变形区的横截面上,由于外表层已进入了塑性变形状态,其金属的流动速度远远大于中间部位,所以表面层对中间部位产生了轴向附加拉应力,而中间部位对表面层施加一个轴向附加压应力(图 7-44)。

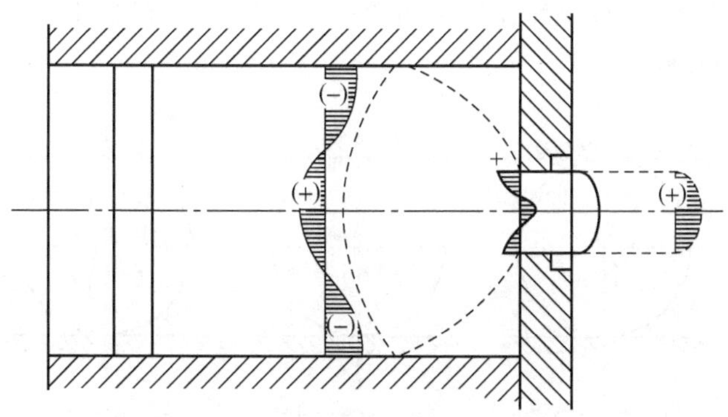


图 7-44　棒材挤压时的附加应力

就变形区内的附加应力情况来说，其变化情况是：在中心部位，从模口处的轴向附加压应力变到未变形区的轴向附加拉应力，表面部分则由附加拉应力变到附加压应力。

## 7.3.2　塑性加工过程的裂纹

塑性加工中的断裂除因铸锭质量差（疏松、裂纹、偏析和粗大晶粒等）和加热时造成的过热、过烧外，生产中因工艺条件和操作上的不合理，也会发生各种裂纹。这里仅对不同加工方式所产生的典型裂纹加以简要分析。

### 1. 锻造时的裂纹

塑性较低的金属饼材自由镦粗时，由于锤头端面对镦粗件表面摩擦力的影响，形成单鼓形，使其侧面周向承受拉应力。当锻造温度过高时，由于晶间结合力大大减弱，常出现晶间断裂，且裂纹方向与周向拉应力垂直，如图 7-45(a)和(c)左图所示。当锻造温度较低时，晶间强度常高于晶内强度，便出现穿晶断裂。由于剪应力引起的其裂纹方向常与最大主应力成 45°角如图 7-45(b)和(c)右图所示。

为了防止镦粗时的这种断裂，必须尽量采取措施减少鼓形所引起的周向拉应力。

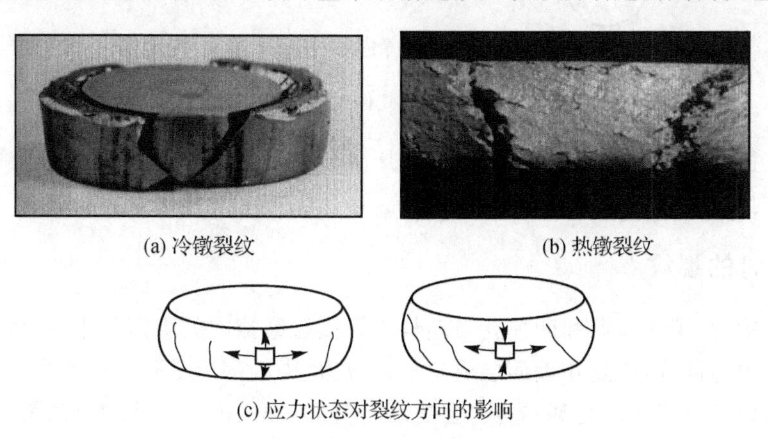

(a) 冷镦裂纹　(b) 热镦裂纹

(c) 应力状态对裂纹方向的影响

图 7-45　镦粗时的裂纹

用平锤头锻压圆坯时出现纵向裂纹，这是由于变形不深入（表面变形），使得断面中心部分受到水平拉应力作用，当此应力超过材料的断裂应力时，就会在心部产生与拉应力方向垂直的开裂,如图7-46(a)所示,锻件翻转便产生如图7-46(b)所示的裂口,如继续旋转锻造会形成如图7-46(c)所示的孔腔。

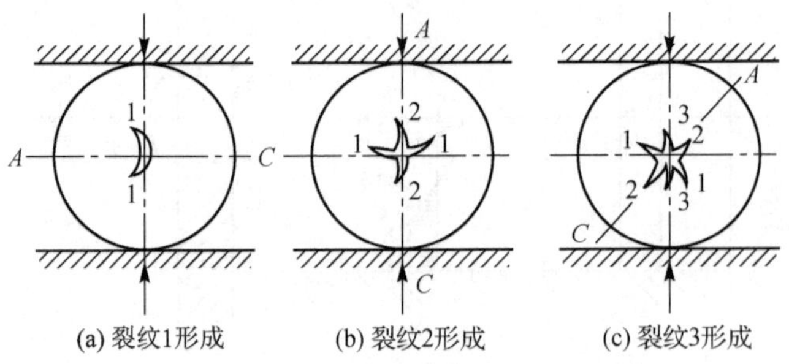


图7-46 用平锤头锻压圆坯时裂口的形成

为了防止锻压圆坯时内部裂纹的产生,可采用槽形和弧形锤头,从而减少坯料中心处的水平拉应力,或把原来的拉应力变为压应力。

### 2. 轧制时的裂纹

在平辊间轧制厚坯料时,因压下量小而产生表面变形。中心层基本没有变形,因而中心层牵制表面层,给予表面层以压应力,表面层则给中心层以拉应力,如图7-47(b)所示。当此不均匀变形与拉应力积累到一定程度时,就会引起心部产生裂纹,而使应力得到松弛,当变形继续进行此应力又积累到一定程度又会产生心部裂纹,如此继续,便在心部产生了周期性裂纹(见图7-47)。

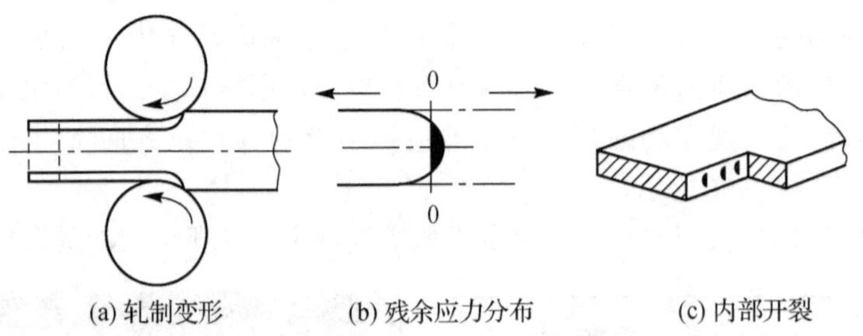


图7-47 平辊轧制厚轧件时变形与断裂示意图

当轧辊直径与坯料厚度一定时,增加道次压量,可使纵向拉应力减小,甚至变为纵向压应力,故有利于内部缺陷的焊合。

### 3. 挤压时的裂纹

挤压过程中,由于挤压筒和凹模孔与坯料之间接触摩擦力的阻滞作用,使挤压件表面层的流动速度低于中心部分,于是在表面层受附加拉应力,中心部分受附加压应力。此附加拉应力越趋近于出口处,其值越大,与基本应力合成后,工件表面层的工作应力仍然为拉应力,当此应力超过材料的实际断裂强度时,则在挤压件的表面常出现如图7-48所示的裂纹,严重时裂纹变成竹节状。棒材表面层的周向附加拉应力$\sigma_\theta'$使棒材产生纵向裂纹,而棒材表面层的轴向附加拉应力$\sigma_z'$则引起棒材周向裂纹。减少摩擦阻力,会使金属流动不均匀性减轻,从而可以防止这样裂纹的产生。

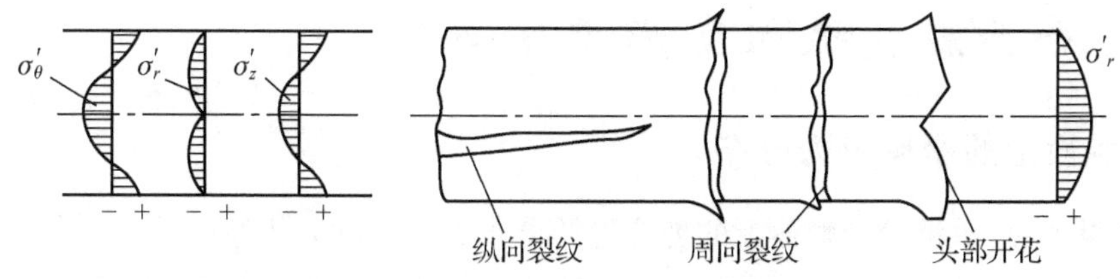


图 7－48　挤压时的裂纹示意图

# 7.4　金属塑性变形力计算的工程法

严格按照塑性变形时的应力、应变和流动状态的基本方程、本构关系、屈服准则以及边界条件去求解是非常困难的，对于实际塑性成型问题往往是不可能的。因此需要根据基本的塑性变形力学原理进行适当的简化处理，以符合解决工程问题的需要。金属塑性变形力计算的工程法就是根据工程实际需要所建立的，也称初等解析法、主应力法等。

## 7.4.1　工程法的基本原理

工程法的实质是将应力平衡微分方程和塑性条件联合求解。但为使问题简化，常采用以下基本假设：

① 把实际塑性变形问题简化成平面问题或轴对称问题。对于形状复杂的变形体，则根据金属流动的情况，将其划分成若干部分，每一部分分别按平面问题或轴对称问题求解，然后将各部分的解拼合在一起，即得到整个问题的解。

② 假设变形体内的应力分布是均匀的，仅是一个坐标的函数。用正交的 3 个面截取基元体，将基元体切面上的正应力视为主应力且均匀分布，由此建立的基元体平衡微分方程为常微分方程。

③ 采用近似的塑性条件。在对基元体列屈服方程时，不考虑面上剪应力的影响。如平面应变问题的屈服方程原为$(\sigma_x-\sigma_y)^2+4\tau_{xy}^2=(2K)^2$ 可简化为

$$\sigma_x-\sigma_y=2K\quad(\sigma_x>\sigma_y)\tag{7-41a}$$

或

$$\sigma_x-\sigma_y=0\quad(\sigma_x=\sigma_y)$$

即

$$\mathrm{d}\sigma_x-\mathrm{d}\sigma_y=0\tag{7-41b}$$

④ 接触表面摩擦规律的简化。

接触表面摩擦应力采用以下关系：

库仑摩擦定律为

$$\tau_\mathrm{f}=f\sigma_\mathrm{n}\tag{7-42}$$

常摩擦定律为

$$\tau_\mathrm{f}=K\tag{7-43}$$

式中：$\tau_\mathrm{f}$ 为摩擦应力；$f$ 为摩擦系数；$\sigma_\mathrm{n}$ 为正应力；$K$ 为屈服切应力，$K=\sigma_\mathrm{s}/\sqrt{3}$。

采用上述假设和简化后，可方便地计算变形力及其有关因素的影响。但这种方法无法计算变形体内的应力分布，因为所做的假设已使变形体内的应力分布在一个坐标方向上平均化了。

## 7.4.2 平面应变镦粗变形力分析

### 1. 接触面上的摩擦应力分布

实验结果表明,镦粗时接触面上的剪应力的分布大致有以下几种情况:

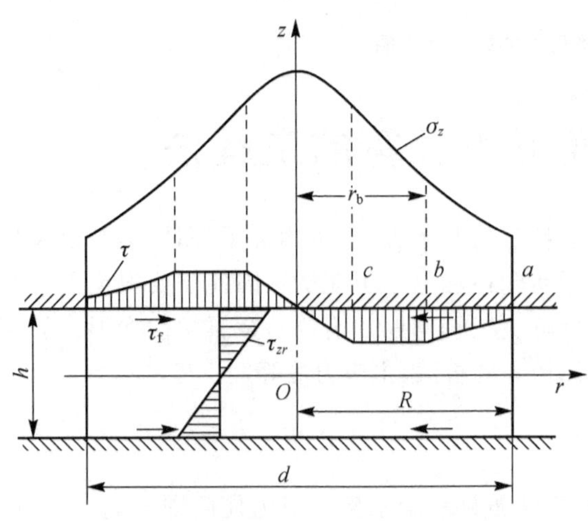

图 7-49 圆柱体镦粗时接触面上的摩擦应力

① 在接触表面的滑动区,由于压力不大,摩擦切应力符合库仑定律。如图 7-49 中的 $ba$ 段所示,$\tau_f$ 与正应力成比例增加,其最大值为 $\sigma_s/\sqrt{3}$。此区也称为常摩擦系数区。

② 在接触表面的中心附近(即停滞区),由于金属相外流动的趋势递减,因此摩擦应力 $\tau_f$ 也递减(见图 7-49 中的 $Oc$ 段),在中心点,$\tau_f=0$。

③ 如果工件的 $d/h$ 值相当大,或摩擦系数 $f$ 值比较大,则在接触表面上的滑动区和停滞区之间还存在一个常摩擦应力区(也称制动区)。如图 7-49 中的 $cb$ 段所示,$\tau_f$ 达到最大值且保持常数。

$$\tau_f=\frac{1}{\sqrt{3}}\sigma_s=K \tag{7-44}$$

随着 $d/h$ 的减小,制动区不断减小,直至消失之后,滑动区减小。当 $d/h<2$ 时,整个接触表面均为停滞区。

如果摩擦系数 $f\geqslant 0.58$,则在接触表面边缘一开始,$\tau_f$ 就达到极限值 $\sigma_s/\sqrt{3}$,也就是常摩擦应力区取代了常摩擦系数区。

### 2. 接触表面上的正应力分布

采用圆柱坐标系分析直径为 $D$、高度为 $h$ 的圆柱体镦粗过程。根据工程法的基本假设和解题的步骤,在半径 $r$ 处取出一扇形基元微分体。作用在微分体上的应力分量如图 7-50 所示。根据主应力法的特点,假设扇形基元微分体变形后,其直棱仍是直的,在整个高度上作用着均匀的主应力 $\sigma_r$ 和 $\sigma_r+\mathrm{d}\sigma_r$,作用力方向($z$ 向)也看作是主方向,即 $\sigma_r$ 视为主应力。这样在利用屈服准则时,就可不考虑剪应力的影响。由于圆柱体镦粗是轴对称问题,所 $\tau_{r\theta}=\tau_{z\theta}=0$,$\sigma_\theta$ 是主应力。根据扇形基元微分体上作用力在 $r$ 方向的平衡条件,可得

$$\sigma_r hr\,\mathrm{d}\theta-(\sigma_r+\mathrm{d}\sigma_r)h(r+\mathrm{d}r)\,\mathrm{d}\theta+2\sigma_\theta h\,\mathrm{d}r\sin\frac{\mathrm{d}\theta}{2}-2\tau_f r\,\mathrm{d}\theta\mathrm{d}r=0 \tag{7-45}$$

由于 $\mathrm{d}\theta$ 很小,所以 $\sin\frac{\mathrm{d}\theta}{2}\approx\frac{\mathrm{d}\theta}{2}$,略去高阶微分,整理得

$$\frac{\mathrm{d}\sigma_r}{\mathrm{d}r}+\frac{2\tau_f}{h}+\frac{\sigma_r-\sigma_\theta}{r}=0 \tag{7-46a}$$

对于均匀变形,$\sigma_r-\sigma_\theta=0$,上式简化为

$$\frac{\mathrm{d}\sigma_r}{\mathrm{d}r}+\frac{2\tau_{\mathrm{f}}}{h}=0 \tag{7-46b}$$

根据近似塑性条件式(7-41)有 $\mathrm{d}\sigma_r=\mathrm{d}\sigma_z$，则上式为

$$\frac{\mathrm{d}\sigma_z}{\mathrm{d}r}+\frac{2\tau_{\mathrm{f}}}{h}=0 \tag{7-47}$$

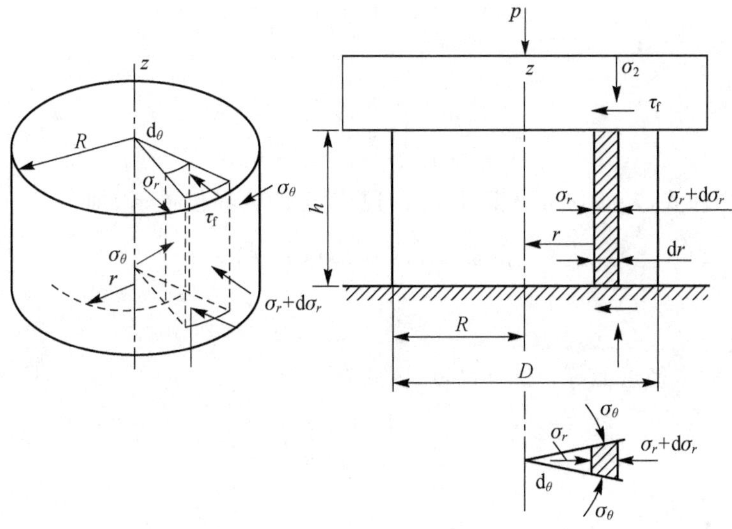


图 7-50　圆柱体均匀镦粗时的应力状态

根据上式可对摩擦接触表面各区段的正应力进行分析：

**(1) 滑动区**

将 $\tau=f\sigma_z$ 代入式(7-47)得

$$\frac{\mathrm{d}\sigma_z}{\mathrm{d}r}+\frac{2f\sigma_z}{h}=0 \tag{7-48}$$

上式积分可得

$$\sigma_z=C_1\exp\left(-\frac{2fr}{h}\right) \tag{7-49}$$

当 $r=R$ 时，$\sigma_r=0$，按近似塑性条件，$\sigma_z=-\sigma_{\mathrm{s}}$，代入上式可得积分常数 $C_1$，即

$$C_1=-\sigma_{\mathrm{s}}\exp\left(\frac{2fR}{h}\right) \tag{7-50}$$

因此有

$$\sigma_z=-\sigma_{\mathrm{s}}\exp\left[\frac{2f}{h}(R-r)\right] \tag{7-51}$$

式(7-36)表示接触面上的正应力分布呈指数曲线。$\sigma_z$ 的最小值在边缘，即 $r=R$ 处，其值为屈服应力 $\sigma_{\mathrm{s}}$，最大值在中心处。

**(2) 制动区**

将 $\tau=-\sigma_{\mathrm{s}}/\sqrt{3}$ 代入式(7-48)可得

$$\frac{\mathrm{d}\sigma_z}{\mathrm{d}r}+\frac{2\sigma_{\mathrm{s}}}{\sqrt{3}h}=0 \tag{7-52}$$

积分可得

$$\sigma_z = \frac{2}{\sqrt{3}} \cdot \frac{\sigma_s}{h} \cdot r + C_2 \tag{7-53}$$

当 $r = r_b$ 时，$\sigma_z = -\sigma_s / \sqrt{3} f$，可得

$$C_2 = \frac{-\sigma_s}{\sqrt{3}} \left( \frac{1}{f} + \frac{2r_b}{h} \right)$$

因此有

$$\sigma_z = -\frac{\sigma_s}{\sqrt{3} f} \left[ 1 + \frac{2f(r_b - r)}{h} \right] \tag{7-54}$$

由式(7-51)和式(7-54)可求得滑动区与制动区的分界位置 $r_b$，即

$$r_b = \frac{1}{2} \left( D + \frac{h}{f} \ln \sqrt{3} f \right) \tag{7-55}$$

**(3) 停滞区**

一般停滞区的半径近似等于试样高度，因此有

$$\tau_f = -\frac{\sigma_s}{\sqrt{3}} \frac{r}{h} \tag{7-56}$$

代入式(7-47)可得

$$\frac{d\sigma_z}{dr} + \frac{2\sigma_s}{\sqrt{3}} \frac{r}{h^2} = 0 \tag{7-57}$$

积分得

$$\sigma_z = \frac{\sigma_s}{\sqrt{3}} \frac{r^2}{h^2} + C_3 \tag{7-58}$$

当 $r = h$ 时，由式(7-54)得

$$\sigma_{zh} = -\frac{2}{\sqrt{3} f} \left[ 1 + \frac{2f(r_b - h)}{h} \right] \tag{7-59}$$

代入式(7-58)可得

$$C_3 = \sigma_{zh} - \frac{\sigma_s}{\sqrt{3}} \tag{7-60}$$

于是有

$$\sigma_z = \sigma_{zh} - \frac{\sigma_s}{\sqrt{3} h^2} (h^2 - r^2) \tag{7-61}$$

根据上述结果可计算圆柱体镦粗单位面积平均变形力，即

$$\bar{p} = \frac{P}{F} = -\frac{1}{\pi R^2} \int_0^R \sigma_z 2\pi r \, dr = -\frac{2}{R^2} \int_0^R \sigma_z r \, dr \tag{7-62}$$

按照上式将接触表面压应力 $\sigma_z$ 分布曲线方程式(7-51)、式(7-54)及式(7-61)分别在不同范围内进行积分，即可导出镦粗力的计算公式。为工程计算方便，将计算结果以曲线图的形式给出，如图 7-51 所示。由图可以看出，$\bar{p}/\sigma_s$ 值由 $f$ 及 $d/h$ 决定。

如果整个接触面上摩擦条件服从常摩擦条件，即 $\tau_f = \sigma_s / \sqrt{3}$ 或 $f = 0.58$，则单位平均压力为

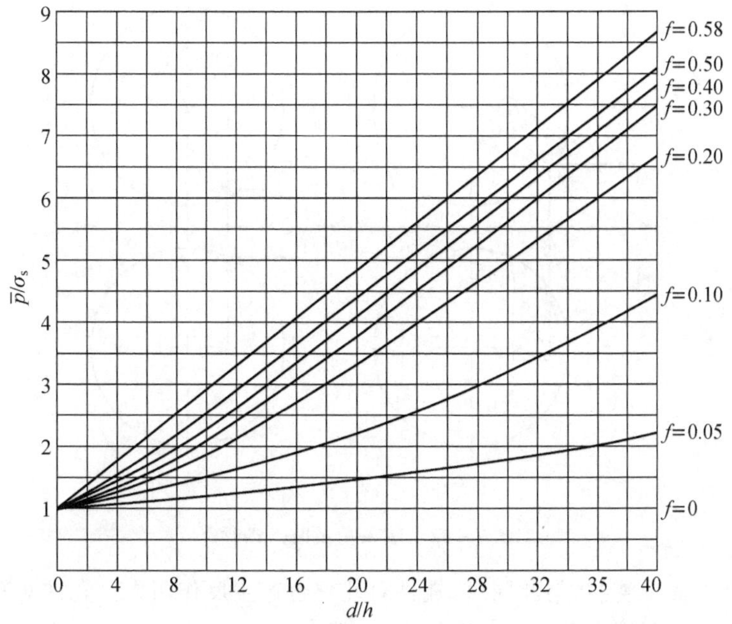


**图 7-51　圆柱体镦粗力计算力曲线**

$$\bar{p}=\sigma_{s}\left(1+\frac{\sqrt{3}}{9}\frac{d}{h}\right) \tag{7-63}$$

由图 7-51 可以看出，当 $f>0.30$ 时，$\bar{p}/\sigma_s-d/h$ 曲线与 $f=0.58$ 的曲线接近，因此当 $f>0.30$，可采用式(7-63)近似计算镦粗力。

## 7.4.3　轧制压力与轧辊的变形

### 1. 轧辊对轧件的作用力与摩擦力

如图 7-52 所示，在轧辊和坯料的接触点 $A$ 和 $A'$ 处，若轧辊的径向压力为 $P_R$，由此产生的沿轧辊切线方向的摩擦力为 $fP_R$。轧制时径向压力为 $P_R$ 有阻止坯料继续运动的作用，摩擦力 $fP_R$ 则有推动坯料沿轧辊回转方向的运动(咬入)的作用，无此摩擦力则不可能进行轧制。径向压力为 $P_R$ 和摩擦力 $fP_R$ 的合力 $F$ 在轧制方向上的分力 $F_x$ 为

$$F_x=fP_R\cos\alpha-P_R\sin\alpha \tag{7-64}$$

当 $F_x<0$ 时(见图 7-52)，材料不可能咬入轧辊之间，即材料不能被咬入的条件为

$$f=\tan\rho<\tan\alpha \tag{7-65}$$

式中：$\rho$ 为摩擦角。咬入条件为

$$\alpha\leqslant\rho \tag{7-66}$$

即咬入角小于摩擦角是咬入的必要条件；咬入角等于摩擦角是咬入的极限条件(可能的最大咬入角)；如果咬入角大于摩擦角则不能咬入。坯料完全充填辊缝而进入稳定轧制状态后，咬入的极限条件也会随之发生变化。如在冷轧情况下，稳定轧制时的最大咬入角可为 $\alpha=(2\sim2.4)\rho$；而在热轧情况下，稳定轧制时的最大咬入角可为 $\alpha=(1.5\sim1.7)\rho$。

### 2. 轧制压力

轧件在变形区内产生塑性变形时，有变形抗力存在。轧制时轧制对轧件作用一定的压力

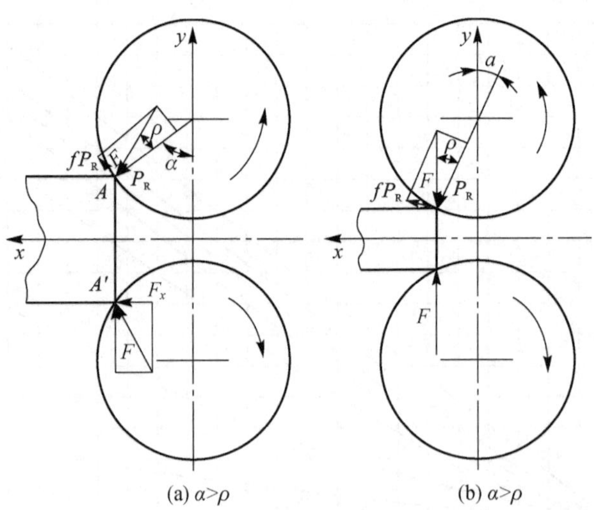


(a) α>ρ (b) α>ρ

图 7-52 咬入角及咬入条件

来克服变形抗力以实现轧制,与此同时,轧件对轧辊也产生反作用力。轧件对轧辊作用的总压力称为轧制压力。轧制压力可由下式近似求得,即

$$P = p_{m} \frac{B-b}{2} \sqrt{R \cdot \Delta h} \tag{7-67}$$

式中:$p_{m}$ 为轧件沿宽度方向接触面上的平均单位压力。

轧制压力的确定是指定合理轧制工艺规程,优化轧制工艺的重要依据。

### 3. 轧辊的变形

轧辊在轧制过程中因轧制应力作用而产生弯曲变形。轧辊产生挠曲后,轧件宽度的中部变厚,两侧变薄,导致产品厚薄不均匀(见图 7-53)。为得到厚度均匀的轧件,要预先设计好辊形曲线,以补偿由轧辊变形所产生的误差。若轧辊以产生弯曲变形为主时,则应选用中凸形的辊形曲线,如图 7-53 所示。

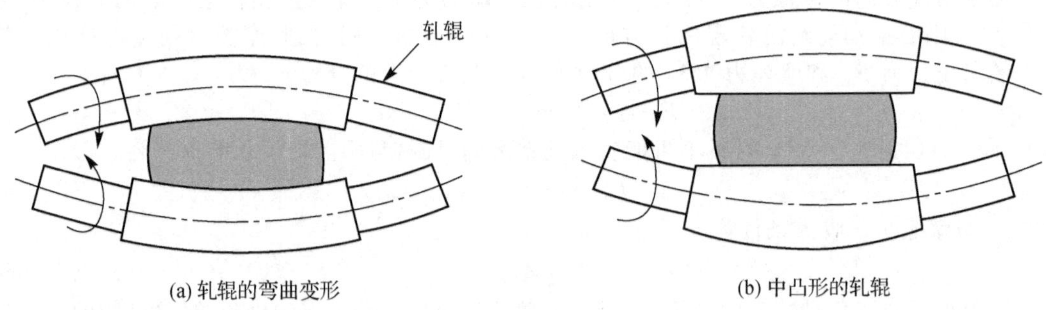


(a) 轧辊的弯曲变形 (b) 中凸形的轧辊

图 7-53 轧辊的变形

# 7.5　金属的超塑成型与蠕变时效成型

## 7.5.1　金属的超塑成型

### 1. 材料的超塑性

#### (1) 超塑性现象及特点

1) 超塑性现象

通常即使具有良好塑性的金属材料，其拉伸时均匀变形的延伸率最大也只有百分之几十左右。但是在特定的条件下，许多金属材料均匀变形的伸长率却可高达200％～2 000％，这种现象称之为超塑性。

超塑性可分为相变超塑性和微晶超塑性两类。相变超塑性是利用金属在相变温度上下变形时，由相变而产生的超塑性。微晶超塑性是由稳定的超细晶粒组织在变形时所产生的超塑性。其中微晶超塑性已获得实际应用。

为了获得超塑性，金属材料变形时应具备以下条件：

① 应变速率应低于 0.01/s。

② 变形温度应控制在 $0.57T_m$(金属熔点)以上，并且在变形过程中保持恒定。

③ 材料应具有微细的(通常直径≤10 μm)两相等轴晶组织，且在超塑变形过程中不显著长大。

2) 超塑性变形的特点

对超塑性变形后的金属材料组织进行观察，发现其通常具有以下特点：

① 超塑件变形后，晶粒内部无明显滑移发生，不同研究指出在晶界附近区域可见不同程度的扩散性蠕变和位错运动的痕迹。

② 在超塑性变形晶粒之间，可见明显的晶界滑动和晶粒转动的痕迹。

③ 存在织构的金属材料经超塑性变形后，其织构将减弱或消失。

④ 超塑性变形后，不同金属材料的晶粒有不同程度的长大，但仍保持等轴状。

由于超塑性合金具有非常大的延展性，因而当前超塑性的应用主要为超塑成型加工。由于超塑性变形时没有弹性变形，故零件成型后无回弹。因此零件加工精度较高，光洁度较好，同时由于超塑性变形速率低，对加工所用模具材料的要求并不高。

超塑性的利用也有一些不便之处，主要是使合金成为超塑态有一定难度，同时在高温下使合金缓慢成型，易造成合金和模具的氧化。

从 1960 年起，各国学者在超塑性材料学、力学、机理、成型学等方面进行了大量的研究并初步形成了比较完整的理论体系。超塑性既是一门科学，又是一种工艺技术。利用它可以在小吨位设备上实现形状复杂、其他塑性加工工艺难以或不能进行的零件的精密成型。

20 世纪 70 年代人们注意开发工业合金的超塑性。基于材料超塑性的组织条件，在超塑性变形或成型前要对材料进行细化晶粒的预处理，包括热处理和形变热处理，有些处理工艺相当繁杂，消耗了能源、人力和材料。在研究中发现。许多工业合金在供货条件下，虽然不能完全满足均匀等轴细晶的组织条件，但是也具有良好的超塑性(Ti-6Al-4V 就是其中的一个典型)。这样不用或少用细化处理工艺，就可以大大提高塑性技术的经济性。然而，供货态工业合金往往不能完全满足超塑性材料的组织条件,或是晶粒较粗大,或是不等轴,或是分布不均匀,因此其在超塑性变形中会产生一系列的问题(例如变形不均匀、各向异性等)。这样,研究非理想超塑性材料的超塑性变形特征,掌握缺陷形成的机理并通过控制变形参数抑制缺陷的产生,用低成本的材料超塑性成型出高质量的零件,形成了一个重要的研究方向。

**(2) 超塑性变形力学特征**

具有超塑性的金属与普通金属的塑性变形在变形力特征方面有着本质的区别。普通金属在拉伸变形时易于形成缩颈而断裂,而超塑性金属由于没有(或很小)加工硬化,在塑性变形开始后,有一段很长的均匀变形过程,最后达到百分之几甚至几千的高伸长率。若材料与温度不变,则变形速度不同时,在获得同等应变情况下,其应力就不同,变形速度高的所需的应力明显增加。

试验表明,超塑性变形对应变速率极其敏感。超塑性变形时,应力与应变速率的关系为

$$\sigma = K\dot{\varepsilon}^{m} \tag{7-68}$$

式中:$\sigma$ 为真实应力;$\dot{\varepsilon}$ 为真实应变速度;$m$ 为应变速率敏感性系数;$K$ 为决定于试验条件的常数。

由此,应变速率敏感性系数可定义为

$$m = \frac{\mathrm{d}(\ln \sigma)}{\mathrm{d}(\ln \dot{\varepsilon})} \tag{7-69}$$

应变速率敏感性指数 $m$ 是表达超塑性特征的一个极其重要的指标,对于普通金属,$m=0.02\sim0.2$;而对于超塑性材料,$1>m>0.3$。由试验得知,$m$ 值越大塑性越好。

**(3) 金属组织特征**

到目前为止所发现的细晶超塑性材料大部分是共析和共晶合金,其显微组织要求有极细的晶粒度、等轴、双相及稳定的组织。要求双相,是因为第二相能阻止母相晶粒长大,而母相也能阻止第二相的长大;要求稳定,是指在变形过程中晶粒长大的速度要慢,以便有充分的热变形持续时间;在超塑性变形过程中,晶界起着很重要的作用,要求晶粒的边界比例大,并且晶界要平坦,易于滑动,所以要求晶粒细小、等轴。在这些因素中,晶粒尺寸是主要的影响因素。一般认为直径大于 10 $\mu$m 的晶粒组织是难于实现超塑性的。最近在弥散合金和单相合金中也发现其中一些合金具有超塑性,超塑性材料的范围有扩大的趋向。

材料发生超塑性变形以后,虽然获得巨大的伸长率,但晶粒根本没有被拉长,仍然保持着等轴状态;发生显著的晶界滑移、移动及晶粒回转,几乎观察不到位错组织;结晶学的织构不发达,若原始为取向无序的组织结构,则超塑性变形后仍为无序状态;若原始组织具有变形织构,则经过超塑性变形后,将使织构受到破坏,基本上变为无序化。上述现象在普通塑性变形时是难于理解的。

**(4) 细晶超塑性变形的机理**

1) 扩散蠕变理论

该理论可用晶内-晶界扩散蠕变过程共同调节的晶界滑动模型描述。这个模型由一组二维的 4 个六方晶粒组成。在拉伸应力 $\sigma$ 作用下,由初态过渡到中间态,最后达到终态。在此过程中,晶粒 2、4 被晶粒 1、3 所挟开,改变了它们之间的相邻关系,晶界取向也都发生了变化,并获得了 $\varepsilon=\ln\sqrt{3}=0.55$ 的真应变(按晶粒中心计算),但晶粒仍保持其等轴性(见图 7-54),在从初态到终态的过程中,包含着一系列由晶内和晶界扩散流动所控制的晶界滑动和晶界迁移

过程。图 7-54(d)和(e)表示晶粒 1 和 2 在由初态过渡到中间态时晶内和晶界的扩散过程。

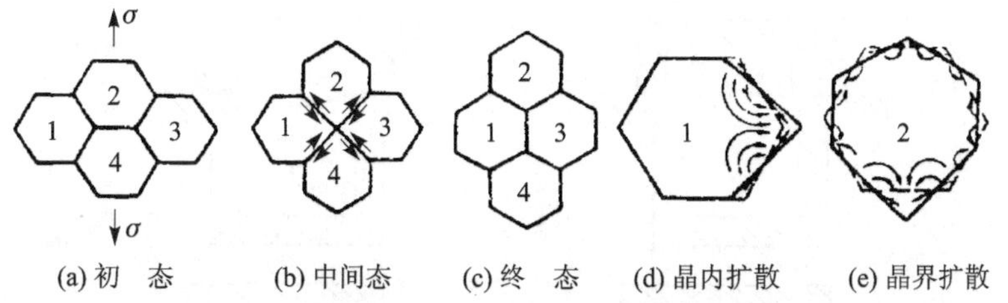


**图 7-54　晶内-晶界扩散蠕变共同调节的晶界滑动**

扩散蠕变理论应用于超塑性变形时有两种现象不能解释：①在蠕变变形中，$\sigma$ 与 $\varepsilon$ 成正比，$m=1$，而在超塑性变形中，$m$ 值总是处于 0.5～0.8 之间。②在蠕变变形中，晶粒沿着外力方向被拉长，但在超塑性变形中，晶粒仍保持等轴状。因此，经典的扩散蠕变理论不能完全说明超塑性变形时的基本物理过程，也解释不了它的主要力学特征。所以该理论能否作为超塑性变形的一个主要机理，还不十分清楚。

2）晶界滑动理论

超细晶粒材料的晶界有异乎寻常大的总面积，因此晶界运动在超塑性变形中起着极其重要的作用。晶界运动分为滑动和移动两种，前者为晶粒沿晶界的滑移，后者为相邻晶粒间沿晶界产生的迁移。

晶界滑动的理论模型将数个晶粒作为一个组态来考虑(见图 7-15)，假定两晶粒群的晶界滑移在遇到了障碍晶粒时，被迫停止，此时引起的应力集中通过障碍晶粒内位错的产生和运动而缓和。位错通过晶粒而塞积到对面的晶界上，当应力达到一定程度时，使塞积前端的位错沿晶界攀移而消失，则内应力得到松弛，于是晶界滑移又再次发生。

此模型表示了晶界区位错的攀移控制变形过程，晶界滑移过程中晶粒的转动不断地改变晶内滑移最有利的滑移面以阻止晶粒伸长。若应力高到足以形成位错胞或位错缠结，则此机制便停止作用，因为此时位错已无法穿越晶粒。

晶界移动(迁移)与再结晶现象密切相关，这种再结晶可使内部有畸变的晶粒变为无畸变的晶粒，从而消除其预先存在的应变硬化。在高温变形时，这种再结晶过程是一个动态的、连续的恢复过程，即一方面产生应变硬化，另一方面产生再结晶恢复(软化)。如果这种过程在变形中能继续下去，塑性变形的同时又有退火，就会促使合金的超塑性。

## 2. 超塑成型

### (1) 超塑性气胀成型

超塑性气胀成型是用气体的压力使板坯料(也有管坯料或其他形状坯料)成型为壳形件，如仪表壳、抛物面天线、球形容器、美术浮雕等。气胀成型又包括了凹模成型和凸模成型两种方式，如图 7-55 和图 7-56 所示。凹模成型的特点是简单易行，但是其零件的先贴模和最后贴模部分具有较大的壁厚差。凸模成型可以得到均匀壁厚的壳形件，尤其对于形状复杂的零件更具有优越性。超塑性气胀成型的零件在航空、航天、火车、汽车、建筑等行业都得到应用。

超塑性气胀成型与扩散连接的复合工艺(SPF/DB)在航空工业上的应用取得重要进展，特别是钛合金飞机结构件的 SPF/DB 成型提高了飞机的结构强度，减少了飞机质量，对航空工业的发展起到重要作用。

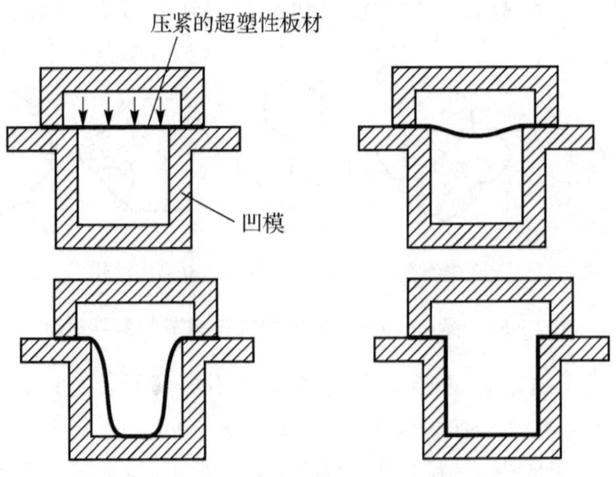


图 7-55　凹模超塑性成型示意图

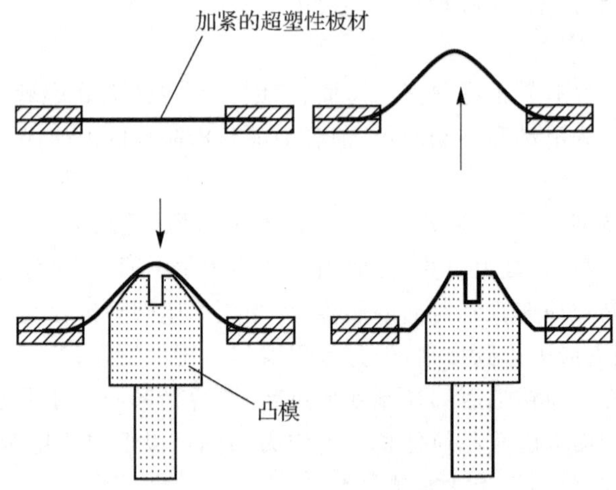


图 7-56　凸模超塑性成型示意图

**(2) 超塑性体积成型**

超塑性体积成型包括不同的方式(例如模锻、挤压等),其主要是利用了材料在超塑性条件下流变抗力低,流动性好等特点。一般情况下,超塑性体积成型中模具与成型件处于相同的温度,因此它也属于等温成型的范畴,只是超塑性成型中对于材料、应变速率及温度有更严格的要求。俄罗斯超塑性研究所首创的回转等温超塑性成型的工艺和设备在成型某些轴对称零件时具有其他工艺不可比拟的优越性。这种方法利用自由运动的辊压轮对坯料施加载荷使其变形,使整体变形变为局部变形,降低了载荷,扩大了超塑性工艺的应用范围。他们采用这样的方法成型出了钛合金、镍基高温合金的大型盘件以及汽车轮毂等用其他工艺难以成型的零件。

超塑性等温锻造对温度和速率的要求比一般意义的等温锻造更加严格,而且坯料的显微组织应基本属于超塑性类型。然而二者之间没有截然的区别,在有些等温锻造过程中坯料在变形到一定程度之后,一方面组织实现了等轴细晶化,另一方面等温锻造一般随着变形的进行速率会逐渐降低。因此这些等温锻造中有一个从一般的塑性成型过渡到超塑性成型的过程。这有助于提高成型件的精度和质量,但又无须对材料进行繁杂的预处理,比典型的超塑性等温锻造成本要低;同时由于等温锻造的前一阶段采取了比较高的变形速率,还可以提高整个成型过程的效率，因此这是一种值得发展的成型方式。

## 7.5.2　金属的蠕变时效成型

### 1. 金属的长时高温性能

#### (1) 蠕　变

金属材料在长时间的恒温、恒应力作用下，即使应力小于屈服强度，也会缓慢地产生塑性变形，这种现象称为蠕变，因蠕变导致材料的断裂称为蠕变断裂。蠕变是一种典型的高温损伤。蠕变在低温下也会产生，但只有当温度高于 $0.3T_m$（以热力学温度表示的熔点）时才较为显著。因此，对于高温构件的强度不能只简单地用常温下短时力学性能来评定，还必须考虑温度与时间两个因素，研究温度、应力、应变与时间的关系。

蠕变的变形机制与在常温下的不同。材料在常温下的变形可通过位错的滑动产生滑移和孪晶两种变形形式，而在高温下位错还可通过攀移使变形继续下去。因此，可以认为，蠕变是位错的滑移和攀移交替进行的结果。

在常温下，晶界变形是极不明显的，可以忽略不计。但在高温蠕变条件下，由于晶界强度降低，其变形量就大，有时甚至占总蠕变变形量的一半，这是蠕变变形的特点之一。晶界变形是晶界的滑动和迁移交替进行的过程。晶界的滑动对变形产生直接的影响，晶界的迁移虽不提供变形量，但它能消除由于晶界滑动而在晶界附近产生的畸变区，为晶界进一步滑动创造了条件。

金属材料的蠕变过程可用蠕变应变与时间的关系——蠕变曲线来描述。图 7-57 所示为恒温恒应力条件下的蠕变曲线。

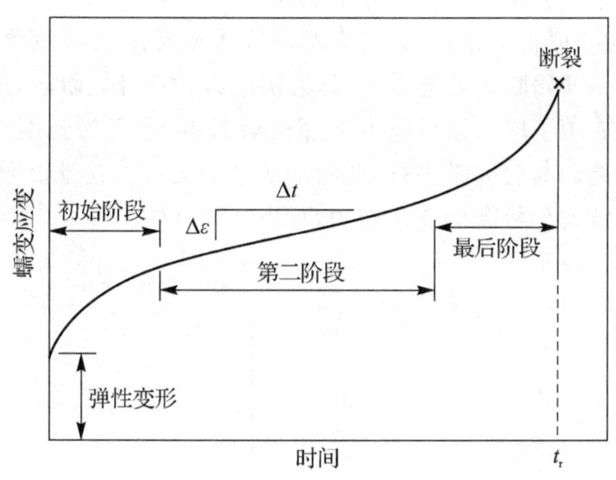


**图 7-57　恒应力条件下蠕变应变与时间的关系**

蠕变曲线上任一点的斜率，表示该点的蠕变速度。按照蠕变速度的变化情况，可将蠕变过程分成三个阶段。

初始阶段是减速蠕变阶段。这一阶段开始的蠕变速度很快，随着时间延长，蠕变速度逐渐减慢。

第二阶段是恒速蠕变阶段。这一阶段的特点是蠕变速度几乎保持不变，因而通常又称为稳态蠕变阶段。一般所反映的蠕变速度,就是以这一阶段的变形速度$\left(\dot{\varepsilon}_C=\frac{d\varepsilon_C}{dt}\right)$表示的。

第三阶段是加速蠕变阶段,随着时间的延长,蠕变速度逐渐加快,直至产生蠕变断裂。

与高温塑性变形类似,蠕变速率受热激活过程控制,稳态蠕变速率可以表示为

$$\dot{\varepsilon}_c=A_0\exp\left(-\frac{Q_c}{RT}\right) \tag{7-70}$$

式中:$A_0$ 为材料特性和应力有关的常数;$Q_c$ 为材料的蠕变激活能;$R$ 为气体常数;$T$ 为绝对温度。类似式(3-41)可得蠕变 $Z$ 参数为

$$Z=\dot{\varepsilon}_c\exp\left(\frac{Q_c}{RT}\right) \tag{7-71}$$

不同材料在不同条件下的蠕变曲线是不相同的,同一种材料的蠕变曲线也随应力的大小和温度的高低而异。在恒定温度下改变应力,或在恒定应力下改变温度,蠕变曲线的变化分别如图 7-58 所示,由图可见,当应力较小或温度较低时,蠕变第二阶段持续时间较长,甚至可能不产生第三阶段。相反,当应力较大或温度较高时,蠕变第二阶段便很短,甚至完全消失,试样将在很短时间内断裂。

**(2) 应力松弛**

在一定的温度下,一个受拉或受压的金属零件,在使用过程中总变形保持不变,则应力会自发下降,这种现象称为应力松弛。一般认为,金属零件中产生应力松弛的主要是在总变形不变的条件下,一部分弹性变形转变成塑性变形,致使弹性力减小。弹性变形的减小与塑性变形的增加是同时等量进行的。

金属应力松弛与温度关系很大。一般工程材料在室温以下松弛进行得很缓慢,只有在一定的高温下(如钢在数百度温度下),松弛才引起人们的注意。

根据应力随时间逐步降低的规律,以应力和时间为坐标绘出松弛曲线。典型的松弛曲线如图 7-59 所示,图中一开始瞬时的应力 $\sigma_0$ 称为初应力。在开始阶段,应力下降很快,称为松弛第一阶段(见图 7-59 中Ⅰ段);以后应力下降逐渐减缓,称为松弛第二阶段(见图 7-59 中Ⅱ段);最后,曲线逐渐趋向与时间轴平行,此时的剩余应力称为松弛极限。它表示在一定的初应力和温度下,不再继续发生松弛的剩余应力,如图 7-59 中的 $\sigma_{rc}$。

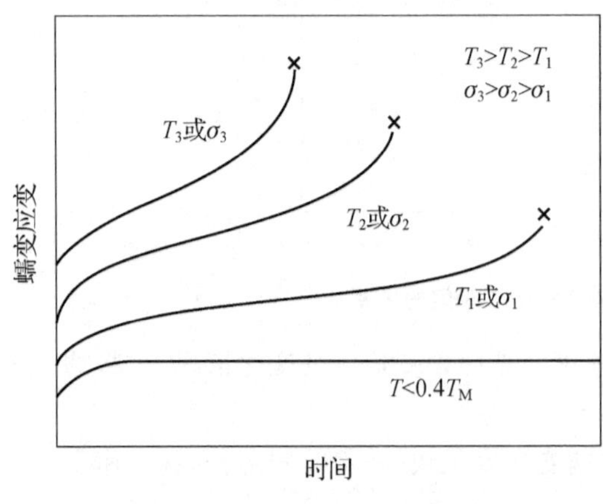


图 7-58　不同条件下的蠕变曲线

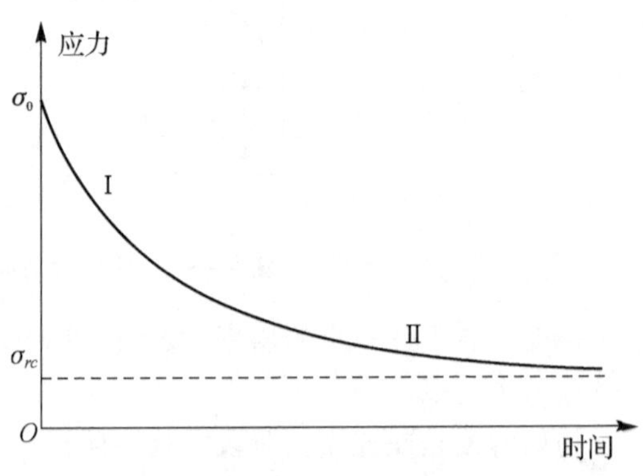


图 7-59　应力松弛曲线

松弛和蠕变有区别也有联系。蠕变是在恒定应力下塑性变形随时间不断增加的过程。松

弛是总变形不变，应力随时间逐渐减小，这时塑性变形的增加是与弹性变形的减小等量同时产生。但松弛与蠕变之间也有着密切的联系，松弛也可看作是应力不断降低时的“多级”蠕变。

### 2. 时效强化

工件经固溶处理后在室温或稍高于室温放置，过饱和固溶体发生脱溶分解，其强度、硬度升高的过程称为时效。该过程在室温进行时，称为自然时效；在加热条件下进行时，称为人工时效。时效是非铁合金最常用的强化方法，称为人工时效。

在时效初期，由于溶质原子的偏聚，形成溶质原子富集区，引起基体晶格畸变，增加位错运动的阻碍，所以合金的强度与硬度升高。随着时间的延长，溶质原子富集的区域不断增大，溶质原子和溶剂原子呈现规则排列，发生有序化，晶格畸变进一步加剧，从而对位错运动的阻碍作用也进一步增加，使合金的强度、硬度不断提高。溶质原子继续富集，形成过渡相。过渡相部分地与母相晶格脱离，因而晶格畸变减轻，对位错运动的阻碍作用减小，合金的强度、硬度开始下降。

时效过程的最后阶段，过渡相与母相完全脱离共格联系而转变成稳定相。此时，固溶体转变成稳定相，固溶体基体的晶格畸变显著减小，合金的强化效果明显下降，合金软化，进入所谓“过时效状态”。

非铁合金经过时效处理比固溶状态的强度更高，所以实际应用的非铁合金多是通过时效析出第二相的手段进行强化，即时效强化。

### 3. 蠕变时效成型基本原理

#### (1) 蠕变时效成型工艺过程

蠕变时效成型主要是将材料的人工时效与零件成型相结合，即利用时效处理得到铝合金所需性能，同时利用材料在弹性应力作用下于一定温度（人工时效温度）时发生的蠕变变形，得到带有一定形状的结构件。典型的时效成型工艺过程分为 3 个阶段，如图 7－60 所示。

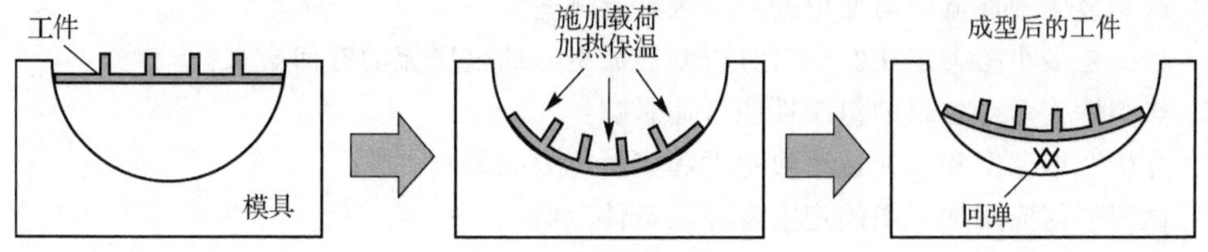


图 7－60　蠕变时效成型原理

① 加载。在室温下，将金属零件通过一定的加载方式使之产生弹性变形，并固定在具有一定外形型面的工装上。

② 人工时效。将零件和工装一起放入加热炉或热压罐内，在零件材料的人工时效温度内保温一段时间，材料在此过程中受到蠕变、应力松弛和时效机制的作用，内部组织和性能均发生较大变化。

③ 卸载。在保温结束并去掉工装的约束后，所施加到零件上的部分弹性变形在蠕变和应力松弛的作用下，转变为永久塑性变形，从而使零件在完成时效强化的同时，获得所需的外形 。

图 7－61 是蠕变时效成型过程中应力与应变的关系曲线。从图 7－61 中可以看出，在成型的初期，即弹性加载的过程中，弹性应变逐渐增加；当进入时效保温过程时，随着加载时间的增加，蠕变变形逐渐增加，而弹性变形因总变形不变则逐渐减少，由于弹性变形降低引

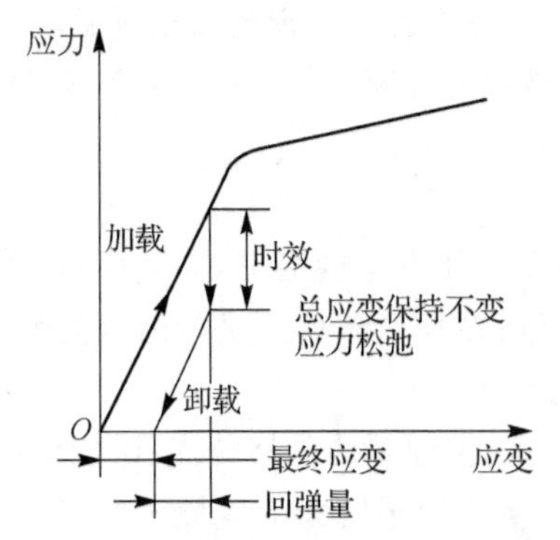

图7-61 时效成型过程的应力应变路径

起应力相应地减少产生应力松弛；最后，去除外加约束，使零件自由回弹。由于蠕变应变的存在，零件将无法回弹到初始状态，从而保留了一定外形。

**(2) 蠕变时效成型特点及应用**

与传统冷加工塑性变形相比，蠕变时效成型的优点主要有以下几个方面：

① 蠕变时效成型时，成型应力通常低于其屈服应力，因此相对于常规塑性变形而言，时效成型减小了零件因进入屈服状态后而引发失稳甚至破裂的危险，大大降低了零件发生加工裂纹的概率。

② 利用材料时效强化和应力松弛特性，在成型的同时，还完成了对零件材料的人工时效强化，从而改善了材料的微观组织，提高了材料强度。

③ 蠕变时效成型的零件具有很高的成型精度，以及可重复性和成型效率。在成型复杂外形和结构的零件时，时效成型技术仅需要一次热循环就可使零件的外形达到所需精度，外形精度误差小于1 mm。

④ 蠕变时效成型的零件内部残余应力几乎被完全释放，尺寸稳定，不会出现像喷丸成型的零件在放置一段时间后因内部残余应力释放而造成外形变化等问题。此外，对于焊接整体壁板，还可有效降低焊接残余应力，增强耐应力腐蚀能力，延长零件的使用寿命。

# 思考题

1. 塑性变形有哪几种主要类型？各自的特点是什么？
2. 讨论位错滑移过程的能量变化。
3. 影响金属塑性流动与变形的主要因素有哪些？
4. 什么是最小阻力定律？它对分析塑性成型时的金属流动有何意义？
5. 热塑性变形对材料的组织性能有何影响？
6. 分析变形温度和应变速率对塑性和变形抗力的影响。
7. 说明如何应用加工图确定安全加工条件。
8. 说明塑性加工工件残余应力的产生机制。
9. 主应力法的要点是什么？试用主应力法建立长方体钢坯镦粗力的分析模型。
10. 什么是金属的可锻性？影响可锻性的主要因素有哪些？
11. 如何确定金属锻造的温度范围？
12. 金属试件镦粗时的变形特点和附加应力之间有什么关系？
13. 金属挤压时的变形特点是什么？其基本应力状态如何？
14. 轧制厚板时与轧制薄板时的变形与附应力各有哪些特点？
15. 比较镦粗、轧制、挤压和拉伸时，金属在变形区内的应力和变形规律。
16. 锻造、轧制、挤压和拉拔加工中断裂的主要形式有哪些？产生的原因是什么？
17. 什么是超塑性？超塑性有哪几种类型？各有什么特点？
18. 分析蠕变时效成型的基本原理。

# 第 8 章　粉体聚合工艺原理

粉体聚合工艺是将粉末态材料在能量作用下转变形成各种多孔、半致密或全致密零件与制品的技术。粉体聚合工艺原理重点关注粉体成型和烧制过程中发生在微细颗粒之间的作用机制及影响因素，为工艺过程控制和制件质量保证提供基础。

## 8.1　粉体聚合工艺概述

将松散的粉体聚合制造成为器物具有非常悠久的历史，从古代的陶器，瓷器发展到现代的工程陶瓷及粉末冶金等技术，粉体已被视为材料的一种存在状态，粉体聚合工艺已成为与传统铸造、塑性成型、焊接等工艺并驾齐驱的技术。本章仅介绍工件制造中常用的粉体聚合工艺。

### 8.1.1　陶瓷工艺

陶瓷烧制是人类最早利用粉体制造器物的工艺。陶瓷工艺主要包括配料、成型、烧结三个阶段。陶瓷的显微组织及相应的性能都是经烧结后产生的。烧结过程直接影响晶粒尺寸与分布、气孔尺寸与分布等显微组织结构。

陶瓷材料可以分为传统陶瓷与先进陶瓷。传统陶瓷包括陶瓷器具、水泥、玻璃和耐火材料，化学组成为硅酸盐类，先进陶瓷是采用微米或亚微米级高纯人工合成的氧化物、碳化物、氮化物、硼化物、硅化物、硫化物等无机非金属物质为原料，采用精密控制的成型与烧结工艺制成。先进陶瓷也称为新型陶瓷、特种陶瓷、工程陶瓷、现代陶瓷、精细陶瓷、高性能陶瓷、高技术陶瓷等。

先进陶瓷按用途又可分为具有高强度、高硬度、耐高温、耐腐蚀、抗氧化等特点的结构陶瓷，以及具有电气性能、磁性、生物特性、热敏性和光学特性等特点的功能陶瓷。结构陶瓷主要用于切削工具、模具、耐磨零件、泵和阀部件、发动机部件、热交换器和装甲等。功能陶瓷主要有电介质陶瓷、半导体陶瓷、导电陶瓷、 超导陶瓷、压电陶瓷、磁性陶瓷、生物医学陶瓷等。

陶瓷一般具有优于金属的高温强度，高温抗蠕变能力强，且有很高的抗氧化性，适宜作高温材料。但是，陶瓷存在脆性大、难加工、性能离散等不足。因此，改善陶瓷材料的脆性，提高韧性是先进陶瓷研究长期关注的问题。现已发展了多种改善陶瓷脆性以及强化陶瓷的途径，主要有氧化皓相变增韧、微裂纹增韧、颗粒弥散补强增韧、纤维(晶须)补强增韧、纳米陶瓷增强增韧等方法。有效地控制先进陶瓷制备的工艺过程，使其达到预期的组织结构，对于提高先进陶瓷材料的性能和使用效能都是十分重要的。

### 8.1.2　粉末冶金

粉末冶金是指采用金属或其他粉末材料，经过混粉、压坯、烧结和后处理等工艺过程制造各种多孔、半致密或全致密零件与制品的技术。粉末冶金工艺与常规的铸、锻等成型零件相比，具有少、无切削加工、节材、节能、高效、质量均一、适合于大批量生产、无环境污染、价格低廉等特点，并能生产具有特殊性能及其他工艺难以生产的产品。

粉末冶金可以制出组元彼此不熔合、熔点悬殊的烧结合金(如钨-铜的电触点材料);能制出难熔合金(如钨-钼合金)、难熔金属及其碳化物的粉末制品(如硬质合金)、金属与陶瓷材料的粉末制品(如金属陶瓷)。粉末冶金可直接制出质量均匀的多孔性制品,如含油轴承、过滤元件等;能直接制出尺寸准确、表面光洁的零件,一般可省去或大大减少切削加工工时,因而可显著降低制造成本。但是这种方法也有一些缺点,如由于粉末冶金制品内部总有空隙,因此普通粉末冶金制品的强度比相应的锻件或铸件低约 20%~30%;成型过程中粉末的流动性远不如液态金属,因此对产品形状有一定限制;压制成型所需的压强高,因而制品一般小于 10 kg;压模成本高,只适用于成批或大量生产的零件。

粉末冶金常用来制造含油轴承、齿轮、凸轮、刹车片、硬质合金刀具、接触器或继电器上钨铜触点、耐极高温度的火箭与宇航零件等。

粉末冶金工艺的不足之处是粉末成本较高,制品的大小和形状受到限制,烧结件的抗冲击性较差等。粉末成型所需用的模具加工制作也比较困难,较为昂贵,因此粉末冶金方法的经济效益往往只有在大规模生产时才能表现出来。

## 8.1.3 增材制造

选区激光烧结(或熔化)等增材制造工艺多以粉体为原料,直接或间接成型零件。增材制造常用的原料主要有金属、陶瓷或塑料粉体等。

### 1. 金属粉体

增材制造用的金属粉体主要有单一成分金属粉末、金属混合粉末、金属粉末加有机物粉末等。金属粉体一般为小于 1 mm 的金属颗粒,包括单一金属粉末、合金粉末以及具有金属性质的某些难熔化合物粉末。一般来说,球形或者近球形粉末具有良好的流动性,不易堵塞供粉系统,能铺成薄层,进而可提高零件的尺寸精度、表面质量,以及零件的密度和组织均匀性。但是要注意,球形粉末的颗粒堆积密度小,空隙大,使得零件的致密度小,也会影响成型质量。一般而言,金属粉末的粒度越小,越有利于烧结的顺利进行。此外,细小的粉末颗粒之间的空隙小,相邻铺粉层之间连接紧密,有利于提高制件的致密化和强度。但是,并不是颗粒越细越好,如果细颗粒过多,在烧结过程中容易出现球化现象。

单一成分金属粉末烧结时,首先将金属粉末预热到一定温度,再用激光扫描、烧结。烧结好的制件经热等静压处理,其相对密度达到 99.9%。

金属混合粉末主要是两种金属的混合粉末,其中一种粉末具有较低的熔点,另一种粉末的熔点较高。烧结时,先将金属混合粉末预热到某一温度,再用激光束进行扫描,使低熔点的金属粉末熔化,从而将难熔的金属粉末粘结在一起。烧结好的制件再经液相烧结处理,制件的相对密度达到 82%。

当金属粉末与有机物粉末混合体烧结时,激光束扫描后使有机物粉末熔化,将金属粉末粘结在一起。烧结好的制件再经高温处理,去除制件中的有机粘结剂,提高制件的组织性能。

### 2. 陶瓷粉体

陶瓷粉体在增材制造中需要在粉体中加入粘结剂,用粘结剂包裹陶瓷粉末。当烧结温度控制在粘结剂的软化点附近时,其线膨胀系数较小,进行激光烧结后再经后处理,使之成为完全致密的陶瓷制件。增材制造可以成型复杂结构的陶瓷坯体,克服了普通压制成型的不足,在陶瓷零件制造方面具有应用前景。

**3. 塑料粉体**

塑料与金属或陶瓷材料相比，具有成型温度低、烧结所需热输入小、烧结件精度高等优点，是应用最早的增材制造原料。目前，常用的原料是热塑性塑料及其复合材料的粉体，在增材制造中均为直接烧结，烧结好的制件一般不必进行后续处理。

### 8.1.4 热喷涂与焊接

热喷涂过程中，合金粉末在送气机构推动下进入等离子射流后被迅速加热到熔融或半熔融状态，并被等离子射流加速形成飞向基材的喷涂粒子束，高温、高速的喷涂粒子与基体表面碰撞而形成涂层。合金热喷涂粉末大多数由多种金属经均匀熔化后雾化制取，或由各种不同金属粉末经机械混合而制得，也可以是陶瓷材料粉末和复合材料粉末。

电弧焊中采用的金属粉芯焊丝由薄金属带包裹粉剂而成，其粉剂部分主要是金属粉末。金属粉芯焊丝具有合金成分调整方便、熔覆速度快、工艺性能好、效率高等优点。也可在电弧焊过程中同步向熔池送入金属粉末，能在不增加电弧能量的条件下提高熔覆率，还可以根据需要在金属粉中添加合金元素，主要适用于埋弧焊以及熔化极气体保护焊。在工件表面堆焊中采用电弧或高能束流作为热源，将一定成分的合金粉末作为填充金属，可获得具有特殊性能的熔覆层。

钎焊中常将粉末钎料和钎剂混合并用溶剂调成糊状来使用，称为膏状钎料。膏状钎料是由钎料合金粉末、钎剂及粘结剂所组成的膏体，其优点是容易实现钎料量的控制，便于复杂结构装配和易于实现自动化钎焊。膏状钎料在微电子组装方面得到广泛应用。

## 8.2 粉体的形状与性质

粉体是细小固体颗粒及颗粒间的空隙所构成的集合体，颗粒是构成粉体的最小单元。通常把颗粒大小介于 $10^{-1}\sim10^{-3}$ $\mu$m 的粒子称为粉末颗粒。由大量粉末颗粒组成的聚合体称为粉末体，简称粉末。离散颗粒组成的粉体具有固体的抗变形能力，又具有流体的属性，因此可视为是流体和固体之间的过渡状态。

### 8.2.1 粉体的形状

粉体是由颗粒组成的分散体系，组成粉体的基本颗粒也称为一次颗粒，一次颗粒由若干晶粒组成，也可以是单晶体或非晶体。一次颗粒如果以某种形式聚集就构成所谓的二次颗粒或聚集颗粒，如图 8-1 所示。基本颗粒内的晶粒之间没有宏观的孔隙，而颗粒之间存在微细的孔隙，所以粉体也可以视为由颗粒及颗粒之间的空隙所构成的集合体。粉体的形状主要是指基本颗粒的形状或粉末形状。

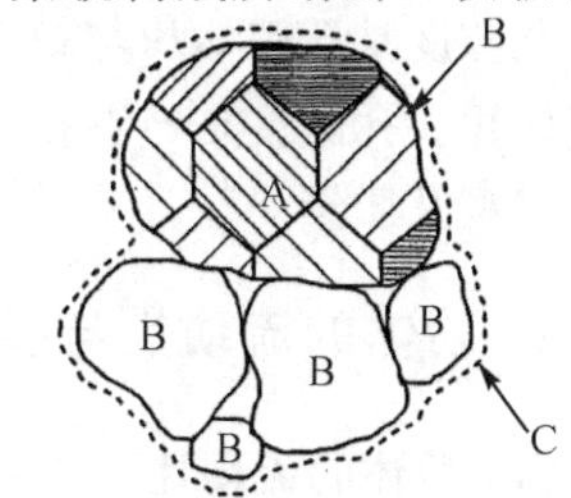


A—晶粒；B—粉末颗粒；C—粉末聚集体

**图 8-1　粉末颗粒聚集体示意图**

粉末的形状是指颗粒的轮廓或表面上各点所构成的图像。粉末的形状主要由粉末生产方法决定，同时也与物质的分子或原子排列的结晶几何学因素有关。常见的形状如图 8-2 所示。颗粒的形状影响粉末的流动性、松装密度、气体透过性、压制性和烧结体强度等方面。

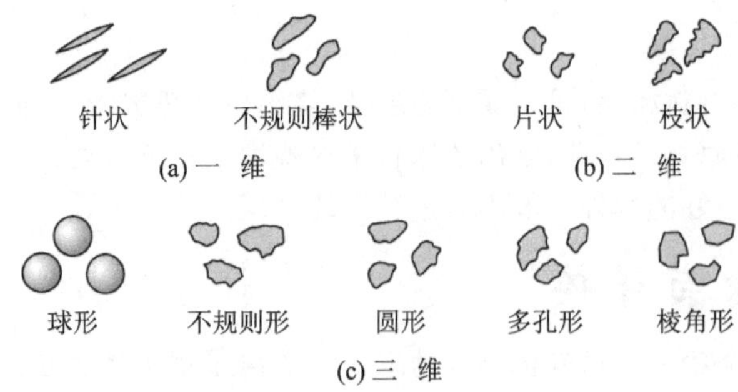


**图 8-2 粉体颗粒形状示意图**

颗粒大小(仅针对单颗粒而言)用粉末的粒径(粒度)表示,单位是毫米或微米。粒度组成(粒度分布)用具有不同粒径的颗粒占全部粉末的百分含量表示。粉末颗粒一般不是规则的圆形或正方体等形状,很难用球的直径或立方体边长表示其粒径。针对实际中粉体粒子的不规则形态,可采取多种方法测定其粒径。通常,用不同的测定方法测量同一粉体粒子的粒径会有不同的结果。

粉末冶金用的金属粉末的粒度范围很宽,为 500~0.1 μm。颗粒的细化导致比表面积急剧增大,将促进固体表面相关的反应。随着粒径的减小,颗粒表面原子的比例将迅速增加。颗粒表面原子数增多,表面原子配位数不足和高的表面能,使这些原子易与其他原子相结合而稳定下来,故具有很高的化学活性。特别是当超微颗粒表面富于活性的情况下,效果会更明显。

## 8.2.2 粉体的性质

粉体的特性包括颗粒物性和颗粒集合体的物性。这里仅介绍与粉末聚合成型相关的性质。

### 1. 松装密度与振实密度

松装密度是指粉末试样自然地充填规定的容器时,单位容积内粉末的质量($g/cm^3$)。振实密度是指在振动或敲击之下,粉末紧密充填规定的容器后所得的密度($g/cm^3$),一般比松装密度高 20% ~50%。

影响松装密度的因素主要是粉末颗粒种类、粒度组成、粉末颗粒的形状以及粉末孔隙度。其主要规律是粉末颗粒越粗,松装密度较大;粉末颗粒越细,松装密度越小。颗粒形状越不规则,松装密度越小。粉末孔隙度越小,松装密度越大。

孔隙度是孔隙体积与粉末的表观体积之比,包括了颗粒之间空隙的体积和颗粒内更小的孔隙体积。孔隙度是与颗粒大小、粒度分布、颗粒形态及表面状态等相关的综合性质,影响粉末的成型及质量。

### 2. 粉体的流动性与模式

#### (1) 粉体的流动性

粉体在容器中呈静止状态,但受力后能像液体一样地流出。若施加强作用力使粉体分散,则能像气体一样扩散。

粉体的流动性是粉体力学性能中重要的性能参数。粉末的流动性以一定量粉末流过规定孔径的标准漏斗所需要的时间来表示，其数值越小说明该粉末的流动性越好。流动性是粉末的一种工艺性能，压力机压制复杂形状坯体时，如果粉末流动性差，则不能保证装粉速率，或容易产生搭桥现象，而使压坯尺寸或密度达不到要求，甚至局部不能成型或开裂，影响产品质量。

粉末流动性能与很多因素有关，如粉末颗粒尺寸、形状和粗糙度、比表面等。一般地说，增加颗粒间的摩擦系数会使粉末流动困难。通常球形颗粒的粉末流动性最好，而颗粒形状不规则、尺寸小、表面粗糙的粉末，其流动性差。

流动性也可以用休止角表征，休止角指在重力场中，颗粒在金属粉末堆积层的自由斜面上滑动时所受重力和粒子之间摩擦力达到平衡而处于静止状态下测得的最大角。这是一种检验金属粉末流动性的简易方法。休止角是通过特定方式使粉体自然下落到特定平台上形成的(见图 8-3)。休止角反映粉末颗粒间动态摩擦系数大小，从而反映粉体流动的难易程度。休止角越小，摩擦力越小，流动性越好，越有利于铺粉及送粉的进行。一般认为休止角小于 40°时粉体的流动性良好。

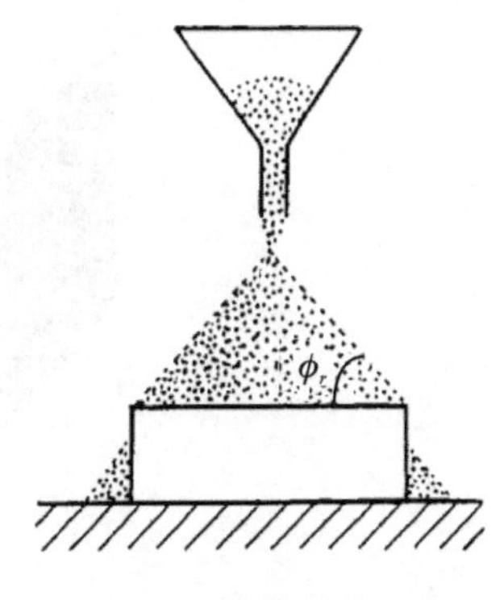

**图 8-3　粉体的休止角**

粉体受力时，粉体层内摩擦力抵抗外力作用，当作用力达到某一极限值时，粉体层发生崩塌。若在粉体层的任意面上加一定的垂直应力，并逐渐增加该层面的剪应力，则当剪应力达到某一值时，粉体沿此面产生滑移，而小于这一值的剪应力则不产生滑移。可采用剪切盒法测量粉体发生滑移的极限应力状态。如图 8-4(a)所示，把圆形或方形盒重叠，将粉体填充其中，在铅垂方向施以压力，再由上盒施加剪切力，逐渐加大剪切力，当达到极限应力状态时，重叠的盒子错动，测定错动瞬时的剪切力，记录剪切应力 $\tau$ 和压应力 $\sigma$ 的数据并在 $\tau-\sigma$ 坐标系中绘制一条轨迹线，这条轨迹线称为破坏包络线，它与 $\sigma$ 轴的夹角称为内摩擦角，如图 8-5 所示。

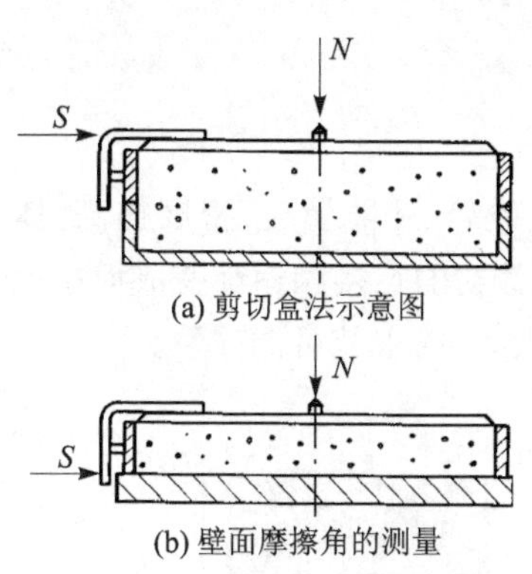

**图 8-4　粉体内摩擦角与外摩擦角的测试**

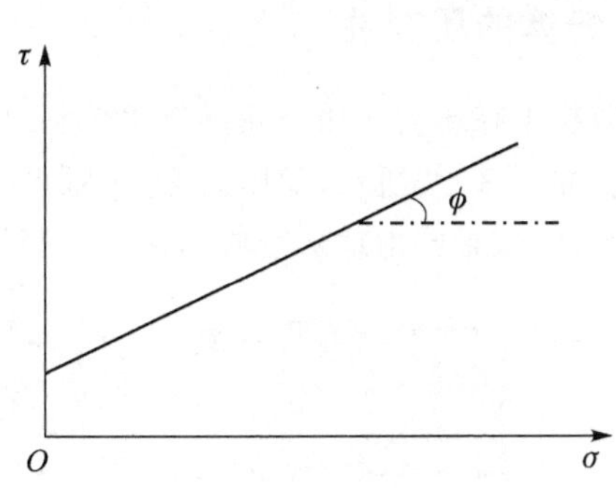

**图 8-5　粉体内摩擦角定义**

粉体与壁面之间的摩擦角称为壁面摩擦角，测量方法类似上述剪切试验。试验时剪切箱体的下箱用壁面材料代替，在装满粉体的上箱施加拉力，测量拉力即可求得，如图 8-4(b)所示。壁面摩擦角属于粉体的外摩擦特性。

### (2) 粉体流动模式

粉体流动模式可以分为漏斗流动和整体流动两种基本类型(见图8-6)。

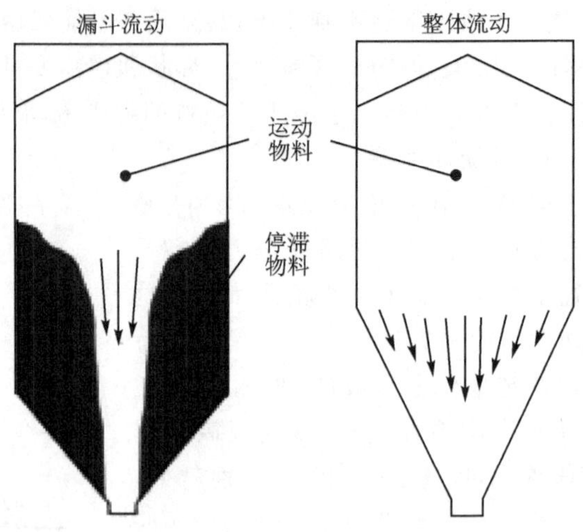


图8-6 粉体流动模式

漏斗流动也称为核心流动。其特点是粉体通过自身形成的流动通道流出,这是一种粉体先进后出的流动模式。如果以连续(而不是成批)模式运行,则较低部分容器壁周围的粉体会在容器中一直保持停滞状态,直到排空。如果颗粒料在料位差压力下固结时,物料密实且表现出很差的流动特性,那么就会发生严重的流动问题。

整体流动的粉末从出口的全面积上流出,这是一种粉体先进先出的流动模式。在整体流动中,全部物料都处于运动状态,并贴着料斗壁滑移。在整体流动中,虽然全部物料都处于运动状态,但在一定高度以下,还是存在着颗粒的流动速度差异。对于流动性差或对时间敏感的流体,整体流动是合适的流动形式。

## 3. 粉体的压制性

松散粉末在压力作用下相继发生位移、弹塑性变形、破碎、孔隙填充、密度提高、体积减小等现象。如图8-7所示,随压力增大,颗粒发生变形,由最初的点接触逐渐变成面接触。接触面积增大,粉末颗粒由球形变成扁平状。当压力继续增大时,粉末就可能碎裂。

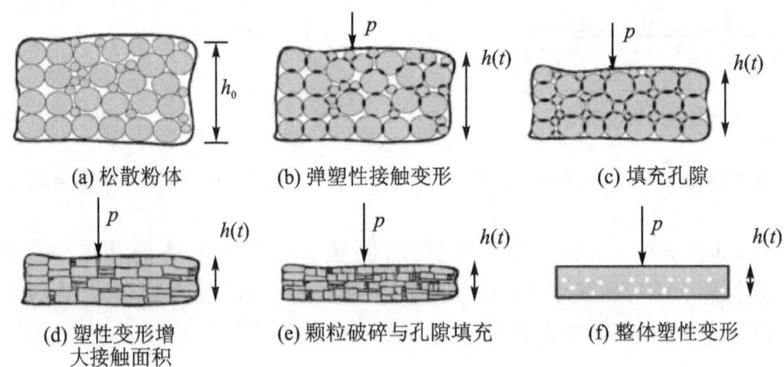


图8-7 粉末压缩过程示意图

粉体压制性是压缩性和成型性的总称。压缩性指粉末在压制过程中被压紧的能力。用规定单位压力下粉末所达到的压坯密度表示。成型性指粉末压制后，压坯保持既定形状的能力。用粉末得以成型的最小单位压制压力表示或用压坯强度来表示。粉体的压缩性和成型性是紧密联系的。粉体的压制性与粉体的粒径、堆密度等相关。

# 8.3　粉体的制备与成型

## 8.3.1　粉体的制备

粉末制件的工艺过程主要包括制粉、坯件成型、烧结等。其中，粉末的制备通常用以下几种方法。

### 1. 机械粉碎方法

机械粉碎是靠压碎、击碎和磨削等作用，将块状金属、合金或化合物机械地粉碎成粉末（见图 8-8）。依据物料粉碎的最终程度，可以分为粗碎和细碎两类。以压碎为主要作用的有碾碎、辊轧以及颚式破碎等；以击碎为主的有锤磨；属于击碎和磨削等多方面作用的机械粉碎有球磨、棒磨等。实践表明，机械研磨比较适用于脆性材料，塑性金属或合金制取粉末多采用涡旋研磨、冷气流粉碎等方法。

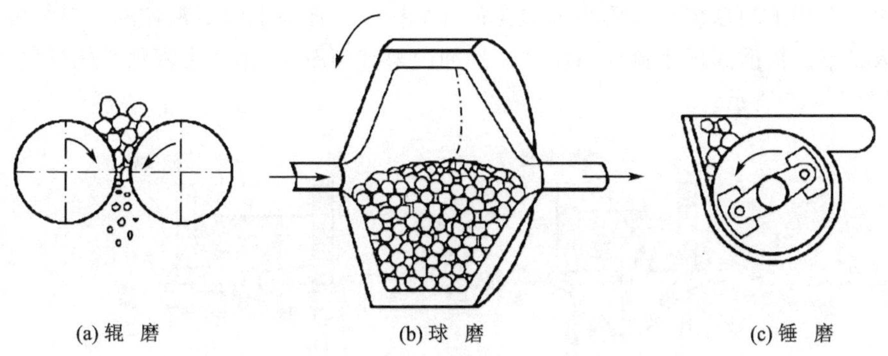


图 8-8　典型机械粉碎方法

固体物料的机械粉碎包括破碎和粉磨两类处理过程。前者是由大块物料碎裂成小块物料的过程，后者是由小块物料碎裂成粉体的过程。固体物料的粉碎过程，实际上是在粉碎力的作用下固体料块或粒子发生变形进而破裂的过程。当粉碎力足够大时，作用又很迅速，物料块或粒子之间瞬间产生的应力大大超过了物料的破坏强度，使物料发生了破碎。物料经粉碎尤其是经粉磨后，其粒度显著减小，比表面积显著增大，因而有利于几种不同物料的均匀混合，便于输送和储存，也有利于提高高温固相反应的程度和速度。

机械粉碎过程中，物料在机械力的作用下发生颗粒细化、微细化和比表面积的增大等物理变化，同时还会发生机械能与化学能的转换，使材料发生复杂的物理化学过程。在粉碎过程中，所施加的大量的机械能，除了消耗于颗粒细化外，还有相当一部分储聚在颗粒体系内部，导致颗粒晶格畸变、出现微缺陷、无定形化、表面能增大等，促使物料活性提高，反应力增强，诱发颗粒的物理化学性能发生变化。

不同组元的金属或金属与非金属的混合粉末通过高能球磨可以在固态下制备合金,称为机械合金化。粉末在钢球的碰撞下发生严重的变形,使粉末不断重复着冷焊、断裂、再焊合的过程,最终达到原子级混合从而实现合金化(见图8-9)。用较粗的原材料粉末可以支撑弥散强化合金、纳米晶合金及金属间化合物等。

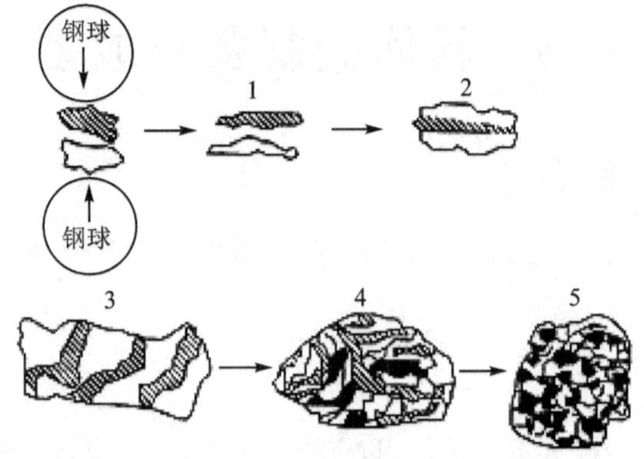


图8-9 机械化合金过程示意图

## 2. 雾化法

雾化法是将液体金属或合金直接破碎,形成直径小于150 μm的细小液滴,冷凝而成为粉末。该法可以用来制取多种金属粉末和各种合金粉末。任何能形成液体的材料都可以通过雾化来制取粉末。借助高压水流或高压气流的冲击来破碎液流,称为水雾化或气雾化,也称二流雾化,如图8-10所示。

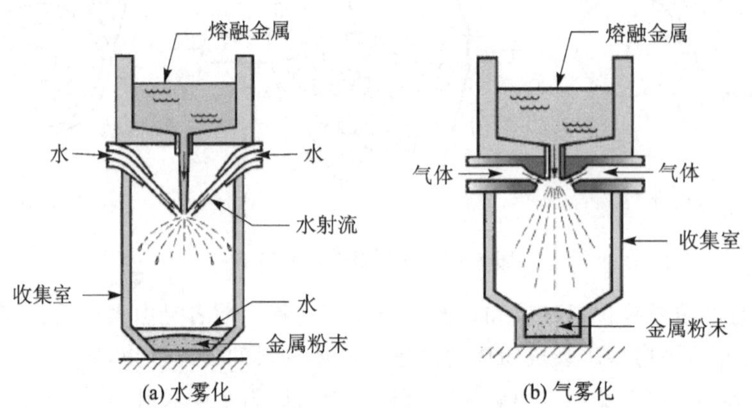


图8-10 雾化法示意图

## 3. 化学方法

粉体制备的化学方法主要有还原法、电解法等。

还原法是从固态金属氧化物或金属化合物中还原制取金属或合金粉末。它是最常用的金属粉末生产方法之一,方法简单,生产费用较低。如铁粉和钨粉,就是由氧化铁粉和氧化钨粉通过还原法生产的。铁粉生产常用固体碳将其氧化物还原,钨粉生产常用高温氢气将其氧化物还原。

电解法是从金属盐水溶液中电解沉积金属粉末。它的成本要比还原法和雾化法高得多。因此,仅在其特殊性能(高纯度、高密度、高可压缩性)得以利用时才使用。

### 4. 筛分与混合

筛分与混合的目的是使粉料中的各组元均匀化。

在筛分时,如果粉末越细,那么同样重量粉末的表面积就越大,表面能也越大,烧结后制品密度和力学性能也越高,但成本也较高。

粉末应按要求的粒度组成与配合进行混合。在各组成成分的密度相差较大且均匀程度要求较高的情况下,常采用湿混。例如,在粉末中加入大量酒精,以防止粉末氧化。为改善粉末的成型性与可塑性,还常在粉料中加入增塑剂,铁基制品常用的增塑剂为硬脂酸锌。

图 8-11 所示为典型的混粉器示意图。

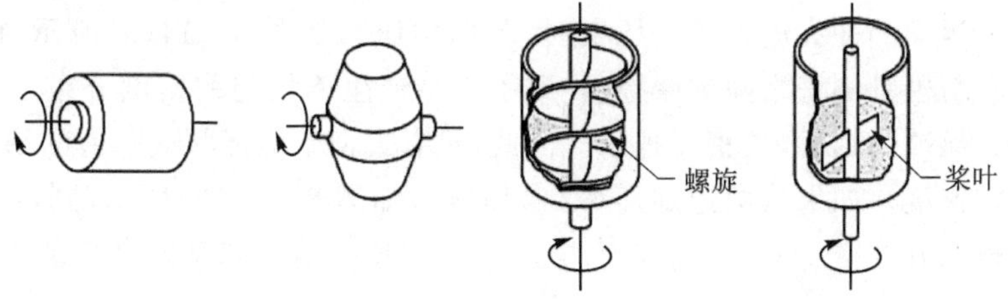


图 8-11　混粉器示意图

## 8.3.2　粉体的成型

粉体成型的目的是获得一定形状和尺寸的压坯,并使其具有一定的密度和强度。

### 1. 压制成型

压制成型是将金属粉末或混合料装在钢制压模内通过模冲对粉末加压形成压坯的过程。粉末料在压模内的压制如图 8-12 所示。压力经上模冲传向粉末时,粉末在某种程度上表现有与液体相似的性质——力图向各个方向流动,于是引起了垂直于压模壁的压力——侧压力(见图 8-13)。

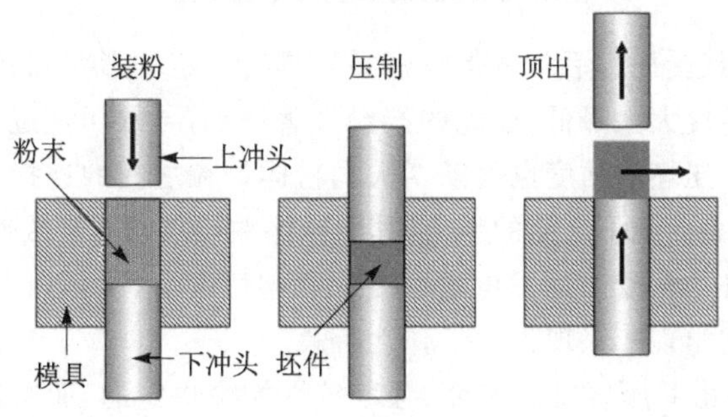


图 8-12　压制成型过程

粉体在压模内所受压力的分量是不均匀的,与液体的各向均匀受压情况有所不同,因为粉末颗粒之间彼此摩擦、相互楔住,使压力沿横向(垂直于压模壁)的传递比垂直方向要小得多。

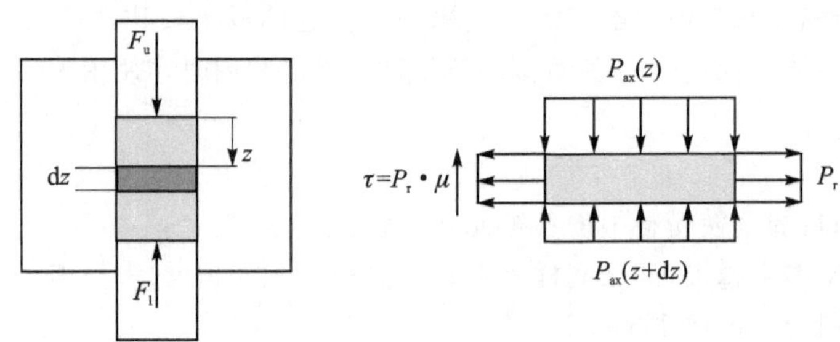


**图 8-13 粉体压坯受力情况**

并且粉末与模壁在压制过程中也产生摩擦力，此力随压制压力而增减。因此，压坯在高度上出现显著的压力降，接近上模冲端面的压力比远离它的部分要大得多，同时中心部位与边缘部位也存在着压力差，使压坯各部分的致密化程度也有所不同。

当用一个可运动的冲头进行粉末压实时(单向加压)，如图 8-14(a)所示，由于粉末各颗粒之间以及颗粒与模具侧壁之间的摩擦，导致了制品产生不均匀的密度分布。制品离冲头越近，其密度越大；离冲头越远，其密度越小。因此，只有近似平面形状或很薄的制品才能用单向压实来获得均匀密度。如果从两边加压(双向加压)，如图 8-14(b)所示，则可获得更均匀的密度。为了获得很好的密度分布，在双向加压时，可使压实前的高宽比保持在 2～2.5 之间。

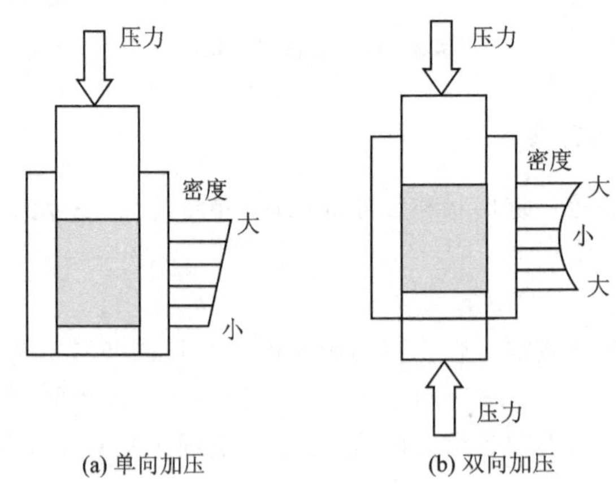


**图 8-14 压制成型坯体密度分布**

粉体装填在压模内经受压力后就变得较密实且具有一定的形状和强度，这是由于在压制过程，粉体颗粒之间的孔隙度大大降低，彼此的接触显著增加，导致压坯逐渐密化。由于粉体颗粒之间连接力作用的结果，压坯的强度也逐渐增大。粉体颗粒之间的连接力来自粉体颗粒之间的机械啮合力和粉末颗粒表面原子之间的引力，其中粉体颗粒之间的机械啮合力起主要作用。

在压制过程中，粉体由于受力而发生弹性变形和塑性变形，压坯内存在着很大的内应力，当外力停止作用后，压坯便出现膨胀现象——弹性后效。

粉体制品的特性是由其所要求的密度、强度等性能来决定的，而密度与粉末的压实压力有着密切的联系，如图 8-15(a)所示，从图中可以看出，制品密度随粉末压实压力的增加而提高。从图 8-15(b)也可以看出，压实时的压缩比(即压实前的原始高度与压实后的高度之比)随粉末压实压力的增加而提高。一般情况下，压缩比必须达到 2.6～2.8，而相应的密度可达 6～7 $g/cm^3$。在工业生产中，将近 90%的粉末冶金制品的密度为 5.7～6.8 $g/cm^3$，这些制品具有非常优良的力学性能。

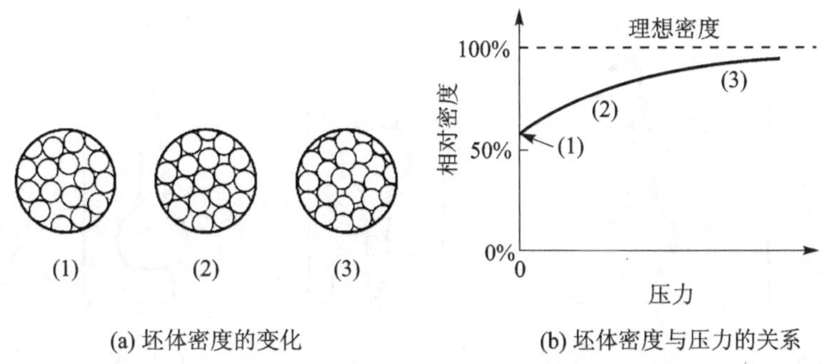


(a) 坯体密度的变化　　(b) 坯体密度与压力的关系

**图 8－15　粉体压坯密度随压力的变化**

为了提高压制质量，还可采用温压成型、等静压成型等压制方法。制造板材、带材可采用粉末轧制，也可采用注射成型、喷射成型、增材制造等方法进行粉末坯体成型。

## 2. 注浆成型

注浆成型是将陶瓷料浆注入多孔质模具，由模具的气孔把料浆中的液体吸出，而在模具内留下坯体。注浆成型的工艺过程包括料浆制备、模具制备和料浆浇注 3 个阶段。料浆制备是关键工序。其要求是：具有良好的流动性，足够小的粘度，良好的悬浮性，足够的稳定性等。最常用的模具为石膏模，近年来也有用多孔塑料模的。料浆浇注入模并吸干其中液体后，拆开模具取出注件，去除多余料，在室温下自然干燥或在可调湿装置中干燥。

注浆成型可分为实心注浆与空心注浆。

### (1) 实心注浆

实心注浆是将料浆注入型腔，浆料中的液体被模型与模芯的工作面吸出，由于浆料中液体不断被吸出，浆料面就会不断下降，因此需要连续补充浆料，直到型腔中形成坯件为止。实心注浆成型的坯体厚度由模型与模芯之间的空隙来决定，没有多余的余浆被倒出。图 8－16 所示为实心注浆成型示意图。

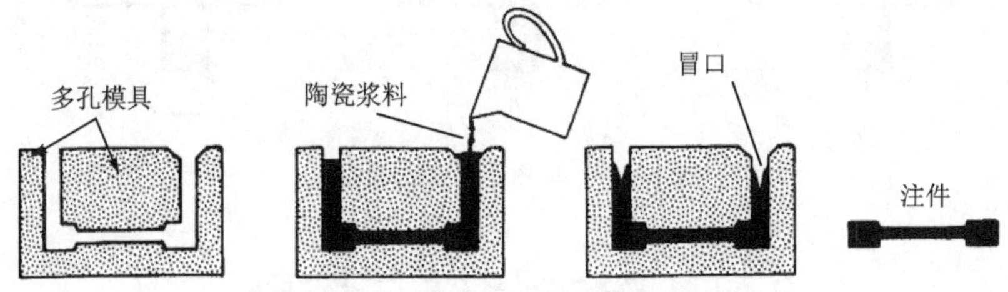


**图 8－16　实心注浆成型示意图**

### (2) 空心注浆

空心注浆是将料浆注入模型，待料浆在模型中停留一段时间形成所需的注件后，倒出多余的浆料而形成空心注件的注浆方法。图 8－17 所示为空心注浆成型过程。该成型方法可制造形状复杂、大型薄壁的制品。

此外，金属铸造生产的型芯使用、离心铸造、真空铸造、压力铸造等工艺方法也被应用于注浆成型，并形成了离心注浆、真空注浆、压力注浆等方法。离心注浆适用于制造大型环状制品，

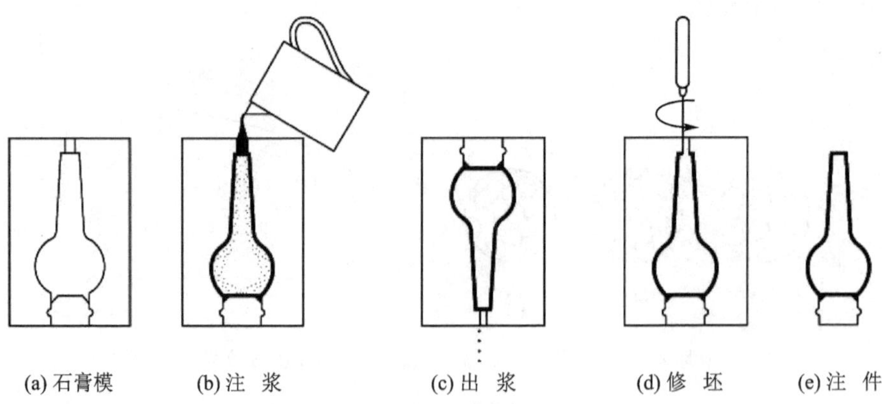


图 8-17 空心注浆成型过程

而且坯体壁厚均匀;真空注浆可有效去除料浆中的气体;压力注浆可提高坯体的致密度,减少坯体中的残留水分,缩短成型时间,减少制品缺陷,是一种较先进的成型工艺。

### 3. 可塑法成型

可塑法成型是在外力作用下,使具有可塑性的坯料发生塑性变形而制成坯体的方法。由于外力和操作方法不同,可塑法成型可分为手工成型和机械成型两大类。雕塑、印坯、拉坯、手捏等属于手工成型,这些成型方法较为古老,多用于艺术陶瓷的制造。机械成型包括旋压、滚压、挤制、车坯、模压、轧膜等可塑成型方法。

图 8-18 所示为碟形件可塑法成型过程。

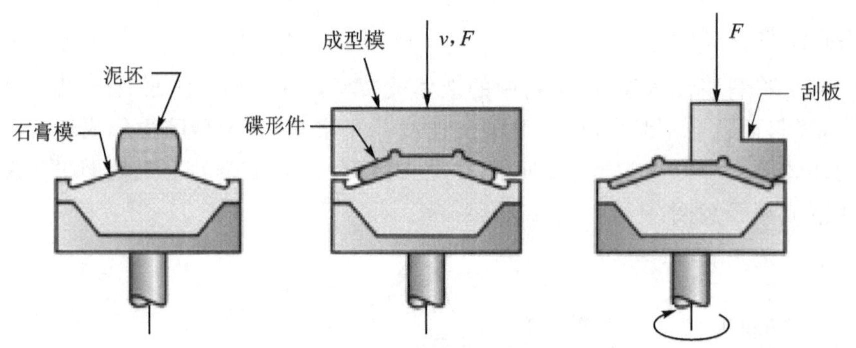


图 8-18 碟形件可塑法成型

# 8.4 粉末烧结与熔融

## 8.4.1 烧结的基本原理

烧结是粉末冶金与陶瓷工艺中的关键性工序。烧结是将成型后的粉末压坯在适当的温度和气氛条件下,通过一系列物理和化学变化,使粉末颗粒的聚集体转变为晶粒的聚集体,通过烧结使其得到所要求的最终物理、力学性能。

## 1. 烧结过程

粉末的烧结可大致划分为以下 3 个阶段：

**(1) 粘结阶段**

烧结初期，颗粒间的原始接触点或面建立原子间的键合，通过成核、结晶长大等过程形成烧结颈(见图 8-19)。在这一阶段，颗粒内的晶粒不发生变化，颗粒外形也基本未变，整个烧结体不发生收缩，密度增加也极微，但是烧结体的强度和导电性由于颗粒结合面增大而有明显的增加。

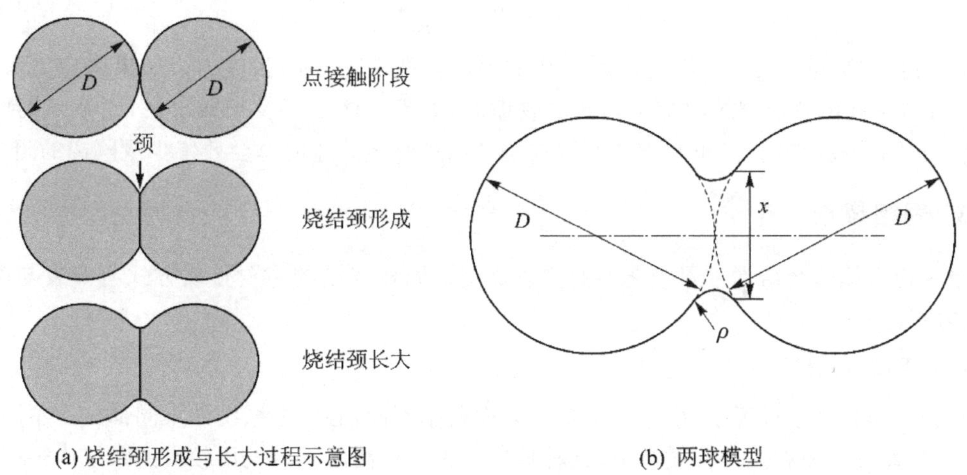


(a) 烧结颈形成与长大过程示意图　　(b) 两球模型

**图 8-19　粉末烧结模型**

**(2) 烧结颈长大阶段**

在这个阶段，原子向颗粒结合面的大量迁移使烧结颈扩大，颗粒间距离缩小，形成连续的孔隙网络。在这个阶段，也会发生塑性或粘性流动、扩散、晶粒长大等现象，使孔隙尺寸减小或消失。烧结体收缩，密度和强度增加是这个阶段的主要特征。

**(3) 闭孔隙球化和缩小阶段**

当烧结体密度达到 90%以后，多数孔隙被完全分隔，闭孔数量大为增加，孔隙形状趋近球形并不断减小。烧结结束后，还会残留少量的隔离小孔隙，所以一般烧结过程不能达到 100%的密度。

## 2. 烧结驱动力

粉末烧结是系统自由能减少的过程，烧结系统自由能的降低是烧结过程的驱动力。但由于烧结系统和烧结条件的复杂性，从热力学出发计算烧结驱动力是很难的。通常采用简化的模型进行分析。

两球模型(见图 8-19)的烧结颈处由于表面张力作用而形成的附加应力可通过式(1-70)进行计算，即

$$\sigma=\gamma\left(\frac{1}{x}-\frac{1}{\rho}\right) \tag{8-1}$$

因为 $x \gg \rho$，所以有

$$\sigma = -\frac{\gamma}{\rho} \tag{8-2}$$

式中的负号表示附加应力方向指向颈外,其效果是使烧结颈扩大。烧结颈扩大形成孔隙网络后,孔隙中气体压力 $p_v$ 与附加应力共同作用推动烧结过程,即

$$p_s = p_v - \frac{\gamma}{\rho} \tag{8-3}$$

式中:$p_s$ 为烧结有效驱动力。

形成隔离孔隙后的有效烧结驱动力为

$$p_s = p_v - \frac{2\gamma}{r} \tag{8-4}$$

式中:$r$ 为孔隙半径;$-2\gamma/r$ 代表作用在孔隙表面使孔隙缩小的张应力。如果张应力大于气体压力 $p_v$,则孔隙就能继续收缩。当孔隙收缩时,如果气体来不及扩散出去,则 $p_v$ 达到并超过张应力,隔离孔隙就会停止收缩。所以在烧结结束时烧结体内总会残留少量隔离的闭孔。

### 3. 固相烧结

单一粉末体的烧结常常属于典型的固态烧结。固相烧结的主要传质方式有蒸发与凝聚、扩散传质等。

**(1) 蒸发与凝聚**

在粉末压坯烧结过程中,由于粉末颗粒表面曲率不同,必然在系统的不同部位有不同的蒸气压,于是通过气相有一种传质趋势,这种传质过程仅在高温下蒸气压较大的系统内进行的烧结,这是烧结中定量计算最简单的一种传质方式,也是了解复杂烧结过程的基础。在球形颗粒表面有正曲率半径,烧结颈部有一个小的负曲率半径,颗粒表面蒸气压 $p_0$ 与烧结颈部蒸气压 $p_1$ 间的关系为

$$\ln\left(\frac{p_1}{p_0}\right) = \frac{\gamma M}{dRT}\left(\frac{1}{\rho} + \frac{1}{x}\right) \tag{8-5}$$

式中:$M$ 为蒸气相的相对分子质量;$d$ 为材料的密度。

根据上述关系,物质将从蒸气压高的凸形颗粒表面蒸发,通过气相传递而凝聚到蒸气压低的凹形颈部,从而使颈部逐渐被填充。蒸发与凝聚传质的特点是烧结时颈部区域扩大,球的形状为椭圆,气孔形状改变,但球与球之间的中心距不变,也就是在这种传质过程中坯体不发生收缩。

**(2) 扩散传质**

在大多数固体材料中,由于高温下蒸气压低,所以传质更易通过固态内质点扩散过程来进行。如果在烧结前的粉末体是由同径颗粒堆积而成的理想紧密堆积,则颗粒接触点上最大压应力相当于外加一个净压力。在真实系统中,由于球体尺寸不一,颈部形状不规则,堆积方式不相同等原因,使接触点上应力分布产生局部剪应力。因此在剪应力作用下可能出现晶粒彼此沿晶界剪切滑移,在扩散传质中要达到颗粒中心距离缩短必须有物质向气孔迁移,气孔作为空位源,空位进行反向迁移。颗粒点接触处的应力促使扩散传质中的物质的定向移动。

在烧结初期,表面扩散的作用较显著,表面扩散开始的温度远低于体积扩散。烧结初期坯体内有大量连通气孔,表面扩散对孔隙的消失和烧结体的收缩无显著影响,因而这阶段坯体的气孔率大,收缩约在1%。以扩散传质为主的烧结中,在烧结时需要控制的主要变量有烧结时

间、原料的起始粒度、烧结温度。烧结进入中期后颗粒开始粘结，颈部扩大，经过初期烧结后，由于颈部生长使球形颗粒逐渐变成多面体，因而烧结中期致密化速度较快。烧结进入后期时，气孔已完全孤立，晶粒已明显长大。坯体收缩达 90%～100%。综上所述，烧结中期和后期并无显著差异，当温度和晶粒尺寸不变时，气孔率随烧结时间而线性减少。

## 4. 液相烧结

如果粉体中相邻的颗粒是不同的金属，则在两个颗粒的界面处可能发生合金化而引起局部熔化，烧结会容易进行。如果一种金属的熔点比另一种金属的熔点低，则低熔点金属就可能熔化，形成的液相在表面张力作用下包围另一种金属颗粒。即使在没有杂质的纯固相系统中，高温下还会出现“接触”熔融现象。这种烧结称为液相烧结，液相烧结有助于减少孔隙度。

由于液相流动传质速率比固态扩散快，因此液相烧结的致密化速率高，可使坯体在比固态烧结温度低得多的情况下获得致密的烧结体。

粉末坯体液相烧结可分为 3 个阶段，如图 8-20 所示。

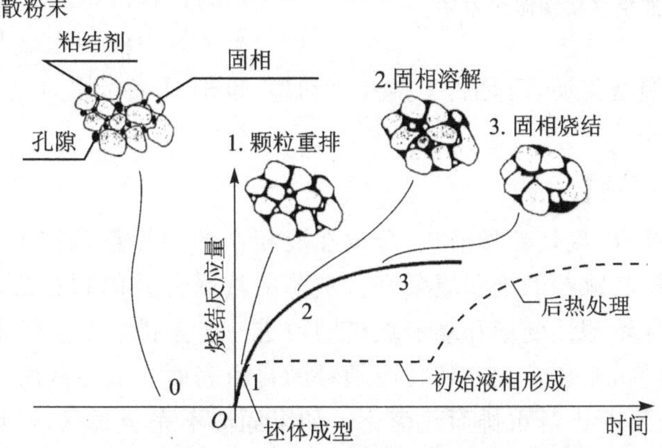


**图 8-20　液相烧结过程**

第一阶段为液相生成和颗粒重排阶段。在足够高的烧结温度下形成液相，液相润湿固相，并渗入颗粒间隙。随着液相流动，颗粒发生滑动、旋转、重排，烧结体迅速致密化。

第二阶段发生固相溶解和析出，这是扩散过程被强化的阶段。大颗粒的棱角、微凸及微细的颗粒溶解在液相，当固相在液相中的浓度超饱和之后，溶解的物质又在大颗粒表面重新析出。这个阶段的固相颗粒外形逐渐趋于球形或其他规则形状，后期会有一些固相颗粒形成烧结颈。这个阶段的致密化速度显著减慢。

液相烧结的第三阶段是固相烧结阶段。该阶段的固相颗粒彼此粘结形成骨架，剩余的液相充填于骨架的间隙。该阶段以固相烧结为主，烧结体密度趋于稳定。

液相烧结能否顺利完成，达到完全致密化，主要取决于同液相性质有关的 3 个基本条件：第一是液相对固相颗粒表面的润湿性要好(见图 8-21)。第二是固相在液相中有一定的溶解度，而液相在固相中的溶解度很小，或者不溶解。第三是液相要有一定的数量，一般以冷却时能填满固相颗粒间的间隙为限，通常以 20%～50%(体积分数)为宜。

液相烧结的主要传质方式有流动传质、溶解与沉淀传质。

### (1) 流动传质

大多数材料在烧结中都会或多或少地出现液相。即使在没有杂质的纯固相系统中，高温

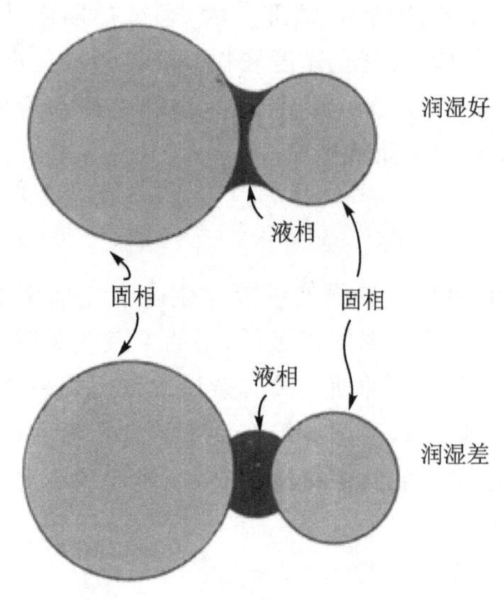


图8-21 液相烧结润湿示意图

下还会出现熔融现象。因而纯粹的固态烧结实际上不易实现。液相烧结与固态烧结的共同点是烧结的推动力都是表面能,烧结过程也是由颗粒重排、气孔充填和晶粒生长等阶段组成;不同点是由于流动传质速率比扩散传质快,因而液相烧结致密化速率高,可使坯体在比固态烧结温度低得多的情况下获得致密的烧结体。

在高温下依靠粘性液体流动而致密化是大多数硅酸盐材料烧结的主要传质过程。在液相烧结时,由于高温下粘性液体(熔融体)出现牛顿型流动而产生的传质称为粘性流动传质(或粘性蠕变传质)。粘性蠕变是在应力作用下,整排原子沿着应力方向移动,而扩散传质仅是一个质点的迁移。

当坯体中液相含量很少时,高温下流动传质不能看成是纯牛顿型流动,而是属于塑性流动型,也即只有作用力超过屈服值时,流动速度才与作用的剪应力成正比。

**(2) 溶解与沉淀传质**

随烧结温度升高,出现足够量液相,分散在液相中的固体颗粒在毛细管力作用下,颗粒相对移动,发生重新排列,颗粒的堆积更紧密。被薄的液膜分开的颗粒之间搭桥,在那些点接触处有高的局部应力导致塑性变形和蠕变促进颗粒进一步重排。由于较小的颗粒或颗粒接触点处溶解,通过液相传质,而在较大的颗粒或颗粒的自由表面上沉淀从而出现晶粒长大和晶粒形状的变化,同时颗粒不断进行重排而致密化。如果固液不完全润湿,则此时形成固体骨架的再结晶和晶粒长大。

选区激光烧结(SLS)为液相烧结机制,烧结过程中粉体材料发生部分熔化,粉体颗粒保留其固相核心,并通过后续的固相颗粒重排、液相凝固粘接实现粉体致密化。SLS工艺采用半固态液相烧结机制,粉体未发生完全熔化,虽可在一定程度上降低成型材料积聚的热应力,但成型件中含有未熔固相颗粒,直接导致孔隙率高、致密度低、拉伸强度差、表面粗糙度高等工艺缺陷,在SLS半固态成型体系中,固液混合体系粘度通常较高,导致熔融材料流动性差,将出现SLS快速成型工艺特有的冶金缺陷——“球化”现象。球化是粉末在高能激光束快速熔化后,由于表面张力、重力以及周边介质的共同作用,收缩成断续的球形颗粒的现象。球化现象不仅会增加成型件表面粗糙度,更会导致铺粉装置难以在已烧结层表面均匀铺粉后续粉层,从而阻碍SLS过程顺利开展。

在实际的固相或液相烧结中,以上几种传质过程可以单独进行或几种传质同时进行。

## 8.4.2 陶瓷坯体的烧成

在陶瓷生坯中颗粒之间的附着力小,干燥强度相当低。烧成是指坯体在高温下发生一系列物理化学变化,使颗粒相互结合并逐渐致密化,形成预期的矿物组成和纤维结构及较高强度的过程。而烧结仅仅指通过加热使粉体产生颗粒粘结,经过物质迁移使粉体产生高强度并导致致密化和再结晶的物理过程。烧结只是陶瓷烧成过程的一个重要组成部分。

### 1. 陶瓷坯体烧成时的物理化学变化

**(1) 坯体中的水分蒸发阶段(室温～300 ℃)**

陶瓷坯体在这个阶段主要发生物理变化，即排除干燥中所没有排掉的残余水分及少量的粘土矿物层间水。随着水分的排除，颗粒紧密靠拢，坯体略有收缩。

**(2) 氧化分解和晶型转化阶段(300～900 ℃)**

在这一阶段，坯体发生复杂的物理化学变化，包括矿物结构水的排除、坯釉料某些组分与杂质的氧化还原反应，以及多晶转变及少量液相生成等。此阶段坯体的重量急剧减少，气孔率增加，坯体强度逐渐提高。

**(3) 高温阶段(950 ℃～烧结温度)**

此阶段继续发生氧化和排水、液相生成及新相的形成，以及新相的重结晶和坯体烧结。该阶段的特点是液相填充坯体空隙，晶粒相互靠拢并重排，最终坯体达到致密化的烧结状态。

**(4) 冷却阶段(烧结温度～室温)**

烧成完成后，陶瓷产品要在严格控制的冷却速率下冷却到室温。冷却过程中的主要物理变化是坯体中液相转变为固相，并因结构变化产生一定的应力。随着冷却的不断进行，产品具有所要求的物理化学性能。

成型后的陶瓷坯体中经常含 20%～50%的孔隙率。在烧成过程中，气孔排除，体积收缩等于排除的气孔体积，使用预烧过的原料可以减少收缩量。如果烧成进行到完全致密化，则会产生百分之几十的体积收缩和相当大的线收缩，这样大的收缩难以保证烧结后制品的尺寸精度。同时在烧成时，坯体不同部位所产生的不同收缩所引起的翘曲或扭曲是比较严重的问题(见图 8-22)。非均匀收缩甚至会引起裂纹的产生。

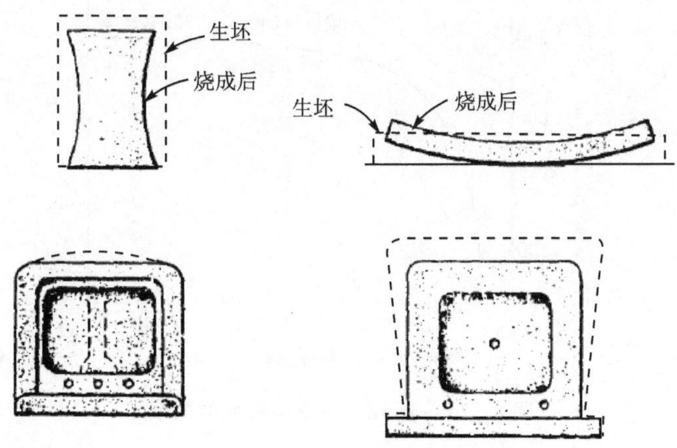


**图 8-22　烧成收缩与变形**

消除不均匀烧结收缩以及由不均匀收缩造成的扭曲和变形，可以从 3 个方面考虑：①改变成型方法，以获得坯体的密度均匀性；②通过外形工艺设计补偿或抵销变形；③通过正确的装炉方式以消除不均匀收缩。

### 2. 烧成制度

陶瓷常用的烧成工艺可分为一次烧成和两次烧成。一次烧成是将生坯施釉,干燥后入窑经高温一次烧成制品。两次烧成是将未施釉的坯体,经干燥后先进行素烧,然后施釉,再进行第二次烧成(釉烧)。一次烧成工艺简化了工序,降低了烧成时的热损失,两次烧成提高了坯体强度,有利于后续工序的机械化、自动化,减少了破损,提高了釉面质量。实际生产时应根据产品具体情况进行选择。

烧成制度主要包括烧制温度制度、气氛制度和压力制度,这3个制度之间相互影响,密切相关。影响陶瓷性能的关键是温度制度和气氛制度。烧成制度是根据陶瓷坯料的组成和性质,坯体的形状、大小和厚薄,以及烧结方法等因素确定的。温度和气氛根据不同产品的不同要求来确定,而压力制度是保证温度和气氛制度实现的条件。

## 8.4.3　粉末的熔融聚合

### 1. 粉末的熔化特性

粉体的烧结和熔融这两个过程都是由原子热振动而引起的,但熔融时全部组元都转变为液相,而烧结时至少有一个组元是处于固态的。

粉体材料在焊接、热喷涂以及增材制造中得到广泛的应用。与上述烧结机制不同,这些方面的应用往往涉及粉末的熔化。研究表明,材料尺度减小导致比表面积增大,表面原子数增多,材料热稳定性下降,熔化时需要吸收的热量减小。当材料的尺度下降至纳米级(≤100 nm)甚至更小时,其热稳定性在某一临界尺寸时将发生突变性下降,导致熔化温度降低。图8-23所示为Au颗粒熔点与粒径的关系。

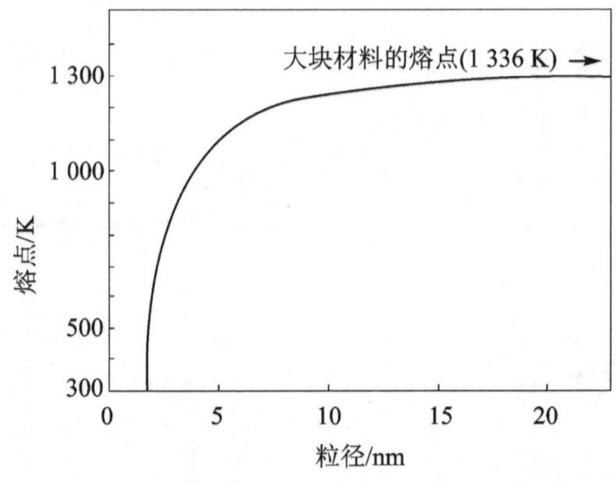


图8-23　Au颗粒熔点与粒径的关系

当然,不同种类的材料以及颗粒的形状,其热稳定性发生突变性下降的程度不同,所以熔化温度发生突变时的临界尺寸也不同。此外,粉体的导热性能与块体材料相比也有差异,对其熔化性能也会产生影响。块体材料的熔化需要破坏全部粒子的结合键,需要热作用时间长。在小尺度条件下,能量的沉积贯穿性提高,加之材料的熔融都是从表面开始的,粉体材料的比表面积大,因此可实现快速熔化。

### 2. 粉末熔融过程

基于熔化的焊接与增材制造均采用能量集中的热源，材料的熔化局限在比较小的区域。若采用粉末作为焊材或增材，通过送粉或铺粉方式供粉，热源可采用电弧、激光或电子束。其显著特点是在能量与粉末作用区同时发生粉末和基体(包括前焊道或焊层)的熔融，形成熔池。随着热源的移动，熔融金属凝固形成焊道及焊层。离散的粉体与高能量密度热源作用可实现快速的熔化与凝固，同时也会产生一系列非平衡效应。

例如，在 SLS 基础上发展起来的选区激光熔化 SLM 增材制造技术，与 SLS 的基本原理类似。如图 8-24 所示，SLM 技术需要使金属粉末完全熔化并形成熔池，类似于多道多层堆焊过程，可直接成型金属件。此类基于焊接的增材制件的组织结构均为凝固组织，也会出现熔合不良、气孔、夹杂、残余应力与变形、开裂等焊接中常见的缺陷。此外，SLM 过程中也会出现球化现象。球化会使金属粉末熔化后无法凝固成一体，因而形成的零件疏松多孔，致使成型失败。

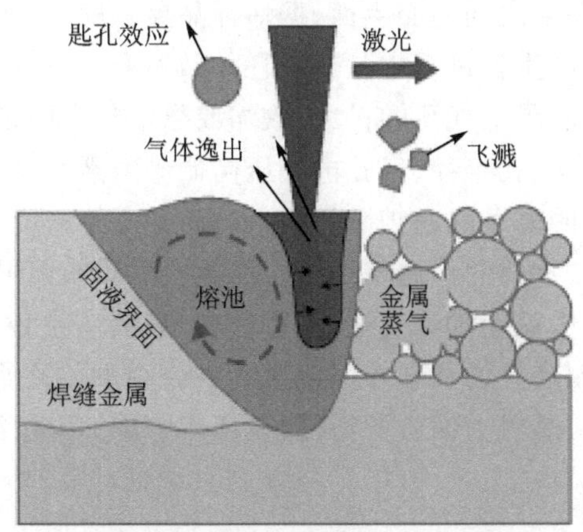


图 8-24　选区激光熔化示意图

## 8.4.4　晶粒生长与二次再结晶

晶粒生长与二次再结晶过程往往与烧结中、后期的传质过程同时进行。初次再结晶是在已发生塑性变形的基质中出现新生的无应变晶粒的成核和长大过程。二次再结晶(或称晶粒异常生长和晶粒不连续生长)是少数巨大晶粒在细晶消耗时成核长大的过程。

### 1. 晶粒生长

在烧结的中、后期，细晶粒要逐渐长大，而一些晶粒的生长过程也是另一部分晶粒缩小或消灭的过程，其结果是平均晶粒尺寸都增长了。这种晶粒长大并不是小晶粒的相互粘结，而是晶界移动的结果。在晶界两边物质的吉布斯自由能之差是使界面向曲率中心移动的驱动力。晶界移动的速率是与晶界曲率以及系统的温度有关。温度升高，曲率半径越小，晶界向其曲率中心移动的速率也越快，气孔在晶界上是随晶界移动还是阻止晶界移动，这与晶界曲率有关，也与气孔直径、数量，气孔作为空位源向晶界扩散的速率，气孔内气体压力大小，包围气孔的晶粒数等因素有关。约束晶粒生长的另一个因素是有少量液相出现在晶界上。少量液相使晶界上形成两个新的固-液界面，从而界面移动的推动力降低，扩散距离增加。因此少量液相可以起到抑制晶粒长大的作用。

### 2. 二次再结晶

二次再结晶的推动力是大晶粒界面与临近高表面能和小曲率半径的晶面相比有较低的表面能,在表面能的驱动下,大晶粒界面向曲率半径小的晶粒中心推进,以造成大晶粒进一步长大和小晶粒的消失。晶粒生长与二次再结晶的区别在于前者坯体内晶粒尺寸均匀地生长。而二次再结晶是个别晶粒异常生长,晶粒生长是平均尺寸增长,不存在晶核,界面处于平衡状态,界面上无应力。二次再结晶的大晶粒界面上有应力存在。晶粒生长时气孔维持在晶界上或晶界交汇处,二次再结晶时气孔被包裹到晶粒内部。从工艺控制考虑,造成二次再结晶的原因主要是原始粒度不均匀、烧结温度偏高和烧结速率太快。其他还有坯体成型压力不均匀,局部有不均匀液相等。为避免气孔封闭在晶粒内,避免晶粒异常生长,应防止致密化速率太快。

### 3. 晶界在烧结中的应用

晶界是多晶体中不同晶粒之间的交界面,据估计晶界宽度为 5～60 nm。晶界上原子排列疏松混乱,在烧结传质和晶粒生长过程中晶界对坯体致密化起着十分重要的作用。由于烧结体中气孔形状是不规则的,晶界上气孔的扩大、收缩或稳定与表面张力、润湿角、包围气孔的晶粒数有关,还与晶界迁移率、气孔半径、气孔内气压高低等因素有关。

在离子晶体中,晶界是阴离子快速扩散的通道。离子晶体的烧结与金属材料不同。阴、阳离子必须同时扩散才能导致物质的传递与烧结。晶界上溶质的偏聚可以延伸晶界的移动能加速坯体致密化,为了从坯体中完全排除气孔,获得致密烧结体,空位扩散必须在晶界上保持相当高的速率。只有通过抑制晶界的移动才能使气孔在烧结的始终都保持在晶界上,避免晶粒的不连续生长。利用溶质在晶界上偏析的特征,在坯体中添加少量溶质(烧结助剂),就能达到抑制晶界移动的目的。

# 8.5 烧结工艺及粉末制件后处理

## 8.5.1 烧结工艺

烧结是粉末聚合制件的关键性工序。粉末压坯通过烧结使其得到所要求的最终物理和力学性能。

### 1. 烧结温度与保温时间

烧结温度一般是指最高烧结温度,即保温时的温度。烧结温度与粉末压坯的化学成分有关。晶体中晶格能越大,离子结合也越牢固,离子的扩散也越困难,所需烧结温度也就越高。各种晶体键合情况不同,因此烧结温度也相差很大,即使对同一种晶体烧结温度也不是一个固定不变的值。提高烧结温度无论对固相扩散或对溶解-沉淀等传质都是有利的。但是单纯提高烧结温度不仅浪费燃料,而且还会促使二次再结晶而使制品性能恶化。在有液相的烧结中,温度过高使液相量增加,粘度下降而使制品变形。因此不同粉末压坯的烧结温度必须通过试验来确定。

图 8-25 所示为烧结制件密度与烧结温度、烧结时间以及坯体初始密度的关系。为了获

得高质量的粉末冶金制件，需要综合考虑烧结温度、烧结时间以及坯体初始密度等因素的影响。

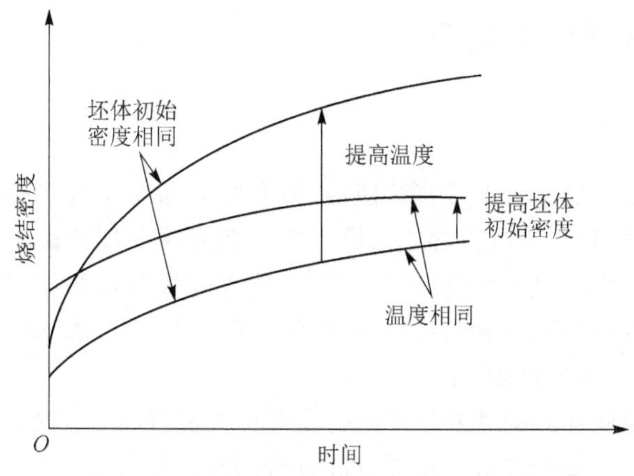


**图 8-25　烧结制件密度曲线及影响因素**

对于单元系和多元系的固相烧结，烧结温度比所用的金属及合金的熔点低。如果是单元系粉末的固相烧结，则通常为熔点绝对温度的 2/3～4/5，其下限略高于再结晶温度，上限主要从技术及经济上考虑，而且与烧结时间有关。多元系固相烧结温度一般要低于主要成分的熔点，可以高于其中一种或多种少量成分的熔点，或者稍高于混合物中出现的低熔共晶的熔点。对于多元系的液相烧结，烧结温度一般比其中难熔成分的熔点低，而高于易熔成分的熔点。

烧结保温时间与烧结温度有关。通常，烧结温度较高时，保温时间较短；相反，烧结温度较低时，保温时间要长。所以，烧结温度和保温时间要根据具体情况合理选择。

### 2. 烧结气氛

烧结气氛的作用是控制压坯与环境之间的化学反应和清除润滑剂的分解产物。烧结气氛一般分为氧化、还原和中性 3 种，除少数制品可以在氧化性气氛（空气）中烧结外，大多数的烧结是在还原性或保护性气氛及真空中进行的。

### 3. 烧结方法

烧结方法可分为单元系烧结和多元系烧结、固相烧结和液相烧结，以及活化烧结、热压烧结等。

固相烧结是将粉末压坯在低于熔点的一定温度和保护气氛中，保温一定时间，使坯体颗粒实现致密化和冶金结合的工艺过程。固态烧结的主要传质方式有蒸发-凝聚、扩散传质、塑性流动等。在单元系固相烧结过程中，物质的聚集状态不发生变化，也没有新相的生成。多元系固相烧结一般在低熔点组元的熔点以下的温度进行，多元系固相烧结要发生组元间的反应、溶解和均匀化过程，其烧结过程要比单元系固相烧结过程复杂。

凡有液相参与的烧结过程称为液相烧结。由于粉末中总会存在低熔点成分，因而大多数材料在烧结中都会或多或少地出现液相，纯粹的固态烧结实际上不易实现。根据烧结过程中液相出现的时间长短，液相烧结可分为瞬时液相烧结和长存液相烧结。前者在烧结后期液相消失，后者在整个烧结过程中都有液相存在。

活化烧结是采用化学或物理措施，使烧结温度降低，烧结过程加快的烧结工艺。活化烧结的常用方法主要有两种:一是依靠外界因素活化烧结过程,如在气氛中添加活化剂;二是提高粉末的活性,使烧结过程活化。常用的工艺有电火花烧结、微波烧结以及热压烧结等。

## 8.5.2 粉末制件后处理

### 1. 粉末冶金后处理

很多粉末冶金制品在烧结后即可直接使用,但有些制品还要进行必要的后处理。常用的方法之一是进行精压处理,它是将零件放入模具中并在高压下加压的工序。所使用的压力等于或大于最初的压制压力。精压可提高制件密度,使零件强度提高。对于齿轮、球面轴承、钨钼管材等烧结件,常采用滚轮或标准齿轮与烧结件对滚挤压的方法,来进行后处理,以提高制件的尺寸精度,降低其表面粗糙度。

对不受冲击而要求硬度高的铁基粉末冶金零件可以进行淬火处理;对表面要求耐磨,而心部又要求有足够韧性的铁基粉末冶金零件,可以进行表面淬火。

对于含油轴承,则需在烧结后进行浸油处理。对于不能用油润滑或在高速重载下工作的轴瓦,通常用烧结的铜合金在真空下浸渍聚四氟乙烯液,以制成摩擦系数小的金属塑料减摩件。

还有一种后处理方法称为熔渗处理,是将低熔点金属或合金渗入到多孔烧结制件的孔隙中去,以增加烧结件的密度、强度、硬度、塑性或冲击韧性。

熔渗处理将粉末坯体(烧结前或烧结后)与液体金属接触或浸埋在液体金属内,使液体金属填充坯体内孔隙,冷却后就得到致密材料或零件。熔浸过程依靠金属液润湿粉末多孔体,在毛细管力作用下,沿着颗粒孔隙或颗粒内孔隙流动,直到完全填充孔隙为止,如图8-26所示。因此,从本质上讲,它是液相烧结的一种特殊情况,所不同的是,致密化主要靠易熔成分从外面去填充孔隙,而不是靠压坯本身的收缩。

常用的熔渗处理方法主要有部分浸入熔渗、全浸入熔渗、接触熔渗、重力-注入熔渗等。可用熔点较低的金属作熔渗剂,向熔点较高的金属或化合物熔渗。熔渗剂应能很好润湿坯体,且与坯体材料不发生互溶或溶解度不大。图8-26所示为典型熔渗处理示意图。

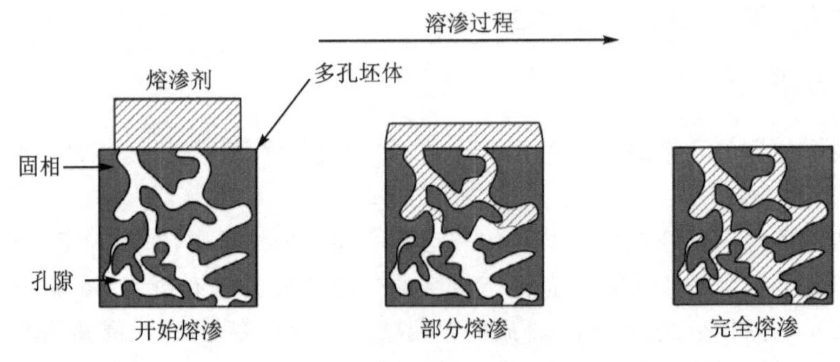


图8-26 熔渗处理示意图

### 2. 陶瓷施釉

烧结后的陶瓷,由于其表面状态、尺寸偏差、使用要求等的不同,需要进行一系列的后续加工处理。常见的处理方式主要有表面施釉、加工及表面金属化等。

陶瓷的施釉是指通过高温方式,在瓷件表面烧附一层玻璃状物质使其表面具有光亮、美观、致密、绝缘、不吸水、不透水及化学稳定性好等优良性能的一种工艺方法。按其功能的差别可以分为装饰釉、粘合釉、光洁釉等。

釉的功能比较多，除了一些直观效果外，还有：①提高瓷件的机械强度与耐热冲击性能；②防止工件表面的低压放电；③使瓷件的防潮功能提高。另外，色釉料还可以改善陶瓷基体的热辐射特性。

施釉工艺包括釉浆制备、涂釉、烧釉 3 个过程。按配方称料后，加入适量的水湿磨，出浆后采用浸蘸法、浇上法、涂刷法或喷洒等方法使工件被上上一层厚薄均匀的釉浆，待烘干后入窑烧成。釉料可以直接涂于生坯上一次烧成，也可以在烧好的瓷件上施涂，另行烧成。

釉和玻璃一样无固定的熔点，仅在一定的温度范围内逐渐熔化，因而熔化温度有上限和下限之分。为了表征釉的熔化进程与釉面成熟的相互关系，通常将釉处于成熟状态时所对应的熔化范围称为釉的熔融温度范围。该范围的下限是指釉的软化变形点，习惯上称为釉的始熔温度，它标志着釉的熔化进程开始进入成熟阶段。上限温度是指釉的完全熔融温度，也称为流淌温度，它表明釉经过充分熔融后将达到成熟的极限状态，超过此温度，釉将呈现明显的流动现象而“过烧”。而在熔融温度范围内，釉熔体呈现较好的熔融状态，并能均匀地铺展在坯体表面，形成光亮、平滑的釉层。

釉在坯体表面的熔融过程中会发生一系列的物理化学变化，包括釉料脱水、氧化与分解的过程，釉的组分相互作用生成新的硅酸盐化合物和玻璃的过程；以及釉与坯体相互作用生成中间层的过程。

在陶瓷坯体与釉生成中间层的过程中，一方面釉中的碱性组分通过溶解和渗透不断向坯中扩散；另一方面坯中的组分也逐渐向釉中迁移。其结果使坯、釉之间形成了一个不仅在化学组成上，而且在性质上介于两者之间的中间层，厚度一般为 15～20 μm。它既可以使坯、釉紧密地结合在一起，也可以有效地调和坯、釉性质的差异并改善釉面质量。

为了保证固化釉层与坯体的界面结合强度，坯与釉的热膨胀系数要合理匹配。如果釉的热膨胀系数大于坯的热膨胀系数，则在冷却过程中，釉的收缩大于坯体收缩，釉层受到坯体的拉伸作用，产生拉伸弹性变形，釉层产生残余拉应力。当拉应力值超过釉的抗拉强度时，釉层破坏，形成龟裂。相反，当釉的热膨胀系数小于坯体时，釉层在收缩的过程中受到坯体的压缩作用，产生压缩弹性变形，釉层产生残余压应力。若其压应力超过釉的抗压强度，则釉层剥脱。图 8-27 所示为坯釉膨胀系数匹配不合理时的两种情况。

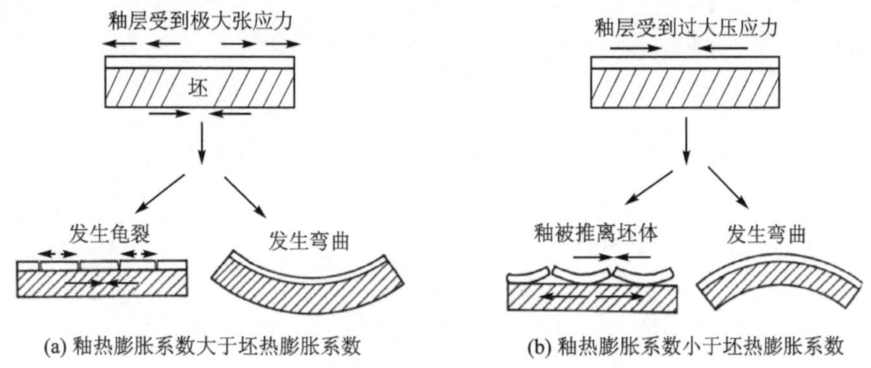


(a) 釉热膨胀系数大于坯热膨胀系数　(b) 釉热膨胀系数小于坯热膨胀系数

**图 8-27　坯、釉热膨胀系数匹配不合理的情况**

# 思考题

1. 分析粉末冶金零件的生产过程。
2. 如何表征粉末的流动性?
3. 分析粉末的流动模式及影响因素。
4. 说明金属粉末的制备方法。
5. 粉末成型的基本方法有哪几种?各有什么特点?
6. 压坯中密度分布的不均匀是如何产生的?
7. 分析烧结的推动力和晶粒生长的推动力。
8. 根据两球模型分析粉末烧结过程。
9. 烧结过程中会发生哪些传质现象?
10. 何谓液相烧结?说明实现液相烧结的基本条件。
11. 烧成与烧结有何区别?
12. 分析激光选区熔化过程中粉末熔融的特点。
13. 简述粉末冶金后处理工艺。

# 第 9 章　焊接基本原理

焊接是指利用加热或加压等手段，使分离的材料（同种或异种）在设计连接区通过原子（分子）间结合和扩散形成构件的工艺方法。在焊接过程中需要对焊接区域进行加热，使其达到或超过材料的熔点或接近材料熔点的温度，随后在冷却过程中形成焊缝和焊接接头。

## 9.1　焊接工艺概述

焊接通常是在材料连接区（焊接区）处于局部熔化或塑性状态下进行的，为使材料达到形成焊接的条件，需要高度集中的热输入。根据焊接过程中材料状态或能量作用方式，焊接方法可分为熔焊、固态焊和钎焊。

### 9.1.1　熔　焊

熔焊是利用焊接热源对焊接区进行加热使其熔化，随后在冷却过程中形成焊缝和焊接接头。熔焊中广泛应用的热源主要有电弧、高能束和电阻热，由此形成的熔焊方法主要有电弧焊、高能束焊、电渣焊等。这里主要介绍电弧焊的基本原理。

#### 1. 焊接电弧

电弧焊利用在气体介质中放电产生的电弧热为热源，如焊条电弧焊、埋弧焊、$CO_2$ 气体保护焊、惰性气体保护焊、等离子束焊等。

**(1) 焊接电弧的构造**

焊接电弧由阴极区、阳极区和弧柱区三部分组成。图 9-1 所示为电弧各区的电压分布。

1) 阴极区

电弧紧靠负电极的区域称为阴极区。阴极区很窄，为 $10^{-4} \sim 10^{-5}$ mm。在阴极表面有一个发亮的斑点，称为阴极斑点，它是集中发射电子的微小区域。

2) 阳极区

电弧紧靠正电极的区域称为阳极区。阳极区较阴极区宽，为 $10^{-2} \sim 10^{-3}$ mm。在阳极表面有一个发亮的斑点，称为阳极斑点，它是集中接收电子的微小区域。

阳极区的热量主要来自电子撞入时释放出来的能量。它是加热熔化焊丝或工件的主要来源，其产热量大小与焊条药皮、保护气体种类、电极材料和电流大小有关。

3) 弧柱区

在阴极区和阳极区之间的部分称为弧柱区。由于阴极区和阳极区都很窄，因此弧柱的长度大致等于电弧长度。弧柱的温度不受电极材料沸点的限制，因此弧柱中心温度可达 5 000～30 000 K。图 9-2 所示为一定功率条件下的电弧温度分布。弧柱温度与气体介质和电流大小以及周围散热环境有关。其产生的热量大部分向空间散热损失，只有很少一部分辐射给焊条和工件。

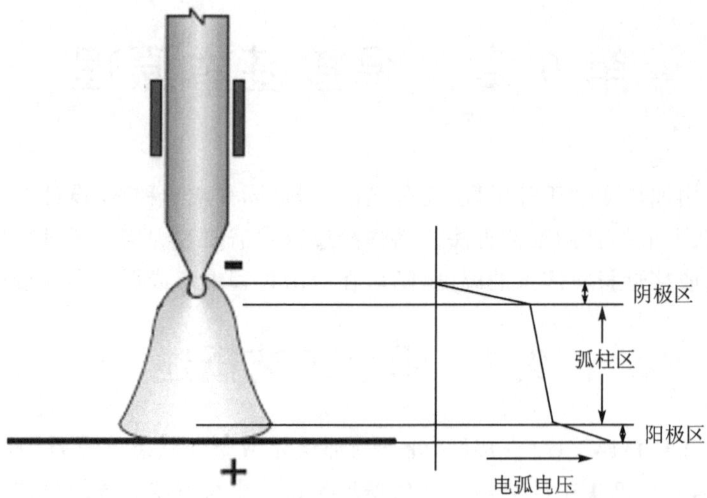


图 9-1 焊接电弧各区的电压分布

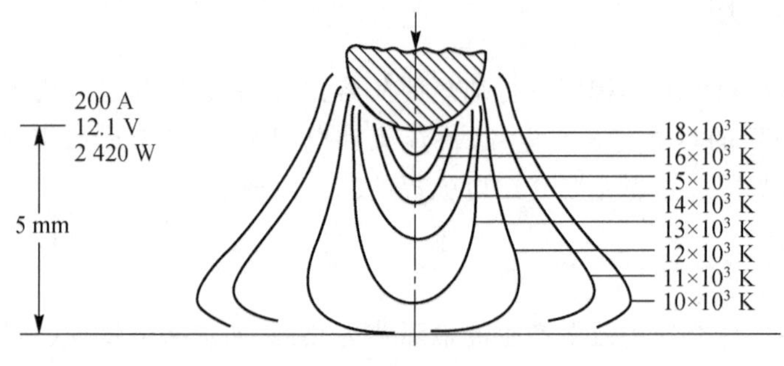


图 9-2 电弧温度分布

**(2) 电弧的引燃**

焊接电弧的引燃方法有接触引弧和非接触引弧两种。

接触引弧是指在弧焊电源接通后,电极(焊条或焊丝等)与工件直接短路接触,随后迅速拉开,从而使电弧引燃,这是一种最常用的引弧方式。焊条电弧焊和熔化极气体保护焊都采用这种引弧方式。由于电极与工件并非理想的平面接触,只是某些凸起点接触,在这些接触点上通过较大的短路电流,电流密度很大,温度迅速升高,为电子热发射和气体热电离准备了能量条件。随后在拉开电极的瞬间,电弧间隙很小,弧焊电源输出足够高的电压,使电场强度可达到很大的数值,足以产生电场发射电子。由于电场发射和热发射而产生的大量电子,在电场作用下,互相碰撞,进一步使气体粒子电离。带电质点在电场作用下做定向运动,即正离子奔向阴极,电子和负离子奔向阳极。在它们的运动途中和到达两极时,不断碰撞和复合,产生大量的热和光,形成电弧。

非接触引弧是指施以高电压(2 000～3 000 V)击穿电极与工件之间的气隙,从而引燃电弧的方法。这种引弧方法是依靠高电压使电极表面产生电子的电场发射,主要应用于钨极氩弧焊和等离子弧焊。引弧装置可采用高压脉冲引弧器和高频振荡器。

**(3) 焊接电弧的热效率**

焊接时电弧将电能转换为热能,其总功率或热流量 $\Phi_0$ 为

$$\Phi_0 = IU \tag{9-1}$$

加热工件和焊丝的有效功率 $\Phi$ 为

$$\Phi = \eta IU \tag{9-2}$$

式中：$\eta$ 为电弧热效率系数；$I$ 为焊接电流(A)；$U$ 为电弧电压(V)；$\Phi_0$ 和 $\Phi$ 为焊接电弧总功率和有效功率(W)。

在焊接工艺制定中，常用单位长度焊缝的热输入 $q_W$(也称焊接线能量)作为焊接规范(焊接电流、电弧电压、焊接速度)的一个综合指标，可由下式表示：

$$q_W = \frac{\eta IU}{v} \tag{9-3}$$

式中：$q_W$ 为焊接热输入或线能量(J/mm)；$v$ 为焊接速度(mm/s)。

焊接热输入对焊缝成型、热影响区组织和焊接生产率等有较大影响。

**(4) 焊接电弧的能量密度**

焊接电弧的加热通常仅作用于焊件上的一个很小的面积中。受到电弧直接作用的小面积加热区域叫做加热斑点，电弧通过加热区将热能传递给焊件(见图 9-2)。在加热区中，热能的分布一般也不是均匀的。加热区的大小及其上的热能分布，主要取决于电弧的集中程度及焊接规范参数等因素。将单位有效面积上的热功率称为能量密度，单位为 W/cm$^2$。能量密度大时，可更为有效地将热源有效功率用于熔化金属并减少热影响区。电弧的能量密度可达到 $10^2 \sim 10^4$ W/cm$^2$，而气焊火焰的能量密度为 1～10 W/cm$^2$。典型焊接热源的能量密度分布如图 9-3 所示。

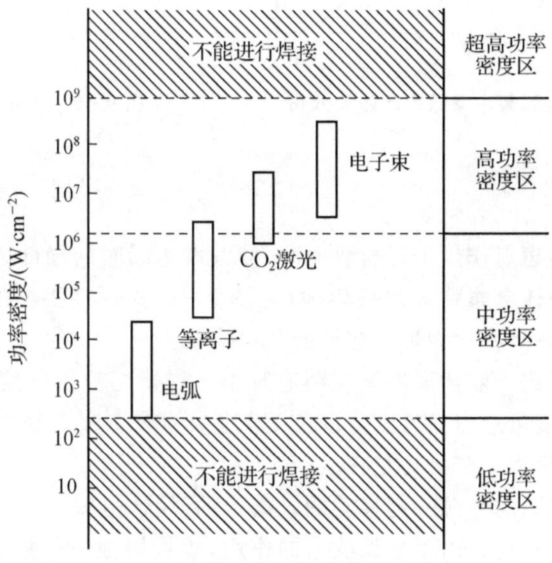


**图 9-3　典型焊接热源的能量密度分布**

加热斑点中电弧直接作用的阴极斑点或阳极斑点称为活性斑点，是带电粒子直接轰击的地区。在活性斑点区内具有很高的能量密度。活性斑点区周围地区则主要是通过电弧弧柱的强烈辐射和电弧气流的传热而加热，它们的能量密度由中心向边缘逐渐降低。将单位面积，在单位时间内所通过的热能定义为比热流，在整个加热区中的比热流分布近似于高斯正态分布，即

$$q(r)=q_{\mathrm{m}}\mathrm{e}^{-Cr^2} \tag{9-4}$$

式中:$q(r)$为比热流分布函数($\mathrm{J/(s\cdot mm^2)}$或$\mathrm{W/m^2}$);$q_{\mathrm{m}}$为加热斑点中心的最大比热流,$q_{\mathrm{m}}=\frac{C}{\pi}q$;$C$为热能集中系数($\mathrm{mm^{-2}}$);$r$为距电弧中心的径向距离(mm)。

图 9-4 所示为不同电弧集中系数的比热流分布。一般而言,在$q^*=0.05\,q_{\mathrm{m}}$以外的区域,其热流可忽略不计。由此可计算出高斯正态分布热流的加热斑点直径$d$为

$$d=\frac{2\sqrt{3}}{\sqrt{C}} \tag{9-5}$$

等效均匀分布比热流的加热斑点(见图 9-5)直径$d_0=2r_0$为

$$d_0=\frac{2}{\sqrt{C}} \tag{9-6}$$

由此可见,电弧集中系数越大,加热斑点直径越小。

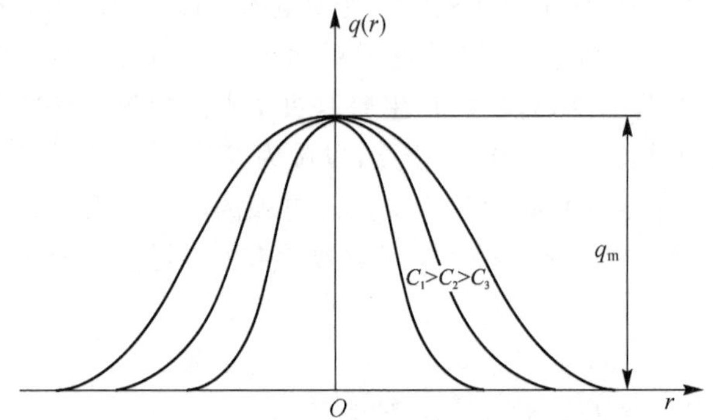

**图 9-4 不同电弧集中系数的比热流分布**

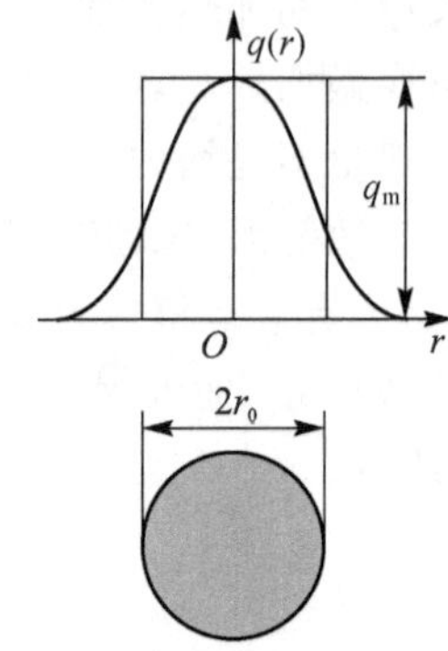

**图 9-5 等效均匀分布比热流的加热斑点**

## 2. 焊接熔池

当焊接电弧的加热斑点作用于母材表面时,使其发生瞬时的局部熔化,熔化的金属形成的具有一定几何形状的液体金属称为焊接熔池(见图 9-6)。焊接溶池的表面由于电弧的吹力作用而形成弧坑。图 9-7 所示为焊接熔池的几何形状。

焊接熔池的体积远比一般金属冶炼和铸造时小。焊接熔池中温度极高,在低碳钢和低合金钢电弧焊时,熔池温度可达(1 770±100) ℃,熔池中的液态金属处于很高的过热状态,而一般炼钢时,其浇铸温度仅为 1 550 ℃左右。

焊接熔池是以等速随同热源一起移动的。熔池的形状,也就是液相等温面所界定的区域,在焊接过程中一般保持不变。由于电弧吹力的作用,焊接熔池中的液态金属处于强烈湍流状态,焊缝金属成分混合良好。但是,熔池中也易于混入杂质,同时母材的熔化对焊缝金属有稀释作用。焊接熔池形状和尺寸与焊接方法、焊接规范和被焊材料的性能等因素有关。一般情况下,随电流的增加,熔池的最大深度增加,熔池的最大宽度相对减少;而随电压的升高,熔池的最大深度减少,熔池的最大宽度增加。

在钨极氩弧焊时,使用的电流种类(直流正接、直流反接以及交流)对焊接熔池形状和尺寸有较大影响(见图 9-8)。直流钨极氩弧焊时,阳极的发热量远大于阴极。用直流正接时,钨极发热量小,不易过热,工件发热量大,且电弧稳定而集中,熔深大,生产率高。因此,大多数金

属(铝、镁及其合金除外)钨极氩弧焊时宜采用直流正接。直流反接时,钨极容易过热熔化,且熔深浅而宽,一般不推荐使用。但是,直流反接时,因正离子轰击处于阴极的工件表面,可使其表面氧化膜破碎且除去(称为阴极雾化或阴极清理作用),焊接铝、镁及其合金时可获得表面成型良好的焊缝。为了兼顾阴极清理和两极发热量的合理分配,对于铝、镁等金属及其合金可采用交流钨极氩弧焊。

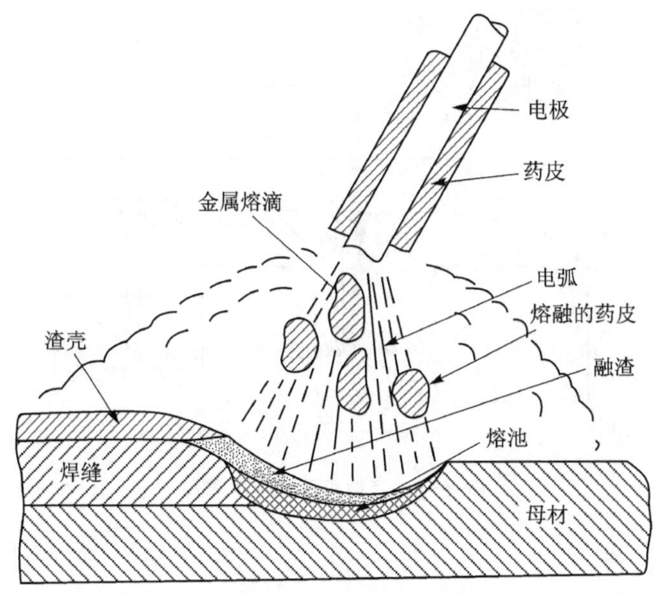


图 9-6　焊条电弧焊

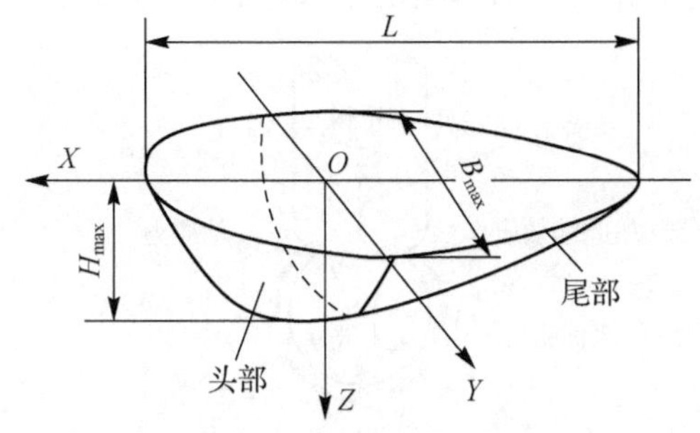


$H_{max}$—熔池最大深度;$B_{max}$—熔池最大宽度;$L$—熔池的长度

图 9-7　焊接熔池的几何形状

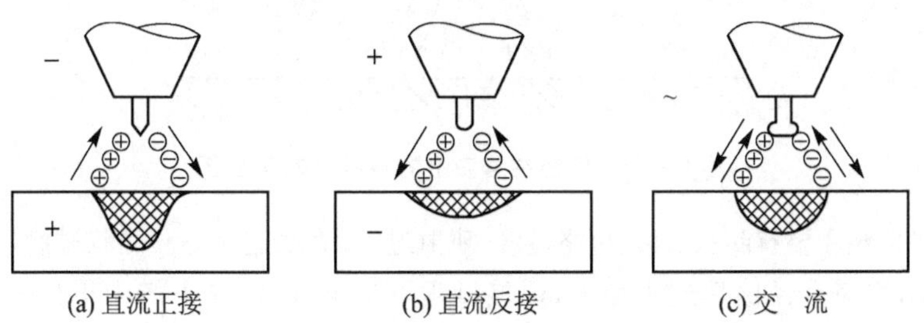


图 9-8　钨极氩弧焊的电流种类对焊接熔池的影响

高能量密度的电子束或激光的能量沉积使材料熔化和汽化,强烈的热力作用形成匙孔

(Keyhole)。电子束或激光深熔焊是通过匙孔效应而实现的,等离子束焊也会产生匙孔效应。如图 9-9 所示,随着电子束或激光束的移动,熔化金属沿匙孔壁向后运动,凝固后产生一个深宽比很大的焊缝。

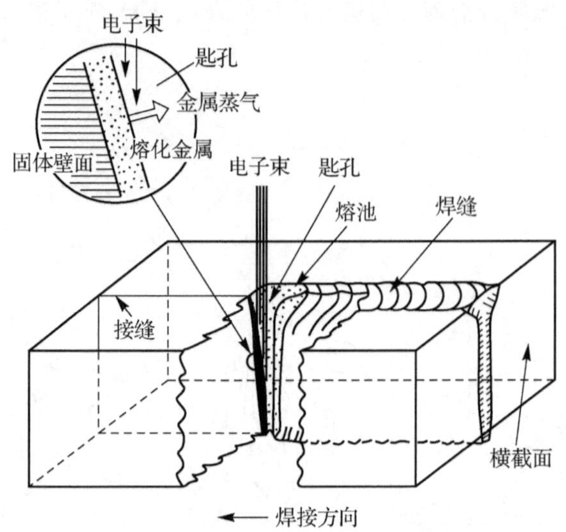


图 9-9 高能束深熔焊示意图

### 3. 焊条熔滴过渡

在熔化极电弧焊接时,焊条或焊丝在电弧热作用下被加热熔化,以滴状形式脱离焊丝过渡到熔池(见图 9-6),熔滴过渡是各种力作用的结果(见图 9-10)。

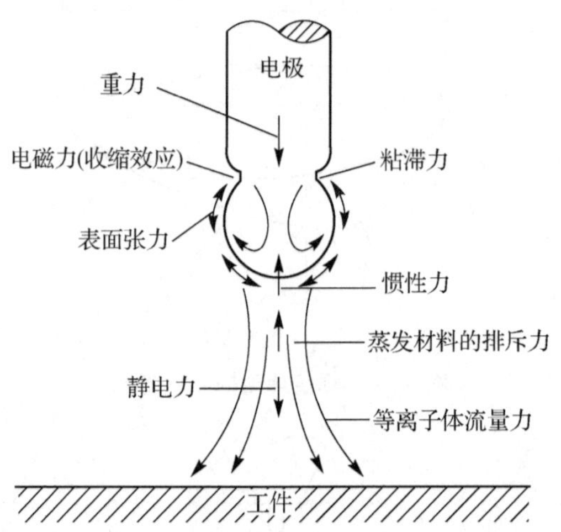


图 9-10 作用在熔滴上的各种力的示意图

熔滴过渡的类型主要有滴状过渡、短路过渡、喷射过渡、渣壁过渡等。滴状过渡(见图 9-11(a))使用的电流较小,熔滴直径比焊丝直径大,焊接过程不稳定,因此在生产中很少采用。短路过渡(见图 9-11(b))电弧间隙小,电弧电压较低,电弧功率比较小,通常仅用于薄板焊接。生产中应用最广泛的是喷射过渡,喷射过渡又有分为连续喷射过渡(见图 9-11(c))和脉冲喷射过渡(见图 9-11(d))。对于一定的焊丝和保护气体,当电流增大到临界电流值时,熔滴过渡形式即由滴状过渡转变为喷射过渡。渣壁过渡是药皮焊条电弧焊和埋弧焊时的熔滴过渡形式。

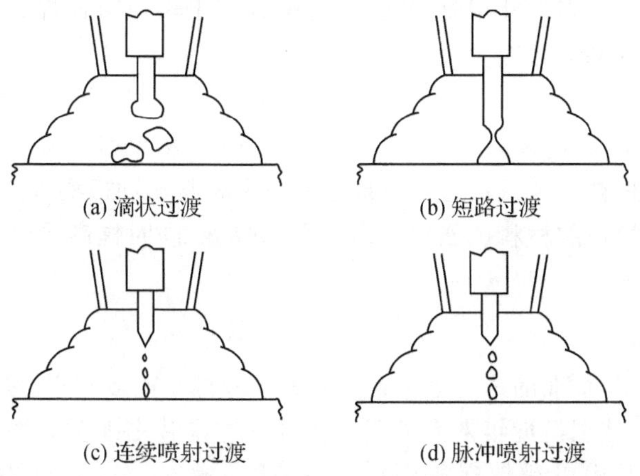


**图 9－11　熔化极惰性气体保护电弧焊熔滴过渡形式**

喷射过渡和短路过渡是两种稳定的熔滴过渡形式，但只有在一定的条件下才能实现。如喷射过渡时的电流一定要大于临界电流值才能实现稳定的焊接过程，不能进行立焊和仰焊；短路过渡时有熄弧过程，并产生飞溅，一般仅适用于薄板件的焊接。在实际焊接中，为了实现所需要的熔滴过渡，通常应用变化焊接电流、电压或送丝方式进行控制。图 9－12 所示为脉冲电流控制熔滴过渡的原理图。该方法是在送丝速度一定的条件下，通过电弧电流一定的频率变化来控制焊丝的熔化及熔滴过渡，可以在平均电流值远小于临界电流值的条件下实现稳定的喷射过渡。脉冲电流控制喷射过渡要求脉冲峰值电流大于该条件下的喷射过渡临界电流值。

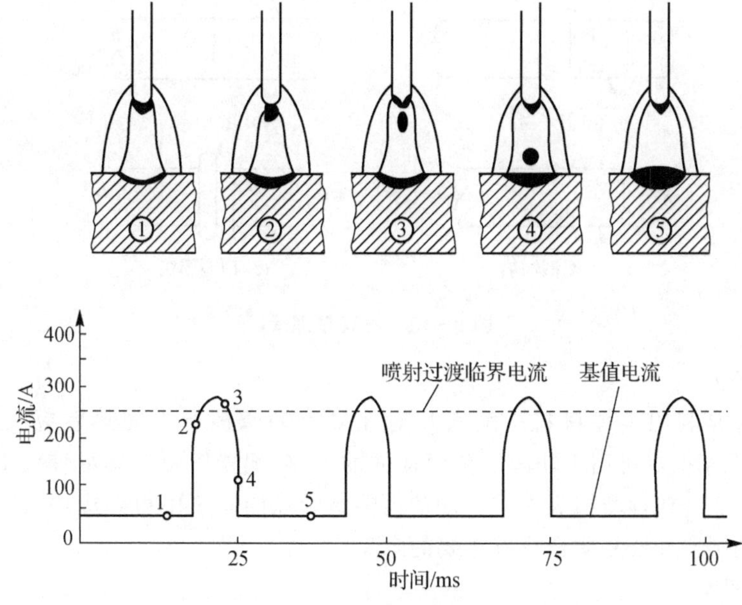


**图 9－12　脉冲电流波形及熔滴过渡过程**

## 9.1.2　固态焊

固态焊也称固相连接，是被连接表面区材料发生弹塑性变形，使界面原子活化并结合的焊接方法。固态焊是在一定的压力和温度下进行的,焊接温度一般低于母材的熔点。固态焊的焊缝形成过程中不发生宏观的液相凝固现象,这是区别于熔焊与钎焊的基本特征。这里主要介绍摩擦焊和扩散焊的基本原理。

## 1. 摩擦焊

摩擦焊是利用工件被焊区机械摩擦所产生的热和材料流动来实现连接的。摩擦焊技术使那些难以熔焊或不能熔焊的材料也能获得高质量的焊缝,同时提高了焊接部件的整体性能和可靠性。

### (1) 摩擦焊的方法

自从美国在 1891 年批准的第一个摩擦焊专利至今的 100 多年来,摩擦焊及相关加工方法已发展到了 20 多种。特别是近年来为了适应新材料的应用及制造技术发展的需求,摩擦焊技术取得了重要进展,其中以线性摩擦焊(linear friction welding)、摩擦搅拌焊(friction stir welding)、耗材摩擦堆焊(consumable friction surfacing)等被称为"科学摩擦(science friction)"的先进摩擦焊接技术最具代表性。

1) 旋转摩擦焊

旋转摩擦焊用于焊接圆形截面的工件(见图 9-13),一工件以中心为轴线高速旋转,另一工件与旋转工件在压力作用下进行摩擦加热,摩擦加热到一定程度,立即停止工件的转动,同时施加更大的轴向压力,进行顶锻焊接。摩擦焊的热量集中在接合面处,因此热影响区窄。

旋转摩擦焊有连续驱动摩擦焊和惯性摩擦焊之分。旋转摩擦焊生产率较高,原理上几乎所有能进行热锻的金属都能进行摩擦焊。旋转摩擦焊还可以用于异种金属的焊接。

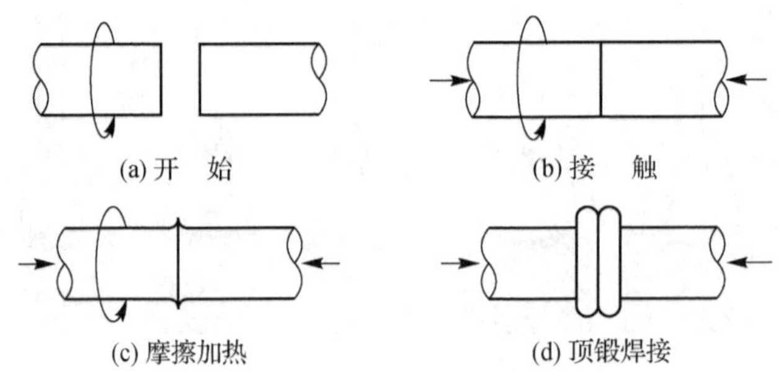


**图 9-13 旋转摩擦焊**

2) 线性摩擦焊

线性摩擦焊是利用被焊材料接触面相对往复运动摩擦产生的热效应实现的焊接(见图 9-14)。线性摩擦焊可用于非圆形截面构件的焊接,配置工装夹具可焊接不规则的工件,因而应用前景广泛。线性摩擦焊在航空发动机整体叶盘的制造中得到应用,该项技术对于提高航空发动机的制造和修复质量具有重要的意义。

3) 搅拌摩擦焊

搅拌摩擦焊(见图 9-15)被认为是自激光焊接工艺出现以来最引人注目和最具潜力的焊接技术。搅拌摩擦焊操作简单,可用于焊接多种材料,包括那些极其难焊的材料,焊后均能获得无气孔、无裂纹等缺陷的高质量焊缝。

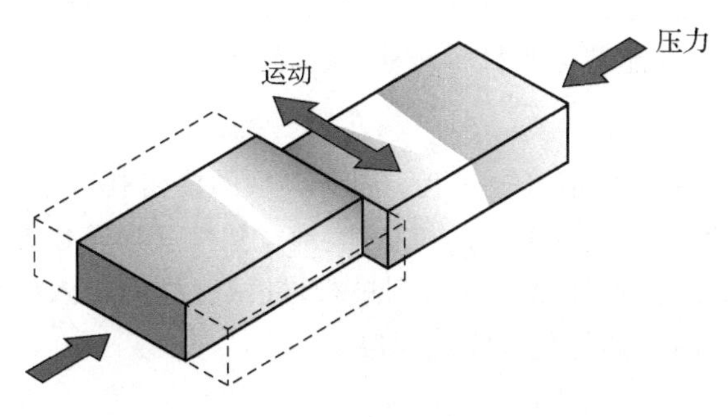


图 9-14　线性摩擦焊示意图

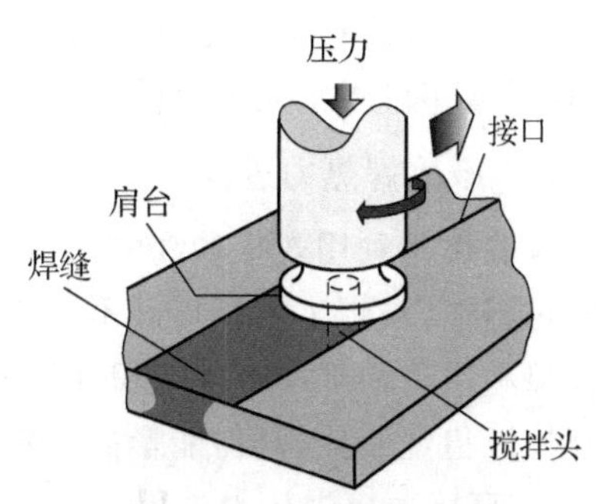


图 9-15　搅拌摩擦焊原理

搅拌摩擦焊将固相连接的优点应用于长对接焊缝，而焊后的变形与残余应力都很小。该工艺焊接环境友好，不产生任何诸如烟尘或辐射类的危险物质，是一种原理简单、效率高、不消耗焊材、易于自动化、具有极高性价比的摩擦焊工艺技术。搅拌摩擦焊的实质是由常规摩擦焊衍生而来的。最初是为铝合金，尤其是那些难焊铝合金的焊接而开发的，后来扩大到其他材料的连接。其工艺原理是在待焊的材料之间插入一个快速转动的搅拌头，强制摩擦使材料的局部达到塑性软化温度，搅拌头的移动搅拌结果形成焊缝。

4）耗材摩擦堆焊

耗材摩擦堆焊技术是常规摩擦焊热效应与普通电弧焊焊条作用及运动方式的有机结合，基本原理是消耗材料“焊条”旋转并与被焊工件接触，依靠接触面摩擦所产生的热，使结合面两侧的材料达到热塑性状态，并施加顶锻压力实现连接，与此同时，耗材与工件沿所需焊接方向相对运动，在这个过程中，“焊条”不断消耗，从而形成焊缝（见图 9-16）。

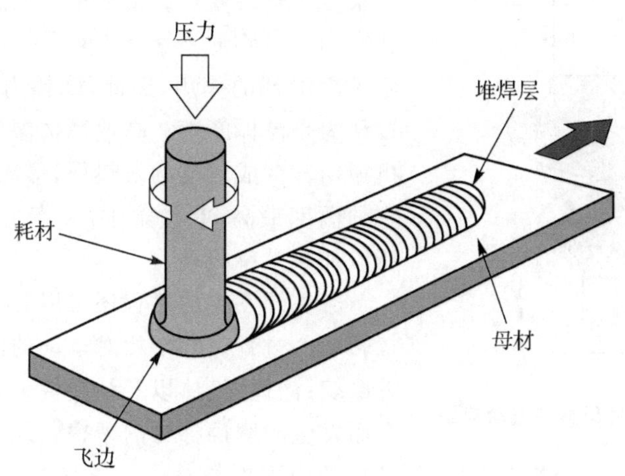


图 9-16　耗材摩擦堆焊原理

耗材摩擦堆焊可用于现有的摩擦焊或惯性摩擦焊不能焊接的大尺度焊接构件，可用于修复或制造部件，也可以连接两种异质材料。该工艺用于连接金属时所得焊缝经受锻造作用，因而其性能接近于母材的性能。作为一种熔敷金属基复合物的方法，耗材摩擦堆焊覆层正引起人们的注意，那些表面耐磨、抗腐蚀和有色金属的材料都可以使用耗材摩擦覆层来获得基本无稀释、结合完整性极高的熔敷层。

在以上典型摩擦焊方法中，旋转摩擦焊和线性摩擦焊是工件连接面的直接摩擦形成焊缝，而搅拌摩擦焊是在被焊工件连接面间引入非消耗摩擦体进行机械能转化和材料转移形成焊缝,耗材摩擦堆焊是采用可消耗摩擦体进行机械能转化和材料转移形成焊缝。

**(2) 摩擦焊热力过程**

摩擦焊是利用效率较高的机械能转变成热能的不可逆过程,属于典型的能量耗散过程。在此过程中,被焊工件焊接区不断吸收外部摩擦焊设备输入的机械能,通过塑性变形转化为粘塑性热和用于内部的微观组织演变而耗散掉。为保证摩擦焊顺利进行,机械能量的输入要超过摩擦区稳定临界阈值,能量高度集中,变形高度局部化以实现焊接。

1) 直接摩擦焊热力过程

旋转摩擦焊或线性摩擦焊等直接摩擦焊是焊件连接表面金属在一定的空间和时间内,材料状态和性能发生变化的过程。整个摩擦焊工艺过程中对应着 3 种摩擦类型的逐渐转换,即从开始的干摩擦转换到边界摩擦,最终转换为流体摩擦。

摩擦焊开始时,被焊材料接触并开始摩擦,此时的摩擦是由于材料接触表面的粗糙不平产生的。摩擦理论认为,两个互相接触的表面,无论做得多么光滑,从原子尺度看还是粗糙的,有许多微小的凸起,把这样的两个表面放在一起,微凸起的顶部发生接触,当它们相互挤压时,接触面上很多凹凸部分就相互啮合。焊件高速旋转,表面相对滑动,接触面的凸起部分相碰撞,产生断裂、磨损,就形成了对运动的阻碍。接触表面间的“凸台”与“凹坑”互相咬合而阻碍材料的相对运动,形成宏观上的摩擦。

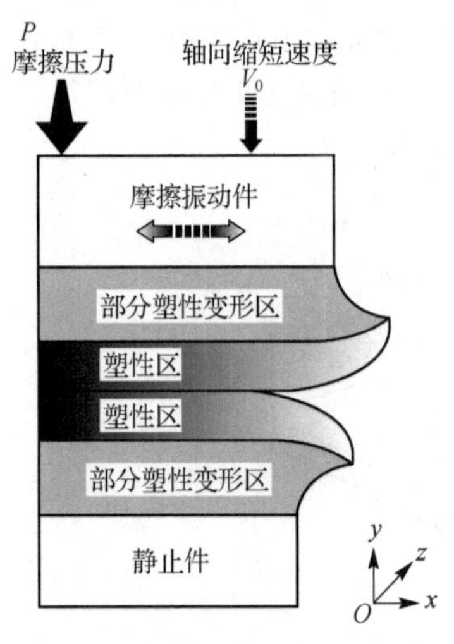


**图 9-17 线性摩擦局部材料流动模型**

随着焊件相对高速运动,摩擦力产生的热量使界面处温度不断升高,发生塑性流动的区域从局部点状区域逐渐扩大至整个真实接触面,此时热量的产生主要来自于塑性变形。真实接触面上被一层处于深塑性状态的薄层物质所覆盖(见图 9-17),这一层物质起到了润滑剂的作用,因此,摩擦力下降,此时的摩擦可以认为是流体摩擦。高速摩擦塑性变形层是把摩擦的机械功转变成热能的发热层,形成摩擦焊的热源,由于它的温度最高,能量集中,又产生在金属的焊接表面,所以加热效率很高。

摩擦焊发生的过程还可以看做是由外摩擦向内摩擦转变的过程。两个相对运动的固体表面的摩擦称为外摩擦;液体、气体以及粘塑性金属各部分之间相对移动而发生的摩擦称为内摩擦。外摩擦只与接触表面的状态有关,而与固体内部的状态无关;固体中的内摩擦是整体分子强迫运动的直接后果,这种运动引起物体材料内部剪切并导致发热。外摩擦和内摩擦的共同特点是,一物体或一部分物质将自身的运动传递给与它相接触的另一物体或另一部分物质,并力图使两者的运动速度趋于一致,从而在摩擦的过程中发生能量的转换。其不同点在于,内摩擦时相邻质点的运动速度是连续变化的,具有一定的速度梯度;而外摩擦是在滑动面上发生速度突变。无论是内摩擦还是外摩擦,其实质都是将机械运动转化为分子运动,将机械能转变为热能,并遵循能量守恒定律。

直接摩擦焊过程中既包括外摩擦,也包括内摩擦,是一个由外摩擦向内摩擦连续转变的动态过程。旋转工件接触的瞬间,由于摩擦副表面温度低,表面粗糙峰相互接触,在轴向载荷的作用下，粗糙峰彼此嵌入，产生很高的接触应力和塑性变形，但此时只是局部接触，接触面积很小，外摩擦很快完成。随着粗糙峰在接触压力和塑性变形作用下变得平滑，实际接触面积增加，接触面产生瞬时高温，使相接触的金属产生粘着和焊合，摩擦进入内摩擦阶段。内摩擦实际上是金属材料内部的变形，包括晶粒内部产生的滑移、位错运动以及晶粒变形、晶粒破裂等。

2）搅拌摩擦焊热力过程

在搅拌焊接过程中，搅拌头高速旋转并将搅拌针挤压入待焊工件的接缝处，直至搅拌头的轴肩与工件紧密接触。搅拌针在材料内部进行摩擦和搅拌，搅拌头肩部与被焊工件表面接触进行剧烈摩擦，产生了大量的摩擦热，在轴肩下面和搅拌针周围区域形成金属热塑性层。然后，搅拌头以一定的速度沿焊接方向横向移动进入稳定焊接过程。

搅拌摩擦焊的热源是轴肩、搅拌针与母材间由于高速摩擦而形成的热塑性变形层中机械能耗散所产生的摩擦热。它可以分为两个部分：一部分是搅拌头与母材摩擦产生的旋转摩擦热；另一部分是搅拌头平动时与母材摩擦产生的线性摩擦热。一般而言，母材平动速度较低，线性摩擦热相对于旋转摩擦热来说可以忽略不计。热塑性变形层是把摩擦的机械能转变成热能的发热层，其温度最高，能量集中，又产生在金属的接触表面，所以加热效率很高。

在搅拌摩擦焊热力过程中，焊接开始阶段搅拌头与被焊材料之间发生干摩擦，随着摩擦热的积聚，搅拌头与材料的温度升高，当材料进入热塑性状态后，搅拌头与材料组成的摩擦系统进入准平衡状态，此时开始焊接，进入稳态焊接后，搅拌头与被焊材料之间的摩擦转变为带有润滑的摩擦，充当润滑剂的物质就是搅拌头前方不断形成的热塑性层。而搅拌头在稳态焊接过程中成为稳定的热源，该热源不断集中加热前端薄层被焊材料。搅拌头与前端被焊材料之间的摩擦之所以具有润滑性质，其根本原因在于搅拌头与前端材料间存在的热塑性层呈现很强的流体特性（见图 9－18）。塑性流体薄层在搅拌头的高速旋转和移动作用下被甩向搅拌头的背后，温度逐渐降低，粘度逐渐增大，最终形成焊缝，同时不断有新的塑性流体薄层产生。

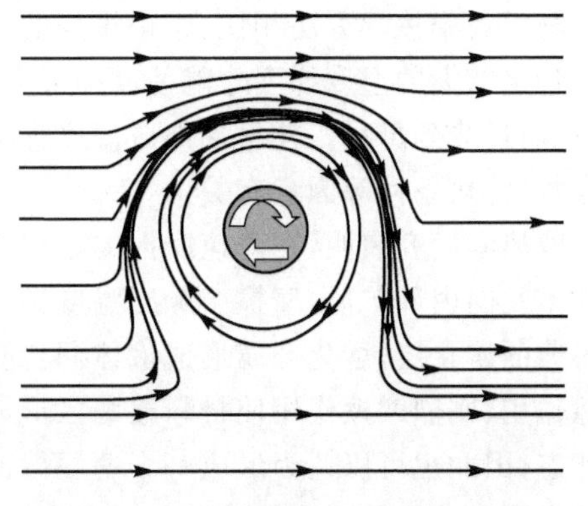

**图 9－18　搅拌摩擦焊材料流动示意图**

图 9－19 所示为搅拌摩擦焊焊缝中心宏观照片。搅拌摩擦焊焊缝分为焊核、轴肩变形区、热力影响区和热影响区 4 个区域，各个区域的微观组织各不相同。

从图 9－19 中可以看出，其焊核部分呈洋葱头形状，并且有明显的金属层流动的形貌特征，这是搅拌头在接头区搅拌碾压后所形成的形貌。从图 9－19 中还可以明显看出，在搅拌摩擦焊的前行边区域（即焊缝的左侧），其焊缝和热影响区的分界线明显；而搅拌摩擦焊的后退边（即焊缝的右侧），其焊缝和热影响区的分界线不明显，这是由接头区域的材料受搅拌头碾压的受力状态不同造成的。

由图 9－19 还可以明显看出焊缝区的晶粒非常细小，而热影响区和基体组织的晶粒比较接近。这是因为，对搅拌摩擦焊来说，由于搅拌头的搅拌和碾压作用，焊缝区的组织经过了再结晶组织细化和锻造细化，晶粒变得很细小，同时由于搅拌焊是一种固相连接技术，材料没有熔化，因此它的热影响区不明显，其晶粒与母材基体的晶粒比较相近，没有明显差距。

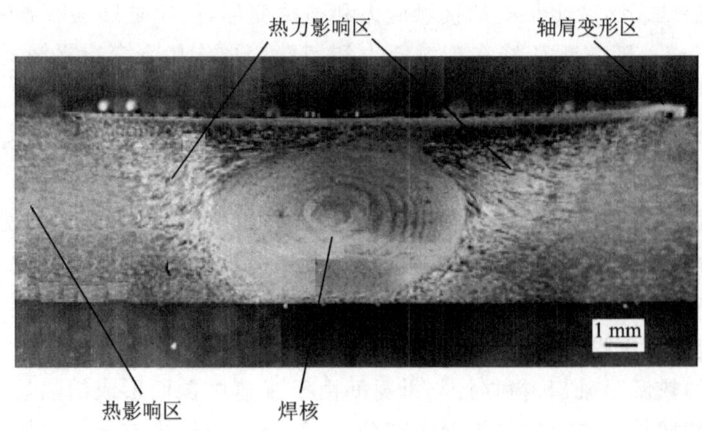


图 9-19 搅拌摩擦焊接头组织

3) 耗材摩擦堆焊过程

耗材摩擦堆焊的热源是位于耗材端部与母材间,由于高速摩擦而形成的热塑性变形层中机械能耗散所产生的摩擦热。摩擦堆焊加热功率的大小及其随摩擦时间的变化关系,会直接影响接头的加热过程、堆焊生产效率和质量。

与常规摩擦焊方法相比,摩擦堆焊的显著特点是耗材发生连续过渡。耗材摩擦端部区必须具备足够大的温度梯度才能使摩擦界面附近的热量足够集中、温度足够高,以形成热塑性材料,进而过渡到母材。耗材端部区温度梯度的建立及热塑性层的形成与材料的热物理性能、工艺参数、传热条件等因素有关。

摩擦学研究表明,在高速摩擦的过程中接触表面产生大量的摩擦热,瞬间产生的大量摩擦热来不及向内部扩散,摩擦接触区温度梯度大,表层温度可达到材料的熔点,有时在接触区产生很薄的熔化层,熔化金属形成液体润滑膜,使摩擦系数降低。摩擦过程中材料要承受强烈的摩擦作用,剧烈摩擦作用使材料接触区形成热粘流金属层,热粘流金属层(或称流变层)接近熔融状态,因此也可以认为形成一个薄层熔池或类液态薄层,在摩擦过程中有效地控制材料的接触区类液态薄层的形成和转移是实现摩擦堆焊的关键。摩擦界面出现类液态薄层后,摩擦界面转化为固体与液体的摩擦接触,实际接触面增大,摩擦体系总能量耗散降低,摩擦界面能量利用率迅速提高,此时在相对较小的摩擦力作用下就可以维持液态薄层存在。在摩擦堆焊过程中,依靠耗材的逐层流变并转移后成型,逐层流变使固体界面与流变层之间在极微尺度上实现接触摩擦,能量传递集中在分子距离范围,从而有高的流变率,这一现象是无法用常规的摩擦热效应分析方法描述的。

摩擦堆焊过程中堆焊材料连续沉积在基体板表面(见图 9-20),并在基体平移的拖曳作用下离开摩擦区快速冷却形成堆焊层。基体板对薄层粘流材料具有拽曳作用,将堆焊层不断移出摩擦区,耗材端部材料才能够连续向薄层熔池过渡,耗材不断消耗。

摩擦堆焊过程中所形成的类液层相当于一个稳定的热源。类液层的存在使耗材端部始终与热源接触,从而保持稳定的“熔融”速率。焊接压力和母材的相对移动是耗材类液层过渡到母材上的直接驱动力。在耗材高速旋转和焊接压力的综合作用下,耗材端部周边的热塑性材料形成飞边,耗材端部中间的类液层在耗材的带动下旋转流动产生热量,以使耗材持续热塑性化。由于焊接压力的作用,类液层边缘处的粘流态材料被挤出脱离耗材端部,过渡的粘流态材料在母材横向移动产生的拖曳力下铺展在基体表面形成堆焊层。堆焊时母材不能移动过快,

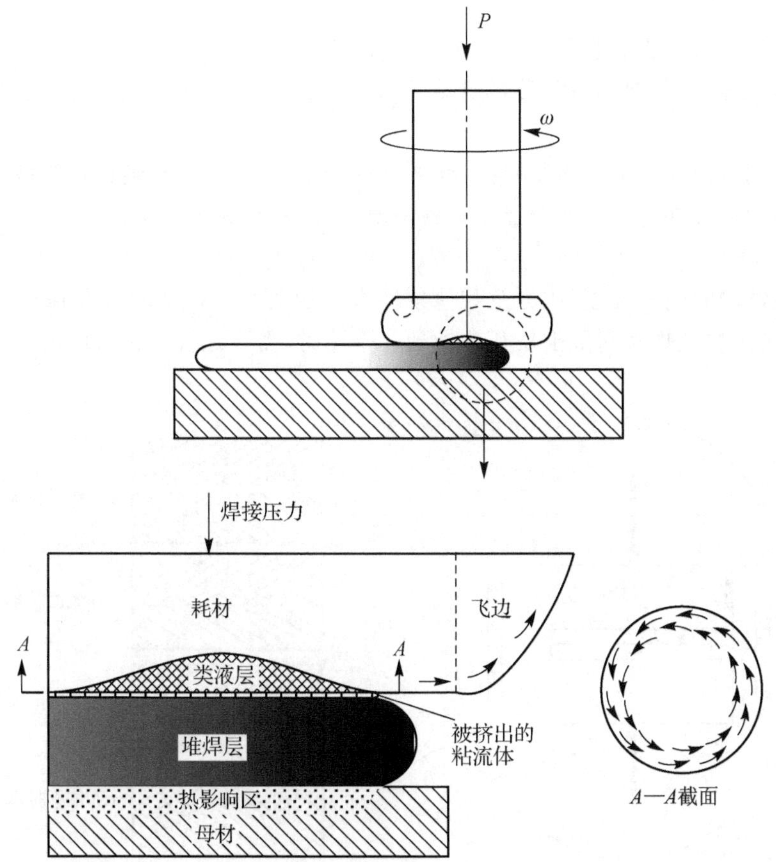


图 9-20　稳态堆焊阶段耗材的过渡

若母材移动过快，产生的拖曳力超过了热塑性材料的抗拉强度，则会造成堆焊层的不连续性。

在摩擦堆焊过程中，由于耗材高速旋转带动薄层流变金属发生强烈剪切，对薄层流变起到了搅拌作用，异常高的应变速率是能量耗散的主要机制，从而形成局部集中热源维持坯料摩擦区处于高温状态。同时，强烈的剪切搅拌和冷却作用，使薄层流变在极不平衡的状态下快速冷却，因此可以获得具有细晶或超细晶组织结构的堆焊层。

## 2. 扩散焊

### (1) 扩散焊原理

扩散焊一般是以间接热能为能源的固相焊接方法。通常是在真空或保护气氛下进行。焊接时使两被焊工件的表面在高温和较大压力下接触并保温一定时间，以达到原子间距离，经过原子相互扩散而结合。图 9-21 所示为扩散焊过程示意图。焊前不仅需要清洗工件表面的氧化物等杂质，而且表面粗糙度要低于一定值才能保证焊接质量。

扩散焊可以焊接同种和异种金属以及一些非金属材料，复杂的结构及厚度相差很大的工件，如飞机用钛合金承力构件、喷气发动机镍基合金叶片等。

### (2) 扩散焊工艺参数

扩散焊工艺参数主要有温度、压力、扩散时间等。

1) 温　度

温度是扩散焊最重要的参数。对于多数金属或合金,扩散焊温度一般为(0.4～0.8) $T_m$($T_m$ 为母材熔化温度)。扩散焊温度的选取可根据材料情况,参照已有工艺,通过实验确定。

2) 压　力

压力的作用是促使材料表面紧密接触,加速原子扩散,从而实现连接。扩散焊压力范围较大,其大小与材料、焊件允许的变形量及设备情况有关,一般为 1～50 MPa。

3) 扩散时间

扩散焊所需的时间与温度、压力及其他条件有密切关系。扩散时间要保证材料界面实现有效的连接,实际扩散焊时间范围从几分钟到几个小时,需要综合分析后确定。

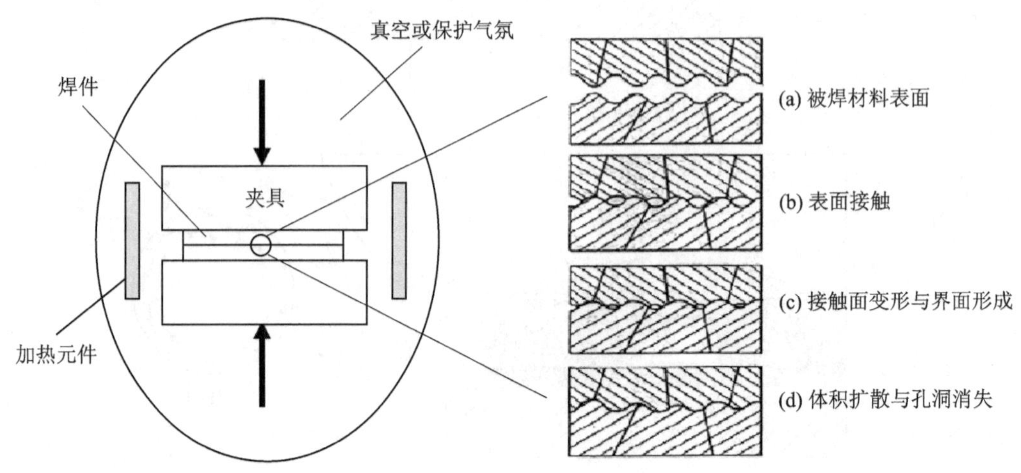


图 9-21　扩散焊过程示意图

## 9.1.3　钎　焊

### 1. 钎焊方法

钎焊是利用熔点比被焊材料的熔点低的金属作为钎料,经过加热使钎料熔化,靠毛细管作用将钎料吸入到接头接触面的间隙内,润湿被焊金属表面,使液相与固相之间相互扩散而形成钎焊接头。

钎焊加热温度较低,母材不熔化,而且也不需要施加压力。但焊前必须采取一定的措施清除被焊工件表面的油污、灰尘、氧化膜等。这是使工件润湿性好、确保接头质量的重要保证。

当钎料的液相线温度高于 450 ℃而低于母材金属的熔点时,称为硬钎焊;当低于 450 ℃时,称为软钎焊。

钎焊时由于加热温度比较低,故对工件材料的性能影响较小,焊件的应力变形也较小。但钎焊接头的强度一般比较低,耐热能力较差。

根据热源或加热方法的不同,钎焊可分为火焰钎焊、感应钎焊、炉中钎焊、浸沾钎焊、电阻钎焊等。

钎焊规范主要有钎焊温度、保温时间与加热速度等。

钎焊工艺过程包括工件表面预处理、装配、安置钎料钎剂、钎焊、钎焊后清洗等工序。每一工序均会影响钎焊的最终质量。钎焊后的接头必须进行检验，以判定钎焊接头是否符合质量要求。

钎焊时由于加热温度比较低，故对工件材料的性能影响较小，焊件的应力变形也较小。但钎焊接头的强度一般比较低，耐热能力较差。

图 9－22 所示为钎焊工艺示意图。

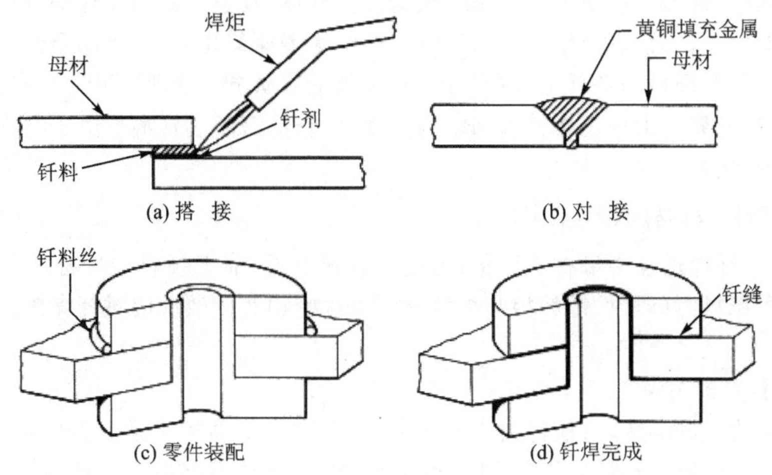


**图 9－22　钎焊工艺示意图**

钎焊可以用于焊接碳钢、不锈钢、高温合金、铝、铜等金属材料，还可以连接异种金属、金属与非金属，适于焊接受载不大或常温下工作的接头，对于精密的、微型的以及复杂的多钎缝的焊件尤其适用。钎焊已广泛用于制造硬质合金刀具、钻探钻头、换热器、自行车架、汽车水箱、导管、滤网、蜂窝夹层结构、电真空器件、电机、电器部件、精密仪表机械、飞机和火箭发动机部件等。

## 2. 钎焊原理

钎焊主要包含两个过程：一是钎料填满钎缝的过程（液体对固体的润湿，钎缝间隙的毛细作用）；二是钎料同母材相互作用的过程（母材向液态钎料的扩散，即溶解，钎料组分向母材的扩散），此外，还有钎剂的填缝过程（真空钎焊、保护气氛中钎焊无此过程）。

在加热过程中，当钎料流入间隙后与工件进行复杂的物理、化学作用，如扩散、化合或共晶、固溶反应，使两者之间形成过渡的中间合金。最后焊缝金属冷凝，中间合金将两者连接起来，形成不可拆卸的接头。

### (1) 钎料的润湿与铺展

钎焊时液态钎料必须很好地润湿母材表面才能填满钎缝，冷却凝固而形成钎焊接头。熔化的钎料润湿母材的现象可通过液体与固体的界面物理化学作用进行分析。液态钎料必须很好地润湿母材表面并均匀地铺展，才能填满钎缝。若钎料和母材在液态和固态均不相互作用，则它们之间的润湿性很差；若钎料元素和母材元素能在液态互溶、固态互溶或形成化合物，则它们之间的润湿性很好。

当钎料和母材是多元合金时，若它们所含的元素具有互溶或形成化合物的作用，则液态钎料能较好地润湿母材。因此,可以通过改变钎料的合金成分来改善润湿性。例如纯铅对钢的润湿性很差,但铅中加入能与钢形成化合物的锡,铅锡合金钎料在钢表面上的润湿性就很好。

温度升高,液体的界面张力减小,在液-气和液-固界面张力减小的作用下,明显地改善了润湿性。因此,选择合适的钎焊温度是很重要的。温度过高,润湿性太好,会造成钎料流失。

钎焊加热温度较低,母材不熔化,而且也不需施加压力,但焊前必须采取一定的措施清除被焊工件表面的油污、灰尘、氧化膜等。这是使工件润湿性好、确保接头质量的重要保证。

在钎焊过程中,钎焊接头所处的环境一般为保护气体、真空或钎剂。保护气体和真空度都影响钎料的润湿性。在大气中钎焊采用钎剂后,能清除表面氧化膜,改善润湿性。

在液态钎料润湿母材的条件下,液态钎料必须填满钎焊接头间隙,才能形成良好的钎缝。钎焊过程中,钎料依靠毛细作用在钎缝间隙内流动,钎料能否填满钎缝取决于它在钎焊接头间隙中的毛细流动特性。

**(2) 液态钎料与母材的相互作用**

从宏观上看,钎焊过程中母材不熔化;但是从微观上看,液态钎料与母材之间会发生母材向钎料中溶解和钎料向母材扩散的相互扩散反应。这些相互扩散反应对钎焊接头的性能影响很大。

1) 母材向钎料的溶解

母材向钎料的适量溶解,可使钎料成分合金化,有利于提高接头强度。但是,母材的过度溶解会使液态钎料的熔点和粘度提高、流动性变坏,往往导致不能填满钎缝间隙,同时也可能使母材表面出现溶蚀缺陷。

母材能否向钎料溶解同它们之间的状态图密切相关。若钎料和母材元素在液态和固态时均不互溶,也不形成化合物,则不发生母材的溶解现象。若在合金状态图上有液态或固态互溶,则会发生母材的溶解现象。因此,凡是钎料对母材有好的润湿性,能顺利进行钎焊,母材在液态钎料中都会发生一定程度的溶解。为了防止母材溶解过多,必须合理选择钎焊材料和工艺参数。

固态母材在液态钎料中的溶解过程是一个多相反应过程,它经历两个阶段。其中,第一阶段是母材与钎料接触的表面层的溶解,这个反应发生在固-液两相界面上,其实质是液体金属对固体金属的润湿和原子在相界面处的交换破坏了固体金属晶格内的原子结合,使液体金属原子与固体金属表面处的原子之间形成新的键,从而完成溶解过程的第一阶段。但也有人认为,液态钎料与固态母材接触时,液体组分首先向固体表面扩散,在厚度约为 $10^{-7}$ mm 的表面层内(液相稳定形核尺寸)达到饱和溶解度,此时固体表面层不需要消耗能量即可向液体中溶解。

只有经历了溶解的第一阶段后,才能形成异质原子的扩散。这种扩散导致与母材金属相接触的液态钎料内的化学成分发生变化。应当指出,扩散过程要经过一段时间间隔后才开始,这个时间间隔等于相与相之间能峰的松弛时间(即所谓的滞后周期),滞后周期短的金属经过长时间的接触后,在无化学成分改变的条件下,不同金属间原则上是可以结合在一起的。但计算表明,熔融金属与固相相互作用时,扩散过程所需要的时间与金属接触的时间相比是很短的,所以在实际钎焊条件下,扩散过程总是能够进行的。

溶解的第二阶段是界面处被溶解的金属原子透过相界面进入液相远处的过程,即被溶解的母材原子从边界扩散层向液态钎料中迁移。母材原子的这种迁移是依靠扩散或对流来实现的。所谓对流,是指被溶解的原子受液体运动过程影响而迁移的现象。对流可以是自然的或强迫的，自然对流时，液体的流动是由于其局部的密度变化而引起的，这种密度的变化可以是温度分布不均匀或成分不均匀所造成的，而这些不均匀性在钎焊过程中都是不可避免的。

2）钎料组分向母材的扩散

液态钎料填满钎缝间隙时，钎料组分由于与母材组分的差别或浓度的差别，必然会发生钎料组分向母材扩散的现象。扩散量大小主要与浓度梯度、扩散系数、扩散面积、温度和保温时间等因素有关。钎料组分向母材的扩散有体积扩散（晶内扩散）和晶界扩散（晶间渗入）两种。体积扩散的产物为固溶体，对钎焊接头性能没有不良影响。晶间渗入的产物为低熔点共晶体，性能较脆，对接头性能有不良影响。

**(3) 钎焊接头的不均匀性**

钎焊接头是异种材料之间的冶金结合，由于钎料与母材之间的相互作用而在结合面处会产生各种各样的现象，给接头组织带来各种各样的变化，并对接头的性能产生很大的影响。

由于钎料与母材之间的相互作用，不但使钎缝的成分与钎料原有的成分不同，而且使钎缝的组织也与原始钎料的组织产生差异。钎缝的成分和组织常常是不均匀的，一般由 3 个区域组成（见图 9－23），即母材上靠近界面的扩散区，以及与之相邻的钎缝界面区和钎缝中心区。扩散区是由钎料组分向母材中扩散所形成的；界面区是母材组分向钎料中溶解并冷却后形成的，它可能是固溶体或金属间化合物；钎缝中心区由于母材的溶解和钎料组分的扩散以及结晶时的偏析，其组织也不同于钎料的原始组织成分，钎缝间隙较大时，该区的组织形态与钎料原始组织形态比较接近，而间隙小时，二者之间可能存在极大的差别。

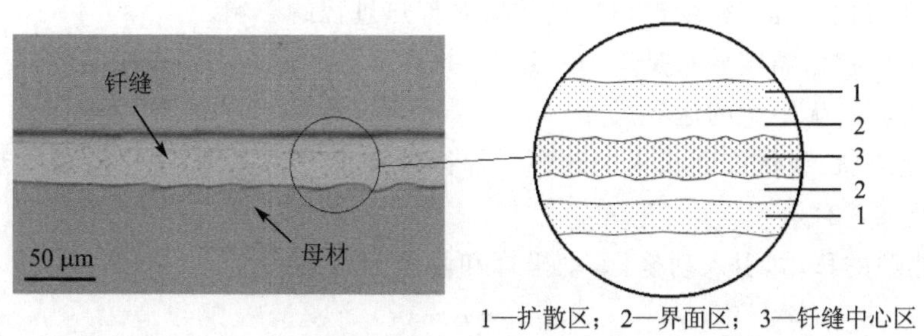


1—扩散区；2—界面区；3—钎缝中心区

**图 9－23　钎缝组织示意图**

母材与钎料的结合可以形成多种多样的组织形态。在构成钎缝的 3 个区域中，界面区的情况是最复杂的，并且加热温度和加热时间等因素的影响使其进一步复杂化，对接头的性能也会产生很大的影响。

# 9.2　焊接传热分析

焊接热过程具有局部性、瞬时性和不稳定性等特征。焊接传热对焊接冶金、焊缝凝固结晶、母材热影响区的组织和性能、焊接应力变形以及焊接缺陷的产生都有着重要的影响。

## 9.2.1　焊接温度场的解析分析

### 1. 焊接温度场计算的基本方程

焊接温度场根据其传热方向，可分为三维传热、二维传热和一维传热 3 种类型。在厚大件焊接时,点状热源作用在厚大件表面,热能除在平面方向上传播之外,还向板厚方向传播,形成三维传热温度场,如图9-24(a)所示。在焊接薄板时,板厚方向上的温差不显著,此时可以将其看作是在板厚方向均匀分布的线状热源,热能向平面方向传播的二维传热温度场,如图9-24(b)所示。对于细长杆对接焊,则属于在杆截面上均匀分布的面热源,沿杆轴线方向一维传热的温度场如图9-24(c)所示。

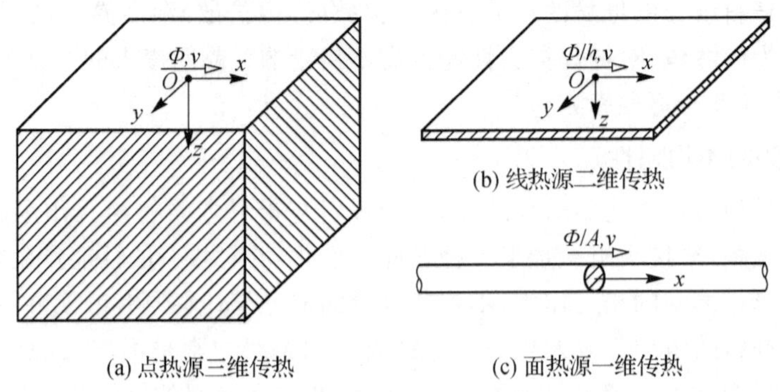


**图9-24　焊接温度场分析的几何模型**

根据傅里叶定律和能量守恒原理,可以推导出三维传热过程的焊接热传导微分方程,为使问题简化,需做如下假定:

① 在焊接过程中,热物理参数是常数,不随温度而变化。

② 不考虑熔化、结晶、相变过程的热效应对传热过程的影响。

③ 焊件上的初始温度分布是均匀一致的,并且不考虑焊件周围介质间的热交换过程。

④ 焊件上具有无限大的边界尺寸。

⑤ 热源是点状、线状或面状集中热源。焊接温度场分为三维传热、二维传热和一维传热3种类型(见图9-24)。

为考虑热源的移动,引入动坐标,动坐标和静坐标的关系为

$$\xi = x - vt \tag{9-7}$$

将式(2-62)转换成对$\xi$求导,且不考虑内热源,即可得到在动坐标系中的导热微分方程,即

$$\frac{\partial T}{\partial t} - v\frac{\partial T}{\partial \xi} = \frac{k}{\rho c}\left(\frac{\partial^2 T}{\partial \xi^2} + \frac{\partial^2 T}{\partial y^2} + \frac{\partial^2 T}{\partial z^2}\right) \tag{9-8}$$

一般来说,如果焊接热源的有效功率$q$和焊接速度$v$为定值,即焊接线能量$q/v$=常数,则焊接温度场为准稳定温度场。因此在动坐标系中,移动点热源周围的温度场形状不随时间而变化,即在式(9-8)中$\partial T/\partial t=0$,于是式(9-8)可进一步简化为

$$-v\frac{\partial T}{\partial \xi} = \frac{k}{\rho c}\left(\frac{\partial^2 T}{\partial \xi^2} + \frac{\partial^2 T}{\partial y^2} + \frac{\partial^2 T}{\partial z^2}\right) \tag{9-9}$$

式(9-9)为等速移动热源焊接温度场的微分方程,为了计算实际焊接温度场,还需要根据实际焊接条件对式(9-9)求解。对此,罗森萨尔和雷卡林所做的工作具有重要意义。

## 2. 焊接温度场计算的基本公式

### (1) 移动点热源的温度场

对于移动点状热源的半无限体三维传热情况,求解式(9-9)可得

$$T - T_0 = \frac{q}{2\pi kR}\exp\left[-\frac{v(\xi + R)}{2a}\right] \tag{9-10}$$

式中：$R=\sqrt{\xi^2+y^2+z^2}$（mm）为半无限体上任意点与移动热源的距离。

在移动热源运动轴线上热源后方各点（$y=0,z=0,\xi=-R$）由式（9－10）可得其温度分布为

$$T - T_0 = \frac{q}{2\pi kR} \tag{9-11}$$

即在固定时刻，点热源后方运动轴线上的各点温度与 $R$ 成反比，与热源移动速度无关。而移动热源运动轴线上热源前方各点（$y=0,z=0,\xi=R$）的温度分布为

$$T - T_0 = \frac{q}{2\pi kR}\exp\left(-\frac{vR}{a}\right) \tag{9-12}$$

由此可见，热源移动速度越快，热源前方的温度下降越急剧（见图 9－25）。

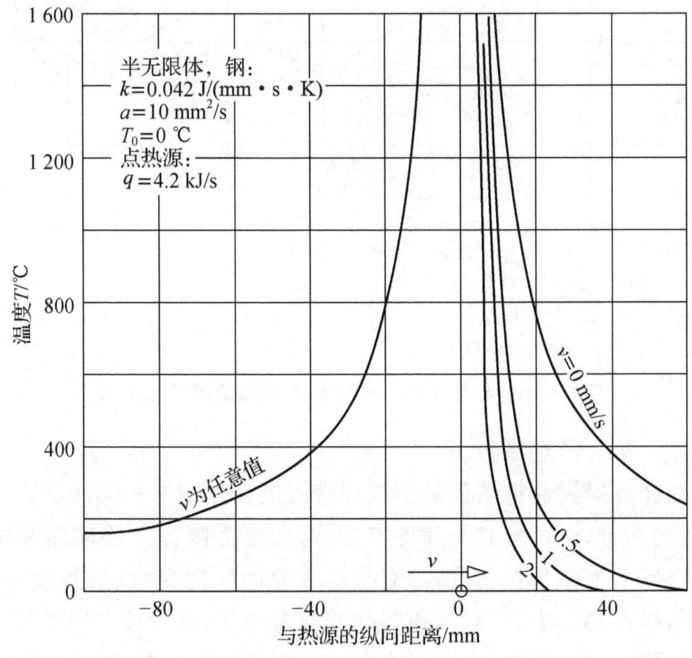


**图 9－25　半无限体移动点热源前方和后方的温度分布曲线**

移动热源中心的横向（$\xi=0$）温度分布为

$$T - T_0 = \frac{q}{2\pi kR}\exp\left(-\frac{vR}{2a}\right) \tag{9-13}$$

图 9－26 所示为半无限体上的移动点热源周围的温度场。

**(2) 移动线热源的温度场**

厚度为 $h$ 的无限平板上作用匀速直线移动线状热源（厚度方向的热功率为 $q/h$），距移动热源 $r$ 处的温度分布为

$$T - T_0 = \frac{q}{2\pi kh}\exp\left(-\frac{v\xi}{2a}\right)K_0\left(r\sqrt{\frac{v^2}{4a^2}+\frac{b}{a}}\right) \tag{9-14}$$

式中：$h$ 为板厚（mm）；$r=\sqrt{\xi^2+y^2}$ 为所考虑点到热源的距离（mm）；$K_0$ 为第一类零阶贝塞尔

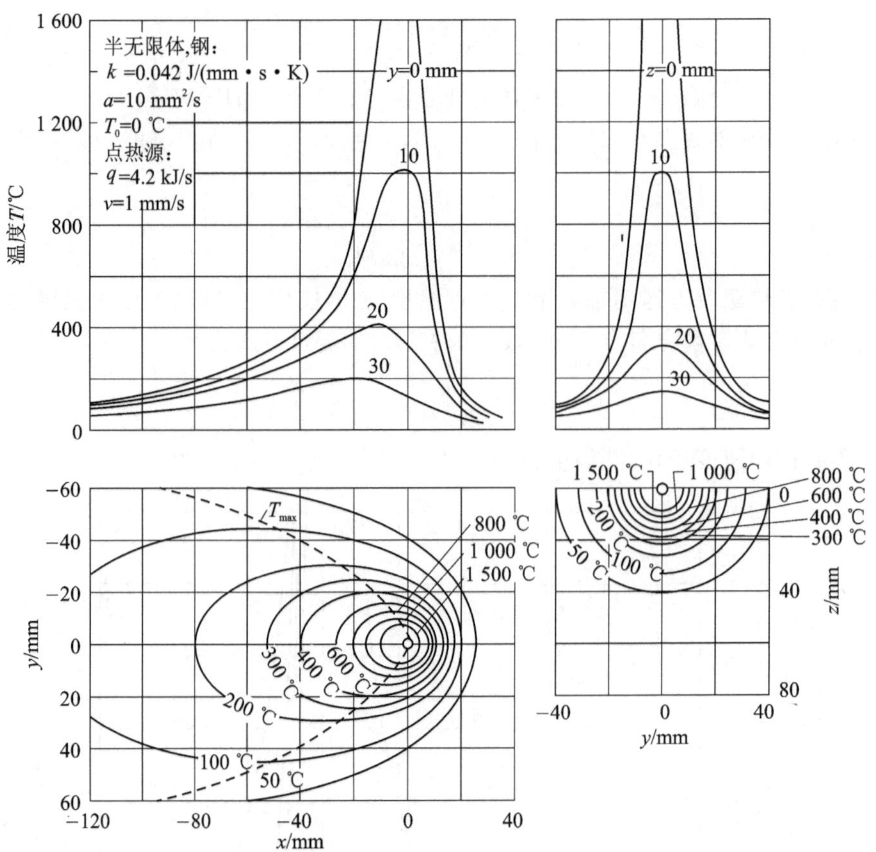


图 9-26 半无限体上的移动点热源周围的温度场

函数;$b=2(\alpha_c+\alpha_r)/c\rho h$ 为散热系数。

根据式(9-14)计算得到典型条件的薄板焊接温度场如图 9-27 所示。

在移动线热源的后方,温度分布与速度有关,这和半无限体上移动热源作用的情况不同。在热功率一定的条件下,提高焊接速度,等温线在焊缝的横向变窄,沿焊接方向变短。在焊接速度一定的条件下,提高热功率,等温线在焊缝的横向变宽,沿焊接方向变长。

材料的热传导系数 $\lambda$ 对温度分布有较大影响。对于较小 $\lambda$ 的材料,焊接所需要的热功率低;对于较大 $\lambda$ 的材料,焊接所需要的热功率高。图 9-28 所示为相同热功率和热源移动速度条件下,不同材料平板上移动线热源周围的温度场。

移动线热源适用于厚板的深穿透电子束焊或薄板的熔焊。

**(3) 面热源的温度场**

对作用于无限长杆件(杆的横截面周长为 $P$,面积为 $A$)的匀速移动的面状热源(速度 $v$,单位面积上的热功率为 $q/A$),距移动热源 $x$ 处($x>0$,在热源前方;$x<0$,在热源后方)温度分布为

$$T-T_0=\frac{q}{Ac\rho v}\exp\left\{-\left[\sqrt{\left(\frac{v}{2a}\right)^2+\frac{P}{A}\frac{\alpha_c+\alpha_r}{\lambda}}+\frac{v}{2a}\right]x\right\} \quad (x>0) \quad (9-15)$$

$$T-T_0=\frac{q}{Ac\rho v}\exp\left\{\left[\sqrt{\left(\frac{v}{2a}\right)^2+\frac{P}{A}\frac{\alpha_c+\alpha_r}{\lambda}}-\frac{v}{2a}\right]x\right\} \quad (x<0) \quad (9-16)$$

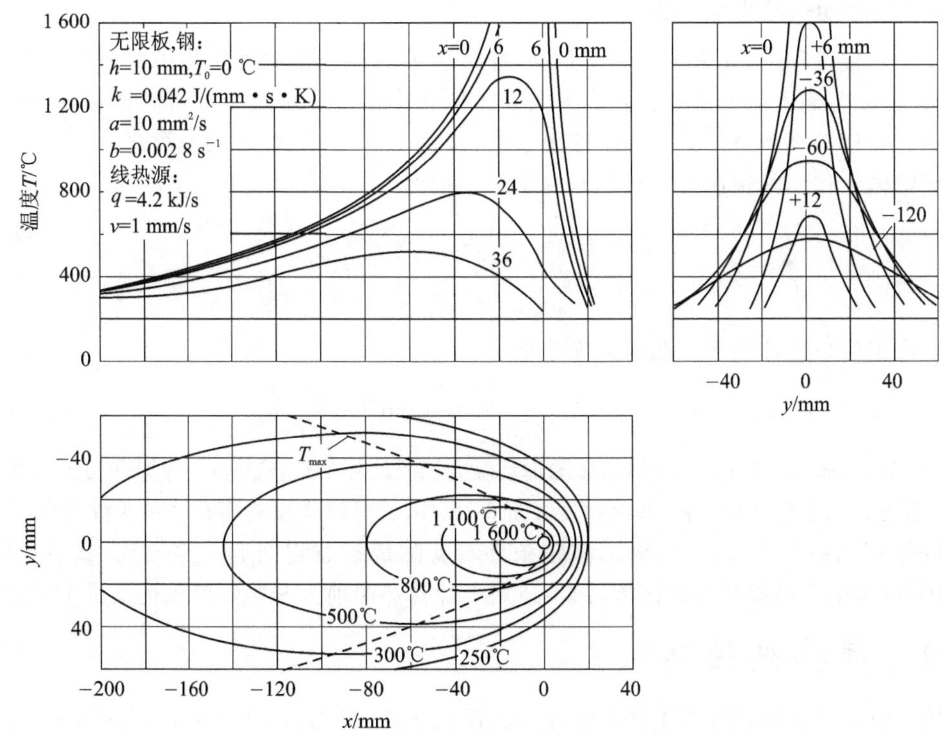


图 9－27　无限板上的移动线热源周围的温度场

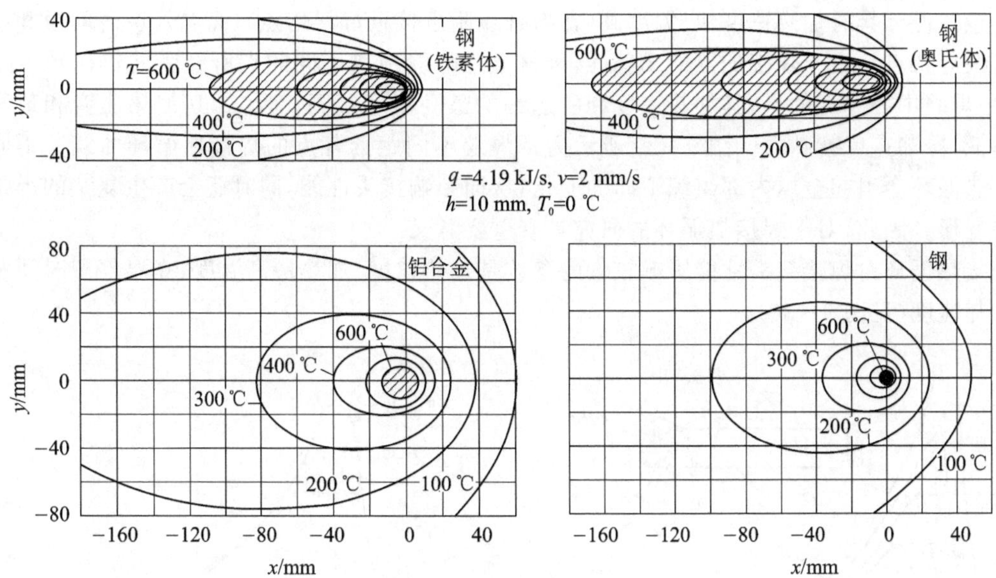


图 9－28　相同热功率和热源移动速度条件下,不同材料平板上移动线热源周围的温度场

在 $x=0$ 处的最高温度为

$$T_{\max}-T_0=\frac{q}{Ac\rho v} \tag{9-17}$$

**(4) 快速移动热源的温度场**

在实际焊接过程中,如果焊接速度很高,这时热源的移动速度远比热扩散率高得多,换句话说,即在运动方向上的传热要比垂直方向上的传热小得多。于是可以将高速移动热源看做是一种瞬时作用于焊缝全长上的固定热源来考虑,式(9-10)和式(9-14)可进一步简化。

半无限体上作用的快速移动点热源的温度分布为

$$T - T_0 = \frac{q/v}{2\pi kt}\exp\left(-\frac{r^2}{4at}\right) \tag{9-18}$$

$$r = \sqrt{\xi^2 + y^2}$$

无限板上作用的快速移动线热源的温度分布为

$$T - T_0 = \frac{q/v}{h(4\pi kc\rho t)^{1/2}}\exp\left(-\frac{y^2}{4at}\right) \tag{9-19}$$

式(9-18)和式(9-19)为快速移动热源焊接温度场的计算公式,式中 $T_0$ 为焊件初始温度,也可以是预热温度。对于低碳钢焊接,焊接速度大于 36 m/h,就可以应用高速移动热源计算公式,但是由于推导式(9-18)和式(9-19)时的假定条件与实际焊接过程间有一定出入,式(9-18)和式(9-19)只适用于热源后方的区域,而不适用于计算热源前方和距焊缝较远地区的温度。

## 9.2.2 焊接热循环

焊接加热的局部性在焊件上产生不均匀的温度分布,同时,由于热源的不断移动,焊件上各点的温度也在随时间变化,其焊接温度场也随时间演变。在连续移动热源焊接温度场中,焊接区某点所经受的急剧加热和冷却的过程叫做焊接热循环。

焊接热循环具有加热速度快、温度高(在熔合线附近接近母材熔点)、高温停留时间短和冷却速度快等特点。由于焊接加热的局部性,母材上距焊缝距离不同的点所经受的热循环也不相同,距焊缝中心越近的点,其加热速度和所达到的最高温度越高。反之,其加热速度和最高温度越低,冷却速度就越慢。图 9-29 所示为距焊缝不同距离各点的焊接热循环曲线。不同的焊接热循环会引起金属内部组织不同的变化,从而影响接头性能,同时还会产生复杂的焊接应力与变形。因此,对于焊接热循环的研究具有重要意义。

焊接热循环对焊接接头性能影响较大的参数是加热速度、加热最高温度、高温停留时间和瞬时冷却速度(见图 9-30)。

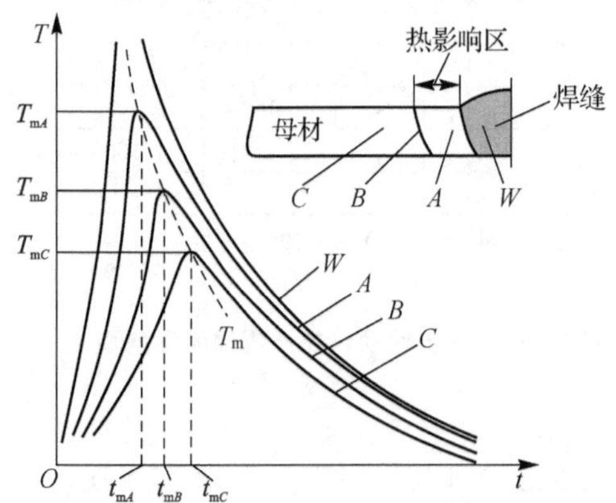


图 9-29　焊接热循环曲线

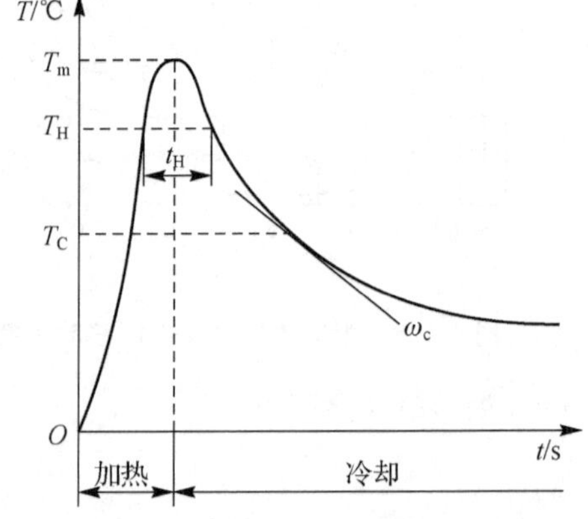


图 9-30　焊接热循环曲线及其主要参数

### 1. 加热速度

焊接过程中加热速度极高，在一般电弧焊时，可以达到 200～390 ℃/s，这种高速加热将导致母材金属相变点的提高，对冷却后的组织变化产生影响。加热速度主要与焊接热源集中程度、热源的功率或线能量、焊件的厚度、接头形式等因素有关。

### 2. 加热最高温度

热循环曲线中加热最高温度是对金属组织变化具有决定性影响的参数之一。在焊接过程中，距焊缝距离不同的区，所达到的最高加热温度也不相同。因此，在接头近缝区的组织变化也不一致。根据焊件上最高温度的变化范围，可以估计热影响区的宽度和焊件中内应力和塑性变形区的范围。

加热最高温度可以通过对快速热源传热公式(9-18)和公式(9-19)求极大值来得到。

半无限体上作用的移动点热源后方附近各点的加热最高温度为

$$T_{\max}-T_0=0.234\frac{q}{vc\rho r^2} \tag{9-20}$$

无限板上作用的移动线热源后方附近各点的加热最高温度为

$$T_{\max}-T_0=0.242\frac{q}{vc\rho hy} \tag{9-21}$$

### 3. 高温停留时间

高温停留时间是指在相变点温度以上停留的时间，在此时间内停留时间越长，金属组织变化过程进行得就越充分。但是，焊接时，加热和冷却均很迅速，高温停留时间也十分短促，在这种情况下发生的相变过程远不能达到平衡相图的状态。

### 4. 瞬时冷却速度

瞬时冷却速度(以下简称冷却速度)是决定热影响区组织性能的重要参数之一。在热循环曲线的冷却段，不同温度时的冷却速度也不相同。当近缝区(特别是熔合线附近)冷却速度过快时，易产生淬硬组织，这也是引起焊接裂纹的重要原因之一。对于易淬火钢和高强钢，焊接过程中必须严格控制冷却速度。

在焊接热循环曲线冷却段上某一温度时的冷却速度为 $\omega_c=\mathrm{d}T/\mathrm{d}t$。为简化分析，一般情况下只考虑焊缝上的冷却速度。

根据式(9-18)，当 $r=0$ 时，可求得半无限体上作用的移动点热源焊缝上的冷却速度为

$$\omega_c=\frac{\mathrm{d}T}{\mathrm{d}t}=2\pi k\frac{(T-T_0)^2}{q/v} \tag{9-22}$$

根据式(9-19)，当 $y=0$ 时，可求得无限板上作用的移动线热源焊缝上的冷却速度为

$$\omega_c=\frac{\mathrm{d}T}{\mathrm{d}t}=2\pi kc\rho\frac{(T-T_0)^3}{(q/vh)^2} \tag{9-23}$$

在材料和焊接热输入一定的条件下，随板厚的增加，焊接区的冷却速度提高，但当板厚达到某一临界厚度时，冷却速度就与板厚无关了，而是一个常数，称这一板厚为临界板厚。根据式(9-22)和式(9-23)计算冷却速度并使之相等，便可求得临界板厚 $h_c$，即

$$h_c = \sqrt{\frac{q/v}{c\rho(T - T_0)}} \tag{9-24}$$

对于介于薄板和厚板之间的有限厚板情况，冷却速度受板厚的影响较大(见图 9-31)，计算冷却速度时需要进行修正。

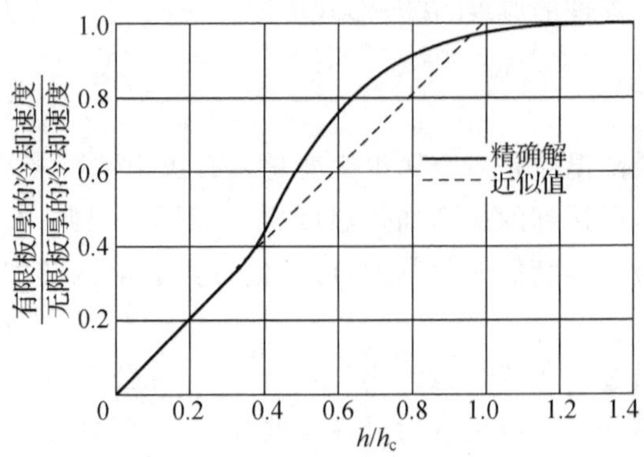


**图 9-31　冷却速度与板厚的关系**

在实际应用中，常采用由相变点以上某一温度冷却到相变点以下某一温度所需的平均冷却时间作为判据，例如从 800 ℃冷却到 500 ℃(或 300 ℃)的平均冷却时间 $t_{8/5}$(或 $t_{8/3}$)，来分析焊接热影响区中的组织变化。

在多层焊接时，后焊的焊道对前层焊道起着热处理的作用，而前道焊对后道焊又起着焊前预热的作用。因此，多层焊时近缝区中的热循环要比单层焊时复杂得多。但是，多层焊时层间焊缝相互的热处理作用对于提高接头性能是有利的。多层焊时的热循环与其施焊方法有关。在实际生产中，多层焊的方法有"长段多层焊"和"短段多层焊"两种，它们的热循环也有很大差别。

长段多层焊时，每层焊缝均较长，在焊完第一层焊缝后再焊第二层焊缝时，第一层焊缝已有较长的时间冷却，其温度已下降到 100～200 ℃以下的低温。长段多层焊时，各层焊缝间的相互热处理作用及焊接热循环如图 9-32 所示。

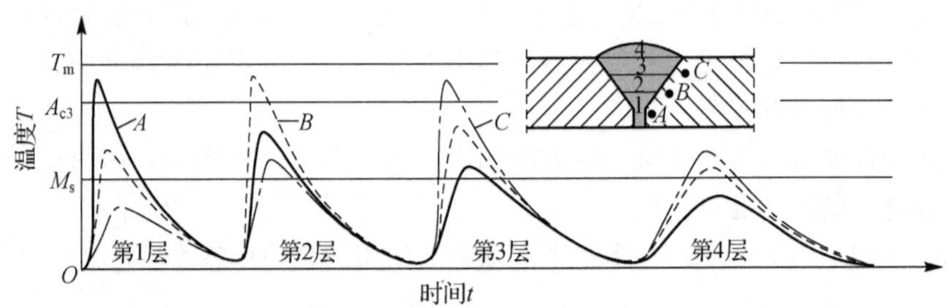


**图 9-32　长焊缝多层焊热影响区的温度循环**

可以看出近缝区 $A$、$B$、$C$ 各点均经受了 4 次热循环作用，由于各点位置不同，每次热循环作用的最高温度也不相同。一般来说，在焊接易淬火硬化的钢种时，长段多层焊各层均有产生裂纹的可能，为此，在各层施焊前仍需配合与所焊钢种相应的工艺措施，如焊前预热，焊后缓冷等。

短段多层焊接时，每层焊缝长度均较短，为 50～400 mm。在每层焊接时，前一道焊缝近缝区的温度尚未完全冷却，一般处于 $M_s$ 点以上温度。因此，除了第一层焊缝及最后一道焊缝近缝区具有较高的冷却速度外，在对中间各层焊缝施焊时，近缝区的冷却速度较低。所以短段多层焊较适合于焊接易淬硬钢，此时，只要控制第一层焊缝及最后一道焊缝不出现裂纹，在焊接中间各层焊缝时，也不致出现裂纹。在进行短段多层焊时，接头根部点 $A$ 与接头上部点 $C$ 所经受的焊接热循环如图 9－33 所示。对于点 $A$ 来说，它在 $A_{c3}$ 以上停留时间较短，避免了晶粒长大；另外，在 $A_{c3}$ 以下时，冷却速度较低，可以防止产生淬硬组织。对于点 $C$ 来说，第 4 道焊缝是在前几道焊缝预热基础上施焊的，只要规范控制适当，它在 $A_{c3}$ 以上停留的时间也可以较短，不致引起晶粒长大和产生过热组织，而此时其焊缝冷却速度较低，不易产生淬硬组织和裂纹。但有时为了防止最后一层焊缝产生淬硬组织，改善接头组织性能，可以再施焊一道退火焊缝。

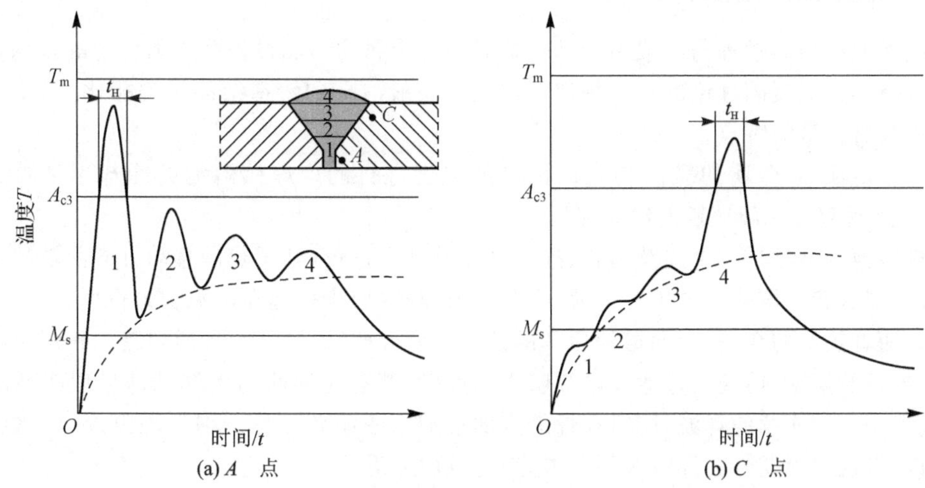


图 9－33　短焊缝多层焊热影响区的温度循环

# 9.3　焊接冶金

## 9.3.1　焊接冶金的特点

在电弧焊过程中，液态金属、熔渣和气体三者相互作用，是金属再冶炼的过程。但由于焊接条件的特殊性，焊接化学冶金过程又有着与一般冶炼过程不同的特点。

首先，焊接冶金温度高，相界大，反应速度快，当电弧中有空气侵入时，液态金属会发生强烈的氧化、氮化反应，还有大量金属蒸发，而空气中的水分以及工件和焊接材料中的油、锈、水在电弧高温下分解出的氢原子可溶入液态金属中，导致接头塑性和韧度降低（氢脆），以致产生裂纹。

其次，焊接熔池小，冷却快，使各种冶金反应难以达到平衡状态，焊缝中化学成分不均匀，且熔池中气体、氧化物等来不及浮出，容易形成气孔、夹渣等缺陷，甚至产生裂纹。

为了保证焊缝的质量，在电弧焊过程中通常会采取以下措施：

① 在焊接过程中，对熔化金属进行保护，使之与空气隔开。保护方式有 3 种：气体保护、熔渣保护和气-渣联合保护。

② 对焊接熔池进行冶金处理,主要通过在焊接材料(焊条药皮、焊丝、焊剂)中加入一定量的脱氧剂(主要是锰铁和硅铁)和一定量的合金元素,在焊接过程中排除熔池中的 FeO,同时补偿合金元素的烧损。

## 9.3.2 金属熔化焊接时的结晶与相变

焊接熔池液态金属的结晶形态,以及其冷却过程中的组织变化,是决定焊接接头性能的重要因素。一些焊接缺陷,如气孔、成分偏析、夹杂、结晶裂纹等也是在结晶过程中产生的。因此,了解和掌握焊接熔池结晶过程的特点,焊缝金属组织转变规律,以及有关缺陷产生的机理和防止措施,对于保证焊接质量有着十分重要的意义。

### 1. 焊接熔池的结晶

焊接熔池的结晶过程与一般冶金和铸造时液态金属的结晶过程并无本质上的差别,因此,它也服从液相金属凝固理论的一般规律。但是与一般冶金和铸造结晶过程相比,焊接熔池的结晶过程具有自身的特点。

在焊接熔池中,金属的凝固均是以极高的速度进行的。焊接熔池的冷却速度可达 4～100 ℃/s,远远超过一般铸锭的冷却速度。

焊接熔池的结晶是一个连续熔化、连续结晶的动态过程,处于热源移动方向前端的母材不断熔化,连同过渡到熔池中的填充金属(焊条芯或焊丝)熔滴一起在电弧吹力作用下,被吹向熔池后部。随着热源的离去,吹向熔池后部的液态金属开始结晶凝固,形成焊缝。在焊条电弧焊时,由于焊条的摆动、熔滴的过渡及电弧吹力的波动,液态金属吹向熔池后部呈现明显的周期性,形成了一个个连续的焊波,同时在焊缝表面形成了鱼鳞状波纹。但在埋弧焊、熔化极氩弧焊等焊接时,这种周期性的焊波并不明显,焊缝表面光滑。

在焊接熔池结晶时,由于冷却速度快,熔池体积小,一般不存在自发晶核的结晶过程,焊接熔池的结晶主要是以非自发晶核进行的。在焊接熔池中,有两种现成的固相表面,一种是悬浮于液相中的杂质和合金元素质点;另一种是熔池边缘母材熔合区中半熔化状态的母材晶粒。在一般情况下,焊缝金属的成分与母材很接近。

焊接熔池中的结晶具有强烈方向性,并且与焊接热源的移动速度密切相关(见图 9-34)。在焊接熔池的前缘(A—B—C)发生熔化过程,在后缘(C—D—A)发生潜热释放并结晶。

由熔合区母材半熔化晶粒外延生长的晶粒,总是沿着温度梯度最陡的方向,即与最大散热方向相反的方向生长。从宏观上看主要以弯曲状的柱状晶生长,但在焊缝中心和上部也往往存在少量等轴晶。

### 2. 焊缝金属的结晶组织

由焊接熔池液态金属凝固后得到的焊缝金相组织称为一次结晶组织。在焊缝继续冷却的过程中,一次结晶组织还会继续进行相变,焊缝冷却到室温所得到的最终组织称为二次结晶组织。它与一次结晶组织既有密切关系,又取决于其相变过程的特点。因此,焊接接头的性能与一次结晶组织和二次结晶组织均有密切关系。调整改善焊缝金属组织,对于保证焊接质量起着重要作用。

#### (1) 焊缝金属的一次结晶组织

一般情况下,焊缝的一次结晶组织是焊缝边缘向焊缝中心弯曲生长的粗大柱状晶组织。

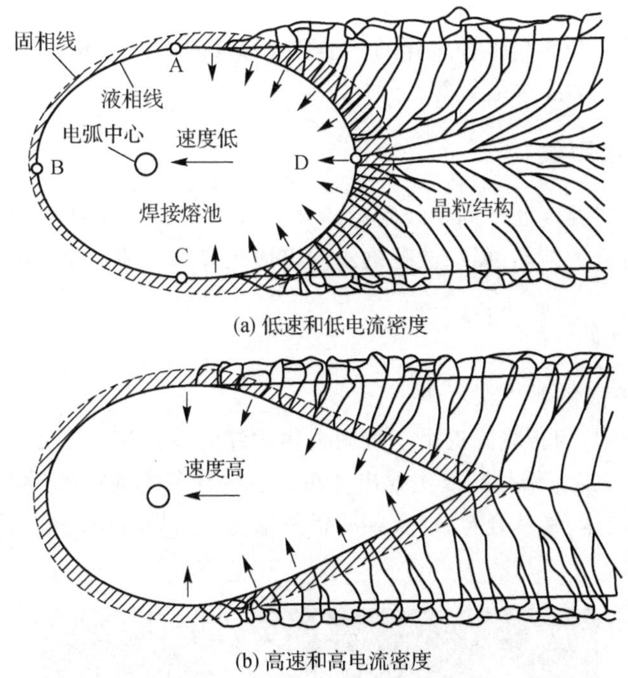


(a) 低速和低电流密度

(b) 高速和高电流密度

**图 9-34　由熔合区母材半熔化晶粒向焊缝中心生长的柱状晶**

这种组织的晶粒粗细对焊缝金属的各项性能均有很大影响，尤其影响焊缝的冲击韧性。焊缝晶粒越粗大，其冲击韧性越差，在各种温度下均低于细晶粒时的冲击韧性，特别是低温塑性更差。对于高强钢来说，焊缝冲击韧性对晶粒粗细的敏感性更强。

由于焊缝的一次结晶组织对焊缝性能有很大影响，所以，改善和调整焊缝的一次结晶组织十分重要。改善焊缝一次结晶组织的途径主要有调整焊接工艺参数、变质处理、振动结晶等。

**(2) 焊缝金属的二次结晶组织**

焊缝一次结晶组织在随后的冷却过程中将进一步发生组织转变，其转变机理与一般热处理过程中的转变是一致的。但是，由于焊接时温度高，高温停留时间短，冷却速度快，溶质元素的扩散迁移受到限制，大多数相变过程是一种非平衡过程。此外，焊缝金属中化学成分的不均匀性也较严重，由此引起焊缝中各部分的组织（例如熔合区和焊缝中心部分）会有很大差异。因而焊缝金属冷却过程中的相变，以及最终得到的组织，与一般金属热处理时还有一定程度的差别。

改善焊缝二次结晶组织对于提高焊接接头性能起着重要的作用。改善焊缝二次结晶组织的方法主要有焊后热处理、锤击、跟踪回火、焊前预热和焊后保温缓冷等。

### 9.3.3　焊接裂纹分析

焊接结构在制造及运行过程中不可避免地存在或出现各种各样的缺陷，焊接缺陷将直接影响结构的强度和使用性能，构成对结构可靠与安全性的潜在风险。因此，研究焊接结构的不完整性的重点是掌握焊接缺陷形成机制及其作用，以便更好地控制或消除焊接缺陷。

焊接裂纹是接头中局部区域的金属原子结合遭到破坏而形成的缝隙，缺口尖锐、长宽比大，在结构工作过程中会扩展，甚至会使结构突然断裂，特别是脆性材料，所以裂纹是焊接接头中最危险的缺陷。

焊接裂纹的类型与分布是多种多样的。按裂纹形成的原因和本质可分为热裂纹、冷裂纹、再热裂纹、层状撕裂、应力腐蚀裂纹等。

## 1. 热裂纹(高温裂纹)

热裂纹是在焊接时温度处于固相线附近的高温区产生的焊接裂纹,也称高温裂纹或凝固裂纹。热裂纹通常可分为结晶裂纹、液化裂纹和多边化裂纹3种。在3种裂纹中,结晶裂纹最为常见。

**(1) 结晶裂纹**

1) 结晶裂纹的形成机理

在焊缝结晶过程中,固相线附近由于凝固金属收缩时残余液相不足,导致沿晶界开裂,故称结晶裂纹(见图9-35)。结晶裂纹主要出现在含杂质较多的碳钢(特别是含硫、磷、硅、碳较多的钢种)和单相奥氏体、镍基合金,以及某些铝及铝合金的焊缝中。个别情况下,结晶裂纹也产生在焊接热影响区。

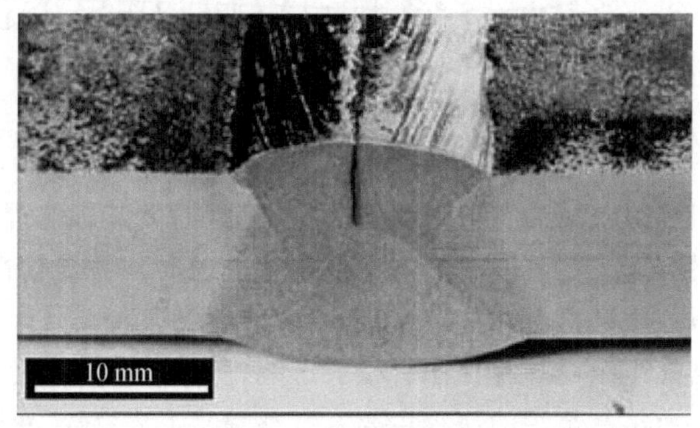


图9-35 结晶裂纹

结晶裂纹的分布特征表明焊缝在结晶过程中晶界是个薄弱地带。由金属结晶学理论可以知道,先结晶的金属比较纯,后结晶的金属杂质比较多,并富集在晶界。一般来讲,这些杂质所形成的共晶都具有较低的熔点。在焊缝凝固过程中,这些低熔点共晶被排挤到晶界就形成了所谓的晶间"液态薄膜"。同时,焊缝凝固过程中由于收缩产生了拉应力,在拉应力作用下焊缝金属很容易沿液态薄膜拉开形成裂纹(见图9-36)。

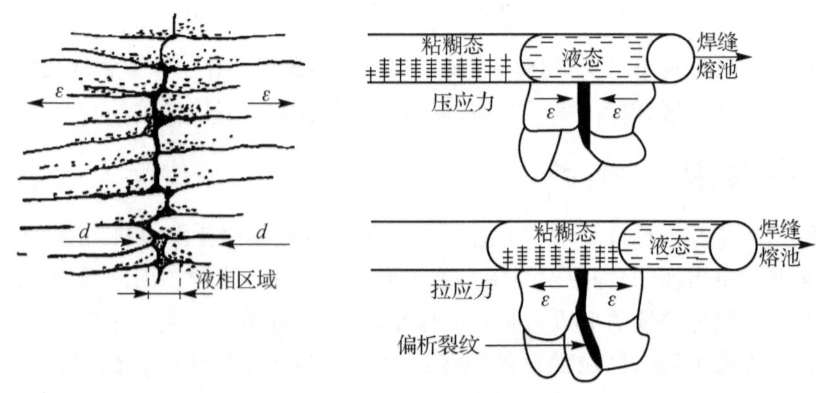


图9-36 热裂纹的形成机制

焊缝的结晶过程具体可以分为 3 个阶段：液固阶段、固液阶段和完全凝固阶段(见图 9－37)。在液相转变为固相的过程中存在所谓的脆性温度区，即图 9－37 中 $ab$ 之间的温度区间 $T_B$。在这个温度区间，较低应力就有产生裂纹的能力。当温度高于或低于 $T_B$ 时，焊缝金属具有较大的抵抗结晶裂纹的能力，因此具有较小的裂纹倾向。

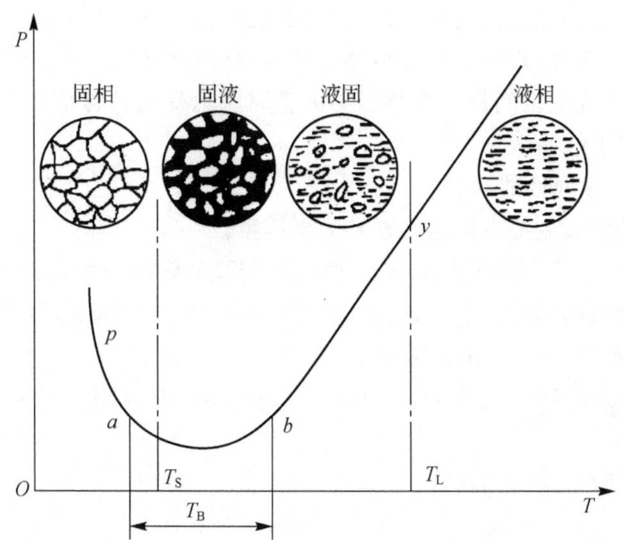


$p$—塑性；$y$—流动性；$T_B$—脆性温度区；$T_L$—液相线温度；$T_S$—固相线温度

**图 9－37　熔池结晶阶段及脆性温度区**

为了进一步明确产生结晶裂纹的条件，苏联学者普洛霍洛夫从理论上提出了拉伸应力与脆性温度区内被焊金属塑性变化之间的关系。

在图 9－38 中，纵坐标是温度，横坐标表示在拉伸作用下金属所产生的应变 $\varepsilon$ 和焊缝金属所具有的塑性 $p$，$\varepsilon$ 和 $p$ 都是温度的函数。图 9－38 中，曲线 $p=\varphi(T)$ 表明在脆性温度区内焊缝金属的塑性，脆性温度区的上限是固液阶段开始的温度，下限在固相线 $T_S$ 附近，或稍低于固相线的温度(有些金属焊缝完全凝固后，仍然有一段温度内塑性很低，也会产生裂纹)。当出现液态薄膜的瞬时，存在一个最小值塑性值($p_{min}$)。

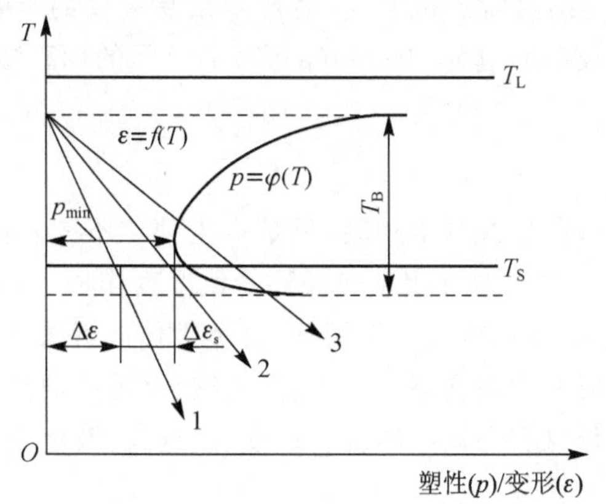


$p$—塑性；$T_B$—脆性温度区；$T_L$—液相线温度；$T_S$—固相线温度

**图 9－38　焊接时产生结晶裂纹的条件**

在焊缝结晶过程中，如果拉伸应力引起的应变随温度按曲线 1 变化，那么在最容易出现裂纹的固相线附近,只产生了 $\Delta\varepsilon$ 的应变量,此时焊缝仍然具有 $\Delta\varepsilon_s$ 的塑性储备量($\Delta\varepsilon_s = p_{min} - \Delta\varepsilon$);当应变按曲线2变化时,由拉伸应力产生的塑性应变恰好等于焊缝的最低塑性值 $p_{min}$,$\Delta\varepsilon_s = 0$,这是临界状态;当应变按曲线3变化时,这时由拉伸应力产生的应变已经超过焊缝金属在脆性温度区内所具有的最低塑性值,这时必将产生裂纹。

综上分析可得产生结晶裂纹的条件是:焊缝在脆性温度区内所承受的拉伸应变大于焊缝金属所具有的塑性,或者说,焊缝金属在脆性温度区内的塑性储备 $\Delta\varepsilon_s$ 小于0时就会产生结晶裂纹,或者表述为脆性温度区间焊缝或热影响区金属所承受的拉伸应变率大于它们的临界应变率(CST)时就会产生结晶裂纹。

2) 影响结晶裂纹倾向性的因素

影响结晶裂纹的因素主要有冶金因素和力学因素。

① 合金元素的影响。一般认为,C、S、P对结晶裂纹的影响最大,其次是Cu、Ni、Si、Cr等。为了评价合金结构钢对结晶裂纹的敏感性,建立了临界应变率(CST)等判据和热裂敏感系数HCS判据与合金元素的关系,分别表示为

$$\mathrm{CST} = (-19.2\mathrm{C} - 97.2\mathrm{S} - 0.8\mathrm{Cu} - 1.0\mathrm{Ni} + 3.9\mathrm{Mn} + 65.7\mathrm{Nb} - 618.5\mathrm{B} + 7.0) \times 10^{-4} \tag{9-25}$$

当 $\mathrm{CST} \geqslant 6.5 \times 10^{-4}$ 时,可防止裂纹。

$$\mathrm{HCS} = \frac{\mathrm{C} \times [\mathrm{S} + \mathrm{P} + (\mathrm{Si}/25 + \mathrm{Ni}/100)]}{3\mathrm{Mn} + \mathrm{Cr} + \mathrm{Mo} + \mathrm{V}} \times 10^3 \tag{9-26}$$

当 $\mathrm{HCS} < 4$ 时,可防止裂纹。

② 力学因素。产生结晶裂纹的充分条件是焊接时脆性温度区内金属的强度 $\sigma_m$ 小于在脆性温度区内金属所承受的拉伸应力 $\sigma$,即 $\sigma_m < \sigma$。金属的强度主要取决于晶内强度 $\sigma_G$ 和晶间强度 $\sigma_0$,它们都随温度的升高而降低,然而 $\sigma_0$ 下降较快,若 $\sigma_G > \sigma_0$ 则容易发生晶间断裂。若焊缝所受拉伸应力随温度变化始终不超过 $\sigma_0$,则不会产生结晶裂纹;反之,则产生结晶裂纹。

产生结晶裂纹的条件是冶金因素和力学因素的共同作用,二者缺一不可。

③ 接头形式。焊接接头形式对于结晶裂纹的形成也有明显影响。窄而深的焊缝会造成对生的结晶面,“液薄膜”将在焊缝中心形成,有利于结晶裂纹的形成。焊接接头形式不同不但刚性不同,而且散热条件与结晶特点也不同,对产生结晶裂纹的影响也不同。图9-39所示为不同接头形式对结晶裂纹的影响,图9-39(a)和(b)所示的两种接头抗裂性较高,(c)~(f)所示的几种接头抗裂性较差。

**(2) 液化裂纹**

液化裂纹产生机理与结晶裂纹基本相同,只是产生部位不同。液化裂纹发生在近缝区或多层焊的层间部位(见图9-40),是在焊接热循环峰值温度作用下,由于被焊金属含有比较多的低熔点共晶而被重新熔化,在拉伸应力作用下,沿奥氏体晶界发生的开裂,断口呈典型的晶间开裂特征。液化裂纹主要发生在含铬、镍的高强度钢、奥氏体钢及某些镍基合金的近缝区或多层焊焊层间的金属中。母材和焊丝中的硫、磷、碳、硅越高,液化裂纹倾向就越高。

**(3) 多边化裂纹**

多边化裂纹也称高温低塑性裂纹。这种裂纹主要发生在纯金属或单相奥氏体合金的焊缝中或近缝区。焊接时,焊缝或近缝区处在固相线温度以下的高温区,由于刚凝固的金属存在多晶格缺陷(主要是位错和空位)和严重的物理及化学的不均匀性,在一定的温度和应力作用下,

晶格缺陷移动和聚集，便形成二次边界，即所谓“多边化边界”。这个边界堆积了大量的晶格缺陷，所以它的组织疏松，高温时的强度和塑性下降，只要此时受少量的拉伸变形，就会沿着多边化的边界开裂，产生多边化裂纹。

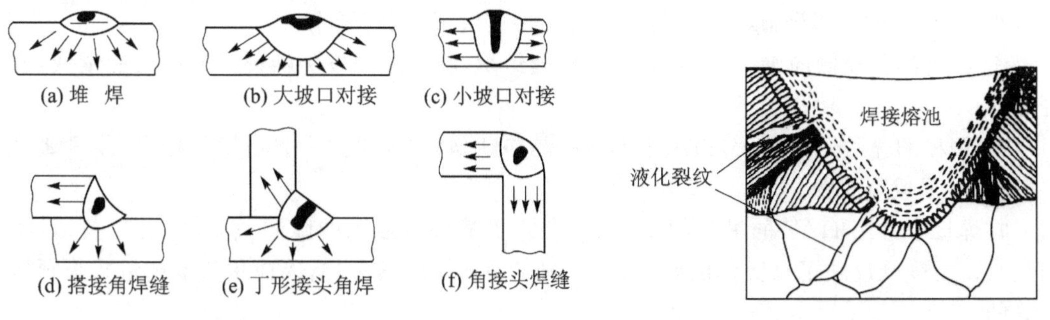


图 9-39　接头形式对结晶裂纹的影响

图 9-40　热影响区液化裂纹示意图

## 2. 焊接冷裂纹

### (1) 焊接冷裂纹形成机理

焊接冷裂纹(以下简称冷裂纹)形成时温度较低。如结构钢焊接冷裂纹一般在马氏体转变温度范围(200～300 ℃)以下发生，所以冷裂纹又称低温裂纹。

焊后不立即出现的冷裂纹又叫延迟裂纹，且大都是氢致裂纹。具有延迟性质的冷裂纹，会造成预料不到的重大事故，因此，它比一般裂纹具有更大的危险性，必须充分重视。

冷裂纹一般在焊接低合金高强度钢、中碳钢、合金钢等易淬火钢时容易发生，而在低碳钢、奥氏体型不锈钢焊接时较少出现，但高强度钢焊接中冷裂纹与热裂纹之比有时可达 9∶1左右。

研究表明，钢种的淬硬倾向，焊接接头扩散氢含量及分布，以及接头所承受的拉伸拘束应力状态是高强钢焊接时产生冷裂纹的 3 大主要因素。这 3 个因素相互促进，相互影响。前者反映了每种被焊材料所固有的一种特性，后两者取决于工艺因素(包括焊接材料的选择)和结构因素。

图 9-41 所示为冷裂纹的形态。

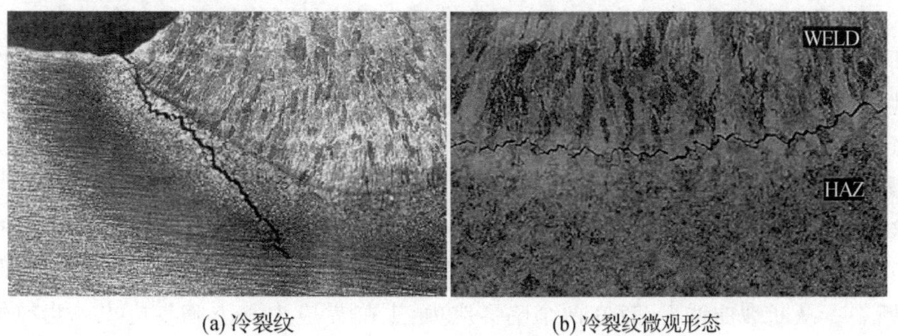


(a) 冷裂纹　(b) 冷裂纹微观形态

图 9-41　冷裂纹

冷裂纹主要有焊趾裂纹、焊道下裂纹、焊根裂纹 3 种类型。

冷裂纹的危害要比热裂纹大，因为热裂纹是在焊接过程中出现的，一旦出现人们可以返修，而绝大部分冷裂纹的发生具有延迟性，也就是焊后检查不出来，而是过一段时间才发生，很多是在使用过程中出现,所以很容易造成事故,使设备损坏并威胁人的生命安全。

**(2) 冷裂纹的影响因素**

1) 钢材的脆硬倾向

焊接时,钢材的脆硬倾向越大越容易产生冷裂纹,原因有两个:

① 钢材的脆硬倾向越大,越容易形成脆硬组织,脆硬组织发生断裂时消耗的能量低,容易开裂。

② 钢材的脆硬倾向越大,组织中形成的晶格缺陷(主要是空穴、位错等)越多,晶格缺陷越多,越容易形成裂纹源。

在焊接中常用 HAZ 的最高硬度 $H_{max}$ 来评定某些高强钢的脆硬倾向,硬度越高,脆硬倾向越大。硬度既反映了马氏体的影响,也反映了晶格缺陷的影响,因而用它来衡量脆硬倾向是正确的。

2) 氢的作用

氢是引起高强钢焊接冷裂纹的一个重要因素,并且有延迟的特征,所以许多文献上把由氢引起的冷裂纹称为“氢致裂纹”或“氢诱发裂纹”。试验研究证明,高强钢焊接接头的含氢量越高,裂纹的敏感性就越大。

氢在钢中分为两部分:残余的固溶氢和扩散氢。只有扩散氢对钢的焊接冷裂纹起直接影响。焊接时,氢的主要来源是电弧中水蒸气的分解。焊接材料中的水分及环境的湿度是增氢的重要因素。焊件表面的铁锈、油污也会使电弧气氛富氢。焊接过程中,会有大量的氢溶入熔池金属,随着熔池的冷却及结晶,由于氢的溶解度急剧下降,氢将逸出,但因焊接熔池的冷却速度极快,氢来不及逸出而过饱和地保留于焊缝金属,随后氢将进行扩散。氢在不同组织中的溶解和扩散能力是不同的,在奥氏体中氢具有较大的溶解度,但扩散系数较小;在铁素体中氢却具有较小的溶解度和较大的扩散系数。

由于焊缝含碳量较低,因此焊缝金属在较高温度下就产生相变(A→P+F),此时,近缝区金属因含碳量较高,相变尚未进行,仍为奥氏体组织。当焊缝金属产生相变时,氢的溶解度会突然下降,而氢在铁素体、珠光体中具有较大的扩散系数,因此氢将很快从焊缝向仍为奥氏体的热影响区金属扩散。氢一旦进入近缝区金属,由于奥氏体中氢的扩散系数较小,但却具有较大的溶解能力,从而在熔合线附近形成富氢带。当热影响区金属进行相变时(A→M),氢即以过饱和状态残留在马氏体中,促使此处金属的进一步脆化而可能导致产生冷裂纹。

必须指出,在焊接接头冷却过程中,氢在金属中的扩散是不均匀的,常在应力集中或缺口等有塑性应变的部位产生氢的局部聚集,使该处最早达到氢的临界浓度。

在氢气氛作用下,材料发生延滞断裂的时间与应力之间的关系如图 9-42 所示。随应力值降低,断裂时间延长;当应力降低到某一临界值时,材料便不会产生断裂。

焊接延迟裂纹机理与充氢钢的断裂情况类同。在对充氢钢进行拉伸试验时,只有在一定的应力条件之下,才会出现由氢引起的延迟断裂现象,加载经过一段潜伏期后,裂纹萌生并扩展,直到断裂。从断裂曲线看,存在两个临界应力:上临界应力和下临界应力。当拉伸应力超过上临界应力时,试件很快断裂;当拉伸应力低于下临界应力时,则无论经过多长时间,试件始终不会断裂。应该指出,临界应力值的大小与扩散氢含量及材质有关。含氢量增加 1 倍,临界应力降低 20%~30%。钢的类型不同,其临界应力比有明显差异。此外,缺口越尖锐,最大硬度值越高,临界应力就越低。

氢致裂纹具有延迟性的原因是氢在钢中的扩散、聚集、产生应力直至开裂都需要时间,这

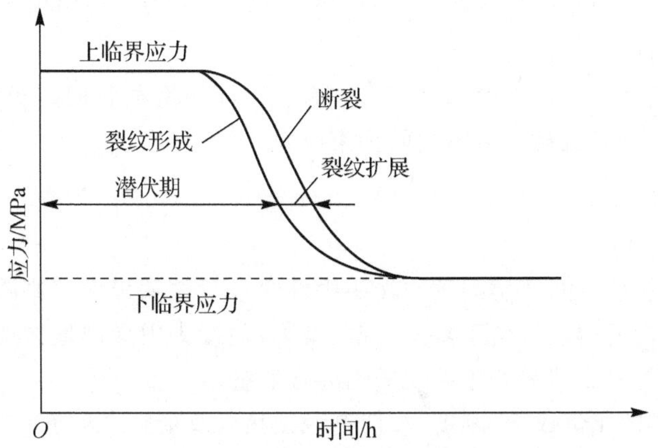


**图 9-42　氢致延迟断裂应力与时间的关系**

可以用应力扩散理论来进行说明。如图 9-43 所示，裂纹或缺口尖端会形成三向应力区，氢原子在应力作用下向这个区域扩散，并且结合成氢分子，形成氢压。当该部位的氢浓度达到临界值时，这种内压力大到足以通过塑性变形或解理断裂使裂纹长大或使微孔长大、连接，最后引起材料过早断裂。

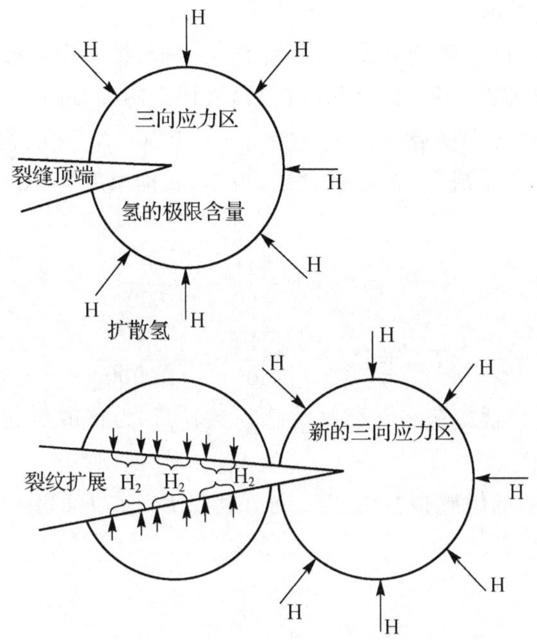


**图 9-43　氢致裂纹的扩展过程**

裂纹的生成除了与时间有关之外，也与温度有关。延迟裂纹只出现在－100～100 ℃的温度区间。如果温度过高，则氢易从金属中逸出；如果温度过低，则氢难以扩散，故都不会出现延迟断裂的现象。

3）结构拘束应力

高强钢焊接时产生延迟裂纹不仅取决于钢的脆硬倾向、氢的有害作用，而且还取决于焊接接头所处的拘束应力，拘束应力是产生冷裂纹的重要因素之一。

焊接接头的拘束应力主要包括热应力、相变应力以及结构自身的拘束条件,前两种是内拘束应力,后一种是外拘束应力。

焊接拘束应力的大小与拘束度和接头形式有关。同样钢种和同样板厚,由于接头坡口形式不同,即使拘束度相同,也会产生不同的拘束应力。

**(3) 冷裂纹判据**

1) 临界含氢量$[H]_{cr}$

由延迟裂纹的机理可知,此类裂纹与接头中的含氢量关系极大。高强钢焊接接头中的含氢量越多,则裂纹倾向就越大。由于氢的扩散、聚集,使接头中局部地区的含氢量达到某一数值而产生冷裂纹,此含氢量即为产生裂纹的临界含氢量。

临界含氢量与钢的化学成分、刚度、焊前是否预热以及接头冷却条件等有关。临界含氢量随着钢种碳当量提高而减小,即钢种的强度级别越高,碳当量数值越大,则冷裂敏感性越大。

2) 焊后焊道冷却到100 ℃时的瞬态残余扩散氢$[H]_{R100}$

对冷裂纹的产生和扩展起决定性作用的是接头中的扩散氢,焊后接头的扩散氢同时会向热影响区和接头外扩散,在较高温度下,大部分扩散氢已逸出金属,只有那些在较低温度下还残留在接头中的扩散氢才对冷裂纹倾向有影响。

在高强钢中,焊缝金属冷却到100 ℃时残余扩散氢越多则冷裂倾向越大。

3) 冷裂纹的综合性判据

从冷裂纹机理的分析已经明确知道,钢种的化学成分、接头中扩散氢含量及接头拘束程度都对裂纹有很大影响,单纯以一种因素(如碳当量)来评定冷裂倾向是比较片面的,必须综合考虑多种因素的影响,因而,日本伊滕等人对$\sigma_b=500\sim1\,000$ MPa的钢种,进行了大量的斜Y形坡口裂纹试验,确立了化学成分、扩散氢含量、板厚(或拘束度)与根部裂纹敏感性的关系,所得经验公式如下:

$$P_c=P_{cm}+\frac{[H]}{60}+\frac{h}{600} \tag{9-27}$$

$$P_W=P_{cm}+\frac{[H]}{60}+\frac{R}{40\,000} \tag{9-28}$$

式中:$P_c$、$P_W$为裂纹敏感指数;$P_{cm}$为裂纹敏感系数;[H]为扩散氢含量(mL/100 g);$h$为板厚;$R$为拘束度(N/mm$^2$)。

如果某钢种产生冷裂的敏感指数为$P_{cr}$,则可利用$P_c$(或$P_W$)作为冷裂纹判据,不产生冷裂的条件为$P_c$(或$P_W$)$<P_{cr}$。

## 3. 再热裂纹

再热裂纹是指一些含有钒、铬、钼、硼等合金元素的低合金高强度钢、耐热钢,经受一次热循环后,再经受一次加热的过程(如消除应力退火,多层多道焊及高温下工作等),发生在焊接接头热影响区的粗晶区,沿原奥氏体晶界开裂的裂纹(见图9-44)。

对于再热裂纹敏感性大的钢,再热裂纹的产生与再热过程的加热或冷却速度基本无关,而产生于再热的升温过程中,并且都存在一个最易产生再热裂纹的敏感温度区,在此温度范围内保温产生裂纹的时间最短,低合金高强度钢一般在500~700 ℃。

在低合金高强钢、珠光体耐热钢、奥氏体、不锈钢等焊接结构焊后消除应力热处理的过程中,在热影响区的粗晶部位产生的再热裂纹也称消除应力处理裂纹。

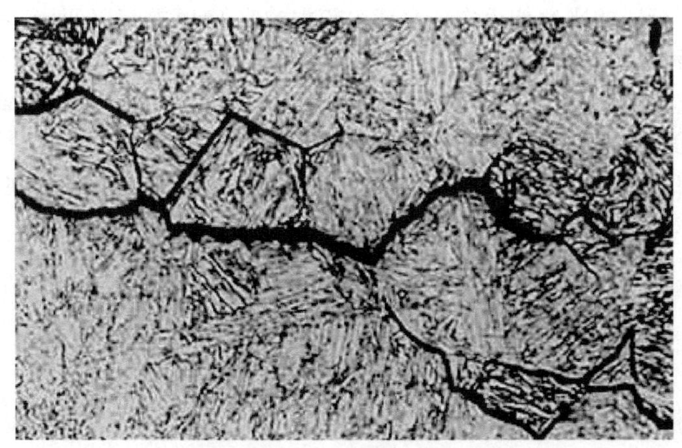

图 9-44　再热裂纹形貌

再热裂纹是由于晶界优先滑动导致裂纹成核而发生和发展的，也就是说，在后热过程中，晶界处于相对弱化的状态，而晶内则处于相对强化的状态。

### 4. 层状撕裂

层状撕裂是在焊缝快速冷却过程中，在板厚方向拉伸应力作用下，钢板中产生的与母材轧制表面平行的裂纹，常发生在 T 形、K 形厚板接头中(见图 9-45)。层状撕裂也是在常温下产生的裂纹，大多数在焊后 150 ℃以下或冷却到室温数小时以后产生。但是，当结构拘束度很高、钢材层状撕裂敏感性较高时，在 250～300 ℃范围也可能产生。

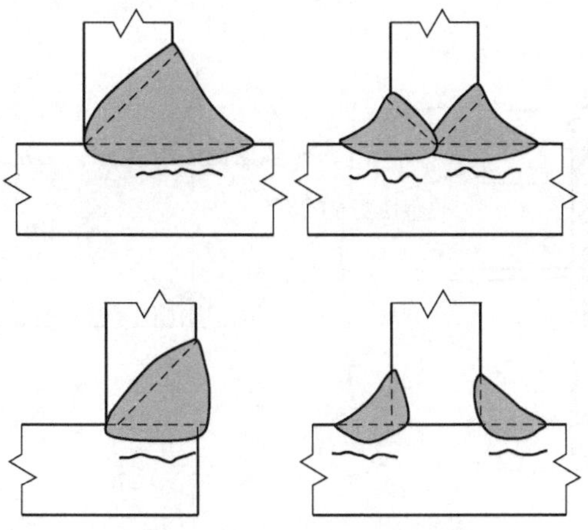

图 9-45　层状撕裂示意图

层状撕裂是一种较难发现的缺陷，裂纹一般不露出表面。撕裂前一般不易被超声波探测出来。对层状撕裂敏感的钢材，只有在大拘束焊接垂直应力作用下，才会形成层状撕裂裂纹。

由于轧制母材内部存在有分层的夹杂物(特别是硫化物夹杂物)以及焊接时产生的垂直轧制方向的应力，使热影响区附近地方产生呈“台阶”状的层状断裂并有穿晶发展。

层状撕裂大多发生在大厚度高强钢材的焊接结构中，这类结构常常用于海洋工程、核反应堆、潜艇建造等方面，在无损探伤的条件下，层状撕裂不易发现而造成潜在的危险，即使判明了接头中存在层状撕裂，也几乎不能修复，经济损失极大。

在厚板结构焊接时的刚性拘束作用会产生较大的 $Z$ 向应力和应变,当应变达到或超过材料的形变能力之后,夹杂物与金属基体之间弱结合面发生脱离,形成显微裂纹,裂纹尖端的缺口效应造成应力、应变的集中,迫使裂纹沿自身所处的平面扩展,把同一平面相邻的一群夹杂物连通,形成所谓的"平台"。与此同时,相邻近的两个平台之间的裂纹尖端处,在应力应变影响下、在剪切应力作用下发生剪切断裂,形成"剪切壁",这些平台和剪切壁在一起,构成层状撕裂所特有的阶梯形状。

# 9.4 焊接应力与变形分析

## 9.4.1 焊接应力

### 1. 焊接热应力

不论是普通电弧焊还是激光与电子束等高能束流的焊接,一般都使用高度集中的热源加热,在热源中心作用点的附近会产生较小的焊接熔池,在整个熔池和热影响区分布着非均匀大梯度的温度场,这种非均匀大梯度的温度场导致焊接热应力的形成。

图 9-46 所示为熔焊过程中的温度场变化引起的焊接热应力的变化。电弧以速度 $v$ 沿 $x$ 方向移动,在某时刻到达 $O$ 点。电弧前方为待焊区域,电弧后方为已凝固的焊缝。

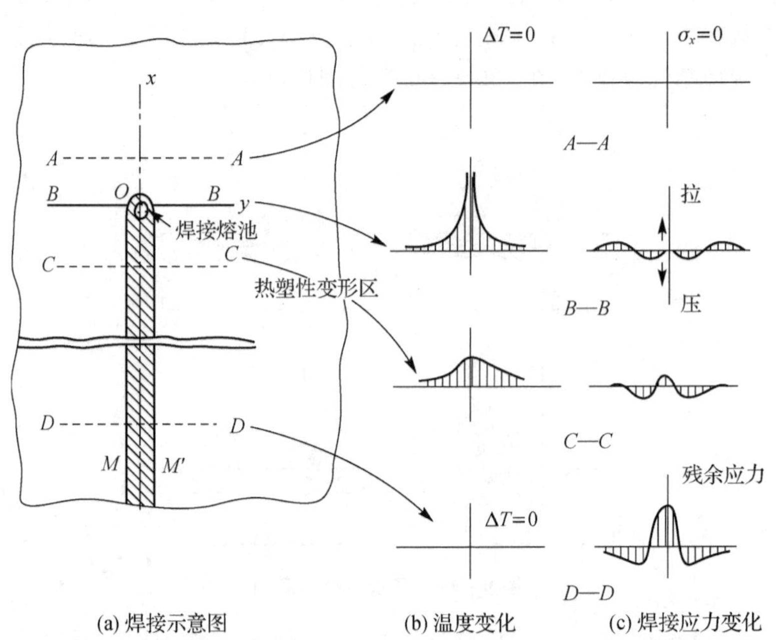


**图 9-46 熔焊过程中的温度场变化引起的焊接热应力的变化**

在焊接电弧前方的 $A—A$ 截面未受到焊接热作用,温度变化 $\Delta T\approx 0$,瞬时热应力也近乎为零。在通过焊接电弧加热的熔化区的 $B—B$ 截面上,温度发生剧烈变化。因熔化金属不承受载荷,所以位于焊接电弧中心区的截面内的应力接近于零。电弧临近区域的金属热膨胀受到周围温度较低的金属的拘束作用而产生压应力,其应力为相应温度下的材料屈服应力,由此产生压缩塑性变形。远离焊缝区域的应力为拉应力,该拉应力与焊接区附近的压应力相平衡。

截面 $C—C$ 位于已凝固的焊缝区，焊缝及临近母材已经冷却收缩，在焊缝区引起拉应力，接近焊缝的区域仍为压应力，而远离焊缝区的拉应力开始降低。

截面 $D—D$ 的温度差已趋于零，在焊缝及临近区产生较高的拉应力，而在远离焊缝的区域产生压应力。焊接完成后，沿 $x$ 方向各截面都存在这样分布的残余应力。

图 9-46 中影线区 $M—M'$ 是焊接热循环过程中产生的塑性变形区。塑性变形区以外的在热循环过程中不发生塑性变形，只有与 $M—M'$ 区内的塑性变形相适应的弹性变形。所以，焊接残余应力的产生是由于不均匀加热引起的不均匀塑性变形，再由不均匀变形引起弹性应力，是强制协调焊缝与母材的变形不一致的结果。

图 9-47 所示为板边堆焊焊件的焊接变形与应力的变化过程。在焊接加热过程中，堆焊边膨胀大于未焊边，焊件为保持变形协调，横截面 $m—n$ 要发生偏转，导致焊件向未焊边弯曲。焊缝及近缝区发生压缩塑性变形，焊后收缩使得焊件向堆焊侧弯曲，焊缝及临近区产生较高的拉应力，焊件宽度中间区域为压应力，未焊侧为拉应力。当板比较窄时，焊缝区也可能出现压应力。

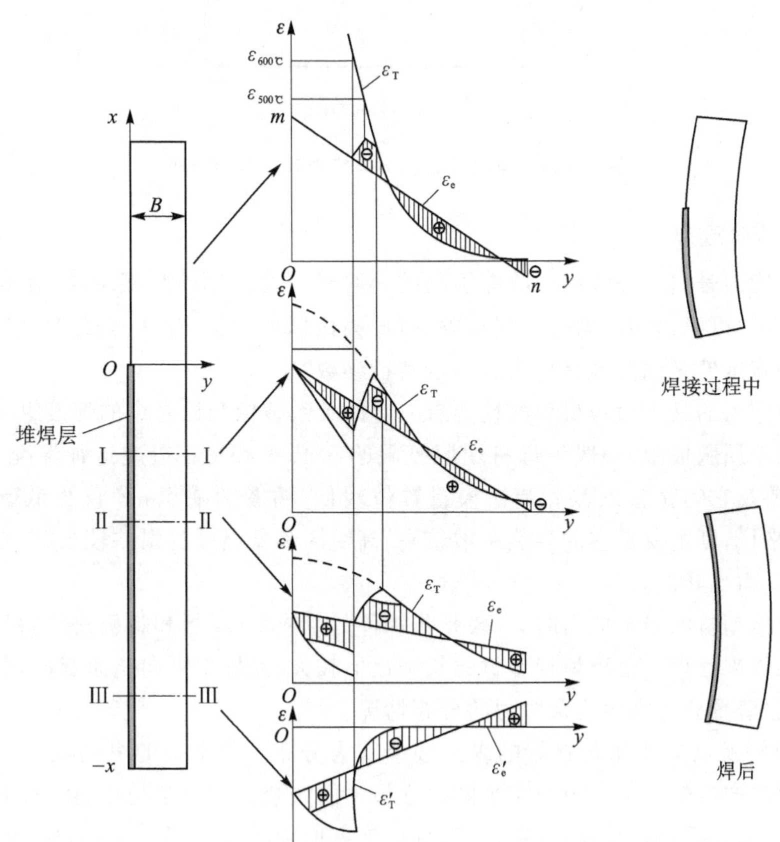


**图 9-47　板边堆焊焊件的焊接变形与应力的变化过程**

## 2. 焊接残余应力

焊缝区在焊后的冷却收缩一般是三维的，所产生的残余应力也是三轴的。但是，在材料厚度不大的焊接结构中，厚度方向上的应力很小，残余应力基本上是双轴的(见图 9-48)。只有在大厚度的结构中，厚度方向上的应力才比较大。为便于分析，常把焊缝方向的应力称为纵向应力,用 $\sigma_x$ 表示。垂直于焊缝方向的应力称为横向应力,用 $\sigma_y$ 表示。厚度方向的应力,用 $\sigma_z$ 来表示。

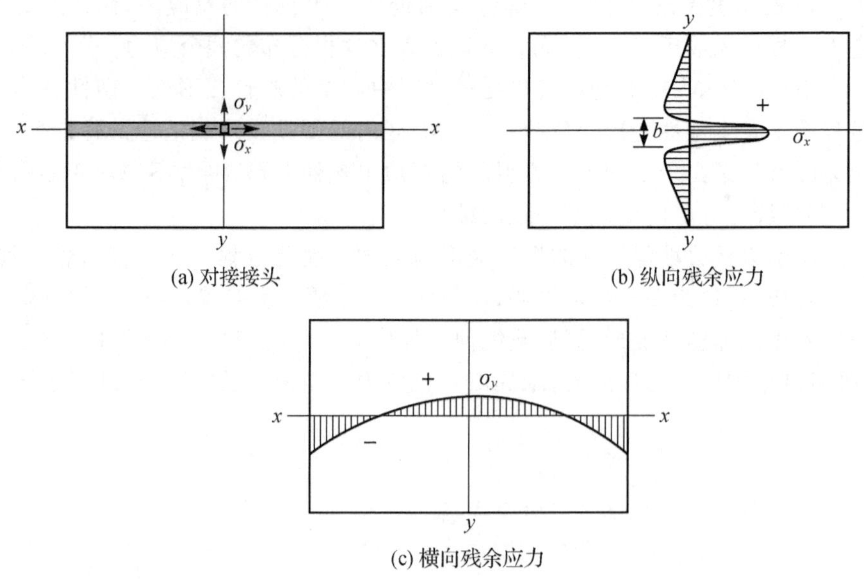


**图 9-48 纵向残余应力与横向残余应力分布**

**(1) 纵向残余应力**

纵向残余应力是由于焊缝纵向收缩引起的。对于普通碳钢的焊接结构,在焊缝区附近为拉应力,其最大值可以达到或超过屈服极限,拉应力区以外为压应力。焊缝区最大应力 $\sigma_m$ 和拉伸应力区的宽度 $b$ 是纵向残余应力分布的特征参数。

纵向残余应力的最大值与材料的性能有一定的关系。铝和钛合金的焊接纵向残余应力的最大值往往低于屈服极限,一般为母材屈服极限的 50%~80%。造成这种情况的原因,对钛合金来说,主要是它的膨胀系数和弹性模量数值较低,两者的乘积 $\alpha E$ 仅为低碳钢的 1/3 左右;对铝合金来说,则主要是它的导热系数较高,高温区和低温区的温差较小,压缩塑性变形降低,因而残余应力也降低。

在分析焊接型材的残余应力时,一般是将焊件的组成板(翼板和腹板)分别视为板边堆焊、中心堆焊或堆焊来处理。由于焊接型材的长细比值较大,易发生纵向挠曲变形,所以在残余应力分析时,往往着重分析纵向残余应力的分布情况。

图 9-49(a)所示为 T 形焊接梁的纵向残余应力分布。水平板的纵向残余应力分布与平板中心线堆焊时产生的残余应力分布类同。立板中的残余应力分布与板边堆焊时产生的残余应力分布类同。采用同样的分析方法,可以分析工字形截面梁(见图 9-49(b))和箱形截面梁(见图 9-49(c))的纵向残余应力分布规律。

在这些焊接型材中,焊缝及其附近区存在高值拉伸应力。腹板中都存有不可忽视的纵向残余压缩应力,这将对焊件的压曲强度产生不利的影响。

**(2) 横向残余应力**

垂直于焊缝方向的残余应力称为横向残余应力,用 $\sigma_y$ 来表示。横向残余应力的产生是由焊缝及其附近塑性变形区的横向收缩和纵向收缩共同作用的结果。

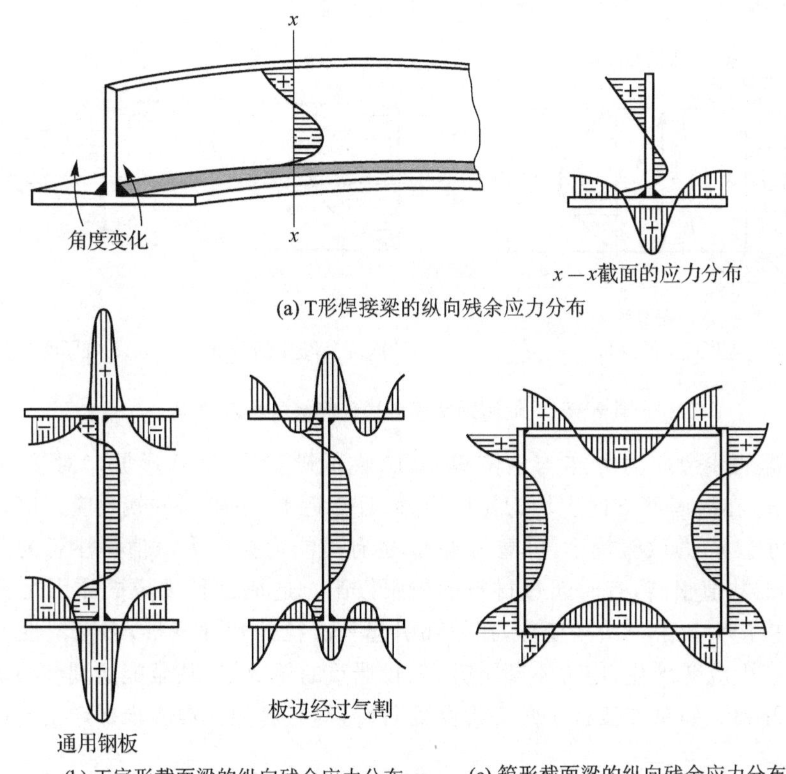


**图 9－49　焊接型钢中的纵向残余应力分布**

横向残余应力在与焊缝平行的各截面上的分布大体与焊缝截面上相似，但是离焊缝的距离越大，应力值就越低，到边缘上 $\sigma_y=0$，如图 9－50 所示。

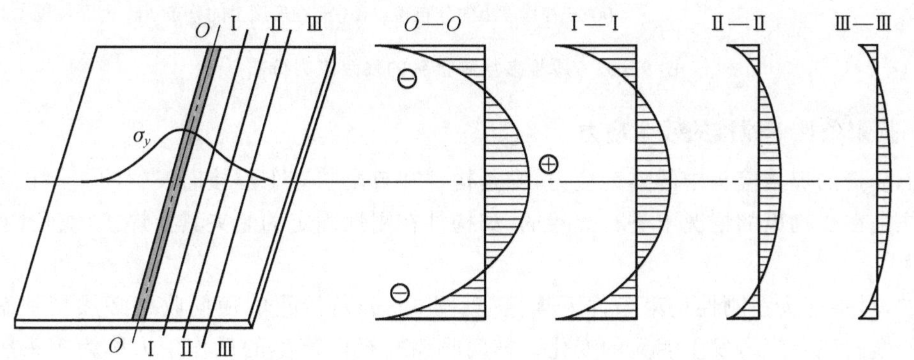


**图 9－50　横向残余应力沿板宽的变化**

**(3) 厚向残余应力**

厚板焊接结构中除了存在纵向残余应力和横向残余应力之外，还存在较大的厚度方向上的残余应力。研究表明，这三个方向的残余应力在厚度上的分布极不均匀。其分布规律，对于不同焊接工艺有较大差别。

图 9－51 所示为厚度为 240 mm 的低碳钢电渣焊缝中残余应力分布的情况，厚度方向的残余应力 $\sigma_z$ 为拉应力，在厚度中心最大，$\sigma_x$、$\sigma_y$ 的数值也是在厚度中心最大。$\sigma_y$ 在表面为压

应力,这是由于焊缝表面的凝固先于焊缝中心区所导致的。

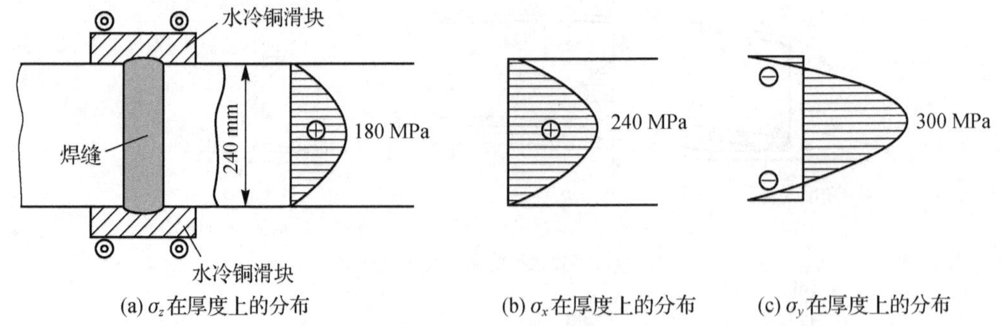


**图 9-51 低碳钢电渣焊接头的残余应力分布**

厚板多层焊的残余应力分布与电渣焊不同,在低碳钢厚板V形坡口对接多层焊时(见图9-52),$\sigma_x$、$\sigma_y$在沿厚度方向上均为拉应力,而且靠近上、下表面的残余应力值较大,中心区残余应力值较小。$\sigma_z$的数值较小,可能为压力,也有可能为拉应力。值得注意的是,横向应力$\sigma_y$在焊缝根部的数值很高,有时超过材料的屈服极限。造成这种现象的原因是多层焊时,每焊一层都使焊接接头产生一次角变形,在根部引起一次拉伸塑性变形,多次塑性变形的积累,使这部分金属产生应变硬化,应力不断上升,在较严重的情况下,甚至能达到金属的强度极限,导致接头根部开裂。如果焊接接头角变形受到阻碍,则有可能在焊缝根部产生压应力。

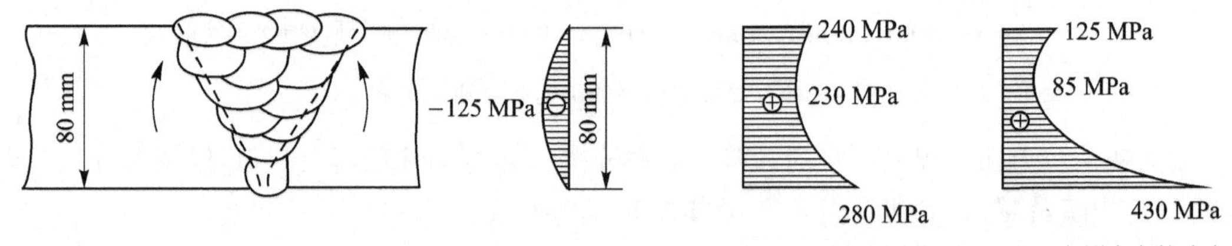


**图 9-52 厚板多层焊接头的残余应力分布**

**(4) 拘束条件下焊接的残余应力**

以上分析的焊接接头中的残余应力,都是构件在自由状态下焊接时发生的。但在生产中,构件往往是在受拘束的情况下进行焊接的,如构件在刚性固定的胎夹具上焊接,或是构件本身刚性很大。

例如,对接接头在刚性拘束条件下焊接(见图9-53),接头的横向收缩必然受到制约,使接头中的横向残余应力发生明显的变化。横向收缩在板内产生的反作用力称为拘束应力,拘束应力与拘束长度(两固定端之间的距离)和板厚有关。在板厚一定的条件下,拘束长度越长,拘束应力越小;在拘束长度一定的条件下,板厚越大,拘束应力越大。

在拘束条件下焊接,构件内的实际应力是拘束应力与自由状态下焊接产生的残余应力之和。如果接头的横向收缩受到外部拘束作用,则横向拘束在沿焊缝长度方向施加了大致均匀的拉应力,提高了$\sigma_y$的水平。

拘束应力对构件的影响较大,所以在实际生产中,需要采取一定的措施来防止产生过大的拘束应力。

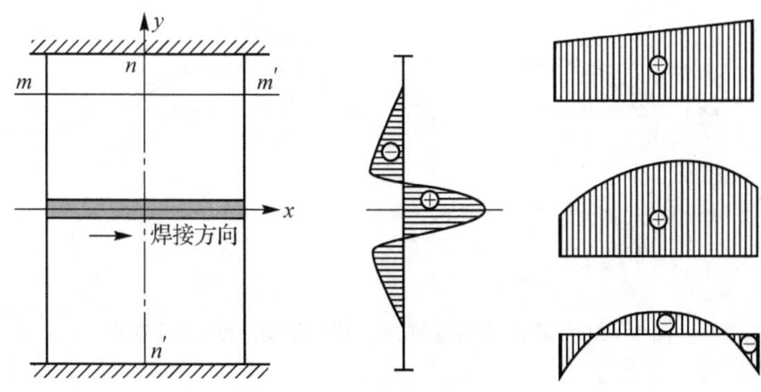


图 9-53　拘束应力分布

**(5) 封闭焊缝的残余应力分布**

在容器、船舶和航空喷气发动机等壳体结构中，经常会遇到焊接接管、人员出入孔接头和镶块之类的结构。这些环绕着接管、镶块等的焊缝构成一个封闭回路，称为封闭焊缝。封闭焊缝是在较大拘束条件下焊接的，因此内应力比自由状态时大。

图 9-54 所示为一圆形封闭焊缝的残余应力分布情况。圆形封闭焊缝焊接后，焊缝会发生周向收缩与径向收缩，同时产生径向应力和切向应力。切向应力由两部分组成，一是由焊缝周向收缩引起的切向应力(见图 9-54(b))，二是由内板冷却过程中径向收缩引起的切向应力(见图 9-54(c))，总的切向应力是这两部分应力叠加的结果(见图 9-54(d))。

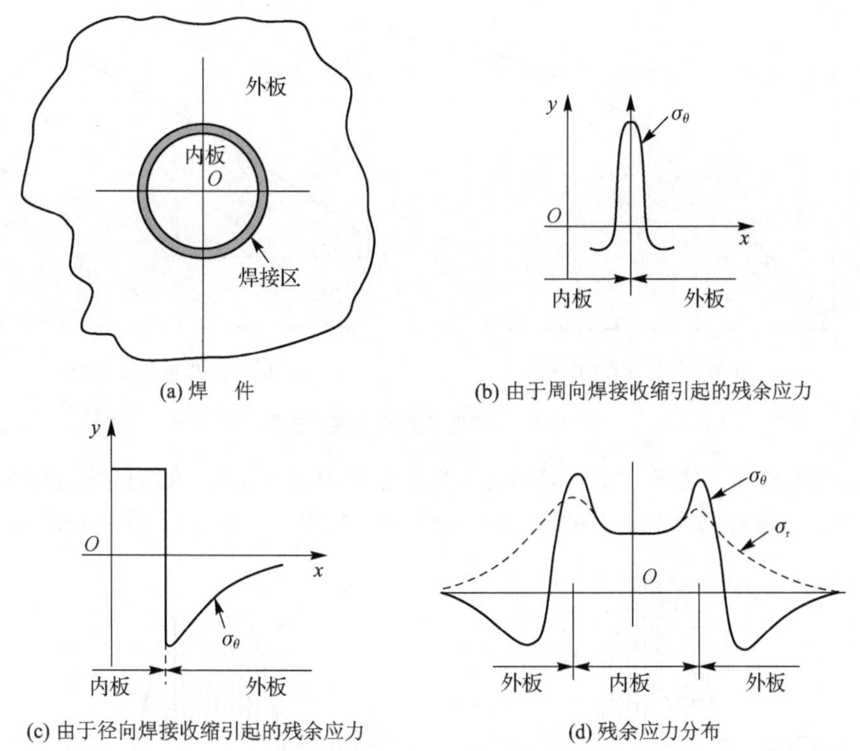


图 9-54　圆形封闭焊缝的残余应力分布

图 9-55 所示为薄壳结构接管法兰焊接引起的应力及变形情况。

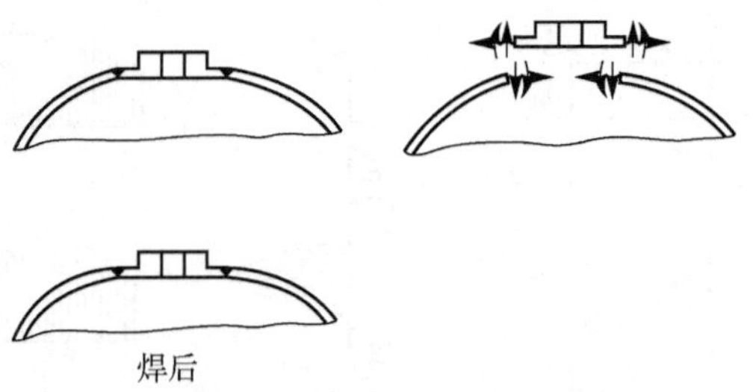


图 9-55　薄壳结构接管法兰焊接引起的应力及变形

**(6) 相变应力**

当金属发生相变时,其比体积产生变化。例如对碳钢来说,当奥氏体转变为铁素体或马氏体时,其比体积将增大,相反方向转变比体积将减小。如果相变在金属的力学熔点以上发生,由于金属已丧失弹性,则比体积改变并不影响内应力。如低碳钢,加热时相变温度在 $A_{c1}$ ~ $A_{c3}$ 之间,冷却时相变温度稍低。在一般的焊接冷却速度下,这个相变过程都在力学熔点($T_M$=600 ℃)以上,所以相变的比体积变化对低碳钢焊后残余应力的分布没有影响。

但对一些高强钢,在加热时相变温度仍高于 $T_M$,而在冷却时,相变温度却低于 $T_M$(见图 9-56)。在这种情况下,相变将影响残余应力的分布。当奥氏体转变时比体积增大,不但可能抵消焊接时的部分压缩塑性变形,减小残余拉应力,甚至可能出现压应力,这说明组织应力是很大的。

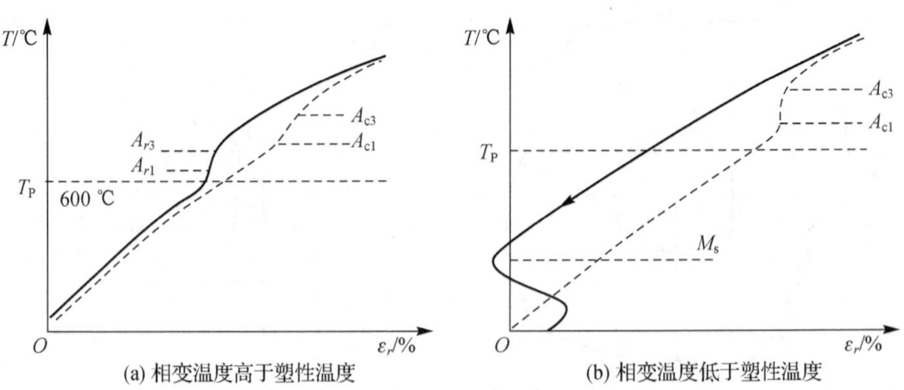


图 9-56　相变应变与温度的关系

若母材的奥氏体转变低于 $T_M$,焊缝为不发生相变的奥氏体钢,近缝区低温相变膨胀引起的相变应力 $\sigma_{mx}$,最终的残余应力是 $\sigma_x$ 与 $\sigma_{mx}$ 的叠加(见图 9-57(c))。如果焊缝与母材相同,

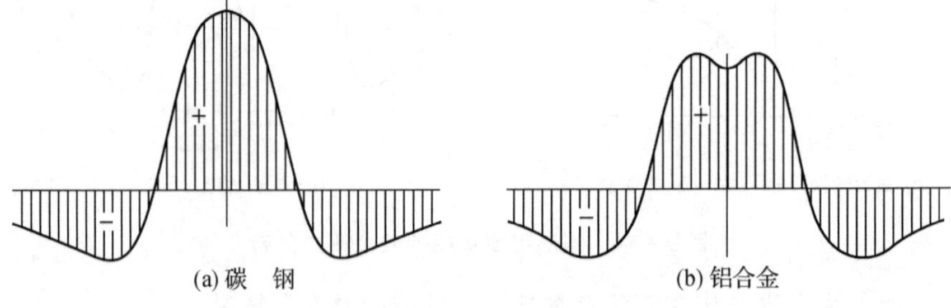


图 9-57　相变对焊缝纵向残余应力分布的影响

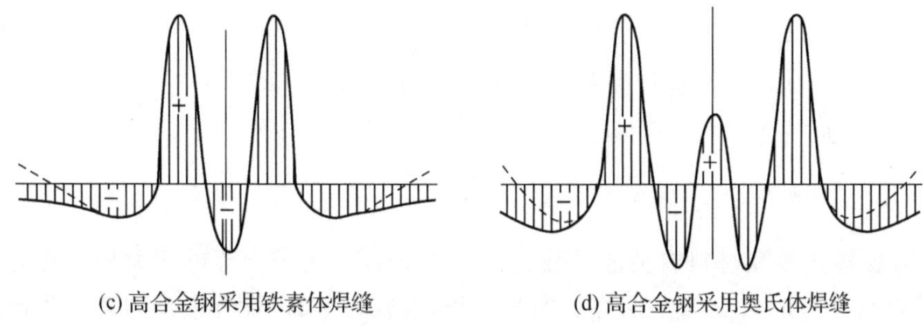


(c) 高合金钢采用铁素体焊缝　(d) 高合金钢采用奥氏体焊缝

**图 9-57　相变对焊缝纵向残余应力分布的影响(续)**

则焊缝金属在冷却时也将和近缝区一样,在比较低的温度下发生相变,最终残余应力的分布如图 9-57(d)所示,同样,近缝区相变对横向残余应力的分布也有较大的影响。

## 9.4.2　焊接变形

焊接变形是焊接后残存于结构中的变形,或称焊接残余变形。在实际的焊接结构中,由于结构形式的多样性,焊缝数量与分布的不同,焊接顺序和方向的不同,产生的焊接变形是比较复杂的。常见的焊接变形如图 9-58 所示。按产生的机制可分为纵向收缩变形与挠曲变形、横向收缩变形、角变形与扭曲变形、屈曲变形等类型。

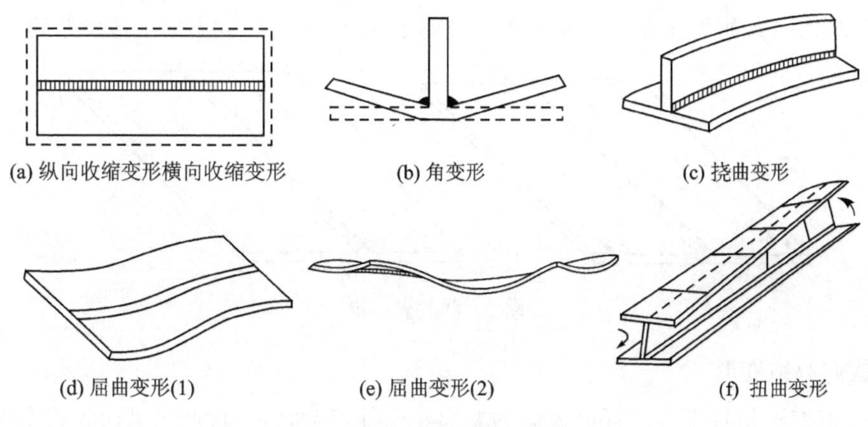

(a) 纵向收缩变形横向收缩变形　(b) 角变形　(c) 挠曲变形

(d) 屈曲变形(1)　(e) 屈曲变形(2)　(f) 扭曲变形

**图 9-58　焊接变形示意图**

### 1. 纵向与横向收缩变形

#### (1) 纵向收缩变形(见图 9-58(a))

纵向收缩变形是焊缝及其附近压缩塑性变形区焊后纵向收缩引起的焊件平行于焊缝长度方向上的变形,这种变形对于整个焊件而言是弹性的。因此,根据弹性理论,焊件纵向收缩变形 $\Delta L$ 可用压缩塑性变形区的纵向收缩力 $P_f$ 来确定,即

$$\Delta L = \frac{P_f L}{EF} \tag{9-29}$$

式中:$F$ 为焊件的截面积;$L$ 为焊件长度。

纵向收缩力 $P_f$ 取决于构件的长度、截面和焊接时产生的压缩塑性变形。在材料和焊件尺寸一定的条件下,纵向收缩与线能量成正比。

$$\Delta L = K_2 \frac{\alpha}{c\rho} \frac{q}{\sigma_s} \frac{L}{EF} \tag{9-30}$$

在工程实际应用中,常根据焊缝截面积计算纵向收缩量,例如,对于钢制细长焊件的纵向收缩量的估计式为

$$\Delta L = \frac{k_1 F_w L}{F} \tag{9-31}$$

式中:$k_1$ 是与焊接方法和材料有关的系数(见表9-1);$F_w$ 为单层焊缝截面积。在对多层焊的纵向收缩量进行计算时,$F_w$ 为一层焊缝的截面积,按式(9-31)计算得到的结果后再乘以系数 $k_2$。$k_2$ 的计算公式如下:

$$k_2 = 1 + \frac{85n\sigma_s}{E} \tag{9-32}$$

式中:$n$ 为焊接层数。

**表9-1　焊接方法及材料系数 $k_1$**

| 焊接方法 | $CO_2$ 焊 | 埋弧焊 | 焊条电弧焊 | |
|---|---|---|---|---|
| 材　料 | 低碳钢 | | 低碳钢 | 奥氏体钢 |
| $k_1$ | 0.043 | 0.071～0.076 | 0.048～0.057 | 0.076 |

焊接过程中,如果被焊构件受热不平衡造成两连接件长度方向膨胀变形不一致,就会产生错边(见图9-59)。如果在焊缝长度上错边受到阻碍,就会在厚度方向上造成错边。

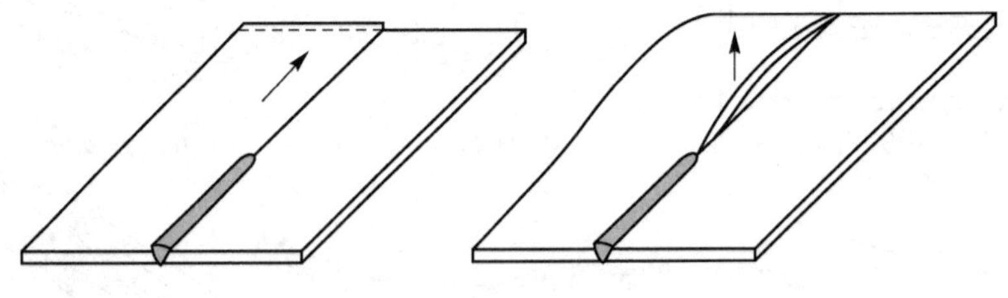

**图9-59　错　边**

**(2) 横向收缩变形**

横向收缩变形是指垂直于焊缝方向的变形。构件焊接时,不仅产生纵向收缩变形,同时也产生横向收缩变形,如图9-60(a)所示。这里仅分析对接接头的横向收缩问题。

对接接头的横向收缩是比较复杂的焊接变形现象。有关研究表明,对接接头的横向收缩变形主要来源于母材的横向收缩。

图9-60(a)所示为有间隙的平板对接焊的横向收缩过程。焊接时,对接边母材被加热膨胀,使焊接间隙减小,在焊接冷却过程中,焊缝金属由于很快凝固,随后又恢复弹性,因此阻碍平板的焊接边恢复到原来的位置。这样冷却后便产生了横向收缩变形。

如果两板间没有留有间隙(见图9-60(b)),则焊接加热时的板的膨胀引起板边挤压,使之在厚度方向增厚,在冷却时,也会产生横向收缩变形,但比前一种情况有所降低。

对接接头的横向变形大小与焊接线能量、焊缝的坡口形式有关。对单道焊对接接头,横向变形取决于坡口形式,坡口角度越大,间隙越大,焊缝截面积越大则横向变形越大。

此外,沿焊缝纵向的热变形也对横向变形有影响(见图9-61)。两块板对接时,可以看成是在每块板的边缘上堆焊,这将引起板的挠曲使它产生转动,焊接时可能使对接间隙缩小或增

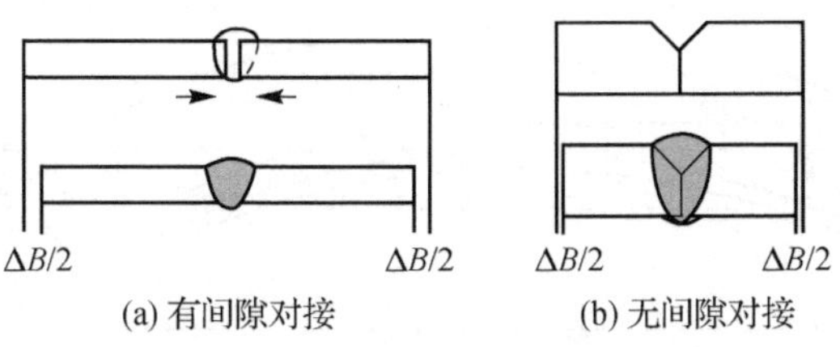


**图 9-60　平板对接焊的横向收缩**

大，偏转方向取决于焊接热输入和焊接速度。图 9-62 所示为平板对接焊过程中，焊接加热时被焊板偏转引起间隙增大的示意图。间隙增大的大小取决于板的宽度和板上的温度分布，对较长窄板影响更为显著。此外，横向收缩变形大小还与装配焊接时定位焊和装夹情况有关，定位焊点越大，越密，装夹的刚度越大，横向变形也越小。

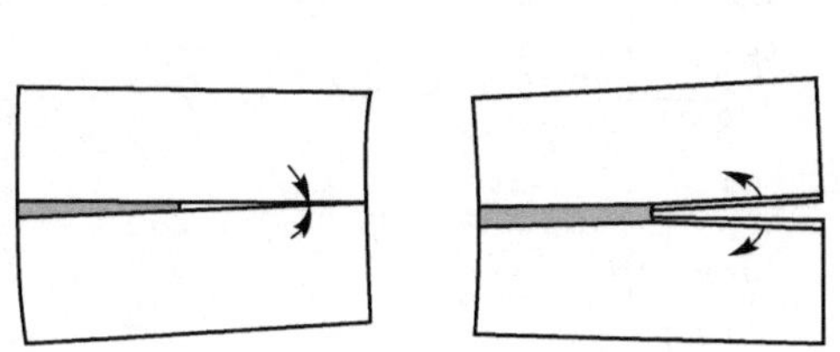

**图 9-61　对接间隙的变化**

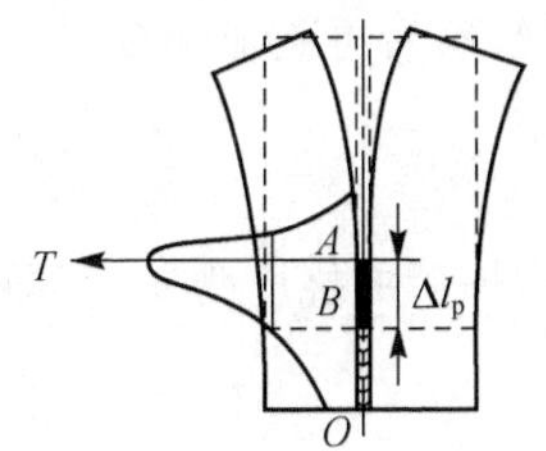


**图 9-62　平板对接焊时的偏转**

上述两种横向收缩变形方向是相反的，最终的横向收缩变形是两种收缩变形的综合结果。

类似于纵向收缩力问题，横向收缩也可以设想为是横向收缩力引起的。横向收缩变形可以表示为与式(9-30)类似的形式，即

$$\Delta B = \mu \frac{\alpha q}{c\rho h} \tag{9-33}$$

式中：$\Delta B$ 为横向收缩量，mm；$h$ 为板厚，mm；$\mu$ 为系数。

工程上多采用经验方法进行计算，目前已发展了多种对接接头横向收缩的计算公式。比较简单的是通过焊缝截面积和板厚估算对接接头的横向收缩变形，即

$$\Delta B = 0.18 \frac{F_w}{\delta} \tag{9-34}$$

上述经验公式只是提供一个大致的数值，要比较精确地估计焊接变形，需要通过实验方法获得。

### 2. 挠曲变形

#### (1) 纵向收缩引起的挠曲变形

当焊缝在构件中的位置不对称时，纵向收缩的弯矩作用使构件产生挠曲(见图 9-63)。纵向收缩弯矩 $M_y = P_x e$，构件的挠度 $f$ 为

$$f = \frac{M_y L^2}{8EI_y} = \frac{P_x e L^2}{8EI_y} \tag{9-35}$$

式中：$I_y$ 为构件截面惯性矩；$e$ 为塑性区中心到断面中性轴的距离(偏心距)。

由式(9-35)可以看出，挠曲变形与收缩力 $P_x$ 和偏心距 $e$ 成正比，与构件的刚度 $EI_y$ 成

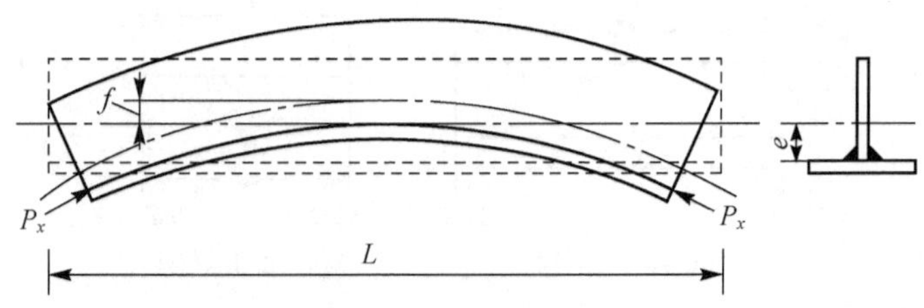


**图 9-63　挠曲变形**

反比。$P_x$ 的大小与塑性变形区的大小有关,$e$ 与焊缝相对中性轴的位置有关,$EI_y$ 与材料和构件截面设计有关。若焊缝位置对称或者接近于截面中性轴,则挠曲变形就小。

应当注意,焊缝对称的构件,如果采用不适当的装配次序,仍然可能产生较大的挠曲变形。例如,在焊接工形截面梁时,可以采用不同的装配焊接次序(见图 9-64)。如果先装配焊接成 T 形截面梁,然后再装配焊接成工形截面梁,则其挠度变化为 $f_{1,2}$,即

$$f_{1,2}=\frac{P_x e_{\perp} L^2}{8EI_{\perp}} \tag{9-36}$$

工形截面梁焊后的挠度为 $f_{3,4}$,即

$$f_{3,4}=\frac{Pe_{\text{工}} L^2}{8EI_{\text{工}}} \tag{9-37}$$

$f_{1,2}$ 与 $f_{3,4}$ 方向相反,二者之比为

$$\frac{f_{1,2}}{f_{3,4}}=\frac{e_{\perp}}{e_{\text{工}}}\frac{I_{\text{工}}}{I_{\perp}} \tag{9-38}$$

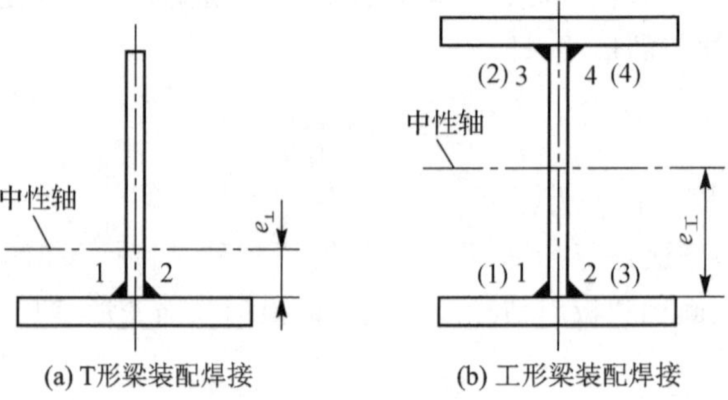


(a) T形梁装配焊接　　(b) 工形梁装配焊接

**图 9-64　装配次序**

一般情况下,尽管 $e_{\perp}<e_{\text{工}}$,但是 $I_{\text{工}}\gg I_{\perp}$,所以 $f_{1,2}>f_{3,4}$,两者不能相互抵消,焊后仍有较大的挠度。如果先将腹板与翼板点固成工形梁,然后再按图 9-64(b)所示括号内的顺序进行焊接,则焊接过程中构件的惯性矩基本保持不变,所产生的挠度基本上可以相互抵消,构件焊后保持平直。

在工程实际中,可采用与纵向收缩量计算类似的方法(参见式(9-31))估算钢制构件的挠度。单道焊缝引起的挠度为

$$f=\frac{k_1 F_{\text{w}} e L^2}{8I_{\text{工}}} \tag{9-39}$$

多层焊和双层角焊缝应乘以与纵向收缩量计算中相同的系数 $k_2$。

**(2) 横向收缩引起的挠曲变形**

如果横向焊缝在结构上分布不对称，则它的横向收缩也能引起结构的挠曲变形。如图 9-65 所示，工字钢上焊接了许多短筋板，筋板与翼板之间和筋板与腹板之间的焊缝都在工字钢重心上侧，它们的收缩都将引起构件的下挠。

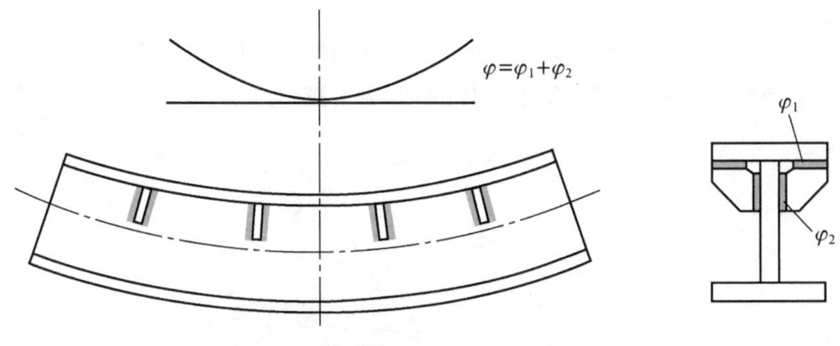


**图 9-65　横向收缩引起的挠曲变形**

## 3. 角变形与扭曲变形

**(1) 角变形**

角变形是由于焊缝横截面形状不对称或施焊层次不合理，致使横向收缩量在焊缝厚度方向上不均匀分布所产生的变形。角变形造成了构件平面绕焊缝的转动。在堆焊、对接、搭接和 T 形接头的焊接时，往往会产生角变形。

图 9-66 所示为对接接头角变形示意图。对接接头角变形与焊接规范、接头形式、坡口角度等因素有关。如果焊缝区域加热量较大，则对薄板来说，因为加热能量增大会使焊件厚度上温度分布趋于均匀，使角变形趋向减小；但对厚板来说，则加热能量增加，在板厚度上的温度分布仍不均匀，角变形也随着加大。但也非绝对如此，如果焊件厚度相当大，由于刚性增大，角变形也不一定会增大。

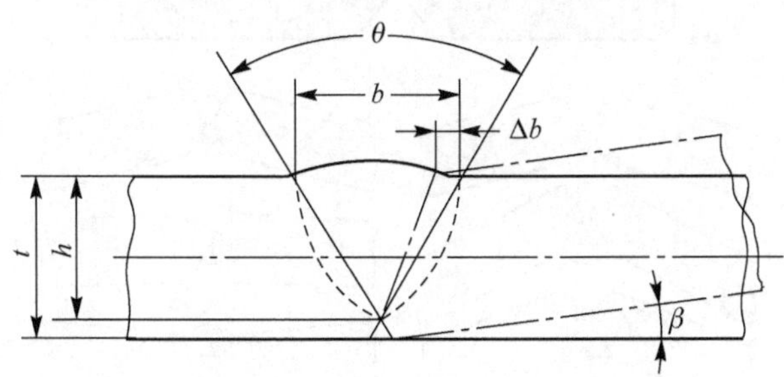


**图 9-66　对接接头的角变形**

对接接头坡口角度对角变形的影响最大。V 形坡口焊接接头厚度方向上收缩的不均匀性最大，所以角变形最大。板厚增加时，厚度方向上收缩的不均匀性增大，角变形随之增大。对 V 形坡口，坡口角度大，焊缝上下部位熔敷金属体积相差较大，收缩量的差别也较大，角变形也较大。V 形坡口一次焊完的对接接头角变形可以用下式估算，即

$$\beta = 0.0176\tan\frac{\alpha}{2} \tag{9-40}$$

式(9-40)适用于低碳钢焊条电弧焊。对单面 V 形坡口来说，采用不同的焊接操作方法，其最终的角变形也不一样。单面 V 形坡口采用多层焊要比单层焊时的角变形大，这主要是因为单层焊在焊件厚度方向上的温度分布比多层焊时均匀。单面 V 形坡口多层多道焊的角变形是每道焊缝角变形叠加的结果(见图 9-67)，角变形随层数的增加而增大，总的角变形为

$$\beta = \sum \beta_i \tag{9-41}$$

式中：$\beta_i$ 为第 $i$ 道焊缝产生的角变形。由于每道焊缝的位置不同，且先焊的焊缝提高了结构的刚度，因此，每道焊缝产生的角变形是不一样的，取决于坡口形式、焊接次序等条件。

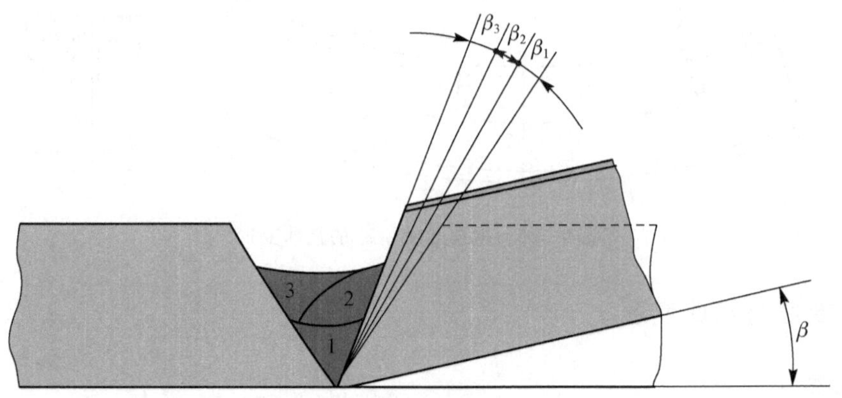


**图 9-67　多层多道焊的角变形**

采用 X 形坡口的对接接头角变形比 V 形坡口的角变形小，因为 X 形坡口是对两面进行焊接的，只要选择合理的焊接顺序，便可做到两面角变形相抵消。如果不采用合理的焊接顺序，仍然可能产生角变形。例如对称的 X 形坡口对接接头，若先焊完一面再焊另一面，焊第二面时所产生的角变形，不能完全抵消第一面的角变形，焊后仍存在角变形。为了最大限度地减小角变形，需要采用合理的焊接顺序或采用非对称坡口，如图 9-68 所示。

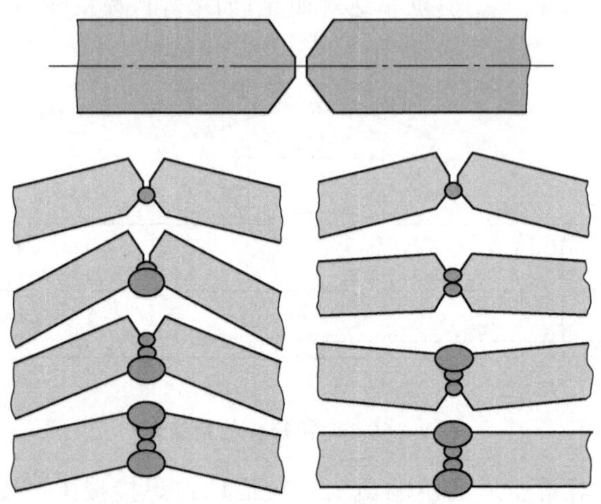

**图 9-68　焊接顺序对角变形的影响**

**(2) 角焊缝的角变形与扭转变形**

T 形接头的角变形包括两个方面，筋板与主板的角度变化和主板本身的角变形。前者相当于对接接头的角变形，后者相当于在平板上进行堆焊时引起的角变形。这两种角变形的综

合结果，破坏了 T 形接头腹板与翼板的垂直度以及翼板的平行度。

角变形是筋板结构焊接变形的主要问题，这类变形引起面板起皱并使结构的压曲强度降低。图 9－69 所示为角变形引起的筋板结构整体变形情况。

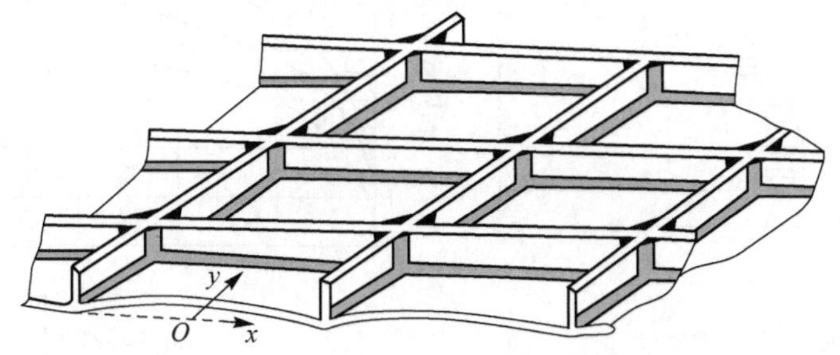


图 9－69 角变形引起的筋板结构整体变形

角变形沿工件长度方向上的不均匀性和叠加会使构件产生扭转变形，如图 9－58(f)所示的工字形截面梁的扭转变形情况。

## 4. 屈曲变形

薄板焊接时，当焊缝收缩力大于构件的失稳临界载荷时将发生屈曲变形(见图 9－58(e))。远离焊缝区的残余压应力是焊件产生屈曲变形的重要原因。屈曲变形后有多种稳定状态，图 9－70 所示为同一试件沿中心线堆焊后可能出现的 8 种不同的屈曲变形稳定形式。

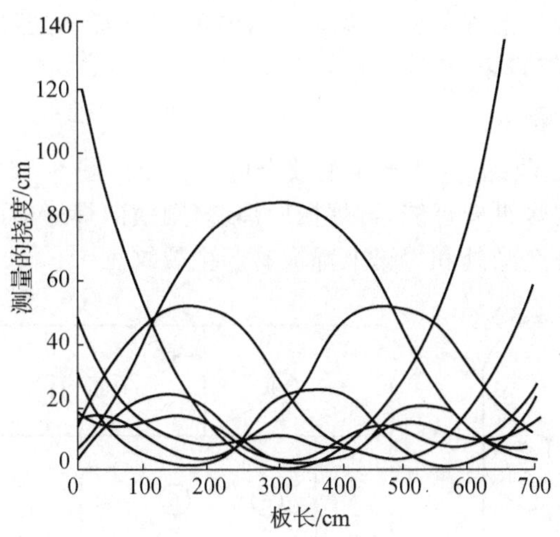


图 9－70 屈曲变形形式

根据薄板弹性理论，矩形薄板在 $x=0$ 和 $x=a$ 的两端作用均布压应力，弹性范围内的失稳临界应力为

$$\delta_{cr}=\frac{K\pi^2E}{12(1-v^2)}\cdot\frac{\delta}{b}$$

式中：$\delta$ 为板厚；$K$ 为与边界条件及 $a/b$ 值有关的参数。平板的失稳临界应力与板厚和板宽之比的平方成正比，还与板边的约束状态有关。板的边界自由度越高，板的宽度越大，其失稳的临界应力值越低。

图 9－71(b)所示为焊接时不发生屈曲变形的最小厚度(临界厚度)与板、尺寸的关系。

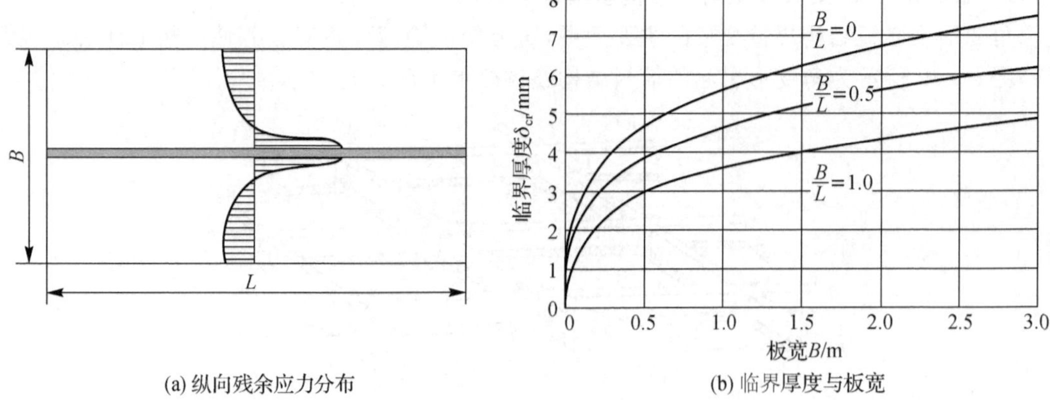


(a) 纵向残余应力分布　　(b) 临界厚度与板宽

**图 9-71　对接焊缝屈曲变形的临界厚度**

为了避免焊接引起的屈曲变形,必须使焊接残余应力值低于临界应力,这可以通过减少焊接量,降低焊接线能量,或提高板的刚度来实现。

## 9.4.3　焊接应力与变形控制

### 1. 预防和减小焊接应力和变形的工艺措施

**(1) 焊前预热**

预热的目的是减小焊件上各部分的温差,降低焊缝区的冷却速度,从而减小焊接应力和变形,预热温度一般在 400 ℃以下。

**(2) 选择合理的焊接顺序**

① 尽量使焊缝能自由收缩,这样产生的残余应力较小。图 9-72 所示为一大型容器壁板与底板的焊接顺序。若先焊纵向焊缝,再焊横向焊缝,则横向焊缝横向和纵向的收缩都会受到阻碍,焊接应力增大,焊缝交叉处和焊缝上都极易产生裂纹。

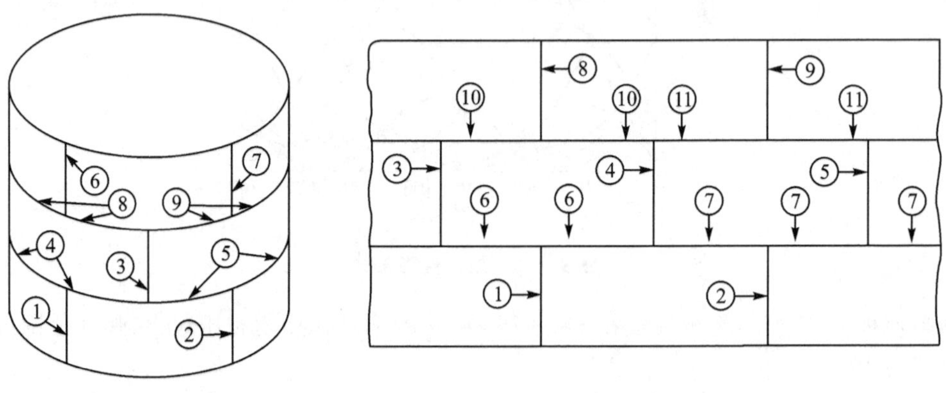


(a) 壁板的拼焊顺序　　(b) 底板的拼焊顺序

**图 9-72　大型容器壁板与底板的拼焊顺序**

② 采用分散对称焊工艺。长焊缝尽可能采用分段退焊或跳焊的方法进行焊接,这样加热时间短、温度低且分布均匀,可减小焊接应力和变形,如图 9-73 和图 9-74 所示。

③ 加热减应区。铸铁补焊时,在补焊前可对铸件上的适当部位进行加热,以减少焊接时

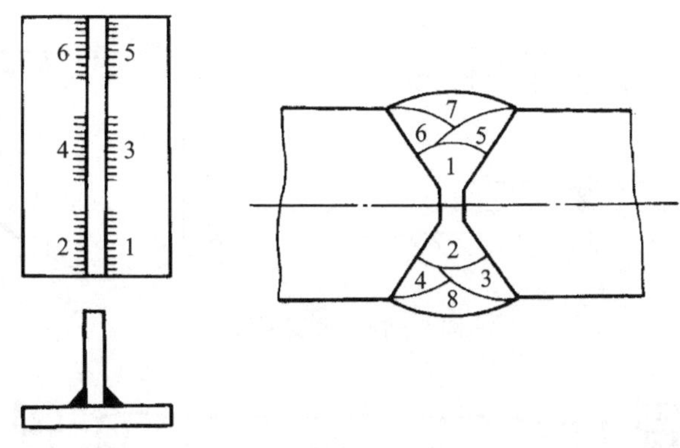


图 9-73　分散对称的焊接顺序

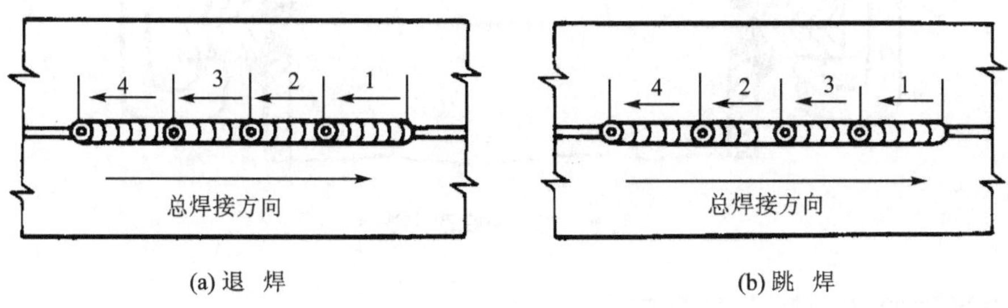


(a) 退　焊　　(b) 跳　焊

图 9-74　长焊缝的分段焊

对焊接部位伸长的约束,焊后冷却时,加热部位与焊接处一起收缩,从而减小焊接应力。被加热的部位称为减应区,这种方法叫做加热减应区法,如图 9-75 所示。利用这个原理也可以焊接一些刚度比较大的焊缝。

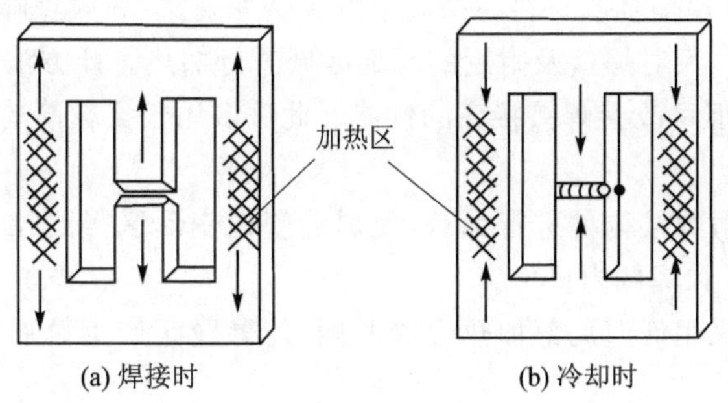


(a) 焊接时　　(b) 冷却时

图 9-75　加热减应区法

④ 反变形法。焊接前预测焊接变形量和变形方向,在焊前组装时将被焊工件向焊接变形相反的方向进行人为预设变形,以达到抵消焊接变形的目的,如图 9-76 所示。

⑤ 刚性固定法。利用夹具、胎具等强制手段,以外力固定被焊工件来减小焊接变形,如图 9-77 所示。该法能有效地减小焊接变形,但会产生较大的焊接应力,所以一般只用于塑性较好的低碳钢结构。

对于一些大型的或结构较为复杂的焊件,也可以先组装后焊接,即先将焊件用点焊或分段焊定位后,再进行焊接。这样可以利用焊件整体结构之间的相互约束来减小焊接变形,但这样做也会产生较大的焊接应力。

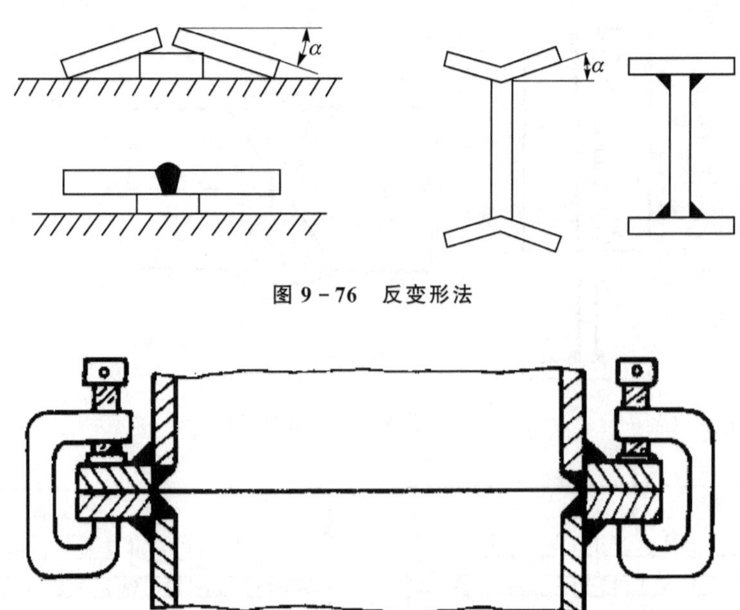


图 9-76 反变形法

图 9-77 刚性固定法

## 2. 焊后消除应力和变形矫正

### (1) 焊接应力的消除

常用的焊接应力消除方法主要有：

① 整体高温回火。一般是将构件整体加热到回火温度,保温一定的时间后再冷却。这种高温回火消除应力的机理是金属材料在高温下发生蠕变现象,屈服点降低,使应力松弛。

② 局部高温回火。只对焊接及附近的局部区域进行加热。此方法只能降低应力峰值,不能完全消除残余应力,但可改善焊接接头的性能。此法多用于比较简单的、拘束度较小的焊接接头。

③ 机械拉伸法。对焊接构件进行加载,使焊缝塑性变形区得到拉伸,来减小由焊接引起的局部压缩塑性变形量和降低内应力。

④ 温差拉伸法。采用低温局部加热焊缝两侧,使焊缝区产生拉伸塑件变形,从而消除内应力。

⑤ 振动法。利用偏心轮和变速马达组成的激振器使构件发生共振来降低内应力或使应力重新分布。

### (2) 变形矫正

焊接变形的矫正主要采用机械或火焰方法进行。机械法是用锤击、压、拉等机械作用力,产生塑性变形进行矫正,如图 9-78(a)所示;火焰矫正是选择恰当的部位,用火焰加热,利用加热和冷却引起的新变形来抵消已有的变形,如图 9-78(b)所示。

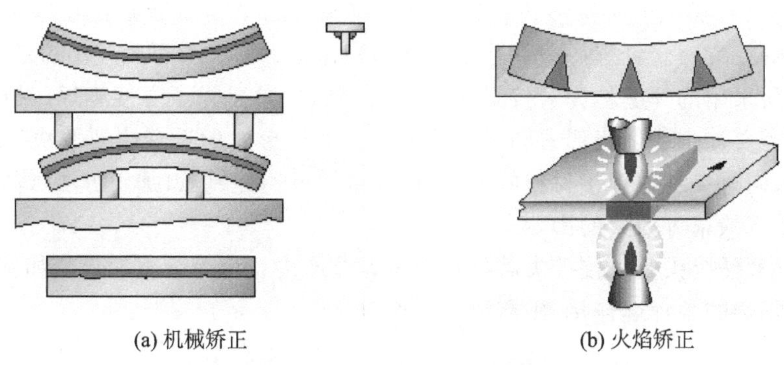

(a) 机械矫正　　(b) 火焰矫正

**图 9－78　焊接变形矫正方法**

# 9.5　焊接接头及特性

## 9.5.1　焊接接头

### 1. 焊接接头的构成

用焊接方法连接的接头称为焊接接头，简称接头。焊接接头包括焊缝、熔合区和热影响区。熔焊焊缝一般由熔化了的母材和填充金属组成，是焊接后焊件中所形成的结合部分。在接近焊缝两侧的母材时，由于受到焊接的热作用，而发生金相组织和力学性能变化的区域称为焊接热影响区。焊缝向热影响区过渡的区域称为熔合区。熔合区存在着显著的物理化学的不均匀性，这也是接头性能的薄弱环节。

图 9－79(a)所示为电弧焊焊缝，图 9－79(b)所示为厚板多层多道焊和电子束焊缝的比较。

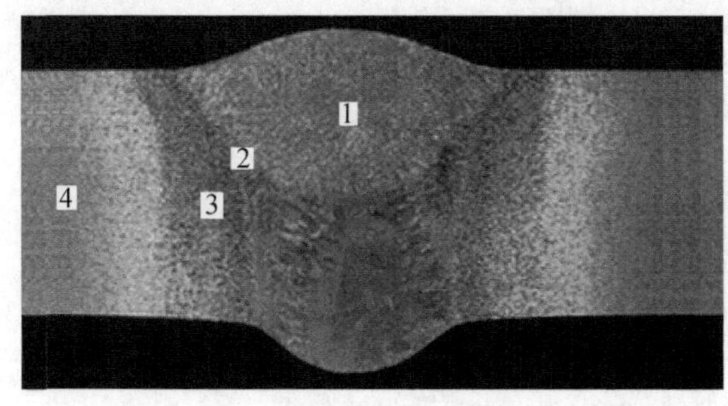


1—焊缝金属；2—熔合线；3—热影响区(HAZ)；4—母材

(a) 电弧焊焊缝

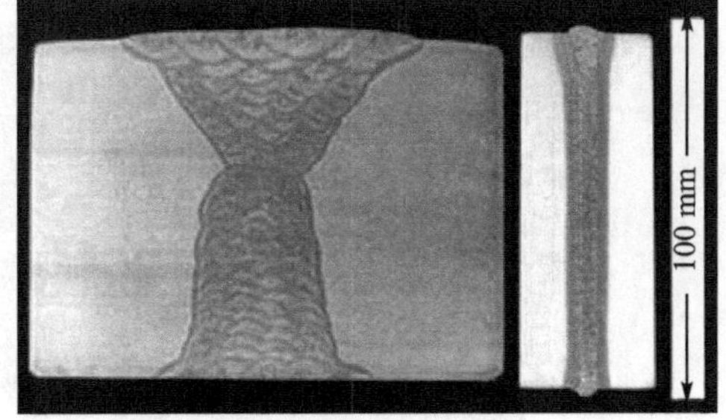


(b) 厚板多层多道焊和电子束焊缝的比较

**图 9－79　电弧焊焊缝与电子束焊缝**

### 2. 焊接接头的基本形成

根据被连接构件间的相对位置，焊接接头的基本形式有对接接头（见图 9－80(a)）、搭接接头（见图 9－80(b)）、T 形接头（见图 9－80(c)）、端接接头（见图 9－80(d)）、角接接头（见

图9-80(e))等几种类型的接头形式。其中对接接头从力学角度看是比较理想的接头形式,适用于大多数焊接方法。钎焊一般只适于连接面积比较大而材料厚度较小的搭接接头。

对接接头所采用的焊缝称为对接焊缝(见图9-81(a))。为了方便施焊,对接焊缝的焊件对接边缘一般需要加工成适当形式和尺寸的坡口。坡口形式的选择主要取决于板厚、焊接方法和工艺过程,同时要考虑焊接材料的消耗量、焊接的可达性、坡口加工方法、焊接应力与变形的控制、焊接生产效率等因素的影响。

搭接接头、T形接头及角接接头需要采用角焊缝连接。角焊缝截面形状如图9-81(b)所示。对于需要焊透的角焊缝连接,则需要开设坡口。

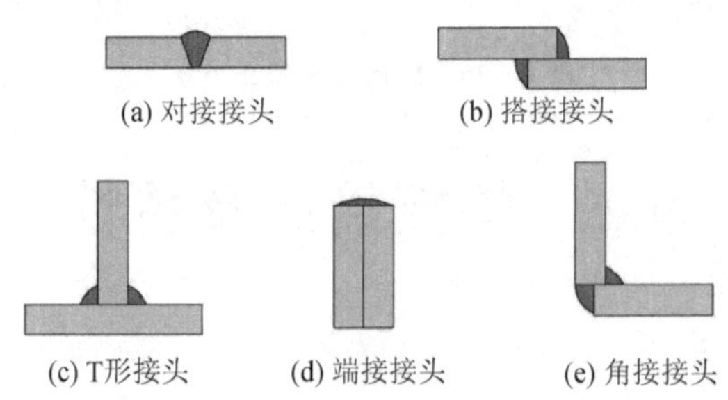

(a) 对接接头 (b) 搭接接头

(c) T形接头 (d) 端接接头 (e) 角接接头

**图9-80 典型焊接接头**

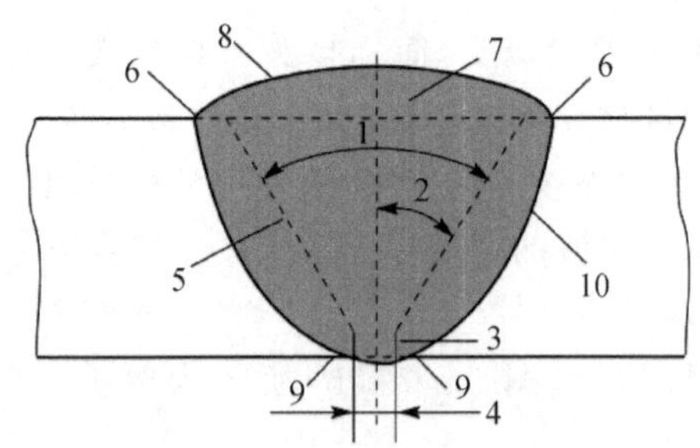

1—坡口角度;2—坡口面角度;3—钝边;4—根部间隙;5—坡口面;6—焊趾;7—焊缝余高;8—焊缝表面;9—焊根;10—熔深

(a) 对接焊缝

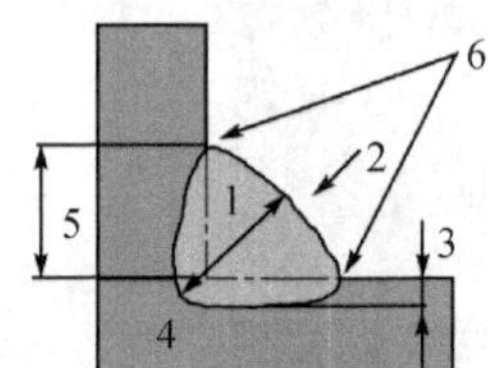

1—焊缝厚度;2—焊缝表面;3—熔深;4—焊根;5—焊脚;6—焊趾

(b) 角焊缝

**图9-81 焊缝类型**

## 9.5.2 焊接接头的特性

### 1. 焊接接头性能的不均匀性

焊接过程中,母材热影响区上各点距焊缝的远近不同,所以各点所经历的焊接热循环也不同，亦即各点的最高加热温度、高温停留时间，以及焊后的冷却速度均不相同，这样就会出现不同的组织（见图 9－82），具有不同的性能，使整个焊接热影响区的组织和性能呈现不均匀性（见图 9－83）。

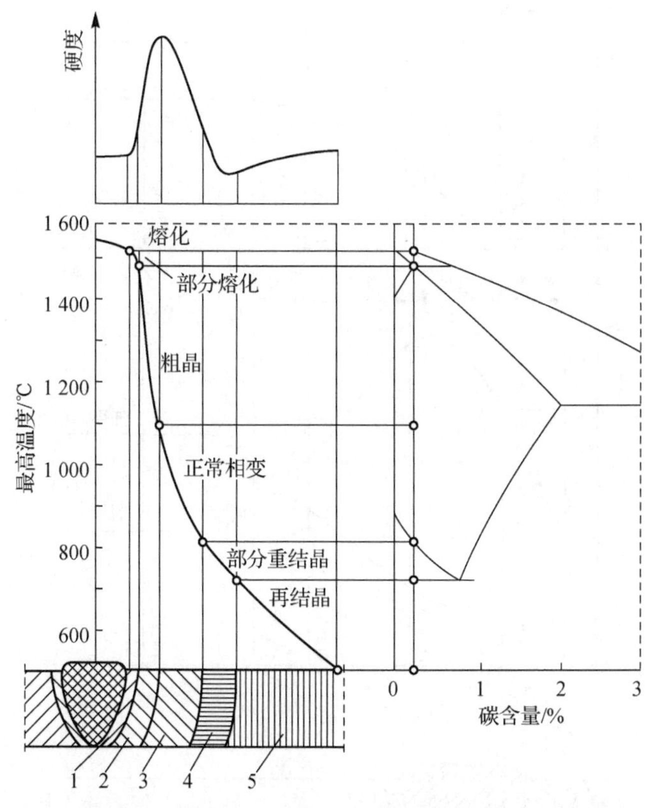


1—熔合区；2—过热区；3—正火区；4—不完全重结晶区；5—回火区

**图 9－82　碳钢焊接热影响区显微组织分布特征**

影响焊接接头性能的因素主要有力学和材质两方面。力学方面的影响包括焊接缺陷、接头形状的不连续性、残余应力和焊接变形等。材质方面的影响包括焊接热循环引起的组织变化、热塑性应变循环产生的材质变化、焊后热处理和矫正变形引起的材质变化等。

## 2. 焊接接头的强度失配

焊接接头强度与母材和焊缝的强度组配有关，焊缝金属强度比母材高的称为高匹配，比母材低的称为低匹配，与母材强度相同的称为等匹配，高匹配或低匹配统称为强度失配。焊缝和母材很难做到同质等强度，因此，实际焊接接头一般都存在强度失配问题。焊缝与母材强度失配对焊接接头强度有重要影响，是焊接接头强度设计必须考虑的主要因素之一。

焊缝与母材强度失配对于焊接接头的受力变形有很大的影响。如图 9－84 所示，受横向载荷的宽板拉伸试验表明，焊缝与母材弹性系数相同及在线弹性条件下，强度失配对结构的力学行为无影响。在塑性阶段，强度失配影响结构的变形能力、极限载荷及断裂行为，导致焊接构件的塑性变形发展与均质材料不同，同时，在此阶段，受横向载荷的宽板焊缝区和母材区的变形具有不同时性。若焊缝为高匹配，则母材金属的屈服强度低于焊缝金属，因而首先发生塑性变形，而此时载荷没有达到焊缝金属的屈服点，所以焊缝金属仍然处于弹性状态。这时，母

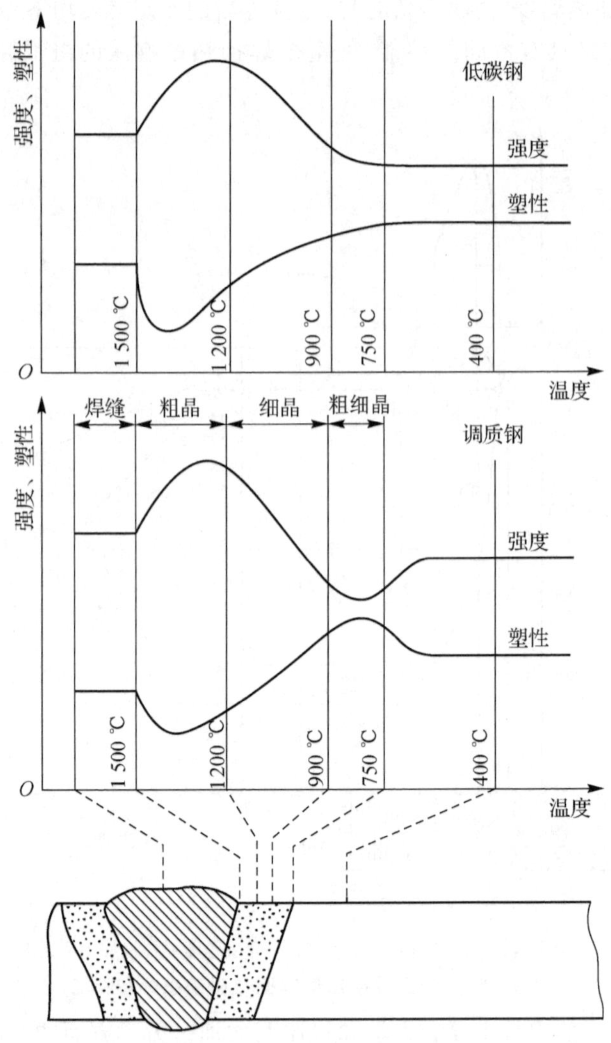


**图 9-83 热影响区的强度与塑性分布**

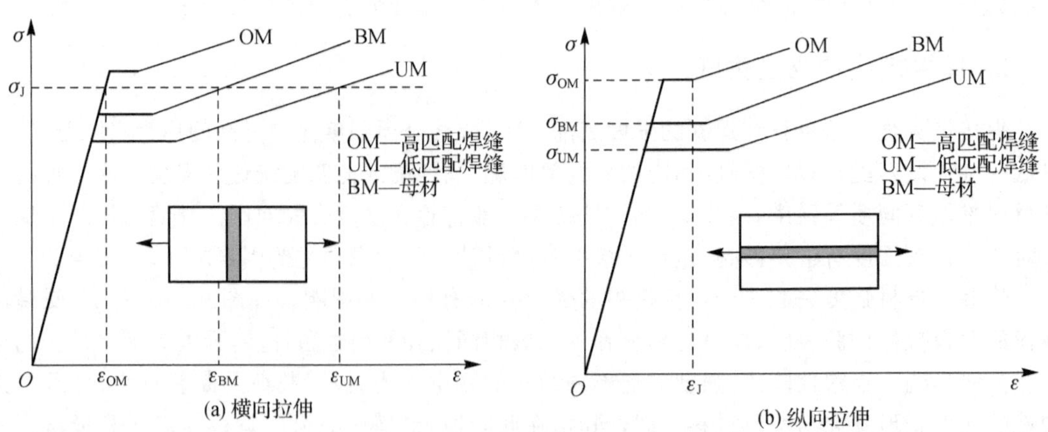


**图 9-84 对接接头应力-应变关系**

材对于焊缝具有所谓的屏蔽作用,使焊缝受到保护,接头的整体强度高于母材且具有足够的韧性。若焊缝为低匹配，则母材金属屈服强度高于焊缝金属，因而当母材金属仍处于弹性状态时，焊缝金属将发生塑性变形，其塑性会先于整体屈服前耗尽，造成整体强度低于母材金属且变形能力不足，此时屏蔽作用消失。因此认为高匹配焊缝是有利的。

接头强度失配对纵向载荷接头与横向载荷接头产生完全不同的作用。当接头受纵向载荷作用时，与外加载荷垂直的横截面上焊缝金属只占很小的一部分，当焊接接头受平行于焊缝轴向的纵向载荷时，焊缝金属、HAZ 以及母材同时同量产生应变。无论屈服强度水平如何，焊缝金属被迫随着母材发生应变。此时，焊接区域的不同的应力-应变特性不会对焊接构件的应变产生直接的影响，强度失配对其影响不大。接头各区域几乎产生相同的伸长，裂纹首先在塑性差的地方产生并扩展。高匹配不会起到保护作用，低匹配不会降低其韧性，因此最好是母材金属和焊缝金属等塑性才是合理的。

### 3. 焊接接头的应力集中

在焊接接头中，焊缝与母材连接过渡外形变化会引起应力集中。应力集中使得焊接接头在外载作用下产生较大的局部峰值应力，对焊接接头强度产生影响，称为缺口效应。熔焊接头的焊缝与与母材的过渡处(焊趾)产生的应力集中如图 9-85 所示。焊趾是焊接接头中的典型缺口，焊趾局部峰值应力(或称缺口应力)可分解为平均应力 $\sigma_m$、弯曲应力 $\sigma_b$ 和非线性应力 $\sigma_p$。

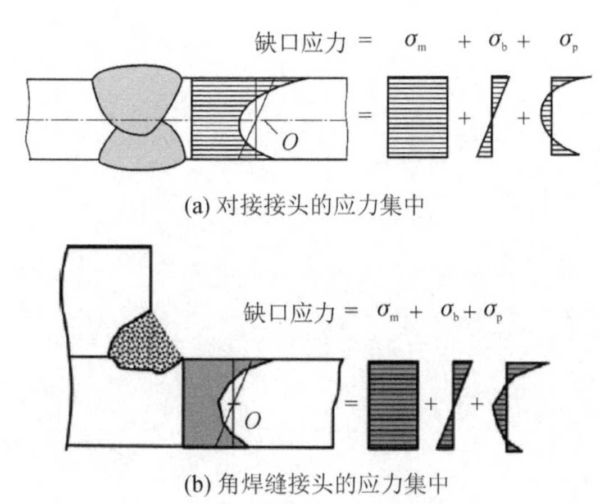


(a) 对接接头的应力集中



(b) 角焊缝接头的应力集中

**图 9-85　熔焊接头的应力集中**

## 思考题

1. 焊接热过程的特点有哪些？
2. 阐述常用的焊接热源及其特性。
3. 熔化极惰性气体保护电弧焊熔滴过渡有哪几种形式？
4. 何谓焊接热循环？焊接热循环有哪些主要参数？
5. 说明焊接熔池及结晶的特点。
6. 比较焊接热裂纹与再热裂纹。
7. 说明焊接冷裂纹的形成机理及影响因素。
8. 比较分析几种典型的摩擦焊的热力过程。

9. 分析钎焊过程中钎料与母材的相互作用。

10. 产生焊接应力和变形的原因是什么?

11. 分析平板对接纵向残余应力的产生过程。

12. 平板对接横向残余应力是如何产生的?

13. 说明构件焊接过程中拘束应力的产生机制。

14. 分析平板对接焊后残余变形产生的机理。

15. 举例说明焊件产生挠曲变形的机理。

16. 分析焊件角变形产生的机理。

17. 举例说明火焰局部加热矫正焊接变形的原理。

18. 焊接接头及焊缝有哪几种基本形式?

19. 比较高匹配和低匹配焊缝对焊接接头强度的影响。

# 第 10 章　热制造工艺数值模拟

## 10.1　概　述

随着信息技术的发展，热制造工艺数值模拟越来越受关注并得到迅速发展，现已成为热制造工艺研究的重要手段，是继采用实验和理论方法解决热制造工艺问题的第三个重要研究方法。数值模拟可以得到比实验和理论分析更为全面、深入、容易理解，以及实验和理论分析很难获得的结果。其目的是在产品设计阶段，借助建模与仿真技术及时地模拟预测、评价结构性能与可制造性，从而有效缩短产品的研制周期，降低成本，提高质量和生产效率。

### 10.1.1　热制造工艺数值模拟的作用

#### 1. 动态模拟工艺过程

热制造工艺是极其复杂的过程，在这个过程中，材料经液态流动充型、凝固结晶，或发生固态流动变形、相变、再结晶和重结晶等一系列复杂的物理、化学、冶金变化而最后成为毛坯或构件。通过对成型过程的有效控制，使材料的成分、组织、性能处于最佳状态，缺陷减到最小，以满足结构的使用要求。

长期以来，热制造工艺设计以经验为主。这种仅凭经验和反复的实物试验验证的传统制造方法已经不能满足快速响应和增强产品竞争力的需要。随着试验技术及计算机技术的发展和材料成型理论的深化，热制造工艺设计方法正在发生着质的改变。热制造工艺模拟技术就是在有关理论指导下，通过数值模拟和物理模拟，在实验室动态仿真材料成型过程，形象地显示各种工艺的实施过程及材料形状、轮廓、尺寸、组织的演变情况，预测实际工艺条件下材料的最后组织、性能和质量，进而实现成型工艺的优化设计，使热制造工艺由“技艺”走向“科学”。

#### 2. 预测成型件组织性能，优化工艺设计

在热制造工艺数值模拟过程中，使用专用的计算机软件对整个成型过程的各种物理量的变化进行数值计算，预测出材料成型过程中工程师们所关心的各种有用的技术信息，并将最终的计算结果以各种图形或动画的形式直观生动地显示在计算机的屏幕上。从屏幕上人们可以看到工件的详细变形过程，以及各种物理量随空间和时间的变化。如果工艺、模具或坯料设计不当，还可以看到由此所产生的各种成型缺陷，如开裂、折叠、过烧与回弹等。

完成一次热制造工艺数值模拟，就相当于在计算机上实现了一次虚拟的工艺试验。与实际工艺试验相比，工艺数值模拟的优势是成本低、周期短，所得到的技术信息更多、更全，而且是定量化的数据。如果发现模拟出的工件具有某些缺陷，则可以根据自己的经验找出产生缺陷的原因，然后对工艺、模具和坯料进行修改。将修改后的数据进行第二次工艺模拟，如此反复直到工艺成功。

大型结构件是重型装备研制的关键，大型结构件造价高，生产周期长，需要一次制造成功，

如果报废,则在经济和时间上都损失惨重,无法挽回。由于传统的成型工艺设计只能凭经验,无法对材料内部宏观、微观结构的演化进行理想控制,难以消除成型加工所带来的缺陷,影响结构的完整性。而建立在工艺模拟、优化基础上的成型工艺设计,可在制造前通过模拟分析成型制造中可能出现的问题,预测在不同工艺条件下材料经成型制成毛坯零件后的组织性能质量,特别是确定缺陷的成因及消除方法。通过模拟,反复比较工艺参数的影响,得出最优工艺方案,从而确保关键结构件一次制造成功。

**3. 促进多学科交叉应用,实现产品的快速研制**

热制造涉及铸造、锻压、焊接、热处理等技术领域,以物理化学、计算数学、图形学、材料成型理论、传热学、传质学、流体力学、固体力学、金属学、金属物理学等为基础,应用计算机技术定量分析材料成型加工过程,是基础学科、高新技术与材料成型加工等学科之间的相互交叉和有机结合。发展热制造工艺模拟技术将有利推动材料成型加工理论、计算机图形学、计算机金相学、计算机体视学、计算传热学、计算流体力学、并行工程等新兴交叉学科的形成发展。

通过热制造工艺模拟仿真,有助于认识材料成型过程的本质,预测并优化过程的结果,并快速应对瞬息万变的市场变化,是实现快速设计、制造,拟实设计、制造的基础。

## 10.1.2 热制造工艺数值模拟技术及其发展趋势

热制造工艺模拟研究开始于铸造过程分析。1962年,丹麦 Forsund 首次采用计算机及有限差分法进行铸件凝固过程的传热计算,美国在20世纪60年代中期开展了大型铸钢件温度场的数值模拟研究,进入70年代后,更多的国家(我国从70年代末期开始)加入到这个研究行列,并从铸造逐步扩展到锻造、焊接、热处理。近年来,热制造工艺模拟技术不断向广度、深度扩展,其发展历程及发展趋势有以下几个方面。

**1. 从宏观到多尺度延伸**

热制造工艺模拟的研究工作已由建立在温度场、速度场、变形场基础上的预测形状、尺寸、轮廓的宏观尺度模拟进入到以预测组织、结构、性能为目的的中观尺度模拟(毫米量级)及微观尺度模拟阶段,研究对象涉及结晶、再结晶、重结晶、偏析、扩散、气体析出、相变等微观层次。

**2. 从单一分散到多物理场耦合**

模拟功能已由单一的温度场、流场、应力/应变场、组织场模拟普遍进入到耦合集成阶段,包括:流场-温度场、温度场-应力/应变场、温度场-组织场、应力/应变场-组织场等之间的耦合,以真实模拟复杂的实际热加工过程。

**3. 从通用到专用发展**

建立在温度场、流场、应力/应变场数值模拟基础上的铸造、焊接工艺模拟技术日益成熟及商业化软件不断出现,研究工作已由共性通用问题转向难度更大的专用特性问题。如应用模拟技术解决大型铸钢件的缩孔、缩松、热裂、气孔、偏析,模锻件的折叠及冲压件的断裂、起皱、回弹问题,焊接件的变形、冷裂、热裂,以及热处理中的变形等常见缺陷的预防和消除方法的研究。

### 4. 提高数值模拟精度和速度

数值模拟是热制造工艺模拟的重要方法，提高数值模拟的精度和速度是当前数值模拟的研究热点，为此非常重视在热制造基础理论、新的数理模型、新的算法、前后处理、精确的基础数据获得与积累等基础性研究。

### 5. 重视物理模拟及精确测试技术

物理模拟是揭示工艺过程本质，得到临界判据，检验、校核数值模拟结果的有力手段，越来越引起研究工作者的重视。如开发新型物理模拟实验方法及装置，以及建立数值模拟与物理模拟(含实验验证)之间的关系等。

一般而言，数值模拟均需用实验或物理模拟方法校核，当两者有差别时，应以实验为准。在应用数值模拟过程中，要准确了解模拟软件的功能，对于软件所不能解决的问题或由于简化而导致误差过大的部位，通过实验或物理模拟进行修正。一旦确定了数值模拟的误差并加以修正后，应尽量发挥数值模拟的作用，以节省实验的成本。

为了模拟材料的热制造工艺过程，需要了解工件及模具(或铸型、介质、填充材料等)材料的热物性参数、高温力性参数、几何参数、本构参数、接触、摩擦、界面间隙、气体析出、结晶潜热等各种初始条件、边界条件的数据。没有这些数据，是无法进行数值模拟的。这些数据的准确性对计算结果有很大的影响，为此，要十分重视这些基础数据的获得。

### 6. 工艺模拟与产品设计制造系统的集成

随着计算机软件与数值模拟技术的发展，在零件热制造系统中，工艺模拟已作为重要的支撑技术，热制造工艺数值模拟与结构的设计、开发与制造、安全可靠性评定实现集成也是重要的发展方向。数字化制造的出现要求设计人员借助信息技术完成工艺建模以快速开发产品与工艺，减少在实际生产过程中不协调因素的影响。

通过数值模拟可以研究热制造引起的热、力和冶金变化，有助于产品开发人员选择最合适的工艺方法并更准确地预测工艺性能。将热制造数值模拟过程集成到产品设计系统，可以减少从产品设计到投入生产所需的时间，降低生产成本，减少返修，提高生产效率。

以工程分析、数值模拟、计算机控制自动化生产为基础的热制造技术将得到广泛应用，使热制造从以基于经验的工艺向基于物理模型的工艺转变，热制造工艺将建立在更严密的科学基础之上。这种转变的核心是以多学科知识体系为基础的工艺模拟与集成，信息技术将起到重要作用。

随着计算机软件与数值模拟技术的发展，预测热制造工艺的可行性，并与产品的设计、开发与制造实现集成，是制造工艺从“技艺”走向制造科学的重要标志。

图 10－1 所示为由数值分析支持的设计过程。

热制造工艺数值模拟能够对可能对产品质量有重要影响的工艺行为进行验证，结合有关失败的经验数据，将有助于改进产品的设计，加深对热制造工艺的了解，从而选择优化的工艺。

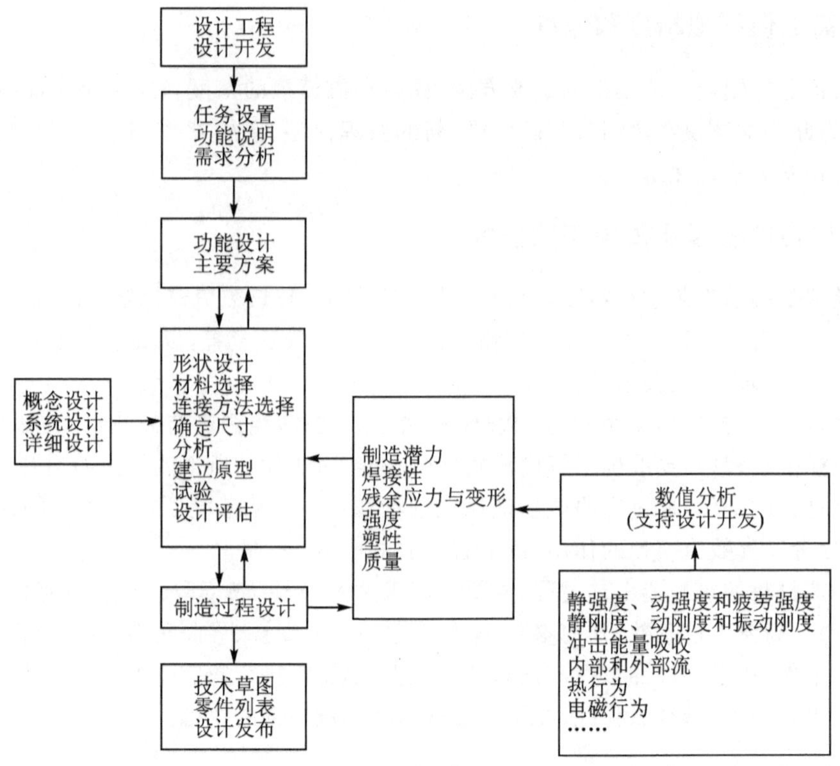


图 10-1 由数值分析支持的设计过程

## 10.1.3 热制造工艺数值模拟方法与过程

### 1. 数值模拟方法

热制造工艺数值模拟方法常用的有差分法、有限元法及边界元法。目前已经有了不少成熟的计算分析软件可供选用。这些软件可以进行二维、三维的电、磁、热、力等问题的线性和非线性的有限元分析,而且具有自动划分有限元网格和自动整理计算结果并使之形成可视化图形的前后处理功能。因而,应用者已经无须自己从头编制模拟软件,可以利用商品化软件,必要时加上二次开发,即可以得到需要的结果。尽管如此,数值模拟前也必须对有关的基础理论、建模方法、初始条件和边界条件、数据准备、求解原理等进行全面了解,才能得到正确的模拟结果。

有限元法是求解数理方程的一种数值计算方法。在求解工程实际问题时,建立基本方程和边界条件比较容易,但是由于其几何形状、材料特性和外部载荷的复杂性,求得解析解却是很困难的。因此,寻求近似解是解决工程实际问题的重要途径。有限元法把求解区域划分为许多通过节点互相连接的子域(单元),用离散单元组成的集合体代替原结构,用近似函数表示单元内的真实场变量,从而给出离散模型的数值解。有限元法能很好地适应复杂的几何形状、材料特性和边界条件,特别是随着计算软件技术的发展,有限元法已成为应用最为广泛的数值模拟方法。

从推导方法看,有限元法可以分为3类:直接法、变分法和加权余量法。直接法简单,易于求解,但不适合解决复杂的问题,所以常用的是变分法及加权余量法。变分法是把有限元法归结为求泛函的极值问题，它使有限元法建立在更加坚固的数学基础上，扩大了有限元法的应用范围。加权余量法不需要利用泛函的概念，而是直接从微分方程出发，求得近似解。对于根本不存在泛函的工程领域都可以采用，从而进一步扩大了有限元法的应用范围。

### 2. 数值模拟过程

热制造工艺数值模拟主要包括前处理、模拟分析计算和后处理 3 部分内容，如图 10-2 所示。

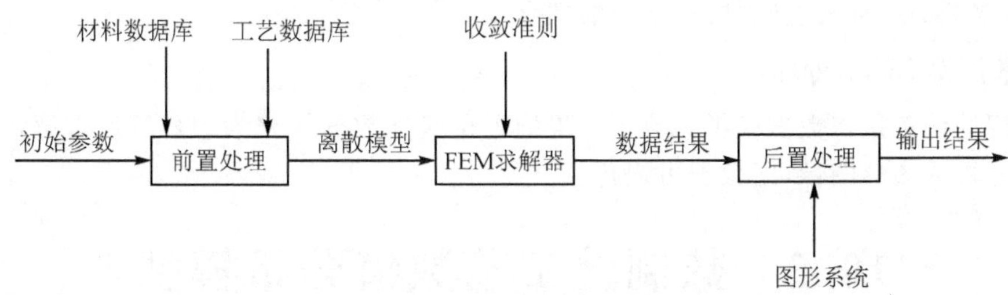


**图 10-2　数值模拟分析流程**

**(1) 数值模拟的前处理**

前处理的任务是为数值模拟准备一个初始的计算环境及对象，主要包括：三维造型和网格划分。

1) 三维造型

将模拟对象（铸件、锻件、焊接结构件等）的几何形状及尺寸以数字化方式输入，成为模拟软件可以识别的格式。由于目前已有商品化造型软件推出，除特殊情况之外，一般可采用商品化 CAD 软件作为三维造型的软件平台。

2) 网格划分

按模拟的功能与精确度要求，将实体造型划分成一定细度的单元。零件尺寸越小，模拟尺度越接近微观，则要求划分得越细。

**(2) 模拟分析计算**

模拟分析计算是数值模拟的核心技术。按其功能，主要包括以下内容：

1) 宏观模拟仿真

其目的是模拟热制造过程中材料形状、轮廓、尺寸及宏观缺陷（变形、皱褶、缩孔、气孔、夹渣等）的演化过程及最终结果。为达到上述目的，需建立并求解以下一些物理场的数理方程。

① 温度场，是进行成型加工过程数值模拟最重要的物理场，多采用有限差分方法计算，可以求出在成型加工过程中材料的温度变化及各点的温度分布。

② 应力/应变场——位移场，是建立在弹塑性力学基础上的物理场，主要用于模拟金属的成型过程应力分布及变形、缺陷形成规律等，一般采用有限元法求解。

③ 流动场——压力场、速度场，是建立在流体力学基础上的流动场（压力场、速度场），是模拟液态材料充型过程的重要手段，有助于优化浇注系统。

2) 微观组织及缺陷的模拟仿真

其目的是模拟成型加工过程中材料微观组织（枝晶生长、共晶生长、粒状晶等轴晶的转变、晶粒度大小、相转变等）及微观尺度的缺陷的演变过程及结果。如液-固转变时晶粒组织形成及生长的模拟,热塑性成型加工过程晶粒度演变的动态再结晶模拟,焊接过程局部氢浓度集聚扩散模拟等。

3) 多种物理场的耦合计算

要解决成型加工实际问题,必须对上述各种物理场及方法进行局部或系统耦合。首先是宏观模拟层次中各种物理场的耦合,其中温度场是建立其他各种物理场的基础,常见的耦合有:温度场-应力/应变场、温度场/流场。其次是把描述热加工过程宏观现象的连续方程(温度场、应力/应变场、速度场等)与描述微观组织演变的模型进行耦合,如:温度场-相变场、应力/应变场-相变场等多种宏、微观模型之间的耦合。

**(3) 数值模拟的后处理**

后处理的任务是将数值模拟计算中取得的大量繁杂数据转化为用户容易理解,可以用于指导工艺分析的图形图像,即数据可视化。

# 10.2 热制造工艺数值分析模型

## 10.2.1 热制造工艺中的非线性现象

热制造工艺过程中的热与力是密切相关的。在热循环过程中,工件的温度场、应力与变形场都是与过程相关的,同时伴随复杂的非线性现象。

### 1. 几何非线性

几何非线性是指应变与位移之间的非线性关系。一般而言,当结构的位移(变形或转动)显著地改变结构的刚度时,则被视为几何非线性。例如,焊接角变形、弯曲变形、屈曲变形及扭转变形等热力过程均呈现几何非线性特征。

### 2. 材料非线性

影响工件热力行为的材料热物理参数,如热传导系数、比热容、换热系数;力学参数,如热膨胀系数、屈服强度、弹性模量等,均与热循环过程相关,是温度的非线性函数,如图10-3~图10-6所示。

进行热制造力学分析的最重要的考虑应当是温度和热过程对材料力学性能的影响。许多材料的性能特别是在高温条件下的性能,至今仍不是很清楚。即使在室温条件下,同一材料内不同点处的屈服强度也是不一样的,因为晶粒大小、应力应变和受热过程都可能有差别。材料的体积与结构材料的形态有关,然而即使知道混合相材料各组分的性能,也没有对合金等混合结构材料性能方面的严格表达式。

对金属材料来说,随着温度的增加,材料的力学性能发生了显著的变化,例如对多数合金钢来说,在600℃以上,其屈服强度大幅降低。当材料接近于熔点温度时,材料已经不完全是弹塑性材料。屈服应力变得很低,而蠕变率很高,材料变得很软,对任何应力都失去抵抗能力。在这两种情况下,材料的变形几乎不需要消耗能量。

### 3. 状态非线性

热制造过程中,金属承受了不同的温度变化历程,要发生一系列相变过程。材料的状态不

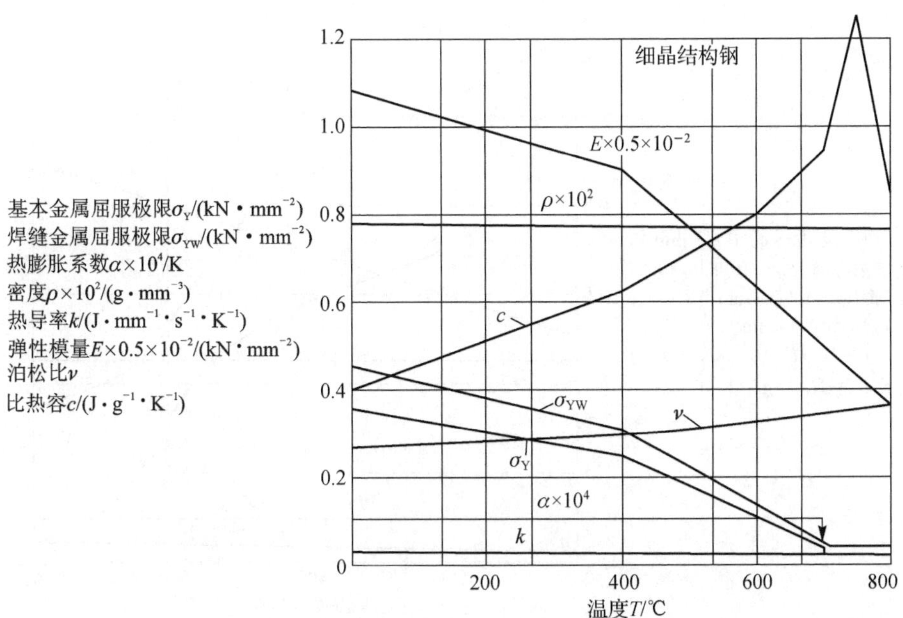


**图 10-3　C-Mn 微合金结构钢热力参数与温度的关系**

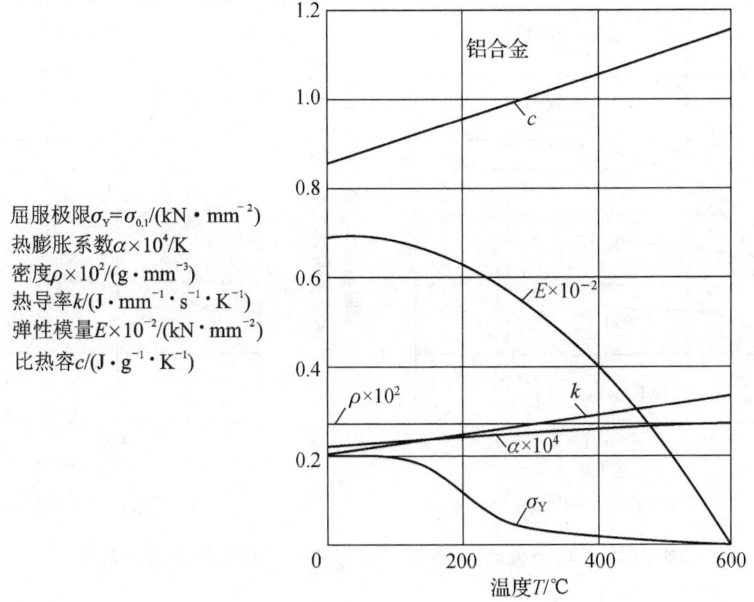


**图 10-4　铝合金热力参数与温度的关系**

同，其本构关系也要随之改变，这种现象称为状态非线性问题。在进行热力分析时应当考虑状态非线性问题。例如，在焊接熔池内的温度可能达到或超过 2 000 ℃，熔池及相邻高温区域，必须与固体材料区别对待。

为了解决状态非线性问题，在热力学分析中，需要在不同温度区间建立不同的本构关系，如在材料温度低于 2/3 熔点的区域使用率无关性弹塑性材料模型，在高于 2/3 熔点的区域使用具有率相关性的弹-粘-塑性本构模型。

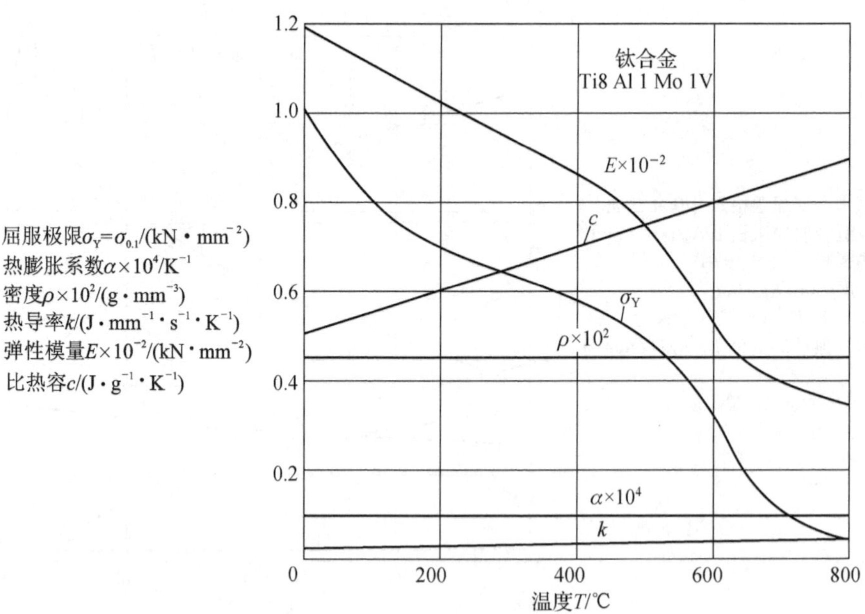


**图 10-5 钛合金热力参数与温度的关系**

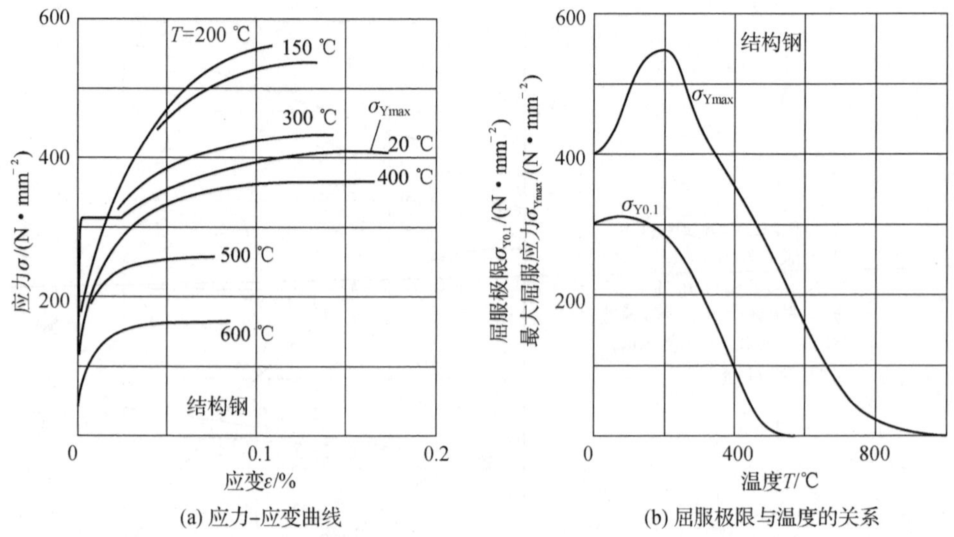


**图 10-6 结构钢的应力-应变曲线及屈服极限与温度的关系**

热制造过程的影响因素几乎都具有非线性行为,采用解析方法无法解决热制造过程的非线性问题,数值模拟方法是一条可行的途径。

### 10.2.2 传热过程数值分析

经典的传热解析计算公式是在一系列假定条件下得到的,在实际的热制造过程中,热源并非点状或线状热源。而材料的热物理性能也并非常数,它们与材料的温度有关,此外,还需要考虑化学冶金、熔化、结晶和相变过程中的热效应。因此,有关传热的计算公式只能作为工件温度场的一次近似解,它们对工件温度场做了合理的描述,但是计算结果与实测之间尚有一定误差。由于近代计算机的出现及数值计算方法(如有限差分法及有限元 FFM 法)的发展,才可能对工件温度场做更精确的分析。

有限元法是以变分原理为基础吸取差分格式的思想而发展起来的一种有效的数值算法。差分是对基本的微分方程离散而求得它的近似解,而有限元法是对连续体本身离散而进行数值计算。它的第一步是将连续体简化为由有限数量单元组成的离散化模型;第二步对离散单元求出数值解。边界元法可以降低所求问题的维数,计算工作量小、精度比较高,适宜处理半无限、无限域问题,以及应力集中问题。数值流形方法是一种统一的数值分析方法,它把有限元技术和非连续变形分析技术结合在一起。这些方法中就其实用性和应用的广泛性而言,主要还是有限元法。

应用有限元法求解传热问题通常有两种方法。第一种方法是把求解热传导微分方程问题转化为求泛函极值的变分问题,然后对物体进行有限元离散并进行求解,这种方法称为泛函变分法或者能量法。第二种方法是通过微分方程和边界条件取加权残差为零来近似导出,称为加权余量法。泛函变分法在弹塑性力学求解中得到广泛应用,泛函变分的物理概念清晰,需要用到较多的数学知识而又严格的数学逻辑关系。因而,泛函的变分缺乏普遍适应性,在很多场合下使用很不方便。加权余量法直接从微分方程出发寻求级数形式的近似解析解,对数学的特殊要求少,适合于将有限元推广到其他学科。在加权余量法中,伽辽金(Galerkin)法能够得到与泛函变分结果相同的计算公式,其应用也最为广泛。温度场有限元计算的基本方程可以从泛函变分求得,也可以从微分方程出发用加权余量法求得,这里采用 Galerkin 加权余量法建立二维瞬态温度场的有限单元格式。

在求解域 $\Omega$ 内的二维瞬态热传导方程为

$$\rho c \frac{\partial T}{\partial t}-\frac{\partial}{\partial x}\left(k_x \frac{\partial T}{\partial x}\right)-\frac{\partial}{\partial y}\left(k_y \frac{\partial T}{\partial y}\right)-\dot{\Phi}=0 \tag{10-1}$$

初始条件为

$$T_0=T(x,y) \tag{10-2}$$

边界条件为

$$T=T(x,y,t) \quad (\text{在 } \Gamma_1 \text{ 边界上}) \tag{10-3}$$

$$k_x \frac{\partial T}{\partial x} n_x+k_y \frac{\partial T}{\partial y} n_y=q(x,y,t) \quad (\text{在 } \Gamma_2 \text{ 边界上}) \tag{10-4}$$

$$k_x \frac{\partial T}{\partial x} n_x+k_y \frac{\partial T}{\partial y} n_y=h(T_a-T) \quad (\text{在 } \Gamma_3 \text{ 边界上}) \tag{10-5}$$

构造试探函数 $\tilde{T}(x,y,z,t)$,并设 $\tilde{T}$ 满足边界条件。将试探函数代入方程(10-1)和边界条件式(10-4)与式(10-5)时将产生余量,即

$$R_\Omega=\frac{\partial}{\partial x}\left(k_x \frac{\partial \tilde{T}}{\partial x}\right)+\frac{\partial}{\partial y}\left(k_y \frac{\partial \tilde{T}}{\partial y}\right)+\dot{\Phi}-\rho c \frac{\partial \tilde{T}}{\partial t}=0 \tag{10-6}$$

$$R_{\Gamma_2}=k_x \frac{\partial \tilde{T}}{\partial x} n_x+k_y \frac{\partial \tilde{T}}{\partial y} n_y-q \tag{10-7}$$

$$R_{\Gamma_3}=k_x \frac{\partial \tilde{T}}{\partial x} n_x+k_y \frac{\partial \tilde{T}}{\partial y} n_y-h(T_a-\tilde{T}) \tag{10-8}$$

令余量的加权积分为零,则有

$$\int_{\Omega} R_{\Omega}\omega_1 \mathrm{d}\Omega + \int_{\Gamma_2} R_{\Gamma_2}\omega_2 \mathrm{d}\Gamma + \int_{\Gamma_3} R_{\Gamma_3}\omega_3 \mathrm{d}\Gamma = 0 \tag{10-9}$$

式中:$\omega_1$、$\omega_2$、$\omega_3$ 是权函数。

将空间域 $\Omega$ 离散为有限个单元体,在典型单元内温度 $T$ 可以近似用节点温度 $T_i$ 插值得到,即

$$T = \tilde{T} = \sum_{i=1}^{n_e} N_i(x, y) T_i(t) = \boldsymbol{N}\boldsymbol{T}^e \tag{10-10}$$

式中:向量 $\boldsymbol{N}$ 为插值函数,即型函数;$\boldsymbol{T}^e$ 是依赖于时间的单元节点温度向量。

按 Galerkin 法选择权函数:

$$\omega_1 = N_j \quad (j = 1, 2, \cdots, n_e)$$

$$\omega_2 = \omega_3 = -\omega_1$$

在构造 $\tilde{T}$ 时已经满足 $\Gamma_1$ 上的边界条件,因此在 $\Gamma_1$ 边界上不再产生余量,可令 $\omega_1$ 在 $\Gamma_1$ 边界上为零。

将上述各式代入式(10-9)并推导后可得矩阵方程为

$$\boldsymbol{KT} + \boldsymbol{C}\frac{\partial}{\partial \boldsymbol{t}}\boldsymbol{T} = \boldsymbol{P} \tag{10-11}$$

式中:$\boldsymbol{T}$ 是节点温度列向量;$\boldsymbol{K}$ 是热传导矩阵;$\boldsymbol{C}$ 是热容矩阵;$\boldsymbol{P}$ 是温度载荷列向量。$\boldsymbol{K}$、$\boldsymbol{C}$、$\boldsymbol{P}$ 的元素由单元相应的矩阵元素集成,即

$$K_{ij} = \sum_e K_{ij}^e + \sum_e H_{ij}^e \tag{10-12}$$

$$C_{ij} = \sum_e C_{ij}^e \tag{10-13}$$

$$P_i = \sum_e P_{Q_i}^e + \sum_e P_{q_i}^e + \sum_e P_{H_i}^e \tag{10-14}$$

$K_{ij}^e$ 是单元对热传导的贡献,即

$$K_{ij}^e = \int_{\Omega^e}\left(k_x \frac{\partial N_i}{\partial x}\frac{\partial N_j}{\partial x} + k_y \frac{\partial N_i}{\partial y}\frac{\partial N_j}{\partial y}\right)\mathrm{d}\Omega$$

$H_{ij}^e$ 是单元热交换边界对热传导矩阵的修正,即

$$H_{ij}^e = \int_{\Gamma_3^e} h N_i N_j \mathrm{d}\Gamma$$

$C_{ij}^e$ 是单元对热容矩阵的贡献,即

$$C_{ij}^e = \int_{\Omega^e} \rho c N_i N_j \mathrm{d}\Omega$$

$P_{Q_i}^e$ 是单元热源产生的温度载荷,即

$$P_{Q_i}^e = \int_{\Omega^e} \dot{\Phi} N_i \mathrm{d}\Omega$$

$P_{q_i}^e$ 是单元给定热流边界的温度载荷,即

$$P_{q_i}^e = \int_{\Gamma_2^e} q N_i \mathrm{d}\Gamma$$

$P_{H_i}^e$ 是单元对流换热边界的温度载荷,即

$$P_{H_i}^e = \int_{\Gamma_3^e} h T_a N_i \mathrm{d}\Gamma$$

在式(10-11)中,$\boldsymbol{K}$、$\boldsymbol{C}$、$\boldsymbol{P}$ 都与温度有关,因为其中包含的 $k$、$\rho$、$c$、$h$ 等参数都是温度的函

数。因此，式(10－11)是一个非线性的微分方程组。求解非线性方程组的方法主要有直接迭代法、牛顿-拉斐逊法、增量法、极小化法、摄动化法等。

## 10.2.3　弹塑性有限元方程

热制造过程涉及的材料塑性变形问题往往难以求得解析解。采用有限元法可以比较精确地求解变形体内部的各种场变量，如速度(位移)场、应变场和应力场等。根据材料应变与位移以及应变与应力之间关系的不同，塑性变形有限元模拟可分为弹塑性有限元法、刚塑性有限元法和粘塑性有限元法等。这里仅初步介绍弹塑性有限元法，其他方法见本章后续内容。

弹塑性有限元分析是用增量法通过一系列增量来完成的。弹塑性有限元方程是基于虚功原理建立的弹塑性应力增量与应变增量之间的关系。

### 1. 虚功与力平衡方程

增量位移的有限元公式基于虚功原理，即对物体的虚外功等于平衡条件下内应力所做的虚功。由应力增量 $\{d\sigma\}$ 和虚应变增量 $\delta\{d\varepsilon\}$ 作用下的虚内功增量为

$$\delta(dw)_i = \int_V \delta\{d\boldsymbol{\varepsilon}\}^T\{d\sigma\}\,dV \tag{10-15}$$

可以产生虚外功的力学载荷包括体积力、表面力和集中力，总的虚外功可写为

$$\delta(dw)_e = \int_V \delta\{d\boldsymbol{u}\}^T\{db\}\,dV + \int_A \delta\{d\boldsymbol{u}\}^T\{ds\}\,dA + \delta\{d\boldsymbol{U}\}^T\{dP\} \tag{10-16}$$

式中：$\{db\}$ 为单位体积的分布载荷；$\{ds\}$ 为单位面积的分布载荷；$\{dP\}$ 为集中力；$\delta\{d\boldsymbol{u}\}$ 为增量分布载荷作用下连续体中任一点的虚位移矢量；$\delta\{d\boldsymbol{U}\}$ 为增量集中载荷作用下力平衡时的节点虚位移矢量。

设 $[\boldsymbol{H}]$ 为单元形函数矩阵，则应变位移矩阵 $[\boldsymbol{B}]$ 为

$$[\boldsymbol{B}] = [\boldsymbol{L}]\,[\boldsymbol{H}]^T \tag{10-17}$$

式中：$[\boldsymbol{L}]$ 为微分算子矩阵。这样，虚位移和虚应变可以表示为

$$\delta[d\boldsymbol{u}]^T = \delta\{d\boldsymbol{U}\}^T\boldsymbol{H}^T \tag{10-18}$$

$$\delta[d\boldsymbol{\varepsilon}]^T = \delta\{d\boldsymbol{U}\}^T\boldsymbol{B}^T \tag{10-19}$$

这样，虚功平衡方程就可以写为

$$\int_V \delta\{d\boldsymbol{U}\}^T\boldsymbol{B}^T\{d\sigma\}\,dV = \int_V \delta\{d\boldsymbol{U}\}^T\boldsymbol{H}^T\{db\}\,dV + \int_A \delta\{d\boldsymbol{U}\}^T\boldsymbol{H}^T\{ds\}\,dA + \delta\{d\boldsymbol{U}\}^T\{dP\} \tag{10-20}$$

上式平衡方程适用于任何非零虚位移。在任一时间步 $t+\Delta t$，力平衡方程为

$$^{t+\Delta t}F = {}^{t+\Delta t}R \tag{10-21}$$

增量值可写为

$$dF = \int_V \boldsymbol{B}^T\{d\sigma\}\,dV \tag{10-22}$$

$$dR = \int_V \boldsymbol{H}^T\{db\}\,dV + \int_A \boldsymbol{H}^T\{ds\}\,dA + \{dP\} \tag{10-23}$$

### 2. 单元刚度矩阵

根据虚功平衡方程和增量应力表达式可求得单元刚度矩阵。若单元处于弹性情况则有

$$[\boldsymbol{K}]_{e}\{dU\}=\{dR\}+\{df_{e}\} \tag{10-24}$$

若单元处于塑性情况则有

$$[\boldsymbol{K}]_{p}\{dU\}=\{dR\}+\{df_{p}\} \tag{10-25}$$

式中：$\{dU\}$为节点位移增量；$\{dR\}$为温度引起的单元初应变等效节点力增量；$\{df_{e}\}$或$\{df_{p}\}$为由于热梯度和材料特性参数随温度变化产生的附加节点力增量；$[\boldsymbol{K}]_{e}$或$[\boldsymbol{K}]_{p}$为单元刚度矩阵。

## 10.2.4 热力耦合分析

耦合分析是指在有限元分析的过程中考虑了两种或者多种工程学科(物理场)的交叉作用和相互影响(耦合)。耦合场分析的过程取决于所需解决的问题包括哪些场的耦合作用,但是,耦合场的分析最终可归结为两种不同的方法:直接耦合方法和顺序耦合方法。直接耦合方法利用包含所有必须自由度的耦合单元类型,仅通过一次求解就能得出耦合场分析结果。在这种情形下,耦合是通过计算包含所有必须项的单元矩阵或单元载荷向量来实现的。顺序耦合(也称非耦合或弱耦合)方法是按照顺序进行两次相关场分析,它是通过把第一次场分析的结果作为第二次场分析的载荷来实现两种场的耦合的。

当两种物理场相互的非线性作用不明显,或者一种物理场对另一种物理场有决定性影响,而后一种物理场对前一种物理场影响较小时,进行两种物理场的完全耦合分析会使分析的问题过于复杂化,这时就可以考虑使用顺序耦合分析。顺序耦合分析具有很高的效率和灵活性。例如,焊接过程的塑性变形热和相变潜热与焊接热输入相比,可以忽略不计。焊接热分析的温度场决定了焊接结构分析的应力场和变形场,而焊接力学场对温度场的影响较小。因此,一般进行顺序耦合热力分析。将焊接热分析各载荷步或时间点的温度场结果作为力学分析的热载荷,以求解热弹塑性问题。焊接模拟的顺序耦合热力分析流程图如图10-7所示。

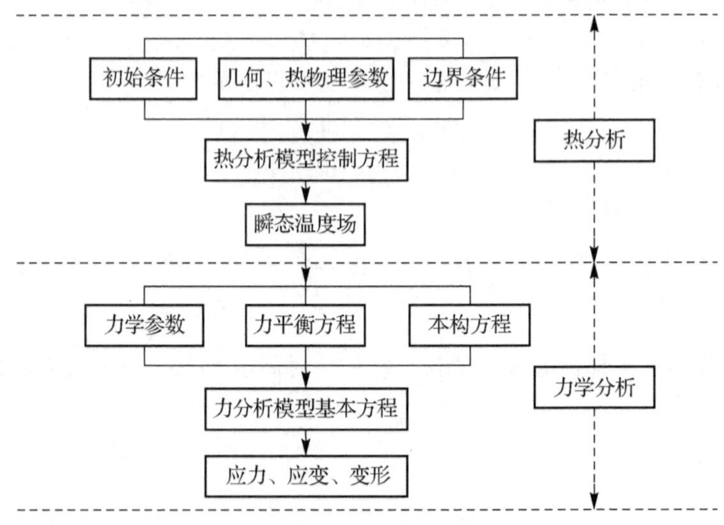


图10-7 顺序耦合热力分析流程图

# 10.3　铸造过程数值模拟

铸造是一个液态金属充填型腔并在其中凝固和冷却的过程，其中包含了许多对铸件质量产生影响的复杂现象。铸造过程数值模拟就是要在给定的初始条件和边界条件下，求解液态金属流动、凝固及温度变化的问题，应用计算机对极其复杂的铸造过程进行定量的描述。通过在计算机上进行铸造过程的模拟，可以得到各个阶段铸件温度场、流场、应力场的分布，对铸件中可能产生的缩孔缩松进行预测，优化工艺设计，控制铸件内部质量。

## 10.3.1　铸件温度场的数值模拟

### 1. 模拟方法

液态金属浇入铸型，它在型腔内的冷却凝固过程是一个通过铸型向环境散热的过程。在这个过程中，铸件和铸型内部温度分布要随时间变化。从传热方式看，这一散热过程是按导热、对流及辐射三种方式综合进行的。显然，对流和辐射的热流主要发生在边界上。当液态金属充满型腔后，如果不考虑铸件凝固过程中液态金属中发生的对流现象，则铸件凝固过程基本上可以看成是一个不稳定导热过程，同时要考虑铸件凝固过程中的潜热释放。

凝固过程温度场的数值模拟就是求解如下热传导微分方程的过程。

$$\rho c\,\frac{\partial T}{\partial t}=k\left(\frac{\partial^2 T}{\partial x^2}+\frac{\partial^2 T}{\partial y^2}+\frac{\partial^2 T}{\partial z^2}\right)+\frac{\partial L}{\partial t} \tag{10-26}$$

式中：$L$ 为凝固潜热。

为了使铸件温度场被唯一地确定，必须提供铸件凝固过程中的定解条件，包括初始条件、边界条件，以及铸件和铸型材料的热物理性质、凝固潜热等物理条件及对其他问题的处理。

### 2. 初始条件

在简单情况下，铸件的初始温度可确定为等于或略低于浇注温度，铸型的初始温度定为浇注前铸型的实际温度。在较复杂的情况下，铸件及铸型的初始温度可通过实测确定。铸件及铸型界面的初始温度对计算结果影响显著，更应慎重处理。可以用实测法，把铸件分成几种典型形状，通过实测获得其普遍规律。也可用解析法得出的结果，如对砂型与铸件的界面初始温度可表示为

$$t_F=\frac{k_1\sqrt{1/a_1}\,t_{10}+k_2\sqrt{1/a_2}\,t_{20}}{k_1\sqrt{1/a_1}+k_2\sqrt{1/a_2}} \tag{10-27}$$

或

$$t_F=\frac{b_1 t_{10}+b_2 t_{20}}{b_1+b_2}$$

式中：$k_1$、$k_2$ 为铸件、铸型材料的导热系数；$a_1$、$a_2$ 为铸件、铸型材料的导温系数；$t_{10}$、$t_{20}$ 为铸件、铸型的初始温度；$b_1$、$b_2$ 为铸件、铸型材料的蓄热系数。

### 3. 边界条件

铸件凝固的数值模拟涉及铸件与铸型边界、铸型中砂型与冷铁边界、铸型与地面及大气边

界、冒口与大气边界等。

以铸件-铸型边界为例，铸件-铸型界面通常分为理想接触和非理想接触两种情况。在理想接触情况下，认为铸件与铸型紧密接触，两表面具有相同温度，界面两侧单元间的等值导热系数 $k_{12}$ 可按串联热阻叠加求出

$$k_{12}=\frac{2k_1k_2}{k_1+k_2} \tag{10-28}$$

当界面为非理想接触时，认为铸件与铸型界面处有间隙出现。由于铸件的收缩与铸型受热膨胀在界面间产生气隙是很常见的。因此在这种情况下，可假定气隙间为对流传热，以等效换热系数 $h$ 描述，这时等值导热系数 $k_{12}$ 为

$$k_{12}=\frac{1}{\dfrac{k_1+k_2}{2k_1k_2}+\dfrac{1}{\Delta xh}} \tag{10-29}$$

式中：$\Delta x$ 为单元长度；$h$ 为等效换热系数，可用实测法确定。

#### 4. 热物理性质(物理条件)

凝固模拟涉及的热物性值主要包括铸件和铸型材料的比热容 $c$、导热系数 $k$、密度 $\rho$ 和金属结晶潜热 $L$。这些参数都随温度变化，可查阅手册或实测与适当的数学处理来确定。目前，高温下的热物性参数资料尚不齐全，实验工作繁重，代价很大。通过实验与数学处理相结合的方法，还有许多工作要做。

**(1) 比热容 $c$ 和导热系数 $k$**

比热容 $c$ 和导热系数 $k$ 可用下述方法之一处理。

1) 常数法

铸件凝固阶段主要处于高温状态，计算时取其中间某一温度下的 $c$ 和 $k$ 值作为平均值。

2) 线性函数法

假定 $c$ 和 $k$ 以线性规律随温度变化

$$c=c_1+a_1(T-T_1) \tag{10-30}$$

$$k=k_1+b_1(T-T_1) \tag{10-31}$$

式中：$c$、$k$ 为高温下的比热容和导热系数；$c_1$、$k_1$ 为常温下的比热容和导热系数；$a_1$、$b_1$ 为比例系数，由已知若干个温度的 $c$、$k$ 值线性回归得到。

3) 插值法

由已知某几个温度下的 $c$ 和 $k$ 值根据数学插值公式求出不同温度下的 $c$ 和 $k$ 值。

**(2) 潜热处理**

由于结晶潜热的释放，使铸件凝固期间温度下降速度变慢，因此，计算时必须把潜热的作用考虑进去。潜热释放量取决于固相率的增加率 $\frac{\partial f_S}{\partial t}$。单位体积、单位时间内潜热释放率为 $\rho L\frac{\partial f_S}{\partial t}$。考虑到潜热，在 $(T_L,T_S)$ 温度区间内导热微分方程式可写成

$$\rho c\frac{\partial T}{\partial t}=k\nabla^2T+\rho L\frac{\partial f_S}{\partial t} \tag{10-32}$$

其中，

$$\rho L\ \frac{\partial f_S}{\partial t}=\rho L\ \frac{\partial f_S}{\partial T}\ \frac{\partial T}{\partial t} \tag{10-33}$$

因此有

$$\rho\left(c-L\ \frac{\partial f_S}{\partial T}\right)\frac{\partial T}{\partial t}=k\nabla^2 T \tag{10-34}$$

固相率 $f_S$ 与温度的关系一般可以从状态图得知。假定在$(T_L, T_S)$区间潜热平均释放，则

$$f_S=\frac{T_L-T}{T_L-T_S} \tag{10-35}$$

由于纯金属、共晶和包晶等合金是在恒定温度结晶的，$f_S$ 不能用此法确定。固相率与温度关系确定后，可用下述方法进行潜热处理。

1）等价比热容法

等价比热容法是将凝固潜热折合成比热容，与铸件材料比热容相加作为等价比热容 $c_E$，即

$$c_E=c+L\left|\frac{\partial f_S}{\partial T}\right| \tag{10-36}$$

将式(10－35)对温度求偏导数，代入式(10－36)得

$$c_E=c+\frac{L}{T_L-T_S} \tag{10-37}$$

由式(10－37)可知，由于潜热释放，等价比热容 $c_E$ 比材料的实际比热容大。

2）热焓法

热焓法是将潜热的释放考虑到热焓中，先求出热焓，再由热焓与温度的关系求出温度。铸件凝固时的热焓为

$$h=-h_0+\int_{T_0}^{T} c\,\mathrm{d}t+(1-f_S)L,\quad T_L\geqslant t\geqslant T_S \tag{10-38}$$

式中：$h_0$ 为基准温度 $T_0$ 时的热焓。

式(10－38)对温度求偏导可得

$$\frac{\partial h}{\partial T}=c-L\ \frac{\partial f_S}{\partial T} \tag{10-39}$$

结合式(10－34)可得

$$\rho\ \frac{\partial h}{\partial T}\ \frac{\partial T}{\partial t}=k\nabla^2 T \tag{10-40a}$$

即

$$\rho\ \frac{\partial h}{\partial t}=k\nabla^2 T \tag{10-40b}$$

用数值解法对式(10－40b)求解，可以得到 $\Delta t$ 时间步长以后即 $t+\Delta t$ 对应的 $h_{t+\Delta t}$，再由焓与温度的关系求出对应的温度 $T_{t+\Delta t}$，依此求出各时刻温度场。

3）温度回升法

温度回升法是将潜热释放折算成温度。由于潜热释放补偿了由传热造成的温度下降，使凝固结束前维持结晶温度 $T_L$ 不变。

假定某单元在不考虑潜热时计算温度为 $T$，比凝固温度 $T_L$ 降低 $\Delta T=T_L-T$，由于潜热

释放而补偿了 $\Delta T$ 的降低值而使单元温度仍维持 $T_L$ 不变。设单元固相率增加 $\Delta f_S$，则

$$\Delta T = \frac{L}{c} \Delta f_S \tag{10-41}$$

即单元实际温度仍为 $T_L$，各次计算中温度回升值 $\Delta T$ 与 $\Delta f_S$ 有关，当 $\Delta f_S$ 之和即 $\sum \Delta f_S = 1$ 时，潜热释放完了，温度不再回升。

对于纯金属或共晶合金，各次温度回升的总和为

$$\Delta T = \frac{L}{c} \tag{10-42}$$

当回升总量达到 $\Delta T$ 时，凝固结束，以后的计算也不再考虑该单元潜热的影响。温度回升法对于纯金属和共晶合金较为适用。

基于传热分析和建模，并开发相应的计算程序，即可实现铸造凝固过程温度场的计算。在热模拟中，温度场的数值模拟是最基本的，以三维温度场为主要内容的铸件凝固过程模拟技术已进入实用阶段。完善的温度场模拟系统由三维造型、网格自动剖分、有限差分传热计算、缩孔缩松预测、热物性数据库及图形处理等模块组成。

## 10.3.2　铸件充型过程的数值模拟

铸件充型涉及复杂的流体传递过程，为了描述这一过程，在求解传热过程的同时还要求解连续性方程和动量传递方程，以确定与传热同步发生的流动场分布。此外，由于凝固过程中的溶质再分配现象，还必须同时揭示成分分布规律，这就需要求解扩散方程，也要考虑凝固过程中的固相率或液相率的分布规律等问题。

通过数值模拟全面分析铸件充型过程中的传输现象还存在很大困难。目前，铸件充型过程的数值模拟主要是计算金属液充型过程中的流体流动行为。充型过程的数值模拟可以分析在给定工艺条件下，金属液在浇注系统中以及在型内的流动情况，包括流量的分布、流速的分布以及由此导致的铸件温度场分布。

充型过程数值模拟一方面分析金属液体在浇冒口系统和型腔中的流动状态，优化浇冒口设计并仿真浇道中的吸气，以消除流固分离，避免氧化，减轻金属液体对铸型的侵蚀和冲击；另一方面，分析充型过程中金属液体及铸型温度变化，预测冷隔和浇不足等铸造缺陷。

充型过程数值模拟技术由于所涉及的控制方程多而复杂，计算量大且迭代结果易发散，加上自由表面边界问题的特殊处理要求，使其难度更大。

## 10.3.3　铸件凝固过程数值模拟

在铸造生产中，铸件凝固过程是最重要的过程之一，大部分铸造缺陷产生于这一过程。凝固过程的数值模拟对于优化铸造工艺、预测和控制铸件质量和各种铸造缺陷，以及提高生产效率都非常重要。铸件凝固过程数值模拟主要包括微观组织模拟和应力场的数值模拟。

### 1. 铸件微观组织数值模拟

铸件微观组织数值模拟是计算铸件凝固过程中的成核、生长等，以及凝固后铸件的微观组织和可能具备的性能。铸件微观组织模拟经过了定性模拟、半定量模拟和定量模拟阶段，由定点形核到随机形核。这一研究存在的问题是：很难建立一个相当完善的数学模型来精确计算形核数、枝晶生长速度及组织转变等。

铸件微观组织数值模拟方法主要有确定性方法和随机性方法，确定性方法如相场方法和样条数学方法，用于模拟枝晶形貌和微观偏析；随机性方法如 Monte Carlo 方法等。确定性方法以凝固动力学为基础，符合晶体生长的物理背景，但没考虑晶粒生长的随机行为；随机性方法则更适合描述实际的结晶过程及组织形态。

**2. 铸件应力场的数值模拟**

铸件热应力的数值模拟是通过对铸件凝固过程中热应力场的计算、冷却过程中残余应力的计算来预测热裂纹敏感区和热裂纹的。应力场分析可预测铸件热裂及变形等缺陷。三维应力场模拟涉及弹性-塑性-蠕变理论及高温下的力学性能和热物性参数等，具有较大的难度，可利用有限元软件对铸件的应力场进行模拟分析，以优化铸造工艺。

### 10.3.4　铸造过程数值模拟软件系统

通过数学物理方法抽象，铸造过程的数值模拟可表征为求解热能守恒方程、连续性方程、动量方程的耦合问题。无论采用何种数值方法，铸造过程的数值模拟软件都应包括 3 个部分：前处理、中间计算和后处理。前处理主要为中间计算提供铸件、型壳的几何信息；铸件和型壳的各种物理参数和铸造工艺信息。中间计算主要根据铸造过程设计的物理场，为数值计算提供计算模型，并根据铸件质量或缺陷与物理场的关系预测铸件质量。后处理是指把计算所得结果直观地以图形方式表达出来。

在传统铸造中，开发一个新的铸件，其工艺定型需通过多次试验，反复摸索，最后根据多种试验方案的浇注结果，选出能够满足设计要求的铸造工艺方案。多次的试铸要花费很多的人力、物力和财力。采用凝固过程数值模拟，可以指导浇注工艺参数优化，预测缺陷数量及位置，有效地提高铸件成品率。

图 10－8 所示为典型铸件凝固过程数值模拟结果。

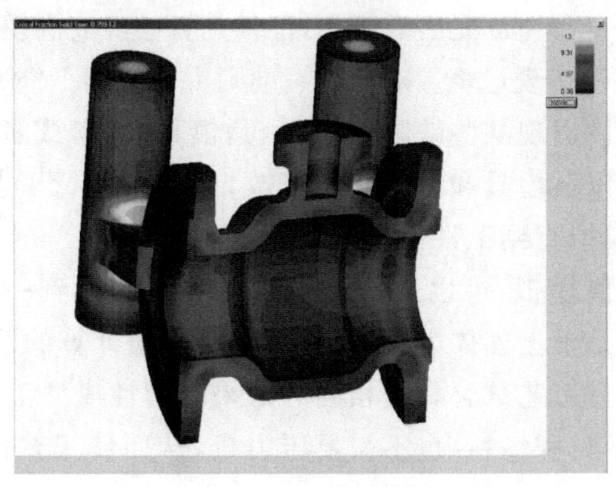

图 10－8　铸件凝固过程数值模拟结果

## 10.4　塑性成型数值模拟

应用数值模拟技术研究塑性成型过程可以预测出工件变形的详细过程，并定量地给出与变形有关的各种物理量在工件或模具上的空间分布以及随时间的变化，为认识塑性成型规律与优化成型工艺参数提供依据。

## 10.4.1 塑性成型数值模拟原理与作用

根据固体力学、热力学和材料科学的理论,塑性成型过程可以通过一组微分方程以及相应的边界条件和初始条件来描述,涉及的物理量包括工件与模具的几何外形、位移、速度、应变(弹性和塑性)、应变率、应力、载荷等。对于热锻还包括温度以及微观组织(如再结晶体积分数和晶粒度)。对于冲压过程,由于温度的影响和微观组织的变化可以忽略,因此基本的未知量主要是工件各点的位移。如果我们得到这组微分方程的解,就可以根据相关学科的基础理论和基本规律,由所得到的基本未知量计算出其他物理量(例如应力、应变、载荷等)随空间和时间的变化。由于塑性成型过程的复杂性,这组微分方程具有极强的物理的和几何的非线性,因此得到这组微分方程的理论解是非常困难的。随着计算机技术和数值计算方法特别是有限元方法的迅速发展,才使得有可能通过数值计算的方法来求解这组微分方程,从而逐步建立了塑性成型工艺数值模拟技术。材料的塑性成型过程的数值模拟实质上就是在已知工件坯料几何形状、边界条件、初始条件、工件材料等参数的条件下,用有限元方法求解这一组微分方程,通常以变形体的节点速度和温度为求解变量。

考虑塑性成型过程中的某一时刻,当变形体的速度场和温度场解出以后,通过积分可以得到变形体的位移场及变形体现时的各点坐标。据此由几何方程可进一步计算出变形体的应变率与应变;再用材料的本构方程由初始微观组织、温度、应变、应变率计算出应力;用微观组织的演化方程由初始微观组织、应变、应变率和应力计算出现时的微观组织变化。由边界的应力可以求得模具所受到的压力以及所需要的压机载荷。如果计算中将模具和锻件坯料都算作变形体,则模具的温度和变形可同时求得。

如果在计算中加入材料的破坏准则,则在计算时可以判断出工件是否出现成型缺陷,是否达到了破坏的程度以及发生何种破坏。例如,对于冲压工艺,可以从工件外形判断是否起皱,对比成型极限图可以看到工件哪些位置可能开裂。回弹计算结果直接给出工件各处的相对回弹量。对于锻造工艺,可以从工件外形判断是否有折叠,工件是否已经充满模具型腔。从温度分布可以判断工件温升是否太高,甚至出现过烧。对比破裂准则可以看到工件哪些位置可能开裂。

如果发现成型后的工件出现某些缺陷,则可能是模具/坯料或者工艺的某些参数有问题,可以根据经验对工艺参数以及模具和坯料进行修改,然后再进行工艺模拟,看缺陷是否消除。如此反复修改工艺,反复模拟直到工件没有缺陷为止。

通过金属成型工艺数值模拟,可以进行工艺设计并最终得到一个经过优化的成型工艺。由于这个工艺模拟的计算是根据固体力学、材料科学与数值计算的基础理论进行的,因此这种数值模拟过程原则上与进行工艺试验具有相同的效果。塑性成型工艺模拟是在计算机上进行的,它不需要加工实际的模具和坯料,也不需要压力机,从而使工艺设计和优化上所花费的时间、成本大为降低。

## 10.4.2 塑性成型有限元模拟方法

### 1. 刚塑性有限元法

塑性成型一般为大变形问题,此时材料的弹性变形量相对于塑性变形量可以忽略不计,因而可视为刚塑性材料。针对刚塑性材料建立的有限元法称为刚塑性有限元法,刚塑性有限元法广泛应用于塑性成型数值模拟。

刚塑性有限元法不计弹性变形，采用 Levy－Mises 率方程和 Mises 屈服准则，求解未知量为节点位移速度。由于计算效率高和计算结果具有要求的精度，所以刚塑性有限元在塑性加工领域获得最广泛的应用，解决了大量实际问题。根据材料对速率的敏感性，材料模型有刚塑性硬化材料和刚粘塑性硬化材料。刚塑性硬化材料对应的有限元法称为刚塑性有限元法，适用于冷、温态体积成型问题。刚粘塑性硬化材料对应的有限元法称为刚粘塑性有限元法，适用于热态体积成型问题，并且可以进行变形过程中变形与传热的耦合分析。由于忽略了弹性变形，所以刚(粘)塑性有限元法不能进行卸载分析，无法得到残余应力、变形及回弹。

**(1) 刚塑性材料的边值问题**

固体力学中塑性变形问题是一个边值问题，可以描述为：设一体积为 $V$、表面积为 $S$ 的刚塑性物体（见图 10－9），在其边界 $S$ 上，一部分表面为力面 $S_F$，另一部分表面为速度面 $S_U$。该边值问题由以下平衡方程和边界条件定义，即

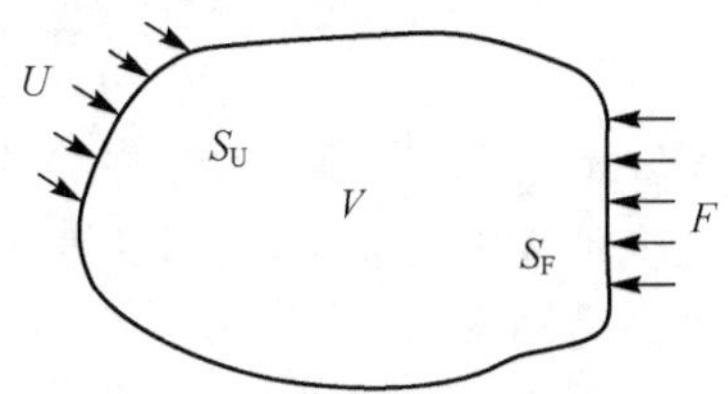


图 10－9　平衡状态下的刚塑性物体

$$\frac{\partial \sigma_{ij}}{\partial x_j}=0 \tag{10-43}$$

在力面 $S_F$ 上，

$$\sigma_{ij} n_j = F_i \tag{10-44}$$

式中：$n_j$ 为表面的单位法向矢量。

在速度面 $S_U$ 上，

$$u_i = \bar{u}_i \tag{10-45}$$

变形区各质点的唯一速度应满足几何方程，即

$$\dot{\varepsilon}_{ii} = \frac{1}{2}(u_{i,j} + u_{j,i}) \tag{10-46}$$

应变速率须满足体积不可压缩条件，即

$$\dot{\varepsilon}_{11} + \dot{\varepsilon}_{22} + \dot{\varepsilon}_{33} = 0 \tag{10-47}$$

刚塑性材料的本构关系（Levy－Mises 方程）为

$$\dot{\varepsilon}_{ii} = \frac{2}{3}\frac{\dot{\bar{\varepsilon}}}{\bar{\sigma}}\sigma'_{ij} \tag{10-48}$$

式中：$\dot{\bar{\varepsilon}} = \sqrt{\frac{2}{3}\dot{\varepsilon}_{ij}\dot{\varepsilon}_{ij}}$ 为等效应变速率；$\bar{\sigma} = \sqrt{\frac{2}{3}\sigma'_{ij}\sigma'_{ij}}$ 为等效应力。

处于变形区的材料须满足 Mises 屈服条件，即

$$\bar{\sigma} = Y = \begin{cases} \sigma_s & （理想刚塑性材料） \\ f(\bar{\varepsilon}) & （刚塑性硬化材料） \end{cases} \tag{10-49}$$

对于刚塑性材料，除了屈服条件中的材料模型之外，其他方程和条件相同。

上述塑性变形的边值问题很难直接求解，需要利用变分法进行近似求解。

**(2) 刚塑性/刚粘塑性材料的变分原理**

刚塑性/刚粘塑性有限元法的基础是 Markov 变分原理，该变分原理可以表述为：设变形的体积为 $V$，表面积为 $S$，在力面 $S_F$ 上给定面力 $F_i$，在速度面 $S_U$ 上给定速度 $\bar{v}_i$，则在满足几何条件、不可压缩条件和速度边界条件的一切运动容许速度场 $v_i$ 中，使泛函

$$\Pi=\int_V \bar{\sigma}\dot{\bar{\varepsilon}}\mathrm{d}V-\int_{S_F}F_i v_i \mathrm{d}S \quad (\text{刚塑性材料}) \tag{10-50}$$

和

$$\Pi=\int_V E(\dot{\varepsilon}_{ij})\mathrm{d}V-\int_{S_F}F_i v_i \mathrm{d}S \quad (\text{刚粘塑性材料}) \tag{10-51}$$

取驻值(即一阶变分 $\delta\Pi=0$)的 $v_i$ 为本问题的精确解。

式(10-51)中的 $E(\dot{\varepsilon}_{ij})$ 为功函数,其表达式为

$$E(\dot{\varepsilon}_{ij})=\int_0^{\dot{\varepsilon}_{ij}}\sigma'_{ij}\mathrm{d}\dot{\varepsilon}_{ij}=\int_0^{\dot{\varepsilon}_{ij}}\bar{\sigma}\mathrm{d}\dot{\bar{\varepsilon}} \tag{10-52}$$

Markov 变分原理是塑性力学极限分析中上限定理的另一种表达形式。它的物理意义是刚塑性变形体的总能率,泛函的第一项表示变形工件内部的塑性变形功率,第二项则代表工件表面的外力功率。

变分原理为塑性成型问题的求解指出了一条途径,即在运动允许速度场中设法找出能使总能耗率泛函取最小值的速度场,因而如何正确地构造允许速度场 $u_i$ 成为求解过程的关键问题。一般来说,选取满足位移速度边界条件和容许速度比较容易,而体积不可压缩条件难以满足。为此,人们采用各种方法将体积不可压缩这一约束条件引入泛函中,构成一个新的泛函,从而将上述有约束的泛函极值问题转变为无约束的泛函极值问题,这就是刚塑性/刚粘塑性材料的广义变分原理。广义变分原理分为拉格朗日(Lagrange)乘子法和罚函数法两种主要形式。

1) 拉格朗日乘子法

将体积不可压缩条件式(10-47)用拉格朗日乘子 $k$ 引入泛函,构造新的泛函

$$\Pi_1=\int_V \bar{\sigma}\dot{\bar{\varepsilon}}\mathrm{d}V+\int_V \lambda\dot{\varepsilon}_V\mathrm{d}V+\int_{S_P}p_i v_i \mathrm{d}S \tag{10-53}$$

对于一切满足几何方程和位移速度边界条件的容许速度场,其精确解使上式取极值,即满足

$$\delta\Pi_1=\int_V \bar{\sigma}\delta\dot{\bar{\varepsilon}}\mathrm{d}V+\int_V \lambda\delta\dot{\varepsilon}_V\mathrm{d}V+\int_V \delta\lambda\dot{\varepsilon}_V\mathrm{d}V-\int_{S_P}p_i\delta v_i \mathrm{d}S \tag{10-54}$$

或

$$\delta\Pi_1=\delta\Pi_E+\delta\Pi_\lambda+\delta\Pi_p=0$$

可以证明,拉格朗日乘子 $\lambda$ 的值等于静水压力 $\sigma_m$。

2) 罚函数法

罚函数法的基本思想是用一个足够大的正数 $\alpha$(如 $\alpha=10^6$),把体积不可压缩条件引入泛函,构造新的泛函,即

$$\Pi_2=\int_V \bar{\sigma}\dot{\bar{\varepsilon}}\mathrm{d}V+\frac{\alpha}{2}\int_V \dot{\varepsilon}_V^2\mathrm{d}V+\int_{S_P}p_i v_i \mathrm{d}S \tag{10-55}$$

对于一切满足几何方程和位移速度边界条件的容许速度场,其精确解使上式取极值,即满足

$$\delta\Pi_2=\int_V \bar{\sigma}\delta\dot{\bar{\varepsilon}}\mathrm{d}V+\alpha\int_V \dot{\varepsilon}_V\delta\dot{\varepsilon}_V\mathrm{d}V-\int_{S_P}p_i\delta v_i \mathrm{d}S \tag{10-56}$$

或

$$\delta\Pi_2=\delta\Pi_E+\delta\Pi_\alpha+\delta\Pi_p=0$$

以上各式中

$$\Pi_E = \int_V \bar{\sigma}\dot{\bar{\varepsilon}}\,\mathrm{d}V \quad （刚塑性材料）$$

或

$$\Pi_E = \int_V E(\dot{\varepsilon}_{ij})\,\mathrm{d}V \quad （刚粘塑性材料）$$

$$\Pi_\lambda = \int_V \lambda \dot{\varepsilon}_V \,\mathrm{d}V$$

$$\Pi_\alpha = \frac{\alpha}{2}\int_V \dot{\varepsilon}_V^2 \,\mathrm{d}V$$

$$\Pi_p = -\int_{S_P} p_i v_i \,\mathrm{d}S$$

比较可得，当 $v_i$ 为真实解时，静水压力 $\sigma_m = a\dot{\varepsilon}_V$。

**2. 变形与传热的耦合分析**

热锻过程中塑性变形是在高温条件下进行的，温度对材料的塑性变形过程影响很大。对于这类成型问题，必须在进行变形分析的同时分析其温度场的变化，并且考虑二者之间的相互影响。

在热塑性变形过程中，由于工件与外界环境的热交换或热损失（如对流、辐射热交换和与模具的接触传导损失）以及工件内部所消耗的塑性变形功绝大部分转变为热，使得工件内部温度分布不均匀。这种不均匀的温度场使得材料内部不同质点的屈服应力相差很大，最终对整个变形过程产生较大影响。同时高温下的塑性变形还影响金属材料的相变、动态再结晶等过程。

热变形条件下的屈服应力既是应变又是应变率和温度的函数，其材料的变形行为要用粘塑性模型描述。因此，分析热塑性成型时需要考虑材料的速率敏感性及塑性变形与传热的耦合分析，也称为热粘塑性耦合分析。热粘塑性耦合分析涉及变形分析和传热分析，其中传热问题是含内热源的瞬态热传导问题。在这类瞬态传热问题中，将变形过程中的塑性功能转换看成是内热源。塑性变形内热源率可以表示为

$$\dot{q} = k_p \bar{\sigma}\dot{\bar{\varepsilon}} \tag{10-57}$$

式中：$\dot{q}$ 为内热源率；$\bar{\sigma}$、$\dot{\bar{\varepsilon}}$ 分别为等效应力和等效应变率；$k_p$ 为塑性功转变为热能的比例系数，习惯上称为塑性变形热排除率，一般取 0.9。塑性变形功率的剩余部分则消耗在材料微观变化方面，如位错密度、晶界及相变等。

热变形工件内部的塑性变形和传热发生在同一空间域和时间域，但由于变形与传热二者属于不同的物理性质的问题，分别由瞬态刚塑性边值问题和瞬态热传导问题描述，因此其对应场量难以采用联立求解的方法分析。一般而言，刚塑性有限元法采用增量法逐步解出工件塑性变形的有关场量（如速度场、应力场、应变场等），而温度场则用时间差分格式逐步积分得到。这样可以在某一瞬时分别计算变形和温度，通过二者之间的联系，将它们的相互影响作用考虑进去，以达到热变形过程的耦合分析。

变形与传热的耦合分析方法与时间域的处理方式有关，常用的方法有增量区间的耦合迭代法和增量区间的分开迭代法。

## 10.4.3　锻造工艺模拟

锻造工艺有限元模拟主要分为两步：①用户输入要模拟的对象、工件模具的几何信息、材料参数初始状态和边界条件；②模拟软件根据所输入的数据求解微分方程组，计算出所需要的

各种物理量,并将这些计算结果输出给用户。也就是说,锻造工艺模拟可以在不做任何试验的情况下就能使技术人员知道他所设计的工艺、模具和锻件坯料是否合理,如果不合理,则可以修改设计,重新输入数据再模拟一次,直到设计满意为止。

### 1. 材料的本构关系

当有限元算法确定后,模拟软件中所使用的材料本构关系与实际模拟的材料的真实性能的差别大小是影响模拟精度的关键因素。在塑性成型模拟软件中通常使用传统的弹塑性或刚塑性本构关系。大多数软件都考虑了有限变形的影响,这对实际变形很大的金属成型过程是十分必要的。

弹塑性模型计算精确,但由于要判断屈服和卸载加大了计算量。刚塑性模型相对计算简单,但不能模拟回弹过程。在这些模型中通常只考虑应变硬化,至多考虑了动态回复,因此能满足冷锻和温锻工艺模拟的常规要求。

对于成型过程中伴随有微观组织变化的情况(如热锻、超塑性成型),使用这种传统的本构关系便会产生很大的误差。例如热锻中动态再结晶的发生将引起应力软化,因此使用传统的本构关系模拟热锻甚至会引起计算出的应力变化趋势错误。在这种情况下由于微观组织与宏观变形产生强烈的耦合,必须使用考虑微观组织与宏观变形耦合的本构关系,并要给出微观组织的演化方程。

### 2. 材料本构参数的测试方法

有了正确的本构方程之后,进一步的问题是如何通过试验测得这些包括在本构方程中的材料参数。对于传统的弹塑性/刚塑性本构关系,通常采用简单应力状态试验(拉伸、压缩、扭转等)来测试其中的材料参数。使用这种方法的基本要求是试样内应力、应变和温度均匀。

不均匀性越大,测出的材料参数误差越大。在高温条件下考虑微观组织变化时,要做到试样内微观组织完全均匀是很困难的,但是由于微观组织变化与宏观变形之间的非线性关系,微观组织空间分布的很小的差异会引起宏观应力应变的很大差别,同样宏观变形的不均匀性也会引起微观组织更大的不均匀。因为在这种情况下试样的变形已不是简单的应力状态,而应看作为一个复杂结构。因此,需要解决的问题是如何从一个复杂结构变形的试验结果反算出材料的本构参数。

### 3. 接触边界的处理和计算方法

与一般的结构分析相比,锻造工艺模拟的特点是工件与模具的接触边界随时间变化。这种接触边界的处理和计算涉及摩擦机理、接触与脱离搜索方法及判断准则、法向接触力计算方法等几个方面。虽然目前这些问题已经有了不少解决方法并已用于各种金属成型模拟的软件中,但是由于金属成型模具形状的复杂性,现有的方法还有很多需要改进之处,所以至今接触问题算法仍然是当前金属成型模拟领域的研究热点之一。

### 4. 网格生成和重划分算法

有限元的自身特点决定了变形体网格的质量对计算精度影响很大。由于锻件形状的多样性和复杂性,以及金属成型的大变形特征,初始网格生成和变形过程中对畸变过大的网格进行重新划分的方法就成了金属成型有限元模拟领域的关键技术之一,尤其是对于三维体积成型模拟问题，其难度也就更大。

### 5. 锻造工艺模拟软件的应用

由于锻造生产发展的需要和计算机技术水平的不断提高，锻造工艺模拟技术已经基本成熟并已经走向工业应用。图 10－10 所示为锻造过程中金属变形过程数值模拟结果，图 10－11 所示为板料成型过程数值模拟结果。目前，存在的主要问题有，现行商业软件的预报能力都与实际的金属成型工艺存在一定的差距。在这种情况下，就要注意对现有软件的缺陷进行补偿。为了使所得到的数值模拟结果充分发挥作用，数值模拟软件在应用中应注意以下问题。

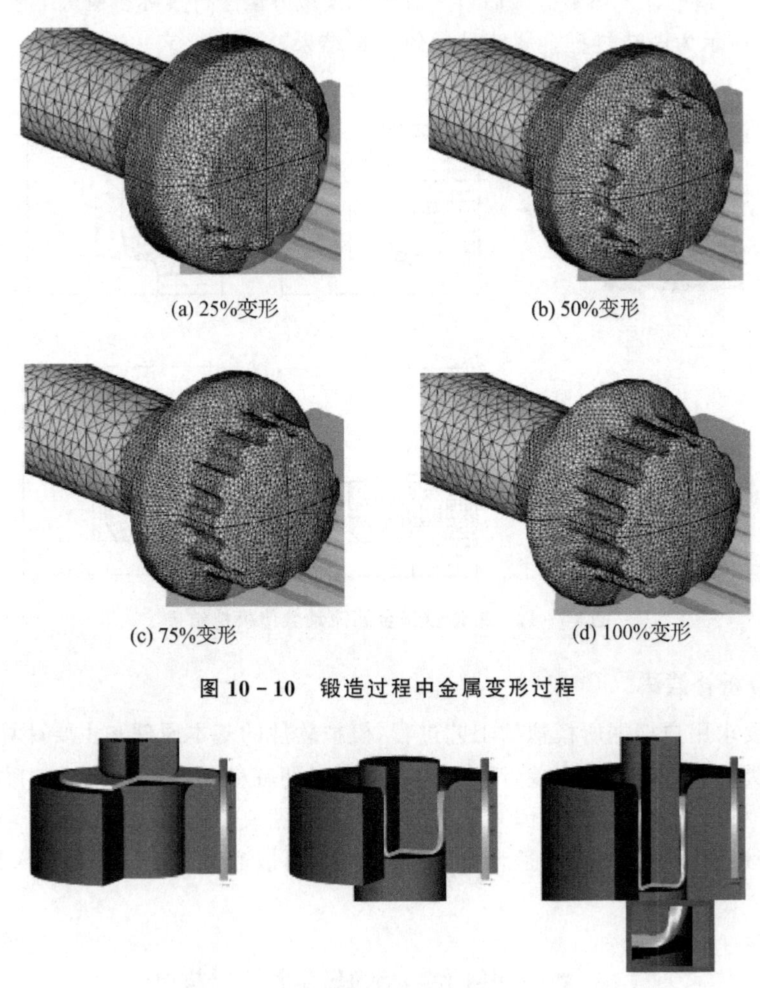

(a) 25%变形　(b) 50%变形

(c) 75%变形　(d) 100%变形

**图 10－10　锻造过程中金属变形过程**

**图 10－11　板料成型过程数值模拟结果**

#### (1) 重视输入数据的正确性

用户所输入的原始数据对最终模拟结果影响很大。为了减小输入数据所引起的误差，必须十分重视这些基础数据的准确性。例如，为了获得准确的摩擦边界数据，应该针对所研究的项目进行专门的摩擦实验，测量摩擦系数。为了给数值模拟中的开裂准则准备原始数据，应该进行材料成型性能实验。材料的传热系数与材料所受的压力有关，因此这个参数应该通过加压试验测量出来。对于考虑微观组织变化的热锻模拟，应该特别注意使用正确的测试方法。

如果需要了解模具的变形和应力数据，则还需要提供模具的力学性能数据。如果是热锻，除了需要提供模具和坯料在锻造温度条件下的力学性能数据外,还需要提供模具和坯料在锻造温度条件下的热力学数据。如果希望预测坯料的微观组织变化,还需要提供与坯料和微观组织变化有关的数据。

**(2) 实验补偿法**

应该准确了解模拟软件的功能,并据此实事求是地确定数值模拟的目的。对于软件无能为力的问题要配以实验研究。例如,在模拟一个复杂的,特别是多道次的锻造工艺之前,应事先专门设计一个简化了的单道次工艺并对它用实验方法和数值方法同时进行模拟,以此确定模拟计算的误差并找出合适的输入参数。最后再用有限元模拟方法进行实际多道次工艺模拟。

图 10-12 所示为锻造过程金属流动数值模拟结果。

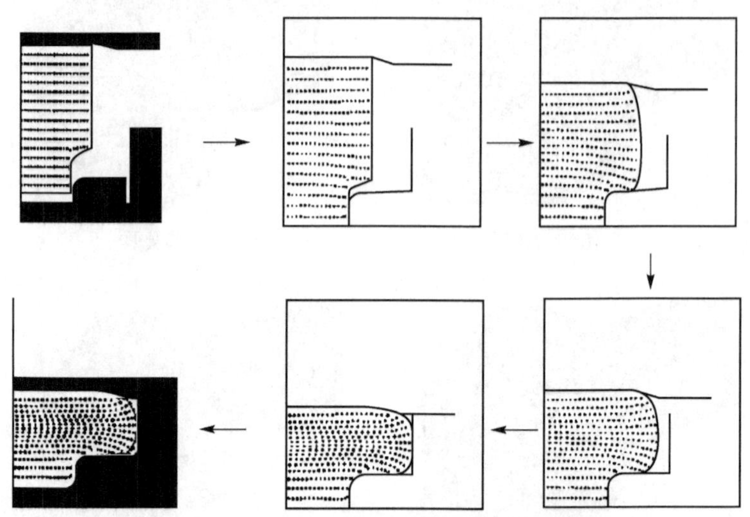

图 10-12 锻造过程金属流动数值模拟结果

**(3) 理论分析补偿法**

这种方法要求用户根据所模拟的工艺过程,模拟软件的基本原理和主要计算方法,通过理论分析估算哪类数据可能产生误差,产生多大误差,以便在使用计算结果时扣除误差的影响。另外,还可以分析出误差产生的原因并通过调整输入数据或使用用户子程序来消除计算误差。例如,当软件中所给的材料模型不适合自己的材料时,可以通过用户子程序输入自己所建立的材料模型。

## 10.5 焊接过程数值模拟

焊接是一个包括热力耦合、热流耦合、热冶金耦合的复杂过程。焊接热作用贯穿于整个焊接结构的制造过程中,焊接热过程直接决定了接头的显微组织、应力、应变和变形。应用数值模拟技术分析焊接热过程对于指导焊接工艺的制定具有重要的意义。

### 10.5.1 焊接过程数值模拟的基本问题

焊接时的温度分布、组织转变以及焊接残余应力和变形都是与过程相关的,因此要得到一个高质量的焊接结构必须控制这些因素,而如何准确地预测焊接温度、显微组织和残余应力的变化过程对焊接质量控制尤为重要。焊接过程中温度场、残余应力与变形、显微组织状态及它们之间的相互关系如图 10－13 所示。

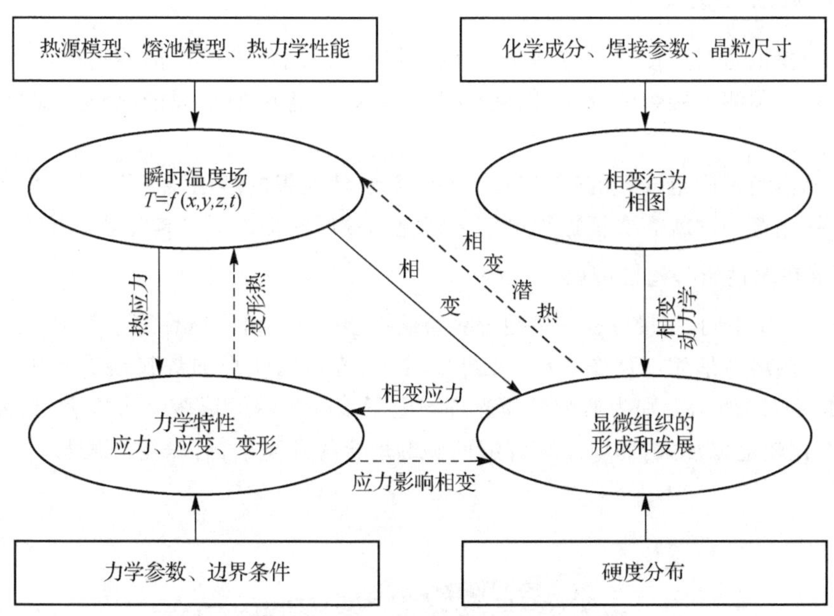


**图 10－13　焊接过程中温度场、残余应力与变形及显微组织状态的相互影响**

目前，焊接过程数值模拟主要有以下几个方面：

① 焊接温度场的数值模拟，包括焊接热传导、电弧物理现象、焊接熔池的传热、传质行为等。

② 焊接应力与变形的数值模拟，包括焊接过程中瞬态热应力应变和残余应力应变等。

③ 焊接化学冶金与物理冶金过程模拟，包括化学元素过渡、凝固、晶粒长大、偏析、固态相变、热影响区脆化、氢扩散等。

④ 焊接接头的力学行为和性能的数值模拟，包括断裂、疲劳、力学不均匀性、几何不均匀性及组织、结构、力学性能等。

⑤ 焊接质量评估的数值模拟，如裂纹、气孔等各种缺陷的评估及预测。

⑥ 特殊焊接过程的数值分析，如电阻焊、激光焊、电子束焊、扩散焊、摩擦焊陶瓷与金属连接等。

由此可见，焊接过程数值模拟已涉及相当广泛的领域，每一方面又都涉及许多影响因素，同时又是随时间而变化的特殊过程，因此要得到具有足够精度的焊接过程数值模拟的结果难度相当大。

## 10.5.2　焊接过程数值模拟的方法

焊接过程常用的数值模拟方法有差分法、有限元法和边界元法。目前已经有了不少优秀的计算分析软件可供焊接过程分析选用。这些软件可以进行二维甚至三维的电、磁、热、力等各方面线性和非线性的有限元分析，而且具有自动划分有限元网格和自动整理计算结果并使之形成可视化图形的前后处理功能。因而，应用者已经无须自己从头编制模拟软件，可以利用商品化软件，必要时加上二次开发，即可得到需要的结果，这就明显地加速了焊接模拟技术发展的进程。

在焊接过程数值模拟中，对焊接温度场和应力应变场的模拟数量最多，起步也较早，积累的经验也较丰富,在实际生产中得到了一定的应用。

### 1. 焊接温度场的数值模拟

温度场的模拟是对焊接应力应变场及焊接过程其他现象进行模拟的基础,同时通过温度场的模拟还可以预测焊接熔池形状,以满足设计要求,防止诸如未焊透、烧穿、咬边、熔池等缺陷的产生。

建立热源模型是确定合理的焊接热流分布函数,使模拟的熔池(液-固)边界线与实验观测的焊缝熔合线相符。这就需要根据焊接工艺情况和数值模拟的要求构建热源模型。

**(1) 焊接热源性质与建模准则**

焊接热源性质不同,焊接过程的熔池形貌与最终形成的焊缝形状也完全不同。图 10-14 所示为典型的焊接熔池形貌。从图 10-15 可以看出,普通电弧焊的焊接熔宽较宽,熔深较浅。图 10-15(a)和(b)所示分别为典型的激光焊与电子束焊的焊缝形貌。可以看出,激光焊缝呈"钉形",深宽比较电弧焊大,而电子束焊缝两侧的熔合线几乎平行,深宽比最大。

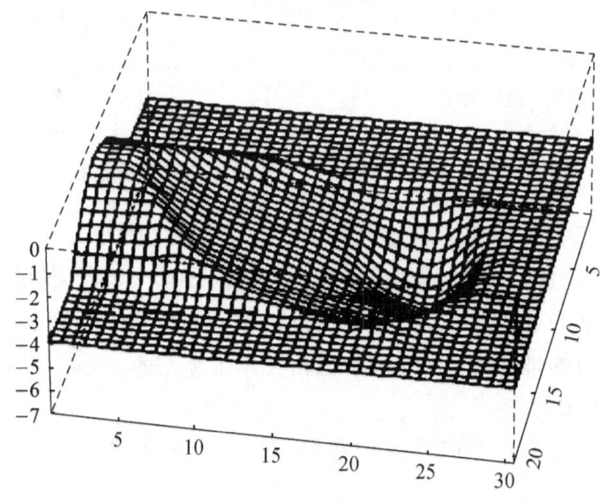


**图 10-14 焊接熔池形貌**

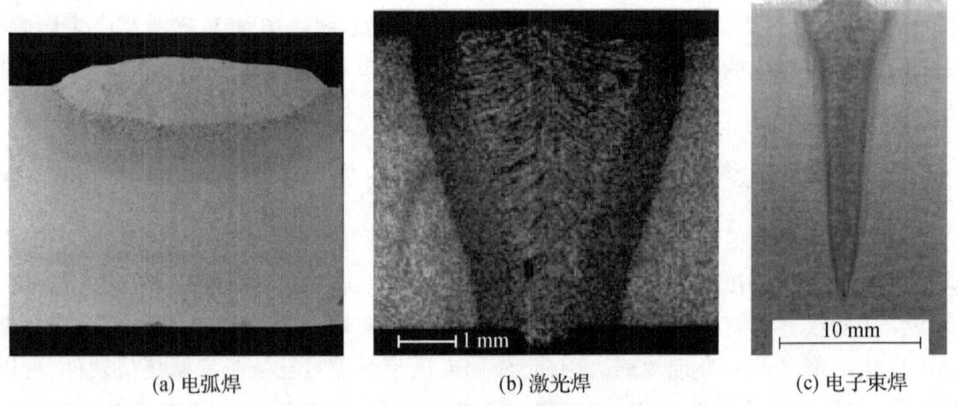


(a) 电弧焊　(b) 激光焊　(c) 电子束焊

**图 10-15 典型焊缝横截面形貌**

建立热源模型的主要目的是寻找符合相应焊接参数条件下的热流分布形式,使模拟的熔池(液-固)边界线与实验观测的焊缝熔合线相符。焊接应力与变形同焊接过程中产生的塑性变形有关，一般情况下，发生塑性变形的区域远大于金属熔化的区域。由于力学松弛，导致焊接应力与变形对焊接过程中熔池内发生的传热传质过程并不敏感，因此对于焊接力学分析而言，焊接热过程中发生于熔池内的很多复杂的热传输现象均处于相对次要的地位。这样，就可以使用基于傅里叶定律的固体导热理论求解焊接温度场，可以考虑改变材料的高温热物理特性来简化模型而不计熔池中的对流等复杂热传输过程。在相应热输入条件下，只要热源模型所模拟的熔池区域边界与实际焊缝熔合线相符，就可以认为该种焊接热源模型是合理的，这一准则定义为熔池边界准则。以熔池边界为准则的焊接温度场模拟能够满足焊接力学分析的要求。

**(2) 热源模型的确定**

建立热源模型是确定合理的焊接热流分布函数，使模拟的熔池(液-固)边界线与实验观测的焊缝熔合线相符。这就需要根据焊接工艺情况和数值模拟的要求构建热源模型。

局部的随时间变化的集中加热可由不同类型的焊接热源获得，普通电弧焊同激光和电子束等深熔焊的热源形式不同，加热机理也有所区别。

电弧焊时，热产生于阳极与阴极斑点间气体柱的放电过程。焊接过程采用的是直接弧，阳极和阴极斑点直接加热母材与熔化极或非熔化极电极材料，电弧柱产生的辐射及对流传热和电极斑点产生的辐射传热也起辅助加热作用。普通电弧焊一般为表面加热，当存在熔滴过渡时可以将熔滴当作是熔池内部的体热源生热来考虑。气焊与电弧焊类似，也是利用对流与辐射，通过焰流的高速冲击加热焊接区表面。

电子束焊时，电子由热阴极发射，电子透镜聚焦，被大约 10 μm 厚的表面层吸收，并产生热量。如果其功率密度足够，则焊接表层可被熔化，最后导致形成很深的穿透型蒸气毛细孔，其周围是熔化的金属，形成电子束焊的焊接热源，在焊件相对电子束移动形成焊缝时，蒸气毛细孔呈现“匙孔”形式。

激光焊接时，聚焦的激光直射焊接区，并被大约 0.5 μm 厚的表面层所吸收。如果功率密度足够，则焊件表面被熔化，最后与电子束焊接时相同的方式形成“匙孔”，形成汽化毛细管，作为实际焊接热源。此外，还有一种不同的(热效率低)激光焊接工艺，热量仅由低功率密度的散焦光束产生于焊件表面，通过热传导输送至焊件内部。

**(3) 正态高斯分布面热源模型**

对于薄板类焊接结构，面热源能较好地描述焊接结构的温度场，这种类型的热源，忽略板厚方向的热梯度，可进行温度场的二维模拟。

在电弧、束流和火焰焊接时，采用热源密度呈高斯正态分布的表面热源，可获得满意的结果，其热流分布如图 10-16 所示。

正态高斯分布热源的功率密度一般形式为

$$q(r)=q_{\mathrm{m}}\mathrm{e}^{-Cr^2} \qquad (10-58)$$

式中：$q(r)$为半径 $r$ 处的表面热流密度(单位：$\mathrm{W/m^2}$)；$q_{\mathrm{m}}$ 为热源中心的最大热流密度(单位：$\mathrm{W/m^2}$)；$C$ 为热流集中系数(单位：$\mathrm{m^{-2}}$)。

设在距热源中心 $r_0$ 的位置，热流密度降为最大热流密度的 5%，此时

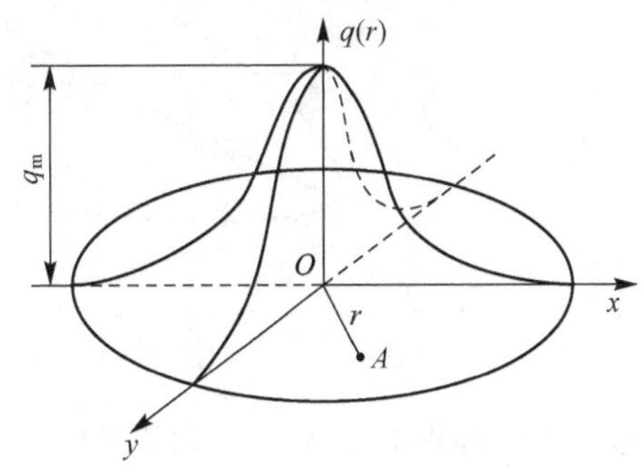

图 10-16　正态高斯分布热源

$$e^{-Cr_0^2}=0.05 \tag{10-59}$$

由此可求得 $C$ 值为

$$C=\frac{\ln 20}{r_0^2}\approx\frac{3}{r_0^2} \tag{10-60}$$

上式对应的最大热流值为

$$q_m=\frac{CP}{\pi}=\frac{3P}{\pi r_0^2} \tag{10-61}$$

式中:$P$ 为热源有效功率。

将式(10-61)和式(10-60)代入式(10-58)得

$$q(r)=\frac{3P}{\pi r_0^2}e^{-3(r^2/r_0^2)} \tag{10-62}$$

设动坐标和静坐标的关系为

$$\xi=x+v(\tau-t) \tag{10-63}$$

式中:$v$ 为焊接热源移动速度;时间因子 $\tau$ 定义了 $t=0$ 时的热源位置。此时有 $\xi^2+y^2=r^2$,这样移动热源作用下的高斯热源模型为

$$q(x,y,t)=\frac{3P}{\pi r_0^2}e^{-3\{[x+v(\tau-t)]^2+y^2\}/r_0^2} \tag{10-64}$$

**(4) 双椭球功率密度分布热源**

对于焊接热场模拟,当穿透深度较小时,使用表面热源模型可以较好地模拟焊接温度场。然而对于高功率密度热源,如深熔焊以及激光和电子束焊接,表面热源模型忽略了电弧和束流对表面以下熔池的挖掘作用,此时体热源分布模型更适于温度场模拟。

实际的焊接温度场分布情形是在热源中心前面的区域温度梯度较大,而热源中心的后半部分温度梯度分布较缓。为此,Goldak 提出了双椭球功率密度分布热源模型,该模型设定体热源的前半部分为 1/4 椭球,而后半部分为另 1/4 椭球,双椭球功率密度分布热源模型如图 10-17 所示。

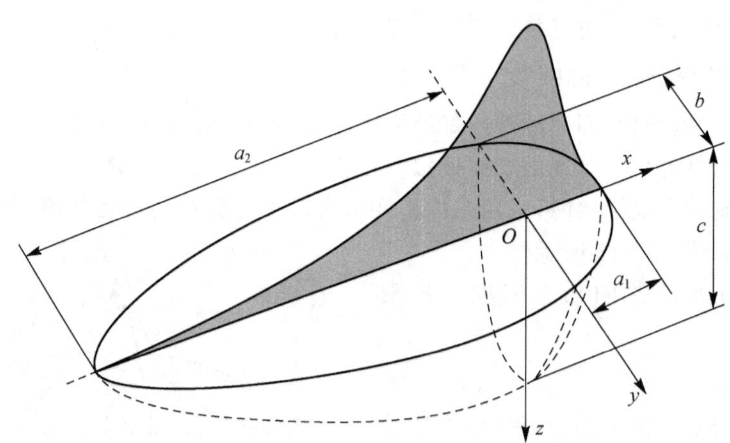


图 10-17 双椭球功率密度分布热源

设前 1/4 椭球的 $x$、$y$、$z$ 方向的半轴长度分别为 $a$、$a$、$b$,后 1/4 椭球的 $x$、$y$、$z$ 方向的半轴长度分别为 $2a$、$a$、$b$,热源有效功率为 $P$,根据能量平衡方程:

$$2P = 4\int_0^{\infty}\int_0^{\infty}\int_0^{\infty} q(0)\,\mathrm{e}^{-\frac{3}{a^2}\xi^2}\,\mathrm{e}^{-\frac{3}{a^2}y^2}\,\mathrm{e}^{-\frac{3}{b^2}z^2}\,\mathrm{d}\xi\mathrm{d}y\mathrm{d}z + 4\int_{-\infty}^{0}\int_0^{\infty}\int_0^{\infty} q(0)\,\mathrm{e}^{-\frac{3}{(2a)^2}\xi^2}\,\mathrm{e}^{-\frac{3}{a^2}y^2}\,\mathrm{e}^{-\frac{3}{b^2}z^2}\,\mathrm{d}\xi\mathrm{d}y\mathrm{d}z \tag{10-65}$$

求解得

$$q(0) = \frac{4\sqrt{3}P}{\pi^{3/2}a^2 b} \tag{10-66}$$

由此得前 1/4 椭球的功率密度函数为

$$q(x,y,z,t) = \frac{6\sqrt{3}f_f P}{\pi^{3/2}a^2 b}\cdot \mathrm{e}^{-3[x+v(\tau-t)]^2/a^2}\cdot \mathrm{e}^{-3y^2/a^2}\cdot \mathrm{e}^{-3z^2/b^2} \tag{10-67}$$

后 1/4 椭球的功率密度函数为

$$q(x,y,z,t) = \frac{6\sqrt{3}f_r P}{\pi^{3/2}2a^2 b}\cdot \mathrm{e}^{-3[x+v(\tau-t)]^2/(2a)^2}\cdot \mathrm{e}^{-3y^2/a^2}\cdot \mathrm{e}^{-3z^2/b^2} \tag{10-68}$$

式中：$f_f + f_r = 2$，取 $f_f = 2/3$，$f_r = 4/3$

根据以上公式可知，热源中心前面的热流分布比后面的热流分布要陡得多，而后面的热量分布要较前面多。

双椭球形热源模型的两个特征参数 $a$ 与 $b$ 可以改变热流强度以及控制体积中的热流分布，从而决定了焊接热模拟的熔池形状，它们的取值应当使模拟的熔池形状和实验测定的熔池形状相吻合。Myoung S. H. 详细研究了椭球特征参数与焊缝宽度和焊缝深度的影响。对于埋弧焊形成的焊接温度场，椭球特征参数 $a$ 与 $b$ 可以分别表示为

$$a \approx 1.3 \times W_{\text{Width}} \tag{10-69}$$

$$b \approx 0.8 \times W_{\text{Depth}} \tag{10-70}$$

式中：$W_{\text{Width}}$ 为焊缝宽度；$W_{\text{Depth}}$ 为焊缝深度。

**(5) 高斯柱体热源**

高斯柱体热源模型设定焊接熔深方向各层面的径向热流呈高斯分布，为考虑焊接过程中能量在深度方向的沉积特性，可采用厚度方向热流均布或衰减型分布。峰值热流衰减的高斯圆柱体热源的能量分布的表达式为

$$q(r,z) = q_{\text{m}}\cdot D(z)\cdot \exp\left(-\frac{3}{r_0^2}r^2\right)\cdot u(z) \tag{10-71}$$

式中：$q_{\text{m}}$ 为体热源的最大生热率；$D(z)$ 为峰值热流衰减函数，表示峰值热流在深度方向衰减的快慢程度；$r_0$ 为柱体热源的有效作用半径，该处的热流强度降为峰值强度的 5%，$u(z)$ 为单位阶跃函数。

峰值热流衰减函数 $D(z)$ 可以有各种函数形式，包括线性函数、二次函数、指数函数等。峰值热流衰减函数的具体表达式取决于焊接过程使用的焊接方法及具体的焊接参数等，建模时可以根据具体的焊缝形貌设定峰值热流衰减函数。峰值热流衰减函数控制了能量沿焊件深度方向的衰减方式及衰减速度，这就控制了热流在深度方向各层的分配量，这样峰值热流衰减函数就成为控制熔池形状和整个焊接温度场的最为关键的参数。

**(6) 组合热源**

当热源类型只有面热源时，所模拟的焊缝熔宽较大，熔深较小，这是由于焊接温度场模拟结果是由固体金属的热传导方程决定的。当热源类型为单一体热源时，由于考虑了熔滴过渡形成的内

热源形式,这样模拟的熔池形状与实际的焊缝熔合线在熔池深度方向较为吻合,但是在熔池表面附近的熔化前沿仍旧无法模拟,这种情况在激光焊和电子束焊等深熔焊中是极为普遍的。

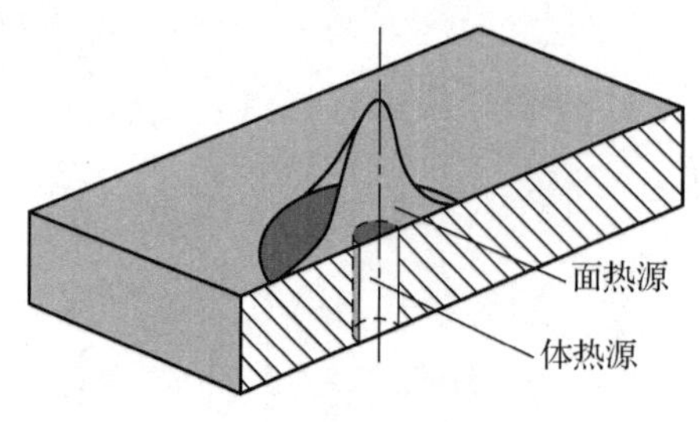


图 10-18 组合热源模型示意图

使用面热源和体热源两种类型热源相结合的模型模拟的熔池形状具有更高的精度。使用组合热源模型模拟的熔池形状与实际的焊缝熔合线基本吻合。将总的输入功率按一定比例分配,此时总热流等于表面热流与体积热流两者之和。

在组合热源中,表面热源一般取高斯型热流分布面热源模型,而体热源一般取峰值热流递增的旋转体热源。组合热源模型如图 10-18 所示。其中面热源控制表面熔池和钉形焊缝的钉头部分,体热源反映匙孔效应导致的深层液体薄层和钉身焊缝。

面热源与体热源的总功率之和与焊接的有效功率 $P$ 相等,即

$$P_S + P_V = P \tag{10-72}$$

式中:$P_S$、$P_V$ 分别为面热源和体热源的功率。

定义面热源所占总功率的份额为 $\gamma$,则有

$$P_S = \gamma P$$
$$P_V = (1-\gamma)P \tag{10-73}$$

将给定的面热源功率及体热源功率代入相应的高斯面热源功率密度分布模型和高斯柱体热源功率密度分布模型,就可以得到相应的组合热源模型。

## 2. 材料模型

材料的热传导系数和比热容等热物理特性在固态相变温度以下具有随温度近似线性增加的趋势。在熔化温度区间,考虑到对流换热的增强,热传导系数迅速提升,在液相线以上由于液体中与温度相关的晶格波作用减弱,对热传导有贡献的主要是与温度无关的电子导热,因此熔化温度以上热传导系数取恒定值。同样地,比热容的贡献主要来自于晶格波的振动,随温度增高,晶格热振动增强,比热容 $c$ 增大,在熔化温度区间,将熔化潜热的作用转换为修正比热容,因此熔化温度区间内发生热容值的阶跃,液态的比热容缓慢升高。

图 10-19 和图 10-20 所示分别为采用组合热源模型模拟的电子束与激光焊接温度场的结果。

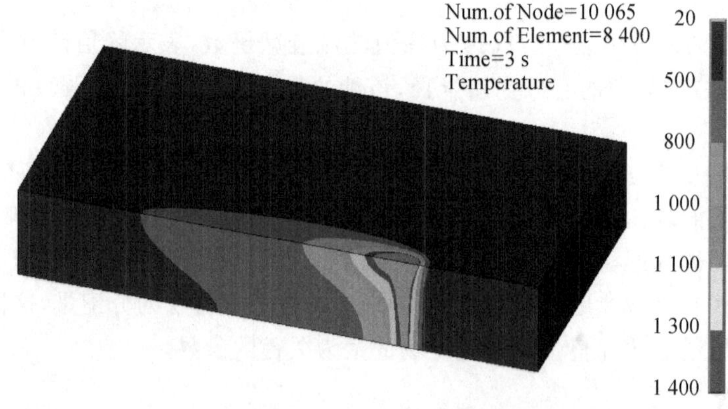


图 10-19 电子束焊接温度场数值模拟结果

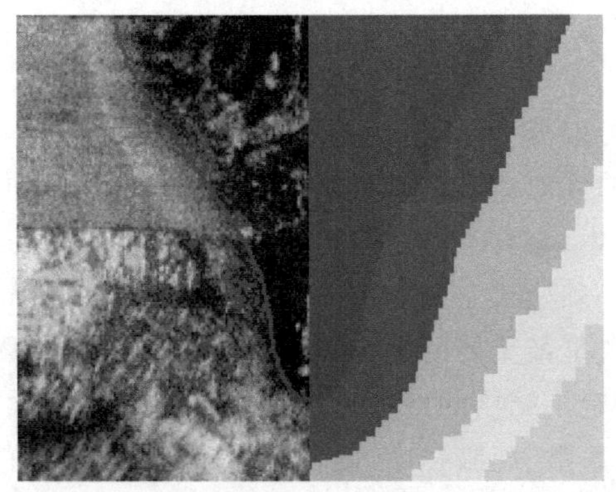

图 10-20　激光焊焊缝与温度场数值模拟结果

### 10.5.3　焊接组织模拟

近年来，数值计算能力的不断提高使焊接模拟向微观的方向发展。焊接过程的组织模拟是适应焊接热力模拟的研究而逐步发展起来的，而且现在已发展成为焊接模拟中相对较为独立的一部分重要内容。进行相变过程的显微组织模拟一方面是精确求解焊接温度场和应力场的需要，而另一方面也可以根据晶粒生长的方式为焊接接头的强度分析以及疲劳与裂纹分析提供依据。

有关研究指出，可以使用统一的相变动力学模型来预测焊缝和热影响区金相组织的成分，把金相组织表示成合金成分和焊接参数的函数。研究表明，钢的奥氏体分解是时间、温度、晶粒尺寸与应力的函数。奥氏体分解动力学可以作为焊接过程分析模拟的一部分，而不仅仅是把它作为固定或可变的材料特性参数。美国宾夕法尼亚州立大学的研究人员在热-冶金耦合方面做了深入的研究，他们在模拟焊接温度场、速度场、热循环以及熔池形状时，采用瞬时、三维、湍流条件下的热传输和液体流动模型。在模拟相变时，使用修正的 Johnson-Mehl-Avrami (JMA)相变动力学方程计算从 $\alpha$ 相到 $\beta$ 相的转变以及 $\alpha+\beta/\beta$ 相的边界，使用蒙特卡罗技术模拟焊接热影响区实时三维晶粒结构的演变过程，而且模拟结果与实测数据非常相符。焊接过程组织模拟的模拟流程如图 10-21 所示。

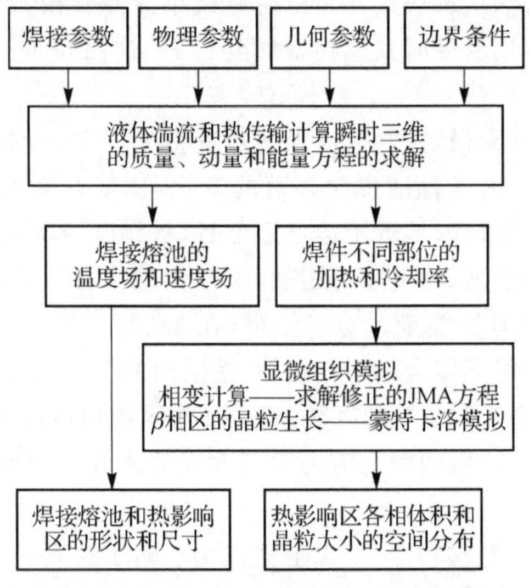


图 10-21　焊接热冶金耦合模拟流程图

## 10.5.4 焊接应力与变形的模拟

焊接应力与变形问题可以分为两类,一是焊接过程中的瞬态热应力应变分析,二是焊后的残余应力与应变计算。目前针对后者进行分析计算的较多,其目的是减少残余应力控制残余变形,以防止各类缺陷的产生。

进行焊接热过程模拟必须定义三种热物理参数模型,即热传导系数、比热容、换热系数。其中热传导系数和换热系数是最重要的两个热物理参数。热传导系数决定了固体中热传播的快慢程度,而换热系数则决定了结构的冷却速度。要进行焊接力学分析则必须定义至少五种基本力学参数,包括热膨胀系数、屈服强度、硬化模量、杨氏模量和泊松率,其中热膨胀系数、弹性模量和屈服强度对焊接应力与变形的预测有极为重要的影响。另外,各向同性动态硬化因子也应当考虑。这些热物理参数和力学参数均与焊接热循环过程相关,是温度的非线性函数。

### 1. 温度和力学特性

进行焊接力学分析的最重要的考虑应当是温度和热过程对材料力学性能的影响。也就是说,力学特性不仅与瞬时温度有关,而且与显微组织的变化过程有关。反过来,显微组织受当时温度、受热过程和以前相变过程的影响。材料组织和性能的变化对材料的力学特性具有极为重要的影响。

许多材料的性能特别是在高温条件下的性能,至今仍不是很清楚。甚至是在室温条件下,同一材料内不同点处的屈服强度也是不一样的,因为晶粒大小、应力应变和受热过程都可能有差别。材料的体积与结构材料的形态有关,然而即使知道混合相材料各组分的性能,也没有对合金等混合结构材料性能方面的严格表达式。

描述材料弹性的两个重要参数传统上常用弹性模量和泊松比。事实上,使用体积模量和剪切模量也许更容易理解。按体积模量和剪切模量的定义可以将变形划分为可压缩和不可压缩两种状态。由于弹性模量和泊松比在单轴情况下的应用比较普遍,因此几乎所有的模拟都使用弹性模量和泊松比。

弹性模量的值通常取决于材料。普通碳钢的弹性在温度升至 700 ℃以上时,其值大幅度下降。在进行焊接力学分析时,都假设在高温时有极小的弹性模量值。高温时材料的泊松比也有较大的影响,在接近熔化温度时其值约增加至 0.4。这反映了温度接近熔点的时候,原子间的结合力趋弱。

由于高温时材料的弹性衰退,这给数值求解过程带来了很大的困难。对金属结构材料来说,随着温度的增加,材料的力学性能发生显著的变化,比如对多数合金钢来说,在 600 ℃以上,其屈服强度大幅降低。当材料接近于熔点温度时,材料已经不完全是弹塑性材料。此时屈服应力变得很低,而蠕变率很高,材料变得很软,对任何应力都失去抵抗能力。在这两种情况下,材料的变形几乎不需要消耗能量。对于钢材,在 1 200~1 500 ℃之间,由于基本失去强度,所以热应变大到可能使单元体实际不存在,在熔池内的温度可能达到或超过 2 000 ℃。不论是在熔池内还是温度高于 1 500 ℃的区域,都必须与固体材料区别对待。幸运的是,在这些高温区域的应力和变形对冷却后的残余应力没有太大的影响。因此,高温条件下本构模型的选择较为灵活。

在相对较低的温度限以上,如 700 ℃以上就完全忽略了材料性质的改变。一种较好的方法是按温度分段设立不同的本构模型。在考虑材料特性时,选择一种上限,超过该上限以后材料特性不再发生变化。对一般钢材来说，900 ℃是较为合适的上限，允许弹性减少而不致引起求解的困难。当大于 900 ℃时，塑变和蠕变应变率很高，从而有效地消除了偏应力。特别是在 900～1 100 ℃时，钢材内的偏应力设置为零，就好比屈服强度为零一样。最后，热应变只模拟低于熔点温度三分之一以下的温度范围，对普通钢材来说，这个范围为 1 000～1 200 ℃。

在有限元分析中，节点处的温度已知，而单元体内的高斯点的材料参数也是需要给出的。因为大多数材料特性参数并不是温度的光滑函数，所以利用节点的材料参数通过插值来求得高斯点的参数值并不合适，应尽量避免。要保留给定特性对温度的适当的函数依赖关系，最好是在高斯点采用温度插值和估算特性相结合的方法。

### 2. 相变和力学特性

相变会引起材料体积的变化。对于在相对较高的温度下进行奥氏体分解的合金来说，忽略相变体积变化的近似方法也给出可接受的结果。但是，对具有较低奥氏体分解温度的焊接合金，实验数据表明，相变对焊接残余应力有显著影响。不可低估相变对残余应力的影响，相变直接引起材料体积的变化，可间接通过材料力学性能的改变影响残余应力。相变在焊接残余应力预测中起重要作用。钢的奥氏体的分解温度和体积的变化对焊接残余应力的分布有显著的影响。另外，相变对屈服强度这一最重要的材料参数有直接的影响。奥氏体晶粒尺寸对相变温度、体积变化、显微组织以及屈服强度有强烈的影响。因此，相变对焊接力学分析有相当重要的影响。

相变的出现使各种方法的力学分析变得相当复杂。除了相变对体积变化有重要影响外，相变对另外两个更为重要的特性有相当强烈的影响。比如，对具有相同组分的材料，起初为铁素体/珠光体的组织在给定温度的屈服强度比奥氏体组织的屈服强度高，而比马氏体组织的屈服强度低。奥氏体组织的热膨胀系数比铁素体/珠光体组织的热膨胀系数要大一些。可见，力学性能不仅与温度有关，而且与显微组织的变化过程和不同相的混合比例关系有关。如相的比例关系以及各相的特性参数已知，还必须确定不同相混合以后材料的特性参数。尽管目前还在研究探索之中，但混合规律的确存在，它依赖于混合相的形态及其比例关系。要对可能包括铁素体/珠光体、马氏体和奥氏体的混合材料的屈服强度和硬化模数进行计算也是一件非常困难的事。

具有不同屈服强度的混合相材料体现的是位于各组分之间的整体的屈服强度，已提出了各种线性混合规律，着重强调整体特性。整体的屈服强度比由线性混合规律预测的屈服强度要低，因为塑性变形倾向于在弱相中优先发生。有关研究认为，当两种具有不同屈服强度的塑性材料混合以后，没有体现出明确的屈服强度界限，但存在有上限。整体屈服强度介于两种材料的屈服强度之间，是各相的非线性函数。

非同质材料与同质材料的性能也有区别。如果具有两种或多种组分的混合材料加热，由于不同组分的热膨胀系数不同，将会在材料内部出现应力和塑性变形。如果非均质现象只表现在微观上，则应力场和塑性变形场也会在微观上有所不同。也就是说，应力场与塑性变形场的空间分布大体上相似于非均质材料的空间分布。

### 3. 焊接应力与变形的数值模拟

目前，尽管焊接力学模拟还不完善，但是已经有了不少在工程中成功的实例，特别是在残余应力应变的计算方面。图 10 - 22 所示为梁板结构焊接变形有限元模拟结果。

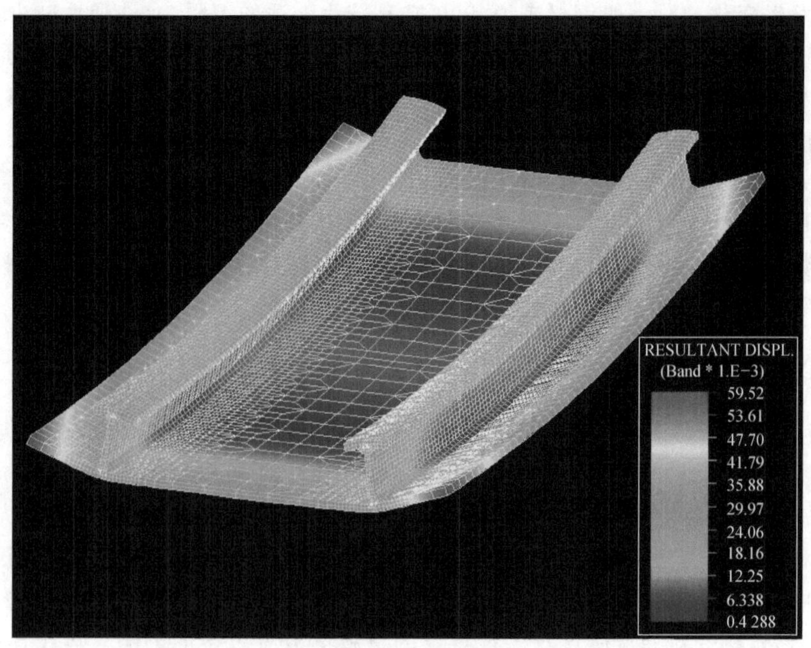


**图 10-22 梁板结构焊接变形有限元模拟结果**

虽然焊接温度场和残余应力应变的数值模拟结果有了一定的实际应用,但由于焊接过程的复杂性,大量有关焊接过程的数值模拟研究成果与实际应用仍有较大差距,而且模拟中有不少问题有待解决,对于已经能够解决的问题存在着精度不高或耗费大的问题。因此需要在模拟技术上进一步开展研究,同时要重视发展验证数值模拟结果的测试技术。

热弹塑性有限元模拟是进行焊接热力分析的最一般的方法,热弹塑性分析可以考虑很多影响因素,完全跟踪整个焊接过程的力学行为,进行复杂计算,最终求得焊接残余应力和焊接变形。由于整个模拟过程涉及复杂的非线性问题,而且计算相当耗时,因此热弹塑性有限元只能求解小型简单结构的焊接残余应力和焊接变形。焊接热循环过程中产生的塑性应变、相变体积应变以及焊缝金属的热收缩应变是产生焊接残余应力的根源。这种残存于结构中的引起焊接残余应力的应变称为固有应变。固有应变法是适应大型焊接结构变形分析发展起来的一种线弹性结构分析方法,它主要研究固有应变的影响因素以及在固有应变作用下预测整个焊接结构的变形情况。应当指出,固有应变法不是详细跟踪整个焊接热力过程,因此难以获得准确的焊接残余应力分布,但是固有应变在焊接结构变形预测方面也有其独特的优势。近年来,固有应变理论得到了很大发展,很多学者使用固有应变法成功地预测了焊接结构的角变形、弯曲变形以及翘曲变形等。

固有应变理论认为,尽管焊接变形的影响因素很多,但通常认为焊接变形是由于焊接过程中焊缝及其附近热影响区的非均匀温度分布所引起的非协调应变累积而产生的。这种非协调应变同时引起焊接残余应力。塑性应变和热应变是焊接结构的非协调应变,非协调应变通常称为“固有应变”。如果一个焊接结构的固有应变分布已知,就可以使用线弹性结构分析模型求解焊接残余应力和焊接变形。对于大型焊接结构分析,使用固有应变法较三维热弹塑性分析节省大量的计算时间,而且求解容易。然而,很难得到完整而准确的固有应变分布模型。

# 思考题

1. 调研热制造工艺的数值模拟的发展。
2. 比较物理模拟与数值模拟的作用。
3. 热制造工艺中存在哪些非线性现象?
4. 简要说明数值模拟的基本过程。
5. 举例说明温度场数值模拟的基本过程。
6. 分析热力耦合过程数值模拟的方法。
7. 比较热力分析的直接耦合与顺序耦合方法。
8. 说明铸造过程数值模拟的应用。
9. 塑性成型数值模拟需要的基本参数是什么?
10. 分析焊接热过程数值模拟的作用。

# 参考文献

[1] David R Gaskell. Introduction to the Thermodynamics of Materials[M]. New York: Taylor & Francis Books, Inc. , 2003.

[2] Yunus A Cengel, John M Cimbala, Robert H Turner. Fundamentals of Thermal-Fluid Sciences[M]. 5th ed. New York: McGraw-Hill Education, 2017.

[3] Holman J P. Heat Transfer[M]. 10th ed. New York: The McGraw-Hill Companies, Inc. ,2010.

[4] Welty J R, Wicks C E, Wilson R E, et al. Fundamentals of Momentum, Heat, and Mass Transfer[M]. Hoboken: John Wiley & Sons, Inc. , 2008.

[5] Eric J Mittemeijer. Fundamentals of Materials Science[M]. Berlin Heidelberg:Springer-Verlag,2010.

[6] Wagoner R H, Chenot J L. Metal Forming Analysis[M]. Cambridge: Cambridge University Press, 2001.

[7] Eric J Mittemeijer, Seshadri Seetharaman. Fundamentals of metallurgy[M]. Cambridge: Woodhead Publishing Limited, 2005.

[8] Mumtaz Kassir, Applied Elasticity and Plasticity[M]. Boca Raton: Taylor & Francis Group, LLC,2018.

[9] Hosford William F. Mechanical Behavior of Materials[M]. Cambridge: Cambridge University Press,2005.

[10] Amit Bhaduri. Mechanical Properties and Working of Metals and Alloys[M]. Singapore:Springer Nature Singapore Pte Ltd, 2018.

[11] Mikell P Groover. Fundamentals of modern manufacturing: materials, processes and systems[M]. 4th ed. Hoboken: John Wiley & Sons, Inc. , 2010.

[12] Campbell F C. Manufacturing Technology for Aerospace Structural Materials[M]. London: Elsevier Ltd. , 2006.

[13] Paul Kenneth Wright. 21st Century Manufacturing[M]. Upper Saddle River: Prentice Hall, Inc. , 2001.

[14] Victor A Karkhin. Thermal Processes in Welding[M]. Singapore: Springer Nature Singapore Pte Ltd, 2019.

[15] Nguyen N T. Thermal Analysis of Weld[M]. Southampton:WIT Press, 2004.

[16] Ian Gibson, David Rosen, Brent Stucker. Additive Manufacturing Technologies[M]. New York: Springer Science+Business Media,2015.

[17] Tanner R I. Engineering Rheology[M]. 2nd ed. New York:Oxford University, 2000.

[18] 徐祖耀. 材料热力学[M]. 北京:高等教育出版社,2009.

[19] 西泽泰二. 微观组织热力学[M]. 郝世民,译. 北京:化学工业出版社,2006.

[20] 王补宣. 工程传热传质学[M]. 2 版. 北京:科学出版社,2015.

[21] 姜任秋. 热传导、质扩散与动量传递的瞬态冲击效应[M]. 北京:科学出版社,1997.
[22] 吴树森. 材料加工冶金传输原理[M]. 2版. 北京:机械工业出版社,2019.
[23] 张武城. 铸造熔炼技术[M]. 北京:机械工业出版社,2004.
[24] 吕学伟. 冶金概论[M]. 北京:冶金工业出版社,2017.
[25] 唐仁正. 材料成型的物理冶金学基础[M]. 北京:冶金工业出版社,2009.
[26] 朱景川,来忠红. 固态相变原理[M]. 北京:科学出版社,2010.
[27] 卡尔帕基安,施密德. 制造工程与技术——热加工[M]. 7版. 张彦华,译. 北京:机械工业出版社,2019.
[28] 刘正兴,孙雁,王国庆,等. 计算固体力学[M]. 2版. 上海:上海交通大学出版社,2010.
[29] 谢水生,黄声宏. 半固态金属加工技术及应用[M]. 北京:冶金工业出版社,1999.
[30] 陈昌平,朱六妹,李赞. 材料成形原理[M]. 北京:机械工业出版社,2001.
[31] 阮建明,黄培云. 粉末冶金原理[M]. 2版. 北京:机械工业出版社,2012.
[32] 张彦华,薛克敏. 材料成形工艺[M]. 北京:高等教育出版社,2008.
[33] 彭大署. 金属塑性加工原理[M]. 2版. 长沙:中南大学出版社,2014.
[34] 胡汉起. 金属凝固原理[M]. 2版. 北京:机械工业出版社,2000.
[35] 徐佩弦. 高聚物流变学及其应用[M]. 北京:化学工业出版社,2003.
[36] 王宗杰. 熔焊方法及设备[M]. 2版. 北京;机械工业出版社,2016.
[37] 杜则裕. 材料连接原理[M]. 北京:机械工业出版社,2011.
[38] 张彦华. 焊接结构原理[M]. 2版. 北京:北京航空航天大学出版社,2022.
[39] 董湘怀. 材料成形计算机模拟[M]. 2版. 北京:机械工业出版社,2006.
[40] 刘建生,陈慧琴,郭晓霞. 金属塑性加工有限元模拟技术与应用[M]. 北京:冶金工业出版社,2003.
[41] 汪建华. 焊接数值模拟技术及其应用[M]. 上海:上海交通大学出版社,2003.